Bernd Baumgarten
Diskrete Mathematik kompakt
De Gruyter Studium

Weitere empfehlenswerte Titel

Diskrete Mathematik.
Grundlage der Informatik
Walter Hower, 2021
ISBN 9783110695540, e-ISBN (PDF) 978-3-11-069555-7

Klassische und erweiterte Dimensionsanalyse.
Größenlehre, Ähnlichkeitslehre, Dimensionssysteme
Klaus Neemann und Heinz Schade, 2022
ISBN 978-3-11-079568-4, e-ISBN (PDF) 978-3-11-079574-5

Angewandte Differentialgleichungen Kompakt.
für Ingenieure und Physiker
Adriano Oprandi, 2022
ISBN 978-3-11-073797-4, e-ISBN (PDF) 978-3-11-073798-1

Analysis.
5. Auflage
Walter Rudin in Gemeinschaft mit McGraw Hill, 2022
ISBN 978-3-11-075042-3, e-ISBN (PDF) 978-3-11-075043-0

Numerische Methoden.
Ein Lehr- und Übungsbuch
Hermann Friedrich und Frank Pietschmann, 2020
ISBN 978-3-11-066532-1, e-ISBN (PDF) 978-3-11-066560-4

Bernd Baumgarten

Diskrete Mathematik kompakt

Von Logik und Mengenlehre bis Zahlen, Algebra,
Graphen und Wahrscheinlichkeit

2., korrigierte Auflage

DE GRUYTER

Mathematics Subject Classification 2010: 03, 05A, 05C, 08, 11, 15, 33F, 60

Autor
Dr. Bernd Baumgarten
baumgarten_bernd@web.de

ISBN 978-3-11-133572-8
e-ISBN (PDF) 978-3-11-133610-7
e-ISBN (EPUB) 978-3-11-133665-7

Library of Congress Control Number: 2023946140

Bibliografische Information der Deutschen Nationalbibliothek
Die Deutsche Nationalbibliothek verzeichnet diese Publikation in der Deutschen Nationalbibliografie;
detaillierte bibliografische Daten sind im Internet über http://dnb.dnb.de abrufbar.

© 2024 Walter de Gruyter GmbH, Berlin/Boston
Einbandabbildung: peterschreiber.media/iStock/Getty Images Plus
Satz: Integra Software Services Pvt. Ltd.

www.degruyter.com

Inhaltsverzeichnis

1 Einleitung

1.1 Überblick

Dieses Kompendium präsentiert die vor allem für ein Mathematik- oder Informatik-studium benötigten Grundlagen der Diskreten Mathematik in knapper Form. „Dis-kret" steht dabei nicht für „unauffällig" oder gar „geheim" sondern bedeutet im mathematischen Sprachgebrauch, dass vorwiegend Operationen auf endlichen oder abzählbaren Mengen behandelt werden und Themen wie Kontinuum, Ableitungen und Integrale – meist auch bereits Grenzwerte – ausgeklammert sind. Letzteren The-men widmet sich der andere große Block der Mathematik, die Analysis. Der Themen-bereich der Topologie überspannt die Analysis wie auch die diskrete Mathematik. Da ihr Anwendungsschwerpunkt aber eher in der Analysis anzusiedeln ist, bleibt sie hier ebenfalls unberücksichtigt.

Was sind die formalen Grundlagen der Mathematik? Sicherlich gehören Logik und Mengenlehre mitsamt Funktionen dazu. Unglücklicherweise kann man Logik nur dann ganz formal einführen, wenn man dabei Mengenlehre verwendet, und Mengen-lehre wiederum nur, wenn man dabei Logik benutzt. Funktionen werden bei beiden Themen verwendet, können aber auch ihrerseits logisch bzw. mengentheoretisch de-finiert werden. In einer formalen Grundlegung der Mathematik muss man also ent-weder in gewissem Umfang zirkuläre Erklärungen und Definitionen[1] akzeptieren oder auf ein lediglich informelles Vorverständnis[2] aufbauen – vielleicht auch beides, vgl. auch [DPPD 2012]. Insofern wohnt jeder gewählten Reihenfolge eine gewisse Will-kürlichkeit inne. Hier präsentieren wir die Grundlagenthemen in der Reihenfolge: Mengen in Kapitel 2, Relationen und Funktionen in Kapitel 3 und Logik in Kapitel 4. Teile des üblicherweise der Mengenlehre zugerechneten Stoffs erscheinen hier des thematischen Zusammenhangs wegen erst in Kapitel 5.

Nach diesen drei Grundlagenkapiteln geht es in Kapitel 5 weiter mit den Zahlen und den Anzahlen, was nicht ganz das gleiche Thema ist. Einerseits gibt es etliche

---

[1] Zirkuläre Definitionen, bei denen also der definierte Begriff in seiner Definition selbst verwendet wird – sei es auch nur auf Umwegen – „sind eigentlich keine"; sie hinterlassen in der Regel eher Ratlo-sigkeit. Nehmen wir nur einmal als drastisches Beispiel den müden Kalauer: Was ist ein Mathemati-ker? – Jemand der Mathematik betreibt. Und was ist Mathematik? – Das was die Mathematiker betreiben.

[2] Kein Mensch kommt mit formalen Mathematikkenntnissen zur Welt. Ähnlich wie ein Kind in einer zunächst sprachlosen (wenn auch keineswegs lautlosen) Phase die Sprache seiner Eltern erlernt, so lern(t)en wir irgendwann auf informeller Basis, mit Formalismen umzugehen. Vielleicht hilft uns beim Begreifen dieser kleinen täglichen Wunder der Gedanke an Städte wie Amsterdam oder Venedig, deren fester Boden durch das Einbringen von Pfählen in sumpfigen Grund vorbereitet wurde. Der ist zumindest plausibler als der Vergleich mit dem fiktiven Münchhausen, der sich am eigenen Zopf aus dem Sumpf gezogen hat.

https://doi.org/10.1515/9783111336107-001

Zahlensysteme, mit denen zwar gerechnet aber nicht gezählt wird; andererseits gibt es „Zählergebnisse" bei unendlichen Mengen, die zumindest Laien nicht unbedingt als Zahlen zum Rechnen ansehen würden. Die sogenannte Zahlentheorie befasst sich – spezieller als ihr Name vermuten lässt – mit Strukturen und Zusammenhängen, die sich aus den Teilbarkeitseigenschaften ganzer Zahlen ergeben.

Vieles in der Mathematik lässt sich durch Grafiken aus Punkten und Pfeilen bzw. Linien illustrieren, vor allem Zusammenhänge (dargestellt durch Pfeile oder Linien) zwischen Objekten (dargestellt durch Punkte). In der theoretischen Informatik erlauben geeignet beschriftete Graphen, endliche Automaten genannt, die effiziente und effektive Prüfung der Zugehörigkeit eines Wortes zu einer sogenannten regulären Sprache. Natürlich müssen sie dabei nicht auf Papier gezeichnet vorliegen. Allgemeine mathematische Fragestellungen hinsichtlich aller möglichen „Grafiken" untersucht die in Kapitel 6 vorgestellte Graphentheorie.

Kapitel 7 ist der Algebra im weitesten Sinne gewidmet. Schüler kennen sie als „Buchstabenrechnen", wie in den binomischen Formeln. Algebra bietet aber weit mehr, nämlich das Rechnen mit beliebigen formalen Objekten, sofern es auf diesen Operationen mit gewissen formalen Eigenschaften gibt. Vorgestellt und untersucht werden zunächst klassische Strukturen wie Gruppen, Ringe, Körper und Verbände. Das Kapitel führt aber auch in die lineare Algebra ein, die Theorie der Vektorräume und linearen Gleichungssysteme. Sie ist wegen ihrer zahlreichen Anwendungen in Natur- und Wirtschaftswissenschaften von besonderer Bedeutung. Zuletzt wird ein kleiner Einblick in die allgemeine Algebra gegeben, bei der es gerade um die Beliebigkeit der Objekte und Operationen sowie deren möglicher Eigenschaften geht.

Das achte und letzte Kapitel behandelt die Wahrscheinlichkeitstheorie, von dieser allerdings nur den Teilbereich der diskreten Wahrscheinlichkeitsräume. Den Ausgangspunkt bildet dabei eine Reihe allgemeinverständlicher Probleme mit am Ende teilweise überraschenden Lösungen.

Jedes Kapitel endet mit einer Reihe von Übungsaufgaben, vgl. auch https://www.degruyter.com/document/isbn/9783111336107/html.

1.2 Methodische Schwerpunkte

Angesichts der Themenfülle dieses Textes steht nicht der Platz für eine durchgehend didaktisch aufbereitete Präsentation zur Verfügung. Dennoch wurde Wert auf eine gründliche Darstellung einiger mathematischer Methoden gelegt, die in unterschiedlichen Zusammenhängen zum Einsatz kommen. Dies betrifft unter anderem die Themenkreise
– Induktion und Rekursion,
– Äquivalenz und Kongruenz,
– Hüllen und Dualität,
– Produkte und Quotienten

– Funktionenräume sowie
– Abzählbarkeits-bezogene Methoden wie das Cantor'sche Diagonalverfahren und Hilberts Hotel.

Wer neben den Grundlagen aus der Mengenlehre und Logik dieses Methodenrepertoire beherrscht, kann zuversichtlich vertiefende Darstellungen der Themen dieses Textes sowie weitere Bereiche der Mathematik in Angriff nehmen.

1.3 Notation

Zugunsten der besseren Lesbarkeit wird im Text bei allgemeinen Personenbezeichnungen auf die regelmäßige parallele Anführung weiblicher und männlicher Formen verzichtet. Ich hoffe, dass die Leserinnen und Leser dafür Verständnis haben.

Die Titel einiger Abschnitte sind mit einem Stern * markiert. Der Inhalt eines solchen Abschnitts zählt nicht mehr unbedingt zu den elementaren Grundlagen des jeweiligen Themas. Er kann daher in einer Grundvorlesung – oder im Selbststudium beim ersten Lesen – schadlos übergangen werden.

Definitionen und Erklärungen stehen im Fließtext. Die **neuen Begriffe** sind **fett** gedruckt, *sonstige Betonungen* meist *kursiv*. Mathematische Sätze beginnen mit „**Satz** ...“ und enden mit „□“. Ihre zugehörigen Beweise, oder zumindest Hinweise zum Auffinden des Beweises, enden mit „■“. Nach einzelnen Beweisen wird in Übungsaufgaben gefragt, und auf einige wenige Beweise wird gänzlich verzichtet, zumeist wenn ihr Umfang den Lehrstoff einer knappen Einführung deutlich überschreitet. Sie finden sich in Lehrbüchern zu den jeweiligen Themen. Auch Beschreibungen von Algorithmen enden mit „□“, zumal sie implizit einen Satz beinhalten, nämlich die Zusicherung, dass sie immer genau das Gewünschte in endlich vielen Schritten leisten. Die Beweise dieser **Korrektheit** und **Terminierung** werden meist weggelassen; auch hierzu sei auf Darstellungen der Einzeldisziplinen verwiesen. Kommentare in Algorithmen stehen in spitzen Klammern: ⟨...⟩.

Mathematische Theorien haben oft ihre jeweils eigenen symbolischen Sprachen. In der Mengenlehre schreiben wir vielleicht $a \in A$; in der Aussagenlogik $A \wedge B$. Wann immer wir – so wie momentan – über eine solche Theorie und ihre Schreibweise „sprechen“, sprechen wir über eine sogenannte **Objektsprache**. Unsere obigen Beispiele gehören zur Objektsprache der mengentheoretischen Aussagen ($a \in A$) bzw. der aussagenlogischen Formeln ($A \wedge B$). Die Sprache, in der hier über die Objektsprachen geschrieben wird, gewöhnliches Deutsch, ist in diesem Moment unsere **Metasprache**. Die Vermischung von Objekt- und Metasprache kann schlimmstenfalls Paradoxien nach sich ziehen, wie „Dieser Satz ist nicht wahr.“ Dabei spielen oft – wie auch in diesem Beispiel – Aspekte zirkulärer Definition eine Rolle.

Im vorliegenden Text benutzen wir aus Gründen der Kürze und Übersichtlichkeit häufig folgende metasprachlichen Symbole:

- $\Leftrightarrow$ für „... ist genau dann der Fall wenn ..."
- $\Rightarrow$ für „Wenn ... dann ..." bzw. „... impliziert ..."
- $:=$ für „... ist per Definition ..." bzw. „... ist definiert als ..."
- $:\Leftrightarrow$ für „... ist per Definition genau dann der Fall wenn ..."

Im Rahmen eng definierter Formelsprachen der Logik wird „genau dann wenn" (Biimplikation) als $\leftrightarrow$ und Implikation als $\rightarrow$ geschrieben. In der formalen semantischen Metasprache der Logik, in der über Formeln und ihre Interpretationen „gesprochen" wird, wird das „wenn, dann", genauer die semantische Folgebeziehung, als $\vDash$ und das „genau dann wenn", genauer die semantische Äquivalenz, als $\equiv$ geschrieben.

Weitere Schreibkonventionen zur übersichtlicheren und knapperen Wiedergabe von Fakten und Definitionen werden in den Abschnitten 2.4.2 und 3.2 eingeführt.

Auf fast jedem mathematischen Gebiet haben sich eine oder einige wenige Notationen eingebürgert. Bei einem Text wie dem vorliegenden, der sich über viele Gebiete erstreckt, bedeutet dies, dass man entweder gelegentlich die Notation wechselt oder von den gängigen Notationen etwas abweicht, um den Lesern den häufigen Wechsel zu ersparen. Hier wurde ein Kompromiss eingegangen, um beides zu vermeiden – sowohl dass die Leser in jedem Kapitel mit allzu vielen neuen Schreibweisen konfrontiert werden als auch dass die Leser durch allzu viele Unterschiede zur Notation in Spezialwerken befremdet werden. Dazu zählt auch, dass man gängige salopp vereinfachende Schreibweisen verwendet[3]. Dann steht da beispielsweise auch einmal

- $f(x,y)$ anstatt $f((x,y))$,
- $f(A)$ anstatt $f_{\{\}}(A)$,
- „ein $x \in A$"   anstatt   „ein x mit $x \in A$",
- „ist $A := f(B)$ ein ..."   anstatt   „ist A, definiert durch $f(B)$, ein ..."
- „für $i = 1, ..., n$"   anstatt   eines Induktionsbeweises.

Dies führt uns bereits zum Thema des folgenden Abschnitts.

1.4 Formalismus und Sicherheit

In einem mathematischen Text findet man in der Regel viele Formeln und Beweise. Das schreckt Neulinge oft ab, hat aber auch unbestreitbare Vorteile.

Formeln sind meist kürzer als Texte, oft auch übersichtlicher – zumindest nachdem man sich mit Ihrer Bedeutung vertraut gemacht hat. Es gab auch schon nahezu

---

3 Sehr amüsant demonstrierte Karl Valentin eingangs seines Monologes „Das Aquarium" die Probleme, die – auch abseits der Mathematik – drohen, wenn man sich besonders exakt ausdrücken möchte, vgl. [Schu 1978], seit dem Ablauf des Urheberrechts aber auch im Internet auffindbar.

textfreie Mathematikbücher, die quasi nur aus Formeln als Sätze und Formellisten als deren formale Beweise bestanden. Solch ein Vorgehen dürfte aber nur die wenigsten Leser begeistern.

Es sei auch nicht verschwiegen, dass in manchen praktischen Anwendungsbereichen die übliche mathematische Ausdrucksweise aus Logik und Mengenlehre eher angestrengt als übersichtlich wirkt. In solchen Fällen werden dann oft auf der Basis konventioneller mathematischer Definitionen besser handhabbare dedizierte Formalismen und Schreibweisen eingeführt.

Ein mathematischer Beweis bringt die Sicherheit, dass eine mathematische Aussage unumstößlich gilt. Ein streng denkender Mathematiker ist sich vielleicht nicht absolut sicher, dass auch morgen wieder ein neuer Tag ist, und hält dies lediglich für sehr wahrscheinlich. Er ist sich aber nach der Lektüre eines entsprechenden Beweises völlig sicher, dass es echt mehr reelle als rationale Zahlen gibt.

In der mathematischen Logik lernt man, ganz formale Beweise zu führen. Beweise in mathematischen Lehrbüchern sind allerdings meist gar nicht so formal aufgeschrieben, sondern haben eher die Form von Beweisskizzen. Sie sind gerade nur so weit ausgearbeitet, wie der Autor es für notwendig erachtet, damit seine Leser prinzipiell in der Lage sind, aus einer solchen Skizze einen formalen Beweis zu produzieren – was diese Leser in der Regel nie tun. Ganz formale und entsprechend ausführliche Beweise im Stile der formalen Logik hätten zwar den Vorteil, dass ihre Korrektheit maschinell nachgeprüft werden könnte; gelesen würden sie aber wegen ihres gewaltigen Umfangs und ihrer Unübersichtlichkeit kaum.

Es schadet es auch nicht, wenn man einen Beweis erst dann liest, nachdem man den Satz schon mehrfach verwendet hat. Wahrscheinlich sind dann auch die Motivation und das Verständnis größer. Neben der Untermauerung einer mathematischen Behauptung hat die Lektüre eines Beweises oft auch den Vorteil, das Verständnis für das bewiesene Ergebnis zu vertiefen.

Schließlich soll auch die ästhetische Freude an einem elegant gelösten Rätsel als unter Mathematikern durchaus verbreitetes Motiv nicht verschwiegen werden, auch wenn sie nicht immer so freimütig zugegeben wird wie hier:

> Diesen Satz brauchen wir nicht, aber er ist so schön und einfach zu beweisen, dass wir ihn trotzdem erwähnen. [Knüp oJ].

Wie ausführlich werden nun Sätze in diesem Kompendium bewiesen? Dafür gibt es keine feste Regel. Vielmehr werden nahezu alle üblichen Detaillierungsgrade verwendet. Am Anfang jedes Kapitels überwiegen die ausführlicheren Beweise, am Ende wird den Lesern eher etwas mehr zugemutet. Es soll ja auch keine Langeweile aufkommen. So finden sich Beweise aller Schattierungen, von

– ganz ausführlich:

$$„xyz = abc \quad \text{wegen Satz 08.15,}$$
$$\quad\; = def \quad \text{wegen Satz 47.11“,}$$

- wobei den Lesern evtl. Stichworte genügen sollten:
 „$uvw \Leftrightarrow ghi$ wegen Kommutativität,
      $\Leftrightarrow jkl$ Distributivität",

- bis zu reinen Ketten von Identitäten oder Äquivalenzen, in der Erwartung, dass den Lesern nach der Lektüre des Vorhergehenden die Gründe für jeden Schritt klar sind:
 „$xyz = abc = ... = def$"
 „$uvw \Leftrightarrow ghi \Leftrightarrow ... \Leftrightarrow jkl$",

- das Ganze noch ergänzt durch indirekte oder bedingte Beweise oder Beweisteile:
 „Angenommen, es gelte $xyz \neq abc$, dann gälte ..., d. h. ein Widerspruch; also gilt $xyz = abc$."
 „Angenommen, es gilt uvw. Dann gilt ..., dh. ghi. Also gilt $uvw \Rightarrow ghi$."

Manchmal wird die Beweisidee grafisch dargestellt, oder die Leser werden aufgefordert, einfache Beweisteile selbst zu finden – meist dann, wenn die stete Wiederholung ausführlicher Beweisschritte ermüdend wirken könnte:
- „Analog zeigt man ...",
- „... sieht man leicht dass ...",
- „Der Beweis wird den Lesern als Übungsaufgabe überlassen."

In Kapitel 5 sind zahlreiche Beweise aus Platzgründen und zur Vermeidung von Eintönigkeit ausgespart.

Einzelne elementare Fakten, deren Induktionsbeweise häufig als einfache Übungen abgetan werden, sind in Kapitel 4 bewusst ausführlich formuliert und bewiesen, um den Lesern Selbstzweifel zu ersparen, wenn bei ihnen diese vermeintlich einfachen Übungen rasch ausufern. Dies betrifft zum einen die Teilwort-Teilformel-Eigenschaft und Interferenzfreiheit bei logischen Formeln in Abschnitt 4.1.2 und zum anderen die Berechtigung des Weglassens von Klammern bei assoziativen Verknüpfungen in Abschnitt 4.1.6.

1.5 Minimalismus

Man kann guten Gewissens sagen, dass die meisten Mathematiker einen Hang zum Minimalismus haben: Sie kommen gerne mit möglichst wenigen Grundbegriffen und Grundforderungen aus. In der Tat bedeutet es eine größere Sicherheit, wenn man möglichst wenige Gegebenheiten postuliert und so viele wie möglich aus vorhandenem Wissen logisch ableitet. Was bewiesen ist, ist sicher, jedenfalls genauso sicher wie die gemachten Grundannahmen. Je mehr Grund*annahmen* man macht, desto eher läuft man Gefahr, dass sie widersprüchlich sind, also nie gemeinsam wahr sein können und zu nicht haltbaren Folgerungen führen.

Die Tendenz zu möglichst wenigen Grund*begriffen* lässt sich vielleicht nicht so leicht praktisch begründen; sie ist aber oft fast im Sinne eines sportlichen Ehrgeizes allenthalben in der Mathematik zu beobachten. Zur Vermeidung von Missverständnissen sei hier aber vermerkt: die Grundbegriffe einer mathematischen Theorie sind *undefiniert*. Das heißt nun nicht, dass die Verwender dieser Begriffe keine Ahnung hätten, wovon die Begriffe handeln und wozu sie benutzt werden sollen. Vielmehr ist es so, dass die Schöpfer (und meist auch die Benutzer) dieser Theorie diese Begriffe für besonders einleuchtend, elementar und unverzichtbar hielten oder halten. Die *definierten* Begriffe werden dann aus den Grundbegriffen aufgebaut.

Beim mathematischen Minimalismus werden also möglichst wenige undefinierte (Grund-) Begriffe verwendet und möglichst wenige **Axiome** bzw. **Postulate** (Grundannahmen) eingeführt. Besonders augenfällig wird dies in der Mengenlehre und der Logik. Das Minimalitätsprinzip bezüglich der Grundbegriffe und Grundannahmen wird auch außerhalb der Mathematik thematisiert. Es ist in der Philosophie der Wissenschaften als **Occam's razor** (Ockhams[4] Rasiermesser) bekannt.

1.6 Danksagungen

Meiner Familie schulde ich großen Dank für ihre Geduld mit dem lange Zeit nur bedingt ansprechbaren Verfasser. Für vielfältige inhaltliche und didaktische Hinweise und Verbesserungsvorschläge bedanke ich mich bei Karin Haenelt, Olaf Henniger, Steffen Lange und Helmut Wiland sowie bei meiner Familie. Für Tipps und Materialien danke ich Yuval Filmus, Bernhard Ganter, Bernhard Gittenberger, Gert Kleinstück, Jürgen Köller, Burkhard Külshammer, Dirk Kussin, Horst Osswald, Rosemarie Scheitler-Vielhuber und Thomas Schroeder. Dem Verlag, stellvertretend seien Nicole Karbe und Cornelia Horn genannt, danke ich für die freundliche Betreuung und die technische Beratung, desgleichen Kristin Berber-Nerlinger und André Horn im Rahmen der zweiten Auflage. Wenn Lesern möglicherweise das eine oder andere an der Darstellungsweise dieses Textes gefällt, dann haben daran die einst vom Verfasser besuchten Vorlesungen von Prof. Dr. Vasco Osório großen Anteil.

Weiteren Hinweisen und Vorschlägen seitens der Leser sehe ich erwartungsvoll entgegen.

---

4 Wilhelm von Ockham (William of Occam), ca. 1288–1347, lehrte Philosophie in Oxford, Paris und München.

2 Mengen

Die Anfänge der Mengenlehre gehen auf Georg Cantor[5] zurück. Mit ihr wurde das Begriffsgerüst geschaffen, das heute als unabdingbar für formales Vorgehen in der Mathematik betrachtet wird. Im Zuge der kulturellen Wende der Sechzigerjahre des letzten Jahrhunderts setzte sich die Mengenlehre sogar als Schulstoff durch. Vielleicht geschah das nicht immer ganz altersgemäß, zweckhaft und fachgerecht[6]. Inzwischen scheint sie an der Schule wieder mehr in den Hintergrund getreten zu sein.

„Alle Mathematiker sind sich darüber einig, dass jeder Mathematiker ein wenig Mengenlehre kennen muss; die Uneinigkeit beginnt, sobald man zu entscheiden versucht, wie viel ein wenig ist." – das schrieb Paul R. Halmos[7] im Vorwort seiner klassischen „Naive(n) Mengenlehre" [Halm 1969]. Auch nahezu 50 Jahre später kann man seiner Themenauswahl aber eigentlich nur beipflichten.

2.1 Mengen und Elemente

2.1.1 Mengen, Elemente, Objekte

Eine **Menge** ist eine Zusammenfassung von Objekten unserer Anschauung oder unseres Denkens zu einem Ganzen. Diese werden dann als **Elemente** der Menge bezeichnet. So ähnlich formulierte es Cantor bereits 1895. Dass das Objekt a ein Element der Menge A ist, wird symbolisch als $a \in A$ geschrieben; wir sagen auch „A enthält a." Dass a kein Element von A ist, schreibt man auch als $a \notin A$.

Was kommt alles als Objekt in Frage? Die Antwort ist: alles was wir für eine wohldefinierte Einheit unseres Denkens halten, und zwar möglichst auch noch übereinstimmend mit anderen Menschen, mit denen wir darüber reden wollen. Das kann ein unbelebtes physikalisches Objekt sein (der Eiffelturm, die Sonne), ein jetzt oder ehemals belebtes Objekt (der/die geneigte Leser/in dieser Zeilen, der Eisbär Knut) oder ein geistiges Objekt wie die Zahl 1984 oder der Film „1984" in der Version von 1984[8]. Zwar gibt es auch für physische Objekte unterschiedliche Benennungen oder Darstel-

---

5 1845–1918, wirkte als Professor in Halle/Saale.

6 Augenzwinkernd und garnicht so realitätsfern spießte dies eine Bildungsreformen-kritische Persiflage aus den Siebzigerjahren des vorigen Jahrhunderts auf, die unter dem Stichwort „Kartoffelaufgabe" leicht recherchierbar ist.

7 1916–2006, unterrichtete an mehreren amerikanischen Universitäten.

8 Ein Film kann als physikalisches Objekt eine Zelluloidrolle bedeuten, aber auch ein abstraktes Objekt, das in vielen Formen von „physikalischer Inkarnation" auftritt: als zeitlicher Ablauf von Licht- und Farbmustern auf einer Leinwand, als gespeicherte Kopie in Form eines eingebrannten Bitmusters auf einer Kunststoffscheibe, als Magnetisierungszustand des Kernspeichers eines Computers oder als ein vollendetes Großprojekt von den ersten Ideen über Finanzierung und Realisierung bis hin zu Wer-

https://doi.org/10.1515/9783111336107-002

lungen (z. B. Morgenstern = Abendstern), aber ganz besonders rein geistige Objekte aus der Welt der Mathematik können unterschiedlich notiert werden, z. B. in unterschiedlichen Schreibweisen, wie 10, A_{16}, und 1010_2, oder in Form ausrechenbarer Terme, wie $3 + 7$, $2 \cdot 5$ oder 60/6.

Andere Objekte, mit denen man vor allem in der Informatik häufig arbeitet, sind abstrakte **Wörter,** d. h. **Zeichenfolgen** über einem jeweiligen endlichen Alphabet, z. B. 1001011, MATHEMATIK, μαθηματικά, 数学 – hier über dem Alphabet $\{0,1\}$ bzw. dem der lateinischen Großbuchstaben, der griechischen Kleinbuchstaben bzw. der chinesischen Schriftzeichen. Auch Softwarepakete von einigen hundert Megabyte oder digital gespeicherte Videos von einigen Gigabyte sind aus gewisser Sicht nur Zeichenfolgen.

2.1.2 Mengendefinition – Möglichkeiten und Fallstricke

Eine endliche Menge kann man *explizit* durch eine Aufzählung aller ihrer Elemente beschreiben. Praktisch geht das natürlich nur, wenn die Liste nicht zu lange wird. Dabei werden die Objektnamen durch Kommata getrennt und insgesamt von geschweiften Klammern umschlossen. Wenn wir natürliche Zahlen als Objekte wählen, dann ist z. B. $\{1,2,3\}$ die Menge mit genau den drei Elementen 1, 2 und 3. Dabei ist die Reihenfolge beim Aufzählen gleichgültig, d. h. $\{2,3,1\}$ ist die gleiche Menge wie $\{1,2,3\}$. Jedes Element wird beim Aufzählen gewöhnlich nur einmal hingeschrieben. Etwas wie $\{1,1,2,3\}$ kann man wahlweise als eine für Mengen unzulässige Liste oder als eine zwar erlaubte aber unnötig umständliche Schreibweise für die Menge $\{1,2,3\}$ betrachten. Wir vermeiden hier i.a. doppelte Auflistungen des gleichen Mengenelements, so dass wir uns für keine der Vorgehensweisen entscheiden müssen. Ein Spezialfall ist die **leere Menge** $\{\}$, die keine Elemente enthält; sie wird meist $\varnothing$ geschrieben. Was auch immer x ist, es gilt $x \notin \varnothing$.

Neben der expliziten Aufzählung der Elemente gibt es eine zweite (die *deskriptive*) Methode der Mengendefinition, bei der eine charakterisierende Eigenschaft der Elemente der Menge verwendet wird: $\{x \mid P(x)\}$ ist die Menge aller Objekte mit der Eigenschaft P, so dass

$$x \in \{x \mid P(x)\} \Leftrightarrow P(x).$$

Wenn

$\quad G(x) :\Leftrightarrow x$ ist eine gerade natürliche Zahl[9],

---

bung und Vertrieb, usw. Mathematische Begriffe sind dagegen meist recht klar und eindeutig (wenn auch nicht immer für jeden auf Anhieb).

9 Ausgerechnet der wichtige Begriff der Menge der **natürlichen Zahlen** wird in der Mathematik leider uneinheitlich verwendet: einmal für $\{1,2,3, \ldots\}$, hier als $\mathbb{N}$ geschrieben, einmal einschließlich der Null für $\{0,1,2, \ldots\}$, hier als $\mathbb{N}_0$ geschrieben. Eine deutsche Norm [DIN 1992] zählt die Null dazu.

so ist $\{x \mid G(x)\}$ die Menge aller geraden natürlichen Zahlen, so dass zum Beispiel gilt:

$$3 \notin \{x \mid G(x)\} \text{ und } 4 \in \{x \mid G(x)\}.$$

In diesem Zusammenhang sei auch noch die informelle Schreibweise

$$\{x \mid G(x)\} = \{2, 4, 6, \dots\}$$

für unendliche Aufzählungen vorgestellt, bei der man durch die **Auslassungspunkte** (vornehmer: **Ellipsis)** „..." signalisiert „und so weiter" und dabei hofft, dass der Leser sich die vom Schreibenden gemeinte Fortsetzung anhand der ersten Beispiele zusammenreimen kann.

Bezeichnen wir die Menge $\{1,2,3,\dots\}$ der **natürlichen Zahlen** als $\mathbb{N}$, so kann man auch die Schreibweise

$$\{x \mid G(x)\} = \{2x \mid x \in \mathbb{N}\}$$

nachvollziehen, denn jede gerade natürlichen Zahl ist das Doppelte einer natürlichen Zahl und umgekehrt. Sie ist eine abgekürzte Version ausführlicherer Notationen wie

$$\{m \mid \text{Es existiert ein } n \in \mathbb{N} \text{ mit } m = 2n\}, \text{ bzw. } \{m \mid \exists n \in \mathbb{N}: m = 2n\},$$

wobei in der letzteren der Existenzquantor $\exists$ verwendet wird (vgl. Kapitel 4 Logik).

Doch nun zurück zu unserer Mengendefinition $\{x \mid P(x)\}$. Das **Postulat** (die Forderung bzw. Grundannahme), dass zu jeder Eigenschaft P, die Objekte entweder haben oder nicht haben, die Menge $\{x \mid P(x)\}$ existiert, ist das Axiomenschema[10] der Komprehension, meist kurz **Komprehensionsaxiom** genannt. Eng mit diesem verwandt ist das **Aussonderungsaxiom** (-enschema), nach dem zu jeder Menge M und zu jeder Eigenschaft P, die Objekte entweder haben oder nicht haben, die Menge

$$\{x \mid x \in M \text{ und } P(x)\}, \text{ bzw. kürzer: } \{x \in M \mid P(x)\}$$

existiert. Wie wir unten gleich sehen werden, gibt es entscheidende Argumente, das gewissermaßen uneingeschränkte Komprehensionsaxiom zugunsten seiner eingeschränkten Version, des Aussonderungsaxioms, fallen zu lassen.

Nachdem wir oben von *der* Menge $\{x \mid P(x)\}$ bzw. $\{x \in M \mid P(x)\}$ gesprochen haben und nicht von *einer*, könnte man durchaus kritisch nachfragen, ob es zu P (bzw. M und P) nicht vielleicht mehrere verschiedene solche Mengen geben kann, sagen wir mal naiv eine blaue und eine rote. Genau das wird in der Mengenlehre jedoch ausgeschlossen. Die einzige grundlegende[11] Eigenschaft einer Menge soll sein, welche Elemente sie hat.

---

10 Für jede einzelne Eigenschaft P wird ein Axiom daraus.

11 Nicht grundlegend sollen hier die weiteren logischen Folgerungen aus den grundlegenden Eigenschaften sein, mit denen aber über ein Objekt nichts wirklich Neues ausgesagt wird.

Extensionalitätsaxiom

Zwei Mengen A und B sind genau dann gleich, wenn sie dieselben Elemente haben:

$$A = B \Leftrightarrow \text{Für alle } x \text{ gilt } (x \in A \Leftrightarrow x \in B).$$

Das Komprehensionsaxiom wurde von Bertrand Russell[12] dazu verwendet, seine berühmte Antinomie zu konstruieren, ein Paradoxon, das der sogenannten **naiven Mengenlehre** nahezu den Garaus machte und als die **Russell'sche Antinomie** bezeichnet wird, und welches wir uns daher im Folgenden näher ansehen wollen.

Zunächst einmal können Mengen als Objekte unseres Denkens ihrerseits mit anderen Objekten zusammengefasst werden, also selbst Elemente von Mengen werden. So sind in der Menge $\{a, \{b\}\}$ die Objekte a und $\{b\}$ (als Elemente) enthalten. $\{b\}$ enthält natürlich das (einzige) Element b. Jedoch ist b kein Element von $\{a, \{b\}\}$ – solange wir nicht etwa b und $\{b\}$ als gleich betrachten, was aber in der Mengenlehre keiner möchte. Das ist etwa so, wie wenn wir a für einen Apfel und b für eine Birne stehen lassen, und $\{x\}$ für eine Tüte mit x darin (unmittelbar, die Tüte von innen berührend). Dann ist eben eine Tüte mit einer Birne darin etwas anderes als eine Birne ohne Tüte, und $\{a, \{b\}\}$ ist eine Tüte, die zwar einen Apfel und eine Tüte mit einer Birne darin enthält, nicht aber unmittelbar (als Element) eine Birne: $b \notin \{a, \{b\}\}$. Oder, um noch ein anderes Bild zu verwenden, ich bin vielleicht persönlich Mitglied in einem Fußballverein, *ich $\in$ 1.FC A-Stadt*, und der Verein ist Mitglied eines Landesverbands, *1.FC A-Stadt $\in$ FV B-Land;* aber dadurch bin ich persönlich noch nicht Mitglied des Landesverbands, *ich $\notin$ FV B-Land,* da dieser ja nur Vereine als Mitglieder hat.

Russell betrachtete die potentielle Eigenschaft von Objekten, sich selbst als Element zu enthalten: $x \in x$. In der Tüten- oder Vereinswelt oben wie auch allgemeiner beim Auflisten endlicher Mengen wird uns solch ein Fall kaum unterkommen; dort finden wir eher nur Beispiele für $x \notin x$. Jedenfalls erlaubt uns das Komprehensionsaxiom, die Menge

$$R := \{x \mid x \notin x\}$$

zu definieren. Nun ist $R \in R$ genau dann der Fall, wenn R die charakteristische Eigenschaft $x \in x$ der R-Elemente erfüllt, d. h. mit R für x eingesetzt folgt daraus $R \notin R$. Wäre umgekehrt $R \notin R$, so würde R die charakteristische Eigenschaft $x \notin x$ der R-Elemente erfüllen, wäre also deswegen Element von R. Insgesamt erhalten wir also:

$$R \in R \Leftrightarrow R \notin R$$

R kann weder Element von sich selbst noch nicht Element von sich selbst sein, denn in beiden Fällen wäre dann auch das Gegenteil der Fall – ein logischer Widerspruch. Russell kleidete zur Illustration für Laien das Problem in das Gewand des **Barbier-Paradoxons:** Wenn ein Barbier jemand ist, der genau diejenigen rasiert, die sich

---

12 1872–1970, englischer Philosoph und Mathematiker.

nicht selbst rasieren, rasiert der Barbier sich selbst oder nicht? Schreiben wir $a \in b$ für „a rasiert b", dann entspricht die Frage, ob er sich rasiert, der Frage, ob *Barbier* $\in$ *Barbier* gilt, und es folgt wieder rasch, dass dies genau dann zutrifft, wenn es nicht zutrifft.

Nachdem bereits vielen Mathematikern der Nutzen der Mengenlehre für klare Definitionen und Beweise bewusst geworden war, wollte man sich auch nach einem solchen Rückschlag ungern einfach von ihr verabschieden. So schrieb David Hilbert[13] 1926: „Aus dem Paradies, das Cantor uns geschaffen, soll uns niemand vertreiben können." Was war zu tun?

Paradoxien beruhen oft auf unbemerkten unzutreffenden Annahmen oder fehlerhafte Definitionen. Fehlerhafte Definitionen können z. B.
– zirkulär sein, vgl. Fußnote 1 in Kapitel 1, oder
– sich auf ein nicht existierendes Objekt beziehen (wie z. B. in „der Lamborghini des Verfassers" oder in „Darf nach unseren Gesetzen ein Mann die Schwester seiner Witwe heiraten?") oder
– mehrdeutig sein (z. B. „die gerade Zahl zwischen 1 und 11").

In der Mengenlehre identifizierte man das Komprehensionsaxiom als den Übeltäter und verzichtete zugunsten des Aussonderungsaxioms darauf. Mit der axiomatischen Mengenlehre (vgl. Abschnitt 2.4) versuchte man dann, die Mengenlehre formaler und vorsichtiger neu aufzubauen.

In der naiven Mengenlehre arbeitete man ursprünglich auch mit einer **Allmenge** U, die alle Objekte (und damit auch alle Mengen) als Elemente enthalten soll. Somit gälte auch $U \in U$, was (a) unerwünscht war und (b) in unserer „Tütenwelt" bedeuten würde, dass eine Tüte in sich selbst drin steckt. Beide Unannehmlichkeiten kann man ja noch ignorieren: Zum einen bedeutet unerwünscht nicht unbedingt unmöglich, und zum anderen ist unser Tütengleichnis vielleicht unzulänglich. Aber auch wenn wir bereits auf das Komprehensionsaxiom zugunsten des Aussonderungsaxioms verzichtet haben, so erlaubt doch U immer noch, die „unmögliche Menge" R durch die Hintertür als

$$R' := \{x \in U \mid x \notin x\}$$

wieder einzuführen, und zwar mit den gleichen ernüchternden Folgen:

$$R' \in R' \Leftrightarrow R' \notin R'.$$

Daraus muss man schließen: Eine Allmenge U für alle Objekte einschließlich aller Mengen gibt es nicht!

---

[13] 1862–1943, lehrte Mathematik in Göttingen, stellte 1900 eine Liste von 23 damals offenen Problemen zusammen, die berühmt und nach ihm benannt wurden.

Was allerdings ohne die erwähnten Probleme verwendet werden kann, ist ein gegenüber einer Allmenge eingeschränkte Menge: eine relativ frei wählbare Grundmenge bzw. ein Universum U_{at} aller im gegebenen Zusammenhang interessierenden atomaren Objekte. **Atomar** sind Objekte, die Elemente von Mengen sein können, aber selbst keine Mengen sind (und daher auch keine Elemente haben). So könnten wir z. B. gut über natürliche Zahlen und Mengen natürlicher Zahlen reden, wenn wir mit $U_{at} = \mathbb{N}$ arbeiten. Sowohl Bertrand Russell als auch einige praxisorientierte Darstellungen [KePa 2005] verwenden atomare Objekte. Eine Axiomatik mit atomaren Objekten wird im Abschnitt 2.4.2 vorgestellt. Anstatt U_{at} schreibt man auch gerne wieder einfach U, wohl wissend, dass keine generelle Allmenge gemeint ist.

Bei den unter Mathematikern eher verbreiteten (minimalistischen) Ansätzen geht man umgekehrt davon aus, dass jedes Objekt eine Menge ist (oder zumindest eine Klasse, vgl. Abschnitt 2.4). Dann ist natürlich jedes atomare Objekt – da ohne Elemente – nach dem Extensionalitätsaxiom identisch mit $\emptyset$. In der Praxis ist man darüber nicht uneingeschränkt glücklich: Warum sollten zum Beispiel Buchstaben und Zahlen Mengen sein und Elemente haben? Es widerspricht beispielsweise beim objektorientierten Programmieren dem sog. **Prinzip der Kapselung**, wenn Objekte wie die natürlichen Zahlen nur zum Zählen und Rechnen eingeführt werden und neben ihren erwünschten Eigenschaften wie $5 < 7$ plötzlich unvorhergesehene Eigenschaften wie $5 \in 7$ haben sollen.

Graphisch werden zur Illustration von Mengen- und Elementbeziehungen Mengen oft als ebene Flächenbereiche dargestellt und spezielle Elemente als Punkte hervorgehoben.

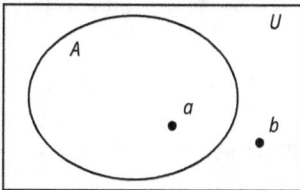

Abb. 2.1: Ein Mengendiagramm.

Solche Darstellungen werden als **Venn**[14]- bzw. **Euler**[15]**diagramme** bezeichnet. Wir verwenden sie hier informell und ignorieren in unseren **Mengendiagrammen** die gelegentlich bei Eulerdiagrammen üblichen strengeren Einschränkungen, vgl. [Wiki Eule]. In Abb. 2.1 sind $a \in A$ und $b \notin A$[16], und U ist die Grundmenge.

---

14 John Venn, 1834–1923, Priester, Logiker, Naturphilosoph und Historiker in Cambridge.
15 Leonhard Euler, 1707–1783, Professor für Mathematik und Physik in Petersburg und Berlin.
16 Wir verwenden auch die üblichen legeren Lesarten, in denen z. B. $a \in A$ auch „a Element von A" oder „Element a von A" bedeuten kann. Dann sind Sätze wie „Daher ist $a \in A$" oder „Wir wählen ein $a \in A$" nicht ungrammatisch.

2.2 Mengenrelationen und -operationen

Eine Menge A wird als **Teilmenge** einer Menge B bezeichnet (und B als **Obermenge** von A), wenn jedes Element von A auch ein Element von B ist, vgl. Abb. 2.2:

$$A \subseteq B :\Leftrightarrow \text{Für alle } x \text{ gilt: } (x \in A \Rightarrow x \in B).$$

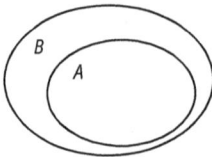

Abb. 2.2: $A \subseteq B$.

A ist eine **echte Teilmenge** von B, wenn es eine Teilmenge von B und von B verschieden ist, wenn also B zusätzlich mindestens ein Element hat, das nicht Element von A ist – wie jeden Punkt der Fläche innerhalb B und außerhalb A in Abb. 2.2. Dies wird oft „$A \subset B$" geschrieben. Leider verwenden aber manche Autoren „$A \subset B$" für die allgemeine Teilmengenbeziehung (also unser $A \subseteq B$), so dass wir diese Schreibweise hier vermeiden. Die Teilmengenbeziehung nennt man auch **Inklusion.**

Natürlich kann eine Menge auch Element einer anderen Menge sein, wie zum Beispiel $\{a\} \in \{\{a\}, b\}$. Sie kann aber auch beides gleichzeitig sein, Element und Teilmenge, wie bei $\{a\}$ in Bezug zu $\{\{a\}, a\}$. Insofern ist die Redeweise „A ist in B enthalten" mehrdeutig, und wäre dann zu ergänzen durch „als Element" bzw. „als Teilmenge".

Auf Mengen kann man **Mengenoperationen** ausführen. Wir beginnen mit einstelligen, die also einer Menge eine andere Menge zuordnen. Die **Potenzmenge** $\mathbf{P}(A)$ einer Menge A ist die Menge aller ihrer Teilmengen:

$$\mathbf{P}(A) := \{M \mid M \subseteq A\}.$$

Das **Komplement** $\overline{A}$ einer Menge A war in der naiven Mengenlehre die Menge aller Objekte, die in A nicht als Element enthalten sind:

$$\overline{A} := \{x \mid x \notin A\}.$$

Da wir als Komplement der leeren Menge, also $\overline{\varnothing}$, sofort die Allmenge erhalten, führt auch dieses Konzept zur Russell'schen Antinomie. Verwendbar sind höchstens Komplemente von Teilmengen einer vereinbarten „relativen Allmenge", wie einem Universum U_{at} der interessierenden atomaren Objekte, worauf wir unten noch näher eingehen werden.

Nun kommen wir zu den zwei- und mehrstelligen Mengenoperationen. Der **Durchschnitt** $A \cap B$ zweier Mengen A und B (auch **Schnittmenge** genannt) ist die Menge der A und B gemeinsamen Elemente:

$$A \cap B := \{x \mid x \in A \text{ und } x \in B\}.$$

Ist S eine nicht leere Menge von Mengen, so können wir als **Durchschnitt** von S die Objekte zusammenfassen, die Elemente aller Elemente von S sind:

$$\bigcap S := \{x \mid \text{Für alle Elemente } M \text{ von } S \text{ gilt } x \in M\}.$$

Beispielsweise gilt $\{a,b,c\} \cap \{b,c,d,e\} = \{b,c\}$ und $\bigcap \{\{a,b,c\},\{b,c,d\},\{b,c,e\}\} = \{b,c\}$.

Zwei Mengen mit leerem Durchschnitt heißen (zueinander) **disjunkt**.

Die **Vereinigung** $A \cup B$ zweier Mengen A und B (auch **Vereinigungsmenge** genannt) ist die Menge der in A oder in B (d. h. auch der in beiden) enthaltenen Elemente:

$$A \cup B := \{x \mid x \in A \text{ oder } x \in B\}.$$

Ist S eine Menge von Mengen, so können wir auch als Vereinigung von S die Objekte zusammenfassen, die Elemente mindestens eines Elements von S sind:

$$\bigcup S := \{x \mid \text{Es existiert ein Element } M \text{ von } S \text{ mit } x \in M\}.$$

So ist $\{a,b,c\} \cup \{b,c,d,e\} = \{a,b,c,d,e\}$, und $\bigcup \{\{a,b,c\},\{b,c,d\},\{b,c,e\}\} = \{a,b,c,d,e\}$. In den Mengendiagrammen in Abb. 2.3 sind einmal der Durchschnitt und einmal die Vereinigung als graue Flächen dargestellt.

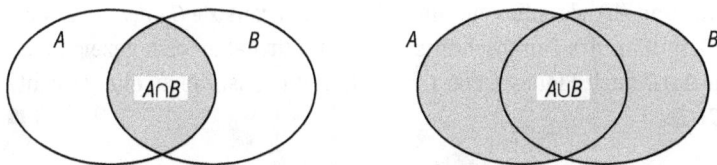

Abb. 2.3: Durchschnitt und Vereinigung.

In Spezialfällen wird $\bigcup S$ bzw. $\bigcap S$ auch anders geschrieben. Ist nämlich S eine Menge mit natürlichen Zahlen indizierter Mengen M_i, also $S = \{M_1, M_2, \ldots\}$, dann schreibt man stattdessen oft $\bigcup_{i=1}^{\infty} M_i$ bzw. $\bigcap_{i=1}^{\infty} M_i$. Damit eine Vereinigung oder ein Durchschnitt $\bigcup S$ bzw. $\bigcap S$ über ein endliches Mengensystem S (eine endliche Menge von Mengen) ordentlich definiert ist, sollte das Ergebnis davon unabhängig sein, wie man die Menge S hinschreibt.

Insbesondere ändert sich S nicht, wenn man in seiner expliziten Aufzählung einzelne seiner Elemente in anderer Reihenfolge oder auch doppelt hinschreibt. Das ist nun tatsächlich gerechtfertigt, nämlich im Rahmen von Satz 2.2. Der wird aber unter Verwendung von Eigenschaften der Inklusion bewiesen, die hier vorab bereitgestellt werden.

Satz 2.1: Ordnungseigenschaften der Inklusion

Für Mengen A, B, C und D gilt stets
- Transitivität von $\subseteq$: $A \subseteq B$ und $B \subseteq C \Rightarrow A \subseteq C$,
- Antisymmetrie von $\subseteq$: $A \subseteq B$ und $B \subseteq A \Rightarrow A = B$,
- Kleinstes Element von $\subseteq$: $\varnothing \subseteq A$,
- Monotonie von $\cap$ und $\cup$: $A \subseteq C$ und $B \subseteq D \Rightarrow (A \cap B \subseteq C \cap D$ und $A \cup B \subseteq C \cup D)$ $\square$

Beweis: Gezeigt wird hier exemplarisch die Monotonie-Aussage $A \subseteq C$ und $B \subseteq D$ $\Rightarrow (A \cap B \subseteq C \cap D$ und $A \cup B \subseteq C \cup D)$; nach den restlichen Beweisen fragt eine Übungsaufgabe.

Es gelte die Voraussetzung $A \subseteq C$ und $B \subseteq D$, d. h. für beliebige x gelte (a) $x \in A \Rightarrow x \in C$ und (b) $x \in B \Rightarrow x \in D$.

Um zu zeigen, dass $A \cap B \subseteq C \cap D$ gilt, betrachten wir ein beliebiges Element $x \in A \cap B$, das nach der Definition des Durchschnitts Element von A und von B ist. Nun wenden wir (a) und (b) von oben an und schließen daraus $x \in C$ *und* $x \in D$, also wieder nach der Definition des Durchschnitts $x \in C \cap D$. Wir haben also gezeigt, dass jedes Element von $A \cap B$ auch Element von $C \cap D$ ist, und das ist die erste gesuchte Inklusion: $A \cap B \subseteq C \cap D$.

Um zu zeigen, dass $A \cup B \subseteq C \cup D$ gilt, betrachten wir ein beliebiges Element $x \in A \cup B$, das nach der Definition des Durchschnitts Element von A oder von B ist. Nun wenden wir (a) und (b) von oben an und schließen daraus $x \in C$ *oder* $x \in D$, also wieder nach der Definition des Durchschnitts $x \in C \cup D$. Wir haben also gezeigt, dass jedes Element von $A \cup B$ auch Element von $C \cup D$ ist, und das ist die zweite gesuchte Inklusion $A \cup B \subseteq C \cup D$.   ■

Am obigen Beweis der zweiten Aussage fällt auf, dass er wörtlich dem der ersten Aussage entspricht, wobei lediglich jeweils $\cap$ durch $\cup$ und gewisse „und" durch „oder" ersetzt sind (wie oben kursiv hervorgehoben). Solche Effekte, **Dualität** genannt, werden im Rahmen der Logik in Kapitel 4 noch genauer behandelt.

Satz 2.2: Algebraische Eigenschaften von Durchschnitt und Vereinigung

Für Mengen A, B und C gilt stets
- **Idempotenz:** $A \cap A = A$ und $A \cup A = A$
- **Kommutativität:** $A \cap B = B \cap A$ und $A \cup B = B \cup A$
- **Assoziativität:** $(A \cap B) \cap C = A \cap (B \cap C)$ und $(A \cup B) \cup C = A \cup (B \cup C)$
- **Distributivität:** $A \cap (B \cup C) = (A \cap B) \cup (A \cap C)$ und $A \cup (B \cap C) = (A \cup B) \cap (A \cup C)$ $\square$

Beweis: Wir behandeln nur die Gleichungen auf den linken Seiten. Den Beweis für die jeweilige rechte Gleichung erhält man, wenn man im Beweis der linken Gleichung „und" mit „oder", sowie $\cap$ mit $\cup$ vertauscht. Gezeigt werden hier exemplarisch die (jeweils linke) Idempotenz und Distributivität; nach den restlichen Beweisen fragt eine Übungsaufgabe.

Für die Idempotenz argumentiert man so: Sei $x \in A \cap A$, also gilt nach der Definition des Durchschnitts $x \in A$ und $x \in A$, also $x \in A$. Somit ist jedes Element von $A \cap A$ auch Element von A. Also ist $A \cap A \subseteq A$ gezeigt. Ist umgekehrt $x \in A$, dann auch $x \in A$ und $x \in A$, also $x \in A \cap A$. Also ist $A \subseteq A \cap A$ gezeigt. Die Gleichung $A \cap A = A$ folgt aus den beiden Inklusionen $A \cap A \subseteq A$ und $A \subseteq A \cap A$ wegen der Antisymmetrie von $\subseteq$ aus dem vorigen Satz.

Für die Distributivität planen wir zunächst zwei Teilergebnisse:
(i) $A \cap (B \cup C) \subseteq (A \cap B) \cup (A \cap C)$ und (ii) $(A \cap B) \cup (A \cap C) \subseteq A \cap (B \cup C)$.
Zu (i) sei $x \in A \cap (B \cup C)$, also $x \in A$ und $x \in (B \cup C)$, nach der Definition der Vereinigung also $x \in A$ und $(x \in B$ oder $x \in C)$. Im ersten „Fall" der Klammer ist $x \in B$ und im zweiten „Fall" ist $x \in C$, wobei auch beides zugleich der Fall sein kann. Im ersten Fall ist dann $x \in A$ und $x \in B$, somit nach Definition des Durchschnitts $x \in A \cap B$. Im zweiten Fall ist analog $x \in A \cap C$. Insgesamt gilt $x \in A \cap B$ oder $x \in A \cap C$, nach der Definition der Vereinigung also $x \in (A \cap B) \cup (A \cap C)$. Wir haben also gezeigt, dass jedes Element von $A \cap (B \cup C)$ auch Element von $(A \cap B) \cup (A \cap C)$ ist, und das ist die erste gesuchte Inklusion $A \cap (B \cup C) \subseteq (A \cap B) \cup (A \cap C)$.

Zu (ii) sei $x \in (A \cap B) \cup (A \cap C)$. Dann können wir ganz ähnlich aufgrund der Definitionen der Reihe nach schließen auf $x \in A \cap B$ oder $x \in A \cap C$, somit auf jeden Fall $x \in A$ und dazu noch $(x \in B$ oder $x \in C)$, d. h. $x \in A$ und $x \in (B \cup C)$, letztlich $x \in A \cap (B \cup C)$. Das wiederum belegt die umgekehrte zweite Inklusion $(A \cap B) \cup (A \cap C) \subseteq A \cap (B \cup C)$.

Die Gleichung $A \cap (B \cup C) = (A \cap B) \cup (A \cap C)$ folgt nun aus (i), (ii) und der Antisymmetrie von $\subseteq$ aus dem vorigen Satz. ∎

Wem die durch die Paradoxien vielleicht etwas verdächtig gewordene Cantor'sche Beschreibung der Menge nicht genügt, der muss die Existenz bestimmter Mengen postulieren oder logisch ableiten. Während die sich Existenz des Durchschnitts zweier Mengen aus dem Aussonderungsaxiom ergibt, wird die Existenz der Vereinigung i.a. separat gefordert. Dass wir endliche Mengen wie $\{a, \{b\}\}$ bilden dürfen, wäre jedenfalls dann gesichert, wenn wir folgern könnten

a ist Objekt $\Rightarrow \{a\}$ ist Menge (und damit auch Objekt),

denn dann wüssten wir mit den Objekten a und b auch schrittweise um die Existenz der Mengen $\{a\}$, $\{b\}$, $\{\{b\}\}$ und – als Vereinigung der ersten und dritten – auch von $\{a, \{b\}\}$. Gibt es nun aufgrund unserer Postulate zu jedem Objekt a auch die einelementige Menge $\{a\}$? In der Tat gilt zumindest für jede Menge A:

$$\{A\} = \{X \in \boldsymbol{P}(A) \mid X = A\},$$

wobei wir das Potenzmengen- und das Aussonderungsaxiom verwenden. Für Nicht-mengen-Objekte a benötigen wir indessen weitere Schritte, bevor wir ruhigen Gewissens $\{a\}$ schreiben dürfen. Damit (unter anderem) befasst sich eine Übungsaufgabe.

Keinen nennenswerten Existenzbeweis braucht man wegen des Aussonderungs-axioms für die **Mengendifferenz** zweier Mengen A und B,

$$A \setminus B := \{x \in A \mid x \notin B\}.$$

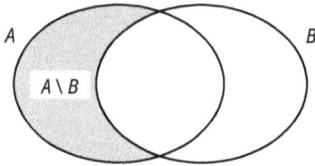

Abb. 2.4: Mengendifferenz.

Mit der Mengendifferenz als letzter Konstruktion verfügen wir nun über vielfältige Werkzeuge, die Teilmengenbeziehung durch Gleichungen mit Mengenoperationen auszudrücken.

Satz 2.3: Darstellung der Inklusion durch Mengenoperationen
Für zwei Mengen A und B sind die folgenden Aussagen äquivalent:
1. $A \subseteq B$,
2. $A \cap B = A$,
3. $A \cup B = B$,
4. $A \setminus B = \emptyset$. □

Beweis: Wir leiten (2) aus (1) ab. Es gelte $A \subseteq B$. Sei $x \in A$. Wegen $A \subseteq B$ folgt daraus $x \in B$. Aus $x \in A$ und $x \in B$ folgt $x \in A \cap B$. Jedes Element von A ist also auch Element von $A \cap B$, d. h. $A \subseteq A \cap B$. Aus den Definitionen der Inklusion und des Durchschnitts ergibt sich ferner allgemein $A \cap B \subseteq A$. Die wechselseitige Inklusion $A \subseteq A \cap B$ und $A \cap B \subseteq A$ bedeutet jedoch Gleichheit: $A \cap B = A$.

Wir leiten (1) aus (2) ab. Es gelte $A \cap B = A$. Sei $x \in A$. Dann gilt laut Voraussetzung $x \in A \cap B$. Nach der Durchschnitt-Definition ist x Element von A und von B, insbesondere also von B: Damit haben wir $x \in A \Rightarrow x \in B$ gezeigt, d. h. $A \subseteq B$.

(1) $\Rightarrow$ (2) und (2) $\Rightarrow$ (1) zusammen bedeutet die Äquivalenz: (1) $\Leftrightarrow$ (2).

Zwischen (1) und (3) kann man nun leicht analog bzw. dual argumentieren: (1) $\Leftrightarrow$ (3)

Wir leiten (4) aus (1) ab. Sei also $A \subseteq B$. Angenommen, es gebe ein x mit $x \in A \setminus B (\ast)$. Dann gilt $x \in A$ und $x \notin B$. Aber wegen $A \subseteq B$ und $x \in A$ gilt gleichzeitig $x \in B$, im Widerspruch zu $x \notin B$. Also muss die Annahme $(\ast)$ falsch sein, und es gilt das Gegenteil, d. h. $A \setminus B = \emptyset$.

Wir leiten (1) aus (4) mittels Kontraposition ab, d. h. wir zeigen gleichbedeutend: Gilt (1) nicht, dann auch (4) nicht. Sei also nun nicht $A \subseteq B$. Dann ist nicht jedes Element von A auch Element von B. Also gibt es ein x für das gilt $x \in A$ und $x \notin B$, d. h. $x \in A \setminus B$. Diese Menge kann daher nicht leer sein: $A \setminus B = \emptyset$.

(1) $\Rightarrow$ (4) und (4) $\Rightarrow$ (1) zusammen bedeuten die Äquivalenz: (1) $\Leftrightarrow$ (4). ∎

In vielen Anwendungsbereichen arbeitet man nicht nur mit einer Grundmenge U atomarer Objekte, sondern interessiert sich, was die Mengen anbelangt, auch nur für Teilmengen von U, insbesondere nicht für Mengen von Mengen. Unter diesen Umständen kann man unbesorgt mit dem **relativen Komplement** $\overline{A} := U \backslash A$ beliebiger Teilmengen A von U arbeiten, vgl. Abb. 2.5, und die beliebte Gleichung $A \backslash B = A \cap \overline{B}$ verwenden.

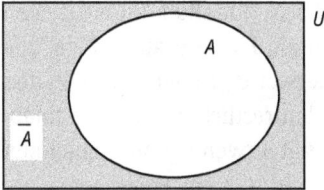

Abb. 2.5: Relatives Komplement.

Unter dieser Definition von $\overline{A}$ gelten auch die folgenden Gleichungen aus der naiven Mengenlehre:

Satz 2.4: De Morgan'sche Regeln
Für beliebige $A, B \in \mathbf{P}(U)$ gilt

$$\overline{A \cup B} = \overline{A} \cap \overline{B}$$

$$\overline{A \cap B} = \overline{A} \cup \overline{B}. \qquad\qquad \square$$

Beweis: Wir zeigen nur die erste Gleichung und überlassen es den Lesern, einen analogen bzw. dualen Beweis für die zweite zu finden. Diesmal gehen wir nicht über die gegenseitige Inklusion, sondern zeigen die Gleichheit der Mengen $\overline{A \cup B}$ und $\overline{A} \cap \overline{B}$ direkt über die Äquivalenz der beiden Aussagen, Element der einen bzw. der anderen zu sein. Sei x Element der Grundmenge U. Dann gilt:

$$
\begin{aligned}
x \in \overline{A \cup B} \quad &\Leftrightarrow \quad \text{für } x \text{ gilt nicht } (x \in A \text{ oder } x \in B) \\
&\Leftrightarrow \quad \text{für } x \text{ gilt weder } x \in A \text{ noch } x \in B \\
&\Leftrightarrow \quad x \notin A \text{ und } x \notin B \\
&\Leftrightarrow \quad x \in \overline{A} \text{ und } x \cup \overline{B} \\
&\Leftrightarrow \quad x \in \overline{A} \cap \overline{B} \qquad\qquad\qquad \blacksquare
\end{aligned}
$$

2.3 Das Auswahlaxiom*

Zum Abschluss unserer Einführung in die elementare Mengenlehre sei noch das Auswahlaxiom (**AC**, von englisch *Axiom of Choice*) erwähnt. Es erlaubt uns gewissermaßen, bei einem System von Mengen aus jeder der Mengen jeweils ein Element herauszugreifen:

Auswahlaxiom

Ist M eine Menge und sind alle Elemente von M **paarweise disjunkte** Mengen (d. h. sind je zwei der Mengen disjunkt), so existiert eine Menge A (eine sogenannte **Auswahlmenge**) mit der Eigenschaft, dass für jedes $X \in M$ der Durchschnitt $X \cap A$ genau ein Element hat.

Für eine Menge wie $\{\{1,2,3\},\{4,5\},\{6,7,8\}\}$ finden wir leicht alle (hier 18) möglichen Auswahlmengen, die aus jeder der enthaltenen Mengen ein Element auswählen, wie z. B. $\{1,4,6\}$. Im allgemeinen ist die Sache überraschenderweise problematisch. In den meisten Axiomatiken der Mengenlehre ist das AC von den restlichen Axiomen unabhängig – man kann es, salopp gesagt, anerkennen und mitverwenden oder ablehnen und weglassen. Natürlich kann man in einer Axiomatik mit AC mehr Folgerungen ableiten als ohne AC. Das AC erlangte (natürlich überwiegend unter Mathematikern) eine gewisse Berühmtheit dadurch, dass ...

– es in zahlreichen Gebieten der Mathematik verwendet wurde, um besonders plausible und wichtige Ergebnisse zu beweisen, siehe [Herr 2006] oder [Wiki Ausw],
– es in zahlreichen Axiomatiken zu anderen populären Forderungen äquivalent ist, von denen wir einige in Abschnitt 3.6.3 behandeln,
– einige mathematische „Schulen" es trotzdem hartnäckig ablehnen,
– man damit nämlich auch ausgesprochen überraschende Sätze herleiten kann, wie das sogenannte Banach[17]-Tarski[18]-Paradoxon [Wapn 2008].

2.4 Axiomatische Mengenlehre

2.4.1 Hauptrichtungen

Die Russel'sche und andere Paradoxien der ursprünglichen **naiven** (oder vielleicht besser weniger abwertend: intuitiven) **Mengenlehre**[19] gaben den Anstoß zur Entwicklung axiomatischer Ansätze, mit denen die Mengenlehre formal und widerspruchsfrei begründet werden sollte. Eine Formalisierung der mengentheoretischen Aussagen und passende Listen präziser Axiome sollten Widersprüche ausschließen, ohne die durchaus willkommene Ausdruckskraft der Mengenlehre wesentlich einzuschränken. Inzwischen gibt es eine Vielzahl von Axiomatiken mit ihren jeweiligen Vor- und Nachteilen, seien sie formaler oder geschmacklicher Art. Eine Übersicht bietet [FBHL 1973].

In der einfachen **Typentheorie**, einer von mittlerweile mehreren Typentheorien, geht man von einer untersten Ebene (Nr. 0) atomarer Objekte (**Urelemente**) aus, die

---

17 Stefan Banach, 1892–1943, mathematischer Autodidakt, lehrte in Lemberg.
18 Alfred Tarski, geb. als A. Teitelbaum, 1901–1983, lehrte in Warschau und in den USA.
19 [Stol 1963] präsentiert einen guten Überblick.

keine Mengen sind, also auch keine Elemente haben. Darüber umfasst Ebene 1 alle Mengen mit Elementen aus der Ebene 0, Ebene 2 umfasst alle Mengen mit Elementen aus der Ebene 1 usw. Das Komprehensionsaxiom wird angewendet, ist aber so formuliert, dass es nur von einer Ebene zur nächsten führt, und zieht so keine der bekannten Paradoxien mehr nach sich. Russell selbst entwickelte sowohl eine einfache „lineare" [Russ 1903], als auch später eine sog. „verzweigte" Typentheorie [Russ 1908], vgl. [Schm 1966].

Andere Axiomensysteme der Mengenlehre kommen ohne Typenunterscheidungen aus. Bei ihnen können beliebige Mengen zu neuen Mengen zusammengefasst werden. Die beiden bekanntesten typenfreien Richtungen sind die **Zermelo-Fraenkel'sche** (ZF[20]) und die **Neumann-Bernays'sche** (NB[21]) Mengenlehre.

Gemeinsam ist beiden Richtungen:
- Außer der leeren Menge $\emptyset$ gibt es keine weiteren atomaren Objekte (Urelemente).
- Anstelle des Komprehensionsaxioms berechtigt das Aussonderungsaxiom zur Bildung von Mengen aller Elemente mit gewissen Eigenschaften. Diese Eigenschaften müssen in logischen Formeln zuzüglich der Objektkonstante $\emptyset$ und der Relation $\in$ ausdrückbar sein. Es produziert, wie oben angeführt, Teilmengen einer vorgegebenen Menge.
- Garantiert wird auch die Existenz mindestens der leeren Menge sowie gewisser Mengenoperationen, aus denen sich die restlichen Mengenoperationen konstruieren lassen, dann die Existenz mindestens einer unendlichen Menge und die Nicht-Existenz einer unendlichen absteigenden $\in$-Kette. Schließlich wird auch noch die Existenz der Bildmenge einer Funktion garantiert.

Unterschiedlich sehen ZF und NB die von ihnen behandelten Objekte. Die Objekte von NB wie auch alle Gesamtheiten von Objekten mit bestimmten Eigenschaften, sind dabei die sogenannten **Klassen**. In diesem Sinne gilt in der NB-Mengenlehre gewissermaßen eine Art Komprehensionsaxiom, allerdings zur Bildung von *Klassen*, nicht unbedingt von *Mengen*. Einige Klassen sind zusätzlich **Mengen**, nämlich diejenigen, die Element einer anderen Klasse sind. Dass eine Klasse Menge ist, muss aus den Axiomen herleitbar sein. ZF behandelt hingegen von vornherein *ausschließlich Mengen* als Objekte.

---

20 Ernst Zermelo, 1871–1953, Mathematiker, lehrte in Berlin, Halle und Freiburg/Br. Abraham Fraenkel, 1861–1965, Mathematiker, lehrte in Marburg, Kiel und Jerusalem. ZF wird oft auch als ZFS mit dem Namen von Thoralf Skolem (1887–1963, Mathematik-Professor in Oslo) verbunden.
21 John von Neumann, 1903–1957, Pionier der Theor. Informatik, lehrte Mathematik in Princeton, NJ, USA. Paul Bernays, 1888–1977, Mathematiker und Philosoph, unterrichtete in Göttingen und Zürich. NB wird oft auch als NBG mit dem Namen Kurt Gödel (1906–1978, lehrte Mathematik in Wien und Princeton, NJ, USA) verbunden.

2.4.2 ZFU als Beispiel einer Axiomatik*

Den heute in der Praxis tatsächlich verwendeten Teilen der Mengenlehre recht nahe kommt die ZFU-Mengenlehre, die Mengenlehre auf der Basis der ZF-Axiome von Zermelo und Fraenkel, aber mit Urelementen. Urelemente wie die natürlichen Zahlen oder die Buchstabenfolgen über dem lateinischen Alphabet werden – ohne künstliche Elementbeziehungen dazwischen – von den meisten bloßen Anwendern der Mengenlehre akzeptiert bzw. gewünscht. Tatsächlich waren Urelemente noch in den frühen Versionen der axiomatischen Mengenlehre von Zermelo eingeschlossen. Erst aus minimalistischen Motiven (vgl. Abschnitt 1.5) wurden sie eingespart, da die für wesentlich erachteten Teile der Theorie auch ohne sie aufgebaut werden konnten.

Im Rest dieses Abschnitts verwenden wir im Vorgriff auf Kapitel 4 die Schreibweise von PL1 $_=$, der Prädikatenlogik erster Stufe mit Identität. Andernfalls werden die Axiome zu wortreich und unübersichtlich. Insbesondere benutzen wir das Symbol $\wedge$ für „und", das Symbol $\vee$ für „oder", das Symbol $\neg$ für „nicht" sowie die Quantoren $\forall$ („für alle") und $\exists$ („es existiert") auf. Es gibt dabei a priori nur eine Sorte Objekte, eine Konstante, $\emptyset$, und zwei zweistellige Relationen, $=$ und $\in$[22].

Unter Verwendung der abgeleiteten Begriffe (Prädikate)

- *Nichtleer(A)* $:\Leftrightarrow$ $\exists X\, X \in A$ *A* ist nicht leer (hat Element(e))
- *Menge(A)* $:\Leftrightarrow$ *Nichtleer(A)* $\vee\, A = \emptyset$ *A* ist Menge
- *Urelement(A)* $:\Leftrightarrow$ ¬*Nichtleer(A)*   *A* ist Urelement (hat keine Elemente)
- $A \subseteq B$ $:\Leftrightarrow$ *Menge(A)* $\wedge$ *A* ist Teilmenge von *B*
              $\forall X\ (X \in A \rightarrow\ X \in B))$

lauten die ZFU-Axiome – angelehnt an [Wiki ZeFr] – wie folgt:

Axiom der leeren Menge

$$Urelement(\emptyset)$$

$\emptyset$ hat keine Elemente.

In manchen Darstellungen wird $\emptyset$ nicht zu den Urelementen gerechnet. Dann sind die Urelemente diejenigen Objekte, die nicht Mengen sind und keine Elemente haben. Das Axiom der leeren Menge lautet dann $\forall X\, \neg(X \in \emptyset)$.

---

22 In einer Anwendung von ZFU auf konkrete Mengen von Urelementen wird man ggf. auch die Grundoperationen und zugehörigen Axiome der Urelemente zu dem mengentheoretischen Fundus hinzunehmen, z. B., wenn von natürlichen Zahlen die Rede ist, arithmetische Operationen, Prädikate und Zahlenaxiome.

Extensionalitätsaxiom

$$\forall A \forall B \ [Menge(A) \wedge Menge(B) \Rightarrow (A = B \Leftrightarrow \forall X \ (X \in A \Leftrightarrow X \in B))]$$

Mengengleichheit ist Übereinstimmung der Elemente. Ohne die Einschränkung auf Mengen könnte es keine unterschiedlichen Urelemente geben.

Vereinigungsaxiom

$$\forall A \ \exists B \ (Menge \ (B) \wedge \forall X \ (X \in B \Leftrightarrow \exists Y \ (X \in Y \wedge Y \in B))$$

B, die Vereinigung aller Mengen in A, ist dann eindeutig und wird $\bigcup A$ geschrieben.

Potenzmengenaxiom

$$\forall A \ \exists B \ \forall X \ (X \in B \Leftrightarrow X \subseteq A)$$

B, die Menge aller Teilmengen (die Potenzmenge) von A, ist dann eindeutig bestimmt und wird $\mathbf{P}(A)$ geschrieben.

Unendlichkeitsaxiom

$$\exists A \ (\varnothing \in A \wedge \forall X \ [X \in A \Rightarrow \exists Y (Y \in A \wedge \forall Z \ [Z \in Y \Leftrightarrow (Z \in X \vee Z = X)])])$$

bzw. in salopper Schreibweise[23]:

$$\exists A \ (\varnothing \in A \wedge \forall X \ [X \in A \Rightarrow X \cup \{X\} \in A])$$

Die Menge A enthält demnach $\varnothing$, $\{\varnothing\{$, $\{\varnothing,\{\varnothing,\{\varnothing\{\{$, $\{\varnothing,\{\varnothing\},\{\varnothing,\{\varnothing\}\}\}$ usw., mithin unendlich viele Objekte. Die gerade aufgezählten Objekte werden auch gerne als Definitionen für die natürlichen Zahlen 0, 1, 2, 3, ... verwendet. Das ist etwas weniger anschaulich als unsere in Abschnitt 3.10.1 bevorzugte zeichenorientierte Definition und führt zu mathematisch reizvollen Eigenschaften wie

– $m < n \Leftrightarrow m \in n$,
– n ist eine Menge mit n Elementen,
– $n = \{0, \ 1, ..., n-1\}$.

Spätestens aber Eigenschaften wie

$$2 \in 3 \ \text{und} \ 1 \cup 2 = \{0,1\}$$

sind zumindest im praktischen Sinne der Kapselung (siehe Abschnitt 2.1) eher unerwünscht.

---

23 Dies bedeutet: nicht unmathematisch, sondern unter Vorwegnahme zusätzlicher Definitionen, die wir aus der naiven Mengenlehre bereits kennen und die hier formal eingeführt werden könnten.

Fundierungsaxiom

$$\forall A \; (Nichtleer \; (A) \Rightarrow \exists \, B \, (B \in A \land \neg \exists X \; (X \in A \land X \in B)))$$

Jede nichtleere Menge soll ein Element enthalten, das kein Element der Menge als Element hat. Dadurch werden insbesondere unendliche absteigende Ketten $X_1 \ni X_2 \ni X_3 \, ...$ ausgeschlossen; sonst würde $A := \{X_1, X_2, X_3, ...\}$ nicht das Fundierungsaxiom erfüllen.

Ersetzungsaxiom

Für zweistellige Prädikate $F(X, Y)$ – eigentlich ein Axiomenschema

$$\forall X \; \forall Y \; \forall Z \; ([(F(X, Y) \land F(X, \; Z)] \Rightarrow Y = Z) \Rightarrow$$

$$\forall A \; \exists B \; (Menge(B) \land \forall C \; [C \in B \Leftrightarrow \exists D \; (D \in A \land F(D, C))])$$

Salopper besagt das Axiom: Für jede „partielle-Abbildung-artige" Relation f auf allen Objekten und für jedes A existiert die Bildklasse $f[A] = \{f(a) \mid a \in A\}$. Hierbei wird $F(X, Y)$ als $f(X) = Y$ interpretiert.

Die klassische ZF-Mengenlehre entspricht der ZFU in der obigen Darstellung mit der zusätzlichen Einschränkung, dass $\emptyset$ das einzige Urelement ist.[24]

2.4.3 Abseits der Axiomatik

Reine Anwender der Mathematik werden nicht unbedingt an einer mengentheoretischen Axiomatik – oder gar an mehreren solchen – interessiert sein. Andererseits ist die Mengenschreibweise als klare Ausdrucksweise in allen mathematischen und sonstigen formalen Belangen hilfreich, ja unabdingbar. Wie kann man aber *ohne* eine bewährte Axiomatik Begriffe und Schreibweisen rund um die Mengen benutzen, ohne in Gefahr zu geraten, Widersprüche wie in der Russell'schen Antinomie zu produzieren?

In der Praxis läuft es meist auf den stillschweigenden Kompromiss hinaus, dass man die Mengenschreibweise intuitiv verwendet, aber Konstruktionen vermeidet, die erfahrungsgemäß zu den bekannten Paradoxien führen können. Oft arbeitet man mit einer Grundmenge von Urelementen, dann noch mit Mengen solcher Objekte und, wenn es hoch kommt, noch mit Mengen von Mengen von Urelementen. Eine Aussage wie $x \in x$ taucht so gut wie nie auf, weder bejaht noch verneint. Die Erfahrung zeigt, dass dann in der Regel auch nichts schiefgeht, d. h. nichts Widersprüchliches oder Undefiniertes produziert wird.

---

24 In den vorerwähnten ZFU-Versionen, die $\emptyset$ nicht zu den Urelementen rechnen, wird stattdessen gefordert, dass es einfach keine Urelemente gibt.

2.5 Übungsaufgaben

2.1 Mengenbeschreibung durch Aufzählung und Eigenschaften
a) Schreiben Sie die folgenden Mengen per Aufzählung:
  i. $\{n \mid n \text{ ist Primzahl und } 2 < n < 10\}$
  ii. $\{n \mid 10 - n \text{ ist Primzahl und } 2 < n < 10\}$
  iii. $\{n \mid \text{Es existiert eine ganzzahlige Lösung } x \text{ von } x^3 - 4x = 0 \text{ mit } n = 5 + x\}$
b) Beschreiben Sie die folgenden Mengen mittels kennzeichnender Eigenschaften:
  i. $\{2, 4, 6, 8\}$
  ii. $\{1, 2, 3, 4, 5\}$
  iii. $\{1, 4, 6, 8, 9\}$

2.2 Barbier-Paradoxon oder nicht?
Ein mathematisch bewanderter Freund stellt Ihnen einen Herrn Maier als denjenigen vor, der „alle männlichen Bewohner meiner Stadt rasiert, die sich nicht selbst rasieren." Wenn sich Ihr Freund also nicht vertan und keine unmögliche Beschreibung des Herrn Maier abgegeben hat, was haben Sie nebenbei über Herrn Maier erfahren?

2.3 Mengendefinitionen und Mengenoperationen
Seien Teilmengen der natürlichen Zahlen wie folgt definiert:

$$G := \{2n \mid n \in \mathbb{N}\}, D := \{3n \mid n \in \mathbb{N}\}, V := \{4n \mid n \in \mathbb{N}\}, S := \{6n \mid n \in \mathbb{N}\}.$$

a) Welche der folgenden Aussagen sind wahr, welche falsch?

$$G \subseteq V, S \subseteq G, G \cap D = S, V = \{m + n \mid m, n \in G\}, S = \{m \cdot n \mid m \in G, \ n \in D\}.$$

b) Bestimmen Sie die folgenden Mengen:

$$V \cap G, S \cup G, \{m + n \mid m, n \in G\} \cup \{2\}.$$

2.4 Mengendiagramme und Mengenoperationen
Zeichnen Sie jeweils schraffiert in einem Mengendiagramm mit Mengen A und B und Universum U:
(a) $\overline{A}$, (b) $\overline{A \cup B}$, (c) $\overline{A \backslash B}$, (d) $\overline{A} \backslash \overline{B}$, (e) $\overline{A} \cup \overline{B}$.

2.5 Eine weitere Mengenoperation

Die **symmetrische Differenz** zweier Mengen ist durch $A \,\Delta\, B := (A \backslash B) \cup (B \backslash A)$ definiert.

a) Zeichnen Sie ein Mengendiagramm für $A \,\Delta\, B$.

b) Formulieren Sie mengentheoretisch die folgenden Aussagen jeweils in eine möglichst einfache äquivalente Aussage ohne Δ um:

(i) $A \,\Delta\, B = A$,   (ii) $A \,\Delta\, B = \varnothing$,   (iii) $[A\, B \subseteq C \text{ und } A \,\Delta\, B = C]$.

2.6 Mengenoperationen, Anzahl der Elemente

Ein Wissenschaftler hat 29 Artikel veröffentlicht, und zwar u. a. zu den Themen Logik (L sei die Menge seiner Artikel zum Thema Logik), formale Sprachen (F) und verteilte Systeme (V). Manche der Artikel betreffen mehr als eines der Themen. In seiner Biografie ist erwähnt, dass $|V| = 16$, $|F \cap L| = 5$, $|L \cap V| = 4$, $|F \cap V| = 8$, $|F \cap L \cap V| = 2$. $|M|$ bezeichnet dabei die Anzahl der Elemente einer Menge M. 21 der Artikel befassen sich mindestens mit Logik oder verteilten Systemen. 12 der Artikel handeln von genau einem der drei genannten Gebiete.

a) Wie viele der Artikel handeln nicht von Logik?

b) Wie viele der Artikel beschäftigen sich mit genau zwei der drei Gebiete?

c) Wie viele der Artikel beschäftigen sich mit genau einem der drei Gebiete?

d) Wie viele der Artikel handeln weder von Logik noch von formalen Sprachen noch von verteilten Systemen?

Tipps: Verwenden Sie ein Mengendiagramm, in das Sie die Zahlen geeignet eintragen. Beachten Sie dass die Anzahl $|A \cup B|$ der Elemente einer Vereinigung die Summe der einzelnen Anzahlen abzüglich der Anzahl für den Durchschnitt ist, weil dessen Elemente sonst doppelt gezählt würden: $|A \cup B| = |A| + |B| - |A \cap B|$.

2.7 Ordnungseigenschaften der Inklusion

Beweisen Sie die Aussagen zur Transitivität, zur Antisymmetrie und zum kleinsten Element der Inklusion in Satz 2.1.

2.8 Algebraische Eigenschaften von Mengenoperationen

Zeigen Sie die Kommutativität und Assoziativität von $\cap$ in Satz 2.2.

2.9 Aussonderungsaxiom

Zeigen Sie, wie sich die Existenz des Durchschnitts zweier Mengen aus dem Aussonderungsaxiom ergibt.

2.10 Mengenoperationen mit Universum

Seien $U = \{1, 2, 3, 4, 5, 6\}$ das Universum, $A = \{1, 2, 3\}$, $B = \{1, 3, 5\}$ und $C = \{3, 4, 5\}$. Berechnen Sie

   (a) $A \cup B$,   (b) $A \cap B$,   (c) $\overline{B}$,   (d) $\overline{C \setminus A}$,   (e) $A \setminus \overline{B}$,   (f) $\mathbf{P}(A)$.

2.11 Potenzmenge

Zeigen Sie mittels vollständiger Induktion[25] über n: Eine Menge mit n Elementen hat 2^n Teilmengen.

2.12 Potenzmenge als Mengenrelation

Zeigen Sie dass die Relation „... ist Potenzmenge von ..." im Gegensatz zur Inklusion nicht transitiv ist.

2.13 Potenzmenge und Mengenoperationen

Welche Teilmengenbeziehungen bzw. Übereinstimmungen gelten für beliebige Mengen A und B zwischen den Mengen $P(A \cap B)$, $P(A) \cap P(B)$ und $\{X \cap Y \mid X \subseteq A \text{ und } Y \subseteq B\}$?

2.14 Die Existenz von Paarmengen

In der informellen Mengenlehre zählen wir bei der Mengendefinition beispielsweise die Mengenelemente auf, wie in $\{a, b\}$. In der axiomatischen Mengenlehre möchte man ganz sicher sein und fragt sich, ob ein Axiom oder ein aus den Axiomen ableitbarer Satz uns garantiert, dass zu zwei Objekten a und b tatsächlich eine Menge A existiert, die genau beide enthält. Das wäre ein Satz der Art $\forall a \; \forall b \; \exists A \; \forall x \; (x \in A \Leftrightarrow (x = a \text{ oder } x = b))$. Er wird in manchen Axiomatiken der Mengenlehre als **Paarmengenaxiom** postuliert.

a) Zeigen Sie, dass in ZFU dieser Satz aus den Axiomen gefolgert werden kann. Verwenden Sie insbesondere das Ersetzungsaxiom und (salopp formuliert) die „Abbildung", die der leeren Menge a zuweist und allen anderen Objekten b.

b) Verwenden Sie das Paarmengen„axiom", um bei gegebenem Objekt a die Existenz von $\{a\}$ zu zeigen.

c) Verwenden Sie das Paarmengen„axiom" sowie das Vereinigungsaxiom, um bei gegebenen Mengen A und B die Existenz von $A \cup B$ zu zeigen.

2.15 Unabhängigkeit von Axiomen

Man nennt die Axiome eines Axiomensystems **unabhängig**, wenn keines von ihnen aus den anderen abgeleitet werden kann. Zeigen Sie wie folgt, dass die ZFU-Axiome

---

25 Vollständige Induktion bedeutet hier: Sie zeigen, dass das Gewünschte für $n = 0$ gilt, und dass, wenn es für eine natürliche Zahl n (einschl. 0) gilt, dann auch für die nächste Zahl, d. h. $n + 1$. Mehr in Abschnitt 3.10.

nicht unabhängig sind: Leiten Sie aus den ZFU-Axiomen ohne das Axiom der leeren Menge zunächst das Aussonderungsaxiom und dann die Existenz genau einer leeren Menge ab. Verwenden Sie dabei im zweiten Schritt die übliche Konvention der Prädikatenlogik, dass immer mindestens irgendein Objekt existiert.

2.16 Überraschungen in der axiomatischen Mengenlehre

In manchen Axiomatiken werden natürliche Zahlen und geordnete Paare auf der Basis vorhandener elementarer Mengen und Operationen definiert, beispielsweise, salopp geschrieben, natürliche Zahlen durch $0 := \varnothing, 1 := \{\varnothing\}, ..., n+1 := \{0, 1, ..., n\}$ usw. und geordnete Paare durch $(a,b) := \{\{a\}, \{a,b\}\}$. Zeigen Sie, dass dann $2 \in (0,1)$ gilt.

3 Relationen und Funktionen

3.1 Paare und Tupel

Ein **geordnetes Paar** (a, b) ist ein aus zwei Objekten a und b zusammengesetztes Objekt, bestehend aus der **ersten Komponente** a und der **zweiten Komponente** b. Zwei geordnete Paare sollen genau dann **gleich** sein, wenn sowohl ihre ersten als auch ihre zweiten Komponenten gleich sind:

$$(a, b) = (c,\ d) \Leftrightarrow a = c \text{ und } b = d.$$

Man kann geordnete Paare als weiteren undefinierten Grundbegriff in der Mengenlehre einführen. Zu $\{\dots \mid \dots\}$ und $\in$ kommt dann $(\dots,\dots)$ hinzu, Paare haben keine Elemente, und das obige Gleichheitskriterium wird ein weiteres Axiom der Mengenlehre. Aus praktischen Gründen wollen wir das hier auch so halten. Im Sinne des Minimalismus können geordnete Paare aber auch anhand vorhandener Begriffe definiert und ihr Gleichheitskriterium aus den Mengenlehre-Axiomen abgeleitet werden. Darauf gehen wir weiter unten in diesem Abschnitt kurz ein.

Die Menge aller geordneten Paare mit erster Komponente aus einer Menge A und zweiter Komponente aus einer Menge B ist das **kartesische**[26] **Produkt** von A und B,

$$A \times B := \{(a, b) \mid a \in A \text{ und } b \in B\}.$$

In vielen Anwendungen benötigt man **Tupel** bzw. **endliche Folgen** $(x_1, x_2, \dots, x_n)$, wobei n eine natürliche Zahl oder 0 ist. Man spricht auch von einem **n-Tupel** und schreibt das 1-Tupel als (x_1) und das 0-Tupel als $()$. 2-Tupel entsprechen den geordneten Paaren. n-Tupel haben für weitere kleine n (3, 4, ...) besondere Namen mit lateinischer Zählung: Tripel, Quadrupel, etc. Gelegentlich werden die Klammern um die endliche Folge beim Schreiben weggelassen.

Zwei Tupel sollen genau dann gleich sein, wenn sie gleich viele Komponenten haben und ihre Komponenten gleicher Nummer jeweils gleich sind:

$$(x_1,\ x_2, \dots,\ x_m) = (y_1, y_2, \dots, y_n) \Leftrightarrow m = n \text{ und } x_1 = y_1,\ x_2 = y_2, \dots,\ x_m = y_m.$$

Das dem zweidimensionalen Fall der Paare entsprechende „höherdimensionale" kartesische Produkt ist

$$A_1 \times \dots \times A_n := \{(a_1, \dots,\ a_n) \mid a_1 \in A_1, \dots,\ a_n \in A_n\}.$$

Sind die A_i alle gleich A, schreibt man anstatt $A \times \dots \times A$ (n-mal) auch A^n.

In der Informatik befasst man sich besonders häufig mit formalen Sprachen und Wörtern. Diese lassen sich als Tupel definieren. Man geht dann von einer meist endli-

---

[26] Nach René Descartes, 1596–1650, latinisiert Cartesius, Philosoph und Mathematiker.

https://doi.org/10.1515/9783111336107-003

chen Menge A, dem sogenannten **Alphabet**, aus, dessen Element als **Symbole** oder **Zeichen** bezeichnet werden. Die Menge aller endlichen Folgen von Symbolen, also

$$A^* := \bigcup \{A^0, \ A^1, \ A^2, ...\} \ \left(\text{auch} \ \bigcup_{n=0,1,2,\,...} A^n \text{ geschrieben} \right),$$

wird dann als A^* bezeichnet, und ihre Elemente als **Wörter** oder **Zeichenfolgen** über dem Alphabet A. Bei Wörtern werden dann im Allgemeinen die Tupel-Klammern und -Kommata weggelassen. Wir schreiben also *hallo* anstatt (h,a,l,l,o). Das setzt natürlich voraus, dass man eindeutig erkennen kann, wo ein Zeichen aufhört und das nächste beginnt, was bei Zeichen gewöhnlicher Schriften der Fall ist. Bei den sogenannten **zweistufigen Sprachen** der Informatik gibt es eine Grammatik für die Bildung der Zeichen der zweiten Stufe als Folgen von Zeichen der ersten Stufe. Dabei wird dafür gesorgt, dass ein Wort der zweiten Stufe nicht unterschiedlich aus Zeichen der zweiten Stufe (also bestimmten Wörtern der ersten Stufe) zusammengesetzt werden kann.

Das **leere Wort** () wäre unter Auslassung der Klammern allerdings unsichtbar; daher verwendet man dafür ein zusätzliches Symbol, das nicht im Alphabet A vorkommen darf, meistens ε.

Im Geiste des Minimalismus wurden **geordnete Paare** – sogar auf verschiedene Weisen – durch Mengenkonstruktionen *definiert* und deren Gleichheitskriterium dann mithilfe der Mengenaxiome *bewiesen*, beispielsweise durch

$$(a, b) := \{a, \{a, b\}\} \text{ oder } (a, b) := \{\{a\}, \{a, b\}\}.$$

Auch hier sind (Paar-) Komponenten nicht einfach das Gleiche wie (Mengen-) Elemente. Ebenso können Tupel auf der Basis vorhandener Begriffe wie Paare und Zahlen definiert werden, beispielsweise durch

$$\langle x_1, \ x_2, ..., \ x_n \rangle := \{(1, \ x_1), \ (2, \ x_2), ..., \ (n, x_n)\}.$$

wobei die Zahlen ihrerseits wie im Abschnitt 2.4.2 definiert werden können. Hier verwenden wir spitze anstelle der runden Klammern, sonst hätte (a, b) zwei unterschiedliche Bedeutungen, nämlich als Paar (a, b) und als Tupel $\langle a, b \rangle$, d. h. nun auch als Menge $\{(1,a)(2,a)\}$ von Paaren. Mit einer vernünftigen Tupeldefinition wie der vorstehenden kann dann

$$\langle x_1, \ x_2, ..., x_n \rangle = \langle y_1, \ y_2, ..., y_n \rangle \Leftrightarrow m = n \text{ und } x_1 = y_1, \ x_2 = y_2, ..., \ x_m = y_m.$$

bewiesen (und muss nicht mehr gesondert postuliert) werden. Ein potentieller Nachteil dieses minimalistischen Vorgehens ist wiederum, dass unerwünschte Querbezüge entstehen können.

3.2 Relationen

Eine (**n-stellige**) **Relation** zwischen Mengen A_1, A_2, ..., A_n ist eine Aussageform P über n
Objekte, ein erstes, a_1, aus A_1, ein zweites, a_2, aus A_2, usw., die für jede solche Wahl von
Objekten eindeutig entweder zutrifft – $P(a_1, ..., a_n)$ – oder nicht. Folgendes sind Beispiele:
- „p ist verheiratet mit q" ist eine zweistellige Relation zwischen Personen,
- „g ist Wohnort von p" eine zweistellige Relation zwischen Gemeinden und Personen,
- „$P(x,y,z) :\Leftrightarrow x \cdot y = z$" eine dreistellige Relation zwischen ganzen Zahlen.

Da Zweistelligkeit der häufigste Anwendungsfall ist, wird sie oft nicht ausdrücklich
erwähnt. Bei zweistelligen Relationen R schreibt man auch oft $a\,R\,b$ anstelle von $R(a,b)$.
Wir schreiben zum Beispiel eher $1 < 2$ als $< (1,2)$. Für eine (n-stellige) Relation R zwischen
Mengen A_1, A_2, ..., A_n ist

$$\text{Graph}(R) := \{(a_1, ..., a_n) \mid R(a_1, ..., a_n)\}$$

eine Teilmenge von $A_1 \times \cdots \times A_n$ und wird der (abstrakte) **Graph** oder die **Erfüllungs-
menge** der Relation R genannt.

Relationen zwischen den jeweils gleichen Mengen an jeder Position und mit gleichem
Graphen werden als **gleich** betrachtet. In diesem Sinne werden zweistellige Relationen
auch als Tripel (A, B, Q) mit $Q \subseteq A \times B$ definiert, wobei $\text{Graph}((A,B,Q)) = Q$. Wenn die
beteiligten Mengen klar sind, identifiziert man oft einfach die Relation mit ihrem Graphen, d. h. man unterscheidet dann nicht mehr ausdrücklich zwischen R und $\text{Graph}(R)$.

Aus Gründen der Kürze und der Übersichtlichkeit verwenden wir in der Folge in
Bezug auf alle oder einzelne Elemente von Mengen oft die folgenden Schreibweisen:
- $\forall x \in M$ für   „für alle Elemente x der Menge M gilt: ..."
- $\exists x \in M$ für   „es existiert (mindestens) ein Element x der Menge M derart,
  dass: ..." Dabei wird der Allquantor $\forall$ und der Existenzquantor
  $\exists$ eingesetzt, vgl. Kapitel 4, Logik. Wir erlauben uns dabei auch
  Listenschreibweisen wie
- $\forall x, y \in M; z \in N$ anstelle von „für alle Elemente x und y der Menge M und für
  alle Elemente z der Menge N gilt: ..."

Viele Relationen zeichnen sich durch besondere Eigenschaften aus. Eine Relation
(A, B, R) zwischen A und B ist
- **linkstotal** $:\Leftrightarrow \forall a \in A\ \exists b \in B\ R(a,b)$
- **rechtstotal** $:\Leftrightarrow \forall b \in B\ \exists a \in A\ R(a,b)$
- **linkseindeutig** $:\Leftrightarrow \forall a_1, a_2 \in A; b \in B\ ([R(a_1,b)\text{ und }R(a_2,b)] \Rightarrow a_1 = a_2)$
- **rechtseindeutig** $:\Leftrightarrow \forall a \in A; b1, b_2 \in B\ ([R(a,b_1)\text{ und }R(a,b_2)] \Rightarrow b_1 = b_2)$

Ist beispielsweise $A = \{a,b,c,d\}$ und $B = \{1,2,3,4\}$, und stellen wir ein Paar (x,y) in einer Relation $R \subseteq A \times B$ durch einen Pfeil von (dem Punkt für) x nach (dem Punkt für) y dar, so zeigt Abb. 3.1 links eine Relation zwischen A und B, die *alle* diese Eigenschaften hat und rechts eine Relation zwischen A und B, die *keine einzige* dieser vier Eigenschaften hat.

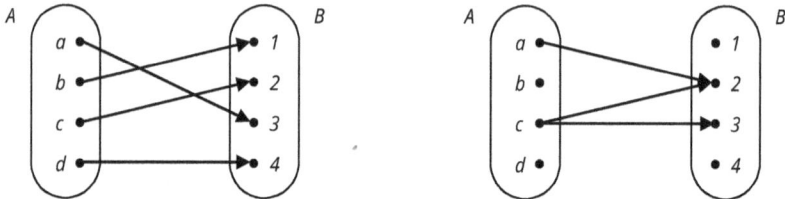

Abb. 3.1: Zwei Relationen mit unterschiedlichen Eigenschaften.

In den Pfeildiagrammen stellen sich die vier Eigenschaften nämlich so dar:
- linkstotal: Von jedem Element der linken Menge geht ein Pfeil aus.
- rechtstotal: Jedes Element rechts wird von einer Pfeilspitze getroffen.
- linkseindeutig: Keine zwei Pfeile treffen dasselbe Element.
- rechtseindeutig: Keine zwei Pfeile gehen vom gleichen Element aus.

Mit gleichzeitig linkstotalen und rechtseindeutigen Relationen werden wir uns im folgenden Abschnitt noch näher beschäftigen.

Man beachte, dass zwar die Eindeutigkeitseigenschaften bereits an Graph(R) – also ohne Betrachtung von A oder B – ablesbar sind, nicht aber die Totalitätseigenschaften. Ist R beispielsweise linkstotal, und erweitern wir A um ein neues Element z, das mit keinem Element aus B in der Relation R stehen soll, dann ist die auf das vergrößerte $A \cup \{z\}$ bezogene Relation R nicht mehr linkstotal, aber Graph(R) ist unverändert.

Eine zweistellige Relation zwischen einer Menge A und sich selbst, also mit Graph(R) $\subseteq A \times A$, wird auch als **Relation auf** A oder **über** A bezeichnet. Eine solche Relation auf A ist ...
- **symmetrisch**   :$\Leftrightarrow$ $\forall a,b \in A \; [R(a,b) \Rightarrow R(b,a)]$
- **antisymmetrisch**   :$\Leftrightarrow$ $\forall a,b \in A \; [R(a,b) \text{ und } R(b,a)] \Rightarrow a = b)$
- **transitiv**   :$\Leftrightarrow$ $\forall a,b,c \in A \; [R(a,b) \text{ und } R(b,c) \Rightarrow R(a,c)]$
- **reflexiv**   :$\Leftrightarrow$ $\forall a \in A \; R(a,a)$

Bei einer Relation auf einer Menge wird in Pfeildiagrammen diese Menge nur einmal dargestellt, nicht rechts und links. In solchen Pfeildiagrammen stellen sich die vier Eigenschaften nämlich so dar:

- symmetrisch: Zu jedem Pfeil gibt es einen, der genau umgekehrt verläuft.
- antisymmetrisch: Es gibt keine zwei verschiedenen Elemente, zwischen denen zwei einander entgegen gerichtete Pfeile verlaufen.
- transitiv: Zu je zwei aufeinanderfolgenden Pfeilen existiert einer von ganz vorn nach ganz hinten.
- reflexiv: Von jedem Element zu sich selbst verläuft ein Pfeil.

Abb. 3.2 zeigt vier verschiedene Relationen auf $\{x, y, z\}$, die in der obigen Reihenfolge jeweils genau eine dieser Eigenschaften aufweisen. Beispielsweise ist die gezeigte symmetrische Relation (nennen wir sie R) nicht transitiv, weil yRz und zRy aber nicht yRy gilt.

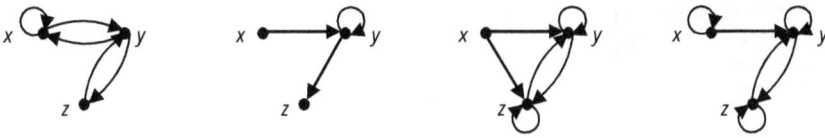

Abb. 3.2: Vier Relationen mit je einer ausgewählten Eigenschaft.

Auch Tabellen oder Matrizen werden verwendet, um Relationen darzustellen. So gibt Tab. 3.1 die Relationen aus den Pfeildiagrammen in Abb. 3.1 tabellarisch wieder.

Tab. 3.1: Tabellarische Darstellung der beiden Relationen aus Abb. 3.1.

A\B	1	2	3	4
a			X	
b	X			
c		X		
d				X

A\B	1	2	3	4
a		X		
b				
c		X	X	
d				

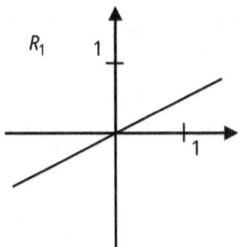

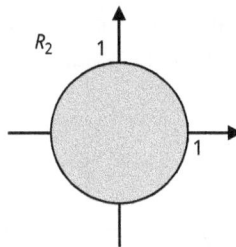

Abb. 3.3: Zwei Relationen auf den reellen Zahlen[27]: $R_1(x,y) :\Leftrightarrow y = x/2$ (links) und $R_2(x,y) :\Leftrightarrow x^2 + y^2 \leq 1$ (rechts).

---

27 Hier sind die reellen Zahlen gemeint, wie wir sie aus der Schule kennen. In Kapitel 5 werden sie mathematisch formal eingeführt.

An die Stelle von Pfeildiagrammen und Tabellen treten bei unendlichen Mengen auch Kurven und ebene Bereiche, wie in Abb. 3.3 dargestellt.

3.3 Abbildungen (Funktionen)

Die Relation zwischen A und B in Abb. 3.4 ist linkstotal, denn von a, b, c und d, also von jedem Element von A, geht mindestens ein Pfeil aus.

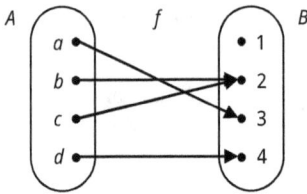

Abb. 3.4: Eine Abbildung $f : A \to B$.

Sie ist auch rechtseindeutig, denn von jedem Element von A geht jeweils genau ein Pfeil aus. Auf diese Weise wird jedem Element von A genau ein Element von B zugeordnet. Man spricht bei einer linkstotalen und rechtseindeutigen Relation meist von einer **Abbildung** oder **Funktion von A nach** B (oder **in** B). Weitere Beispiele von Funktionen haben wir bereits in Abb. 3.1 und Abb. 3.3 jeweils auf der linken Seite gesehen.

Abbildungen werden bevorzugt mit Kleinbuchstaben f, g, ... bezeichnet. $f : A \to B$ bedeutet: f ist eine Abbildung von A nach B. A ist die **Definitionsmenge** und B die **Zielmenge** von f. Anstelle von $(x, y) \in \mathrm{Graph}(f)$ bzw. $x f y$ schreibt man gewöhnlich $f(x) = y$, manchmal auch $f : x \mapsto y$, sagt, dass x durch f **auf** y **abgebildet** wird, und nennt y dann das **Bild** von x, bzw. x ein **Urbild** von y (unter f). Die Menge der Bilder unter f aller Elemente einer Teilmenge M von A wird gewöhnlich $f(M)$ geschrieben, obwohl dies zu Konflikten in der Notation[28] führen kann. Eine übersichtliche Beschreibungsweise für Funktionen mit ihren Komponenten Definitionsmenge, Zielmenge und Zuordnung ist die folgende, hier am Beispiel des Quadrierens ganzer Zahlen gezeigte:

---

[28] Das Problem entsteht – in der Praxis zum Glück selten – wenn ein Objekt sowohl Element als auch Teilmenge der Definitionsmenge ist. Sei z. B. f die Funktion von $A = \{a, \{a\}\}$ nach $B = \{b\}$ mit $f : a \mapsto b$ und $f : \{a\} \mapsto b$. Dann kann $f(\{a\})$ zwei verschiedene Dinge bedeuten:
(i) das *Bild* unter f des Elementes $\{a\}$, d. h. „$f(\{a\}) = b$",
(ii) die *Bildmenge* der Teilmenge $\{a\}$ von A, d. h. $f(\{a\}) = \{(a)\} = \{b\}$.

Nicht sehr verbreitet ist der offensichtliche Ausweg (vgl. mit dem Ende dieses Abschnitts 3.3) in Form einer f zugeordneten Abbildung $f_{\{\}} : \mathbf{P}(A) \to \mathbf{P}(B)$ *mit* $f_{\{\}}(M) = \{f(a) \mid a \in M\}$.

$$f : \begin{cases} \mathbb{Z} \to \mathbb{N} \\ n \mapsto n^2. \end{cases}$$

Ist bei einer Funktion $f: A \to B$ der Definitionsbereich ein kartesisches Produkt oder eine Teilmenge eines solchen, $A = A_1 \times \cdots \times A_n$, so schreibt man anstelle von $f((a_1, \cdots, a_n))$ lieber $f(a_1, \cdots, a_n)$, und spricht von einer Funktion mit n (Funktions-)**Argumenten** bzw. einer **n-stelligen** Funktion oder auch einer Funktion von n **Veränderlichen** – letzteres jedoch vorwiegend, wenn alle Faktormengen des kartesischen Produkts identisch sind.

Eine (gedachte) unendliche Aufzählung a_1, a_2, a_3, ... bzw. a_0, a_1, a_2, ... nennt man eine **Folge**. Eine Folge können wir, wenn wir einen Wertevorrat A für die Folgenglieder kennen, als eine Abbildung $a: \mathbb{N} \to A$ bzw. $a: \mathbb{N}_0 \to A$ definieren. Die Liste a_1, a_2, a_3, ... ist dann eine vereinfachte Schreibweise für den Abbildungsgraphen

$$\{(1, a_1), \ (2, a_2), \ (3, a_3), ...\}.$$

Eine linkseindeutige Abbildung $f: A \to B$ nennt man **injektiv** oder eine **Injektion:**

$$f: A \to B \text{ injektiv} :\Leftrightarrow \forall a_1, a_2 \in A : [f(a_1) = f(a_2) \Rightarrow a_1 = a_2].$$

In Abb. 3.4 ist f nicht injektiv, denn $f(b) = f(c)$. Eine rechtstotale Abbildung $f: A \to B$ nennt man **surjektiv,** eine Abbildung (von A) **auf** (B) oder eine **Surjektion.**

$$f: A \to B \text{ surjektiv} :\Leftrightarrow \forall b \in B : \exists a \in A: f(a) = b$$

In Abb. 3.4 ist f nicht surjektiv, denn 1 hat kein Urbild. Eine injektive und surjektive Abbildung $f: A \to B$ nennt man **bijektiv** oder eine **Bijektion.** Die linke Relation in Abb. 3.1 ist eine Bijektion. Eine besonders einfache Bijektion ist für jede Menge A die **identische Abbildung** $\text{id}_A: A \to A$, die jedes Element von A auf sich selbst abbildet:

$$\forall x \in A \ \text{id}_A(x) = x.$$

Eine andere einfache Bijektion ist die (für festes n) zwischen allen n-Tupeln $(a_1, a_2, ..., a_n)$ mit Komponenten aus einer Menge A und allen Abbildungen (bzw. deren Graphen) von $\{1, 2, ..., n\}$ nach A: $(a_1, a_2, ..., a_n) \mapsto \{(1, a_1), \ (2, a_2), ..., \ (n, a_n)\}$.

Bei einer Abbildung $f: A \to A$ einer Menge in sich selbst nennt man ein Element a der Menge einen **Fixpunkt** von f, wenn $f(a) = a$. Die identische Abbildung auf einer Menge hat natürlich alle Punkte der Menge als Fixpunkte.

Auch bei einer lediglich rechtseindeutigen Relation R zwischen A und B betrachtet man gerne bei jedem Paar $(a, b) \in \text{Graph}(R)$ das (durch a eindeutig festgelegte) b als **Bild** von a, schreibt wie bei Abbildungen $R(a) = b$ anstelle von $R(a, b)$ und nennt R insgesamt eine **partielle Abbildung** oder **partielle Funktion** von A nach B. Diese nennt man **definiert** in all den $a \in A$, für die ein $b \in B$ mit $R(a) = b$ existiert, und **undefiniert** in allen anderen Elementen von A. Als **Definitionsbereich** $\text{Def}(R)$ von R bezeichnet man entsprechend die Menge aller $a \in A$ in denen R definiert ist. So ist die

Relation $b = \sqrt{a}$ auf $\mathbb{N}$ (also von $\mathbb{N}$ nach $\mathbb{N}$) eine partielle Abbildung, die genau in allen Quadratzahlen definiert ist.

Ein **deterministischer** Algorithmus, der – oder ein deterministisches Computerprogramm, das – zu jedem Element von $a \in A$ maximal ein $b \in B$ liefert, realisiert eine partielle Abbildung von A nach B. Sie ist auf denjenigen $a \in A$ definiert, bei deren Eingabe ein Ergebnis zustande kommt, und auf denjenigen eingegebenen Werten undefiniert, bei denen der Algorithmus bzw. das Programm abbricht oder unendlich weiter rechnet, ohne ein Ergebnis zu produzieren.

Jede Relation R zwischen Mengen A und B führt unmittelbar zu zwei Abbildungen, einer auf den Teilmengen von A und einer auf denen von B.

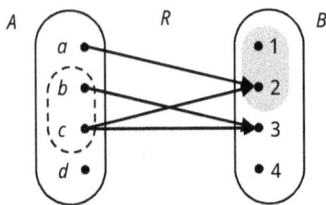

Abb. 3.5: Eine Relation R und exemplarische Teilmengen von A bzw. B.

In Abb. 3.5 landen alle Pfeile, die aus der Teilmenge $\{b, c\}$ (gestrichelt umrahmt) herausführen, auf 2 oder 3, und alle Pfeile, die in $\{1, 2\}$ (grau unterlegt) hineinführen, gehen von a oder c aus. Diese Art und Weise, wie eine Relation R zwischen einer Menge A und einer Menge B den Teilmengen von A bzw. B jeweils eine Teilmenge in B bzw. A zuordnet, stellt wie folgt eine Abbildung $R_{\{\}}$ bzw. $R_{\{\}}^{-1}$ dar:

$$
R_{\{\}} : \begin{cases} \mathbf{P}(A) & \to & \mathbf{P}(B) \\ M & \mapsto & \{b \in B | \exists\, a \in M : aRb\} \end{cases}
$$

$$
R_{\{\}}^{-1} : \begin{cases} \mathbf{P}(B) & \to & \mathbf{P}(A) \\ N & \mapsto & \{a \in B | \exists\, b \in N : aRb\} \end{cases}
$$

$R_{\{\}}(M)$ nennt man die **Rechtsmenge** oder die **Bildmenge** von M unter R. $R_{\{\}}^{-1}(N)$ nennt man die **Linksmenge** oder die **Urbildmenge** von N unter R. Man schreibt dafür oft vereinfacht $R(M)$ bzw. $R^{-1}(N)$, so dass in Abb. 3.5 $R(\{b, c\}) = \{2, 3\}$ und $R^{-1}(\{1, 2\}) = \{a, c\}$ gilt.

Eine Abbildung $f : A \to B$ definiert auf jeder Teilmenge $M \subseteq A$ die **Restriktion** von f auf M, das ist die Abbildung

$$
f|_M : \begin{cases} M \to B \\ m \mapsto f(m) \end{cases}.
$$

Ein häufig – in diesem Kompendium vor allem in der Algebra – benötigter Kunstgriff bei Funktionen ist das **Currying**[29]. Currying im engeren Sinne ist eine Umstrukturierung von Funktionen mehrerer Veränderlicher zu Funktionen einer Veränderlichen. Ist z. B. f Abbildung von $A \times B$ nach M, also $f: A \times B \to M$ bzw. $f \in M^{A \times B}$, so wird durch „Festhalten eines ersten Arguments" eine Abbildung $f(a, \cdot)$ von B in M definiert, wobei wiederum die Auswahl des festzuhaltenden Elements eine Abbildung f_{curry} von A in den Raum aller Abbildungen von B in M ist:

$$f_{curry} : \begin{cases} A \to M^B \\ a \mapsto f(a, \cdot) \end{cases} \text{mit} f(a, \cdot): \begin{cases} B \to M \\ b \mapsto f(a,b) \end{cases}.$$

Man schreibt auch salopp $f_{curry}: A \to (B \to M)$. Bei mehr als zwei Argumenten von f kann diese Technik auch geschachtelt verwendet werden und führt dann beispielsweise von $h: A \times B \times C \to M$ zu $h_{curry}: A \to (B \to (C \to M))$. Allgemein muss man sich dabei nicht an die Reihenfolge ABC halten, sondern kann auch z.B $h_{curry31}: C \to (A \to (B \to M))$ zuordnen. Umgekehrt kann man jeder Abbildung $g : A \to (B \to M)$ eine Abbildung $g_{uncurry}: A \times B \to M$ mit $g_{uncurry}(a,b) := g(a)(b)$ zuordnen etc.

Aber auch bei einstelligen Funktionen sind ähnliche Umstrukturierungen möglich. So kann man bezüglich Abbildungen $f: A \to M$ jedem $a \in A$ die Abbildung

$$a^* : \begin{cases} M^A \to M \\ f \ \mapsto f(a) \end{cases} \text{zuordnen, was wiederum } * : \begin{cases} A \to M^{(M^A)} \\ a \mapsto a^* \end{cases} \text{definiert.}$$

Diese Konstruktionen sind jedoch kein Neuland, sondern „einfach" Ergebnisse des Currying der zweistelligen **Auswertungsabbildung**

$$eval : \begin{cases} M^A \times A \to M \\ (f,a) \ \mapsto f(a) \end{cases}.$$

Deren Currying nach dem ersten bzw. zweiten Argument ergibt nämlich

$$* = eval_{curry2} \text{ und } id_{M^A} = eval_{curry1}.$$

3.4 Äquivalenzrelationen

Eine besondere Rolle unter den Relationen auf einer Menge A spielen **Äquivalenzrelationen**, die definiert sind als Relationen mit folgenden drei Eigenschaften:
- reflexiv,
- transitiv,
- symmetrisch.

---

[29] Haskell Brooks Curry, 1900–1982, lehrte Mathematik an der heutigen Penn State und in Amsterdam.

Beispiele von Äquivalenzrelationen sind die folgenden Relationen:

- $R_1(x, y)$:⇔ x ist Schwester[30] von y auf der Menge der weiblichen Personen
- $R_2(x, y)$:⇔ $x = y \bmod 7$ auf der Menge der ganzen Zahlen[31]
- $R_3(x, y)$:⇔ $x = y$ auf jeder beliebigen Menge
- $R_4(x, y)$:⇔ $x - y$ ist ganze Zahl   auf der Menge der rationalen Zahlen
- R_5 := $\mathbb{R} \times \mathbb{R}$ auf der Menge der reellen Zahlen
- die im Pfeildiagramm in Abb. 3.6 dargestellte Relation auf $A = \{a,b,c,d\}$.

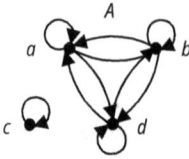

Abb. 3.6: Eine Äquivalenzrelation.

Nicht zufällig zerfällt dieses Pfeildiagramm in zwei getrennte Bereiche, *innerhalb* deren von jedem zu jedem Knoten (auch zu sich selbst) ein Pfeil verläuft, *zwischen* denen jedoch keine Pfeile verlaufen. Für jede Äquivalenzrelation R auf einer Menge A und jedes Element $a \in A$ ist die **Äquivalenzklasse** $[a]_R$ definiert durch

$$[a]_R := \{b \in A \mid (a, b) \in R\}.$$

Innerhalb einer Äquivalenzklasse steht jedes Element zu jedem in der Relation R, und zwischen zwei Elementen aus unterschiedlichen Äquivalenzklassen besteht die Relation nicht:

- $\forall x, y, \; a \in A: [x \in [a]_R \text{ und } y \in [a]_R \Rightarrow xRy]$
- $\forall x, y, \; a, b \in A: [(x \in [a]_R \text{ und } y \in [b]_R \text{ und } [a]_R \neq [b]_R) \Rightarrow \text{nicht } xRy]$

Satz 3.1: Quotient nach einer Äquivalenzrelation
Die Menge $A/R := \{[a]_R \mid a \in A\}$ der Äquivalenzklassen aller Elemente von A bezüglich R wird der **Quotient** von A nach R genannt und hat die folgenden Eigenschaften:
1. Die Elemente von A/R überdecken zusammen die Menge A:
   $A = \bigcup(A/R) = \bigcup\{[a]_R \mid a \in A\}$, oft auch so geschrieben: $\bigcup_{a \in A} [a]_R$.
2. Je zwei Elemente von A/R sind identisch oder disjunkt:
   $\forall a, \; b \in A([a]_R = [b]_R \text{ oder } [a]_R \cap [b]_R = \varnothing)$ □

Beweis: (1) Überdeckung: Wegen der Reflexivität gilt für alle $a \in A: aRa$, also $a \in [a]_R$, und damit ist jedes Element von A auch Element einer Äquivalenzklasse. Ist $x \in [a]_R$,

---

30 Genauer gesagt: Vollschwester, denn bei Halbschwestern wäre die Transitivität nicht gewährleistet.
31 Das bedeutet gleicher Rest (zwischen 0 und 6 einschließlich) bei Division durch 7.

dann laut Definition von $[a]_R$ auch $x \in A$. Insgesamt gilt $A \subseteq \bigcup\{[a]_R \mid a \in A\}$ und $\bigcup\{[a]_R \mid a \in A\} \subseteq A$, also $A = \bigcup\{[a]_R \mid a \in A\}$.

(2) identisch oder disjunkt: Sind $[a]_R$ und $[b]_R$ nicht disjunkt, so existiert ein x mit $x \in [a]_R \cap [b]_R$ also mit $x \in [a]_R$, d. h. aRx, und $x \in [b]_R$, d. h. bRx. Wir zeigen jetzt $[a]_R \subseteq [b]_R$: Sei also $y \in [a]_R$, d. h. aRy. Wegen der Symmetrie von R folgt xRa aus aRx. Wegen der Transitivität von R folgt bRa aus bRx und xRa. Wieder wegen Transitivität folgt bRy aus bRa und aRy. Wir haben aus $y \in [a]_R$ abgeleitet, dass $y \in [b]_R$; also gilt $[a]_R \subseteq [b]_R$. Analog zeigt man nun $[b]_R \subseteq [a]_R$, was insgesamt $[a]_R = [b]_R$ ergibt. ∎

Allgemein nennt man eine Menge P nichtleerer Teilmengen einer Menge A eine **Partition**, (von A) wenn ihre Elemente A überdecken und untereinander paarweise disjunkt sind, d. h. wenn

$$\bigcup_{M \in P} M = A \text{ und } \forall M, N \in P (M = N \vee M \cap N = \varnothing)$$

gilt. Satz 3.1 lässt sich also auch so formulieren: Der Quotient einer Menge nach einer Äquivalenzrelation auf ihr bildet eine Partition der Menge. Umgekehrt sieht man:

Satz 3.2: Partition und Äquivalenz
Für jede Partition P einer Menge A ist die Relation R_P auf A, die durch

$$(a, b) \in R_P :\Leftrightarrow \exists M \in P (a \in M \text{ und } b \in M)$$

gegeben ist – also durch „a und b liegen in der gleichen Menge der Partition" – eine Äquivalenzrelation. □

Der **Beweis** des Satzes ist Inhalt einer Übungsaufgabe. ∎

Jede Äquivalenzrelation R kann auf obige Weise aus einer Partition gewonnen werden, nämlich aus A/R. Jede Partition P ist wiederum der Quotient einer Äquivalenzrelation, nämlich R_P. In diesem Sinne sind Äquivalenzrelationen und Partitionen gewissermaßen das Gleiche.

Nicht nur aus Partitionen lassen sich, wie oben gezeigt, auf natürliche Weise Äquivalenzrelationen gewinnen, sondern auch aus Abbildungen.

Satz 3.3: Äquivalenz durch gleiche Funktionswerte
Für jede Abbildung $f : A \to B$ ist die Relation

$$R_f \text{ über } A \text{ mit } R_f(a_1, a_2) :\Leftrightarrow f(a_1) = f(a_2)$$

eine Äquivalenzrelation auf A, und jede Äquivalenzrelation R kann aus einer geeigneten Funktion so gewonnen werden, nämlich aus $f : A \to A/R$ mit $f(a) := [a]_R$. □

Beweis: Die Menge $P := \{f^{-1}(\{b\}) \mid b \in B\}$ der Urbildmengen einzelner Elemente von B ist eine Partition von A: P überdeckt A, da jedes $a \in A$ einen Funktionswert in B hat:

$f(a) = b$, also gilt $a \in f^{-1}(\{b\})$, und die Elemente von P sind identisch oder disjunkt: Sind nämlich $f^{-1}(\{b_1\})$ und $f^{-1}(\{b_2\})$ mit b_1, $b_2 \in B$ nicht disjunkt, so gibt es ein $a \in A$ mit $a \in f^{-1}(\{b_1\}) \cap f^{-1}(\{b_2\})$, also mit $b_1 = f(a) = b_2$.

Nun ist aber R_f die (somit Äquivalenz-) Relation, die wie in Satz 3.2 aus P gewonnen wird. ∎

3.5 Kongruenzrelationen

Unter den Äquivalenzrelationen spielen die Kongruenzrelationen eine wichtige Rolle als Ausgangspunkt zahlreicher gleichartiger Konstruktionen in der Mathematik.

Zwei Aspekte sind wichtig zum Verständnis der Kongruenzrelationen und ihres Nutzens:

– ihr notwendiger Bezug auf vorhandene Funktionen oder Relationen auf der Menge: Genauso wenig wie z. B. ein Lied nicht irgendwie und allgemein Lieblingslied, sondern höchstens Lieblingslied bestimmter Menschen sein kann, so ist eine Äquivalenzrelation R auf einer Menge A nicht Kongruenzrelation an und für sich, sondern in Bezug auf eine oder mehrere vorgegebene Funktionen oder Relationen auf A. Kongruenz hinsichtlich gewisser Funktionen oder Relationen bedeutet nämlich eine besondere „Verträglichkeit" von R mit diesen.

– ihre besondere Anwendungsmöglichkeit, das Rechnen mit Kongruenzklassen: Ist R eine Kongruenzrelation auf einer Menge A hinsichtlich bestimmter Funktionen oder Relationen, so kann man diese Funktionen oder Relationen in einem gewissen Sinne auf ganze Äquivalenzklassen von R anwenden. Die durch R gegebene Partition auf A ist dann eine neu konstruierte Menge, auf der es die gegebenen Funktionen oder Relationen „auch gibt".

Bevor wir nun die etwas abstrakte allgemeine Definition und deren Standardanwendung angehen, sehen wir uns kurz ein Beispiel an. Wir wählen als Menge die ganzen Zahlen, als Bezugsfunktion die zweistellige Addition + und als Bezugsrelation die dreistellige Relation $Q(a,b,c) :\Leftrightarrow a \cdot b = c$, so dass z. B. $Q(2,3,6)$ gilt. Unsere Äquivalenzrelation R sei „Gleichheit modulo 4", d. h. aRb gelte genau dann, wenn a und b bei Division durch 4 den gleichen Rest ergeben. So stehen z. B. 1, 5 und −3 paarweise in der Relation R, da sie alle bei Division durch 4 den Rest 1 ergeben. Die Leser können leicht mit Satz 3.3, nachprüfen, dass R eine Äquivalenzrelation ist, und diese ist in folgendem Sinne mit der Addition verträglich:

$$aRa' \wedge bRb' \Rightarrow (a + b)R(a' + b').$$

Man könnte sagen: Kenne ich die Äquivalenzklassen der Summanden, dann kenne ich die Äquivalenzklasse ihrer Summe, auch ohne dass ich die Summanden weiß. Ich kann gewissermaßen Äquivalenzklassen addieren. Genau das bezeichnet man als Kongruenz: Auf den ganzen Zahlen ist R, die Gleichheit der Reste bei Division durch

4, eine Kongruenzrelation bezüglich der Addition +. Und tatsächlich kann man auf diesem Wege eine Addition auf den Äquivalenzklassen definieren:

$$[a]_R +_R [b]_R := [a+b]_R.$$

$[a]_R$ ist dabei die Äquivalenzklasse von a bezüglich R. Die Funktion ist wohldefiniert, d. h. es entstehen keine widersprüchlichen Funktionswerte, eben gerade weil R eine Kongruenzrelation bezüglich + ist.

Allgemein nennt man eine Äquivalenzrelation R auf einer Menge A eine **Kongruenzrelation** (oder kurz **Kongruenz**) bezüglich einer Funktion $f: A^n \to A$, wenn für alle Elemente a_i, b_i von A gilt:

$$a_1 R b_1 \wedge a_2 R b_2 \wedge ... \wedge a_n R b_n \Rightarrow f(a_1, a_2, ..., a_n) \, R \, f(b_1, b_2, ..., b_n) \,.$$

Ist R eine Kongruenz bezüglich f auf A, so kann auf der Partition A/R (auch **Quotient** genannt), der Menge der **Kongruenzklassen** bezüglich R, eindeutig die Klassenabbildung

$$f/R : \begin{cases} (A/R)^n & \to & A/R \\ ([a_1]_R, [a_2]_R, ..., [a_n]_R) & \mapsto & [f(a_1, a_2, ..., a_n)]_R \end{cases}$$

definiert werden, wie in Abb. 3.7 illustriert.

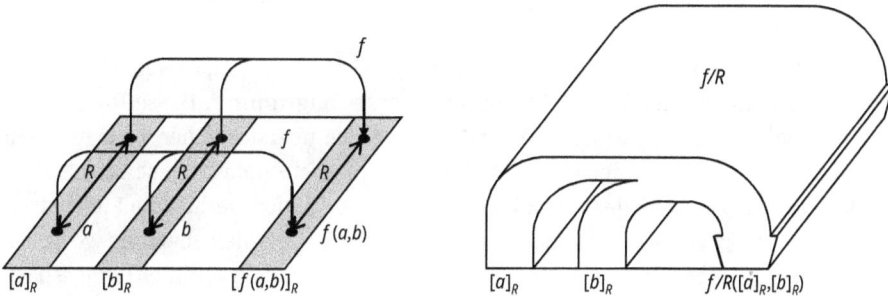

Abb. 3.7: Eine Kongruenz R bezüglich f und die Klassenabbildung f/R von f bezüglich der Kongruenz.

Eine ähnliche Konstruktion stellen die **Kongruenzen bezüglich Relationen** dar. Nehmen wir z. B. die Äquivalenzrelation R definiert zwischen den Geraden in einer Ebene durch $xRy :\Leftrightarrow$ „x und y sind parallel." In welchem Sinne ist R verträglich mit der Relation Q definiert durch $xQy :\Leftrightarrow$ „y ist senkrecht zu x." Wir prüfen leicht zum einen nach, dass R tatsächlich Äquivalenzrelation ist, zum anderen dass gilt: aQb, aRc und $bRd \Rightarrow cQd$. Dadurch kann man Q als wohldefinierte Relation *auf den Äquivalenzklassen* verwenden. Es bleibt den Lesern als Übungsaufgabe überlassen, Kongruenzen bezüglich Relationen beliebiger Stelligkeit formal zu definieren und ihre Eigenschaften bezüglich des Quotienten nach R zu formalisieren und zu beweisen.

3.6 Ordnungsrelationen

3.6.1 Halb- und Totalordnungen

Unter den Relationen auf einer Menge A spielen auch die **Halbordnungen** (auch **Teilordnungen** oder **partielle Ordnungen** genannt) eine besondere Rolle. Sie sind definiert als Relationen mit folgenden drei Eigenschaften:

- reflexiv, $\qquad\qquad \forall a \in A\ R(a,a)$,
- transitiv, $\qquad\qquad \forall a,b,c \in A\ [R(a,b)\text{ und }R(b,c) \Rightarrow R(a,c)]$,
- antisymmetrisch, $\quad \forall a,b \in A\ [R(a,b)\text{ und }R(b,a) \Rightarrow a=b]$.

Beispiele sind die folgenden Relationen:

- $R_1(x,y)$ $\qquad\qquad\qquad :\Leftrightarrow x$ wiegt mehr als y $\qquad$ auf der Menge aller Sumo-Ringer,
- $R_2(x,y)$ $\qquad\qquad\qquad :\Leftrightarrow x \mid y$ (x ist Teiler von y) auf der Menge der natürlichen Zahlen,
- $R_3(x,y)$ $\qquad\qquad\qquad :\Leftrightarrow x \leq y$ $\qquad\qquad\qquad$ auf der Menge der ganzen Zahlen,
- $R_4(A,B)$ $\qquad\qquad\qquad :\Leftrightarrow A \subseteq B$ $\qquad\qquad\qquad$ auf einer Menge von Mengen,
- $R_5((x_1, \dots x_n),(y_1, \dots y_n))\ :\Leftrightarrow \forall i=1, \dots, n\colon x_i \leq y_i$ auf dem n-dim. kartesischen Produkt $\mathbb{R}^n$.

Abb. 3.8 zeigt eine Halbordnung R auf der Menge $A = \{a,b,c,d\}$, und zwar links als gewohntes Pfeildiagramm und rechts als sog. **Hasse-Diagramm**[32]. Hasse-Diagramme werden speziell für Halbordnungen verwendet, da sie übersichtlicher sind. In ihnen wird bei $x \neq y$ und $R(x,y)$ der Punkt für x unterhalb (nicht unbedingt senkrecht) des Punktes für y gezeichnet; deswegen können ohne Informationsverlust die Pfeilspitzen weggelassen werden. Die „Schleifen" (Pfeile von x nach x) werden ebenfalls weggelassen. Und schließlich werden sogar noch die Kanten (Verbindungslinien) eingespart, die sich aus der Transitivität ableiten lassen, so dass $x \leq y$ genau dann gilt, wenn entweder $x = y$ oder ein von x nach y durchgehender, stets aufwärts verlaufender Kantenzug existiert.

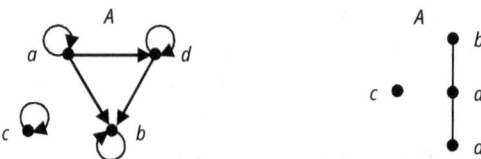

Abb. 3.8: Eine Halbordnung als Pfeil- und als Hasse-Diagramm.

---

32 Helmut Hasse, 1898–1979, Zahlentheoretiker, lehrte an verschiedenen deutschen Universitäten.

Weitere häufig auf Halbordnungen bezogene Eigenschaften sind

- **antireflexiv,** $\forall a \in A$ nicht $R(a, a)$ (auch **irreflexiv** genannt),
- **trichotomisch,** $\forall a, b \in A$ [entweder $R(a, b)$ oder $R(b, a)$ oder $a = b$],
- **total**[33], $\forall a, b \in A$ [$R(a, b)$ oder $R(b, a)$],
- **dicht,** $\forall a, b \in A([R(a, b)$ und $a \neq b] \Rightarrow$
  $\exists c \in A[a \neq c, \ c \neq b, \ R(a, c)$ und $R(c, b)])$

Eine **lineare Ordnung** (auch **Totalordnung** oder **Kette** genannt) ist eine totale Halb-ordnung, wie z. B. $\leq$ auf den ganzen Zahlen. Eine **strenge Totalordnung** ist eine transi-tive und trichotomische Relation, wie z. B. $<$ auf den ganzen Zahlen. Da wegen der Trichotomie und $a = a$ niemals $a < a$ gelten kann, sind strenge Totalordnungen nicht re-flexiv, also auch keine Halbordnungen oder Totalordnungen[34]. Trotzdem besteht ein enger Zusammenhang zwischen diesen Ordnungsarten:

Satz 3.4: Lineare Ordnungen und strenge Totalordnungen

Für jede lineare Ordnung R auf A definiert

$$xQy :\Leftrightarrow xRy \text{ und } x \neq y$$

eine strenge Totalordnung Q auf A, und für jede strenge Totalordnung Q auf A definiert

$$xRy :\Leftrightarrow xQy \text{ oder } x = y$$

eine lineare Ordnung R auf A. □

Beweis: Sei R eine lineare Ordnung und xQy gegeben durch (xRy und $x \neq y$).

Q ist transitiv: Gilt xQy und yQz, dann gilt xRy und yRz, also wegen der Transitivität von R auch xRz. Wäre nun ($*$) $x = z$, dann gälte auch $z = x$, somit zRx, also wegen Tran-sitivität auch yRx. Dies und xRy lieferte wegen der Antisymmetrie von R dann $x = y$, im Widerspruch zu xQy. Also gilt ($*$) nicht, d. h. es ist $x \neq z$ und wegen xRz insgesamt xQz.

Q ist trichotomisch: Sind a und b aus A, so gilt wegen der Totalität von R aRb oder bRa. Gilt beides, so ist $a = b$. Gilt nicht beides, so ist $a \neq b$ und entweder aRb (also zu-sammen aQb) oder bRa (also dann bQa).

Damit ist Q eine strenge Totalordnung.

Der Beweis der zweiten Aussage ist Inhalt einer Übungsaufgabe. ∎

Es seien zum einen R eine Relation auf einer Menge A und zum anderen B eine Teil-menge von A. Manchmal interessiert man sich für „R als Relation auf B", genauer ge-sagt für die sog. **Einschränkung** von R auf B, d. h. die Relation $R|_B$, auf B mit

---

33 Man beachte dass total *nicht* gleichbedeutend mit „gleichzeitig links- und rechtstotal" ist.
34 Hier sehen wir einen von zahlreichen Fällen, in denen die Nomenklatur der Mathematik gegen unser Sprachgefühl verstoßen dürfte: Eine strenge Totalordnung ist *kein* Spezialfall einer Totalordnung!.

$$R|_B(b,c) :\Leftrightarrow [R(b,c) \text{ und } b,c \in B],$$

auch die von R auf B **induzierte Relation** genannt.

3.6.2 Extremale und begrenzende Elemente

Sei nun $\leq$ eine Halbordnung auf einer Menge A, und $x < y :\Leftrightarrow x \leq y$ und $x \neq y$. Wie bei natürlichen Zahlen sagen wir, x sei **kleiner oder gleich** y bzw. y größer oder gleich x, wenn $x \leq y$, und x sei **(echt) kleiner** als y bzw. y (echt) größer als x, wenn $x < y$. Für jede Teilmenge $B \subseteq A$ nennt man ein $b \in B$ ...

- **minimal** in B, wenn kein kleineres Element von B existiert: nicht $\exists c \in B : c < b$,
- **maximal** in B, wenn kein größeres Element von B existiert: nicht $\exists c \in B : b < c$,
- **kleinstes Element** oder **Minimum** von/in B, wenn es kleiner oder gleich allen Elementen von B ist: $\forall c \in B : b \leq c$, und
- **größtes Element** oder **Maximum** von/in B, wenn es größer oder gleich allen Elementen von B ist: $\forall c \in B : c \leq b$.

Ferner nennt man dann ein $a \in A$ ...

- eine **untere Schranke** von B, wenn es kleiner oder gleich allen Elementen von B ist: $\forall b \in B : a \leq b$,
- eine **obere Schranke** von B, wenn es größer oder gleich allen Elementen von B ist: $\forall b \in B : b \leq a$,
- die **untere Grenze** oder das **Infimum** von B, geschrieben inf B, wenn es die größte untere Schranke, also das größte Element in der nicht leeren Menge der unteren Schranken von B ist, und
- die **obere Grenze** oder das **Supremum** von B, geschrieben sup B, wenn es die kleinste obere Schranke von B ist.

Eine untere Schranke $a \in A$ der Menge B klingt fast gleich definiert wie ein kleinstes Element, muss aber im Gegensatz zu diesem gar nicht in der (durch die untere Schranke) **nach unten beschränkten Menge B** liegen, und Analoges gilt für obere Schranke und ein größtes Element. Jedes größte Element ist Supremum und jedes kleinste Infimum. Obere und untere Schranken einer Menge kann es viele geben. Oben im Text ist aber die Rede von *der* (und nicht von *einer*) größten unteren Schranke, weil wegen der Antisymmetrie der Halbordnungen jede Menge (also auch die der unteren Schranken) höchstens ein größtes und höchstens ein kleinstes Element haben kann. Es muss aber nicht immer ein Supremum oder Infimum einer Teilmenge B geben.

Abb. 3.9 stellt das Hasse-Diagramm der Teilbarkeitsrelation auf $M = \{2,3,6,12,18\}$ dar. An ihr von können wir übungshalber einige der oben definierten besonderen Elemente in Bezug auf Teilmengen einer halbgeordneten Menge aufzeigen:

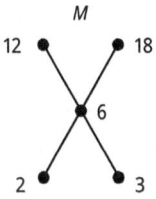

Abb. 3.9: Eine Halbordnung zur Illustration besonderer Elemente.

–   2 und 3 sind minimal in M aber nicht kleinste Elemente in M.
–   12 und 18 sind maximal in M aber nicht größte Elemente in M.
–   6 ist kleinste obere Schranke von $\{2,3\}$, aber weder maximal noch größtes Element.
–   6 ist größte untere Schranke von $\{12,18\}$, aber weder minimal noch kleinstes Element.
–   6 ist größtes Element und kleinste obere Schranke von $\{2,3,6\}$.
–   6 ist kleinstes Element und größte untere Schranke von $\{6,12,18\}$.

Mit der An- oder Abwesenheit von Schranken lassen sich neun Arten von **Intervallen** definieren. Diese sind nämlich links bzw. rechts jeweils offen – „(" bzw. „)" –, abgeschlossen – „[" bzw. „]" – oder unbeschränkt – „∞" bzw. „∞)"; dabei sind a und b Elemente der halbgeordneten Menge A:

$$\begin{aligned}
(a,b) &:= \{x \in A \mid a < x < b\}, & [a,b] &:= \{x \in A \mid a \le x \le b\}, \\
(a,b] &:= \{x \in A \mid a < x \le b\}, & [a,\infty) &:= \{x \in A \mid a \le x\}, \\
(a,\infty) &:= \{x \in A \mid a < x\}, & (-\infty,b) &:= \{x \in A \mid x < b\}, \\
[a,b) &:= \{x \in A \mid a \le x < b\}, & (-\infty,b] &:= \{x \in A \mid x \le b\} \text{ und} \\
(-\infty,\infty) &:= A
\end{aligned}$$

3.6.3 Ordnungen und das Auswahlaxiom*

Sind R und Q zwei Relationen auf einer Menge A mit Graph$(R) \subseteq$ Graph(Q)., d. h. dass hier aus xRy stets xQy folgt, dann sagt man, dass R in Q **eingebettet** bzw. Q eine **Erweiterung** von R ist. Eine **lineare** Erweiterung einer Halbordnung ist dann eine Erweiterung von ihr, die eine lineare Ordnung ist.

In den gängigen Axiomatiken der Mengenlehre kann man mit Hilfe des Auswahlaxioms beweisen:

Satz 3.5: Lineare Erweiterungen durch Auswahlaxiom
–   Jede Halbordnung kann in eine Totalordnung eingebettet werden, d. h. ihr Graph ist Teilmenge des Graphen einer Totalordnung auf der gleichen Menge. (**Satz von Marczewski-Szpilrajn**[35])

---

35 Edward Marczewski, 1907–1976, hieß bis 1940 Szpilrajn, lehrte Mathematik in Warschau und Breslau.

– Jede Halbordnung ist der Durchschnitt ihrer linearen Erweiterungen, d. h. der sie als Teilrelation enthaltenden Totalordnungen auf der gleichen Menge.
– Jede Menge kann totalgeordnet werden. □

Für Halbordnungen auf endlichen Mengen gilt der Satz auch ohne das Auswahlaxiom.

Beweis: Der Beweis des Satzes von Marczewski-Szpilrajn ist in [Wiki Szpi] skizziert.

Zur zweiten Aussage: Ist R eine Halbordnung auf A, so ist zu zeigen, dass zu je zwei $a,b \in A$, für die nicht aRb gilt, eine lineare Erweiterung von R existiert, die ebenfalls (a,b) nicht enthält. In der Tat ist dann $R \cup \{(x,y) \mid xRb \text{ und } aRy\}$ eine Halbordnung, die R erweitert und in der bRa aber nicht nicht aRb gilt. Diese Halbordnung kann linear erweitert werden. Jede solche Erweiterung erweitert auch R und kann (a,b) nicht enthalten.

Zur dritten Aussage: Auf der Menge A ist id_A eine Halbordnung, die wegen des Satzes von Marczewski-Szpilrajn Teilrelation einer Totalordnung auf A ist. ∎

Zwei Aussagen über Ordnungen sind in den gängigen Axiomatiken sogar äquivalent zum Auswahlaxiom. Ausführliche Beweise sprengen den Rahmen dieser Einführung. [Jech 1971] bietet eine knappe Beweisskizze für Fortgeschrittene (unter Verwendung der Ordinalzahlen aus Kapitel 5). Details finden sich z. B. in [Ebbi 2003], [Herr 2006] und [Halm 1969].

Satz 3.6: Auswahlaxiom, Wohlordnungsprinzip und Zorn'sches Lemma

Folgende Aussagen sind (in den gängigen Axiomatiken) äquivalent:
– **Auswahlaxiom:** Ist M eine Menge und sind die Elemente von M paarweise disjunkte Mengen, so existiert eine Menge A derart, dass für jedes $X \in M$ der Durchschnitt $X \cap A$ genau ein Element hat.
– **Wohlordnungsprinzip:** Auf jeder Menge M existiert eine **Wohlordnung**, d. h. eine Totalordnung, bei der jede nichtleere Teilmenge von M ein kleinstes Element hat.
– **Zorn'sches**[36] **Lemma:** Ist R eine Halbordnung auf einer Menge A, und gibt es zu jeder Teilmenge B von A, bei der $R|_B$ eine Totalordnung ist, eine obere Schranke in A, so gibt es für R ein in A maximales Element. □

3.6.4 Verbände als spezielle Ordnungen*

Ist R eine Halbordnung auf einer Menge A, und existieren in A bezüglich dieser Halbordnung zu je zwei Elementen $a, b \in A$ sowohl die größte untere Schranke $\inf\{a,b\}$ als auch die kleinste obere Schranke $\sup\{a,b\}$, so nennt man R (oder genauer A mit R) eine **Verbandsordnung** oder einen **Verband**. Wir schreiben hier $a \sqcap b$ für $\inf\{a,b\}$ und $a \sqcup b$ für $\sup\{a,b\}$. Häufig findet man auch die Symbole $\wedge$ und $\vee$.

---

36 Max August Zorn, 1906–1993, lehrte Mathematik an der Yale-Universität und der Universität von Indiana. Einige Autoren schreiben das Zorn'sche Lemma auch Ernst Zermelo oder Kazimierz Kuratowski zu.

Satz 3.7: Verbandsgesetze

Folgende „Rechenregeln" gelten in einem Verband:

1. Assoziativität: $(a \sqcap b) \sqcap c = a \sqcap (b \sqcap c)$ und $(a \sqcup b) \sqcup c = a \sqcup (b \sqcup c)$,
2. Kommutativität: $a \sqcap b = b \sqcap a$ und $a \sqcup b = b \sqcup a$,
3. Absorption: $a \sqcap (a \sqcap b) = a$ und $a \sqcup (a \sqcup b) = a$.

Ist umgekehrt A eine Menge mit zwei zweistelligen Verknüpfungen $\sqcap$ und $\sqcup$, die den Regeln (1), (2), und (3) des Satzes genügen, kann man durch $a \leq b :\Leftrightarrow (a \sqcap b) = a$ eine Relation zuordnen, die eine Halbordnung ist und in welcher zu je zwei Elementen $a,b \in A$ sowohl $inf\{a,b\}$ als auch $sup\{a,b\}$ existieren, die wiederum mit $a \sqcap b$ bzw. $A \sqcup b$ übereinstimmen.   □

Der **Beweis** der Verbands- (in der ersten Aussage) bzw. der Halbordnungseigenschaften (in der zweiten) wird den Lesern als Übungsaufgabe überlassen.   ■

Wir können also aus einem „Ordnungs-Verband", einer Halbordnung $(A, \leq)$ mit überall existierenden inf$\{a,b\}$ und sup$\{a,b\}$, wie oben einen „Operationen-Verband" OpV$(A, \leq) = (A, \sqcap, \sqcup)$, d. h. eine Menge mit zwei Operationen und Rechenregeln wie in Satz 3.7 konstruieren. Umgekehrt können wir aus einem „Operationen-Verband" $(A, \sqcap, \sqcup)$ einen „Ordnungs-Verband" OrdV$(A, \sqcap, \sqcup) = (A, \leq)$ konstruieren. Beide Formen eines Verbands sind gleichwertig. Führen wir die beiden Konstruktionen hintereinander aus, erhalten wir in beiden Reihenfolgen jeweils die Ausgangsstruktur wieder:

$$\text{OrdV}(\text{OpV}(A, \leq)) = (A, \leq) \quad \text{und} \quad \text{OpV}(\text{OrdV}(A, \sqcap, \sqcup)) = (A, \sqcap, \sqcup).$$

Hasse-Diagramme von Verbänden mit einem, zwei oder drei Elementen gibt es nur jeweils eines, nämlich die entsprechende Totalordnung. Mit vier Elementen gibt es zwei verschiedene – vgl. Abb. 3.10. Verbände mit fünf Elementen suchen wir in einer Übungsaufgabe.

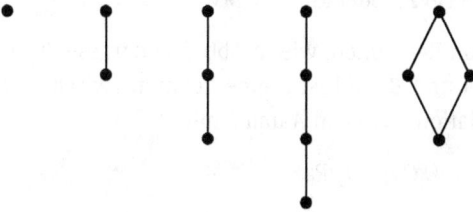

Abb. 3.10: Verbände mit 1, 2, 3 und 4 Elementen.

Verbände werden wir unter algebraischen Aspekten in Kapitel 7 näher betrachten.

3.7 Operationen auf Relationen

Ist R eine Relation zwischen zwei Mengen A und B, so ist die **Umkehrrelation** oder das **Inverse** R^{-1} zwischen B und A definiert als die Relation mit $xR^{-1}y :\Leftrightarrow yRx$ für alle $x \in B$, $y \in A$.[37] Im Pfeildiagramm werden gewissermaßen alle Pfeile umgedreht, dann wird das Ganze rechts/links gespiegelt, vgl. Abb. 3.11. Das Inverse einer bijektiven Abbildung nennt man auch **Umkehrabbildung.**

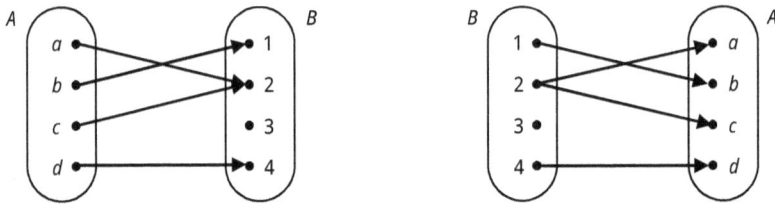

Abb. 3.11: Eine Relation (links) und ihr Inverses (rechts).

Manche Relationen lassen sich aus einfacheren Relationen zusammensetzen. Unsere Großmutter väterlicherseits ist oder war die Mutter unseres Vaters. Wir unterscheiden jetzt einmal nicht zwischen lebenden und verstorbenen Personen, die insgesamt die Menge P bilden sollen, und reden über die Elemente von P in der Gegenwartsform. Wenn wir jetzt formelartig schreiben

- $M(x,y)$ (kurz xMy) für „x ist Mutter von y",
- $V(x,y)$ (kurz xVy) für „x ist Vater von y",
- $G(x,y)$ (kurz xGy) für „x ist Großmutter väterlicherseits von y",

so gilt

$$xGz \Leftrightarrow \exists y \in P : (xMy \text{ und } yVz), \text{ oder kurz } G = MV.$$

Allgemein ist nämlich die **Verkettung** von Relationen, wie in Abb. 3.12 dargestellt, so definiert: Ist Q eine Relation zwischen A und B, und ist R eine Relation zwischen B und C, so ist deren Verkettung QR die Relation zwischen A und C mit

$$xQRz \Leftrightarrow \exists y \in B : (xQy \text{ und } yRz).$$

---

37 Besonders aufmerksamen Lesern wird möglicherweise nicht entgangen sein, dass – zumal wegen der vereinfachten Schreibweisen – $R^{-1}(N)$ für $N \subseteq B$ auf mehrere Arten interpretiert werden kann; gemeint ist hier $(R^{-1})_{()}(N)$, eine Teilmenge von A, und nicht $(R_{()})^{-1}(N)$.

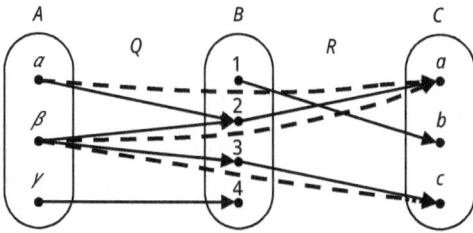

Abb. 3.12: Die Verkettung QR (gestrichelt) zweier Relationen (jeweils durchgezogen).

Satz 3.8: Assoziativität der Relationenverkettung
Die Verkettung von Relationen ist **assoziativ**, d. h. sind A, B, C und D Mengen und ist P eine Relation zwischen A und B, Q eine Relation zwischen B und C sowie R eine Relation zwischen C und D, dann gilt

$$P(QR) = (PQ)R \qquad \square$$

Beweis: Beide Seiten sind Relationen zwischen A und D. Wir zeigen, dass der Graph der linken Relation eine Teilmenge des Graphen der rechten ist; die Gegenrichtung folgt analog. Sei also $(a,d) \in P(QR)$, anders geschrieben $aP(QR)d$, d. h. es existiert ein $b \in B$ mit aPb und $bQRd$. Daher existiert ein $c \in C$ mit bQc und cRd. Wegen aPb und bQc gilt $aPQc$. Schließlich folgt aus $aPQc$ und cRd, dass $a(PQ)Rd$, d. h. $(a,d) \in (PQ)R$ gilt. ∎

Wenn Q und R Abbildungen sind, spricht man anstelle von Verkettung auch von **Hintereinanderausführung,** und wir schreiben dann QR als $R \circ Q$ (also in anderer Reihenfolge!). Das lässt sich gut merken, wenn man es ausspricht: Ist zum Beispiel auf den ganzen Zahlen q das Quadrieren und auf den natürlichen Zahlen d das Verdoppeln, also $q(n) = n^2$ und $d(n) = 2 \cdot n$, so ist das Doppelte vom Quadrat von -3 die Zahl $(d \circ q)(-3) = d(q(-3)) = 18$ (gesprochen „d von q von 3"). Aber Vorsicht: in manchen Texten wird die Reihenfolge beibehalten, dort ist also $R \circ Q := RQ$, so dass sie sich dann aber bei den Funktionstermen umkehrt: $(f \circ g)(x) = g(f(x))$!

Relationen auf einer Menge A kann man mit sich selbst verketten. Im Rahmen der oben betrachteten Familienverhältnisse zwischen Personen ist VV die Relation „ist Großvater väterlicherseits." Ist R eine Relation auf A, schreibt man für RR auch R^2, für RRR auch R^3, usw. Dann gilt für die Umkehrrelation ähnlich wie bei Zahlen

$$(R^{-1})^n = (R^n)^{-1},$$

eine Relation, die auch als R^{-n} bezeichnet wird.

Weitergehende – von den Zahlen gewohnte – Potenzregeln erfordern aber die Bijektivität von R; dann wird die Rolle der multiplikativen Einheit 1 von der identischen Abbildung $R^0 := \mathrm{id}_A$ übernommen, und es gilt für alle ganzen Zahlen m und n (positive, negative, 0):

$$R^{m+n} = R^m R^n.$$

Den folgenden Satz zeigen wir in einer Übungsaufgabe:

Satz 3.9: Bijektion und Umkehrabbildung
Eine Abbildung $f : A \to B$ ist genau dann bijektiv, wenn eine Abbildung $g : B \to A$
existiert, für die $f \circ g = \text{id}_B$ und $g \circ f = \text{id}_A$ gilt, und in diesem Fall ist g die Umkehrabbildung f^{-1}, die ebenfalls bijektiv ist. $\qquad\Box$

3.8 Permutationen

Eine Reihenfolgeänderung eines n-Tupels (einschließlich des Falles, dass sich nichts ändert) nennt man eine **Permutation**. So sind

– $(1,2,3) \mapsto (3,1,2)$ und
– GRAEFIN $\mapsto$ INFRAGE

Permutationen. In beiden Beispielen können wir die Reihenfolgeänderung dadurch beschreiben, dass wir angeben, die wievielte Komponente $a_{\pi(k)}$ anschließend den Platz der bisherigen Komponente a_k einnimmt. Man gibt also mit $\pi : k \mapsto \pi(k)$ eine die Permutation festlegende bijektive Abbildung auf der Indexmenge $\{1, 2, ..., n\}$ an, d. h. für die vorstehenden Beispiele:

– π: $1\mapsto3$, $2\mapsto1$, $3\mapsto2$ und
– π: $1\mapsto6$, $2\mapsto7$, $3\mapsto5$, $4\mapsto2$, $5\mapsto3$, $6\mapsto1$, $7\mapsto4$.

Wer sich aber jegliche Freiheit erhalten will, welche Indexmengen er in Aufzählungen verwendet, z. B. auch $\{a,b,c, ...\}$ oder {Familienname, Vorname, Wohnort, Geburtsdatum}, nennt oft in weiterem Sinne jede Bijektion einer beliebigen, auch ungeordneten, Menge auf sich selbst eine Permutation (einer Menge). Auf jeder Menge A kennen wir bereits eine Permutation, nämlich id_A.

In der Folge betrachten wir Permutationen auf endlichen Mengen, der Einfachheit halber auf $M = \{1,2, ...,n\}$ mit $n \in \mathbb{N}$. Wenn man eine Permutation π wiederholt auf ein festes Element $a \in M$ anwendet, erhält man der Reihe nach die Folge

$$a,\ \pi\,(a),\ \pi\,(\pi\,(a)) = \pi \circ \pi\,(a) = \pi^2\,(a),\ \pi^3(a), ...$$

Sowohl die Folge als auch die Menge dieser Folgenglieder (was jeweils gemeint ist, ergibt sich aus dem Zusammenhang) werden als **Bahn** von a unter π bezeichnet. Das Anfangsstück $a, \pi(a), ..., \pi^n(a)$ der Bahn[folge] enthält bereits mehr Glieder als M Elemente hat, nämlich $n + 1$. Deshalb muss darin mindestens ein Element mehrfach vorkommen. Betrachten wir unter allen im Anfangsstück wiederholten Folgengliedern das erste, $\pi^i(a)$, und dessen erste Wiederholung, $\pi^k(a)$, so ist $0 \le i \le k \le n$. Tatsächlich muss hier aber $i = 0$ sein. Andernfalls würde wegen $\pi(\pi^{i-1}(a)) = \pi^i(a) = \pi^k(a) = \pi(\pi^{k-1}(a))$ und der

Injektivität von π folgen, dass bereits $\pi^{i-1}(a) = \pi^{k-1}(a)$ gilt – im Widerspruch zur Wahl von $\pi^i(a)$. Somit ist die Bahn von a eine stete („zyklische") Wiederholung der k Folgenglieder a, $\pi(a)$, ..., $\pi^{k-1}(a)$; das Bild des letzten Gliedes unter π ist wiederum a.

Eine spezielle Art von Permutationen auf M sind die **Zyklen**[38] π, die die Elemente einer endlichen Teilmenge $\{x_1, x_2, ... , x_k\} \subseteq M$ mit 2 bis n Elementen zyklisch vertauschen,

$$\pi(x_1) = x_2, \ \pi(x_2) = x_3, ..., \pi(x_{k-1}) = x_k, \ \pi(x_k) = x_1 \text{ und } 1 \leq i < j \leq k \Rightarrow x_i \neq x_j,$$

und die restlichen Elemente der Menge als Fixpunkte haben.

Solch ein Zyklus wird auch kurz $(x_1 \, x_2 \, \cdots \, x_k)$ geschrieben. Die Fixpunkte einer Permutation, x_i mit $\pi(x_i) = x_i$, werden manchmal als Zyklen (x_i) der Länge 1 betrachtet. Unter dieser Sicht haben wir oben bereits gezeigt, dass die Bahn *jedes* Elementes der permutierten endlichen Menge zu einem Zyklus führt.

Zwei Zyklen $(x_1 \, x_2 \, \cdots \, x_k)$ und $(y_1 \, y_2 \, \cdots \, y_l)$ nennt man **disjunkt,** wenn ihre „Vertauschungsmengen" disjunkt sind, d. h. $\{x_1, \ x_2, \ ..., x_k\} \cap \{y_1, \ y_2, \ ..., y_l\} = \varnothing$ gilt. Zyklen $(x_i \, x_k)$, die genau zwei Elemente miteinander vertauschen, nennt man **Transpositionen.** Transpositionen der Form $(x_i \, x_k)$ mit $|i - k| = 1$ nennt man **Nachbartranspositionen.**

Satz 3.10: Zerlegungen endlicher Permutationen
Sei $M = \{1, 2, ..., n\}$.
1. Zwei Bahnen von Elementen von M unter einer Permutation π auf M können nur disjunkt oder identisch sein.
2. Hintereinanderausführungen paarweise disjunkter Zyklen auf M sind von der Reihenfolge unabhängig.
3. Jede Permutation auf M lässt sich als Produkt paarweise disjunkter Zyklen darstellen.
4. Jeder Zyklus $(x_1 \, x_2 \, ... \, x_k)$, $k \leq n$, lässt sich als Produkt von Transpositionen darstellen[39].
5. Jede Permutation auf M lässt sich als Produkt von Transpositionen (sogar von Nachbartranspositionen) darstellen. $\qquad\qquad\qquad\qquad\qquad\qquad\qquad\qquad\square$

Beweis:
(1) Dies zu zeigen ist Inhalt einer Übungsaufgabe.
(2) Es genügt, dies für zwei Zyklen zu zeigen, da sich jede Reihenfolge durch Vertauschungen benachbarter Zyklen erzielen lässt. Seien also $\pi_1 = (x_1 x_2 ... x_k)$ und $\pi_2 = (y_1 y_2 ... y_l)$ zwei disjunkte Zyklen auf M. Jeder der beiden Zyklen hat die „bewegten Elemente" des jeweils anderen Zyklus als Fixpunkte. Dann ist jedes Element $z \in M$ ...

---

38 Singular: Zyklus, (lateinisch-griechisch: Rad), neuerdings auch häufig „Zykel" (ein Kunstwort, aus dem Englischen *cycle* eingedeutscht).
39 Die identische Abbildung wird als „leeres Produkt (von null Transpositionen)" betrachtet.

- entweder ein x_m – dann gilt $\pi_2(x_m) = x_m$, somit auch $\pi_1(\pi_2(x_m)) = \pi_1(x_m)$, und wegen $\pi_1(x_m) \in \{x_1, x_2, ..., x_k\}$ ist auch $\pi_1(x_m)$, Fixpunkt von π_2, somit $\pi_2(\pi_1(x_m)) = \pi_1(x_m)$ und insgesamt: $\pi_2(\pi_1(z)) = \pi_1(\pi_2(z))$,
- oder ein y_m – dann folgt analog $\pi_2(\pi_1(z)) = \pi_1(\pi_2(z))$,
- oder keines von beiden – dann ist $z = \pi_1(z) = \pi_2(z) = \pi_2(\pi_1(z)) = \pi_1(\pi_2(z))$.

(3) Sei π reine Permutation auf M. Jedes Element z von M gehört zu seiner (endlichen) Bahn $\{\pi^i(z) \mid i = 0, 1, 2, ...\}$. Die Bahn von z ist entweder einelementig, wenn nämlich z Fixpunkt von π ist, oder sie macht z zum Glied eines echten Zyklus $(z \pi(z) \pi^2(z) \cdots \pi^k(z))$ mit $k > 0$. Es gibt nur endlich viele verschiedene solcher Zyklen, die dann wegen (1) paarweise disjunkt sind, und ihr Produkt in beliebiger Reihenfolge stimmt wegen (2) als Abbildung mit π überein.

(4) Sowohl der Zyklus $(x_1 \, x_2 \cdots x_k)$ als auch das Produkt $(x_1, x_k) \circ (x_1, x_{k-1}) \circ ... \circ (x_1, x_3)$ $\circ (x_1, x_2)$ von Transpositionen (letzte zuerst auszuführen) bilden x_k auf x_1 und alle anderen x_i auf x_{i+1} ab: Was macht diese Hintereinanderausführung von k-1 Abbildungen mit den Elementen im Zyklus? Schauen wir der Reihe nach: x_1 wird von der hintersten Transposition (x_1, x_2) auf x_2 abgebildet, und x_2 bleibt von den davor stehenden (also später ausgeführten) Transpositionen unberührt. x_2 wird von den hintersten Transpositionen (x_1, x_2) auf x_1 abgebildet, und dieses von der davor stehenden Transposition (x_1, x_3) auf x_3, insgesamt also x_2 auf x_3. So geht es weiter bis x_k, das lediglich von der zuletzt ausgeführten Transposition (x_1, x_k) auf x_1 abgebildet wird – insgesamt also alles wie gewünscht.

(5) Die Darstellung als Produkt von Transpositionen folgt unmittelbar aus (3) und (4). Nun ist aber jede Transposition $(i \, k)$, $i < k$, ein Produkt von $2 \cdot (k - i) - 1$ (einer ungeraden Anzahl) Nachbartranspositionen, denn

$$(i \, k) = (k-1 \, k) \circ ... \circ (i+2 \, i+3) \circ (i+1 \, i+2) \circ (i \, i+1) \circ ... \circ (k-2 \, k-1) \circ (k-1 \, k),$$

wobei (von rechts lesen!) zunächst k über $k - 1$ etc. schrittweise „an allen Zahlen zwischen i und k vorbei" bis auf i und i über $i + 1$ etc. schrittweise bis auf k abgebildet wird. Die Zahlen dazwischen werden zwar zwischenzeitig um eine Stelle verrückt, das wird dann aber rückgängig gemacht, so dass sie letztlich stehen bleiben. ∎

Mehr über Permutationen erfahren wir in Kapitel 7 im Abschnitt über Untergruppen.

3.9 Abbildungen von Relationen*

Gilt für natürliche Zahlen m und n $m < n$, so ist auch $\text{Min}(3,m) \leq \text{Min}(3,n)$. Ist die ganze Zahl m Teiler der ganzen Zahl n, so ist auch die natürliche Zahl m^2 Teiler der natürlichen Zahl n^2. Betrachten wir oben die Abbildung $min3$: $x \mapsto \text{Min}(3,x)$ von $\mathbb{N}$ in $\mathbb{N}$ beziehungsweise die Abbildung q: $n \mapsto n^2$ von den ganzen in die natürlichen Zahlen, so umfassen die Beispiele offenbar jeweils

- eine Menge A und eine zweistellige Relation R auf A,
- eine Menge B und eine zweistellige Relation Q auf B,
- eine Abbildung $f\colon A \to B$ derart, dass für alle Elemente a und b von A mit $R(a,b)$ auch $Q(f(a), f(b))$ gilt.

Solche Abbildungen, bei denen gewissermaßen „die Relation unter der Abbildung erhalten bleibt", nennt man **Relationshomomorphismen.** Ist darüber hinaus f bijektiv und gilt $R(a,b)$ genau dann, wenn $Q(f(a), f(b))$ gilt, so spricht man von einem **Relationsisomorphismus.** Sind insbesondere R und Q Halbordnungen, so nennt man f einen **Ordnungshomomorphismus** bzw. **Ordnungsisomorphismus.** Wir werden auch noch andere Arten von Isomorphismen kennenlernen. In der Regel lässt sich ein **Isomorphismus** immer auffassen als eine Umbenennung der Elemente und Strukturmerkmale in einer ansonsten unveränderten Struktur: In der Struktur (A,R) wird oben a zu $f(a)$ und R zu Q „umbenannt".

3.10 Induktion und Rekursion

3.10.1 Induktive Mengendefinitionen

Die vielleicht einfachste Art des Zählens ist das Führen einer Strichliste. Begonnen wird mit dem ersten Strich, und die Strichliste wird verlängert, indem man (sagen wir rechts) einen Strich anhängt. Etwas formaler ausgedrückt können wir unsere Strichlisten oder Neandertaler-Zahlen (NZ) wie folgt beschreiben:

- | ist eine NZ. (1)
- Ist n eine NZ, dann auch $n\,|$. (2)
- Jede NZ entsteht durch endlich viele Anwendungen der Regeln (1) und (2). (3)

$n\,|$ wird der **Nachfolger** von n genannt und auch $succ(n)$ geschrieben[40]. Bekanntlich haben wir heute eine modernere Schreibweise für die NZ, nennen sie **natürliche Zahlen** und bezeichnen ihre Menge als $\mathbb{N}$:

$$| = 1, \quad || = 2, \quad ..., \quad |||||||||| = 10, \quad \text{usw.}$$

Heutzutage beginnt man auch gerne mit der leeren Strichliste, unserer jetzigen Zahl 0, erzeugt dann den einzelnen Strich | als Nachfolger der Null und erhält insgesamt die Menge der leeren oder nichtleeren Strichlisten, also die Menge $\mathbb{N}_0 = \{0,1,2, ...\}$ der natürlichen Zahlen einschließlich 0.

---

40 Von englisch *successor*, Nachfolger.

Eine Definition wie die obige für NZ nennt man eine **induktive**[41] **Definition.** Sie ähnelt einer allgemeinen (generischen) Bauanleitung für i.a. unendlich viele verschiedene Objekte, verbunden mit einer Namensgebung im Sinne von „Alles, was Du gemäß Anleitung zusammenbaust, nennt man ein So-und-so-Ding."

Wozu braucht man eigentlich oben die Regel (3)? Ein Grund ist folgender: Wir definieren hier ja eine unendliche Menge *NZMge* von NZ-Objekten, und es wäre schön, sagen zu können, *NZMge* sei exakt die Menge mit den beiden Eigenschaften, die mengentheoretisch den ersten beiden oben entsprechen:

– $|\ \in NZMge$ (1′)
– $n \in NZMge \Rightarrow n| \ \in NZMge$ (2′)

Doch leider wäre *NZMge* dadurch gar nicht eindeutig bestimmt! Unter anderem hat nämlich auch die Wörtermenge $\{|, \circ\}^*$ der endlichen Folgen von Strichen und Kreisen ebenfalls die Eigenschaften (1′) und (2′). Deswegen benötigen wir die Beschränkungsregel (3), bzw. hier ihr Gegenstück (3′) für *NZMge*, um unerwünschte Elemente auszuschließen:

– $n \in NZMge \Rightarrow$ Dies ist mit endlich vielen Anwendungen von (1′) und (2′) ableitbar. (3′)

Nachdem das verstanden ist, schreibt man die Beschränkungsregel in der jeweils benötigten Form meist gar nicht mehr hin, sondern setzt sie stillschweigend voraus, sobald von einer *induktiven Definition* die Rede ist.

Und weshalb war in den Beschränkungsregeln oben außerdem ausdrücklich von *endlich* die Rede? – Das liegt daran, dass eingefleischte Mathematiker sich auch eine unendlichfache Anwendung der Regeln (2) bzw. (2′) vorstellen können. Das würde dann zu „unendlichen Strichlisten" führen, die hier aber nicht gemeint sind.

Allgemein definiert man mit induktiven Definitionen Teilmengen einer Grundmenge (oder auch Grundklasse – je nach Axiomatik) *U* und wendet dabei die folgende Tatsache an:

Satz 3.11: Induktion

Ist *U* eine Menge, $M_0 \subseteq U$ und sind $f_1, \ldots, f_n$ (eventuell partielle) Funktionen auf *U* oder kartesischen Produkten aus *U*, also für alle $k = 1, \ldots, n : f_k : U^{m_k} \to U$, dann existiert eine (bezüglich der Halbordnung $\subseteq$) kleinste aller Mengen *M* mit den Eigenschaften

– $M_0 \subseteq M$ und (1)
–   für alle $k = 1, \ldots, n$ gilt $f_k (M^{(m_k)}) \subseteq M$. (2)

Diese ist dann der Durchschnitt aller Mengen mit den Eigenschaften (1) und (2). □

---

41 Vom lateinischen *inductio*, die Einführung bzw. Beweisführung.

Beweis: Sei S die Menge aller $M \in \mathbf{P}(U)$ mit den Eigenschaften (1) und (2). Sie ist nicht leer, denn $U \in S$. Man sieht leicht, dass ein Durchschnitt beliebig vieler Mengen, die alle (1) und (2) erfüllen, selbst (1) und (2) erfüllt. Setzen wir nun $M := \bigcap S$ so ist $M \in S$ und als Durchschnitt von allen $X \in S$ auch die kleinste von allen in $X \in S$. ■

Man nennt die Elemente von M_0 **Basiselemente** bzw. M_0 selbst **Basismenge** und nennt die f_k die **Erweiterungsregeln** und das minimale M **induktiv definiert** durch (1) und (2).

In unserem Einführungsbeispiel ist U die Menge aller Wörter über einem Alphabet A, das genau den Strich | enthält, $U = A^*$, die Basiselemente umfassen genau ein Wort, $M_0 = \{\ |\ \}$, und die einzige Erweiterungsregel ist die Funktion *succ*, das „Anhängen eines Striches":

$$succ: \begin{cases} U \to U \\ w \mapsto w| \end{cases}.$$

Die hierdurch induktiv definierte Menge ist *NZMge*.

Ein wichtiges Anwendungsgebiet für induktive Definitionen bildet die Definition formaler Sprachen durch formale Grammatiken. Da diese in besonderen Fachgebieten wie Compilerbau oder Theoretischer Informatik gründlich behandelt werden, beschränken wir uns hier auf einige einfache Bemerkungen und Beispiele, um den Zusammenhang mit den mathematischen Begriffen der Induktion zu zeigen.

Oft wählt man das Anhängen eines Zeichens an ein Wort ($w \mapsto wa$) als Grundoperation und definiert die Menge A^* der **Zeichenfolgen** über einem **Alphabet** A induktiv:
- $\varepsilon \in A^*$,
- $w \in A^*$ und $a \in A \Rightarrow wa \in A^*$.

Im Gegensatz zu einer natürlichen Sprache ist eine **formale Sprache** schlicht eine Teilmenge von A^*. Auch sagt eine formale Grammatik (im Gegensatz zu einer natürlichsprachlichen) weder etwas über die erlaubten Verkettungen (Satzbau) und Umformungen (Konjugation, Deklination) der Wörter aus noch arbeitet sie gar mit einem historisch gewachsenen, sich stets weiter entwickelnden Wortschatz. Eine **formale Grammatik** G dient lediglich der Definition bzw. Erzeugung genau aller Wörter einer formalen Sprache. Dazu arbeitet sie mit einem Alphabet $T \cup N$, zusammengesetzt aus zwei disjunkten Teilmengen:
- der Menge T der **Terminalsymbole**, dem Alphabet der zu beschreibenden Sprache,
- der Menge N der **Nichtterminalsymbole**, darunter ein ausgezeichnetes **Startsymbol**[42].

---

42 S ist der hier verwendete Arbeitsname für das Startsymbol, nicht das Symbol selbst, das beliebig lauten darf. Tatsächlich verwenden Lehrtexte in Beispielen von Grammatiken fast ausschließlich das

Die Grammatik G besteht aus endlich vielen **Regeln** – Paaren von Wörtern über diesem Alphabet, meist aber geschrieben als $v \to w$, wobei man Paare mit gleicher linker Seite gerne zusammenfasst; anstelle von $v \to w, v \to w', v \to w''$ schreibt man dann $v \to w \mid w' \mid w''$.

Induktiv definiert wird dann die **Hilfssprache** $H(G)$, und diese führt in einem letzten Schritt zur eigentlich durch G definierten Sprache $L(G)$. Zunächst also zur induktiven Definition von $H(G)$:

– Als einziges Basiselement dient das Startsymbol S: $S \in H(G)$.
– Jede Regel $v \to w$ führt zu einer induktiven Erweiterungsregel:

$$\forall u \in H(G); x, y \in (N \cup T)^* \; u = xvy \Rightarrow xwy \in H(G).$$

Die Erweiterungsregeln besagen, dass man in jedem Wort in $H(G)$ jedes Vorkommen einer linken Seite einer Regel durch die rechte Seite der Regel „ersetzen darf", d. h. so immer ein Wort aus $H(G)$ erhält.

Zur Zielsprache $L(G)$ über T gehören dann genau alle schrittweise so erreichten Wörter in $H(G)$, in denen keine Nichtterminalsymbole vorkommen:

– $L(G) := H(G) \cap T^*$.

Das sei hier anhand dreier einfacher Beispiele für Grammatiken und ihre Sprachen nachvollzogen:

– G_1: $T = \{a, b, c\}, N = \{A, S\},$ Startsymbol: S,
           Regeln: $S \to AccA, A \to \varepsilon \mid aA \mid bA \mid cA$.

    $L(G_1)$:   alle Wörter aus den Zeichen a, b, c, in denen cc vorkommt

– G_2: $T = \{(,)\}, N = \{S\},$ Startsymbol: S,
           Regeln: $S \to (\,) \mid (SS)$.

    $L(G_2)$:   alle „binären Klammerausdrücke";
            ihr „Aufbau" ist durch binäre Bäume darstellbar, vgl. Abb. 3.13.
            Mehr über Bäume erfahren wir unten und in Kapitel 6 über Graphen.

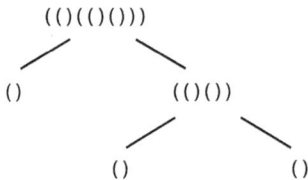

```
        (()(()()))
       /          \
     ()            (()())
                  /      \
                ()        ()
```

Abb. 3.13: Der Aufbau eines binären Klammerausdrucks.

Symbol ‚S', weswegen die Terminalalphabete in Lehrbeispielen fast nie das Zeichen ‚S' enthalten (dürfen). Aber warum sollte man seinem Hund schließlich nicht den Namen „Hund" geben?

- G_3: $T = \{a, b, c\}$, $N = \{A, S\}$, Startsymbol: S,
  Regeln:. $S \rightarrow S \mid SA$.

  $L(G_3)$: $\varnothing$, denn die Induktion produziert zwar beliebig viele Wörter in $H(G)$, darunter aber keines, das gleichzeitig zu T^* gehört.

Häufig wird von Grammatiken zusätzlich verlangt, dass die linke Seite einer Regel mindestens ein Nichtterminalsymbol enthält, also keine reine Terminalsymbolfolge ist, oder dass sie zumindest nicht ε ist. Es dürfte den Lesern nicht schwer fallen, G_1 oben so abzuändern, dass beide Forderungen erfüllt sind, aber immer noch die gleiche Sprache definiert wird.

Eine Standardfrage bei Grammatiken ist, wie man entscheidet, ob ein vorgegebenes Wort aus T^* ein Element von $L(G)$ ist, und wenn das geht, dann mit welchem Aufwand. Noam Chomsky[43] beschrieb Typen von Grammatiken mit besonderen Eigenschaften, bei denen das teilweise besonders effizient geht – ein wichtiges Kapitel der Theoretischen Informatik.

3.10.2 Induktionshistorie

Gelegentlich möchte man aufzeigen, wie ein Element einer induktiv definierten Menge aus den Basiselementen mittels der Erweiterungsregeln aufgebaut wurde. Diese Information kann zunächst einmal durch einen Funktionsterm der Anwendungen der Erweiterungsfunktionen gegeben werden. Sind z. B. x_1 und x_2 Elemente von M_0 und die Erweiterungsfunktionen f_1 und f_2 zweistellig, so sind, wie man der Reihe nach sieht, x_1, $f_1(x_1, x_1)$, x_2, $f_2(x_2, x_1)$, $f_2(f_1(x_1, x_1), f_2(x_2, x_1))$ Elemente von M.

Spezialisieren wir nun das vorstehende Beispiel auf eine Menge M algebraischer Terme, induktiv definiert durch

- Basiselement-Regel (a): $a \in M$
- Basiselement-Regel (b): $b \in M$
- Erweiterungsregel[44] ($\oplus$): $\varphi, \psi \in M \ (\varphi \oplus \psi) \in M$
- Erweiterungsregel ($\otimes$): $\varphi, \psi \in M \ (\varphi \otimes \psi) \in M$

---

43 *1928, Sprachwissenschaftler und Philosoph, auch bekannt für sein politisches Engagement, lehrte am Massachusetts Institute of Technology.

44 Die Übereinstimmung des Regelnamens mit dem eingebauten Operatorsymbol ist zum Zwecke der Anschaulichkeit hier beabsichtigt.

Dass $((a \oplus a) \otimes (b \otimes a))$ Element von M ist, können wir dann mit der Folge der Aufbauschritte des Terms zeigen:

1. Wegen (a) ist $a \in M$.
2. Wegen (1) und $(\oplus)$ ist $(a \oplus a) \in M$.
3. Wegen (b) ist $b \in M$.
4. Wegen (3) und (1) und $(\otimes)$ ist $(b \otimes a) \in M$.
5. Wegen (2) und (4) und $(\otimes)$ ist $((a \oplus a) \otimes (b \otimes a)) \in M$.

Diese sequentielle Argumentations-Reihenfolge für $((a \oplus a) \otimes (b \otimes a))$ ist nicht die einzige, könnte man doch alternativ z. B. $b \in T$ vor $a \in T$ und $(b \otimes a) \in T$ vor $(a \oplus a) \in T$ verwenden. Solche Reihenfolgevarianten interessieren seltener. Allen solchen sequentiellen Reihenfolgen ist aber gemeinsam, dass im linken Baum in Abb. 3.14 die Termbestandteile *unter* jedem zusammengesetzten Term *vor* dem Term selbst aufgebaut werden. Und diesen Baum wollen wir als die **Induktionshistorie** des Terms bezeichnen. Die obige Abb. 3.13 zeigte also die Induktionshistorie eines Klammerterms. Wird jeweils anstatt des aufgebauten Teilterms der Name der dabei verwendeten Regel notiert, erhält man den rechten Baum, einen sog. **Syntaxbaum**, der ebenfalls zur Darstellung der Induktionshistorie verwendet werden kann. Eine textliche Darstellung des Syntaxbaums erhält man, wenn man den rechten Baum in Funktionsschreibweise niederschreibt, was zum oben vorgestellten Erweiterungsfunktionsterm $\otimes(\oplus(a,a), \otimes(b,a))$ führt, der ebenfalls die Induktionshistorie wiedergibt.

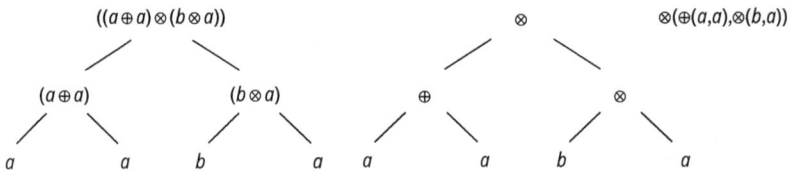

Abb. 3.14: Drei Darstellungsweisen der Induktionshistorie eines Terms.

3.10.3 Induktionsvarianten

Gelegentlich definiert man zwei oder mehr Mengen gleichzeitig und aufeinander bezogen induktiv. Wir sehen wir uns zwei Beispiele an, zunächst eines aus dem Bereich der Zahlen, wobei wir wieder einmal die Strichfolgen mit den natürlichen Zahlen identifizieren:

- $|$ ist eine ungerade Zahl.
- Ist n eine ungerade Zahl, dann ist $n|$ eine gerade Zahl.
- Ist n eine gerade Zahl, dann ist $n|$ eine ungerade Zahl.

Hier werden offenbar die Mengen *GZ* der geraden und *UZ* der ungeraden natürlichen Zahlen definiert – klar nachvollziehbar und fast im Stil einer induktiven Definition, aber nicht genau nach dem dafür vorgestellten Schema. Die schrittweise Konstruktion aller Elemente verläuft nämlich zwischen den Mengen hin und her: | ist ungerade, || ist gerade, ||| ist ungerade, |||| ist gerade, usw.

Man spricht von **wechselseitiger** oder **simultaner Induktion.** Können wir mit dieser Methode neue Mengen definieren, die wir sonst nicht definieren könnten? Es bleibt den Lesern überlassen, GZ und UZ übungsweise jeweils separat „normal" induktiv zu definieren. Können wir uns diese kreative Leistung ersparen, indem wir uns enger am obigen Beispiel orientieren? Wie dies geht, sei hier am obigen Beispiel exemplarisch vorgeführt. Zunächst definieren wir die Menge guNZ der „g-u-markierten natürlichen Zahlen" auf gewohnte Weise induktiv:

- Unser Universum sei $U := \mathbb{N} \times \{g, u\}$,
- $M_0 := \{(|, u)\} \subseteq U$ sei die Menge der Basiselemente, und
- die einzige Erweiterungsregel sei

$$f: \begin{cases} U & \rightarrow & U \\ (n, u) & \mapsto & (n|, g) \\ (n, g) & \mapsto & (n|, u) \end{cases}.$$

- *guNZ* sei die dadurch induktiv definierte Teilmenge von *U*.

Dann brauchen wir nur noch „die Markierung abzuschälen und die Zahlen in den jeweils richtigen Topf zu werfen", um *GZ* und *UZ* zu erhalten:

- $UZ := \{n \in \mathbb{Z} \mid (n, u) \in guNZ\}$,
- $GZ := \{n \in \mathbb{Z} \mid (n, g) \in guNZ\}$.

Unser zweites Beispiel ist die Konstruktion von Bäumen durch die simultane induktive Definition von **Bäumen** und **Wäldern.** Die Bäume setzen wir hier wieder mit entsprechenden Klammerausdrücken gleich, wie es Abb. 3.15 exemplarisch mit einem Klammerausdruck, dessen Aufbaubaum und dem gemeinten „nackten" Baum zeigt.

- ε ist ein Wald.   (1)
- Ist *v* ein Wald und *w* ein Baum, so ist *vw* ein Wald.   (2)
- Ist *w* ein Wald, so ist *(w)* ein Baum.   (3)

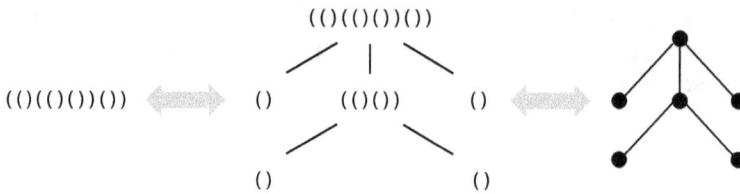

Abb. 3.15: Ein Baum als Klammerausdruck, als Aufbaubaum des Ausdrucks und als Graph.

3.10.4 Induktionsbeweise

Will man eine Eigenschaft P aller Elemente einer mittels

- $M_0 \subseteq M$,
- $\forall k \in \{1, ..., n\}, f_k (M^{m_k}) \subseteq M$,

induktiv definierten Menge M oder auch einer darauf definierten rekursiven Funktion beweisen, so gelingt dies oft recht einfach durch einen sog. **induktiven Beweis** oder **Induktionsbeweis** . Man geht dabei „entlang der induktiven Definition" vor und zeigt:

- Gilt die Eigenschaft P „auf M_0" (d. h. für alle $x \in M_0$), und $\qquad$ (1)
- setzt sich P von Elementen der Grundmenge U auf deren Bilder unter den f_k fort, d. h.

$$P(x_1),\ P(x_2), ... \text{ und } P(x_{m_k}) \Rightarrow P(f_k\ (x_1,\ x_2, ...,\ x_{m_k})), \qquad (2)$$

so gilt P auf ganz M, d. h. $\forall x \in M\ P(x)$.

Die Berechtigung dieses Beweisverfahrens ist rasch gezeigt:

Die Menge $M_P := \{x \in U \mid P(x)\}$ aller Elemente von U, die die Eigenschaft P haben, erfüllt wegen (1) und (2)

$$M_0 \subseteq M_P, \qquad (1')$$

$$\forall k \in \{1, ..., n\} : f_k \left(M_P^{m_k}\right) \subseteq M_P \qquad (2')$$

M ist aber nach Satz 3.11 die kleinste Menge dieser Art, d. h. $M \subseteq M_P$, alle Elemente vom M erfüllen P. Für die „logischen Komponenten" von (1) und (2) verwendet man gelegentlich die folgenden Bezeichnungen:

- **Induktionsanfang:** $\qquad$ P gilt für alle Elemente von M_0.
- **Induktionsannahme:** $\qquad$ (eine für jedes $k = 1, ..., n$) P gilt für $x_1, x_2, ...,$ und x_{m_k}.
- **Induktionsschritt:** $\qquad$ (einer für jedes $k = 1, ..., n$) Induktionsannahme $\Rightarrow P$ gilt für $f_k(x_1, x_2, ..., x_{m_k})$.

Die bekanntesten Induktionsbeweise, die uns wahrscheinlich bereits von der Schule her vertraut sind, verwenden die sogenannte **vollständige Induktion.** Das ist schlicht der induktive Beweis für alle natürlichen Zahlen entlang ihres induktiven Aufbaus, der salopp so formuliert ist, dass einerseits 1 eine natürliche Zahl ist, und andererseits wenn n eine ist, dann auch $n + 1$. In Wirklichkeit ist natürlich die Addition in dieser Phase noch gar nicht definiert. Bei Bedarf wird auch mit 0 anstatt 1 begonnen. So oder ähnlich ist das die Strichlistendefinition in „modernerer Schreibweise". Also geht es bei induktiven Beweisen in diesem Schema um folgende logischen Komponenten:

- Induktionsanfang: $\quad\quad P(1)$ (oder $P(0)$)
- Induktionsannahme[45]: $\quad P(n)$
- Induktionsschritt: $\quad\quad P(n) \Rightarrow P(n + 1)$

In manchen Beweisen verwendet man anstelle von $P(n)$ eine verstärkte Induktionsannahme, nämlich $\forall k \in \{1, \ 2, \ ...,n\} : P(k)$ anstelle von $P(n)$ im (damit abgeschwächten)
- Induktionsschritt: $[\forall k \in \{1, \ 2, \ ...,n\} : P(k)] \Rightarrow P(n + 1)$,

weil dies die Begründung des Induktionsschritts vereinfachen kann. Man nennt dieses Beweisschema **Werteverlaufsinduktion.** Es sieht wie etwas Neues aus, entspricht aber einem gewöhnlichen Induktionsbeweis, nämlich für die modifizierte Aussage

$$Q(n) :\Leftrightarrow \ \forall k \ \in \{1, 2, ...,n\} : P(k).$$

Wenn Q für alle natürlichen Zahlen gilt, dann auch P – und umgekehrt.

Eine eindrucksvolle Sammlung induktiv beweisbarer Aussagen bietet [Müll 2007].

3.10.5 Rekursive Funktionsdefinitionen

Eine Methode, Funktionen auf einer induktiv definierten Menge zu definieren, ist die **rekursive Funktionsdefinition,** oder kurz **Rekursion.** Dabei baut man die Funktionswerte induktiv in der Zielmenge auf, wobei man sich an die Induktionsschritte beim „Aufbau" der Funktionsargumente in der Definitionsmenge anlehnt (vgl. Abb. 3.15). Ordnen wir zum Beispiel jeder Strichliste eine gleich lange Liste von Nullen zu, wobei die Strichlistenmenge wie früher erwähnt gegeben ist durch
- $| \in NZMge$,
- $n \in NZMge \Rightarrow n \,|\, \in NZMge$,

---

[45] Man verwendet hierbei gewöhnlich den Variablennamen n anstelle des x_1 aus dem vorstehenden allgemeinen Schema.

so können wir parallel zur Strichliste $l \in \mathbb{N}$ die gleich lange Nullenliste $f(l)$ aufbauen:

$$f(|) := 0 \tag{1''}$$

$$f(n|) := f(n)\,0 \tag{2''}$$

Will man nun beispielsweise $f(||||)$ auf der Basis von (1'') und (2'') ausrechnen, kann man $f(||||)$ als Spezialfall von $f(n\,|)$ identifizieren und erfährt aus (2''), dass $f(||||) = f(|||)\,0$. Auf die gleiche Weise stellt sich $f(|||) = f(||)\,0$ heraus. Schließlich kommt man wegen (1'') mit $f(|) = 0$ bei bekannten Größen an. Jetzt kann man den Funktionswert gewissermaßen „auf dem „Rückweg" aus bekannten Bestandteilen zu $f(||||)$ zusammenbauen und erhält der Reihe nach $f(|) = 0$, $f(||) = f(|)\,0 = 00$ und $f(|||) = f(||)\,0 = 000$. Man nennt dieses Vorgehen rekursiv[46]. In der Tat sind wir in der obigen Schilderung entgegen den Entstehungsschritten von $|||$ nach $|$ zurückgelaufen und von dort beim Zusammenbau des Funktionswertes 000 wieder zur $|||$ zurückgekehrt.

Einfache Beispiele rekursiver Funktionsdefinitionen sind für jedes Alphabet A die **Wortlänge**, eine Abbildung von A^* in $\mathbb{N}_0$, und die **Verkettung** zweier Wörter, eine Abbildung von $A^* \times A^*$ in A^*, vgl. Tab. 3.2.

Tab. 3.2: Wortlänge und -verkettung als Beispiele rekursiv definierter Funktionen.

Funktion	Wortlänge $|w|$	Verkettung $v \circ w$
auf Basismenge	$|\varepsilon| := 0$	$v \circ \varepsilon := v$
bei Erweiterungsschritt	$|wa| := |w| + 1$	$v \circ (wa) := (v \circ w)a$

Genauso legitim ist es im Beispiel, wohl wissend wie man $|||$ aufgebaut hat, gleich **iterativ**[47] „im Vorwärtsgang" die f-Werte für Strichlisten zunehmender Länge auszurechnen: $f(|) = 0$, $f(||) = f(|)0 = 00$, $f(|||) = f(||)0 = 000$. Ein gewisses Problem liegt beim iterativen Vorgehen darin, zu vermeiden, dass man beim Vorliegen einer Vielzahl von Erweiterungsregeln vielleicht sehr viele überflüssige Werte ausrechnet, während der rekursive Abbau des Argumentwertes und anschließende Aufbau Funktionswertes zielgerichteter verläuft.

Was ist – in den allgemeinen Begriffen von Satz 3.11 – im Beispiel formal geschehen? Nehmen wir einmal als Universum für die Strichlisten die Sprache alle Wörter über den Symbolen $|$ und $+$, also $U = \{|, +\}^*$ und als Universum für die Nullenlisten $V = \{0, +\}^*$ – einfach ad hoc, damit jeweils sichtbar ist, wie die induktive Definition sich aus einem Universum eine Teilmenge herausschneidet. Basismenge für die Strichlisten war $M_0^| = \{|\}$. Mit $f : | \mapsto 0$ wurde diesem, und mit $f(n|) := f(n)\,0$ jeder weiteren Strichliste je ein Element aus V zugeordnet. Es gab eine Erweiterungsregel $g : n \mapsto n\,|$

---

46 Vom lateinischen *recursus*, die Rückkehr.
47 Vom lateinischen *iteratio*, die Wiederholung.

für den induktiven Aufbau der Strichfolgen innerhalb von U. Diesem g war zur Definition von f eine Erweiterungsregel $h: m \mapsto m0$ innerhalb V zugeordnet derart, dass

$$f(g(n)) := h(f(n)).$$

Es sollte also gleich sein, ob man zuerst in U induktiv aufbaut und dann nach V abbildet oder ob man zuerst nach V abbildet und dann dort entsprechend induktiv aufbaut.

Könnten wir nach diesem Vorbild allgemein wie folgt Funktionen rekursiv definieren? –

– Zunächst sei M eine durch
    – $M_0 \subseteq M$,
    – $\forall k = 1, ..., n$ $f_k(M^{m_k}) \subseteq M$,
    induktiv definierte Teilmenge von U.
– Seien ferner gegeben:
    – eine Menge V,
    – eine Abbildung $F: M_0 \rightarrow V$,
    – für jede der obigen Erweiterungsregeln f_k eine Abbildung $g_k: V^{m_k} \rightarrow V$.
– Dann würde man gerne durch

(#) $\forall k = 1, ..., n; x_1, x_2, ..., x_{m_k}$:

$$F(f_k(x_1, x_2, ..., x_{m_k})) := g_k(F(x_1), F(x_2), ..., F(x_{m_k}))$$

eine Fortsetzung der Funktion F von M_0 auf M rekursiv definieren, vgl. Abb. 3.16.

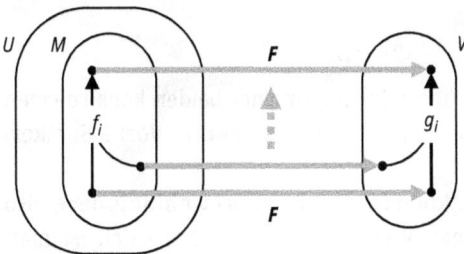

Abb. 3.16: Die Vertauschbarkeit von Abbildung und Erweiterungsschritten – das Prinzip der rekursiven Funktionsdefinition auf einer induktiv definierten Menge.

Leider geht das nicht immer gut! Definieren wir beispielsweise eine Teilmenge M von $\mathbb{N}_0$ induktiv durch
– $0 \in M$,
– $n \in M \Rightarrow (n + 2 \in M$ und $n + 3 \in M)$,

so könnten wir versuchen, rekursiv eine Funktion F von M nach $\mathbb{N}_0$ zu definieren (#):

- $F(0) := 0$,
- $F(n+2) := F(n)+1$ und $F(n+3) := F(n)$.

Dies entspräche unserem obigen Definitionsschema, nämlich mit

$$U = \mathbb{N}_0,\; M_0 = \{0\},\; f_1(n) = n+2,\; f_2(n) = n+3, m_1 = m_2 = 1,$$

$$V = \mathbb{N}_0,\; F(0) = 0,\; g_1(n) = n+1,\; g_2(n) = n.$$

Doch leider würde dann gelten

$$F(6) = F(4+2) = F(4)+1 = F(2+2)+1 = F(2)+2 = F(0)+3 = 0+3 = 3,\; \text{sowie}$$

$$F(6) = F(3+3) = F(3) = F(0+3) = F(0) = 0,$$

insgesamt also mit $3 = 0$ ein Widerspruch.

Wir erkennen an diesem Beispiel schnell den Grund des Scheiterns: Ein Element der induktiv definierten Definitionsmenge M hat hier zwei unterschiedliche **Induktionshistorien,** d. h. es kann durch unterschiedliche Terme aus Basiselementen und Erweiterungsfunktionen dargestellt werden (sogenannte **Interferenz** oder auch **Ambivalenz).** Im Beispiel ist nämlich

$$6 = f_1(f_1(f_1(0))) = f_2(f_2(0))$$

Beim Vorliegen von Interferenz ordnet die „Definition" (#) nun dem Funktionsargument entsprechend den unterschiedlichen Aufbauten auf verschiedene Arten einen Funktionswert zu:

$$F(6) \;:= g_1(g_1(g_1(0)))\; F(6) \;:= g_2(g_2(0))$$

Das kann dann nur noch zufällig zu einer Übereinstimmung der beiden konstruierten Funktionswerte führen. Im Beispiel ist das nicht der Fall, so dass (#) dort keine korrekte Funktionsdefinition ist.

Wann ist denn nun eine rekursive Funktion nach Art von (#) **wohldefiniert,** also ihre Definition frei von widersprüchlichen Wertzuweisungen? Natürlich ist man immer dann auf der sicheren Seite, wenn jedes Element der induktiv definierten Menge M im Rahmen dieser Definition nur eine einzige Induktionshistorie hat, also bei **Interferenzfreiheit.** Es kann aber auch bei Interferenz gelingen, ähnlich (#) eine Funktion rekursiv zu definieren, z. B. mit M wie oben und

$$G(0) := 0$$

$$G(n+2) := G(n)+4,\, \text{und}\, G(n+3) := G(n)+6,$$

wodurch tatsächlich eine Funktion auf M (welche?) einwandfrei definiert ist. Dass jedoch beim Vorliegen von Interferenz eine nach Art von (#) rekursiv definierte Funktion wohldefiniert ist, erfordert jeweils einen *eigenen Beweis*, und der muss kreativ gefunden werden; es gibt dafür kein Rezept.

Ähnlich wie bei einem Induktionsbeweis kann man auch bei einer rekursiven Funktionsdefinition auf die Funktionswerte von Argumenten zurückgreifen, die mehr als einen Erweiterungsschritt zurückliegen (Werteverlaufsrekursion), wie etwa informell bei:

$$f(0) := 1, \ f(n+1) := 1 + f(0) + f(1) \ldots + f(n),$$

wobei sich die Leser gerne übungshalber fragen dürfen, was $f(n)$ denn nun „in geschlossener Form" ist. Die ersten „zu Fuß" ausgerechneten Werte erlauben ein aussichtsreiches Raten, das dann leicht durch einen induktiven Beweis zu bestätigen ist (vgl. Übungsaufgabe).

Im Übrigen ist in der Informatik immer dann von **Rekursion** die Rede, wenn sich eine Funktion oder Prozedur in ihrer Berechnungsvorschrift auf sich selbst bezieht.

Mit dem Verständnis der Rekursion kehren wir noch einmal zur induktiven Mengendefinition zurück. Man kann sich nämlich einer induktiv definierten Menge M nicht nur „von oben" per Durchschnittsbildung nähern, wie in Satz 3.11 gezeigt, sondern auch iterativ „von unten" per Vereinigung über rekursive definierte Mengen. In Abb. 3.17 symbolisieren die Rechtecke zwei der Obermengen von M, deren Durchschnitt M gemäß Satz 3.11 ist. Die Ellipsen symbolisieren die Teilmengen, deren Vereinigung M gemäß Satz 3.12 ist.

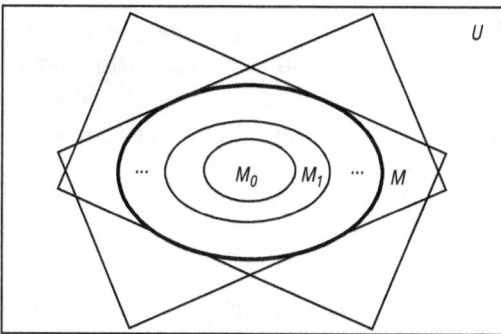

Abb. 3.17: „Annäherungsweisen" an eine induktiv definierte Menge.

Satz 3.12: Induktion, Rekursion und Iteration
Ist M induktiv definiert durch

$$M_0 \subseteq M \text{ und} \tag{1}$$

$$\forall k = 1, \ldots, n \ \ f_k(M^{m_k}) \subseteq M, \tag{2}$$

und sind die M_i für $i = 1, 2, \ldots$, rekursiv definiert (per Zuordnung $i \mapsto M_i$ als Bilder der induktiv definierten natürlichen Zahlen) durch

$$M_i := M_{i-1} \cup \bigcup_{k=1}^{n} f_k\left(M_{i-1}^{m_k}\right),$$

also als die Menge der mit höchstens i Anwendungen der Erweiterungsregeln zu M_0 hinzu genommenen Elemente, so ist

$$M_0 \subseteq M_1 \subseteq M_2 \subseteq \ldots, \text{ und}$$

$$M = M_0 \cup M_1 \cup M_2 \ldots \text{ d.h.} \quad \bigcup_{i=0}^{\infty} M_i. \qquad \square$$

Beweis: Die Teilmengenrelationen sind klar, da jedes Mal nur weitere Elemente hinzukommen können. Man sieht, dass die Vereinigung $\bigcup_{i=0}^{\infty} M_i$ (1) und (2) erfüllt, also zu den Obermengen von M gehört, deren Durchschnitt M ist. Umgekehrt muss M wegen (2) M_0, M_1, M_2, usw. enthalten, also auch deren Vereinigung. Aus

$$\bigcup_{i=0}^{\infty} M_i \subseteq M \subseteq \bigcup_{i=0}^{\infty} M_i$$

folgt nun die Übereinstimmung beider Mengen. ∎

Relativ beiläufig war bei der Induktion eingeflochten worden, dass die Erweiterungsregeln f_i partiell sein können. Das bedeutet, dass nicht für alle Argumentekombinationen $x = (x_1, \ldots, x_{m_i})$ ein Funktionswert $f_i(x)$ definiert sein muss. Und dies kann wiederum so definiert werden, dass eine a priori totale Funktion f_i dadurch „partiell gemacht wird", dass in der Erweiterungsregel die Hinzunahme von $f_i(x)$ von der Erfüllung einer Eigenschaft $P(x)$ abhängig gemacht wird. So können wir mit
- $0 \in M$,
- $n \in M \wedge n \neq 9 \Rightarrow n + 2 \in M$,
- $n \in M \wedge n < 10 \Rightarrow n + 1 \in M$.

die Menge alle natürlichen Zahlen, die ≤ 10 *oder* gerade sind, induktiv als Teilmenge von $\mathbb{N}_0$ definieren.

Analog können bei der rekursiven Funktionsdefinition die den Erweiterungsregeln f_i zugeordneten Funktionen $g_k \colon V^{m_k} \to V$ auf der Zielmenge ebenfalls partiell sein. Hinsichtlich der Berechenbarkeit spielen die Klassen von Funktionen von $\mathbb{N}_0$ nach $\mathbb{N}_0$ eine große Rolle, die mit oder ohne solche Bedingungen rekursiv definiert sind. Daher seien sie hier kurz noch einmal ganz formal definiert.

Eine Funktion $f \colon \mathbb{N}_0^n \to \mathbb{N}_0$ für beliebiges $n \in \mathbb{N}_0$ heißt **rekursiv** (auch **μ-rekursiv** oder **partiell** rekursiv) wenn sie sich aus den Grundfunktionen

Nullfunktionen: $f^k \colon \mathbb{N}_0^k \to \mathbb{N}_0, f^k(n_1, ..., n_k) := 0, \ k \in \mathbb{N}$,

Nachfolger: $succ \colon \mathbb{N}_0 \to \mathbb{N}_0, \quad succ(n) := n|$ (d.h. $succ(n) = n+1$),

Projektionen: $\pi_i^k \colon \mathbb{N}_0^k \to \mathbb{N}_0, \quad \pi_i^k(n_1, ..., n_k) := n_i, \ i, k \in \mathbb{N}$

mit folgenden Erweiterungsregeln bilden lässt:

Einsetzen, Komposition:

Sind für je ein k und $m \in \mathbb{N}$ und für alle i mit $1 \le i \le k$

$h \colon \mathbb{N}_0^k \to \mathbb{N}_0$ und $f_i \colon \mathbb{N}_0^m \to \mathbb{N}_0$ rekursive Funktionen, dann auch

$f \colon \mathbb{N}_0^m \to \mathbb{N}_0$ mit $f(n_1, ..., n_m) := h(f_1(n_1, ..., n_m), ..., f_k(n_1, ..., n_m))$.

Induktion, primitive Rekursion:

Sind für ein $m \in \mathbb{N}$

$h \colon \mathbb{N}_0^{m+2} \to \mathbb{N}_0$ und $g \colon \mathbb{N}_0^m \to \mathbb{N}_0$ rekursive Funktionen, dann auch

$f \colon \mathbb{N}_0^{m+1} \to \mathbb{N}_0$ mit $\begin{cases} f(n_1, ..., n_m, 0) & := & g(n_1, ..., n_m) \\ f(n_1, ..., n_m, n+1) & := & h(n_1, ..., n_m, \ n, \ f(n_1, ..., n_m, n)). \end{cases}$

μ-Operator:

Ist für ein $m \in \mathbb{N}$

$g \colon \mathbb{N}_0^{m+1} \to \mathbb{N}_0$ eine rekursive Funktion, dann auch

$f \colon \mathbb{N}_0^m \to \mathbb{N}_0$ mit $f(n_1, ..., n_m) \quad := \quad \mu n(g(n_1, ..., n_m, n))$

$$:= \quad \min\{n | g(n_1, ..., n_m, n) = 0\}$$

(undefiniert, wenn dieses Minimum nicht existiert).

Genauso sind die (stets totalen) **primitiv rekursiven** Funktionen definiert, wobei aber der μ-Operator nicht eingesetzt wird und die gegebenen Funktionen bei Erweiterungsschritten jeweils als primitiv rekursiv vorausgesetzt sind. Beispielsweise ist die Funktion

$$plus(n_1, n_2) = n_1 + n_2$$

primitiv rekursiv (und damit rekursiv), denn mit

$g(n_1) := \pi_1^1(n_1) = n_1$ und   (Grundfunktion)

$h(n_1, \ n_2, \ n_3) := succ(\pi_3^3(n_1, \ n_2, \ n_3)) = \text{„}n_3 + 1\text{“}$ (rekursiv durch Einsetzen)

liefert der Induktions-Erweiterungsschritt

$plus(n_1, 0) \quad := \quad g(n_1) \qquad\qquad = n_1$

$$plus(n_1, n+1) := h(n_1, n, plus(n_1, \ n)) = succ(plus(n_1, n)),$$

gerade die Addition, vgl. auch Kapitel 5.

Da jede primitiv rekursive Funktion eine (links-)totale Funktion ist, liefert jede nicht totale rekursive Funktion ein Beispiel einer nicht primitiv rekursiven Funktion, so z. B. überall undefinierte $f: \mathbb{N}_0 \rightarrow \mathbb{N}_0$ mit $f(n) := \mu n(succ(n))$. Schwieriger ist die Suche nach einer Funktion, die *total* und *rekursiv* aber *nicht primitiv rekursiv* ist. Nachdem anfangs vermutet wurde, solche Funktionen gebe es nicht, konnte anhand eines für primitiv rekursive Funktionen in dieser Größenordnung nicht möglichen Wachstumsverhaltens gezeigt werden, dass die sog. Ackermann[48]-Funktion ein solches Beispiel liefert, vgl. [Pete 1956]. In einer Übungsaufgabe werden wir einen ersten Eindruck dieser Funktion gewinnen. Allerdings hatte kurz vor Ackermann auch bereits Sudan[49] eine totale rekursive und nicht primitiv rekursive Funktion gefunden, vgl. [CaMT 1979].

In der theoretischen Informatik bzw. der mathematischen Berechenbarkeitstheorie wird gezeigt, vgl. z. B. [BeTi 1966], dass die rekursiven Funktionen genau die algorithmisch berechenbaren Funktionen auf den kartesischen Produkten der natürlichen Zahlen sind.

3.11 Hüllen und Erzeugendensysteme

3.11.1 Transitive Hülle

Eine Menge A sei in diesem Abschnitt fest gewählt. Daher unterscheiden wir auch nicht weiter zwischen einer Relation und ihrem Graphen. Sei R eine Relation auf A. Gibt es eine transitive Relation S auf A, in der R enthalten ist? Der Graph von R soll also eine Teilmenge des Graphen von S sein, $R \subseteq S$, d. h. aus aRb soll immer aSb folgen. Wenn R selbst transitiv ist, ist mit $S = R$ die Frage positiv zu beantworten. Doch auch wenn nicht können wir die obige Frage bejahen, denn mit der totalen Relation $T = A \times A$ gilt $R \subseteq T$, und T ist eine transitive Relation, weil mit aTb und bTc offensichtlich auch aTc gilt.

Sei nun $Trans_A$ die Menge aller transitiven Relationen auf A. Dann ist die Menge $\{S \in Trans_A | R \subseteq S\}$ aller R als Teilmenge enthaltenden transitiven Relationen auf A ein nicht leeres Mengensystem, und wir können den Durchschnitt

$$\mathrm{Trans}(R) := \bigcap \{S \in Trans_A | R \subseteq S\}$$

---

48 Wilhelm Friedrich Ackermann, 1896–1962, Gymnasiallehrer für – und Forscher in – Mathematik.
49 Gabriel Sudan, 1899 – 1977, lehrte Mathematik an der Polytechnischen Universität in Bukarest.

darüber bilden. Man sieht leicht, dass jeder Durchschnitt von R umfassenden Relationen selbst R umfasst, und genau so leicht, dass jeder Durchschnitt von transitiven Relationen selbst wiederum transitiv ist. Damit ist klar, dass auch Trans(R) eine transitive und R umfassende Relation auf A ist. Als Durchschnitt von allen solchen ist Trans(R) bezüglich der Halbordnung $\subseteq$ sogar die *kleinste* transitive R umfassende Relation auf A. Man nennt Trans(R) die **transitive Hülle** von R.

Über die Durchschnittsbildung haben wir uns Trans(R) quasi „von oben genähert." Wir können uns Trans(R) aber auch „von unten nähern," indem wir schrittweise die Paare hinzunehmen, die zur Erzielung von Transitivität hinzukommen müssen. Das läuft auf eine induktiv definierte Relation hinaus: Wir definieren Trans$'(R)$ induktiv durch:

- $R \subseteq \text{Trans}'(R)$
- $\forall a, b, c \in A: [[(a,b) \in \text{Trans}'(R) \text{ und } (b,c) \in \text{Trans}'(R)] \Rightarrow (a,c) \in \text{Trans}'(R)]$

In einer anderen Definition (im iterativen Stil, vgl. Satz 3.12),

- $\text{Trans}''(R) := \bigcup \{R^i | i \in \mathbb{N}\} = R \cup R^2 \cup R^3 \cup \cdots,$

werden ebenfalls die notwendigen neuen Paare, und zwar jeweils gruppiert in einer Stufenfolge hinzugenommen.

Satz 3.13: Transitive Hülle

Zu jeder Relation R auf einer Menge A existiert die bezüglich $\subseteq$ kleinste aller transitiven Relationen auf A, in denen R als Teilmenge enthalten ist. Diese stimmt mit

$$\text{Trans}(R) := \bigcap \{S \in \text{Trans}_A | R \subseteq S\}$$

überein, und es gilt

$$\text{Trans}(R) = \text{Trans}'(R) = \text{Trans}''(R). \qquad \square$$

Beweis: Bis auf die letzte Zeile wurde alles bereits oben gezeigt. Die induktiv definierte Menge Trans$'(R)$ ist wegen ihrer Definition und Satz 3.11 die kleinste Menge, die die Basismenge R und alle durch die Erweiterungsregeln hinzukommenden Elemente (also mit (a,b) und (b,c) auch (a,c)) enthält, d. h. R umfasst und transitiv ist – genau wie Trans(R).

Auch Trans$''(R)$ enthält R. Sind außerdem (a,b) und (b,c) Elemente von Trans$''(R)$, dann gilt gemäß der Definition von Trans$''(R)$ für geeignete i und k, dass $(a,b) \in R^i$ und $(b,c) \in R^k$. Damit ist aber wegen der Verkettungsregeln $(a,c) \in R^i R^k = R^{i+k}$. Also ist auch (a,b) Element von Trans$''(R)$, d. h. Trans$''(R)$ ist transitiv.

Jede transitive Relation Q, die R enthält, muss wiederum alle n-ten Potenzen von R als Teilmengen enthalten, was wir mittels Induktion sehen: Es gilt für R^1, denn $R^1 = R$. Angenommen, $R^n \subseteq Q$, und $(a,c) \in R^{n+1}$. Dann existiert gemäß der Definition von R^{n+1} ein $b \in A$ mit $(a,b) \in R^n$ und $(b,c) \in R$, so dass wegen der Transitivität von Q gilt: $(a,c) \in Q$.

Trans″(R) muss also im Durchschnitt aller transitiven Relationen auf A, die R als Teilmenge enthalten, enthalten sein. Da es selbst eine von ihnen ist, ist es damit die kleinste. ∎

3.11.2 Andere Hüllen

Wenn wir von einer festen Grundmenge U ausgehen, so bezeichnet man als die **Hülle** einer Teilmenge M von U **bezüglich einer Eigenschaft** P die kleinste Teilmenge von U, die M als Teilmenge enthält und die Eigenschaft P hat – sofern eine solche kleinste Menge existiert. Ist P von der Art, dass diese Hülle stets existiert, und schreiben wir die Hülle von M bezüglich P als $H_P(M)$, so hat die Abbildung H_P: $\mathbf{P}(U) \to \mathbf{P}(U)$ die leicht nachzuprüfenden Eigenschaften
- Extensivität: $M \subseteq H_P(M)$,
- Monotonie: $M_1 \subseteq M_1 \Rightarrow H_P(M_1) \subseteq H_P(M_2)$,
- Idempotenz: $H_P(H_P(M)) = H_P(M)$.

Allgemein nennt man ein H: $\mathbf{P}(U) \to \mathbf{P}(U)$ mit den vorstehenden Eigenschaften von H_P einen **Hüllenoperator** auf U.

Die Grundmenge A für Relationen auf einer Menge sei nun wieder fest. Einfacher als bei der Transitivität ist die Konstruktion der Hüllen einer Relation R (also einer Teilmenge von $U = A \times A$) bezüglich Reflexivität und Symmetrie, die sog. **reflexive** bzw. **symmetrische Hülle.** Um eine Relation R auf A so zu erweitern, dass sie reflexiv wird, müssen wir auf jeden Fall id_A, d. h. die Paare (a,a) für alle $a \in A$ hinzunehmen, und dann ist die resultierende Relation auch bereits reflexiv,

$$\mathrm{Refl}(R) = R \cup \mathrm{id}_A.$$

Die obige Übereinstimmung mit dem Durchschnitt aller reflexiven „Oberrelationen" von R gilt analog wie oben. Induktion brauchen wir nicht. Bei der symmetrischen Hülle muss nicht id_A, sondern R^{-1} hinzugenommen werden:

$$\mathrm{Symm}(R) = R \cup R^{-1},$$

und die Durchschnittsdarstellung gilt wieder analog.

Satz 3.14: Kombinierte Hüllen
Auf jeder Menge A ist der Hüllenoperator Refl mit Trans und Symm vertauschbar,
$$\mathrm{Trans} \circ \mathrm{Refl} = \mathrm{Refl} \circ \mathrm{Trans},$$
$$\mathrm{Symm} \circ \mathrm{Refl} = \mathrm{Refl} \circ \mathrm{Symm},$$

d. h. für jede Relation R auf A gilt

$$\mathrm{Trans}(\mathrm{Refl}(R)) = \mathrm{Refl}(\mathrm{Trans}(R)) \text{ und}$$
$$\mathrm{Symm}(\mathrm{Refl}(R)) = \mathrm{Refl}(\mathrm{Symm}(R)). \qquad \square$$

Der Beweis ist Gegenstand einer Übungsaufgabe. ∎

Eine Relation zwischen zwei Mengen liefert automatisch Hüllenbildungen auf beiden Mengen. Sei $R \subseteq A \times B$ eine Relation. Für $M \subseteq A$ bzw. $N \subseteq B$, definieren

$$M'_R := \{b \in B \mid \forall a \in M \; aRb\} \text{ und } N'_{R^{-1}} := \{a \in A \mid \forall b \in N \; aRb\}$$

„Gegenstücke" zu M bzw. N in der jeweils anderen Grundmenge. Man sieht dann leicht, dass die Abbildung $M \mapsto (M'_R)'_{R^{-1}}$ bzw. $N \mapsto (N'_{R^{-1}})'_R$ jeweils ein Hüllenoperator auf A bzw. B ist. Detailliertere Untersuchungen solcher wechselseitiger Beziehungen finden sich in der Literatur unter dem Stichwort **Galois-Verbindung**[50], beispielsweise in [GaWi 1996]. In Kapitel 7 werden wir im Rahmen der Algebra weitere Arten von Hüllen kennen lernen.

3.12 Übungsaufgaben

3.1 Relationen
Sei die zweistellige Relation R zwischen (lebenden oder verstorbenen) Personen und Filmen definiert durch $R(p, f) :\Leftrightarrow$ „p ist Regisseur des Films f". Welche der folgenden Aussagen treffen zu? Bei unzutreffenden Aussagen verändern Sie bitte jeweils einmal (i) die erste Komponente und (ii) die zweite Komponente so, dass die Aussage wahr wird.
a) R (R. Altman, Uhrwerk Orange)
b) R (M. Nichols, Die Reifeprüfung)
c) R (F. Lang, Nosferatu – Eine Symphonie des Grauens)

3.2 Relationengraphen
Bestimmen Sie jeweils den Graphen der Relation
a) $T(a, b) :\Leftrightarrow$ „a ist Teiler von b"
b) $U(a, b) :\Leftrightarrow$ „a ist teilbar durch b"

auf der Menge $\{2, 3, 4, 5, 6, 7, 8\}$.

---

[50] Evariste Galois, 1811–1832, veröffentlichte bereits als Schüler mathematische Arbeiten, betätigte sich politisch und starb in einem Duell.

3.3 Relationengleichheit

a) Welche der folgenden Relationen auf $\mathbb{N}$ sind jeweils gleich?

b) Belegen Sie Ungleichheiten in (a) mit möglichst kleinen x und y.

- $R(x,y)$ $:\Leftrightarrow x$ ist größer oder gleich y, $x \geq y$.
- $S(x,y)$ $:\Leftrightarrow y^2$ ist kleiner oder gleich x^2, $y^2 \leq x^2$.
- $T(x,y)$ $:\Leftrightarrow x$ ist teilbar durch y, $y \mid x$.
- $U(x,y)$ $:\Leftrightarrow$ Jeder Teiler von y ist Teiler von x.
- $V(x,y)$ $:\Leftrightarrow$ Der größte Teiler von y ist kleiner oder gleich dem größten Teiler von x.
- $W(x,y)$ $:\Leftrightarrow$ Zu jedem Teiler von y existiert ein gleicher oder größerer Teiler von x.

3.4 Relationeneigenschaften

Bestimmen Sie alle Relationen auf $\{a,b\}$, und stellen Sie jeweils fest, welche von ihnen linkstotal, rechtstotal, linkseindeutig, rechtseindeutig, symmetrisch, antisymmetrisch, transitiv bzw. reflexiv sind.

    Tipps: „Isomorphe" Relationen, die durch Umbenennung bzw. Vertauschung der Objekte auseinander hervorgehen wie $\{(a,a), (a,b)\}$ und $\{(b,b), (b,a)\}$, haben dieselben Eigenschaften. Die Lösung ist ein Stück Arbeit, aber danach sind Sie mit den Begriffen gut vertraut.

3.5 Abbildungseigenschaften

Wählen Sie jeweils eine Menge L und eine Menge R so aus den Mengen $\{a,b,c\}$, $\{a,b\}$ und $\{a\}$ aus, dass mit $f(x) = x$ eine Funktion f von L nach R definiert ist, die

a) injektiv aber nicht surjektiv,   c) konstant und surjektiv,

b) bijektiv,   d) konstant und nicht surjektiv

ist.

3.6 Partielle Abbildungen

Welche partielle Abbildung von $\mathbb{N}_0$ in sich selbst berechnet das folgende Programm (geschrieben in einer Pseudoprogrammiersprache)? Welches ist also der Definitionsbereich und was ergibt sich dort als $f(x)$?

```
    PRINT("Enter x");
    READ(x);
    y:=0;
    z:=0;
1:  IF z=x THEN GOTO 2;
    y:=y+1;
    z:=z+2;
    GOTO 1;
```

```
2: PRINT ("f(x)=");
   PRINT (y);
   END;
```

3.7 Äquivalenzrelationen

Zeigen Sie dass für jede Partition P einer Menge A gilt, dass die Relation R, die durch $aRb:\Leftrightarrow \exists M \in P \ (a \in M \ \text{und} \ b \in M)$ definiert ist, eine Äquivalenzrelation auf A ist.

3.8 Äquivalenzrelationen

Sei M die Menge $\{1,2,3,4,5,6,7,8,9,10\}$ und R die Relation mit

$aRb :\Leftrightarrow$ 2 ist gleich oft Primfaktor von a und b, d. h. beide sind durch dieselben Zweierpotenzen teilbar.

a)   Zeigen Sie dass R eine Äquivalenzrelation auf M ist.
b)   Bestimmen Sie den Quotienten M/R, d. h. die durch R gegebene Partition von M in Äquivalenzklassen.

3.9 Kongruenzen

Definieren Sie im Sinne der Hinweise am Ende von Abschnitt 3.5 Kongruenzen bezüglich der letzten Komponenten von Relationen:

Eine Äquivalenzrelation R auf A nennt man eine Kongruenz bezüglich einer n-stelligen Relation $Q \subseteq A^n$, $n \geq 1$, wenn ...

Zeigen Sie dann, dass auf dem Quotienten A/R mit

$$Q/R([a_1], \ [a_2], \ ... \ [a_n]) : \Leftrightarrow Q \ (a_1, a_2, ...a_n)$$

eine wohldefinierte Relation Q/R beschrieben wird.

3.10 Totalordnungen

Zeigen Sie: Für jede strenge Totalordnung Q auf A definiert $xRy:\Leftrightarrow (xQy \ \text{oder} \ x = y)$ eine lineare Ordnung R auf A, d. h. R ist total, reflexiv, antisymmetrisch und transitiv.

3.11 Verbände

Beweisen Sie die Rechenregeln (Assoziativität, Kommutativität und Absorption) für Verbände in Satz 3.7.

3.12 Extremale Elemente

Zeigen Sie, dass in jeder nichtleeren endlichen halbgeordneten Menge M mindestens ein maximales und ein minimales Element existieren.

3.13 Lineare Erweiterungen einer Halbordnung

Gegeben seien die unten als Hasse-Diagramme abgebildeten Halbordnungen. Geben Sie jeweils eine Menge von Totalordnungen an, deren Durchschnitt die Halbordnung ergibt.

(a) b (b) b d (c) b d

| c | | /\/

a a c a c

3.14 Operationen auf Relationen

Es sei für jedes $i \in \mathbb{Z}$ (ganze Zahlen, formal behandelt in Kap. 5) die Relation R_i auf $\mathbb{Z}$ gegeben durch $m \, R_i \, n :\Leftrightarrow m + i = n$.

a) Welche Relation ist $R_3 R_5$? Welche Relation ist R_2^{-1}?

b) Zeigen Sie dass $\{R_i \mid i \in \mathbb{Z}\}$ abgeschlossen gegen Verkettung und Inversenbildung ist.

c) Geben Sie für $\{R_i \mid i \in \mathbb{Z}\}$ ein Erzeugendensystem (d. h. hier eine Teilmenge, aus der sich durch – auch wiederholte – Verkettung und Umkehrung die ganze Menge gewinnen lässt) mit möglichst wenigen Elementen an.

3.15 Bijektion und Umkehrabbildung

Zeigen Sie: Eine Abbildung $f : A \to B$ ist genau dann bijektiv, wenn eine Abbildung $g : B \to A$ existiert, für die $f \circ g = \mathrm{id}_B$ und $g \circ f = \mathrm{id}_A$ gilt, und in diesem Fall ist g die Umkehrabbildung f^{-1}, die ebenfalls bijektiv ist.

3.16 Existenz von Bijektionen als Relation

Sei für je zwei Mengen M und N definiert: $M \sim N$, wenn eine bijektive Abbildung von M nach N existiert. Zeigen Sie:

a) $M \sim M$ $\sim$ ist reflexiv.

b) $M \sim N \Rightarrow N \sim M$ $\sim$ ist symmetrisch.

c) $(M \sim N \wedge N \sim O) \Rightarrow M \sim O$ $\sim$ ist transitiv.

3.17 Permutationen

Zeigen Sie, dass es auf einer endlichen Menge M mit n Elementen genau $n!$ verschiedene Permutationen gibt, wobei $n! = 1 \cdot 2 \cdot 3 \cdot \ldots \cdot n$, sprich „n Fakultät".

3.18 Permutationen

Zeigen Sie dass bei einer Permutation π auf einer endlichen Menge M zwei Bahnen von Elementen von M unter π nur disjunkt oder identisch sein können.

3.19 Permutationen

Zeigen Sie, dass sich jede Transposition als Produkt zweier Zyklen darstellen lässt, deren Länge sich um eins unterscheidet.

3.20 Permutationen

Schreiben Sie die hier abgebildete Permutation π auf $\{1, 2, 3, 4, 5, 6\}$,

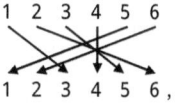

a)   als Folge $\pi(1), \pi(2), ..., \pi(6)$,
b)   als Produkt disjunkter Zyklen,
c)   als Produkt nicht disjunkter Zyklen,
d)   als Produkt von Transpositionen,
e)   als Produkt von Nachbartranspositionen.

3.21 Simultane induktive Definition

Definieren Sie Bäume und Wälder alternativ zum Text in 3.10.3, indem Sie *eine gemeinsame* Menge BaumOderWald von Paaren induktiv so definieren, dass die zweiten Komponenten aller Paare mit erster Komponente „b" genau alle Bäume ergeben, und die zweiten Komponenten aller Paare mit erster Komponente „w" genau alle Wälder. Mit Bäumen und Wäldern sind hierbei die entsprechenden Klammerausdrücke im Text gemeint. Es soll also u. a. die BaumOderWald-Elemente (b,( )) und (w, ( )( )) geben.

3.22 Induktive Beweise

Zeigen sie mittels vollständiger Induktion, dass für alle natürlichen Zahlen n gilt, dass ...
a) $3^{2n} + 7$ durch 8 teilbar ist,
b)   die Summe $\sum_{i=1}^{n} i^2$ der ersten n Quadratzahlen $n \cdot (n + 1) \cdot (2n + 1) / 6$ ist,
c)   die Summe $\sum_{i=1}^{n} (2i - 1)$ der ersten n ungeraden Zahlen n^2 ist.
d)   das Produkt $\prod_{i=0}^{n-1} F_i$ der ersten n **Fermat-Zahlen** plus 2 die nächste Fermat-Zahl F_n ergibt, wobei $F_i := 2^{(2^i)} + 1$ definiert ist.

3.23 Induktiver Beweis?

Ein Spaßvogel „beweist", dass in jeder Gruppe von n Personen ($n \in \mathbb{N}$) alle gleich alt sind: Zunächst gilt dies in jeder Gruppe von einem Menschen, weil der offensichtlich so alt ist wie er ist. Nehmen wir an, es gilt für $n \in \mathbb{N}$. Nun wollen wir es für $n + 1$ zeigen. Seien A, B und C beliebige Personen einer Gruppe G von $n + 1$ Personen. Wir wollen zeigen, dass A und B gleich alt sind. B und C sind in dem Rest $G \setminus \{A\}$ der Gruppe, wenn A fehlt. In dieser Restgruppe von n Personen sind laut Induktionsannahme alle gleich alt. Analog sind A und C in dem Rest $G \backslash \{B\}$ der Gruppe, wenn B fehlt. Auch hier sind wieder alle gleich alt. Also ist A so alt wie C, und C ist so alt wie B. Also sind A und B gleich alt. A und B waren aber beliebig gewählt; also sind alle gleich alt.

Was stimmt an dem Beweis nicht? Was wird anstatt $gleich\_alt\ (n) \Rightarrow gleich\_alt$ $(n+1)$ tatsächlich gezeigt?

3.24 Induktion, Rekursion, Wohldefiniertheit

Die Binomialkoeffizienten $\binom{n}{k}$ seien für $n \in \mathbb{N}_0, 0 \leq k \leq n$ definiert durch

$$\binom{n}{0} := \binom{n}{n} := 1 \text{ und } \binom{n+1}{k+1} := \binom{n}{k+1} + \binom{n}{k}$$

a) Zeigen Sie, dass so tatsächlich alle angegebenen $\binom{n}{k}$ wohldefiniert sind.

b) Zeigen Sie, dass dann stets $\binom{n}{k} = \dfrac{n \cdot (n-1) \cdot \ldots \cdot (n-(k-1))}{1 \cdot 2 \cdot \ldots \cdot k}$ gilt, wobei $0! := 1$.

3.25 Rekursiv definierte Funktionen

Es seien die natürlichen Zahlen induktiv definiert durch die Null und die Nachfolgerfunktion *succ*. Definieren Sie rekursiv:

a) $plus_m$ so, dass $plus_m\ (n) = m + n$,

b) mal_m so, dass $mal_m(n) = m \cdot n$,

c) $n!$.

3.26 Werteverlaufsrekursion

Erraten Sie durch Ausrechnen der ersten Funktionswerte eine Formel für die Funktion $f : \mathbb{N}_0 \rightarrow \mathbb{N}_0$ mit $f(0) := 1, f(n+1) := 1 + f(0) + f(1) \ldots + f(n)$, und beweisen Sie mittels vollständiger Induktion Ihre Vermutung.

3.27 Rekursive Funktionen

a) Zeigen Sie dass die **Vorgängerfunktion**

$$pred(n) := n - 1 \text{ für alle } n > 0, pred(0) := 0$$

primitiv rekursiv ist.

Tipp: Zeigen Sie dies zuerst für die Funktion $rpred(m, n) := pred(n)$.

b) Die **Ackermann-Funktion** auf $\mathbb{N}_0 \times \mathbb{N}_0$

$$a(0, m) := m + 1$$

$$a(n, 0) := a(n-1, 1)$$

$$a(n, m) := a(n-1, a(n, m-1)), \text{ wenn } m, n > 0$$

kann offenbar von einem Computerprogramm berechnet werden und ist damit auch rekursiv – wenn auch in Lehrbüchern die explizite Darstellung von a als rekursive Funktion selten zu finden ist. Berechnen Sie, um einen ersten Eindruck von dieser Funktion zu gewinnen, $a(2,2)$, sofern der Funktionswert definiert ist.

Tipp: Ersetzen Sie z. B. immer ganz rechts.

3.28 Hüllen von Relationen

a) Seien $A = \{a,b,c\}$ und R die Relation $\{(a,b),(b,c)\}$ auf A. Berechnen Sie $\mathrm{Trans}(R)$, $\mathrm{Symm}(\mathrm{Trans}(R))$ und $\mathrm{Refl}(\mathrm{Symm}(\mathrm{Trans}(R)))$.

b) Beweisen Sie Satz 3.14.

c) Zeigen Sie dass für jede Relation R auf einer Menge A gilt:

$$\mathrm{Symm}(\mathrm{Trans}(R)) \subseteq \mathrm{Trans}(\mathrm{Symm}(R)),$$

aber nicht immer umgekehrt.

4 Logik

In den ersten Kapiteln begegneten uns bereits zahlreiche logische Schlüsse, vornehmlich innerhalb von Beweisen. Die dabei verwendeten Argumente arbeiteten mit logischen Verknüpfungen wie „und", „oder", „nicht", „wenn dann" und „genau dann, wenn". Das waren beispielsweise Schlüsse der Art dass, wenn das Eine und das Andere gilt, dann auch das Andere und das Eine. Wenn Formeln beteiligt waren, haben wir für „Aus ... folgt ..." meist symbolisch als „ ... $\Rightarrow$ ..." geschrieben. Im Abschnitt 4.1 über **Aussagenlogik** werden die Schlüsse mitdiesen logischen Verknüpfungen ausführlich behandelt. Sie werden formalisiert, ein klares Begriffsgerüst wird geschaffen, und etliche Algorithmen zum Treffen logischer Entscheidungen werden vorgestellt. Dabei geht es immer um Aussagen, die in einem behandelten Kontext „rundum" zutreffen oder nicht: 2 ist ein Teiler von 8 oder nicht; Johann Wolfgang von Goethe wurde in Frankfurt am Main geboren oder nicht. Innerhalb eines solchen Rahmens lässt sich aber beispielsweise nicht beweisen, dass alle positiven Teiler aller Potenzen von zwei selbst Potenzen von zwei sind. Dazu muss man genauer in den Kontext hineinschauen und detaillierter über ihn sprechen können, insbesondere über mögliche Eigenschaften von Objekten.

Eine verfeinerte Sicht, bei der Eigenschaften auf einige Objekte zutreffen können und auf andere nicht, wird in der **Prädikatenlogik** eingenommen. Sie wird im Abschnitt 4.2 behandelt. Hier geht es häufig darum, was für alle Objekte gilt oder für mindestens eines: „Wenn Äpfel und Birnen Früchte sind und keine Frucht gleichzeitig Apfel und Birne ist und alle Früchte im Korb Äpfel sind, dann ist keine einzige Birne darin." Auch in den vorhergehenden Kapiteln dieses Textes kamen schon solche **Quantifizierungen** zum Einsatz, sei es verbal („für alle", „es existiert"), sei es zwecks Übersichtlichkeit und Kürze bereits symbolisch mit $\forall$ und $\exists$. Im Abschnitt 4.2 folgen wir bezüglich solcher Ausdrucksmittel dem gleichen Programm wie in 4.1: Formalisierung, Schaffung eines Begriffsgerüstes, Algorithmen zum Treffen logischer Entscheidungen. Nur sind hier durch die komplexere Materie mehr technische Feinheiten zu berücksichtigen. Im Gegensatz zur Aussagenlogik sind in der Prädikatenlogik einige naheliegende logische Fragen nicht mehr durch Algorithmen zu beantworten, und zwar nicht deswegen, weil noch kein schlauer Mensch den passenden Algorithmus erfunden hat, sondern weil es gar keinen solchen Algorithmus geben *kann* – und das wiederum kann man sogar beweisen!

https://doi.org/10.1515/9783111336107-004

4.1 Aussagenlogik

4.1.1 Die Syntax der Aussagenlogik

In der Aussagenlogik schreiben wir Formeln wie $(A \wedge (\neg B \vee C)) \rightarrow D$. Hier geht es nun zuerst um die Frage, was genau eine logische Formel ist. Welche Zeichen kommen darin vor, und wofür sind sie gedacht? Wie ist eine Formel zusammengesetzt?

Das Alphabet der Aussagenlogik umfasst
- eine abzählbare Menge $AV = \{A_1, A_2, ...\}$ von **Aussagesymbolen (Aussagevariablen).** Informell schreiben wir aber auch oft A, B, C, ..., oder wir verwenden anwendungsorientierte Namen wie *Es_regnet*. Gelegentlich sprechen wir (metasprachlich) über „beliebige Aussagesymbole" und benutzen dafür stellvertretende Variablennamen A_i, A_k, ... oder P, Q, ...
- fünf **Junktoren**[51], die als Symbole für logische Operationen verwendet werden:

Symbol	Verwendung	Bezeichnung der logischen Operation
$\neg$	nicht	**Negation, Verneinung**
$\wedge$	... und ...	**Konjunktion**
$\vee$	... oder ...	**Disjunktion**
$\rightarrow$	wenn ... dann ...	**Implikation**
$\leftrightarrow$	... genau dann, wenn ...	**Biimplikation**

- zwei Klammern ‚(‘ und ‚)‘ zur Steuerung der Ausführungsreihenfolge der Junktoren.

Die **Formeln** der Aussagenlogik, bzw. ihre Menge ***ALForm*** sind induktiv so definiert:
- Alle Aussagevariablen A_1, A_2, ... sind Formeln.
- Sind φ und ψ Formeln, dann sind auch $\neg\varphi, (\varphi \wedge \psi), (\varphi \vee \psi), (\varphi \rightarrow \psi)$ und $(\varphi \leftrightarrow \psi)$ Formeln.

Mit den hier eingeführten Symbolen $\rightarrow$ und $\leftrightarrow$ unterscheiden sich **aussagenlogische Formeln** (oder kurz: **AL-Formeln**) unserer Objektsprache von metasprachlichen Ausdrücken mit $\Rightarrow$ und $\Leftrightarrow$. Die Biimplikation wird oft auch als **Äquivalenz** bezeichnet. Zur klareren Trennung verwenden wir diesen Begriff aber erst später für die semantische Äquivalenz, vgl. Abschnitt 4.1.4. Äußerste Klammerpaare werden der Bequemlichkeit halber meist weggelassen; aus $(A \wedge B)$ wird so $A \wedge B$. Bei Anfängern kann dies zu Verunsicherungen führen; worauf bezieht sich zum Beispiel die Negation in

---

51 Von lat. *iungere* (verbinden). Dass einer der Junktoren, $\neg$, nur *ein* Argument hat, also gar nichts „verbindet", wird sprachlich in Kauf genommen. Mit Kenntnis der Junktoren können Sie nun auch das englischsprachige Shakespeare-Zitat „$2b \vee \neg 2b = ?$" entziffern.

$\neg A \lor B$: auf A oder auf $A \lor B$? Antwort: nur auf A. Sollte sie sich auf $A \lor B$ beziehen, müsste die Formel $\neg(A \lor B)$ lauten.

Da es in der Informatik meist erwünscht ist, dass Alphabete endlich sind, kann man sich die Aussagevariablen A_i auch als Abkürzungen für Wörter $AA \dots A$ der Länge i vorstellen. Dann braucht man anstelle der unendlich vielen Aussagevariablen im Alphabet nur ein einziges Zeichen, muss aber dafür in Kauf nehmen, dass Aussagevariablen nicht mehr nur als Zeichen in AL-Formeln auftauchen, sondern als Teilwörter.

AL-Formeln sind induktiv konstruierte Objekte. Daher können wir ihnen ihre Induktionshistorie zuordnen, die die einzelnen Anwendungen der Erweiterungsregeln aufzeigt, sei es als Funktionsterm (vgl. 3.10.2), wie in Abb. 4.1 links gezeigt, sei es mit dem Syntaxbaum, wie dort rechts gezeigt. Hier gilt angenehmerweise die Interferenzfreiheit (vgl. 3.10.5 und Satz 4.5). Sie erleichtert das rekursive Definieren von Funktionen auf AL-Formeln, da sie deren Wohldefiniertheit garantiert.

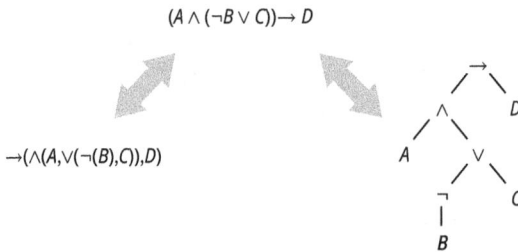

Abb. 4.1: Eine Formel (Mitte) und ihre Induktionshistorie als Funktionsterm (links) bzw. Syntaxbaum (rechts).

Die **Variablenmenge** $Vars(\varphi)$ einer Formel φ ist die Menge der in ihr vorkommenden Aussagevariablen. Sie kann auch formal definiert werden, nämlich rekursiv:
- $Vars$: ALForm $\to \mathbf{P}(AV)$;
- Für Aussagevariablen P gilt: $Vars(P) := \{P\}$;
- Ist φ Formel, dann gilt $Vars(\neg\varphi) := Vars(\varphi)$.
- Sind φ und ψ Formeln, dann gilt
  $Vars(\varphi \land \psi) := Vars(\varphi \lor \psi) := Vars(\varphi \to \psi) := Vars(\varphi \leftrightarrow \psi) := Vars(\varphi) \cup Vars(\psi)$;

Auch die Menge $Teilf(\varphi)$ der **Teilformeln** einer Formel φ lässt sich wegen des Zusammenhangs mit ihrem induktiven Aufbau gut rekursiv definieren:
- $Teilf$: ALForm $\to \mathbf{P}(\text{ALForm})$
- Für Aussagevariablen P gilt: $Teilf(P) := \{P\}$.
- Ist φ Formel, dann gilt $Teilf(\neg\varphi) := Teilf(\varphi) \cup \{\neg\varphi\}$.
- Sind φ und ψ Formeln, dann gilt für jeden zweistelligen Junktor $\otimes$:
  $Teilf(\varphi \otimes \psi) := Teilf(\varphi) \cup Teilf(\psi) \cup \{\varphi \otimes \psi\}$.

Eine Teilformel ist also eine Formel, die beim Aufbau der gesamten Formel als Baustein verwendet wurde. Da Teilformeln beim induktiven Weiterbau stets Zeichen für Zeichen zusammen bleiben, kommt jede Teilformel einer Formel als Teilwort in ihr vor.

Aussagenlogische Formeln haben die interessante Eigenschaft, dass ein Teilwort, das selbst eine Formel ist, eine Teilformel der Ausgangsformel ist, also auch zu deren induktivem Aufbau gehört. So etwas ist keineswegs selbstverständlich: In natürlichen Sprachen kommt es oft vor, dass aus (hier nicht Formeln aber) sinnvollen Wörtern andere zusammengebaut werden, wie bei REGEN + BOGEN → REGENBOGEN, wobei REGEN und BOGEN einerseits Teilzeichenfolgen, andererseits aber auch sprachlich sinnbildende strukturelle Bestandteile von REGENBOGEN sind. Und so lässt sich gerade im Deutschen im Prinzip auf diese Weise induktiv fortfahren bis hin zu Wortungetümen wie Regenbogenbeobachtungsturmeingangstürgriffputzlappen. Im Deutschen kommt es aber auch vor, dass ein sinnvolles Wort Teilzeichenfolge eines andern ist, *ohne* struktureller Bestandteil zu sein: Im KUPFERDACH kommt das PFERD vor und im TISCHWEIN das SCHWEIN. Wieso passiert so etwas bei AL-Formeln nicht?

Um dies zu zeigen, müssen wir etwas weiter ausholen und uns einige mehr oder weniger einfache Eigenschaften von AL-Formeln klar machen. Wer dies genauer verstehen oder bewiesen sehen möchte, überspringt den folgenden fakultativen Unterabschnitt daher nicht.

4.1.2 Zwei wichtige Eigenschaften der Syntax der Aussagenlogik*

Aussagenlogische Formeln haben zwei interessante Eigenschaften:
- Teilwörter einer AL-Formel, die selbst Formeln sind, sind sogar Teilformeln.
- Jede AL-Formel hat genau eine Induktionshistorie (Interferenzfreiheit).

In diesem Unterabschnitt werden diese beiden Ergebnisse erarbeitet.

Satz 4.1: Eigenschaften der Teilformel-Relation
Die Teilformel-Relation auf den AL-Formeln ist eine Halbordnung, also reflexiv, transitiv und antisymmetrisch:
- Jede AL-Formel ist Teilformel ihrer selbst.
- Ist ψ Teilformel von φ und φ Teilformel von π, dann ist ψ eine Teilformel von π.
- Zwei AL-Formeln, die wechselseitig Teilformeln voneinander sind, sind identisch. □

Der **Beweis** ist Inhalt einer Übungsaufgabe. ∎

Lemma[52] **4.2: Klammereigenschaften von AL-Formeln**
Für jede AL-Formel gilt (#):
Entweder sie …

1. ist von der Form $\neg \dots \neg A_i$, besteht also aus 0, 1 oder mehreren Negationen vor einer Aussagevariable oder sie enthält gleichzeitig …
2. gleich viele Vorkommen von öffnenden wie von schließenden Klammern, und zwar mindestens eines (äußerste Klammern werden hier nicht weggelassen),
3. am Ende eine schließende Klammer und
4. in all ihren Anfangsstücken bis vor dieser schließenden Klammer echt mehr Vorkommen von öffnenden als von schließenden Klammern. □

Beweis: Zunächst gilt die Aussage (#) des Lemmas für alle Formeln, die nur aus einer Aussagevariablen bestehen; diese sind nämlich Spezialfälle von (1).

Ist φ Formel mit (#), dann auch $\neg\varphi$: Ist φ vom Typ (1), dann laut (1)-Beschreibung auch $\neg\varphi$. Ist φ nicht vom Typ (1), dann erfüllt es (2–4), wobei sich an den Klammerzahlen und der abschließenden Klammer durch das Voransetzen von $\neg$ nichts ändert, so dass (2–4) auch für $\neg\varphi$ gilt.

Sind φ und ψ Formeln mit (#), und ist $\otimes$ zweistelliger Junktor, dann gilt für $(\varphi \otimes \psi)$ …

(2), weil
[Anzahl der ‚(‘ in $(\varphi \otimes \psi)$]
$= 1 + $ [Anzahl der ‚(‘ in φ] + [Anzahl der ‚(‘ in ψ]
$= 1 + $ [Anzahl der ‚)‘ in φ] + [Anzahl der ‚)‘ in ψ]   wegen #(2) für φ und ψ
$= $ [Anzahl der ‚)‘ in $(\varphi \otimes \psi)$] ,

(3) wegen der neuen schließenden Klammer,

(4), weil durch die neue öffnende Klammer die Überzahl der öffnenden bis vor die neue schließende erhalten bleibt (auch dort, wo innerhalb von φ und ψ gerade Gleichstand erreicht ist). ∎

Lemma 4.3: Anfänge von Formeln und Teilformeln
1. Jede AL-Formel beginnt mit einer öffnenden Klammer, einem Negationssymbol oder einer Aussagevariable.
2. Jedes Vorkommen von ‚(‘ , ‚¬‘ oder eines ‚A_i‘ in einer Formel ist erstes Zeichen eines Vorkommens einer Teilformel dieser Formel.
3. Keine AL-Formel ist echtes Anfangsstück einer anderen. □

---

52 Ein **Lemma** ist ein technischer, als eigenständiges Ergebnis weniger interessanter „Hilfssatz", der im Beweis interessanterer Sätze benötigt wird. Besonders wichtige oder berühmte Ergebnisse werden auch **Theorem** genannt. Aber auch einige Lemmata erlangten entgegen ihrer Bezeichnung Berühmtheit, wie das Zorn'sche.

Beweis: (1) folgt unmittelbar aus der induktiven Definition der AL-Formeln, nämlich der Basismenge der Aussagevariablen und den Erweiterungsregeln, die an den Anfang aller komplexeren Formeln ein ‚(‘ oder ‚¬‘ platzieren.

(2) gilt hinsichtlich Formeln, die nur aus einer Aussagevariable bestehen, weil nur ein A_i vorkommen kann, das dann auch die ganze Formel ist, die wiederum Teilformel von sich selbst ist (die Reflexivität in Satz 4.1). Gilt (2) für φ, dann auch in Bezug auf $\neg\varphi$: Das erste ‚¬‘ ist erstes Zeichen der Teilformel $\neg\varphi$, die wiederum Teilformel von sich selbst ist. Die anderen Zeichenvorkommen führen gemäß Induktionsannahme zu Teilformeln von Teilformeln, also wegen Transitivität (Satz 4.1) zu Teilformeln. Analog argumentiert man bezüglich $(\varphi \otimes \psi)$, wenn φ und ψ Formeln sind, für die (2) zutrifft.

Für (3) zeigen wir, dass jedes echte Anfangsstück ψ einer AL-Formel φ selbst keine AL-Formel ist. Im Sinne von Lemma 4.2 ist φ vom Typ (1) oder nicht. Ist φ vom Typ (1), dann besteht ψ nur aus Negationszeichen, ist also keine Formel. Ist φ nicht vom Typ (1), so hat wegen Lemma 4.2 (4) ψ echt weniger schließende als öffnende Klammern, ist also wegen Lemma 4.2 (2) keine Formel. ∎

Satz 4.4: Die Teilwort-Teilformel-Eigenschaft
Sind φ und ψ Formeln der Aussagenlogik, und ist ψ ein Teilwort von φ, dann ist ψ eine Teilformel von φ. □

Beweis: Sei ψ AL-Formel und Teilwort von Formel φ. Wir betrachten das erste Vorkommen von ψ in φ. Sei π die gemäß Lemma 4.3 (1) und (2) existierende Teilformel von φ, die mit dem ersten Zeichen dieses ψ-Vorkommens beginnt. Da ψ und π beide Teilwörter von φ sind, die an derselben Stelle beginnen, sind sie entweder gleich, oder eine ist ein echtes Anfangsstück der anderen. Wegen Lemma 4.3 (3) scheidet Letzteres aus, d. h. beide sind gleich, und ψ ist wie π Teilformel von φ. ∎

Der Beweis ist – wenn man die vorbereitenden Ergebnisse mit einrechnet – zugegebenermaßen etwas langwierig. Erstaunlicherweise wird oft nicht nur der Beweis, sondern sogar der Satz selbst in der Fachliteratur ausgespart, auch wenn er für spätere Ergebnisse wichtig ist und dort dann stillschweigend verwendet wird.

Aus den vorstehenden Ergebnissen können wir jetzt leicht die Interferenzfreiheit der induktiven Definition der AL-Formeln herleiten.

Satz 4.5: Interferenzfreiheit
Jede Formel der Aussagenlogik hat genau eine Induktionshistorie. □

Beweis: Wenn wir den Syntaxbaum von der Wurzel her eindeutig bestimmen können, kann es für eine AL-Formel φ keine zwei verschiedenen Syntaxbäume geben.

Wenn es für jede Formel nur eine eindeutige letzte angewendete Erweiterungsregel, und zwar stets mit denselben Bausteinen, gibt, ist der Syntaxbaum eindeutig. Wir brauchen also nur zu zeigen, dass eine AL-Formel φ nur auf eine Weise im letzten Schritt zusammengebaut worden sein kann. Lemma 4.3 sagt uns, mit welchen Symbolen die Formel beginnen kann. Beginnt sie mit einem A_i, so ist wegen desselben Lemmas A_i eine – und damit die einzige – Teilformel, die daher mit der ganzen Formel übereinstimmen muss. Ist das ersten Symbol der Formel ein ‚¬', so muss die letzte angewendete Erweiterungsregel die Negation gewesen sein, und der Rest ist die Teilformel, auf die sie angewendet wurde. Etwaige unterschiedliche Historien müssen sich in dieser Teilformel abgespielt haben. Ist das erste Symbol eine öffnende Klammer, so fragt sich nur noch, ob es AL-Formeln κ, λ, μ und ν sowie zweistellige Junktoren $\otimes$ und $\oplus$ gibt, so dass $\varphi = (\kappa \otimes \lambda) = (\mu \oplus \nu)$ und $\kappa \neq \mu$ ist. Dann wäre aber entweder κ echtes Anfangsstück von μ oder umgekehrt, was beides von Lemma 4.3 (3) ausgeschlossen wird. ∎

Auch der Beweis dieses Satzes wird in Logik-Vorlesungen und -Lehrbüchern häufig ausgelassen, obwohl ohne ihn die Wohldefiniertheit aller rekursiv definierten Funktionen auf den AL-Formeln, insbesondere die der kompletten aussagenlogischen Semantik, offen bleibt, sofern keine dedizierten Beweise der Wohldefiniertheit geführt werden. Zu den erwähnenswerten Ausnahmen, die den Beweis führen, zählen [KePa 2005] und [CoLa 2000].

4.1.3 Die elementare Semantik der Aussagenlogik

Die wichtigste Funktion auf den aussagenlogischen Formeln ist die Zuordnung ihres Wahrheitswerts, W (wahr) oder F (falsch). In logischen Texten findet man für *wahr* neben W auch *true,* T oder 1 und für *falsch* auch *false*[53] oder 0.

Der Wahrheitswert errechnet sich rekursiv aus den zuvor festgelegten Wahrheitswerten der beteiligten Aussagevariablen. Sobald wir wissen, ob A, B, C bzw. D jeweils wahr oder falsch sind, wissen wir auch, ob $(A \wedge (\neg B \vee C)) \rightarrow D$ wahr oder falsch ist. Die Festlegung des Wahrheitswertes für die Aussagevariablen nennt man **Belegung** oder **Interpretation.** Sie ist eine partielle Abbildung $bel: AV \rightarrow \{W, F\}$, d. h. sie legt für alle Aussagevariablen in einem Definitionsbereich Def(bel) mit Def(bel) $\subseteq AV$ einen Wahrheitswert fest. Eine Belegung bel nennt man **ausreichend** (oder **passend**) für eine Formel φ, wenn sie alle Aussagevariablen der Formel erfasst, d. h. wenn $Vars(\varphi) \subseteq$ Def(bel).

---

53 *True* ist Englisch für *wahr.* Ein ‚F' für *false* stimmt ja bereits mit dem ‚F' für „*falsch*" überein.

Der Wahrheitswert von $\neg\varphi$ hängt von dem von φ ab, und der von $(\varphi \wedge \psi)$ hängt von denen von φ und ψ ab. Jedem Junktor $\otimes$ ist eine Boole'sche Funktion[54] $sem_\otimes$ auf $\{W,F\}$ bzw. $\{W,F\} \times \{W,F\}$ zugeordnet, wie in Tab. 4.1 dargestellt.

Tab. 4.1: Die Junktorensemantik.

φ	$\neg\varphi$		φ	ψ	$\varphi \wedge \psi$	$\varphi \vee \psi$	$\varphi \rightarrow \psi$	$\varphi \leftrightarrow \psi$
W	F		W	W	W	W	W	W
F	W		W	F	F	W	F	F
			F	W	F	W	W	F
			F	F	F	F	W	W

Der **Wahrheitswert** für die (induktiv definierten) Formeln wird damit rekursiv wie folgt definiert:

- $wert_{bel}(A_i)$ $:=$ $bel(A_i)$
  Aussagevariablen: wie belegt
- $wert_{bel}(\neg\varphi)$ $:=$ $sem_\neg(wert_{bel}(\varphi))$
  wahr, wenn φ falsch, und umgekehrt
- $wert_{bel}(\varphi \wedge \psi)$ $:=$ $sem_\wedge(wert_{bel}(\psi), wert_{bel}(\psi))$
  wahr, wenn φ und ψ wahr, sonst falsch
- $wert_{bel}(\varphi \vee \psi)$ $:=$ $sem_\vee(wert_{bel}(\varphi), wert_{bel}(\psi))$
  falsch, wenn φ und ψ falsch, sonst wahr
- $wert_{bel}(\varphi \rightarrow \psi)$ $:=$ $sem_\rightarrow(wert_{bel}(\varphi), wert_{bel}(\psi))$
  falsch, wenn φ wahr und ψ falsch, sonst wahr
- $wert_{bel}(\varphi \leftrightarrow \psi)$ $:=$ $sem_\leftrightarrow(wert_{bel}(\varphi), wert_{bel}(\psi))$
  wahr genau dann, wenn beide den gleichen Wert haben

---

54 Dies sind Funktionen $f\colon M^n \rightarrow M$ mit einer zweielementigen Menge M, benannt nach George Boole, 1815–1864, mathematische Autodidakt, Lehrer und Schulleiter in England, später in Berufung in Cork.

Wir betrachten als Beispiel die Formel $((A \wedge (\neg B \vee C)) \rightarrow C)$ mit der Belegung $A \mapsto W$, $B \mapsto W$, $C \mapsto F$. Zunächst schauen wir uns in Abb. 4.2 an, wie durch die Rückverfolgung des Formelaufbaus der Syntaxbaum abgelesen werden kann. Dann ersetzen wir im Syntaxbaum schrittweise zunächst die Blätter und dann jede Teilformel (sichtbar als **Ast** d. h. vollständiger Teilbaum) durch ihren Wahrheitswert, sobald dieser in einem Rekursionsschritt bestimmt wurde. Dabei sieht man sehr plastisch, wie die Wahrheitswertberechnung von den Aussagevariablen in den Blättern über die Teilformeln bis zur Wurzel aufsteigt.

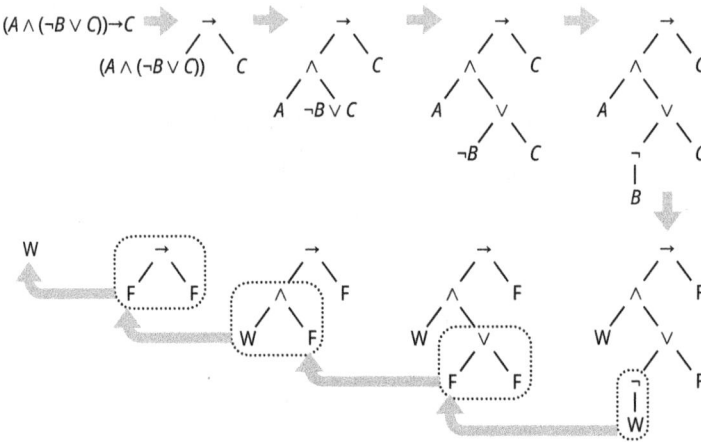

Abb. 4.2: Rekursive Berechnung eines Wahrheitswerts – bildlich.

Eine aussagenlogische Formel φ mit n verschiedenen darin vorkommenden Aussagevariablen $P_1, ..., P_n$ definiert eine n-stellige Boole'sche Funktion durch

$$\hat{\varphi} : \begin{cases} \{W, F\}^n & \rightarrow \{W, F\} \\ x & \mapsto wert_{bel_x}(\varphi) \end{cases},$$

wobei für $x = (x_1, ..., x_n)$ die Belegung bel_x der Aussagevariablen P_i in dieser Reihenfolge bedeutet: $bel(P_i) := x_i$ für alle $i = 1, ..., n$. Diese Funktion $\hat{\varphi}$ nennt man den **Wahrheitswerteverlauf** von φ. Systematisch berechnen kann man den Wahrheitswerteverlauf tabellarisch in einer **Wahrheitstafel**. Diese hat für jede Belegung aller Variablen von φ – es gibt 2^n für n Variablen – eine Zeile und für jede Teilformel eine Spalte. Die Teilformeln sind von links nach rechts in einer linearen Ordnung, die die Teilformelordnung enthält, aufsteigend geordnet. Das heißt schlicht, dass links von einer Teilformel bereits alle ihre Teilformeln vorkommen. Dies geht meist auf verschiedene Weisen, die alle akzeptabel sind, vgl. 3.10.2. Tabelle 4.2 zeigt eine Wahrheitstafel für die in Abb. 4.2 behandelte Formel. Die zweite Tabellenzeile spiegelt z.B. die Rückrechnung in Abb. 4.2 wider.

Tab. 4.2: Rekursive Berechnung des Wahrheitswerteverlaufs – mittels einer Wahrheitstafel.

A	B	C	¬B	¬B ∨ C	A ∧ (¬B ∨ C)	(A ∧ (¬B ∨ C)) → C
W	W	W	F	W	W	W
W	W	F	F	F	F	W
W	F	W	W	W	W	W
W	F	F	W	W	W	F
F	W	W	F	W	F	W
F	W	F	F	F	F	W
F	F	W	W	W	F	W
F	F	F	W	W	F	W

Wer etwas umfangreichere Wahrheitstafeln manuell erstellt, wird der Übersicht halber bestrebt sein, diese in einem Stück auf einer Seite unterzubringen. Dem stehen oft die immer längeren Teilformeln in der Kopfzeile entgegen. Daher bevorzugen Manche die in-situ-Variante[55], bei der für jedes Symbol der Zielformel (außer den Klammern) genau eine (entsprechend schmale) Spalte eingerichtet wird, vgl. Tab. 4.3. Unter jedem Junktor stehen die Werte für die „von ihm beherrschte Formel", im Beispiel unter ∨ die von ¬B ∨ C. Den Vorteil der schmaleren Tabelle erkauft man sich durch mehr Spalten und die etwas höheren Anforderungen an die Aufmerksamkeit.

Tab. 4.3: Die In-situ-Form der gleichen Wahrheitstafel.

(A	∧	(¬	B	∨	C))	→	C
W	W	F	W	W	W	W	W
W	F	F	W	F	F	W	F
W	W	W	F	W	W	W	W
W	W	W	F	W	F	F	F
F	F	F	W	W	W	W	W
F	F	F	W	F	F	W	F
F	F	W	F	W	W	W	W
F	F	W	F	W	F	W	F

Wenn zwischen den Junktoren **Prioritätenregeln** (ähnlich dem „Punkt vor Strich" in der Arithmetik und Schulalgebra) vereinbart werden, können auch einige Klammern weggelassen werden, ohne dass die eindeutige Wahrheitswertberechnung darunter leidet. So bedeutet in der Arithmetik $a + b \cdot c$ so viel wie $a + (b \cdot c)$, und wenn wir „und vor oder" festlegen, dann bedeuten $A \vee B \wedge C$ und $A \vee (B \wedge C)$ das Gleiche. Leider sind aber in der Logikliteratur unterschiedliche Prioritätengebungen zu finden, weshalb hier zur Vermeidung von Fehlinterpretationen keine Prioritäten eingeführt werden.

---

55 Lateinisch für: an Ort und Stelle.

Sprachliche Aussagen interpretieren aussagenlogische Formeln informell, aussagenlogische Formeln formalisieren sprachliche Aussagen. Aber schon die aussagenlogische Analyse natürlichsprachlicher Sätze, d. h. die Identifikation ihrer Teilaussagen und deren logischer Verknüpfungen, kann eine nichttriviale Aufgabe sein. Das liegt oft an **Konnotationen** (mitklingenden Botschaften) oder an Mehrdeutigkeiten in der Alltagssprache, vor allem beim „wenn" und „dann". Hier ein paar Beispiele:

– Kinder und Rentner zahlen die Hälfte:
   Kinder_zahlen die_Hälfte $\land$ Rentner_zahlen_die_Hälfte.
– Kinder oder Rentner zahlen die Hälfte:
   Meistens auch hier: *Kinder_zahlen_die_Hälfte $\land$ Rentner_zahlen_die_Hälfte.*
– Er ist korpulent aber sportlich:
   Er_ist_korpulent $\land$ Er_ist_sportlich ... und der Sprecher ist wahrscheinlich der *Meinung: Korpulente Menschen sind mehrheitlich unsportlich.*
– Nur wenn es regnet, ist die Erde nass:
   Die_Erde_ist_nass $\rightarrow$ Es_regnet.
   Man beachte die durch das „nur" bedingte Umkehrung der textlichen Reihenfolge.
– Entweder Du hilfst mir jetzt, oder ich bin Dir böse:
   (Du_hilfst_mir_jetzt $\land \neg$ Ich_bin_dir_böse) $\lor$
   ($\neg$ Du_hilfst_mir_jetzt $\land$ Ich_bin_dir_böse).
   Umgekehrt bedeutet „*A* oder *B*" so viel wie „Entweder *A* oder *B* oder Beides."
– Du hilfst mir jetzt; sonst werden wir nicht fertig:
   $\neg$ Du_hilfst_mir_jetzt $\rightarrow \neg$ Wir_werden_fertig, ... und der Sprecher *wünscht* wahrscheinlich: *Wir_werden_fertig.*
– Wenn Du mir jetzt nicht hilfst, helfe ich Dir morgen auch nicht.
   $\neg$ Du_hilfst_mir_jetzt $\rightarrow \neg$ Ich_helfe_Dir_morgen.
   Der so Angesprochene *erwartet* dann aber sicherlich, dass er morgen seinerseits Hilfe bekommt, wenn er jetzt hilft. Verstanden, wenn auch nicht ausgesprochen, wird also:
   $\neg$ Du_hilfst_mir_jetzt $\leftrightarrow \neg$ Ich_helfe_Dir_morgen, bzw.
   Du_hilfst_mir_jetzt $\leftrightarrow$ Ich_helfe_Dir_morgen.

Gerne verknüpft man im Alltag mit dem „wenn/dann" einer Implikation auch einen Kausalzusammenhang. In der Aussagenlogik ist das aber *nicht* der Fall; mit wenn/dann können auch Aussagen wahrheitsgetreu verknüpft werden, die sich – zumindest nach den bekannten Naturgesetzen – gegenseitig nicht beeinflussen. Selbst Erwachsene konnten also logisch berechtigt (zumindest mit Blick auf die Statistiken der zweiten Hälfte des 20. Jahrhunderts) sagen: „Wenn es in Deutschland weniger Störche gibt, dann gibt es auch weniger Babys." Die Aussagenlogik lässt sogar zu, dass wegen der hartnäckig fallenden Geburtenrate jede Aussage an die Stelle der abnehmenden Storchenzahlen treten konnte, ohne dass die gesamte Aussage falsch geworden wäre. Anhänger mancher philosophischer oder esoterischer Denkschulen könnten sich sogar dadurch bestätigt sehen, dass logisch gesehen immer (d. h. belegungsunabhängig) $A \to B$ oder $B \to A$ gilt, also scheinbar „alles irgendwie zusammenhängt" – aber eben „nur" logisch, nicht kausal.

4.1.4 Semantische Begriffe rund ums Modell

Modelle und Aussagentypen

Der grundlegende semantische Begriff der Aussagenlogik ist das Modell. In einem Modell einer Formel gilt die Formel, wird sie erfüllt. Alle anderen Begriffe bauen darauf auf bzw. hängen eng damit zusammen.

- Ein **Modell** einer Formel φ ist eine für φ ausreichende Belegung *bel*, bei der φ wahr, also $wert_{bel}(\varphi) = \text{W}$, ist. Beispielsweise definiert $bel(A) := \text{F}, bel(B) := \text{W}$ ein Modell von $A \to B$. Man sagt bzw. schreibt dann auch „*bel* **erfüllt** φ", „φ **gilt unter** *bel*" oder $bel \vDash \varphi$.
  Im anderen Falle, $wert_{bel}(\varphi) = \text{F}$, sagt bzw. schreibt man auch „*bel* ist ein **Gegenbeispiel** zu φ", „*bel* **widerlegt** φ" oder $bel \nvDash \varphi$.
- Eine Formel nennt man **erfüllbar,** wenn sie mindestens ein Modell besitzt, und **unerfüllbar** (oder **widersprüchlich**) wenn nicht. $A \to B$ ist erfüllbar, $A \land \neg A$ ist unerfüllbar.
- Eine Formel nennt man **kontingent,** wenn sie sowohl Modelle als auch Gegenbeispiele besitzt, jeweils mindestens eines. $A \land B$ ist kontingent.
  Man könnte sagen, dass in der Kommunikation die kontingenten Aussagen Information vermitteln. Was bereits rein logisch grundsätzlich wahr oder falsch ist, braucht eigentlich nicht mitgeteilt zu werden. Trotzdem beschäftigen wir uns intensiv mit solchen Aussagen, weil manchmal auch nicht offensichtliche und wichtige darunter sind, die immer wahr sind – mathematische Sätze zum Beispiel.
- Eine Formel φ nennt man **allgemeingültig** (oder eine **Tautologie)** und schreibt dann $\vDash\varphi$, wenn sie unter jeder für sie ausreichenden Belegung wahr ist, und **widerlegbar** ($\nvDash \varphi$) wenn sie nicht immer wahr ist.
  $(A \to B) \lor (B \to A)$ ist allgemeingültig (und daher erfüllbar);
  $(A \to B) \land (B \to A)$ ist widerlegbar (und erfüllbar und daher kontingent).

Erfüllbarkeit lässt sich über Widerlegbarkeit, also letztlich über Allgemeingültigkeit, formalisieren. φ ist genau dann erfüllbar, wenn es ein Modell für φ gibt, φ also in mindestens einer Belegung wahr, also nicht unter allen Belegungen falsch ist. Und das ist genau der Fall, wenn $\neg\varphi$ nicht unter allen Belegungen wahr, also nicht allgemeingültig ist, d.h. wenn $\nvDash \neg\varphi$ gilt. Und daraus folgt, dass φ genau dann unerfüllbar ist, wenn $\neg\varphi$ allgemeingültig ist, also $\vDash \neg\varphi$ gilt.

Auf dem Modellbegriff basieren auch die beiden grundlegenden semantischen Relationen zwischen Formeln:

- **Aus** einer Formel φ **folgt** eine Formel ψ, geschrieben $\varphi \vDash \psi$, wenn jedes für beide ausreichende Modell von φ auch ein Modell von ψ ist, wenn also für jede für beide ausreichende Belegung *bel* gilt: $bel \vDash \varphi \Rightarrow bel \vDash \psi$. Man nennt dann ψ eine **Folgerung aus** φ. Es gilt z. B. die Folgerung $\neg(B \to A) \vDash A \to B$.

– Zwei Formeln φ und ψ sind **äquivalent,** geschrieben $\varphi \equiv \psi$, wenn jede für beide ausreichende Belegung *bel* entweder ein Modell für beide ist ($bel \vDash \varphi, \psi$) oder für beide ein Gegenbeispiel ist ($bel \nvDash \varphi, bel \nvDash \psi$). So gilt z. B. $B \to \neg A \equiv A \to \neg B$.

Die Wahrheitstafel liefert alle Modelle und Gegenbeispiele einer Formel φ: In denjenigen Zeilen der Wahrheitstafel, in denen unter φ der Wert W (bzw. F) steht, stehen unter den Aussagevariablen die Modelle (bzw. die Gegenbeispiele). Natürlich dürfen die Belegungen in der Tafel noch beliebig auf irrelevante Variablen, d. h. solchen aus $AV \setminus Vars(\varphi)$, fortgesetzt werden.

Alle gerade vorgestellten semantischen Eigenschaften einer Formel φ können an der Wahrheitstafel, genauer: am Wahrheitswerteverlauf in der φ-Spalte, abgelesen werden, vgl. Tab. 4.4.

Tab. 4.4: Semantische Eigenschaften und Wahrheitswerteverlauf.

φ ist ...	$\Leftrightarrow$	Im Wahrheitswerteverlauf von φ kommt vor ...
allgemeingültig		nur W
erfüllbar		W
kontingent		W und F
widerlegbar		F
unerfüllbar		nur F

Äquivalenz, $\varphi \equiv \psi$, erkennt am gleichen Wahrheitswerteverlauf in einer gemeinsamen Wahrheitstafel über alle in mindestens einer der beiden Formeln vorkommenden Variablen, d. h. über $Vars(\varphi) \cup Vars(\psi)$. Folgerung, $\varphi \vDash \psi$, erkennt man in einer solchen Wahrheitstafel daran, dass überall, wo φ den Wert W hat, auch ψ den Wert W hat.

Satz 4.6: Äquivalenz und Folgerung

Sind φ und ψ Formeln der Aussagenlogik, so sind die folgenden drei Aussagen gleichbedeutend:

– $\varphi \equiv \psi$;
– für jede AL-Formel π gilt $\pi \vDash \varphi \Leftrightarrow \pi \vDash \psi$;
– $\varphi \vDash \psi$ und $\psi \vDash \varphi$ $\qquad\qquad\qquad\qquad\qquad\qquad\qquad\qquad\qquad\qquad$ $\square$

Der **Beweis** ist Inhalt einer Übungsaufgabe. Man sieht leicht, dass alle drei Aussagen gleichbedeutend dazu sind, dass der Wahrheitswert genau für die gleichen Belegungen von φ und ψ W ergibt. $\qquad\qquad\qquad\qquad\qquad\qquad\qquad\qquad\qquad\qquad$ ∎

Aussagenlogische Semantik in Anwendungen

Die semantischen Begriffe der Aussagenlogik werden uns möglicherweise vertrauter, wenn wir sie im Alltag wiederfinden, sei es auch nur exemplarisch im Bereich des Zeitvertreibs. Das Lösen von Denksportaufgaben erfordert logische Schlüsse. Darum passen auch einige der oben eingeführten semantischen Begriffe auf bestimmte Aspekte solcher Rätsel.

Seit vielen Jahren haben **Sudoku**-Aufgaben einen Stammplatz auf Rätselseiten. Für die Uneingeweihten seien hier kurz die Regeln zusammengefasst.

- **Regel 1:** Das Sudoku-Feld ist eine 9×9-Matrix M, d. h. es hat 81 Felder (i, k) (für Zeile i und Spalte k) mit jeweiligem Inhalt M_{ik}, angeordnet in 9 Zeilen und 9 Spalten. Man unterscheidet darin 9 disjunkte Regionen, jede eine 3×3-Matrix aus 9 Feldern. Sie werden fett umrandet dargestellt, wie in Abb. 4.3 links.
- **Regel 2:** Die möglichen Matrixeinträge sind leer, 1, …, oder 9. Zu Beginn sind nur einige dieser Felder mit Zahlen gefüllt, also etliche Positionen leer, wie in Abb. 4.3, Mitte.
- **Regel 3:** Die Aufgabe besteht darin, das Feld vollständig auszufüllen, d. h. in die leeren Felder M_{ik} Ziffern einzutragen, und zwar so, dass in jeder Zeile, in jeder Spalte und in jeder Region jeweils jede Zahl zwischen 1 und 9 genau einmal vorkommt, wie in Abb. 4.3 rechts.

8			2	9	5			7
	5							8
9		4			5	2		
1		3						
4				3				8
						7		6
		5	6			8		3
	7							9
3		1	4	7				2

8	1	6	3	2	9	5	4	7
7	5	2	1	4	6	3	8	9
9	3	4	7	8	5	2	6	1
1	8	3	9	6	7	4	2	5
4	6	7	5	3	2	9	1	8
5	2	9	8	1	4	7	3	6
2	4	5	6	9	1	8	7	3
6	7	8	2	5	3	1	9	4
3	9	1	4	7	8	6	5	2

Abb. 4.3: Das Sudoku-Feld, eine Sudoku-Aufgabe und ihre Lösung.

Aussagenlogisch beschreiben lassen sich die Sudoku-Regeln unter Verwendung der elementaren Aussagen „Auf Feld (i, k) befindet sich die Zahl m". Diese repräsentieren wir als A_{ikm} für $i, k, m = 1, …, 9$, also durch insgesamt 729 verschiedene Aussagevariablen. Eine Lösung des Spiels entspricht einer Belegung $bel_{Lös}$ aller A_{ikm} mit

$$bel_{Lös}(A_{ikm}) = W \Leftrightarrow M_{ik} = m.$$

Die anderen acht Neuntel der A_{ikm} sind natürlich mit F belegt, weil m nicht im Feld (i, k) steht. Was wissen wir nun anfangs über die Lösung?

- Auf jedem Feld befindet sich eine Zahl, z. B. für $ik = 11$:

$$ZahlDrin_{11} :\Leftrightarrow A_{111} \vee A_{112} \vee … \vee A_{119},$$

d. h. insgesamt gilt

$$ZahlDrin_{11} \wedge ZahlDrin_{12} \wedge \dots \wedge ZahlDrin_{99}. \tag{1}$$

– Auf keinem Feld befinden sich zwei Zahlen, z. B. für $ik = 11$:

$$NurEine_{11}: \Leftrightarrow \neg(A_{111} \wedge A_{112}) \wedge \neg(A_{111} \wedge A_{113}) \wedge \dots \wedge \neg(A_{118} \wedge A_{119}),$$

insgesamt also

$$NurEine_{11} \wedge NurEine\, e_{12} \wedge \dots \wedge NurEine_{99} \tag{2}$$

– In keiner Zeile bzw. Spalte bzw. Region kommt eine Ziffer doppelt vor.
Die aussagenlogische Formulierung dieser Forderung ist Inhalt einer
Übungsaufgabe. $\tag{3}$

Indem wir nun fordern, dass $bel_{L\ddot{o}s}$ alle dieser Aussagen erfüllt, haben wir aussagenlogisch ausgedrückt, dass die Lösung den Sudoku-Regeln genügen soll. Nun fehlt noch die Aufgabenstellung durch die teilweise ausgefüllte Matrix:
– Die Lösung soll die Anfangszahlen in den bereits ausgefüllten
Feldern übernehmen, in Abb. 4.3 also

$$A_{118} \wedge A_{152} \wedge A_{169} \wedge \dots \wedge A_{957} \wedge A_{992.} \tag{4}$$

Das Lösen des Rätsels bedeutet aussagenlogisch das Finden einer Belegung, die für jede dieser vier Zielformeln ein Modell ist, also mit (1) $\wedge$ (2) $\wedge$ (3) $\wedge$ (4). Damit kennen wir eigentlich schon einen ganz mechanisch vollziehbaren Lösungsweg, denn solch ein Modell findet man systematisch mittels einer Wahrheitstafel. Allerdings treten hierbei gewisse Größenprobleme auf: Diese Wahrheitstafel hat 2^{729} – sehr lange – Zeilen! Das ist sogar mit Computern nur schwer zu bewältigen. Deswegen löst man Sudokus etwas anders. Der Zweck des Beispiels war auch nicht, eine elegante Lösungsmethode zu finden, sondern logische Strukturen und semantische Begriffe im „Alltag" zu entdecken.

Generell erwartet man übrigens von einem Sudoku, dass es auch nur *ein* solches Modell mit diesen Variablen gibt, dass das Rätsel also eine eindeutige Lösung hat. Diese semantische Eigenschaft einer Formel – genau ein W im Wahrheitswerteverlauf – wurde von der mathematischen Logik anscheinend noch mit keiner eigenen Bezeichnung gewürdigt, so wichtig sie in vielen Rätselsparten auch ist. Vorschlag des Autors: Wir nennen solche Formeln ab jetzt „eindeutig lösbar". Selbstverständlich dürfen die Vorgaben nicht widersprüchlich sein, sondern (1) $\wedge$ (2) $\wedge$ (3) $\wedge$ (4) muss erfüllbar sein; sonst wäre das Rätsel nicht lösbar. Rätsel-Minimalisten erwarten außerdem, dass die Aufgabe nicht bereits mit einer echten Teilmenge der Anfangszahlen lösbar, also nichts „Überflüssiges" vorgegeben ist.

Wichtige Tautologien

Hier seien nun einige Tautologien mitsamt ihren gängigen Namen vorgestellt. Die Namen der wichtigsten sind fett gedruckt.

Satz 4.7: Wichtige aussagenlogische Tautologien

Implikationen:

– **Ex falso quodlibet**[56]	$(P \wedge \neg P) \to Q$
– Peirce's Gesetz[57]	$((P \to Q) \to P) \to P$
– Kettenschluss	$(P \to Q) \to ((Q \to R) \to (P \to R))$
– **Resolution**	$((P \vee Q) \wedge (\neg P \vee R)) \to (Q \vee R)$
– **Dualresolution**	$(Q \wedge R) \to ((P \wedge Q) \vee (\neg P \wedge R))$

Biimplikationen zum Thema Implikation:

– Ex vero nonnisi verum[58]	$((P \vee \neg P) \to Q) \leftrightarrow Q$
– **Kontraposition**	$(P \to Q) \leftrightarrow (\neg Q \to \neg P)$
– **Prämissenverbindung**	$((P \wedge Q) \to R) \leftrightarrow (P \to (Q \to R))$
– Prämissenvertauschung	$(P \to (Q \to R)) \leftrightarrow (Q \to (P \to R))$
– Selbstdistributivität	$((P \to (Q \to R)) \leftrightarrow ((P \to Q) \to (P \to R))$
– **Äquivalenzauflösung**	$((P \leftrightarrow Q) \leftrightarrow ((P \to Q) \wedge (Q \to P))$
– Implikationsauflösung	$(P \to Q) \leftrightarrow (\neg P \vee Q)$

Biimplikationen über Konjunktion und Disjunktion:

– **Idempotenz**	$(P \wedge P) \leftrightarrow P$
	$(P \vee P) \leftrightarrow P$
– **Kommutativität**	$(P \wedge Q) \leftrightarrow (Q \wedge P)$
	$(P \vee Q) \leftrightarrow (Q \vee P)$
– **Assoziativität**	$(P \wedge (Q \wedge R)) \leftrightarrow ((P \wedge Q) \wedge R)$
	$(P \vee (Q \vee R)) \leftrightarrow ((P \vee Q) \vee R)$
– **Distributivität**	$((P \wedge (Q \vee R)) \leftrightarrow ((P \wedge Q) \vee (P \wedge R))$
	$((P \vee (Q \wedge R)) \leftrightarrow ((P \vee Q) \wedge (P \vee R))$
– Tautologieabsorption	$(P \wedge (Q \vee \neg Q)) \leftrightarrow P$
	$(P \vee (Q \vee \neg Q)) \leftrightarrow (Q \vee \neg Q)$
– Kontradiktionsabsorption	$(P \vee (Q \wedge \neg Q)) \leftrightarrow P$
	$(P \wedge (Q \wedge \neg Q)) \leftrightarrow (Q \wedge \neg Q)$

---

56 Lateinisch für: Aus Falschem (folgt) alles Beliebige.
57 Charles Sanders Peirce, 1839–1914, amerikanischer Mathematiker und Philosoph.
58 Lateinisch für: Aus Wahrem (folgt) nur Wahres.

Biimplikationen rund um die Negation:

Tertium non datur[59]	$P \lor \neg P$
	$\neg(P \land \neg P)$
doppelte Negation	$\neg\neg P \leftrightarrow P$
De Morgan'sche Regeln[60]	$\neg(P \land Q) \leftrightarrow (\neg P \lor \neg Q)$
	$\neg(P \lor Q) \leftrightarrow (\neg P \land \neg Q)$ $\qquad\qquad$ □

Beweis: Jede dieser Formeln lässt sich mühelos mit einer Wahrheitstafel beweisen: die Spalte für die Zielformel enthält jeweils ausschließlich W. ∎

Einige der oben aufgeführten Tautologien treten in Paaren auf, die einen gemeinsamen Namen tragen und bei denen die beiden Partner des Paares sich dadurch unterscheiden, dass Konjunktion ∧ und Disjunktion ∨, gegebenenfalls auch eine allgemeingültige ($Q \lor \neg Q$) und eine widersprüchliche Aussage ($Q \land \neg Q$) gegeneinander ausgetauscht sind. Solche Zusammenhänge werden als **Dualität** bezeichnet und in Abschnitt 4.1.8 systematisch untersucht.

Aussagenmengentypen und Folgerungen

Ähnliche semantische Begriffe wie die für einzelne Formeln passen auch auf Formelmengen.

–   Eine Belegung *bel* von Aussagevariablen heißt **ausreichend** (oder **passend**) für eine Menge M von Formeln, wenn sie alle Aussagevariablen aller Formeln $\varphi \in M$ belegt, d. h. wenn für alle $\varphi \in M$ Vars $(\varphi) \subseteq \mathrm{Def}_{bel}$.

    Eine für eine Menge M von Formeln ausreichende Belegung, bei der jede Formel in M wahr ist, nennt man ein **Modell** von M, und sagt dann auch „M **gilt unter** *bel*". Die Formelmenge muss dabei nicht endlich sein.

    Ist beispielsweise M die unendliche Menge $\{(A_1 \to A_i) \mid i = 1, 2, \ldots\}$, dann ist jede Belegung *bel* aller A_i mit $bel(A_1) = F$ ein Modell von M – eine überabzählbare Modellmenge, vgl. 5.2.3. Das einzige weitere Modell ist die Belegung mit $bel(A_i) = W$ für alle i.

–   Eine Menge von Formeln nennt man **erfüllbar,** wenn sie mindestens ein Modell besitzt, und **unerfüllbar** (oder **widersprüchlich**), wenn nicht.

    $\{(A \to B), \neg(C \lor B \lor \neg A)\}$ ist unerfüllbar, denn in keiner Zeile einer gemeinsamen Wahrheitstafel haben beide Formeln den Wahrheitswert W.

–   Aus einer Menge M von Formeln **folgt** eine Formel φ (bzw. ist φ eine Folgerung aus M), geschrieben $M \vDash \varphi$, wenn jedes auch für φ ausreichende Modell von M auch ein Modell von φ ist, wenn also für jede für φ und M ausreichende Belegung *bel* gilt: $bel \vDash M \Rightarrow bel \vDash \varphi$.

---

59 Lateinisch für: Ein Drittes gibt es nicht.
60 Augustus De Morgan, 1806–1871, englischer Mathematiker.

Wir sehen, dass das Zeichen $\models$ in vielfältigen Zusammenhängen verwendet wird:

- $bel \models \varphi$ Belegung *bel* ist ein Modell der Formel φ.
- $\models \varphi$ Die Formel φ ist allgemeingültig.
- $\varphi \models \psi$ Aus der Formel φ folgt die Formel ψ.
- $M \models \varphi$ Aus der Formelmenge M folgt die Formel φ.

Das erklärt zunächst kryptisch aussehende aber triviale Feststellungen wie
$\models \varphi \Leftrightarrow \varnothing \models \varphi$ und $\varphi \models \psi \Leftrightarrow \{\varphi\} \models \psi$.

Zwischen Folgerung und Implikation besteht ein enger Zusammenhang, der Parallelen zur Tautologie der Prämissenverbindung aufweist und den formal das sogenannte Deduktionstheorem wiedergibt.

Satz 4.8: Deduktionstheorem
Seien M eine Formelmenge und φ und ψ Formeln. Dann gilt

$$M \cup \{\varphi\} \models \psi \;\Leftrightarrow\; M \models (\varphi \rightarrow \psi).$$ $\square$

Beweis: Beginnen wir mit der ersten Richtung, $M \cup \{\varphi\} \models \psi \;\Rightarrow\; M \models (\varphi \rightarrow \psi)$:

Es gelte (#) $M \cup \{\varphi\} \models \psi$, d. h. unter jeder für M, φ und ψ passenden Belegung, unter der M und φ gelten, gilt auch ψ. Sei *bel* nun eine derart passende Belegung, unter der M gilt. Zu zeigen ist, dass auch $\varphi \rightarrow \psi$ unter *bel* gilt. Wir unterscheiden die folgenden drei Fälle für φ und ψ unter der Belegung *bel*.

- φ gilt, und ψ gilt: Dann gilt $\varphi \rightarrow \psi$.
- φ gilt, und ψ gilt nicht: Das kann bei dieser Belegung *bel* wegen (#) nicht sein.
- φ gilt nicht: Dann gilt $\varphi \rightarrow \psi$.

Also gilt tatsächlich $\varphi \rightarrow \psi$ unter *bel*.

Die Gegenrichtung $M \models (\varphi \rightarrow \psi) \Rightarrow M \cup \{\varphi\} \models \psi$ folgt auf die gleiche Weise.   ∎

Aus dem Deduktionstheorem ergibt sich für den Spezialfall $M = \varnothing$:

$$\varphi \models \psi \Leftrightarrow \;\models (\varphi \rightarrow \psi)$$

und unter Einschluss der Gegenrichtung auch

$$\varphi \equiv \psi \Leftrightarrow \;\models (\varphi \rightarrow \psi).$$

Das Deduktionstheorem wird uns später helfen, Beweise teilweise drastisch zu verkürzen.

4.1.5 Substitution und Ersetzung

Ist τ eine aussagenlogische Formel mit den Aussagevariablen $\mathrm{Vars}(\tau) = \{P_1, P_2, ..., P_k\}$ und sind φ_i, $i = 1, ..., k$, aussagenlogische Formeln, und ersetzt man in τ für alle $i = 1, ..., k$ jeweils alle Vorkommen von P_i durch φ_i, so entsteht dabei wieder eine Formel[61]. Das sieht man am schnellsten, wenn man diesen Vorgang nicht rein Zeichenfolgen-orientiert beschreibt, sondern die Abbildung $\tau \mapsto \tau_{sub}$ für $sub = [P_1 /\varphi_1, P_2 /\varphi_2, ..., P_k /\varphi_k]$ rekursiv definiert:

- Für $i = 1, 2, ..., k$ ist $\tau_{sub}(P_i) := \varphi_i$;
- Für alle anderen Aussagevariablen Q ist $\tau_{sub}(Q) := Q$;
- $\tau_{sub}(\neg Q) := \neg \tau_{sub}(\varphi)$;
- Für die Junktoren $\otimes = \wedge, \vee, \rightarrow$ bzw. $\leftrightarrow$ ist $\tau_{sub}(\varphi \otimes \psi) := \tau_{sub}(\varphi) \otimes \tau_{sub}(\psi)$.

Mit dieser Definition ist sofort induktiv bewiesen, dass auch das Ergebnis dieses Austauschs – man spricht von (**gleichzeitiger** und **uniformer**[62]) **Substitution** – eine AL-Formel ist. Wo $\varphi_i = P_i$ ist, lässt man P_i/φ_i gerne weg. Also gilt mit diesen Schreibweisen

$$((A \wedge B) \rightarrow C)_{[A/A \rightarrow C, C/B]} = (((A \rightarrow C) \wedge B) \rightarrow B).$$

Nach einer ersten Substitution kann man natürlich noch eine weitere durchführen. Die sich ergebende Gesamtsubstitution ist dabei im Allgemeinen von der Reihenfolge der beiden einzelnen Substitutionen abhängig: Ersetzt man zum Beispiel in $A \vee B$ ...

- zunächst A durch B, dann B durch A, erhält man $(A \vee B)_{[A/B]\ [B/A]} = (A \vee A)$,
- zunächst B durch A, dann A durch B, erhält man $(A \vee B)_{[B/A]\ [A/B]} = (B \vee B)$,
- gleichzeitig A durch B und B durch A, erhält man $(A \vee B)_{[A/B,\ B/A]} = (B \vee A)$.

Keine zwei der drei resultierenden Formeln sind zueinander äquivalent.

Auf jeden Fall lässt sich aber die Hintereinanderausführung zweier Substitutionen als eine (gleichzeitige) Substitution ausdrücken. So gilt zum Beispiel

$$\tau_{[P/\varphi][Q/\psi]} := \left(\tau_{[P/\varphi]}\right)_{[Q/\psi]} = \tau_{\left[P/\varphi_{[Q/\psi]}, Q/\psi\right]}, \tag{O}$$

was in einem konkreten Anwendungsfall so aussieht:

$$((A \wedge B) \rightarrow C)_{[A/A \rightarrow C][C/B]} = ((A \wedge B) \rightarrow C)_{[A/A \rightarrow B, C/B]} = (((A \rightarrow B) \wedge B) \rightarrow B).$$

---

61 Dabei soll natürlich kein P_i mehrfach aufgezählt sein, d. h. $i \neq j \Rightarrow P_i \neq P_j$, damit keine widersprüchlichen Ersetzungen vorgeschrieben werden.

62 Gleichzeitig (oder simultan), weil mehrere Aussagevariablen gleichzeitig ersetzt werden; uniform (oder einheitlich), weil jedes Vorkommen der gleichen Aussagevariable durch die gleiche Formel ersetzt wird.

Wenn in (O) an die Stelle der Einzelsubstitution $[P/\varphi]$ (mit nur einer verändert zu ersetzenden Aussagevariablen) $[P_1/\varphi_1, P_2/\varphi_2, ..., P_k/\varphi_k]$ tritt (also eine „echte" simultane Substitution), sieht man leicht, was bei anschließender Substitution $[Q/\psi]$ geschieht:

$$\tau_{[P_1/\varphi_1, P_2/\varphi_2, ..., P_k/\varphi_k][Q/\psi]} = \tau_{[P_1/\varphi_{1[Q/\psi]}, ..., P_k/\varphi_{k[Q/\psi]}], [Q/\psi]}. \tag{#}$$

Der Nachweis, dass umgekehrt jede gleichzeitige Substitution in einer Formel τ als Hintereinanderausführung von Einzelsubstitutionen geschrieben werden kann, erfolgt in einer Übungsaufgabe. Wenn wir nun aber bei der Hintereinanderausführung zweier gleichzeitiger Substitutionen jede von ihnen durch eine Kette von Einzelsubstitutionen ersetzen können, dann auch das ganze Produkt durch die Verkettung der beiden Ketten. Also erlaubt uns dann (#), schrittweise die ersten 2, 3, 4, usw. Einzelsubstitutionen durch eine gleichzeitige Substitution zu ersetzen. Am Ende haben wir die Hintereinanderausführung der beiden gleichzeitigen Substitutionen durch eine einzige ersetzt. Dieses Prozedere können wir natürlich auf eine dritte danach auszuführende gleichzeitige Substitution ausdehnen usw., also auf Hintereinanderausführungen von endlich vielen gleichzeitigen Substitutionen. Insgesamt halten wir fest:

Satz 4.9: Verknüpfungseigenschaften von Substitutionen
– Jede gleichzeitige Substitution lässt sich als Hintereinanderausführung von Einzelsubstitutionen darstellen.
– Jede Hintereinanderausführung endlich vieler gleichzeitiger Substitutionen entspricht einer gleichzeitigen Substitution. □

Mit Substitutionen kann man aus gegebenen Tautologien weitere ableiten; auch bleiben unter Substitutionen Äquivalenzen und Unerfüllbarkeit erhalten:

Satz 4.10: Substitutionstheorem
1. Aus einer Tautologie entsteht durch jede Substitution wieder eine Tautologie:

$$\vDash \tau \Rightarrow \vDash \tau_{[P_1/\varphi_1, P_2/\varphi_2, ..., P_k/\varphi_k]}.$$

2. Aus äquivalenten Formeln entstehen durch Anwendung der gleichen Substitution äquivalente Formeln:

$$\sigma \equiv \tau \Rightarrow \sigma_{[P_1/\varphi_1, P_2/\varphi_2, ..., P_k/\varphi_k]} \equiv \tau_{[P_1/\varphi_1, P_2/\varphi_2, ..., P_k/\varphi_k]}.$$

3. Aus einer unerfüllbaren Formel entsteht durch jede Substitution eine unerfüllbare Formel:

$$\vDash \neg\tau \Rightarrow \vDash \neg\tau_{[P_1/\varphi_1, P_2/\varphi_2, ..., P_k/\varphi_k]}.$$ □

Beweis:

(1) Wir zeigen, dass der Wahrheitswert der durch Substitution veränderten Formel gleichzeitig der Wahrheitswert der Originalformel τ unter einer anderen Belegung – also auch W – ist. Es sei n so groß, dass sowohl alle in τ bzw. in den $\varphi_1, ..., \varphi_k$ vorkommenden Aussagenvariablen als auch die substituierten $P_1, ..., P_k$ in $V := \{A_1, A_2, ..., A_n\}$ enthalten sind. Sei bel eine Belegung von $\{A_1, A_2, ..., A_n\}$. Die Belegung bel' belege $V \setminus \{P_1, ..., P_k\}$ wie bel, und es sei $bel'(P_i) := wert_{bel}(\varphi_i)$. Dann sieht man leicht, dass

$$wert_{bel}(\tau_{[P_1/\varphi_1, P_2/\varphi_2, ..., P_k/\varphi_k]}) = wert_{bel'}(\tau) = W,$$

so dass sich die Allgemeingültigkeit von τ auf $\tau_{[P_1/\varphi_1, P_2/\varphi_2, ..., P_k/\varphi_k]}$ überträgt.

(2) ... ist Inhalt einer Übungsaufgabe.

(3) Analog zu (1) überträgt sich auch die Unerfüllbarkeit, wie man mit F anstatt W zeigt. ∎

Dieser Satz kann uns bei Beweisen viel Arbeit ersparen. Jetzt brauchen wir zum Nachweis der Allgemeingültigkeit von $A \wedge B \wedge C \wedge D \wedge E \wedge F \to A$ keine Wahrheitstafel mit 64 Zeilen mehr, sondern nur eine vierzeilige Wahrheitstafel für $A \wedge B \to A$, mit der sich diese Formel als Tautologie erweist, und anschließend die Substitution von B durch $B \wedge C \wedge D \wedge E \wedge F$. Man darf das Substitutionstheorem aber nicht „überinterpretieren": Es besagt *nicht*, dass *nur* Tautologien per Substitution in Tautologien verwandelt werden können. $A \vee B$ ist keine Tautologie, aber $(A \vee B)_{[B/\neg A]}$, d.h. $A \vee \neg A$, ist eine.

Obwohl natürlich *Substitution* ein gängiges Fremdwort für *Ersetzung* ist, verwenden wir hier diesen Begriff nur für Ersetzungen der oben beschriebenen Art. Auch andere Formen der Ersetzung haben brauchbare Eigenschaften. So erwarten wir angesichts $A \to B \equiv \neg A \vee B$, dass ebenfalls $(A \to B) \wedge C \equiv (\neg A \vee B) \wedge C$ gilt. Solche Erwartungen bestätigt das Ersetzungstheorem.

Satz 4.11: Ersetzungstheorem, Satz über die äquivalente Ersetzung

Werden in einer Formel φ kein, ein oder mehrere der n ($n \in \mathbb{N}$) Vorkommen einer Teilformel ψ durch eine zu ψ äquivalente Formel ρ ersetzt (sog. **Ersetzung**), so ist die entstehende Formel zu φ äquivalent, formal

$$\psi \equiv \rho \;\Rightarrow\; \forall \pi \in Ers_{[\psi/\rho]}(\varphi) \; \pi \equiv \varphi, \tag{O}$$

wobei $Ers_{[\psi/\rho]}(\varphi)$ die Menge der durch Ersetzung erzeugbaren 2^n Formeln ist. □

Beweis: Wegen der Möglichkeit anschließender Induktion über die natürlichen Zahlen genügt der Beweis für die Ersetzung eines Vorkommens von ψ. Diesen führen wir mittels Induktion über den Aufbau von φ.

Ist φ eine Aussagevariable, so kann ψ nur mit der einzigen Teilformel von φ, nämlich φ, übereinstimmen. Dann wird die ganze Formel φ durch ρ ersetzt, was dann π ergibt. Also gilt , $\varphi = \psi$, $\psi \equiv \rho$, $\rho = \pi$ und damit $\pi \equiv \varphi$.

Ist im Folgenden ψ identisch mit der Formel φ, in der ersetzt wird, so wird ebenfalls die ganze Formel φ durch ρ ersetzt, was wie oben die Äquivalenz von π zur Ausgangsformel nach sich zieht. Es gelte also im Folgenden (*): ψ ist eine echte Teilformel der Ausgangsformel.

Wird in einer Formel der Form $\neg \varphi$ ersetzt, und gilt die Behauptung (O) des Satzes für φ, so gilt wegen (*) für die AL-Formel π, die aus φ durch die „einmalige Ersetzung" von ψ durch ρ entsteht, $\pi \equiv \varphi$. Nun entsteht durch dieselbe Ersetzung aber auch $\neg\pi$ aus $\neg\varphi$. Dann sind für eine passende Belegung *bel* gleichbedeutend:

$$bel \models \neg\varphi \;\Leftrightarrow\; bel \not\models \varphi \;\Leftrightarrow\; bel \not\models \pi \;\Leftrightarrow\; bel \models \neg\pi,$$

nämlich im ersten und dritten Schritt wegen der Definition der Negationssemantik und im zweiten Schritt wegen der vorausgesetzten Äquivalenz $\pi \equiv \varphi$.

Wird in einer Formel der Form $\varphi_1 \otimes \varphi_2$ ersetzt, $\otimes = \wedge, \vee, \rightarrow$ bzw. $\leftrightarrow$, und gilt (O) entsprechend indiziert für φ_1 und π_1, φ_2 und π_2. so zeigen ähnliche Überlegungen wie bei der Negation, dass $\varphi_1 \otimes \varphi_2 \equiv \pi_1 \otimes \pi_2$. ■

So gilt beispielsweise $\neg A \vee (\neg B \vee C) \equiv \neg A \vee (B \rightarrow C) \equiv A \rightarrow (B \rightarrow C)$, weil wegen der Tautologie der Implikationsauflösung (unter Verwendung des Substitutionssatzes und des Deduktionstheorems)

$$\neg B \vee C \equiv B \rightarrow C \tag{\#}$$

gilt und der Ersetzungssatz mit $B \rightarrow C$ für $\neg B \vee C$ die erste der beiden Äquivalenzen liefert; die zweite folgt z. B. per Substitution $[B \,/\, A, \; C \,/\, B \rightarrow C]$ aus (#). Man sieht an diesem Beispiel auch den Nutzen eines gewissen Repertoires an Tautologien und semantischen Sätzen, wenn man nicht ständig Wahrheitstafeln schreiben will.

Wegen der vielleicht etwas verwirrenden Namensähnlichkeit von Substitution und Ersetzung fassen wir in Tab. 4.5 noch einmal kurz die Unterschiede zwischen einer Substitution und einer Ersetzung im obigen Sinne zusammen.

Tab. 4.5: Unterschiede zwischen Substitution und Ersetzung in der Aussagenlogik.

Aspekt	Substitution	Ersetzung
Was wird ersetzt?	Aussagevariablen	Teilformeln
Welche Vorkommen?	alle (aber evtl. alle ohne Änderung)	0, 1, mehrere oder alle
Wodurch?	beliebige Formeln, gleiche Formeln für gleiche Variable	äquivalente Formel für gleiche Teilformeln
Wirkung im Syntaxbaum	Alle gleichnamigen Blätter werden durch jeweils den gleichen Ast ersetzt.	Einige gleiche Äste werden durch je einen dazu äquivalenten Ast ersetzt.
Ergebnis äquivalent?	ja, falls Tautologie oder unerfüllbar	ja, immer

4.1.6 Assoziativitätsaspekte

Die beiden **Assoziativgesetze** (Assoziativität-Tautologien) für $\wedge$ und $\vee$ in Satz 4.7 erlauben eine beliebte vereinfachte Schreibweise. Wir behandeln hier der Einfachheit halber nur die Disjunktion; bezüglich der Konjunktion argumentiert man völlig analog. Wegen der Assoziativität sind wohl alle „Hintereinanderausführungen" von Disjunktionen der gleichen Folge von Aussagevariablen, gleichgültig wie die Disjunktionen geklammert sind, äquivalent.

So zeigt man leicht in wenigen Schritten, dass

$$(((A_3 \vee A_5) \vee A_1) \vee A_2) \equiv (((A_3 \vee A_5) \vee (A_1 \vee A_2)) \equiv (A_3 \vee (A_5 \vee (A_1 \vee A_2))). \qquad (\#)$$

gilt. Deshalb schreibt man auch stellvertretend für die obigen Hintereinanderausführungen auch gerne als $(A_3 \vee A_5 \vee A_1 \vee A_2)$, bzw. als alleine stehende Formel auch $A_3 \vee A_5 \vee A_1 \vee A_2$. Dies gilt genauso für zwei weitere Formeln mit der Folge A_3, A_5, A_1, A_2 bzw. dem Wort $A_3\,A_5\,A_1\,A_2$, die aufzufinden den Lesern überlassen bleibt. Da wir hier von der Kommutativität keinen Gebrauch machen, gilt Entsprechendes für *alle* als $(x \cdot y)$ „infix" geschriebenen assoziativen zweistelligen Verknüpfungen $\cdot$, beispielsweise auch in der Algebra.

Was sind formal ausgedrückt diese „beliebig geklammerten Hintereinanderausführungen"? Und wie beweist man die obige Vermutung – auch wenn sie nach den passenden manuellen Umformungen in wenigen Beispielen bereits sehr plausibel erscheint? Man kann dabei gut die besonderen Formen im obigen Beispiel links und rechts außen verwenden, bei denen „alle Klammern weitestmöglich nach links bzw. rechts gerutscht sind." Formaler definieren wir induktiv

- die Menge K „allgemeiner Oderketten" (wie die drei Beispiele in (#)) sowie die beiden Mengen ihrer besonderer Formen
- **LRK** (für „von links nach rechts aufgebaute Oderketten" wie $(((A_3 \vee A_5) \vee A_1) \vee A_2)$
- und **RLK** („von rechts nach links" wie $(A_3 \vee (A_5 \vee (A_1 \vee A_2))))$.

Dabei bezeichnen wir etwas salopp als „Kette" ein Element von K, als „LR-Kette" ein Element von LRK, usw. Wir beginnen die Induktion mit Ketten der Länge 1, d. h. mit nur einer Aussagevariablen und noch ohne Junktor. Diese bilden die Basismenge für alle drei Mengen die wir nun – gemeinsam mit ihren „Aussagevariablenfolgen" – induktiv definieren.

- Jede Aussagevariable A_i ist Element von K, LRK und RLK und hat $w(A_i) = A_i$ als zugehöriges (Aussagevariablen-) Wort.

Nun zu den Erweiterungsregeln für beliebige Zusammensetzung, bzw. Zusammensetzung von links nach rechts bzw. rechts nach links.

- Sind K_1 und K_2 Ketten, so ist $(K_1 \vee K_2)$ eine Kette mit zugehörigem Wort $w((K_1 \vee K_2))$ $:= w(K_1) \circ w(K_2)$. Das zu einer Oderkette K gehörige Aussagevariablenwort $w(K)$ entsteht also schlicht durch Streichung von (,), und $\vee$.
- Ist insbesondere $L \in LRK$ und A_i eine Aussagevariable, so ist $(L \vee A_i) \in LRK$.
- Ist $R \in RLK$ und A_i eine Aussagevariable, so ist $(A_i \vee R) \in RLK$.

Jede LR-Kette und jede RL-Kette ist eine (spezielle) Kette, und die mittlere Kette im Eingangsbeispiel, $(((A_3 \vee A_5) \vee (A_1 \vee A_2)))$, ist weder eine LR-Kette noch eine RL-Kette.

Satz 4.12: Verallgemeinertes Assoziativgesetz
- Jede Oderkette ist äquivalent zu genau einer LR-Kette und zu genau einer RL-Kette, die beide jeweils das gleiche Aussagenvariablenwort wie die Oderkette haben.
- Alle Oderketten mit demselben Aussagenvariablenwort sind zueinander äquivalent – gleich, wie sie geklammert sind.   □

Beweis: Zunächst überlegt man leicht, dass jede LR-Kette (bzw. RL-Kette) K durch ihr Wort $w(K)$ – somit auch durch jedes K mit dem gleichen $w(K)$ – eindeutig bestimmt ist. Nennen wir das Ergebnis $L(K)$ bzw. $R(K)$.

Seien nun K_1, und K_2 Ketten mit der gewünschten Eigenschaft $K_i \equiv L(K_i) \equiv R(K_i)$. Dann ist nach dem Ersetzungssatz $(K_1 \vee K_2) \equiv (L(K_1) \vee R(K_2))$. Wir zeigen, dass die rechte Seite zu einer LR-Kette äquivalent ist, die das gleiche Wort $w(K_1) \circ w(K_2)$ wie $(K_1 \vee K_2)$ und $(L(K_1) \vee R(K_2))$ hat. Die Äquivalenz zu einer RL-Kette ergibt sich analog. Hat $w(K_2)$ die Länge 1, so ist es eine Aussagevariable P, und $(K \vee K_2)$ ist äquivalent zu

$(L(K_1) \vee P)$, also zu einer LR-Kette. Hat $w(K_2)$ eine größere Länge, so ist die RL-Kette $R(K_2)$ entstanden als $(P \vee R)$ mit einer Aussagevariable P und einer RL-Kette R. Wegen der Assoziativität von $\vee$ gilt nun

$$(K_1 \vee K_2) \equiv (L(K_1) \vee R(K_2)) = (L(K_1) \vee (P \vee R) \equiv ((L(K_1) \vee P) \vee R),$$

also die Äquivalenz zu einem weiteren Produkt zwischen einer um eins längeren LR-Kette mit einer um eins kürzeren RL-Kette. Auf diesem Wege kann ein Aussagenvariablenvorkommen nach dem anderen vom Anfang der RL-Kette ans Ende der LR-Kette umgehängt werden, bis schließlich die Länge der RL-Kette 1 ist – formal eine mit vollständiger Induktion beweisbare Aussage. Den Fall hatten wir aber bereits geklärt: eine äquivalente LR-Kette ist entstanden. Das zugehörige Wort ändert sich dabei jeweils nicht, da die Aussagevariablen nicht gegeneinander bewegt werden, sondern nur Klammern und Junktoren. ∎

So regelmäßig dieser Satz explizit behauptet oder implizit verwendet wird, so selten findet man einen Beweis für ihn, immerhin zumindest in [Gilb 2009] und [Stro 2008].

4.1.7 Mehr über Junktoren*

Wir kennen die Semantiken von vier zweistelligen Junktoren, nämlich die vier Abbildungen $sem_\otimes : \{W, F\}^2 \rightarrow \{W, F\}$ für $\otimes = \wedge$, $\vee$, $\rightarrow$ bzw. $\leftrightarrow$, sowie das einstellige $sem_\neg$. Es gibt aber insgesamt 16 verschiedene zweistellige und vier einstellige solche Abbildungen. Diese sind in Tab. 4.6 und 4.7 aufgezählt und dort teils mit neuen Junktornamen versehen, teils mithilfe bekannter Junktoren informell erläutert.

Unter den zweistelligen finden wir die uns bekannten vier wieder. Dazu kommen die Projektionen auf das erste bzw. das zweite Argument, die inverse Implikation $\leftarrow$ vom zweiten zum ersten Argument, die konstanten Funktionen $\top$ = „immer W" und $\bot$ = „immer F", und schließlich noch die verneinten Spalten vorgenannter Junktoren. Die **Sheffer-Verknüpfung** $\uparrow$ entspricht der verneinten $\wedge$-Spalte, weshalb diese Abbildung in der Datenverarbeitung auch **NAND** genannt wird. Analog entspricht die **Peirce-Verknüpfung** $\downarrow$ der verneinten $\vee$-Spalte, und wird auch als **NOR** bezeichnet. Diese beiden haben eine spezielle Eigenschaft, auf die wir noch zurückkommen werden.

4.1 Aussagenlogik — **103**

Tab. 4.6: Die 16 möglichen zweistelligen Junktoren.

φ	ψ	$\top$	$\vee$	$\leftarrow$	φ	$\rightarrow$	ψ	$\leftrightarrow$	$\wedge$	$\uparrow$	$\nleftrightarrow$	$\neg\psi$	$\nrightarrow$	$\neg\varphi$	$\nleftarrow$	$\downarrow$	$\bot$
W	W	W	W	W	W	W	W	W	W	F	F	F	F	F	F	F	F
W	F	W	W	W	W	F	F	F	F	W	W	W	W	F	F	F	F
F	W	W	W	F	F	W	W	F	F	W	W	F	F	W	W	F	F
F	F	W	F	W	F	W	F	W	F	W	F	W	F	W	F	W	F

Tab. 4.7: Die vier möglichen einstelligen Junktoren.

φ	$\top$	φ	$\neg\varphi$	$\bot$
W	W	W	F	F
F	W	F	W	F

Man lässt im $\top\,\bot$-Dialekt der Aussagenlogik neben den Aussagevariablen auch noch zwei Aussagekonstanten zu:

$\top$ **(top)** hat unabhängig von der Belegung der Aussagevariablen immer den Wert W und $\bot$ **(bottom)** immer den Wert F.

Damit kann man einige bereits eingeführte Tautologien kürzer und klarer schreiben:
- **Ex falso quodlibet** $\qquad\qquad \bot \rightarrow P$
- **Ex vero nonnisi verum** $\qquad (\top \rightarrow P) \leftrightarrow P$
- **Reductio ad absurdum**[63] $\quad (P \rightarrow \bot) \leftrightarrow \neg P$
- Tautologieabsorption $\qquad (P \wedge \top) \leftrightarrow P$
  $\qquad\qquad\qquad\qquad\qquad (P \vee \top) \leftrightarrow \top$
- Kontradiktionsabsorption $\quad (P \vee \bot) \leftrightarrow P$
  $\qquad\qquad\qquad\qquad\qquad (P \wedge \bot) \leftrightarrow \bot$

In der natürlichen Sprache gibt es keine entsprechenden Formulierungen für die Konstanten $\top$ und $\bot$, höchstens gewisse Parallelen zwischen
- der Reductio ad absurdum mit ... $\rightarrow \bot$ und einer *Ablehnung* wie „... da(nn) hört ja alles auf" oder „... da(nn) fress' ich einen Besen",
- der Kontradiktionsabsorption mit ... $\vee \bot$ und einer *Bekräftigung* wie „... oder ich fress' einen Besen",
- der Kontradiktionsabsorption mit ... $\wedge \bot$ und einer ironischen *Ablehnung* wie „... und die Erde ist eine Scheibe".

---

63 Lateinisch für: Rückführung auf das Sinnwidrige.

Die Wahrheitstafel einer Formel mit n Aussagevariablen hat 2^n Zeilen. Für den Wahrheitswerteverlauf in der Ergebnisspalte gibt es daher a priori $2^{(2^n)}$ Möglichkeiten.

Können wir mit geeigneten Formeln alle diese Möglichkeiten produzieren? – Die Antwort ist: Ja. Wir machen uns das anhand eines rudimentären Beispiels klar. Nehmen wir an $n = 3$, und wir wollen u. a. die zwei Zeilen in der Wahrheitstafel unserer gesuchten Formel φ in Tab. 4.8 erzielen. Das gelingt uns, indem wir für jede ($\varphi = $ W)-Zeile eine Konjunktion von Literalen gemäß der Belegung in der Zeile schreiben, also für die gezeigte W-W-F-Zeile die Konjunktion $((A \wedge B) \wedge \neg C)$, die genau unter der Belegung „$ABC \mapsto $ WWF" wahr ist. Anschließend verbinden wir die Konjunktionen für alle ($\varphi = $ W)-Zeilen mit $\vee$, ignorieren alle ($\varphi = $ F)-Zeilen (u. a. die gezeigte F-W-W-Zeile) und sind fertig.

Tab. 4.8: Zwei gewünschte Wahrheitswerte für gegebene Argumente.

A	B	C	...	φ
⋮	⋮	⋮	⋮	⋮
W	W	F	...	W
⋮	⋮	⋮	⋮	⋮
F	W	W	...	F
⋮	⋮	⋮	⋮	⋮

In der Tat: jede ABC-Belegung (graphisch eine Zeile in der Tabelle), für die wir $\varphi = $ W haben wollten, führt wegen der ihr zugeordneten Konjunktion zum Wahrheitswert W, und alle anderen führen zu F. Wenn alle Zeilen F-Zeilen sind, also nach einer widersprüchlichen Aussage gefragt wird, würde dieses Verfahren noch versagen, da es dann eine „leere Formel" liefern würde, die es nicht gibt. In diesem Falle nehmen wir einfach für eine der Aussagevariablen – nennen wir sie P – die Formel $(P \wedge \neg P)$, bzw. im $\top \perp$-Dialekt die Konstante $\perp$.

Eine **Junktorenbasis** ist eine Junktorenmenge der Art, dass man zu jeder endlichen Menge *VarSet* von Aussagevariablen jeden gewünschten Wahrheitswerteverlauf (bezüglich aller Belegungen dieser Variablen) mit einer geeigneten **Formel „über *JuBa* und *VarSet*"** erzielen kann. Letzteres soll bedeuten, dass in der Formel nur Junktoren aus *JuBa* und nur Aussagevariablen aus *VarSet* vorkommen. Mit den Junktoren einer Junktorenbasis können wir also *alle* möglichen Spaltenbelegungen in Wahrheitstafeln erzeugen.

Wir haben gerade vorher bereits gesehen, dass wir alle möglichen Spaltenbelegungen auch ohne die Verwendung von $\rightarrow$ und $\leftrightarrow$ ausdrücken können, dass also $\{\neg, \wedge, \vee\}$ eine Junktorenbasis ist.

Mit den Tautologien $\neg\neg P \leftrightarrow P$ der doppelten Negation und $\neg(P \lor Q) \leftrightarrow (\neg P \land \neg Q)$ der Anti-Distributivität (oder auch unmittelbar mittels Wahrheitstafel) sieht man, dass

$$P \land Q \equiv \neg(\neg P \lor \neg Q).$$

Daraus folgt, dass wir auch in einer Formel über der Junktorenbasis $\{\neg, \land, \lor\}$ jede Konjunktion unter Verwendung von Negation und Disjunktion äquivalent ersetzen können, und dass nach dem Ersetzungssatz die neu erhaltene Formel zur bisherigen äquivalent ist. Das bedeutet aber, dass bereits $\{\neg, \lor\}$ eine Junktorenbasis ist. Ähnlich sieht man, dass auch $\{\neg, \land\}$ eine Junktorenbasis ist (wie auch im Rahmen der in 4.1.8 behandelten Dualitätsthematik).

Satz 4.13: Übergang zwischen Junktorenbasen Seien M eine Junktorenbasis und N eine weitere Junktorenmenge. Genau dann ist auch N eine Junktorenbasis, wenn zu jedem, sagen wir n-stelligen, Junktor $j \in M$ eine zu $j(A_1, A_2, \ldots A_n)$ äquivalente Formel über $\{A_1, A_2, \ldots A_n\}$ und N existiert. □

Beweis: Ist N Junktorenbasis, kann $j(A_1, A_2, \ldots A_n)$ per Definition mittels $\{A_1, A_2, \ldots A_n\}$ und N äquivalent ausgedrückt werden. Ist Letzteres für jeden Junktor $j \in M$ möglich, so liefert das Ersetzungstheorem, dass jede Formel über $\{A_1, A_2, \ldots A_n\}$ und N auch über M äquivalent ausgedrückt werden kann. ■

Wichtigster dreistelliger Junktor (von 256 semantisch möglichen) ist der **Entscheidungsoperator** $\varphi \rightarrow \psi_1 / \psi_2$, auch „if φ then ψ_1 else ψ_2" geschrieben und äquivalent zu $(\varphi \land \psi_1) \lor (\neg\varphi \land \psi_2)$, wie auch zu $(\varphi \rightarrow \psi_1) \land (\neg\varphi \rightarrow \psi_2)$. Er erinnert an das IF-THEN-ELSE[64] zahlreicher Programmiersprachen, und in der Tat hat die Programm-Anweisung

A: IF < boolescher_term > THEN < anweisung1 > ELSE < anweisung2 >

mit dem Entscheidungsoperator ausgedrückt die folgende Wirkung:
if   (Boole'scher Term über den Zustand vor der Ausführung von Zeile A)
then (Zustand nach A) = (Zustand nach Anweisung1)
else (Zustand nach A) = (Zustand nach Anweisung2).

Aus unseren gewohnten Junktoren können wir keine Junktorenbasis mit weniger als zwei Junktoren bilden. Unter den in diesem Unterabschnitt neu kennengelernten Junktoren befinden sich jedoch drei, von denen jeder für sich alleine bereits eine *einelementige* Junktorenbasis bildet (vgl. Minimalismus-Thematik in der Einleitung in Kapitel 1). Diese Operatoren sind die zweistelligen ↑ und ↓ sowie der dreistellige Ent-

---

[64] Englisch für: wenn – dann – andernfalls.

scheidungsoperator, letzterer aber nur im ⊤ ⊥-Dialekt. Für ↑ und ↓ genügt es wegen des obigen Satzes über den Übergang zwischen Junktorenbasen, Konjunktion (oder Disjunktion) und Negation nachzubauen, was hier einer Übungsaufgabe überlassen bleibt.

Wie man leicht sieht, ist $\varphi \wedge \psi$ äquivalent zu „if φ then (if ψ then ⊤ else ⊥) else ⊥", und $\neg\varphi$ ist äquivalent zu „if φ then ⊥ else ⊤". Man sieht aber auch schon am üblichen Aufbau einer Wahrheitstafel wie in Tab. 4.2, wie eine ganze Formel durch if-then-else ausgedrückt wird, vgl. auch Tab. 4.9:

– Nach der Abfrage, ob A zutrifft oder nicht, kann man die untere bzw. obere Hälfte der Tafel streichen;
– dann geht es mit dem jeweiligen Tafelrest genauso weiter bezüglich B und C, bis nur noch eine einzige Zeile verbleibt;
– und letztlich verrät das letzte Feld darin, ob man wegen W dann top (⊤) oder wegen F bottom (⊥) in die if-then-else-Formel schreibt.

Die ersten beiden Punkte entsprechen der sog. **Shannon-Expansion** nach A.

Satz 4.14: Shannon-Expansion
Für jede AL-Formel φ und jede Aussagenvariable A_i gilt

$$\varphi \equiv \text{if } A_i \text{ then } \varphi_{[A_i/\top]} \text{ else } \varphi_{[A_i/\bot]}. \qquad \square$$

Beweisidee: Wo A_i mit W bzw. F belegt ist, ist es wie ⊤ bzw. ⊥ belegt. ∎

Tab. 4.9: (links): Wahrheitswerteverlauf für eine Formel.

A	B	C	$(A \wedge (\neg B \vee C)) \to C$
W	W	W	W
W	W	F	W
W	F	W	W
W	F	F	F
F	W	W	W
F	W	F	W
F	F	W	W
F	F	F	W

Die Tafel entspricht einem Binärbaum für W/F-Entscheidungen, vgl. Abb. 4.4. Alle mit F beschrifteten und alle mit W beschrifteten Blätter sind darin grafisch zu jeweils einem einzigen F- bzw. W-Knoten zusammengezogen. Der Baum lässt sich durch eine if-then-else-Formel beschreiben. Diese Parallelen werden in den sogenannten binären Entscheidungsdiagrammen (s. 4.1.10) genutzt und weitergeführt.

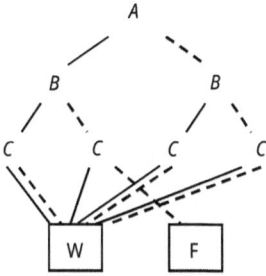

Abb. 4.4: (rechts): Entscheidungsbaum zu Tab. 4.9.

4.1.8 Reduzierbarkeit und Dualität*

Oft liefert ein Lösungsweg für eine Sorte B von Problemen auch einen Lösungsweg für eine andere Sorte A von Problemen. So kann die Multiplikation natürlicher Zahlen reduziert werden auf Addition, 0-Prüfung und Verminderung um 1, wie folgendes "Programm" zeigt:

```
a·b := IF b = 0 THEN 0 ELSE a+a·(b-1).
```

Dies verläuft in vielen Fällen so, dass man ein A-Problem in ein B-Problem **transformiert,** dieses mit einem bekannten Lösungsweg für B-Probleme löst und die Lösung zurück transformiert in eine Lösung des A-Problems. Man verfügt damit insgesamt auch über einen Lösungsweg für A-Probleme. Man sagt dann, A-Probleme sind **reduzierbar** auf B-Probleme, und das Ganze ist in Abb. 4.5 schematisch dargestellt.

Wir rufen uns als Beispiele systematisch gegenseitige Reduktionsmöglichkeiten aussagenlogischer Fragestellungen in Erinnerung:

- Folgerung, Allgemeingültigkeit
    - $\{\varphi_1, \varphi_2, ..., \varphi_n\} \vDash \psi \Leftrightarrow \; \vDash ((\varphi_1 \wedge \varphi_2 \wedge ... \wedge \varphi_n) \rightarrow \psi)$
    - Spezialfall $(n = 0)$: $\vDash \varphi \; \Leftrightarrow \; \varnothing \vDash \varphi$
- Erfüllbarkeit, Widerlegbarkeit, Unerfüllbarkeit, Allgemeingültigkeit
    - φ ist erfüllbar $\Leftrightarrow$ $\neg\varphi$ ist widerlegbar
    - φ ist widerlegbar $\Leftrightarrow$ $\neg\varphi$ ist erfüllbar
    - φ ist unerfüllbar $\Leftrightarrow$ φ ist nicht erfüllbar
                                       $\Leftrightarrow$ $\neg\varphi$ ist allgemeingültig
    - φ ist allgemeingültig $\Leftrightarrow$ φ ist nicht widerlegbar
                                         $\Leftrightarrow$ $\neg\varphi$ ist unerfüllbar

In der theoretischen Informatik spielt die Reduzierbarkeit von Problemen eine wichtige Rolle bei Fragen der Berechenbarkeit und Komplexität. In 4.2.6 kommen wir im Rahmen von Entscheidbarkeitsfragen darauf zurück.

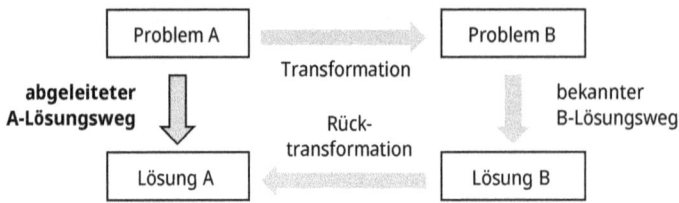

Abb. 4.5: Das Schema einer Problemreduktion.

In den bisherigen Abschnitten fielen einige Parallelen zwischen Konjunktion und Disjunktion ins Auge, wie z. B.:

$$\neg A \vee A \equiv \top \qquad\qquad \neg A \wedge A \equiv \bot$$
$$\neg(A \vee B) \leftrightarrow (\neg A \wedge \neg B) \quad \neg(A \wedge B) \leftrightarrow (\neg A \vee \neg B)$$

Offenbar konnte man die Frage nach Allgemeingültigkeit mancher Formeln jeweils auf die entsprechende Frage bezüglich einer Formel reduzieren, die durch gewisse Vertauschungen wie $\wedge/\vee$, $\top/\bot$ daraus entsteht. Diese Zusammenhänge wollen wir nun etwas genauer untersuchen. In der Aussagenlogik bezeichnet man zwei Formeln φ und ψ als **dual** zueinander, wir schreiben $\varphi \oslash \psi$, wenn jeweils eine für entgegengesetzte Belegungen der vorkommenden Aussagenvariablen den zur anderen entgegengesetzten Wahrheitswert hat, bzw. formaler ausgedrückt, wenn für jede für beide passende Belegung bel gilt:

$$wert_{bel}(\varphi) = g(wert_{\neg bel}(\psi)),$$

wobei $\neg bei$ die Belegung ist, die die gleichen Aussagevariablen belegt wie bel, aber jeweils mit dem entgegengesetzten Wahrheitswert, und g (wie Gegenteil) die Funktion, die W auf F abbildet und umgekehrt, so dass $g \circ g = id_{\{W,F\}}$, $\neg\neg bel = bel$ und $\neg bel = g \circ bel$ gilt. Einfach nachprüfbare Beispiele dualer Paare sind A_i und A_i, sowie $A \wedge B$ und $A \vee B$.

Dualität zwischen φ und ψ ist wegen

$$wert_{bel}(\varphi) = g(wert_{\neg bel}(\psi)) \;\Rightarrow\; g(wert_{\neg bel}(\varphi))) = g \circ g(wert_{\neg\neg bel}(\psi)) = wert_{bel}(\psi)$$

eine symmetrische Relation, $\varphi \oslash \psi \Leftrightarrow \psi \oslash \varphi$, und $\varphi \oslash \psi$ ist – mit $Vars(\psi) = \{P_1, ..., P_k\}$ – gleichbedeutend damit, dass $\varphi \equiv \neg\psi_{[P_1/\neg P_1, ..., P_k/\neg P_k]}$.

Mit induktivem Beweis zeigt man: Dualität bleibt unter Äquivalenz erhalten, oder formaler ausgedrückt: $\varphi \oslash \psi$ und $\psi \equiv \pi \Rightarrow \varphi \oslash \pi$.

Es gibt zwei „Standardverfahren", aus einer AL-Formel eine duale zu konstruieren:

–   Zu φ mit $Vars(\varphi) = \{P_1, ..., P_k\}$ ist stets $\neg\varphi_{[P_1/\neg P_1, ..., P_k/\neg P_k]}$ dual.
    Beispielsweise gilt $(A{\rightarrow}\neg B) \oslash \neg(\neg A{\rightarrow}\neg\neg B)$, also auch (wegen der Stabilität gegen Äquivalenz) $(A{\rightarrow}\neg B) \oslash \neg(\neg A{\rightarrow}B)$.

– φ wird in der Junktorenbasis $\{\neg, \wedge, \vee\}$ als φ' äquivalent ausgedrückt. In φ' wird nun jede Konjunktion durch eine Disjunktion ersetzt und umgekehrt, also salopp gesagt die Junktoren $\wedge$ und $\vee$ gegeneinander ausgetauscht. Die resultierende Formel φ'' ist dann dual zu φ. Im $\top \perp$ -Dialekt werden bei dieser „Dualisierung" außerdem alle $\top$ durch $\perp$ ersetzt, und umgekehrt.

So wird beispielsweise aus $(A \vee \neg B) \to C$ der Reihe nach äquivalent $\neg(A \vee \neg B)) \vee C$ und dual dazu $\neg(A \wedge \neg B) \wedge C$. Aus $A \to \perp$ wird äquivalent $\neg A \vee \perp$ und dann dual $\neg A \wedge \top$.

Die Berechtigung dieser Verfahren wird in einer Übungsaufgabe gezeigt. Dualitätsbetrachtungen erweitern die oben zusammengefassten bisherigen Möglichkeiten, semantische Fragen zu untersuchen, bzw. per Reduktion neue Äquivalenzen, Folgerungen usw. zu finden. Dies resultiert aus den Konstruktionsmöglichkeiten für duale Formeln, der Äquivalenz $\varphi \equiv \neg\psi_{[P1/\neg P1, \dots, Pk/\neg Pk]}$ falls $\varphi \oslash \psi$, und den folgenden Fakten:
– Wenn $\varphi \oslash \psi$ dann ist φ genau dann allgemeingültig, wenn ψ unerfüllbar ist.
– Wenn $\varphi_1 \vDash \varphi_2$, $\varphi_1 \oslash \psi_1$ und $\varphi_2 \oslash \psi_2$ gilt, dann gilt $\psi_2 \vDash \psi_1$.
– Wenn $\varphi_1 \equiv \varphi_2$, $\varphi_1 \oslash \psi_1$ und $\varphi_2 \oslash \psi_2$ gilt, dann gilt $\psi_1 \equiv \psi_2$.
– Wenn $\varphi \oslash \psi$ und $\psi \oslash \pi$ gilt, dann gilt $\varphi \equiv \pi$.

Weitere Dualitätsformen und -anwendungen gibt es auch in komplexeren Logiken, wie wir im Abschnitt 4.2 bei der Prädikatenlogik sehen werden.

4.1.9 Normalformen

$\{\neg, \wedge, \vee\}$ ist eine Junktorenbasis; zu jeder Formel existiert eine äquivalente mit nur diesen Junktoren. Unter den auf $\{\neg, \wedge, \vee\}$ eingeschränkten Formeln gibt es zwei Teilmengen von besonderer Bedeutung: die Formeln in konjunktiver und in disjunktiver Normalform. Bevor wir diese behandeln, seien vorab drei Begriffe definiert:
– Ein **Literal** ist eine Aussagevariable oder die Negation einer solchen: A, $\neg A$, ...
– Eine **Klausel** (oder **disjunktive Klausel**) ist eine Disjunktion von Literalen. Sie wird unter Ausnutzung der Assoziativität meist ohne Klammern geschrieben: $\neg A \vee B$, $A \vee \neg B \vee \neg C$, ... Dazu sollen nun in leichter Überdehnung des Begriffs auch „Disjunktionen mit nur einem Glied" zählen, so dass P bereits als eine (besonders kurze) Disjunktion und damit als Klausel gilt.
– Eine **Dualklausel** (oder **konjunktive Klausel**) ist eine Konjunktion von Literalen. Sie wird unter Ausnutzung der Assoziativität meist ohne Klammern geschrieben: $\neg A \wedge B$, $A \wedge \neg B \wedge \neg C$, ... Ähnlich wie bei den Klauseln gilt auch eine Aussagevariable P als (besonders kurze) Konjunktion und Dualklausel.

Bei Klauseln bzw. Dualklauseln sind gewisse semantische Eigenschaften besonders einfach zu prüfen:

Lemma 4.15:

- Eine Klausel ist genau dann *allgemeingültig*, wenn sie für eine Aussagevariable P sowohl P als auch $\neg P$ enthält.
- Eine Dualklausel ist genau dann *unerfüllbar*, wenn sie für eine Aussagevariable P sowohl P als auch $\neg P$ enthält (vgl. Dualität in Abschnitt 4.8.1). $\qquad\square$

Beweis: Wenn eine Klausel sowohl P als auch $\neg P$ enthält, ist immer eines der Literale der Klausel wahr, also auch die Klausel als Disjunktion der Literale. Wenn nicht, dann kann sie durch eine (für die vorkommenden Aussagevariablen eindeutige) falsifizierende Belegung widerlegt werden, z. B. mit $A \mapsto$ F, $B \mapsto$ W für die Klausel $A \vee \neg B$.

Wenn eine Dualklausel sowohl P als auch $\neg P$ enthält, ist immer eines ihrer Literale falsch, also auch die Dualklausel als Konjunktion der Literale. Im anderen Falle kann sie durch eine (für die vorkommenden Aussagevariablen eindeutige) passende Belegung erfüllt werden, z. B. mit $A \mapsto$ W, $B \mapsto$ F für $A \wedge \neg B$. $\qquad\blacksquare$

Eine Formel in **konjunktiver Normalform (KNF-Formel)** ist eine Konjunktion von Klauseln, beispielsweise $(\neg A \vee B) \wedge (A \vee \neg B \vee C) \wedge \neg C$, wobei $\neg C$ auch eine Klausel ist.

Jede Klausel ist eine KNF-Formel – als Konjunktion mit nur einem Glied. Aber auch jede Dualklausel ist eine KNF-Formel – alle deren Klauseln sind eingliedrig.

Wegen der Kommutativität der Konjunktion kann man die Klauseln in einer KNF-Formel beliebig umsortieren; alle so erzielten Formeln sind äquivalent. Wegen der Kommutativität der Konjunktion kann man in den Klauseln genauso die Literale umordnen, ohne den Wahrheitswert zu verändern. Überdies kann man Wiederholungen von Klauseln darin streichen, und in den Klauseln Wiederholungen von Literalen, wiederum ohne den Wahrheitswert zu verändern. Es kommt also gewissermaßen in der KNF-Formel nur auf die *Menge* der Klauseln und in jeder Klausel nur auf die *Menge* der Literale an. Daher behandelt und schreibt man eine KNF-Formel oft als Menge von Mengen von Literalen, wobei man einen Index „KNF" an das Mengensystem schreibt (**Mengendarstellung**):

$$\{\{\neg A, B\}, \{A, \neg B, C\}, \{\neg C\}\}_{KNF} \equiv (\neg A \vee B) \wedge (A \vee \neg B \vee C) \wedge \neg C.$$

Um bei Bedarf *allen* Mengen von Mengen von Literalen unter einer passenden Belegung einen Wahrheitswert zuteilen zu können, auch leeren, vereinbart man:

- Die leere KNF-Formel (als Menge) $\{\}_{KNF}$ ist immer wahr.
- Die leere Klausel (als Menge) $\{\}_{Kl}$ ist immer falsch.

Satz 4.16: Allgemeingültigkeit von KNF-Formeln

Sei φ eine KNF-Formel. Dann sind folgende Aussagen äquivalent:

1. φ ist allgemeingültig.
2. Alle Klauseln von φ sind allgemeingültig
3. Jede Klausel von φ enthält für mindestens eine Variable P die Literale P und $\neg P$. $\qquad\square$

Beweis:

(1) $\Rightarrow$ (2): Wir zeigen $\neg$(2) $\Rightarrow$ $\neg$(1). Wäre κ Klausel und [($\varphi \equiv \kappa \wedge$ *Rest* und *Rest* KNF-Formel) oder $\varphi \equiv \kappa$] und κ unter einer Belegung *bel* falsch, dann auch κ bzw. $\kappa \wedge$ *Rest*, also φ. φ wäre dann also nicht allgemeingültig.

(2) $\Rightarrow$ (3): Dies folgt aus Lemma 4.15.

(3) $\Rightarrow$ (1): Es gelte (3). $P \vee \neg P$ ist stets wahr, also auch $P \vee \neg P \vee$ (Rest der Klausel), also jede einzelne Klausel, also auch φ als Konjunktion von diesen. ∎

Der Beweis verwendet stillschweigend die Technik der **zyklischen Implikation**: Wenn in einer endlichen Folge von Aussagen die erste aus der letzten und die weiteren aus der jeweils vorherigen folgen, sind die Aussagen alle zueinander äquivalent. Dies ergibt sich aus dem Kettenschluss und der Äquivalenzauflösung aus Satz 4.1. Ein Fehlschluss wäre es jedoch, dann zu schließen, alle diese Aussagen seien wahr. Fest steht dann nur, dass sie alle wahr oder alle falsch sind. Die Äquivalenzauflösung entspricht der zyklischen Implikation *zweier* Aussagen.

Schon allein wegen der leichten Ablesbarkeit der Allgemeingültigkeit wäre es schön, Formeln nach KNF „äquivalent umformen" zu können. Das geht in der Tat:

Satz 4.17: Normalformsatz für KNF

Zu jeder Formel φ gibt es mindestens eine zu φ äquivalente KNF-Formel mit den gleichen Aussagevariablen. □

Beweis: Wir geben in der Folge zwei konkrete Berechnungsvorschriften zur Bestimmung einer äquivalenten KNF-Formel an. Die Punkte (2) und (3) in der ersten Umformung (mittels Wahrheitstafel) sorgen dafür, dass die konstruierte KNF-Formel in genau den gleichen Fällen F ergibt wie φ. Für die syntaktische Umformung folgt die Äquivalenz nach jedem Umformungsschritt aus den entsprechenden Tautologien, dem Substitutions- und dem Ersetzungssatz. ∎

Algorithmus 4.1: Umformung einer Formel in KNF mittels Wahrheitstafel

1. Berechne den Wahrheitswerteverlauf der Formel φ mit Hilfe der Wahrheitstafel.

2. Ist die Formel allgemeingültig, so wähle eine Aussagevariable P, bilde die Klausel $P \vee \neg P$ als die gesuchte KNF-Formel, oder wähle in Mengendarstellung einfach $\{\}_{KNF}$ und beende die Berechnung.

3. Andernfalls gibt es Gegenbeispiele, also Zeilen mit Wahrheitswert F. Für jede von ihnen bilde eine Literalmenge als Klausel, die für jede vorkommende Aussagevariable P folgendes enthält: P, wenn der P-Wert in der Zeile F ist, und $\neg P$, wenn er W ist.

4. Die Menge dieser Literalmengen bzw. Konjunktion der entsprechenden Klauseln ist die gesuchte KNF-Formel, sei es in Mengendarstellung, sei es als Formel. □

Algorithmus 4.2: Syntaktische Umformung einer Formel in KNF

1. Führe ggf. die wegen Assoziativität weggelassenen Klammern wieder ein (und lasse sie am Ende wieder weg).
2. Wende, so lange es geht, immer wieder irgendeine der folgenden äquivalenten Ersetzungen, die wir bereits aus den Tautologien kennen, auf Teilformeln an:
   - Elimination von Äquivalenz und Implikation

   $$\varphi \leftrightarrow \psi \quad \mapsto \quad (\varphi \rightarrow \psi) \wedge (\psi \rightarrow \varphi)$$
   $$\varphi \rightarrow \psi \quad \mapsto \quad \neg\varphi \vee \psi$$

   - Negation beseitigen oder näher an die Aussagevariablen rücken

   $$\neg\neg\varphi \quad \mapsto \quad \varphi$$
   $$\neg(\varphi \wedge \psi) \quad \mapsto \quad \neg\varphi \vee \neg\psi$$
   $$\neg(\varphi \vee \psi) \quad \mapsto \quad \neg\varphi \wedge \neg\psi$$

   - Konjunktion von den Literalen weg und Disjunktion zu ihnen hin rücken

   $$\varphi \vee (\psi \wedge \rho) \quad \mapsto \quad (\varphi \vee \psi) \wedge (\varphi \vee \rho)$$
   $$(\psi \wedge \rho) \vee \varphi \quad \mapsto \quad (\psi \vee \varphi) \wedge (\rho \vee \varphi).$$ □

Beide Verfahren werden nun am Beispiel $\neg(A \rightarrow \neg B) \vee (A \wedge \neg B)$ demonstriert. Die Wahrheitstafelmethode illustriert Tab. 4.10. Dabei wird, wie wir sehen werden, nicht immer die kürzeste äquivalente KNF-Formel erzeugt (die unten übrigens schlicht A wäre). Keine der beiden Methoden ist immer die schnellere.

Tab. 4.10: KNF-Herleitung aus der Wahrheitstafel, Beispiel.

Klauseln ↓	A	B	$\neg B$	$A \rightarrow \neg B$	$\neg(A \rightarrow \neg B)$	$A \wedge \neg B$	$\neg(A \rightarrow \neg B) \vee (A \wedge \neg B)$
	W	W	F	F	W	F	W
	W	F	W	W	F	W	W
$((A \vee \neg B) \wedge$	F	W	F	W	F	F	F
$(A \vee B))$	F	F	W	W	F	F	F

Nun im Vergleich dazu die syntaktische Umformung:

$\neg(A \rightarrow \neg B) \vee (A \wedge \neg B)$	$\varphi \rightarrow \psi$ eliminieren $\rightarrow$
$\neg(\neg A \vee \neg B) \vee (A \wedge \neg B)$	$\neg(\varphi \vee \psi)$ auflösen $\rightarrow$
$(\neg\neg A \wedge \neg\neg B) \vee (A \wedge \neg B)$	$\neg\neg\varphi$ beseitigen $\rightarrow$
$(A \wedge B) \vee (A \wedge \neg B)$	$\varphi \vee (\psi \wedge \rho)$ auflösen $\rightarrow$
$((A \wedge B) \vee A) \wedge ((A \wedge B) \vee \neg B)$	$(\psi \wedge \rho) \vee \varphi$ auflösen $\rightarrow$
$(A \vee A) \wedge (B \vee A) \wedge (A \vee \neg B) \wedge (B \vee \neg B)$	

Die zu KNF duale Normalform ist DNF. Eine Formel in **disjunktiver Normalform (DNF-Formel)** ist eine Disjunktion von Dualklauseln, z. B. $(\neg A \wedge B) \vee (A \wedge \neg B \wedge C) \vee \neg C$. Jede Klausel ist eine DNF-Formel – alle ihre Dualklauseln sind eingliedrig. Aber auch jede Dualklausel ist eine DNF-Formel – als Disjunktion mit nur einem Glied.

Aus den gleichen Gründen wie bei KNF behandelt und schreibt man eine DNF-Formel auch als Menge von Mengen von Literalen, wobei man einen Index „DNF" an das Mengensystem schreibt (**Mengendarstellung**):

$$\{\{\neg A, B\}, \{A, \neg B, C\}, \{\neg C\}\}_{DNF} \equiv (\neg A \wedge B) \vee (A \wedge \neg B \wedge C) \vee \neg C.$$

Die leere DNF-Formel(menge) $\{\}_{DNF}$ ist als immer falsch definiert; die leere Dualklausel $\{\ \}_{Dkl}$ als immer wahr.

Satz 4.18: Unerfüllbarkeit von DNF-Formeln

Sei φ eine DNF-Formel. Dann sind folgende Aussagen äquivalent:
1. φ ist unerfüllbar.
2. Alle Dualklauseln von φ sind unerfüllbar.
3. Jede Dualklausel von φ enthält für mindestens eine Variable P die Literale P und $\neg P$. $\qquad\square$

Beweis:
$(1) \Rightarrow (2)$: Wir zeigen $\neg(1) \Rightarrow \neg(2)$. Wäre δ Dualklausel und [$(\varphi \equiv \delta \vee Rest$ und $Rest$ DNF-Formel) oder $\varphi \equiv \delta$] und δ unter einer Belegung *bel* wahr, dann auch δ bzw. $\delta \vee Rest$, also φ erfüllbar.

$(2) \Rightarrow (3)$: Dies folgt aus Lemma 4.15.

$(3) \Rightarrow (1)$: Es gelte (3). $P \wedge \neg P$ ist stets falsch, also auch $P \wedge \neg P \wedge$ (Rest der Dualklausel), also jede einzelne Dualklausel, also auch φ als Disjunktion von diesen. $\qquad\blacksquare$

Wegen der leichten Ablesbarkeit der Unerfüllbarkeit wäre es schön, Formeln nach DNF „äquivalent umformen" zu können. Das geht ähnlich wie nach KNF:

Satz 4.19: Normalformsatz für DNF

Zu jeder Formel φ gibt es mindestens eine zu φ äquivalente DNF-Formel mit den gleichen Aussagevariablen. $\qquad\square$

Beweis: Unten folgen wie bei KNF zwei leicht einzusehende konkrete Berechnungsvorschriften für eine äquivalente DNF-Formel. $\qquad\blacksquare$

Algorithmus 4.3: Die Umformung einer Formel in DNF mittels Wahrheitstafel

... haben wir bereits im Zusammenhang mit der Junktorenbasis $\{\neg,\wedge,\vee\}$ in Abschnitt 4.1.7 kennengelernt. Ein Berechnungsbeispiel zeigt Tab. 4.11. □

Tab. 4.11: DNF-Herleitung aus der Wahrheitstafel, Beispiel.

Dualklauseln ↓	A	B	¬B	A → ¬B	¬(A → ¬B)	A ∧ ¬B	¬(A → ¬B) ∨ (A ∧ ¬B)
(A ∧ B) ∨ ⇐	W	W	F	F	W	F	W
(A ∧ ¬B) ⇐	W	F	W	W	F	W	W
	F	W	F	W	F	F	F
	F	F	W	W	F	F	F

Algorithmus 4.4: Die syntaktische Umformung einer Formel in DNF

... stimmt bis auf den letzten Punkt mit der KNF-Umformung in Algorithmus 4.2 überein, und der lautet jetzt:

– Disjunktion von den Literalen weg und Konjunktion zu ihnen hin rücken

$$\varphi \wedge (\psi \vee \rho) \quad \mapsto \quad (\varphi \wedge \psi) \vee (\varphi \wedge \rho)$$
$$(\psi \vee \rho) \wedge \varphi \quad \mapsto \quad (\psi \wedge \varphi) \vee (\rho \wedge \varphi).$$

□

4.1.10 Beweisverfahren und Algorithmen

Alle bisherigen Fragen über Formeln und Modelle waren mittels Wahrheitstafeln zu beantworten. Der damit verbundene oft immense Rechenaufwand ließ es aber ratsam erscheinen, nach anderen Wegen zu suchen. Die daraufhin konzipierten Algorithmen gehören vielleicht nicht zum absoluten mathematischen Grundwissen, runden aber eine Einführung in die Logik lohnend ab.

Resolution und Dualresolution

Die Allgemeingültigkeit einer KNF-Formel und die Unerfüllbarkeit einer DNF-Formel lassen sich, wie im vorigen Abschnitt beschrieben, durch schlichtes Durchlesen entscheiden; der maximale Aufwand wächst linear mit der Größe der Formel. Wie steht es aber umgekehrt mit der Unerfüllbarkeit einer KNF-Formel und der Allgemeingültigkeit einer DNF-Formel?

Ob eine gegebene KNF-Formel unerfüllbar ist oder nicht, kann – evtl. schneller als über die Umformung in DNF und Satz 4.18 – mittels **Resolution** entschieden werden:

Algorithmus 4–5: Erfüllbarkeitsprüfung einer KNF-Formel per Resolution
Sei φ eine „gewöhnliche" KNF-Formel (also nichtleer und ohne leere Klausel), und zwar in Mengenform betrachtet. Daher gilt $\varnothing \notin \varphi$. Wir setzen $\varphi_0 := \varphi$.

Für $k = 0,1, \dots$ (bis zum unten definierten Abbruch) gehen wir wie folgt vor:

- Wenn es eine Aussagevariable P und zwei Klauseln $\kappa_1, \kappa_2 \in \varphi_k$ der Art gibt, dass $P \in \kappa_1$ und $\neg P \in \kappa_2$ und dass mit $\rho := \kappa_1 \cup \kappa_2 \setminus \{P, \neg P\}$ gilt, dass $\rho \notin \varphi_k$, so setzen wir $\varphi_{k+1} := \varphi_k \cup \{\rho\}$ (**Resolutionsschritt**, vgl. Abb. 4.6).

   Ist $\rho = \varnothing$, so stoppt die Prüfung hier mit dem Ergebnis, dass φ *unerfüllbar* ist.

   Bemerkung: ρ heißt (eine) **Resolvente** von κ_1, κ_2 und folgt aus den beiden: $\{\kappa_1, \kappa_2\} \vDash \rho$. Das ergibt sich aus $((P \vee Q) \wedge (\neg P \vee R)) \rightarrow (Q \vee R)$, der Resolutionstautologie in 4.1.4, unter der Substitution $[Q/\kappa_1, R/\kappa_2]$. Da die Klausel $\varnothing$ der Konstanten $\bot$ entspricht, zieht ihre Folgerung aus φ nach sich, dass φ unerfüllbar ist.

- Ist hingegen kein Resolutionsschritt mehr möglich (wurde also auch vorher kein $\rho = \varnothing$ erzeugt), so stoppt die Prüfung hier mit dem Ergebnis, dass φ *erfüllbar* ist.

- Weiter geht es oben mit $k := k+1$ (nach einem Resolutionsschritt mit $\rho \neq \varnothing$, sonst wäre die Berechnung hier nicht angekommen). $\quad\square$

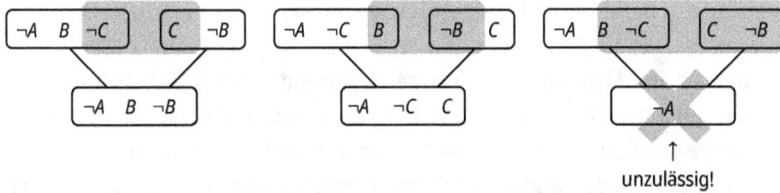

Abb. 4.6: Zwei gültige Resolutionsschritte … und ein häufig auftretendes Missverständnis.

Man beachte: Es gibt *keine* Resolutionsschritte mit *zwei* gleichzeitig gelöschten $P/\neg P$-Paaren, wie im verbreiteten Anfängerfehler rechts in Abb. 4.6.

Bei kleineren Formeln kann man den Algorithmus manuell in einem Diagramm durchführen, wie in Abb. 4.7. Jede erzeugte Resolvente steht unterhalb ihrer beiden Ausgangsklauseln und ist mit diesen durch je eine Kante verbunden. Durch die Auswahlmöglichkeit im ersten Punkt ist der obige Algorithmus nichtdeterministisch (im Ablauf, wenn auch deterministisch im Ergebnis). In der Tat kann aus den Ausgangsklauseln von Abb. 4.7 die leere Klausel auch mit anderen Auswahlen und einem anderen Resolutionsgraphen als dem abgebildeten erzeugt werden.

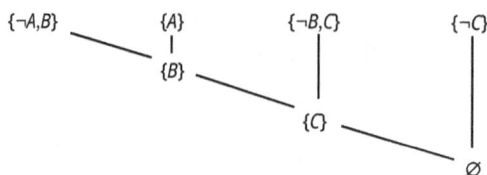

Abb. 4.7: Resolution zum Nachweis der Unerfüllbarkeit von $(\neg A \lor B) \land (\neg B \lor C) \land A \land \neg C$; gleichzeitig Nachweis der Allgemeingültigkeit von $(\neg A \land B) \lor (\neg B \land C) \lor A \lor \neg C$ per Dualresolution (siehe Folgetext).

Algorithmus 4.6: Allgemeingültigkeitsprüfung einer DNF-Formel per Dualresolution

Seit φ eine gewöhnliche DNF-Formel, aber in Mengenform betrachtet (und somit automatisch $\varnothing \notin \varphi$). Wir setzen $\varphi_0 \vDash \varphi$.

Für $k = 0,1, \dots$ (bis zum unten definierten Abbruch) gehen wir wie folgt vor:

– Wenn es eine Aussagevariable P und zwei Dualklauseln $\kappa_1, \kappa_2 \in \varphi_k$ der Art gibt, dass $P \in \kappa_1$ und $\neg P \in \kappa_2$, und dass mit $\rho := \kappa_1 \cup \kappa_2 \setminus \{P, \neg P\}$ gilt, dass $\rho \notin \varphi_k$, so setzen wir $\varphi_{k+1} := \varphi_k \cup \{\rho\}$ (**Dualresolutionsschritt**). Ist $\rho = \varnothing$, so stoppt die Prüfung hier mit dem Ergebnis, dass φ allgemeingültig ist.

   Bemerkung: ρ heißt (eine) **Dualresolvente** von κ_1, κ_2 und impliziert die beiden: $\rho \vDash \kappa_1 \land \kappa_2$. Das sieht man an $(Q \land R) \to ((P \land Q) \lor (\neg P \land R))$ (Tautologie „Dualresolution" im Abschnitt 4.1.4,) unter Verwendung des Substitutionssatzes. Da die Dualklausel $\varnothing$ der Konstanten $\top$ entspricht, bedeutet die Folgerung einer Teilmenge der Klauseln von φ aus $\varnothing$, dass φ *allgemeingültig* sein muss.

– Ist hingegen kein Dualresolutionsschritt mehr möglich (wurde also auch vorher kein $\rho = \varnothing$ erzeugt), so stoppt die Prüfung hier mit dem Ergebnis, dass φ *widerlegbar* ist.

– Weiter geht es oben mit $k := k + 1$ (nach einem Schritt mit $\rho \neq \varnothing$, sonst wäre man hier nicht angekommen).   □

Die Diagramme dazu sehen genauso aus wie die der Resolution. Abbildung 4.7 zeigt also gleichzeitig den Nachweis der Allgemeingültigkeit von $(\neg A \land B) \lor (\neg B \land C) \lor A \lor \neg C$ per Dualresolution – ein markantes Beispiel für den Nutzen von Dualitätsbetrachtungen.

Tableaux und Dualtableaux

Mit dem **Tableauverfahren**[65] können wir zwei Aufgaben ausführen:

– die Erfüllbarkeit oder Unerfüllbarkeit einer aussagenlogischen Formel feststellen,
– eine zu ihr äquivalente DNF-Formel erzeugen.

---

65 Von frz. *tableau* (pl. *tableaux*): Tabelle.

Wenden wir das Tableauverfahren auf die Negation einer Formel an, so können wir damit also auch über die Allgemeingültigkeit oder Widersprüchlichkeit der ursprünglichen Formel entscheiden.

Das Verfahren beruht darauf, dass jeder der Junktoren und jede Negation eines Junktors in jeweils eine äquivalente Konjunktion bzw. Disjunktion überführt wird. Dies geschieht in einer Baumstruktur mit Formeln als Knotenanschriften, in der

- Geschwisterknoten logisch mit „oder" und
- Vor- und Nachfahren mit „und" verbunden sind.,

Das Tableauverfahren nutzt neun Tautologien aus, um einen Tableaubaum gemäß den entsprechenden **Tableauregeln** zu konstruieren, siehe Tab. 4.12. Diese erlauben es nämlich, jede Anwendung eines zweistelligen Junktors, wie auch Negationen von solchen, als Konjunktion oder Disjunktion äquivalent darzustellen.

Tab. 4.12: Tableauregeln.

1.	$\neg(\varphi \to \psi)$ φ $\neg\psi$	5.	$\varphi \to \psi$ $\neg\varphi\|\psi$
2.	$\varphi \wedge \psi$ φ ψ	6.	$\neg(\varphi \wedge \psi)$ $\neg\varphi\|\neg\psi$
3.	$\neg(\varphi \vee \psi)$ $\neg\varphi$ $\neg\psi$	7.	$\varphi \vee \psi$ $\varphi\|\psi$
4.	$\varphi \leftrightarrow \psi$ $\varphi \to \psi$ $\psi \to \varphi$	8.	$\neg(\varphi \leftrightarrow \psi)$ $\neg(\varphi \to \psi)\|\neg(\psi \to \varphi)$
		9.	$\neg\neg\varphi$ φ

Algorithmus 4.7: Erfüllbarkeitsprüfung einer Formel mit dem Tableauverfahren

Sei φ eine aussagenlogische Formel. Ausgehend von φ baut man einen **Tableaubaum** (auch Beweisbaum genannt) auf, in dessen Knoten je eine Formel steht. In verschiedenen Knoten können gleiche Formeln stehen. Jeder Knoten ist zunächst unerledigt und kann später als erledigt markiert („abgehakt") werden. Knoten mit Literalen gelten automatisch als abgehakt.

- Beginne mit der Wurzel und schreibe φ hinein. Ist φ ist Literal, so endet die Berechnung hier mit dem Ergebnis, dass φ erfüllbar ist.

- Andernfalls, solange es geht:
  - Wähle einen noch unerledigten Knoten k.
  - Führe je nach der Art der Formel in k die passende Aktion unter den drei folgenden aus:
    - Hat die Formel in k die Struktur einer Ausgangsformel oberhalb des Striches in Tableauregel (1) bis (4), dann hänge *an alle Blätter b* (d. h. kinderlose Knoten) *unterhalb von k* (soll heißen: auch an k falls Blatt) die beiden entsprechenden Formeln unter dem Strich in der Tableauregel als Kind und Kindeskind untereinander an.
    - Hat die Formel in k die Struktur einer Ausgangsformel in Tableauregel (5) bis (8), dann hänge *an alle Blätter b unterhalb k* die beiden entsprechenden Formeln unter dem Strich in der Tableauregel nebeneinander als Kinder an, gewissermaßen als Geschwister.
    - Hat die Formel in k die Struktur $\neg\neg\psi$, dann hänge *an alle Blätter b unterhalb von k* einen Knoten mit ψ als Kind an (Tableauregel 9).
  - Prüfe für jedes durch einen der vorigen Schritte neu hinzu gekommene Blatt *kneu* des Baumes: Sind auf dem Zweig (d. h. Pfad von der Wurzel) nach *kneu* alle Knoten abgehakt und befinden sich auf dem Zweig keine zwei Knoten mit widersprüchlichen Literalen P und $\neg P$ als deren jeweilige Formel (kein **Literalwiderspruch**), so endet die Berechnung hier mit dem Ergebnis, dass φ *erfüllbar* ist.
  - Trifft das für keinen Zweig zu einem der neuen Blätter zu, markiere k als erledigt.
  - Wenn die Berechnung hier ankommt, es also im vorigen Punkt nicht mehr weitergeht (d. h. alle Knoten erledigt sind und alle Zweige Literalwidersprüche, also einen Knoten mit Formel P und einen mit $\neg P$, enthalten), dann endet die Berechnung nun mit dem Ergebnis, dass φ *unerfüllbar* ist. □

Wer manuell Tableaubäume aufbaut, wird über schnellere Varianten nachdenken. Hier einige naheliegende Möglichkeiten:
- Man braucht an Blätter, deren Zweige Literalwidersprüche aufweisen, sog. **abgeschlossene Zweige,** nichts mehr anzuhängen. Dazu bringt man an einem solchen Blatt eine besondere Markierung an.
- Weiterhin braucht man nicht auf Literalwidersprüche zu warten, wenn man auf einem Zweig bereits auf andere Weise einen unerfüllbaren Knoten oder einen Widerspruch zwischen komplexeren Formeln entdeckt hat. In diesem Moment kann man den Zweig bereits als abgeschlossen kennzeichnen.
- Die Freiheit bei der Auswahl des nächsten unerledigten Knotens kann man ausnutzen, um vorrangig zunächst Knoten mit solchen Formeln zu erledigen, die nach den „konjunktiven" Tableauregeln (1–4) expandiert werden. Dann bleibt nämlich der Baum länger schmal, so dass er in der Regel bei einer Expansion um weniger neue Knoten erweitert werden muss, als wenn er breiter wäre.

Algorithmus 4.8: Umformung einer Formel in DNF mit dem Tableauverfahren

- Gehe wie bei der Erfüllbarkeitsprüfung in Algorithmus 4.7 vor, stoppe aber *nicht*, wenn ein Zweig mit ausschließlich erledigten Knoten und ohne Literalwidersprüche aufgetreten ist.
- Interpretiere am Ende alle Zweige als Dualklauseln, wobei auf dem Zweig nur die Knoten mit einem Literal berücksichtigt und diese entlang des Zweiges mit „und" verknüpft werden. Bilde schließlich eine Disjunktion über diese Dualklauseln, wobei Du Dich auf die erfüllbaren beschränken kannst, sofern es welche gibt. □

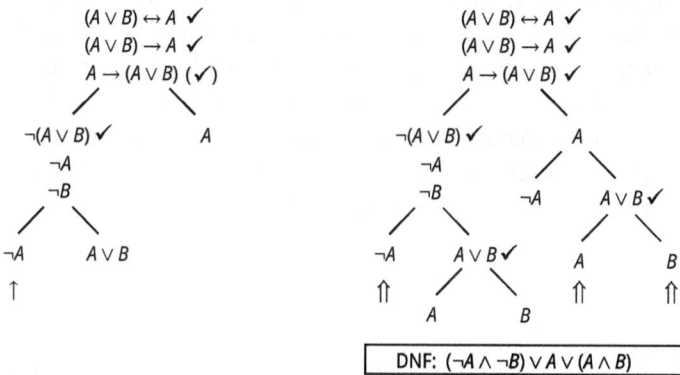

Abb. 4.8: Erfüllbarkeitsnachweis (links) und DNF-Umformung (rechts) mit Tableaubäumen.

Abb. 4.8 zeigt links einen Tableaubaum, der die Erfüllbarkeit der Formel $(A \lor B) \leftrightarrow A$ zeigt. Der Knoten mit $A \to (A \lor B)$ wurde nur teilweise erledigt, da durch den mit ‚↑' markierten Zweig bereits die Gültigkeit von φ unter jeder Belegung bewiesen ist, in der $\neg A$ und $\neg B$ wahr sind. Im Baum wurden zur Platzersparnis „Einzelkinder" ohne Verbindungsstriche unmittelbar unter ihre Elternknoten geschrieben.

Rechts in Abb. 4.8 ist ein Tableaubaum zur DNF-Umformung von φ dargestellt. Er wird zunächst wie der linke aufgebaut, doch endet der Aufbau nicht nach dem ersten „erfüllenden" Zweig (↑), sondern wird weitergeführt, bis alle Knoten abgehakt sind. Die Haken der sowieso als abgehakt geltenden Literale wurden der Übersichtlichkeit halber eingespart. Der linke Baum ist quasi ein Schnappschuss während der Entstehung des rechten. Unten steht die vom rechten Baum ablesbare DNF-Formel, die sich aus den mit ‚⇑' markierten (nicht abgeschlossenen) Zweigen ergibt.

Wie bei der Resolution liefert das duale Vorgehen auch bei den Tableaux eine sinnvolle Methode: das **duale Tableauverfahren**. Im Gegensatz zum gewöhnlichen Tableauverfahren werden bei den „Dualtableauregeln" die Folgeknoten aus den Regeln (1) bis (4) als zwei Kinder (Geschwister) und die Folgeknoten aus den Regeln (5) bis (8) als Kind und Kindeskind angehängt, beispielsweise so:

$$\frac{\varphi \wedge \psi}{\varphi \mid \psi}$$

Die neunte Regel bleibt unverändert. Im nach den dualen Regeln wachsenden dualen Tableaubaum sind also semantisch die Rollen von $\wedge$ und $\vee$ vertauscht: Vor- und Nachfahren stehen in Disjunktion, Geschwister in Konjunktion. Ansonsten bleiben sowohl das Vorgehen als auch die Abbruchkriterien die gleichen.

Auch die ablesbaren Ergebnisse sind nun der Dualität gemäß verändert: Entgegengesetzte Literale auf einem Zweig garantieren eine allgemeingültige (disjunktive) Klausel (anstelle zuvor einer widersprüchlichen konjunktiven (also Dual-) Klausel). Ein Zweig ohne entgegengesetzte Literale und ohne unerledigte Knoten tritt daher genau dann auf, wenn φ widerlegbar ist. Gibt es keinen solchen Zweig, sondern nur allgemeingültige Klauseln, ist φ allgemeingültig. In der Variante ohne Abbruch liefert das Verfahren jetzt keine DNF-Formel, sondern eine zur Wurzelformel φ äquivalente KNF-Formel. Beides ist in Abb. 4.9 an einem Beispiel zu sehen.

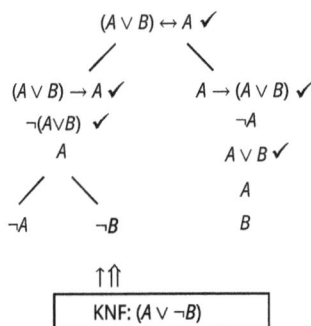

Abb. 4.9: Widerlegbarkeitsnachweis und KNF-Umformung mit Dualtableauverfahren.

Natürliches Schließen – ein Werkzeugkasten

Resolution und Tableaux wirken vom Stil her sehr schematisch und wirken prädestiniert für eine Ausführung auf dem Computer. Die formalen Kalküle des sogenannten **natürlichen Schließens**, in den 1930er-Jahren zuerst von Gentzen[66] und Jaśkowski[67] entwickelt, wurden gerade mit Blick auf ihre Ähnlichkeit mit dem üblichen halbformalen Beweisen eingeführt. Bei ihnen dürfen vorübergehende Annahmen gemacht werden. Diese sollen dann später

– entweder als **Prämisse** (linke Seite) von Implikationen oder Folgerungen auftauchen, deren **Konklusion** (rechte Seite) unter ihrer Verwendung abgeleitet wird (**bedingter Beweis**).

– oder zu einem Widerspruch führen (was ihre Negation beweist – **indirekter Beweis**)

---

66 Gerhard Gentzen, 1909–1945, lehrte Mathematik in Göttingen und Prag.
67 Stanisław Jaśkowski, 1906–1965, Professor an der Universität von Toruń.

Der bedingte Beweis beruht unmittelbar auf dem Deduktionstheorem und der indirekte Beweis auf der Äquivalenz $(\varphi \to \bot) \equiv \neg\varphi$, die sich aus der Tautologie der Reductio ad absurdum ergibt. Die Schlussregeln können aus dem bekannten Repertoire von Tautologien und Sätzen im $\top \bot$-Dialekt unterschiedlich ausgewählt werden. Die hier präsentierte und etwas hemdsärmelig als „Werkzeugkasten" bezeichnete Methode basiert auf der Darstellung bei [Hard 1999], wurde aber an die von Programmiersprachen bekannte Blockstruktur mit „begin" und „end" angepasst. Der Blockbeginn ist hier jeweils die Angabe des nächsten Beweisziels, das Blockende die Feststellung, dass das Ziel erreicht wurde.

Beweise mit dem aussagenlogischen (AL-) Werkzeugkasten

Bei einem Werkzeugkasten-Beweis werden Formeln sequentiell untereinander geschrieben. Ihre Abfolge ist aber zusätzlich mit einer unten erläuterten Blockstruktur versehen. Eine Begründung bei jeder abgeleiteten Formel macht den Beweis besser nachvollziehbar. Dazu werden vorsorglich alle Prämissen, Annahmen und abgeleiteten Formeln durchnummeriert.

Im Allgemeinen geht es um den Beweis einer Folgerung $\{\varphi_1, \varphi_2, ..., \varphi_n\} \vDash \psi$, wobei auch $n = 0$ sein kann, wenn ohne Prämissen eine Tautologie bewiesen werden soll. Bei einem Beweis werden zunächst, sofern vorhanden, die Prämissen $\varphi_1, \varphi_2, ...,$ φ_n mit der Begründung *Geg* („gegeben") hingeschrieben, dann das Ziel durch *Zeige* ψ (ohne Nummer und ohne Begründung) angegeben. Damit beginnt der Hauptblock. Dieser (und damit der Beweis) endet später mit der abgeleiteten Zeile ψ mit dem Namen des Beweisschemas als Begründung.

Für das Ableiten der jeweils nächsten Formel stehen zahlreiche **Schlussregeln** zur Verfügung; diese sind in Tab. 4.13 aufgezählt. Jede Schlussregel hat ein bis drei Prämissenmuster (oberhalb des Striches) und ein Konklusionsmuster (unterhalb des Striches). Sie kann angewendet werden, wenn ihre Regel-Prämissen (Prämissenmuster mit passend ersetztem φ, ψ, ρ) bereits in der Formelfolge stehen. Dann wird die Regel-Konklusion den Prämissen entsprechend (d. h. mit den gleichen Substitutionen) gebildet und als nächste Formel hingeschrieben. Als Begründung schreibt man die verwendete Schlussregel (oder ein Kürzel dafür) sowie die Zeilennummer(n) der verwendeten Prämisse(n) auf. Manche Regeln sind in einem Kasten und unter einem Namen zusammengefasst, z. B. die drei OB-Regeln (Oder-Benutzung).

Anstelle einer abgeleiteten Formel kann auch ein neuer untergeordneter Beweisblock eröffnet werden; er beginnt wie der Hauptblock mit einer Zielsetzung *Zeige* ρ (ohne Nummer oder Begründung) und endet mit der abgeleiteten Formel ρ (mit Nummer und mit dem Namen des Beweisschemas des Blockes als Begründung). Danach ist man wieder ein Stockwerk höher auf dem alten Blockniveau. Es gibt drei Block- bzw. **Beweisschemata,** die in Abb. 4.10 dargestellt sind. Im Unterblock darf als Regelprämisse jede nummerierte vorherige Zeile aus dem gleichen oder einem hierarchisch übergeordneten Block verwendet werden, nicht aber aus sonstigen Blöcken.

Tab. 4.13: Schlussregeln des aussagenlogischen Werkzeugkastens.

Oder-Einführungen, OE		Oder-Benutzungen, OB		
$\dfrac{\varphi}{\varphi \vee \psi}$ $\qquad \dfrac{\psi}{\varphi \vee \psi}$		$\dfrac{\varphi \vee \psi,\, \neg\varphi}{\psi}$	$\dfrac{\varphi \vee \psi,\, \neg\psi}{\varphi}$	$\dfrac{\varphi \vee \psi,\, \varphi \to \rho,\, \psi \to \rho}{\rho}$
Und-Einführung, UE	**Und-Benutzungen, UB**		**NegNeg-Einführung, NNE**	
$\dfrac{\varphi, \psi}{\varphi \wedge \psi}$	$\dfrac{\varphi \wedge \psi}{\varphi}$ $\qquad \dfrac{\varphi \wedge \psi}{\psi}$		$\dfrac{\varphi}{\neg\neg\varphi}$	
NegNeg-Benutzung, NNB	**Gdw-Einführung, GE**		**Gdw-Benutzungen, GB**	
$\dfrac{\neg\neg\varphi}{\varphi}$	$\dfrac{\varphi \to \psi,\ \psi \to \varphi}{\varphi \leftrightarrow \psi}$		$\dfrac{\varphi \leftrightarrow \psi}{\varphi \to \psi}$ $\qquad \dfrac{\varphi \leftrightarrow \psi}{\psi \to \varphi}$	
Widerspruch-Einführung, WE	**Widerspruch-Benutzung, WB**		**Modus Ponens, MP**	
$\dfrac{\varphi,\ \neg\varphi}{\bot}$	$\dfrac{\bot}{\varphi}$		$\dfrac{\varphi,\ \varphi \to \psi}{\psi}$	
Modus Tollens, MT	**Neg-Und-Benutzungen, NUB**		**Neg-Oder-Benutzung, NOB**	
$\dfrac{\varphi \to \psi,\ \neg\psi}{\neg\varphi}$	$\dfrac{\neg(\varphi \wedge \psi)}{\psi \to \neg\varphi}$	$\dfrac{\neg(\varphi \wedge \psi)}{\varphi \to \neg\psi}$	$\dfrac{\neg(\varphi \vee \psi)}{\neg\varphi}$	$\dfrac{\neg(\varphi \vee \psi)}{\neg\psi}$
Neg-Folg-Benutzung, NFB	**Neg-Gdw-Benutzungen, NGB**		**Wiederholung, WDH**	
$\dfrac{\neg(\varphi \to \psi)}{\varphi \wedge \neg\psi}$	$\dfrac{\neg(\varphi \leftrightarrow \psi)}{\neg\varphi \leftrightarrow \psi}$	$\dfrac{\neg(\varphi \leftrightarrow \psi)}{\varphi \leftrightarrow \neg\psi}$	$\dfrac{\varphi}{\varphi}$	

Direkter Beweis (DB)

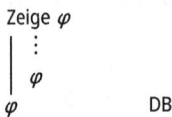

Zeige φ

$\begin{array}{l} \vdots \\ \varphi \\ \hline \varphi \qquad \text{DB} \end{array}$

Indirekter Beweis (IB)

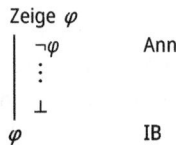

Zeige φ

$\begin{array}{ll} \neg\varphi & \text{Ann} \\ \vdots & \\ \bot & \\ \hline \varphi & \text{IB} \end{array}$

Bedingter Beweis (BB)

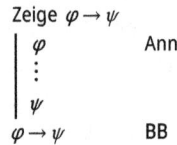

Zeige $\varphi \to \psi$

$\begin{array}{ll} \varphi & \text{Ann} \\ \vdots & \\ \psi & \\ \hline \varphi \to \psi & \text{BB} \end{array}$

Abb. 4.10: Werkzeugkasten – Beweisschemata für Blöcke.

Wenn man die Werkzeugkasten-Beweise in natürlicher Sprache nachvollzieht, zeigt sich die Ähnlichkeit zum halbformalen Schließen, z. B. beim Beweis des Tertium non datur $A \vee \neg A$ in Abb. 4.11: „Angenommen, $A \vee \neg A$ ist falsch (*). Dann gilt nach de Morgan (NOB) sowohl $\neg A$ als auch dessen Negation $\neg\neg A$, was zusammen einen Widerspruch darstellt. Daher ist die Annahme (*) falsch, also $A \vee \neg A$ wahr."

Sämtliche Schlussregeln in Tab. 4.13 beruhen auf Äquivalenzen und Folgerungen. Es steht den Benutzern natürlich frei, mithilfe weiterer Äquivalenzen und Folgerungen neue Werkzeuge zu integrieren. In diesem Sinne könnte man auch bereits anderswo bewiesene Tautologien oder Folgerungen gewissermaßen als "ausgelagerten Unterblock" mit verwenden. Dies entspricht den üblichen halbformalen Beweisen in mathematischen Publikationen, die aufeinander aufbauen und in aller Regel auf früher Bewiesenes im gleichen Text bzw. auf in anderen Texten bewiesene Sätze verweisen.

Wir betrachten in Abb. 4.11 die Arbeit mit dem Werkzeugkasten anhand zweier Beispiele, $A \lor \neg A$ und $A \to (B \to C) \vDash (A \to B) \to (A \to C)$.

	Zeige $A \lor \neg A$					
1	$\neg(A \lor \neg A)$	Ann				
2	$\neg A$	NOB, 1				
3	$\neg\neg A$	NOB, 1				
4	$\bot$	WE, 2,3				
6	$A \lor \neg A$	IB				

1	$A \to (B \to C)$		Geg
	Zeige $(A \to B) \to (A \to C)$		
2	$A \to B$		Ann
	Zeige $A \to C$		
3	A		Ann
4	B		MP, 2,3
5	$B \to C$		MP, 1,3
6	C		MP, 4,5
7	$A \to C$		BB
8	$(A \to B) \to (A \to C)$		BB

Abb. 4.11: Werkzeugkasten – zwei Anwendungsbeispiele.

Binäre Entscheidungsdiagramme

Abbildung 4.12 zeigt links ein **binäres Entscheidungsdiagramm (BDD**[68]**)** [DrBe 1998, MeTh 1998, Kott 2012], welches uns bereits in Abb. 4.4 begegnete. Es wird bei gegebener Belegung *bel* verwendet, um auf wahr (T) oder falsch (F) zu entscheiden. Dazu wird es abwärts durchlaufen, wobei die Belegung den Pfad bestimmt. Man beginnt also hier bei A. Ist $bel(A) = W$, so geht es auf der durchgezogenen (W-) Kante (hier nach links unten) weiter, andernfalls, wenn $bel(A) = F$ ist, auf der gestrichelten (F-) Kante (hier nach rechts unten). Im jeweils erreichten B-Knoten wird gemäß $bel(B)$ so weiter verfahren. So geht es mit den Variablen weiter, bis man in einem der umrahmten unteren Knoten ankommt und die Entscheidung gemäß dessen Inhalt trifft. Insgesamt, d. h. für alle Belegungen der betrachteten Variablen, gesehen liefert ein BDD genau wie eine Formel einen Wahrheitswerteverlauf, so dass wir auch von einer **Äquivalenz** $\equiv$ zwischen BDDs oder zwischen AL-Formeln und BDDs sprechen können.

Die gleichen Entscheidungen liefert das Diagramm (BDD) in der Mitte der Abbildung. Im linken Diagramm wurden alle Entscheidungen jedoch gemäß einer festen Variablenreihenfolge getroffen, weshalb das linke spezieller als „geordnet", als **OBDD**[69] bezeichnet wird. Bei OBDDs müssen zwar nicht unbedingt auf jedem Weg alle Variablen geprüft werden, aber die, die geprüft werden, werden in einer fest vorgegebenen linearen Ordnung untereinander angesteuert. Und schließlich liefert auch

---

68 Von englisch *binary decision diagram*.
69 Von englisch *ordered binary decision diagram*.

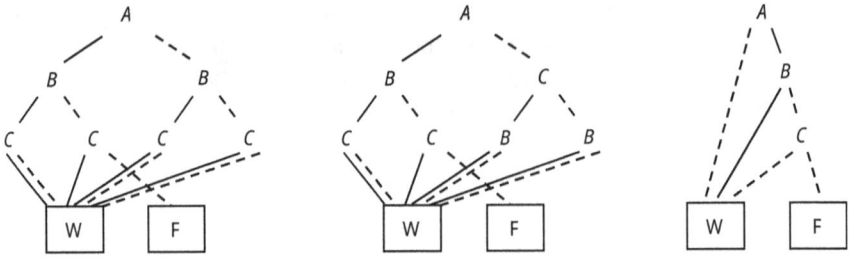

Abb. 4.12: Äquivalente OBDD, BDD und ROBDD.

das rechte OBDD in der Abbildung wiederum die gleichen Entscheidungen. Unter den OBDD mit der Ordnung A-B-C und dem gleichen Wahrheitswerteverlauf gibt es keines mit weniger Knoten. Daher bezeichnet man es auch als **reduziert**, als **ROBDD**[70].

Formal umfasst ein OBDD

- eine lineare Ordnung auf einer Menge von Aussagevariablen, sagen wir, die Menge ist $\{P_1, P_2, ..., P_n\}$ und es gilt $P_i \leq P_k \Leftrightarrow i \leq k$;
- einen gerichteten Graphen[71] mit einem Wurzelknoten, von dem aus alle Knoten über Kanten erreichbar sind, und höchstens zwei Knoten ohne Nachfolger ("Endknoten"),
  - dessen Endknoten mit W oder F beschriftet sind, falls es zwei sind, dann unterschiedlich;
  - dessen sonstige Knoten mit $P_1, P_2, ..., P_n$ beschriftet sind und von denen jeweils zwei Kanten ausgehen, eine mit W beschriftete (bzw. durchgehend gezeichnete) und eine mit F beschriftete (bzw. gestrichelt gezeichnete);
  - wobei für jede Kante von einem P_i- zu einem P_k-Knoten $i < k$ gilt.

Wie bereits die Konstruktion des linken OBDD aus der Wahrheitstafel in Abschnitt 4.1.7 zeigte, existiert zu jeder Formel φ und zu jeder linearen Ordnung auf $Vars(\varphi)$ mindestens ein äquivalenter OBDD. Man kann aber noch mehr sagen:

Satz 4.20: OBDD-Reduktion Zu jeder aussagenlogischen Formel φ und zu jeder linearen Ordnung auf $Vars(\varphi)$ existiert genau ein äquivalenter ROBDD. $\square$

Beweise findet man z. B. in [Brya 1986] und [MeTh 1998]. ∎

Daraus folgt, dass es zu jedem Wahrheitswerteverlauf auf einer endlichen Menge von Aussagevariablen und zu jeder gegebenen linearen Ordnung darauf genau einen

---

70 Von englisch *reduced ordered binary decision diagram*.
71 Vgl. Abschnitt 6.2. Die Pfeilspitzen sind entbehrlich, da die (R)(O)BDDs mit Kantenrichtung von oben nach unten gezeichnet werden.

ROBDD mit diesem Wahrheitswerteverlauf gibt. Die Effizienz gerade der ROBDDs verschaffte den BDDs ein gewisses Renommee in Bezug auf praktische Anwendbarkeit bei umfangreichen aussagenlogisch bearbeitbaren Fragestellungen, zu denen der Hardware-Entwurf und die Zustandsraumanalyse formaler Systembeschreibungen (das sog. model checking) gehören. Ein zu einem OBDD äquivalenter ROBDD mit der gleichen Variablenordnung kann leicht konstruiert werden:

Algorithmus 4.9: Reduktion eines gegebenen OBDD zu einem äquivalenten ROBDD
Solange noch eine folgenlose Fallunterscheidung (s. u.) existiert oder Knoten mit gleicher Variable und gleicher Fallunterscheidung (s. u.) existieren:
- Überspringe eine folgenlose Fallunterscheidung, bei der es also nach W und F auf die gleiche Art weitergeht, wie in Abb. 4.13 links, bzw.
- Verschmelze zwei Knoten mit gleicher Variable und gleicher Fallunterscheidung, wenn es also sowohl nach einem W als auch nach einem F bei beiden zum gleichen Knoten geht, wie in Abb. 4.13 rechts. □

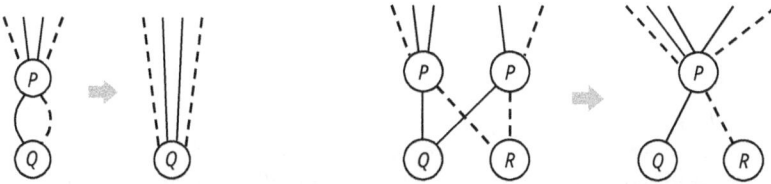

Abb. 4.13: Reduktionsschritte beim OBDD – links: Überspringen, rechts: Verschmelzen.

Der Umfang des zu einer Formel äquivalenten ROBDD kann stark von der gewählten Reihenfolge der Aussagevariablen abhängen.

Natürlich ist für jeden Knoten eines ROBDD der darunter liegende Teil des Diagramms ebenfalls ein ROBDD zur gleichen Ordnung der Variablen. Sonst könnte man in diesem Teil – und damit im ganzen Diagramm – mindestens eine folgenlose Fallunterscheidung oder Knoten mit gleicher Variable und gleicher Fallunterscheidung finden.

4.2 Prädikatenlogik

„Wenn mein Mathematikprofessor allen in meinem Kurs eine gute Mathematiknote gibt, dann auch mir." Das klingt logisch korrekt. Liefert uns das aber auch die Aussagenlogik? Wir können die (abgespeckten) Teilsätze wie folgt isolieren:

A: Alle bekommen eine gute Note.
B: Ich bekomme eine gute Note.

Dann müssten wir nur noch beweisen, dass $A \to B$ eine aussagenlogische Tautologie ist, was aber nicht gelingen kann, denn es ist keine. Also gehen wir anders heran, nennen mich Student Nummer 1 und meine, sagen wir, 29 Kurskolleg(inn)en Student Nummer 2 bis 30. Nun arbeiten wir mit folgenden 30 Sätzen A_i, $i = 1, \dots, 30$:

A_i: Student Nummer i bekommt eine gute Note,

und es gelingt uns in der Tat, zu beweisen, dass $A_1 \wedge A_2 \wedge \dots \wedge A_{30} \to A_1$ eine Tautologie ist. Das lässt hoffen, dass in der Aussagenlogik mehr steckt als zunächst erwartet.

„Wenn das Quadrat jeder reellen Zahl größer oder gleich 0 ist, dann existiert keine reelle Zahl mit einem echt negativen Quadrat." Auch das klingt logisch korrekt, aber nach etlichen Versuchen werden wir feststellen, dass uns die Aussagenlogik hier hartnäckig im Stich lässt. Unter anderem scheitern unsere Versuche daran, dass es keine endliche Liste aller reellen Zahlen gibt. Spätestens Probleme dieser Art führen von der Aussagenlogik zur **Prädikatenlogik**[72]. In ihr schaut man in die Systeme hinein und befasst sich mit
- **Objekten** innerhalb eines Systems, möglicherweise unendlich vielen, sowie ihren
- **Eigenschaften** und ihren
- **Beziehungen** zueinander.

Prädikatenlogische **Formeln** sprechen dabei vom Zutreffen von Eigenschaften oder Beziehungen (**Prädikaten**) auf einzelne Objekte bzw. auf alle Objekte innerhalb des Systems. Dazu kommen die aussagenlogischen Junktoren. Der Wahrheitswert von Aussagen hängt nun nicht nur vom betrachteten System als Ganzem ab, sondern im Detail von dessen Objekten und deren Eigenschaften und Beziehungen.

4.2.1 Die Syntax der Prädikatenlogik

Terme und Formeln

Das Alphabet der Prädikatenlogik erster Stufe (wir kürzen diese jetzt oft als PL1 ab) ist deutlich komplexer als das der Aussagenlogik (AL); es umfasst die folgenden paarweise disjunkten Symbolmengen:
- eine abzählbare Menge $VS = \{x_1, x_2, \dots\}$ von (Objekt-) **Variablensymbolen** (kurz **Variablen**), informell schreiben wir auch $u, v, x, y, \dots$, oder wir verwenden anwendungsorientierte Namen wie *Mitarbeiter*;

---

72 Historisch bedurfte es solcher vergeblicher Versuche nicht. Bereits Aristoteles (384 – 322 v. Chr.) bereitete mit seinen sog. Syllogismen unserer Prädikatenlogik den Weg.

- eine abzählbare Menge $KS = \{a_1, a_2, ...\}$ von (Objekt-) **Konstantensymbolen** (kurz **Konstanten)**, informell schreiben wir auch $a, b, c, ...$, oder wir verwenden anwendungsorientierte Namen wie *Besitzer;*
- eine abzählbare Menge $FS = \{f_1, f_2, ...\}$ von **Funktionssymbolen**, informell schreiben wir auch $f, g, ...$, oder wir verwenden anwendungsorientierte Namen wie *Vorgesetzter;* jedem Funktionssymbol f ist seine **Stelligkeit** – die Anzahl der Argumente der durch f bezeichneten Funktion – zugeordnet: F_arity[73]: $FS \rightarrow \mathbb{N}$; Objektkonstanten werden manchmal auch als „nullstellige Funktionen" eingeführt;
- eine abzählbare Menge $PS = \{P_1, P_2, ...\}$ von **Prädikaten- oder Relationssymbolen**, informell schreiben wir auch $P, Q, R, ...$, oder wir verwenden anwendungsorientierte Namen wie *arbeitet_für;* jedem Prädikatensymbol H ist seine *Stelligkeit* – die Anzahl der Argumente der durch H bezeichneten Relation – zugeordnet: P_arity: $PS \rightarrow \mathbb{N}$; meist spricht man bei Mehrstelligkeit von Relationen und von Prädikaten eher bei Einstelligkeit; auch in PL1 werden teilweise Aussagevariablen eingeführt, und zwar dann als „nullstellige Prädikate";
- die aussagenlogischen Junktoren $\neg, \wedge, \vee, \rightarrow$ und $\leftrightarrow$;
- die beiden **Quantoren**
  - $\forall$: für alle ... gilt ... **Allquantor, Generalisierung**
  - $\exists$: es existiert mindestens ein ... so dass ... **Existenzquantor, Partikularisierung;**
- syntaktische Strukturierungssymbole Klammern ‚(' und ‚)', sowie das Komma; Klammern werden zur Verbesserung der Lesbarkeit gelegentlich auch { } oder [ ] geschrieben.

Vor den PL1-Formeln werden die Terme der Prädikatenlogik induktiv definiert, mit denen *Objekte* bezeichnet werden, und unter Verwendung der Terme werden dann die Formeln der Prädikatenlogik induktiv definiert:
- **Terme**
  - Alle (Objekt-) Konstanten und Variablen sind Terme.
  - Ist ein k-stelliges Funktionssymbol und sind $\tau_1, ..., \tau_k$ Terme, so ist $f(\tau_1, ..., \tau_k)$ ein Term.
- **Formeln**
  - Ist P ein k-stelliges Relationssymbol und sind $\tau_1, ..., \tau_k$ Terme, so ist $P(\tau_1, ..., \tau_k)$ eine (atomare) Formel. Andere Formeln sind komplex.
  - Sind φ und ψ Formeln, dann auch $\neg\varphi$, $(\varphi \wedge \psi)$, $(\varphi \vee \psi)$, $(\varphi \rightarrow \psi)$ und $(\varphi \leftrightarrow \psi)$.
  - Ist φ eine Formel und x eine Objektvariable, so sind $\forall x\varphi$ und $\exists x\varphi$ Formeln.

---

[73] *Arity* (Stelligkeit) ist im Englischen ein Kunstwort, abgeleitet von *unary, binary, ternary, ...* (ein-, zwei-, dreistellig) – analog zum Kunstwort „Stelligkeit" im Deutschen.

Syntaxbäume für Terme und PL1-Formeln sowie **Teilformeln** von PL1-Formeln (wie auch **Teilterme** von PL1-Termen) sind völlig analog zur Aussagenlogik definiert. Auch in der Prädikatenlogik gilt die Regel „Teilformel = Teilwort & Formel", hier auch analog in Bezug auf Terme, und beides ist auf ähnlichen Wegen zu beweisen:

Satz 4.21: Teilwort-Teilformel/Teilterm-Eigenschaft

1. Sind σ und τ PL1-Terme und ist σ ein Teilwort von τ , dann ist σ ein Teilterm von τ.

2. Sind φ und ψ PL1-Formeln und ist ψ ein Teilwort von φ, dann ist ψ eine Teilformel von φ. ☐

Mehrstellige Relationen werden in der Praxis auch **infix** („3 < 4") und **mixfix** („5 : 2 = 2 Rest 2") geschrieben. Eine häufig anzutreffende alternative Schreibweise für die Quantifizierungen $\forall x\,\varphi$ bzw. $\exists x\,\varphi$ ist $\bigvee_x \varphi$ bzw. $\bigwedge_x \varphi$, oder auch einfach mit Doppelpunkt, also $\forall x\colon \varphi$ bzw. $\forall y\colon \varphi$.

Andere gebräuchliche PL1-Dialekte sind

– PL1 ohne Funktionssymbole;

– PL1$_=$, d. h. PL1 mit **Identität** = , mit Formeln wie $(x = y) \to (P(x) \to P(y))$;
   ohne Funktionssymbole aber mit Identität kann man die Funktionen als linkstotale und rechtseindeutige Relationen „nachbauen";

– PL1 mit **Sorten**, im Stile von $\forall x \in M\, \exists y \in N\, P(x,y)$;
   diese Formel kann man ohne Sorten, aber mit charakterisierenden kennzeichnenden Prädikaten ersetzen durch $\forall x(M(x) \to \exists y(N(y) \wedge F))$. In diesem Sinne kann man auf Sorten ohne Verlust an Ausdruckskraft verzichten, verwendet sie aber ggf. der besseren Lesbarkeit wegen.

4.2.2 Weitere syntaktische Begriffe

In Wörtern können Teilwörter an mehreren Positionen vorkommen. In „Bestellliste" kommt „ll" zweimal vor, einmal ab dem sechsten Zeichen, einmal ab dem siebten. Zur klaren Unterscheidung zwischen einem Zeichen bzw. Wort und seinen Vorkommen schreiben wir im Folgenden [w] für ein **Vorkommen** eines Wortes w als Teilwort einer gegebenen Zeichenfolge. Damit sind wir nun in der Lage, PL1-spezifische syntaktische Begriffe zu definieren:

– Ein Vorkommen [x] einer Variablen x in einer PL1-Formel ist entweder eines als
   Kopfvariable (salopper für das genauere: als Kopfvariablenvorkommen) in $\forall x$
   bzw. $\exists x$ – wie das erste [x] in $\forall x P(f(x))$ – oder eines innerhalb einer atomaren
   Formel, die als Teilformel in φ vorkommt – wie das zweite [x] in $\forall x P(f(x))$, wo es
   innerhalb der atomaren Teilformel $P(f(x))$ steht.

- In einer PL1-Formel $\forall x\,\varphi$ bzw. $\exists x\,\varphi$ ist die Teilformel φ der **Scope**[74] **(Wirkungs-bereich)** der davor stehenden Quantifizierung [[$\forall x$] bzw. [$\exists x$].
- Ein Variablenvorkommen [x] heißt **frei in** der PL1-Formel φ , wenn es darin weder Kopfvariable ist noch im Scope einer Quantifizierung [$\forall x$]/[$\exists x$] steht. Beispielsweise ist in $\forall y P(f(x,y))$ das erste [y] nicht frei, da es Kopfvariable ist; das zweite [y] ist nicht frei, da es im Scope von [$\forall y$] steht. Das [x] hingegen ist hier frei.
- In einer PL1-Formel $\forall x\,\varphi$ bzw. $\exists x\,\varphi$ heißt ein Variablenvorkommen [x] **gebunden durch** die führenden Quantifizierung, wenn es in deren Scope φ frei ist.
- Eine PL1-Formel heißt **geschlossen,** wenn sie keine freien Variablenvorkommen enthält. Manchmal werden die geschlossenen Formeln als **Aussagen** und die nicht geschlossenen als **Aussageformen** bezeichnet.

Man beachte dass eine *Variablen* in einer PL1-Formel sowohl *freie* als auch *gebunden* vorkommen kann, Jedes ihrer *Vorkommen* ist aber immer genau eines:
- entweder frei
- oder als Kopfvariable
- oder gebunden.

In der Formel $P(x) \wedge \forall x Q(x,a)$ ist das erste x-Vorkommen frei, das zweite als Kopfvariable und das dritte gebunden.

Man kann aufgrund der Klammerung bei der Verwendung zweistelliger Junktoren eigentlich nie im Zweifel sein, auf welchen Teil einer Formel sich eine Quantifizierung oder Negation bezieht. Verwirrend ist das gelegentlich im Falle weggelassener äußerster Klammern, insbesondere wenn eine Variable frei und gebunden vorkommt. Dagegen hilft aber die ...

Faustregel: Wirkungsbereich einstelliger logischer Operatoren $\neg$, $\forall x$ und $\exists x$ „wirken nur bis zum Ende der kürzestmöglichen darauf folgenden Formel". ☐

Damit sieht man beispielsweise sofort, dass der Scope des Quantors in $\forall x P(x) \rightarrow Q(x)$ vor dem Implikationspfeil endet.

Im Scope einer Quantifizierung [$\forall x$]/[$\exists x$] ist jedes [x] gebunden – aber nicht unbedingt durch dieses führende [$\forall x$]/[$\exists x$], sondern durch die im Syntaxbaum ihm am nächsten stehende übergeordnete Quantifizierung [$\forall x$]/[$\exists x$]. Man kann das auch so sehen, dass von links nach rechts gelesen [$\forall x$]/[$\exists x$] alle [x] in seinem Scope so lange bindet, bis es ggf. durch kommende darin geschachtelte [$\forall x$]/[$\exists x$] „umgebunden" wird.

---

74 Vom griechischen *skopós* (Zweck, von *skopeïn* – anschauen) über das lateinische *scopus* (Ziel) und das englische *scope* (Rahmen, Bereich).

Diese scheinbare Verkomplizierung entspricht aber tatsächlich dem Ablauf bei der rekursiven Auswertung einer Interpretation.

Abbildung 4.14 illustriert die oben vorgestellten syntaktischen Begriffe anhand der Formel $\forall x \forall y (\forall y Q(x,y) \to (P(a) \land R(z, (f(y)))))$ mittels

- unterschiedlicher Gestaltung der Kanten im Syntaxbaum,
- Indizierung verschiedener Vorkommen der gleichen Symbole und
- graphisch dargestellter Scope-Rahmen.

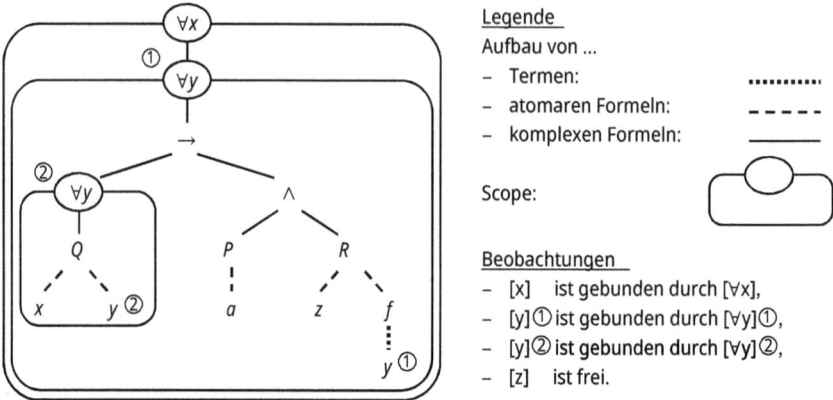

Abb. 4.14: Formelaufbau und syntaktische Begriffe an einem Beispiel.

Beschränkte Quantifizierung

In der angewandten Prädikatenlogik werden die Quantoren häufig im Rahmen einer Kurzschreibweise, den sog. **beschränkten** oder **bedingten Quantifizierungen,** verwendet. Eine Spezialform wurde bereits in Kapitel 3 verwendet. Es handelt sich in allgemeinster Form um Abkürzungen

$$\forall \psi \, \varphi \quad \text{für} \quad \forall x_i (\psi \to \varphi) \text{ und}$$

$$\exists \psi \, \varphi \quad \text{für} \quad \exists x_i (\psi \land \varphi),$$

wobei φ und ψ Formeln sind und in ψ lediglich die Variable x_i frei vorkommt. Oft hat ψ dabei die Form $x_i \in M$ wie in PL1 mit Sorten. Man findet aber auch Beschränkungen ψ anderer Art, wie zum Beispiel in

$$\forall x \in \mathbb{N} \, \exists y > x \; 2 \cdot x = y \quad \text{oder} \quad \forall x \neq 0 \; x \cdot \frac{1}{x} = 1.$$

4.2.3 Die elementare Semantik der Prädikatenlogik

Interpretationen

Wie in der Aussagenlogik wird auch in der Prädikatenlogik einer Formel durch eine Interpretation ein Wahrheitswert zugewiesen; nur ist der Weg dahin etwas aufwändiger. Eine **Interpretation** I umfasst folgende Komponenten:

- eine nicht leere Menge U von Objekten **(Grundmenge, Trägermenge, Universum)**;
- eine Abbildung $I_K\colon KS_I \to U, KS_I \subseteq KS$, von Konstantensymbolen auf Objekte in U;
- eine Abbildung $I_F\colon FS_I \to \bigcup_{k=0}^{\infty} F(U^k, U)$, $FS_I \subseteq FS$, von Funktionssymbolen auf ein- oder mehrstellige Funktionen auf U, derart dass k-stellige Funktionssymbole auf k-stellige Funktionen abgebildet werden;
- eine Abbildung $I_P\colon PS_I \to P\big(\bigcup_{k=0}^{\infty} U^k\big)$, $PS_I \subseteq PS$, von Prädikaten- und Relationssymbolen auf ein- oder mehrstellige Relationen über U, derart dass k-stellige Relationssymbole auf k-stellige Relationen abgebildet werden;
- eine Abbildung $I_V\colon VS_I \to U, VS_I \subseteq VS$, von Variablensymbolen auf Objekte in U.

Das liest sich anfangs vielleicht etwas umständlich, etwa so wie wenn jemand sagt „Wir interpretieren in dem Satz „Asien ist größer als Europa" den Namen Europa durch den Kontinent Europa." Der Punkt ist aber, dass wir in der Prädikatenlogik gewissermaßen über völlig verschiedene Welten reden, in denen keiner der Begriffe seine hiesige Bedeutung haben muss. Dann muss man festlegen, was man in einer anderen Welt mit „Asien" und „Europa", ja sogar was man mit „größer als" meint.

Eine Interpretation $I = (U, I_K, I_F, I_P, I_V)$ heißt

- **passend** oder **ausreichend** für einen PL1-Term τ, wenn sie alle Konstanten-, Variablen- und Funktionssymbole in τ interpretiert,
- **passend** oder **ausreichend** für eine PL1-Formel φ, wenn sie alle Konstanten-, Funktions-, und Prädikatensymbole, sowie alle *frei* vorkommenden Variablensymbole von φ interpretiert.

Für eine geschlossene PL1-Formel sind also lediglich die Konstanten-, Funktions-, und Prädikatensymbole zu interpretieren. Mehr zu interpretieren schadet weder, noch nützt es.

Term- und Formelauswertung unter einer Interpretation

Ist eine Interpretation ausreichend für einen PLI-Term τ, so ist sein Wahrheitswert *wert*$_I(\tau)$ unter I rekursiv bestimmt – er sei hier der Kürze wegen als $I(\tau)$ bezeichnet:

- x Variable: $I(x) := I_V(x)$;
- c Konstante: $I(c) := I_K(c)$;
- f k-stelliges Funktionssymbol, $\tau_1, \tau_2, ..., \tau_k$ Terme:

$$I(f(\tau_1, ..., \tau_k)) := I_F(f)(I(\tau_1), ..., I(\tau_k)).$$

So können wir beispielsweise den Term $f(g(a,x))$ in der Menge $U = \mathbb{N}$ interpretieren, indem wir der Konstanten a den Wert 1, der Variablen x den Wert 2, dem Funktionssymbol f die Addition von 3 und dem Funktionssymbol g die Multiplikation zuweisen. Dann wird $f(g(a,x))$ interpretiert als $1 \cdot 2 + 3$, also als 5.

Unter Verwendung der Interpretationen der in ihnen vorkommenden Terme (und deren Teilterme) werden bei einer ausreichender Interpretation rekursiv die Formeln (i. d. R. über ihre Teilformeln) ausgewertet, auch diese kurz als $I(\varphi)$ geschrieben, anstelle von $wert_I(\varphi)$:

- atomare Formeln: $I(P(t_1, \ldots, t_k)) := \begin{cases} W & \text{wenn} \quad (I(t_1), \ldots, I(t_k)) \in I_P(P) \\ F & \text{sonst} \end{cases}$;

- Junktorenformeln: $I(\neg\varphi), I(\varphi \wedge \psi), I(\varphi \vee \psi), I(\varphi \to \psi), I(\varphi \leftrightarrow \psi)$ ergeben sich aus $I(\varphi), I(\psi)$ wie in der Aussagenlogik.

- Quantorenformeln: $I(\forall x\varphi) := \begin{cases} W & \text{wenn für alle } a \in U \text{ gilt: } I_{x:=a}(\varphi) = W \\ F & \text{sonst} \end{cases}$

  $I(\exists x\varphi) := \begin{cases} W & \text{wenn für mindestens ein } a \in U \text{ gilt: } I_{x:=a}(\varphi) = W \\ F & \text{sonst} \end{cases}$

Dabei ist $I_{x:=a}$ das Gleiche wie I mit der Ausnahme, dass $I_V(x) := a$ – egal ob und wie x unter I interpretiert war. Insgesamt ist für x beim Allquantor ganz U durchzuprüfen, beim Existenzquantor bis zum ersten „erfolgreichen Objekt" oder – mangels eines solchen – ganz. *Gebundene* Variablenvorkommen werden von einer Interpretation nicht dauerhaft interpretiert, sie werden erst bei der Auswertung „automatisch" mit Werten belegt und bei geschachtelten Auswertungen gegebenenfalls erneut.

Die Interpretation und die Auswertung verlaufen also in jeder quantorfreien Formel von innen nach außen (im Syntaxbaum: von den Blättern zur Wurzel). Für jede quantifizierte Teilformel werden aber von außen nach innen Auswertungen im Prinzip für alle Belegungen der durch den Quantor gebundenen Variablen mit Werten aus ganz U angestoßen, was zu einer Vielzahl (oft eher einer Unzahl) von Auswertungen quantorfreier Formeln führt.

Diese zugegebenermaßen etwas beschwerlichen Definitionen der Auswertungsmechanismen unter einer Interpretation werden nun zusammenhängend an einem Beispiel demonstriert. Die Formel

$$\varphi = \exists x \forall y R(f(x,y), x)$$

soll in der Grundmenge $U = \mathbb{N}$ auf zwei unterschiedliche Weisen interpretiert werden, in Interpretationen I und J:

- Interpretation I:
  - $I_P(R)$ soll die Identität sein $(R(x,y) :\Leftrightarrow x = y)$,
  - $I_F(f)$ die Multiplikation auf $\mathbb{N}$.

- Auswertung unter I: Belegt man unter I wegen $\exists x$ (nämlich auf der Suche nach einem geeigneten Wert für x) dieses x mit 0, dann ermittelt man den Wert $I_{x:=0}(\forall y R(f(x,y),x))$, d. h. man „prüft", ob für jede natürliche Zahl y gilt, dass $0 \cdot y = 0$, was die Arithmetik bejaht. Somit ist $I(\varphi) = W$.
- Interpretation J:
  - $J_P(R)$ soll die Relation $<$ sein, $(R(x,y) :\Leftrightarrow x < y)$,
  - $J_F(f)$ die Addition auf $\mathbb{N}$.
  - Auswertung unter J: Belegt man für J (wegen $\exists x$) x mit einer Zahl a, dann sucht man jetzt den Wert $J_{x:=a}(\forall y R(f(x,y),x))$, also $\forall y R(f(a,y),a))$, d. h. man „prüft", ob für jede natürliche Zahl y gilt, dass $a + y < a$, was aber z. B. mit $y = 1$ widerlegt ist. Somit ist $J_{y:=1}(R(f(a,y),a)) = F$, und damit auch $J(\varphi) = F$.

Beim Blick auf endliche Universen zeigt sich, dass der Allquantor mit einer Konjunktion und der Existenzquantor mit einer Disjunktion verwandt ist. Abbildung 4.15 illustriert dies anhand einer Formelauswertung in einem zweielementigen Universum $U = \{a,b\}$. Dort ist $\forall x \exists y P(x,y)$ gleichbedeutend mit $[P(a,a) \vee P(a,b)] \wedge [P(b,a) \vee P(b,b)]$.

Ein systematisches Durchprobieren aller Interpretationen, um herauszufinden, ob eine Formel wahr oder falsch sein kann, ist im Gegensatz zur Aussagenlogik mit ihren Wahrheitstafeln nicht möglich. Es gibt unendlich viele mögliche Grundmengen und darin jeweils meist unendlich viele Interpretationen der Konstanten, Variablen, Funktionen und Relationen. Im Abschnitt 4.2.6 wird darauf näher eingegangen.

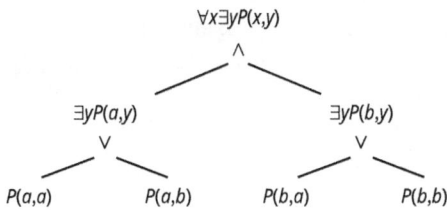

Abb. 4.15: Quantorenauswertung bei endlichem Universum $U = \{a,b\}$ als Konjunktion bzw. Disjunktion.

4.2.4 Semantische Begriffe und Sätze der Prädikatenlogik

Der grundlegende semantische Begriff nicht nur der Aussagenlogik, sondern auch der Prädikatenlogik ist das Modell.
- Ein **Modell** einer PL1-Formel φ ist eine für φ ausreichende Interpretation, bei der φ wahr, also $I(\varphi) = W$, ist. Beispielsweise definiert Abb. 4.15 (s. o.) ein Modell, wenn P als Identität interpretiert ist, also $P(x,y) \Leftrightarrow x = y$, d.h. $I_P(R) = id_{\{a,b\}}$ gilt.
  Man sagt bzw. schreibt dann auch I **erfüllt** φ, φ **gilt unter** I oder $I \vDash \varphi$.

Im anderen Falle, $I(\varphi) = F$, sagt bzw. schreibt man auch I ist ein **Gegenbeispiel** zu φ, „I **widerlegt** φ" oder $I \models \neg\varphi$.

Eine PL1-Formel φ heißt ...

- **erfüllbar,** wenn sie mindestens ein Modell hat (sonst: **unerfüllbar**);
- **allgemeingültig** (geschrieben $\models \varphi$) oder **Tautologie,** wenn jede passende Interpretation ein Modell ist (sonst: **widerlegbar**);
- **gültig in** (U, I_K, I_F, I_P), (auch eine **Struktur** genannt) wenn für jede passende Belegung I_V die Interpretation $I = (U, I_K, I_F, I_P, I_V)$ Modell von φ ist.

Beispiel:
$x + y = y + i$ gilt (ist gültig) in $\mathbb{N}_0$ unter der üblichen Interpretation von + und = .

Auch Zusammenhänge zwischen Formeln beziehen sich auf Modelle:

- Zwei Formeln φ und ψ heißen (logisch, semantisch) **äquivalent,** $\varphi \equiv \psi$, wenn sie genau die gleichen Modelle haben, wenn also unter jeder für beide passenden Interpretation I gilt: $I(\varphi) = I(\psi)$.
- Eine Formel φ folgt (logisch, semantisch) aus einer Formel σ (bzw. Formelmenge M), geschrieben: $\sigma \models \varphi$ (bzw. $M \models \varphi$), wenn unter den für alle beteiligten Formeln passenden Interpretationen jedes Modell von σ (bzw. M) auch Modell von φ ist.

Analog zur Aussagenlogik sind die Begriffe des **Modells** und der **Erfüllbarkeit** einer *Formelmenge,* sowie der **Folgerung** *aus einer Formelmenge* definiert.

Schließlich gilt und beweist man analog zur Aussagenlogik ein gleichlautendes Deduktionstheorem mit seinen Versionen und Folgerungen auch in PL1.

Satz 4.22: Deduktionstheorem
Seien M eine PL1-Formelmenge und φ, die φ_i und ψ PL1-Formeln. Dann gilt
1. $M \cup \{\varphi\} \models \psi \Leftrightarrow M \models (\varphi \rightarrow \psi)$, und daher
2. $\varphi \models \psi \Leftrightarrow \models (\varphi \rightarrow \psi)$,
3. $\{\varphi_1, \varphi_2, ..., \varphi_n\} \models \psi \Leftrightarrow \models ((\varphi_1 \wedge \varphi_2 \wedge ... \wedge \varphi_n) \rightarrow \psi)$,
4. $\varphi \equiv \psi \Leftrightarrow \models (\varphi \leftrightarrow \psi)$. □

Es folgen einige wichtige Äquivalenzen, die mittels des Deduktionstheorems natürlich auch als allgemeingültige Biimplikationen geschrieben werden können.

Satz 4.23: Wichtige Äquivalenzen und eine Folgerung der Prädikatenlogik
Dualität der beiden Quantoren:

$$\neg \forall x\, \varphi \equiv \exists x\, \neg \varphi \qquad \neg \exists x\, \varphi \equiv \forall x\, \neg \varphi$$

Kommutativität gleicher Quantoren:

$$\forall x \forall y\, \varphi \equiv \forall y \forall x\, \varphi \qquad \exists x \exists y\, \varphi \equiv \exists y \exists x\, \varphi$$

Quantoreinführung und **-beseitigung:** Falls x nicht frei in φ vorkommt, gelten

$$\varphi \equiv \forall x\, \varphi \qquad \varphi \equiv \exists x\, \varphi$$

Quantor-Distributivität:

$$\forall x\, (\varphi \wedge \psi) \equiv \forall x\, \varphi \wedge \forall x\, \psi \qquad \exists x\, (\varphi \vee \psi) \equiv \exists x\, \varphi \vee \exists x\, \psi$$

(Leere) Scope-Erweiterung: Falls x nicht frei in ψ vorkommt, gelten

$$\forall x\, \varphi \wedge \psi \equiv \forall x(\varphi \wedge \psi) \qquad \exists x\, \varphi \vee \psi \equiv \exists x\, (\varphi \vee \psi)$$

$$\forall x\, \varphi \vee \psi \equiv \forall x(\varphi \vee \psi) \qquad \exists x\, \varphi \wedge \psi \equiv \exists x(\varphi \wedge \psi)$$

$$\psi \to \forall x\, \varphi \equiv \forall x(\psi \to \varphi) \qquad \psi \to \exists x\, \varphi \equiv \exists x(\psi \to \varphi)$$

Generalisierung einer Implikation:

$$\forall x(\varphi \to \psi) \vDash (\forall x \varphi \to \forall x \psi) \qquad\qquad \square$$

Beweisskizzen: Dualität: Unter jeder Interpretation sind die beiden Formeln der ersten Äquivalenz genau dann wahr, wenn sich ein Element a des Universums U findet, für das φ, in dem alle freien Vorkommen von x durch a ersetzt sind, falsch ist. Die zweite Äquivalenz folgt daraus unter Verwendung von $\neg\varphi$ anstelle von φ.

Kommutativität der Quantoren: Unter jeder Interpretation sind die ersten beiden Formeln genau dann wahr, wenn für alle Elemente a und b des Universums U gilt, dass φ, bei dem alle freien Vorkommen von x durch a und die von y durch b ersetzt sind, wahr ist. Die zweite Äquivalenz folgt per Dualität und Verwendung von $\neg\varphi$.

Quantoreinführung: Unter jeder Interpretation wird bei der Berechnung des Wahrheitswertes einer Formel $\varphi\ I_V(x)$ für alle gebundenen Variablen x überschrieben, zählt also nur bei den freien Variablenvorkommen. Also wirkt sich bei der Berechnung des Wahrheitswertes von $\forall x \varphi$ die Uminterpretation durch $I_{x:=a}$ nur auf die freien Vorkommen von x in φ aus, hier also gar nicht. Die zweite Äquivalenz folgt unter Verwendung von $\neg\varphi$ anstelle von φ.

Quantor-Distributivität: Aus $\forall x \varphi \wedge \forall x \psi$ folgt $\forall x\, (\varphi \wedge \psi)$, denn wenn $I_{x:=a}$ auf φ und ψ W ergibt, dann auch auf $\varphi \wedge \psi$. Gilt aber für jedes x $\varphi \wedge \psi$, dann wegen $\varphi \wedge \psi \vDash \varphi$

bzw. ψ insbesondere jede einzelne der beiden Formeln. Und genau dann gilt $I_{x:=a}(\varphi \vee \psi)$, wenn $I_{x:=a}(\varphi)$ oder $I_{x:=a}(\psi)$ gilt.

Scope-Erweiterung: $\forall x\varphi \wedge \psi \equiv \forall x\varphi \wedge \forall x\psi \equiv \forall x\,(\varphi \wedge \psi)$ wegen Quantoreinführung bzw. Quantor-Distributivität. Analog ergibt sich. $\exists x\varphi \vee \psi \equiv \exists x\varphi \vee \exists x\psi \equiv \exists x(\varphi \vee \psi)$. Die zweite Zeile folgt wieder unter der Verwendung von Negationen und Dualität, z. B.

$$
\begin{aligned}
\forall x\,\varphi \vee \psi &\equiv \neg\exists x\,\neg\varphi \vee \psi && \text{wegen Dualität,} \\
&\equiv \neg\exists x\,\neg\varphi \vee \neg\neg\psi && \text{Doppelnegation,} \\
&\equiv \neg(\exists x\,\neg\varphi \wedge \neg\psi) && \text{de Morgan,} \\
&\equiv \neg\exists x\,(\neg\varphi \wedge \neg\psi) && \text{Scope-Erweiterung,} \\
&\equiv \neg\exists x\,\neg(\varphi \vee \psi) && \text{de Morgan,} \\
&\equiv \forall x\,(\varphi \vee \psi) && \text{Dualität.}
\end{aligned}
$$

Die dritte Zeile der Scope-Erweiterung folgt aus den vorigen und $\psi \to \varphi \equiv \neg\psi \vee \varphi$.

Die Generalisierung einer Implikation: $\{\forall x(\varphi \to \psi), \forall x(\varphi)\} \vDash \forall x(\psi)$ gilt, da, wenn für jedes Objekt a $\varphi_{[x/a]}$ und $\varphi_{[x/a]} \to \psi_{[x/a]}$ gilt, dann wegen Modus Ponens auch $\psi_{[x/a]}$. Die Aussage folgt dann aus dem Deduktionstheorem, Satz 4.22 (1). ∎

Bei Satz 4.23 muss man sich vor Fehlinterpretationen in Acht nehmen:
- Die Quantorenvertauschung funktioniert im Allgemeinen nur „bei $\forall$ mit $\forall$" oder „$\exists$ mit $\exists$" nicht jedoch gemischt; z. B. gilt nicht immer $\forall x\exists y R(x,y) \leftrightarrow \exists y\forall x R(x,y)$.
- Die Scope-Erweiterung sagt nichts über ähnliche – aber doch andere – Muster; es gilt z. B. nicht $\forall x\,\varphi \to \psi \equiv \forall x\,(\varphi \to \psi)$.
- Die Distributivität gilt nicht „über Kreuz", d. h. nicht bei „$\forall$ mit $\vee$" oder „$\exists$ mit $\wedge$".

Die Suche nach Gegenbeispielen zu diesen Fehlinterpretationen ist Inhalt einer Übungsaufgabe.

4.2.5 Substitution und Ersetzung in PL1

Der Satz über die äquivalente Ersetzung gilt auch in PL1, wobei er sich hier auf PL1-Formeln bezieht. Auch sein Beweis verläuft ähnlich wie der des Ersetzungstheorems der Aussagenlogik.

Satz 4.24: Ersetzungstheorem, Satz über die äquivalente Ersetzung
Werden in einer PL1-Formel φ ein oder mehrere Vorkommen einer Teilformel ψ durch eine zu ψ äquivalente Formel ρ ersetzt, so ist die entstehende PL1-Formel zu φ äquivalent. □

Ganz ähnlich wie den Substitutionssatz der Aussagenlogik zeigt man zudem:

Satz 4.25: AL-Tautologien in PL1

Werden in einer AL-Tautologie (bzw. in einer unerfüllbaren AL-Formel) alle Vorkommen jeder Aussagevariablen jeweils durch die gleiche PL1-Formel ersetzt, so ist die entstehende PL1-Formel ebenfalls eine Tautologie (bzw. unerfüllbar). □

So wird aus einer aussagenlogischen Tautologie wie $A \vee \neg A$ eine PL1-Tautologie wie

$$\forall x \exists y P(x, f(x, y)) \vee \neg \forall x \exists y P(x, f(x, y)).$$

Die eigentliche **(gleichzeitige) Substitution** in PL1, $[x_1 / \tau_1, \dots, x_n / \tau_n]$, ersetzt nicht Aussagevariablen durch Formeln, sondern paarweise verschiedene Objektvariablen $x_1, \dots, x_n$ durch (nicht unbedingt verschiedene) Terme $\tau_1, \tau_2, \dots$ bzw. τ_n und wirkt definitionsgemäß wie folgt:

- Für jedes x_i wird jedes freie Vorkommen $[x_i]$ durch τ_i ersetzt.
  Beispielsweise ergibt die Substitution $[x / a, y / b, z / c]$, angewendet auf $\forall x \exists w R(w,x,z)$, die Formel $\forall x \exists w R(w,x,c)$, denn:
  - w kommt nicht in der Liste der zu substituierenden Variablen vor,
  - w und x würde bzw. wird als Kopfvariablenvorkommen oder gebundenes Variablenvorkommen nicht ersetzt,
  - y kommt in der Formel nicht vor, und
  - z kommt in der Formel frei vor, und wird dort ersetzt.

Will man die Wirkung der Substitution $sub := [x_1 / \tau_1, \dots, x_n / \tau_n]$ analog zur Substitution von Aussagevariablen rekursiv über den Formelaufbau beschreiben, so setzt man analog auf der Ebene der Terme

- für $x \in VS \cup KS$: $x_{sub} := \begin{cases} \tau_i & \text{für} \quad x = x_i \\ x & \text{sonst} \end{cases}$.

Von den Funktionen, Prädikaten und Relationen und den aussagenlogischen Junktoren wird sub einfach „an die Argumente durchgereicht". Interessant wird es erst bei den Quantoren, für die zu definieren ist:

- $(\forall x \varphi)_{sub} := \forall x (\varphi_{sub_{\neq x}})$
- $(\exists x \varphi)_{sub} := \exists x (\varphi_{sub_{\neq x}})$

Dabei ist $sub_{\neq x}$ definiert wie sub, wobei jedoch, wenn x als in x_i der Liste $x_1, \dots, x_n$ vorkommt, x_i / τ_i aus der Substitution $[x_1 / \tau_1, \dots, x_n / \tau_n]$ gestrichen wird.

Satz 4.26: Gebundene Umbenennung

Sei φ eine Formel, die die Variable y nicht frei enthält. Dann gilt

$$\exists x \varphi \equiv \exists y \varphi_{[x/y]} \text{ und } \forall x \varphi \equiv \forall y \varphi_{[x/y]}.$$ □

Beweisidee: Die Quantorvariable v in „$\forall / \exists v \; \varphi$" dient lediglich dazu, festzuhalten, an welchen Stellen der quantifizierten Formel φ (nämlich an den freien Vorkommen $[v]$

in φ) in einer Interpretation die gleichen Objekte des untersuchten Universums einzusetzen sind. Dabei ist es gleichgültig, welches Variablensymbol verwendet wird. ∎

Wie in der Aussagenlogik gilt auch in der Prädikatenlogik:

Satz 4.27: Verknüpfungseigenschaften von Substitutionen
- Jede gleichzeitige Substitution in PL1 lässt sich als Hintereinanderausführung von **Einzelsubstitutionen** x / τ darstellen.
- Jede Hintereinanderausführung endlich vieler gleichzeitiger Substitutionen in PL1 entspricht einer gleichzeitigen Substitution. □

Da das, was im Allgemeinen gilt, auch im Besonderen gilt, sollte man meinen, dass für jede Substitution $\forall x \varphi \vDash \varphi_{[x/\tau]}$ gilt, nämlich dass etwas, was für alle x gilt, auch für einen Term τ an der Stelle von x gilt. Letzteres ist zwar wohl so, nur ist unsere Substitution dafür noch zu grob, als dass dies durch „$\forall x \varphi \vDash \varphi_{[x/\tau]}$" immer korrekt eingefangen würde. Das zeigt folgendes Gegenbeispiel für die Substitution $[x / y]$: Es gilt nicht allgemein, dass $\forall x \exists y \, R(x, y) \vDash \exists y \, R(y, y)$. Man interpretiere nur innerhalb der natürlichen Zahlen mit $R(x,y) :\Leftrightarrow x < y$: Es gibt zwar zu jeder Zahl eine echt größere, aber keine ist echt größer als sie selbst.

Anscheinend kann also aus Wahrem Falsches entstehen, wenn beim Übergang von φ nach $\forall x \varphi \vDash \varphi_{[x/\tau]}$ ein freies Variablenvorkommen gebunden wird. In der Tat klappt der erwünschte Übergang vom Allgemeinen zum Besonderen, sobald man diesen Fall ausschließt, d. h. indem man fordert: In φ liegt kein freies Vorkommen $[x]$ der Variablen x im Scope eines Quantors mit einer Kopfvariable v, die in τ vorkommt.

Man sagt für diese Bedingung auch kurz: τ ist **erlaubt** (oder **frei** oder **substituierbar) für** x in φ. Noch kürzer schreibt man free(τ, x, φ).

Satz 4.28: Substitutionstheorem der Prädikatenlogik
Für jeden PL1-Term τ, jede Variable x und jede PL1-Formel φ gilt:

$$\text{free}(\tau, x, \varphi) \Rightarrow \forall x \varphi \vDash \varphi_{[x/\tau]}. \qquad \square$$

Nun ist die Definition von free(τ, x, φ) nicht unbedingt eine, die Anfänger gleich nach dem ersten Lesen mit traumwandlerischer Sicherheit anwenden. Daher sei hier nochmal Schritt für Schritt eine systematische Prüfung erklärt.

Algorithmus 4.10: Entscheidung über Substituierbarkeit – free(τ, x_i, φ)
Geg.: τ, $i \in \mathbb{N}$, φ (x_i liegt also fest.)
- Bestimme alle freien $[x_i]$ (freie Vorkommen des gegebenen x_i) in φ.
   Gibt es keine, so ist τ frei für x_i in φ, und der Algorithmus endet; andernfalls ...
- Für alle freien $[x_i]$ in φ: Bestimme in φ alle Quantisierungen $[Q \, x_k]$ (automatisch mit $i \neq k$), in deren Scope dieses $[x_i]$ liegt.

Gibt es keine, so ist τ frei für x_i in φ, und der Algorithmus endet; andernfalls ...
- Für alle diese $[Q\ x_k]$:
    - Kommt x_k in τ vor, so ist τ nicht frei für x_i in φ;
    - andernfalls ist τ frei für x_i in φ. □

4.2.6 Entscheidungsprobleme*

Der große Nutzen der Prädikatenlogik liegt darin, dass sich fast die gesamte Mathematik damit ausdrücken und beweisen lässt. Daher würde man natürlich gerne entscheiden können, ob eine vorgelegte Formel allgemeingültig oder widerlegbar bzw. ob sie erfüllbar oder unerfüllbar ist. In der Aussagenlogik sind solche und verwandte semantische Eigenschaften prinzipiell entscheidbar: die Wahrheitstafel erlaubt die vollständige Prüfung anhand aller Interpretationen (Belegungen) der vorkommenden Aussagevariablen. Das kann lediglich etwas Zeit kosten. In der Prädikatenlogik wären beim Versuch eines solchen Vorgehens
- unendlich viele Strukturen (Grundmengen – auch beliebige unendliche – Interpretationen von Konstanten, Funktionen und Prädikaten), und
- ggf. unendlich viele Variablen-Interpretationen

zu untersuchen. Das geht offensichtlich nicht, auch nicht mit viel Zeit. Gibt es vielleicht andere, raffiniertere Möglichkeiten? Die Antwort ist: Leider nein!

Satz 4.29: Unentscheidbarkeit der Prädikatenlogik Es gibt keinen Algorithmus, der über die Allgemeingültigkeit oder die Erfüllbarkeit von PL1-Formeln (oder die Korrektheit von PL1-Folgerungen) entscheidet. □

Das Problem bei der Entscheidung über die Allgemeingültigkeit oder die Erfüllbarkeit einer PL1-Formel liegt nicht daran, dass man eine tatsächliche Allgemeingültigkeit nicht nachweisen könnte. Das kann man sehr wohl; wir gehen im folgenden Abschnitt noch kurz darauf ein. Vielmehr scheitert der Nachweis der Widerlegbarkeit daran, dass jeder Algorithmus, der dies versucht und auch keine falschen Antworten gibt, sich bei manchen *widerlegbaren* Formeln nicht mit einem Ergebnis zurückmeldet. Derselbe Unterschied besteht zwischen der durchaus nachweisbaren Unerfüllbarkeit (sei es unmittelbar mittels PL1-Resolution, vgl. 4.2.7, oder durch den Beweis der Allgemeingültigkeit der Negation der Formel) und der – durch gleich welchen Algorithmus – in manchen Fällen nicht nachweisbaren Erfüllbarkeit.

Ein gängiger **Beweis** dieses Satzes, den wir hier nur skizzieren wollen, erfordert die mathematische Definition eines Algorithmus. Von solchen Definitionen gibt es zwar einige zur Auswahl, unter anderem mittels Berechnungsmodellen wie
- GOTO-Programmen

–   Lambdakalkül,
–   Markow-Algorithmen,
–   μ-rekursiven Funktionen,
–   Registermaschinen,
–   Turingmaschinen,
–   WHILE-Programmen,

aber die sind erfreulicherweise alle gleichwertig. Salopp gesagt entspricht alles, was mit einem Programm in einer der üblichen Allzweck-Programmiersprachen *Spr* geschrieben werden kann, einem Algorithmus und umgekehrt. Wir betrachten jetzt nur *Spr*-Programme, die ein Wort über dem Alphabet von *Spr* als Input erhalten und dann entweder ein Wort über dem Alphabet als Output produzieren oder sich nicht mehr melden. Insbesondere kann man mit einem geeigneten *Spr*-Programm jedes andere *Spr*-Programm lesen (wie ein Compiler) und dieses dann sogar ausführen (wie ein Laufzeitsystem).

Nehmen wir an:

(O) Es gibt ein *Spr*-Programm *Pgm_Erf*, das für jede PL1-Formel in endlich vielen Schritten entscheidet, ob sie erfüllbar ist oder nicht, z. B. indem es passend „Ja" oder „Nein" ausgibt.

In einer langen Reihe von unproblematischen Schritten, deren Widergabe den Rahmen dieser Einführung sprengen würde, kann man zeigen, dass dann unter Verwendung von *Pgm_Erf* (z. B. als Unterprogramm) ein anderes *Spr*-Programm *Pgm_Halt* erstellt werden kann, das jedes gegebene *Spr*-Programm *Pgm* und dessen gegebenen Input *I* einlesen kann und dann in endlich vielen Schritten entscheidet, ob *Pgm* mit Input *I* nach endlich vielen Schritten mit einem Output anhält oder nicht – also das sogenannte **allgemeine Halteproblem** löst.

Mithilfe von *Pgm_Halt* (z. B. wieder als Unterprogramm) kann dann aber leicht ein weiteres *Spr*-Programm *Pgm_Seltsam* erstellt werden, das sich wie folgt verhält, wenn ihm als Input ein *Spr*-Programm *Pgm* gegeben wird:

1. Würde *Pgm* mit Input *Pgm* einen Output „*Pgm(Pgm)*" produzieren, dann stellt *Pgm_Seltsam* dies mithilfe von *Pgm_Halt* fest und begibt sich dann ohne Output in eine unendliche Schleife (im Stile von „100 GOTO 100;").
2. Würde *Pgm* mit Input *Pgm* keinen Output produzieren, dann stellt *Pgm_Seltsam* dies mithilfe von *Pgm_Halt* fest und gibt dann einen Output aus, z. B. „PRINT ("Hallo")".

Nun gibt es zwei mögliche Fälle, wenn *Pgm_Seltsam* mit dem Input *Pgm_Seltsam* gestartet wird:

–   Die Berechnung endet nach endlich vielen Schritten mit einem Output. Wegen des Falles (1) oben begibt sich *Pgm_Seltsam* mit Input *Pgm_Seltsam* daher ohne

Output in eine unendliche Schleife. Das ist ein Widerspruch; dieser Fall kann also nicht eintreten.

– Die Berechnung produziert keinen Output. Wegen des Falles (2) oben gibt *Pgm_Seltsam* dann aber einen Output aus. Dieser Fall kann also auch nicht eintreten.

Also kann *Pgm_Seltsam* mit Input *Pgm_Seltsam* weder Output produzieren noch keinen Output produzieren. Wegen dieses Widerspruchs muss die eingangs gemachte Annahme (O), es gäbe ein *Spr*-Programm *Pgm_Erf*, das für jede PL1-Formel in endlich vielen Schritten entscheidet, ob sie erfüllbar ist oder nicht, zwangsläufig falsch sein. Und für das Halteproblem gibt es – so unser „Nebenergebnis" – ebenfalls keinen Algorithmus.   □

Das Wort *unmöglich* wird in verschiedenen Zusammenhängen benutzt. Eine Projektidee einer Firma kann unmöglich sein, weil ihre Realisierung Finanzmittel erfordert, die die Firma weder hat noch beschaffen kann. Sie kann unmöglich sein, weil das Projekt Berechnungen in einem Umfang erfordert, der auch mit der bestmöglichen Rechnerbasis nicht in einem sinnvollen Zeitraum zu bewältigen ist. Solche Geschwindigkeitsprobleme können eine Rechnergeneration später lösbar sein. Sie kann aber auch *logisch* unmöglich sein, und logisch unerfüllbare Aussagen können tatsächlich nie realisiert werden. Das aber ist einem theoriefernen Kundenkreis eventuell schwer zu vermitteln:

> [Einst] antwortete ein Informatiker in einem Projekttreffen auf die Frage eines Kunden, ob ein halbes Mannjahr für die Realisierung einer speziellen Aufgabenstellung angemessen sei: „Aber das zugrundeliegende Problem ist doch unentscheidbar!" Worauf sein Gegenüber kurzerhand das zugewiesene Kontingent auf ein ganzes Mannjahr erweiterte. [StRI 2014]

Mit Verfahren, die im nächsten Abschnitt vorgestellt werden, kann die Allgemeingültigkeit bzw. Unerfüllbarkeit halb-entschieden werden, d. h. geeignete Algorithmen errechnen im Ja-Fall in endlich vielen Schritten die Antwort „Ja", können aber nicht in allen Nein-Fällen „Nein" ausgeben. Dass dann im letzteren Fall die korrekte Antwort „Nein" lautet, kann mit dem Algorithmus auch nach beliebig langer Zeit nicht konstatiert werden, denn solange der Algorithmus noch läuft, könnte ja noch eine „Ja"-Ausgabe kommen.

4.2.7 PL1-Beweisverfahren und -Algorithmen*

Ausführlich werden die Themen diese Abschnitts in speziellen Texten oder Vorlesungen zur Logik behandelt. Hier sollen nur zur Abrundung der vorliegenden Einführung einige der Möglichkeiten und Vorgehensweisen skizziert werden. Ausführlicher wird hier nur der für PL1 ergänzte Werkzeugkasten vorgestellt, der es uns ermöglicht, informelle Beweise zu formalisieren.

Prädikatenkalküle

Sogenannte **Prädikatenkalküle** operieren mit dem Modus Ponens (vgl. Tab. 4.13) und einigen unserer bisher aufgeführten Tautologien und Sätze, beispielsweise – im Dialekt mit Aussagevariablen in Form nullstelliger Prädikate – einem Axiomensatz der Aussagenlogik, der Quantoreinführung, der Dualität der Quantoren, der Generalisierung, der Generalisierungsdistribution und dem Substitutionssatz. Sie erlauben es, alle gültigen Folgerungen herzuleiten, indem ausgehend von den Prämissen schrittweise so lange je ein weiterer daraus folgender Satz abgeleitet wird, bis die zu beweisende Aussage dabei ist.

Ein Algorithmus zur Ableitung beliebiger vorgegebener PL1-Tautologien in einem Prädikatenkalkül könnte nun so aussehen (Brute-force-Algorithmus – „rohe Gewalt"):
- Erzeuge systematisch der Reihe nach alle Ableitungsfolgen.
- Dann wird auch irgendwann die gegebene Tautologie abgeleitet sein.

Die Behauptung des zweiten Punktes ist beweisbar. Dieses Verfahren hat zwei problematische Aspekte. Der lösbare Aspekt ist die Systematik, die garantiert, dass man auch alle Ableitungsfolgen produziert. Naives Drauflos-Ableiten beliebig vieler Tautologien garantiert nämlich nicht, dass die gesuchte erreicht wird. So wäre es beispielsweise zum Beweis von $\neg\exists x : (Q(x) \wedge \neg Q(x))$ wenig zielführend, der Reihe nach die Formeln

$$\varphi : \forall x (P(x) \vee \neg P(x)), \text{ dann } \varphi \wedge \varphi, \text{ dann } \varphi \wedge \varphi \wedge \varphi \text{ usw.}$$

abzuleiten, obwohl man so unentwegt eine neue Tautologie nach der anderen erzeugt. Eine geeignete Systematik lässt sich jedoch nach kurzer Überlegung finden.

Der unangenehmere Aspekt – auch bei vorhandener Systematik – ist die geringe praktische Anwendbarkeit aufgrund übermäßig vieler Schritte bis zur „Ankunft" bei der gegebenen Tautologie. Mögliche Beschleunigungsstrategien zur Verringerung der Anzahl der Schritte sind Beweisstrategien bei einem auf PL1 erweiterten „Werkzeugkasten", ein auf PL1 erweitertes Tableauverfahren und eine auf PL1 erweiterte Resolution.

Natürliches Schließen mit dem PL1-Werkzeugkasten

Zum Beweis von PL1-Tautologien, die als geschlossene Formeln (ohne freie Variablenvorkommen) vorliegen, genügt ein Werkzeugkasten, der neben den Beweismustern und Schlussregeln des Werkzeugkastens der Aussagenlogik (vgl. Tab. 4.13) noch ein PL1-spezifisches Beweisschema, den All-Beweis in Abb. 4.16, und fünf weitere Schlussregeln in Tab. 4.14 umfasst.

Wir betrachten danach in Abb. 4.17 und 4.18 die Arbeit mit dem Werkzeugkasten anhand zweier Beispiele. Die Begründungen enthalten die Kürzel aus den Übersichten in Tab. 4.13 und 4.14 und in Abb. 4.10 und Abb. 4.16 sowie ggf. die Nummer(n) der Prämisse(n).

All-Beweis (AB)

Zeige $\forall x\ \varphi$ σ ist eine oberhalb

| Zeige $\varphi_{[x/\sigma]}$ im Beweis noch

| $\vdots$ nicht verwendete

| $\varphi_{[x/\sigma]}$ („neue") Konstante

$\forall x\ \varphi$ AB

Abb. 4.16: Das neue Beweisschema des PL1-Werkzeugkastens: der All-Beweis.

Tab. 4.14: Neue Schlussregeln des PL1-Werkzeugkastens.

Spezialisierung, Sp	Existenz-Benutzung, EB	Existenz-Einführung, EE
$\forall x\varphi$	$\exists x\varphi$	$\varphi_{[x/\tau]}$
$\varphi_{[x/\tau]}$	$\varphi_{[x/\sigma]}$	$\exists x\varphi$

NegEx-Benutzung, NEB	NegAll-Benutzung, NAB	Hier ist jeweils τ ein Term
$\neg\exists x\varphi$	$\neg\forall x\varphi$	ohne Variablennamen und σ ein
$\forall x\neg\varphi$	$\exists x\neg\varphi$	neues Konstantensymbol.

	Zeige $\forall xP(f(a,x)) \to \exists xP(f(x,a))$	
1	$\forall xP(f(a,x))$	Ann
	Zeige $\exists xP(f(x,a))$	
2	$\neg\exists xP(f(x,a))$	Ann
3	$\forall x\neg P(f(x,a))$	NEB,2
4	$\neg P(f(a,a))$	Sp, 3
5	$P(f(a,a))$	Sp, 1
6	$\bot$	WE, 4,5
7	$\exists xP(f(x,a))$	IB
8	$\forall xP(f(a,x)) \to \exists xP(f(x,a))$	BB

Abb. 4.17: Ein Beweis, dass $\forall xP(f(a,x)) \to \exists xP(f(x,a))$ eine Tautologie ist.

PL1-Tableaux

Wie aus Formeln der Aussagenlogik kann auch aus einer geschlossenen PL1-Formel ein Tableaubaum konstruiert werden, und wieder kann durch einen Baum mit durchgängig geschlossenen Zweigen die Unerfüllbarkeit der Formel gezeigt werden. Zu den neun Tableauregeln des aussagenlogischen Tableauverfahrens kommen bei PL1 vier quantorbezogene Tableauregeln hinzu. Bei den neuen Regeln werden an die darunter hängenden Blätter nicht – wie bei den Tableauregeln (1) bis (4) – ein Kind- und ein Kindeskind-Knoten oder – wie bei (5) bis (8) – zwei Geschwisterknoten angehängt, sondern – wie bei (9) – jeweils nur ein Kind-Knoten. Sie sind mit Nummer, Name und Begründung in

1	$\forall x\,(P(x) \to Q(x))$	Geg
2	$\forall x\,R(f(x),x)$	Geg
	Zeige $\forall x\,(P(x) \to \exists y\,(Q(y) \land R(f(x),y)))$	
	Zeige $P(a) \to \exists y\,(Q(y) \land R(f(a),y))$	
3	$P(a)$	Ann
	Zeige $\exists y\,(Q(y) \land R(f(a),y))$	
4	$P(a) \to Q(a)$	Sp, 1
5	$Q(a)$	MP, 3,4
6	$R(f(a),a)$	Sp, 2
7	$Q(a) \land R(f(a),a)$	UE, 5,6
8	$\exists y\,(Q(y) \land R(f(a),y))$	EE, 7
9	$\exists y\,(Q(y) \land R(f(a),y))$	DB
10	$P(a) \to \exists y\,(Q(y) \land R(f(a),y))$	BB
11	$\forall x(P(x) \to \exists y(Q(y) \land R(f(x),y)))$	AB

Abb. 4.18: Beweis, dass $\forall x(P(x) \to \exists y(Q(y) \land R(f(x),y)))$ aus $\forall x(P(x) \to Q(x))$ und $\forall xR(f(x), x)$ folgt.

Tab. 4.15 aufgeführt, wobei Ähnlichkeiten zum vorstehenden Erweiterungssatz des Werkzeugkastens nicht zufällig sind. Im Gegensatz zum AL-Tableauverfahren gelten die nach den Tableauregeln (10) bis (13) expandierten Formeln nicht als erledigt.

Tab. 4.15: Tableauregeln für Quantoren.

Nr.	Regelname	Regel	Begründung/Schlagwort
10.	Spezialisierung	$\dfrac{\forall x\varphi}{\varphi_{[x/\tau]}}$	Substitutionssatz (τ konstanter Term[75])
11.	Negativ-Spezialisierung	$\dfrac{\neg\exists x\varphi}{\neg\varphi_{[x/\tau]}}$	Substitutionssatz, Dualität
12.	Existenzbenutzung	$\dfrac{\exists x\varphi}{\varphi_{[x/c]}}$	„Nennen wir es c." (c *neue* Konstante)
13.	Negativ-Allbenutzung	$\dfrac{\neg\forall x\varphi}{\neg\varphi_{[x/c]}}$	„Nennen wir es c.", Dualität (c *neue* Konstante)

Als Beispiel für die Anwendung des Verfahrens diene der *Beweis* der Formel

$$\forall x(P(x) \lor Q(f(x))) \to (\exists xP(x) \lor \forall xQ(f(x)))$$

---

75 Daher ist τ auch frei für x.

durch den Nachweis der *Unerfüllbarkeit* des Gegenteils in Abb. 4.19. Man sieht, dass es zur Erzielung des gewünschten Widerspruchs entscheidend darauf ankommt, zueinander passende Substitutionen in den Knoten 6, 7 und 8 zu wählen, in diesem Fall jeweils [x/a]. Damit enthalten beide von den Blattknoten 9 und 10 aus nach oben gelesenen Und-Ketten einen Widerspruch: links $P(a) \wedge ... \wedge \neg P(a)$ und rechts $Q(f(a))$ und $\neg Q(f(a))$.

Eine Skizze der PL1-Resolution

Die **Resolutionsmethode** der Prädikatenlogik arbeitet mit Resolutionsschritten, die denen der Aussagenlogik ähneln, technisch jedoch aufwändiger sind. Der vorherigen aussagenlogischen Umwandlung in KNF entspricht in PL1 eine lange Kette von Umformungsschritten, die glücklicherweise jeder für sich einfach sind. Anders als in der Aussagenlogik kommt aber bei der Transformation in die schließlich angestrebte pränexe Klausel-Normalform im Allgemeinen keine äquivalente Formel heraus! Was erhalten bleibt, ist je nach der Ausgangsformel entweder die Erfüllbarkeit oder die Unerfüllbarkeit (sogenannte **Erfüllbarkeitsäquivalenz**). Über die wird dann in Unifikations-Resolutions-Schritten befunden. Zunächst schauen wir uns die einzelnen Umformungsschritte an:

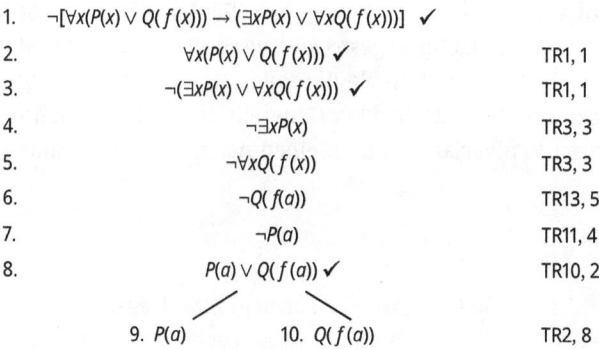

1.	$\neg[\forall x(P(x) \vee Q(f(x))) \rightarrow (\exists x P(x) \vee \forall x Q(f(x)))]$ ✓	
2.	$\forall x(P(x) \vee Q(f(x)))$ ✓	TR1, 1
3.	$\neg(\exists x P(x) \vee \forall x Q(f(x)))$ ✓	TR1, 1
4.	$\neg \exists x P(x)$	TR3, 3
5.	$\neg \forall x Q(f(x))$	TR3, 3
6.	$\neg Q(f(a))$	TR13, 5
7.	$\neg P(a)$	TR11, 4
8.	$P(a) \vee Q(f(a))$ ✓	TR10, 2
	9. $P(a)$ 10. $Q(f(a))$	TR2, 8

Abb. 4.19: Ein Unerfüllbarkeitsnachweis mit PL1-Tableaubaum (mit Regelnummern und Knotennummern als Begründungen).

Algorithmus 4.11: Umformung einer PL1-Formel zu einer erfüllbarkeitsäquivalenten Formel in Klauselnormalform

– Gegeben ist anfangs die Formel, deren vermutete Nichterfüllbarkeit man später zeigen möchte, hier als Beispiel:

$$\forall y \exists z P(x, y, z) \rightarrow \neg \exists y \forall v [Q(x, v) \rightarrow R(x, y)]$$

– Sie wird mit einem Existenzquantor für jede bisher freie Variable abgeschlossen:

$$\Rightarrow \exists x(\forall y \exists z P(x, y, z) \rightarrow \neg \exists y \forall v [Q(x, v) \rightarrow R(x, y)])$$

- Implikation und Biimplikation werden durch Negation, Konjunktion und Disjunktion ersetzt:

$$\Rightarrow \exists x(\neg \forall y \exists z P(x,y,z) \vee \neg \exists y \forall v[\neg Q(x,v) \vee R(x,y)])$$

- Nun wird sie per gebundene Umbenennung **bereinigt,** was bedeutet, dass alle Kopfvariablen voneinander und von allen frei vorkommenden Variablen verschieden benannt werden:

$$\Rightarrow \exists x(\neg \forall y \exists z P(x,y,z) \vee \neg \exists u \forall v[\neg Q(x,v) \vee R(x,u)])$$

- Die Negation wird vor die atomaren Formeln gezogen (mit ∀-∃-Dualität, de Morgan):

$$\Rightarrow \exists x(\exists y \forall z \neg P(x,y,z) \vee \forall u \exists v[Q(x,v) \wedge \neg R(x,u)])$$

- Jetzt dürfen alle Quantoren nach vorn gezogen werden (**pränex** machen mittels leerer Scope-Erweiterung):

$$\Rightarrow \exists x \exists y \forall z \forall u \exists v(\neg P(x,y,z) \vee [Q(x,v) \wedge \neg R(x,u)])$$

- Nun folgt die sog. **Skolemisierung,** die Überführung in die **Skolem-Form,** bei der von links nach rechts die Existenzquantoren gestrichen werden, wobei bei voranstehendem ∃ die verschwindende Kopfvariable überall hinten durch eine neue Konstante ersetzt wird bzw. bei voranstehenden Generalisierungen die eventuelle Abhängigkeit von deren Kopfvariablen durch einen neuen Funktionsnamen berücksichtigt wird:

$$\Rightarrow \forall z \forall u(\neg P(a,b,z) \vee [Q(a,f(z,u)) \wedge \neg R(a,u)])$$

- Schließlich werden die **PL1-Literale** (atomare PL1-Formeln bzw. Negationen von solchen) im KNF-Stil verknüpft, so dass man zu guter Letzt bei der Klausel-Normalform **(KlNF)** ankommt:

$$\Rightarrow \forall z \forall u([\neg P(a,b,z) \vee Q(a,f(z,u))] \wedge [\neg P(a,b,z) \vee \neg R(a,u)])$$

- Da die Quantifizierungen nun redundant sind, kann die KNF in **Mengenform** geschrieben werden:

$$\Rightarrow \{\{\neg P(a,b,z), Q(a,f(z,u))\}, \{\neg P(a,b,z), \neg R(a,u)\}\}_{KlNF}$$

- Wenn die Formel anschließend mit Resolution weiter bearbeitet werden soll, formt man zusätzlich die Klauseln eine nach der anderen mittels Variablenumbenennungs-Substitutionen so um, dass sie untereinander keine Variablen mehr gemeinsam haben:

$$\Rrightarrow \{\{\neg P(a,b,z), Q(a,f(z,u))\}, \{\neg P(a,b,x), \neg R(a,y)\}_{KlNF}$$ $\square$

Eine KlNF-Formel ist nicht nur dann widersprüchlich, wenn aus ihr im Stile aussagen-logischer Resolution über buchstäblich widersprüchliche Literale eine leere Klausel erzeugt werden kann.

Offensichtlich ist beispielsweise

$$\forall x(\neg P(a) \wedge P(x)), \text{also} \{\{\neg P(a), P(x)\}\}_{KlNF},$$

auch ohne konträre Literale widersprüchlich, denn die Formel besagt für $x = a$, dass

$$\neg P(a) \wedge P(a) \text{ bzw.} \{\{\neg P\{a\}, P\{a\}\})_{KlNF}$$

gilt. Bei der sogenannten **Unifikation** werden solche „versteckten" Widersprüche durch geeignete Substitution, wie oben durch x / a, in Literalwidersprüche der Form $\varphi \wedge \neg\varphi$ übergeführt. Besonders zielgerichtet geschieht dies durch die Bestimmung **allgemeinster Unifikatoren,** durch die Literale in einer KINF-Formel zu sichtbaren Literalwidersprüchen bzw. -identitäten geführt werden. Wir betrachten im entsprechenden Algorithmus nur die positiven Literale.

Algorithmus 4.12: Unifikation
... entscheidet die **Unifizierbarkeit** einer Menge von Literalen und bestimmt im Ja-Falle den allgemeinsten Unifikator.

Gegeben ist eine Menge $M = \{L_1, ..., L_n\}$ von PL1-Literalen.

1. Die Literal-Arbeitsmenge A ist zunächst $M : A := M$. Die Arbeitssubstitution s ist zunächst leer: $s := [\,]$, also die identische Substitution.
2. Ist A einelementig, dann wird „M ist unifizierbar durch" und das Ergebnis s aus-gegeben, und der Algorithmus ist zu Ende.
3. (Kommentar: Hier ist A also mehrelementig.)
   Zwei unterschiedliche Elemente von L_i und L_k von A werden gewählt und zei-chenweise miteinander verglichen. Der erste Unterschied trete auf bei dem Zei-chenvorkommen $[z_1]$ in L_i und $[z_2]$ in L_k, also mit $z_1 \neq z_2$.
4. Ist weder z_1 noch z_2 ein Variablenname, wird „M ist nicht unifizierbar" ausgege-ben, und der Algorithmus endet.
5. Ist z_1 ein Variablenname, dann
   - Sei t der Teilterm von L_k, der mit $[z_2]$ beginnt.
   - Wenn z_1 in t als Teilterm vorkommt, dann wird „M ist nicht unifizierbar"" ausgegeben, und der Algorithmus endet.
     Wenn nicht (z_1 kommt also nicht als Teilterm in t vor), werden neu gesetzt: $s := s \circ [z_1 \,/\, t]$ und $A := \{L_{[z1/t]} \mid L \in A\}$. (Dabei fallen möglicherweise die zwei Literale L_i und L_k zu einem Literal zusammen, eventuell aber noch weitere.)
   - Nun geht es weiter bei (2).

6. Ist z_1 kein Variablenname (z_2 ist also ein Variablenname und z_1 nicht), geht es weiter mit (5), aber mit vertauschten Indizes (1 gegen 2 und i gegen k). □

Algorithmus 4.13: PL1-Resolution

... stellt die Erfüllbarkeit oder Unerfüllbarkeit einer KlNF-Formel fest. Gegeben sei dabei eine KlNF-Formel φ in Mengenform, deren Klauseln keine Variablen gemeinsam haben.

Führe Resolutionsschritte aus, so lange welche möglich sind und zu neuen Resolventen führen. (Kommentar: Das kann mit etwas Geschick auf endlich viele Versuche begrenzt werden.) Ein PL1-Resolutionsschritt besteht dabei aus
- der Auswahl zweier Klauseln Kl_1 und Kl_2 der Formel φ;
- der Auswahl zweier Literalmengen $\{L_1, ..., L_m\} \subseteq Kl_1$ und $\{L_{m+1}, ..., L_n\} \subseteq Kl_2$, wobei jeweils A_k die in L_k enthaltene atomare Formel sei, also $L_k \in \{A_k, \neg A_k\}$ gelte;
- der Bestimmung des allgemeinsten Unifikators sub von $\{A1, ..., A_m, A_{m+1}, ..., A_n\}$ – gibt es keinen, so gelingt dieser Resolutionsschritt auch nicht;
- der Prüfung, ob $\{L_{1[sub]}, ..., L_{m[sub]}\}$ und $\{L_{m+1[sub]}, ..., L_{n[sub]}\}$ beide einelementig sind und eines der beiden Literale die Negation des anderen ist;
- der Erweiterung von φ um die **Resolvente**, d. h. die Klausel

$$(Kl_1 \cup Kl_2) \backslash \{L_1, ..., L_m, L_{m+1}, ..., L_n\}.$$

Ist die leere Menge darunter, ist φ unerfüllbar; andernfalls ist φ erfüllbar. □

In dedizierten Logik-Lehrbüchern wird die PL1-Resolution ausführlicher erläutert und ihre Korrektheit bewiesen, so z. B. in [Schö 2000].

4.2.8 Prädikatenlogik mit Identität

In praktischen Anwendungen der Prädikatenlogik begegnet uns häufig ein hier in der PL1-Syntax bislang ausgeklammertes Sprachmittel: die **Identität**. Mit $a = b$ soll ausgedrückt werden:
- Jede auf das Objekt a zutreffende Aussage trifft auch auf das Objekt b zu. Dies gilt dann auch umgekehrt – man muss nur als neue Aussage das Nichtzutreffen der alten sowie die Kontraposition (Satz 4.7) verwenden.
- a und b sind in jeder Hinsicht ununterscheidbar.
- Es handelt sich bei a und b um dasselbe Objekt.

Für eine Prädikatenlogik (erster Stufe) mit Identität, kurz **PL1**$_=$, legen wir nun die syntaktische und semantische Anbindung der Identität an PL1 fest. Im Rahmen der PL1-Syntax aus Abschnitt 4.2.1 verwenden wir das Identitätssymbol , = ' als zusätzliches, reserviertes zweistelliges Prädikatensymbol, $= \notin \{P_1, P_2, ...\}$, und schreiben (infix) $\tau_1 = \tau_2$

anstelle von $= (\tau_1, \tau_2)$, sowie $\tau_1 \neq \tau_2$ für $\neg(\tau_1 = \tau_2)$. Im Rahmen der PL1-Semantik aus Abschnitt 4.2.3 wird ,=' immer als Identität auf der Grundmenge interpretiert: $I_P(=) = \mathrm{id}_U$.

Mit dieser Festlegung der Interpretation des Identitätssymbols gilt in PL1 $_=$:

Satz 4.30: Äquivalenz- und Ersetzungseigenschaften der Identität

- $=$ ist eine Äquivalenzrelation, d. h. für alle Terme ρ, σ, und τ gilt

  $\tau = \tau$, $\sigma = \tau \rightarrow \tau = \sigma$ und $(\rho = \sigma \wedge \sigma = \tau) \rightarrow \rho = \tau$.

- Gilt für zwei Terme σ und τ $\sigma = \tau$ und werden in einer PL1-Formel φ ein oder mehrere Vorkommen des Terms σ durch τ ersetzt, so ist die entstehende PL1-Formel zu φ äquivalent. **(Leibniz'sches Gesetz[76])** ☐

Dieser Satz liefert für unseren PL1-Werkzeugkasten unmittelbar die ergänzenden Schlussregeln in Tab. 4.16. Mit diesen reicht er aus, um alle PL1 $_=$-Tautologien und -Folgerungen zu beweisen. Abbildung 4.20 zeigt ein Beispiel, wobei $\tau_1 \neq \tau_2$ wie üblich für $\neg(\tau_1 = \tau_2)$ steht. Hierbei sind jeweils ρ, σ und τ ein Term und $\varphi_{\{\sigma/\tau\}}$ das Ergebnis der Ersetzung keines, eines oder mehrerer Vorkommen des Terms σ durch τ in φ.

Tab. 4.16: Neue Schlussregeln des PL1 $_=$-Werkzeugkastens.

Reflexivität von $=$, Rf $_=$	Symmetrie von $=$, Sy $_=$	Transitivität von $=$, Tr $_=$
	$\sigma = \tau$	$\rho = \sigma$, $\sigma = \tau$
$\overline{\tau = \tau}$	$\overline{\tau = \sigma}$	$\overline{\rho = \tau}$

	Leibniz-Ersetzung, LE	
	$\sigma = \tau$, φ	
	$\overline{\varphi_{[\sigma/\tau]}}$	

Mit der Identitätsrelation lassen sich auch zahlenmäßige Anforderungen an die Menge aller Objekte formulieren, die ein Prädikat bzw. eine Formel erfüllen. So kann man z. B. fordern:

- Mindestens ein Objekt erfüllt P: $\exists x P(x)$
- Höchstens ein Objekt erfüllt P: $\forall x \forall y ((P(x) \wedge P(y)) \rightarrow x = y)$
- Genau ein Objekt erfüllt P: $\exists x P(x) \wedge \forall x \forall y ((P(x) \wedge P(y)) \rightarrow x = y) \equiv$

  $\exists x P(x) \wedge \neg \exists x \exists y ((P(x) \wedge P(y)) \wedge x \neq y) \equiv$

  $\exists x (P(x) \wedge \forall y (P(y) \rightarrow x = y)) \equiv$

  $\exists x \forall y (P(y) \leftrightarrow x = y))$

  Der Nachweis der vorstehenden Äquivalenzen ist eine Übungsaufgabe.

- Genau zwei Objekte erfüllen P: $\exists x \exists y (P(x) \wedge P(y) \wedge x \neq y \wedge \forall z (P(z) \rightarrow z = x \vee z = y)$

Eingebürgert hat sich die Schreibweise $\exists! x \, \varphi$ für „Es existiert genau ein x mit φ." Diese Konstruktion wird auch als **Eindeutigkeitsquantor** bezeichnet.

---

76 Gottfried Wilhelm Leibniz, 1646–1716, Philosoph, Mathematiker, Naturwissenschaftler.

1	$\forall x(R(x,x) \to P(x))$	Geg
2	$\neg P(f(a))$	Geg
	Zeige $\forall y(R(y,y) \to y \neq f(a))$	
3	$\neg\forall y(R(y,y) \to y \neq f(a))$	Ann
4	$\exists y\neg(R(y,y) \to y \neq f(a))$	NAB,3
5	$\neg(R(b,b) \to b \neq f(a))$	EB,4
6	$R(b,b) \land \neg b \neq f(a)$	NFB,5
7	$R(b,b)$	UB, 6
8	$R(b,b) \to P(b)$	AB, 1
9	$P(b)$	MP, 7,8
10	$\neg b \neq f(a)$	UB, 6
11	$b = f(a)$	NNB, 10
12	$P(f(a))$	LE, 9,11
13	$\bot$	WE, 2,12
14	$\forall y(R(y,y) \to y \neq f(a))$	IB

Abb. 4.20: Ein PL1$_=$-Werkzeugkasten-Beweis einer Folgerung aus einer Menge von PL1-Formeln.

4.3 Übungsaufgaben

4.1 Beispiele und Gegenbeispiele zu AL-Formeln

Welche der folgenden Ausdrücke sind „offizielle" AL-Formeln?

a) $(A_1 A_2)$

b) $(A_3 \leftrightarrow (\neg A_1))$

c) $((A_1 \lor A_2) \to A_3)$

d) $(A_1 \lor A_2) \to \neg A_3$

e) $((A_1 \lor A_2) \lor (A_3 \lor (A_2 \lor A_1))$

f) $((A_1 \lor A_2) \lor (A_3 \lor (A_2 \lor A_1)))$

4.2 Syntaxbaum einer AL-Formel

a) Beschreiben Sie – knapp aber als Programmiervorlage geeignet – einen Algorithmus, der aus einer (offiziellen) AL-Formel ihren Syntaxbaum produziert, und testen Sie den Algorithmus anhand der Formel $((A \land (\neg B \lor C)) \to D)$.

b) Wie könnte man Formeln eindeutig völlig ohne Klammern schreiben? Definieren Sie induktiv eine entsprechende Syntax.

c) Beschreiben Sie, wie eine gemäß (b) geschriebene Formel aus dem Syntaxbaum abgelesen werden kann.

Tipp zu (a): Die Formel wird vom Programm zeichenweise eingelesen; nach jedem Lesen geht der Lesekopf zum nächsten Zeichen. Die Prozedur *Syntaxbaum* liest ab der aktuellen Stelle die nächsten Zeichen der Formel. Sobald sie eine korrekt gebildete (Teil-)Formel gelesen hat, hört sie auf und übergibt den zugehörigen Formel-Baum als Ausgabewert. Sie ruft sich rekursiv selbst auf, steht in ihren unterschiedlichen Exemplaren aber auf unterschiedlichen Eingabezeichenvorkommen.

4.3 AL-Formel-Eigenschaften

Beweisen Sie induktiv anhand der Syntaxdefinition:

a) Jede AL-Formel enthält mindestens eine Aussagevariable.

b) Keine AL-Formel beginnt mit einer schließenden Klammer.

4.4 Wörter über dem Alphabet der Aussagenlogik

Welche Frage beantwortet der folgende Algorithmus für beliebige Zeichenfolgen w über dem Alphabet der Aussagenlogik – also einschließlich solcher, die nicht AL-Formeln sind? Und auf welchem Satz beruht der Algorithmus?

Tipp: Wenden Sie den Algorithmus probehalber auf $(\neg(A \wedge \neg\neg B) \to \neg C)$ und auf $(\neg(A \wedge (\neg)B \to \neg C)$ an. A, B, C werden wie üblich als Aussagevariablen akzeptiert. Algorithmus:

Ersetze in w alle Vorkommen von Aussagevariablen durch x.

(Kommentar: Wenn wir in der Folge in w ersetzen, soll das Ergebnis jeweils auch wieder w heißen. Es geht wie bei Programmiervariablen immer um das „aktuelle w".)

1: Wenn für einen Junktor $\otimes = \wedge, \vee, \to$ oder $\leftrightarrow$
  ein Teilwort der Form $(x \otimes x)$ von w existiert,
  dann ersetze in w alle Vorkommen von $(x \otimes x)$ durch x
  und gehe nach 1.
Wenn $\neg x$ ein Teilwort von w ist,
  dann ersetze in w alle Vorkommen von $\neg x$ durch x
  und gehe nach 1.
Wenn $w = x$, dann drucke „JA"; andernfalls drucke „NEIN".

4.5 Rekursiv definierte Funktionen auf ALForm

a) Definieren Sie rekursiv $Grad(\varphi)$, die Anzahl der Junktorenvorkommen einer Formel φ.

b) Definieren Sie rekursiv $Tiefe(\varphi)$ einer Formel φ ihre größte Junktoren-Schachtelungstiefe, so dass z. B. $Tiefe(\varphi) = 0$, $Tiefe(\neg(A \vee \neg B)) = 3$.

c) Was zählt die wie folgt rekursiv definierte Funktion auf den AL-Formeln?
Für Aussagevariablen P ist $f(P) := 0$; für alle Formeln φ und ψ ist $f(\neg\varphi) := f(\varphi)$ bzw. für zweistellige Junktoren $\otimes: f((\varphi \otimes \psi)) := f(\varphi) + f(\psi) + 1$.

4.6 Teilformel-Relation

Zeigen Sie dass die Teilformel-Relation auf ALForm eine Halbordnung ist, d. h. dass gilt:

a) Jede AL-Formel ist Teilformel von sich selbst.

b) Ist ψ eine Teilformel von φ und φ eine Teilformel von π dann ist ψ eine Teilformel von π

c) Zwei AL-Formeln, die wechselseitig Teilformeln voneinander sind, sind identisch.

4.7 Teilformel-Relation

Definieren Sie die im Text rekursiv definierte Relation „φ ist Teilformel von ψ" induktiv bezüglich der zweiten Komponente, zum Beispiel über die Menge $Super(\varphi)$ der „Oberformeln" von φ.

4.8 Wahrheitswerteverlauf, Wahrheitstafel

Berechnen Sie den Wahrheitswerteverlauf der beiden folgenden Formeln jeweils mithilfe einer Wahrheitstafel:

a) $(A \rightarrow B) \vee (\neg B \wedge A)$,

b) $(A \leftrightarrow (B \vee C)) \wedge (\neg C \wedge A)$.

4.9 Junktoren in natürlicher Sprache

Schreiben Sie die folgenden Sätze jeweils möglichst sinn- und textgetreu in der Art einer AL-Formel, so dass Sätze natürlicher Sprache mit Junktoren verbunden sind. Ignorieren Sie dabei wertende Beiklänge.

Beispiel:

Franz und Nadia sind Studenten. $\mapsto$ (Franz ist Student) $\wedge$ (Nadia ist Studentin)

a) Wenn du fährst, fahre ich auch.

b) Ich fahre nur wenn du auch fährst.

c) Weil du fährst, fahren er und ich auch.

d) Ich fahre nicht, es sei denn, du fährst auch.

e) Linda arbeitet, obwohl sie krank ist.

f) Es regnet morgen, vielleicht aber auch erst übermorgen.

g) Tim ist ein guter Tänzer und Schwimmer.

h) Wenn Franz singt, dann nervt er.

i) Wenn Franz singt, dann nervt das.

4.10 Semantische Formeleigenschaften und Formelrelationen

Überprüfen Sie die Eigenschaften und Relationen in den Beispielen von 4.1.4:

a) $A \rightarrow B$ ist erfüllbar;

b) $A \wedge \neg A$ ist unerfüllbar;

c) $A \wedge B$ ist kontingent;

d) $(A \rightarrow B) \vee (B \rightarrow A)$ ist allgemeingültig;

e) $(A \rightarrow B) \wedge (B \rightarrow A)$ ist widerlegbar;

f) $\neg (B \rightarrow A) \vDash A \rightarrow B$;

g) $B \rightarrow \neg A \equiv A \rightarrow \neg B$.

4.11 Semantische Eigenschaften von Formeln

Welche der folgenden Behauptungen stimmen? Geben Sie, wo möglich, ein Gegenbeispiel an.

a) Jede kontingente AL-Formel ist erfüllbar.

b) Jede allgemeingültige AL-Formel ist kontingent.

c) Die Negation jeder erfüllbaren AL-Formel ist widersprüchlich.

d) Eine Folgerung aus einer Menge kontingenter AL-Formeln ist immer kontingent.

e) Eine Folgerung aus einer Menge allgemeingültiger AL-Formeln ist immer allgemeingültig.

f) Eine Folgerung aus einer Menge unerfüllbarer AL-Formeln ist immer unerfüllbar.

g) Jede nicht leere Menge aus unerfüllbaren AL-Formeln ist widersprüchlich.

h) Die Negation jeder kontingenten AL-Formel ist widerlegbar.

i) Jede Folgerung aus der Menge aller kontingenten Tautologien ist allgemeingültig.

j) Die Theorie (Menge aller Folgerungen aus) der Menge aller widersprüchlichen AL-Formeln ist erfüllbar.

k) Die Theorie jeder Menge von AL-Formeln enthält mindestens drei Tautologien.

l) Jede widersprüchliche endliche Menge von AL-Formeln enthält mindestens eine unerfüllbare oder zwei widerlegbare AL-Formeln.

4.12 Äquivalenz und Folgerung

Beweisen Sie Satz 4.6: Sind φ und ψ Formeln der Aussagenlogik, so sind die folgenden drei Aussagen gleichbedeutend:

– $\varphi \equiv \psi$,

– für jede AL-Formel π gilt $\pi \vDash \varphi \Leftrightarrow \pi \vDash \psi$,

– $\varphi \vDash \psi$ und $\psi \vDash \varphi$.

4.13 Denksportaufgabe und AL-Formeln

Beschreiben Sie als AL-Formel unter Verwendung von A_{ijk} in der Sudoku-Formalisierung in 4.1.4 die Forderung, dass in keiner Zeile bzw. Spalte bzw. Region eine Ziffer doppelt vorkommt.

4.14 Denksportaufgabe und Paradoxon

a) Alina sagt: „Belinda und Celine werden als Nächstes lügen."
   Belinda sagt dann: „Alina hat gerade gelogen."
   Celine sagt dann: „Alina hat gerade die Wahrheit gesagt."
   Wer hat gelogen, wer nicht?

b) Alina sagt: „Belinda wird als Nächstes lügen."

Belinda sagt dann: „Celine wird als Nächstes lügen."

Celine sagt dann: „Alina hat gerade gelogen."

i. Wer hat gelogen, wer nicht?

ii. Was geht jetzt schief? Ist es nicht so, dass jede von ihnen jeweils entweder gelogen oder die Wahrheit gesagt haben muss?

4.15 Folgerungen aus Formelmengen

Welche der folgenden Folgerungen sind korrekt? Belegen Sie Ihre Antworten mit Wahrheitstafeln.

a) $\{A \lor B, B \to A\} \vDash A$

b) $\{(A \lor B) \to A, A \to (A \lor B)\} \vDash \neg(A \land \neg B)$

4.16 Substitution

Zeigen Sie, wie jede gleichzeitige Substitution in einer AL-Formel τ als Hintereinander-ausführung von „Einzelsubstitutionen" (mit nur einer zu ersetzenden Aussagevariablen) geschrieben werden kann.

Tipp: Wer in einem Computerprogramm die Werte von a und b vertauschen will, schreibt bestimmt nicht „a := b; b := a;" sondern ...

4.17 Substitution

Zeigen Sie, dass aus äquivalenten AL-Formeln durch gleiche Substitution äquivalente Formeln entstehen: $\sigma \equiv \tau \Rightarrow \sigma_{[P1/\varphi1, P2/\varphi2, ..., Pk/\varphi k]} \equiv \tau_{[P1/\varphi1, P2/\varphi2, ..., Pk/\varphi k]}$.

4.18 Ersetzung

a) Definieren Sie rekursiv die Menge $\text{Ers}_{[\psi/\rho]}(\varphi)$ aller Möglichkeiten der Ersetzung eines oder mehrerer der Vorkommen einer Teilformel ψ durch eine zu ψ äquivalente Formel ρ in einer Formel φ.

b) Zeigen Sie, dass wegen des Deduktionstheorems für jede endliche Menge $\{\varphi_1, \varphi_2 ..., \varphi_n\}$ von AL-Formeln gilt:

$$\{\varphi_1, \varphi_2, ..., \varphi_n\} \vDash \psi \Leftrightarrow \vDash ((\varphi_1 \land \varphi_2 \land ... \land \varphi_n) \to \psi).$$

4.19 Substitution und Ersetzung

Beweisen Sie mithilfe von Tautologien aus Satz 4.7 die folgenden Tautologien bzw. Äquivalenzen:

a) $\vDash \neg A \to \neg((\neg A \lor B) \to A)$,

b) $A \land (B \land C) \equiv (C \land A) \land B$,

c) $A \wedge (B \rightarrow B) \equiv A \vee \neg(B \rightarrow B)$,

d) $\models (A \rightarrow (B \rightarrow \neg C)) \vee \neg(A \rightarrow (B \rightarrow \neg C))$.

4.20 Junktorenbasen

Geben Sie eine zu

(a) $\neg A$,   (b) $A \wedge B$,   (c) $A \vee B$

äquivalente AL-Formel an, in der als einziger Junktor

(i) $\uparrow$ (NAND) ,   (ii) $\downarrow$ (NOR)

(natürlich mehrfach) vorkommt. Das sind 6 einzelne Fragen: von (a.i) bis (c.ii).

4.21 Junktorenbasen

a) Bestimmen Sie durch Shannon-Expansionen – und zwar ganz schematisch zuerst nach A und dann nach B – eine zu $(B \rightarrow A) \wedge (A \vee B)$ äquivalente if-then-else-Formel.

b) Gibt es kürzere äquivalente if-then-else-Formeln?

4.22 Junktorenbasen

Zeigen Sie, dass $\{\leftrightarrow, \neg\}$ keine Junktorenbasis ist, z. B. mit folgender Strategie:

Definieren Sie $\{\leftrightarrow, \neg\}$-Formeln induktiv, und zeigen Sie, dass diese sowie alle dazu äquivalenten AL-Formeln folgende Eigenschaft haben: Für jede Aussagevariable A_i gilt entweder $\varphi_{[A_i/\neg A_i]} \equiv \varphi$ oder $\varphi_{[A_i/\neg A_i]} \equiv \neg\varphi$. Was ist mit $A_1 \rightarrow A_2$?

4.23 Dualität

Begründen Sie die Korrektheit der beiden in 4.1.8 angegeben Standardverfahren zur Erzeugung dualer Aussagen, sei es formlos, sei es mit induktivem Beweis unter Verwendung der Junktorsemantiken und der De Morgan'schen Regeln.

4.24 Konjunktive Normalform

Welche der folgenden KNF-Formeln sind allgemeingültig?

a) $(B \vee C \vee \neg C) \wedge (A \vee B \vee A) \wedge (\neg A \vee C \vee A)$

b) $\{\{A, B, \neg A\}, \{\}\}_{KNF}$

c) $\{\{A, B, \neg A\}, \{\neg C, C\}, \{\neg B, B, C\}\}_{KNF}$

4.25 Konjunktive Normalform

Bringen Sie $\neg(A \rightarrow (B \vee C))$ in KNF-Form mittels

a) Synthese aus Wahrheitstafel,

b) syntaktischem Formel-Umbau.

4.26 Disjunktive Normalform

Formulieren und lösen Sie zwei zu den Aufgaben 4.24 und 4.25 „duale" Übungsaufgaben zur DNF.

4.27 Resolution, Dualresolution

a) Formen Sie $\neg((A \to B) \to ((C \to A) \to (C \to B)))$ in KNF um.
b) Entscheiden Sie mittels Resolution, ob $(A \to B) \to ((C \to A) \to (C \to B))$ allgemeingültig ist. Verwenden Sie Teil (a).
c) Entscheiden Sie mittels Dualresolution, ob $\neg B \vee (\neg A \wedge B) \vee (\neg C \wedge A) \vee C$ allgemeingültig ist. Verwenden Sie Teil (b).

4.28 Resolution

Beweisen Sie per aussagenlogischer Resolution, dass aus

Hans hustet nicht, oder Gerd grübelt, oder Lena lächelt;
Gerd grübelt nicht, oder sowohl Ina isst als auch Dora döst;
Lena lächelt nicht, oder sowohl Dora döst als auch Kevin kichert.
folgt
Dora döst, oder Hans hustet nicht.

Tipp: Zeigen Sie, dass die Konjunktion der ersten drei Aussagen und der Negation der vierten unerfüllbar ist.

4.29 Tableaux, Dualtableaux

a) Prüfen Sie mittels Tableaubaum die Erfüllbarkeit von $(A \wedge \neg B) \to \neg(A \to B)$ und bestimmen Sie gleichzeitig eine dazu äquivalente DNF-Formel.
b) Prüfen Sie die Allgemeingültigkeit von $(A \wedge \neg B) \to \neg(A \to B)$ mittels Dualtableaubaum und bestimmen Sie gleichzeitig eine dazu äquivalente KNF-Formel.

4.30 AL-Werkzeugkasten

Vervollständigen Sie den folgenden Beweis mit dem AL-Werkzeugkasten, indem Sie die fehlenden acht Begründungen eintragen: Geg(eben), Ann(ahme) oder Regelkurzname und Nummer(n) der Prämisse(n) – je nach Situation:

Zeige $((A \lor B) \land (\neg A \lor C)) \to (B \lor C)$

1		$(A \lor B) \land (\neg A \lor C)$	Ann
		Zeige $B \lor C$	
2		$\neg(B \lor C)$	
3		$\neg B$	
4		$\neg C$	
5		$A \lor B$	1, UB
6		A	
7		$\neg A \lor C$	
8		$\neg A$	
9		$\bot$	
10	$B \lor C$		IB
11	$((A \lor B) \land (\neg A \lor C)) \to (B \lor C)$		

4.31 AL-Werkzeugkasten

Beweisen Sie die Folgerung $\{A \lor B, A \to C, C \lor \neg B\} \vDash C$ mithilfe des Werkzeugkastens, und zwar insbesondere

a) einmal mit einem indirekten Beweis und

b) einmal ohne einen indirekten Beweis.

4.32 OBDD und ROBDD

Zeichnen Sie je einen (nach A-B-C-D geordneten) ROBDD für jede der Formeln

a) $A \land B$,

b) $A \lor B$,

c) $A \to B$,

d) $A \leftrightarrow B$,

e) $(A \leftrightarrow B) \land (C \leftrightarrow D)$.

Tipp: Wenn Ihnen die Wahrheitstafel oder eine 2- bzw. 4-fache Shannon-Expansion, gefolgt von mehreren Reduktionsschritten, zu langwierig sind, können Sie auch versuchen, sich ohne diese Lösungsrezepte einfach immer wieder zu fragen, ob nach den bisherigen Abfrageergebnissen der Aussagevariablen die nächste anstehende Abfrage entbehrlich ist.

4.33 PL1 und natürliche Sprache

„Formalisieren" sie die folgenden Aussagen, und geben Sie jeweils eine plausible Grundmenge U an. Kürzen Sie Konstanten und Prädikate auf wenige Buchstaben ab:

a) München ist eine Großstadt südlich von Frankfurt.

b) Keine deutsche Großstadt liegt nördlich von Flensburg.

c) Es ist nicht alles Gold, was glänzt.

d) Wer den Pfennig nicht ehrt, ist des Talers nicht wert.

e) Jeder kennt jemanden, der ihn mag.

f) Nichts wird so heiß gegessen, wie es gekocht wird.

4.34 Freie und gebundene Variablenvorkommen

Nummerieren Sie jeweils alle Variablenvorkommen der Formel durch und notieren Sie sämtliche Variablenbindungen (z. B. „a) (1) bindet (3) und …"), so dass die nicht genannten Vorkommen freie Variablenvorkommen sind:

a) $\forall x(\exists y(R(x,y) \rightarrow (P(x) \vee Q(y,x))))$,

b) $\forall x(P(x) \rightarrow (\forall y Q(x,y)))$,

c) $\forall x \exists y R(x,y) \rightarrow (P(x) \vee Q(y,x))$,

d) $\forall x(P(x) \rightarrow \forall y \forall x Q(x,y))$.

4.35 Auswertung unter einer Interpretation

Gegeben sei die folgende Interpretation I:

Grundmenge ist $U := \{1, 2, 3, 6\}$. Interpretiert werden von den Konstantensymbolen c, von den Variablensymbolen x und y, von den Funktionssymbolen f (1-stellig) und von den Relationssymbolen: P (2-stellig), und zwar wie folgt:

$IK(c) := 2$,

$IV(x) := 2$,

$IV(y) := 2$,

$IF(f) : 1 \mapsto 2, 2 \mapsto 3, 3 \mapsto 6, 6 \mapsto 6$,

$IR(P) : P(x,y) :\Leftrightarrow x$ ist Teiler von y.

Werten Sie unter I aus:

a) die Terme $c, f(c)$ und $f(f(f(c)))$;

b) die Formeln $P(f(c),f(c))$, $P(c,f(c))$ und $P(f(c),c) \rightarrow P(c,c)$;

c) die Formeln $P(x,y)$, $\exists y P(x,y)$, $\forall x P(x,y)$, $\forall x \exists y P(x,y)$, $\exists y \forall x P(x,y)$, $\forall y((\forall x P(x,y)) \rightarrow P(f(y),y)$, $\forall x P(x,f(x))$ und $\exists x \forall y P(x,y)$.

d) Wie lautet ein konstanter Term in der Struktur (U, I_K, I_F, I_R) für ein nach (c) existierendes x mit $\forall y P(x,y)$?

4.36 Semantische Begriffe in PL1

Begründen Sie:

a) Die Formel $\forall x \exists y R(x,y) \rightarrow \exists y \forall x R(x,y)$ ist nicht allgemeingültig.

b) Die Folgerung $\neg \exists y \forall x R(x,y) \vDash \neg \forall x \exists y R(x,y)$ ist falsch.

c) Die Formelmenge $\{\forall x \exists y R(x,y), \forall y \neg \forall x R(x,y)\}$ ist erfüllbar.

Tipps: Verwenden Sie als Interpretation eine bekannte Menge U – beispielsweise die natürlichen Zahlen oder die Menge $\{0,1\}$ – und eine geeignete Relation R auf U. Sie können (b) und (c) auch aus (a) ableiten.

4.37 Fehlinterpretationen von PL1-Äquivalenzen und -Folgerungen
Zeigen Sie durch geeignete Gegenbeispiele:
a) Die Quantorenvertauschung funktioniert im Allgemeinen nur „$\forall$ mit $\forall$" oder „$\exists$ mit $\exists$", nicht aber gemischt; es gilt z. B. nicht immer $\forall x \exists y R(x,y) \leftrightarrow \exists y \forall x R(x,y)$.
b) Die Scope-Erweiterung sagt nichts über ähnliche – aber doch andere – Muster; es gilt z. B. nicht immer $\forall x \varphi \rightarrow \psi \not\equiv \forall x(\varphi \rightarrow \psi)$.
c) Die Distributivität gilt nicht „über Kreuz", d. h. bei „$\forall$ mit $\vee$" oder „$\exists$ mit $\wedge$".

4.38 Substituierbarkeit von Termen für Variablen in Formeln
Wo gilt free (τ,x,φ)?

	τ	φ
a)	y	$\forall y P(f(x))$
b)	$f(x,y)$	$R(x,y) \rightarrow \forall y P(y)$
c)	$f(x,y)$	$\forall y R(y,c) \vee \exists y R(x,y)$
d)	$f(x,y)$	$\forall x R(x,y)$
e)	$f(y)$	$\forall z R(x,y,z)$

4.39 Unentscheidbarkeit
Zeigen Sie (mit den Begriffen aus Abschnitt 4.2.6), dass kein Algorithmus generell an einem Programmtext entscheiden kann, ob das Programm bei einem Input bestehend aus der Zahl 1 das Ergebnis 1 ausgibt.

Tipps (bezogen auf eine Allzweck-Programmiersprache *Spr*):
– Für jedes Programm P und jedes P-Inputwort w arbeite das Programm *PgmPw* wie folgt: Es liest ein Inputwort v ein. Ist $v \neq 1$, so stoppt es wortlos. Ist $v = 1$, so führt *PgmPw* das Programm P mit Input w aus. Wird P unter Produktion eines Outputs fertig, gibt *PgmPw* „1" aus. Ansonsten bleibt *PgmPw* stumm, da es endlos auf den Output von P wartet.
– Nun arbeite das Programm *PgmStop* wie folgt: Es liest als Input das Programm P und das Inputwort w, baut sich daraus das Programm *PgmPw* zusammen und entscheidet dann, ob *PgmPw* bei einem Input bestehend aus der Zahl 1 das Ergebnis 1 ausgibt.

4.40 Unentscheidbarkeit

Ein Halbentscheidungsalgorithmus gibt im JA-Falle JA aus, wird aber in manchen NEIN-Fällen evtl. nicht NEIN, sondern nichts ausgeben. Es gibt Halbentscheidungsalgorithmen für die Allgemeingültigkeit von PL1-Formeln.

Zeigen Sie:

a) Es gibt Halbentscheidungsalgorithmen für die Unerfüllbarkeit von PL1 -Formeln.
b) Es gibt keinen Halbentscheidungsalgorithmus für die Widerlegbarkeit von PL1-Formeln.

4.41 PL1-Werkzeugkasten

Beweisen Sie mit dem PL1-Werkzeugkasten:

a) $\{\forall x(P(x) \rightarrow Q(x)), \forall x((P(x) \wedge Q(x)) \rightarrow R(x)), P(m)\} \vDash R(m)$
b) $\forall x[P(x) \rightarrow Q(x)] \rightarrow [\forall x P(x) \rightarrow \forall x Q(x)]$

4.42 PL1-Werkzeugkasten, Resolution [Kowa 1979]

a) Formulieren Sie die folgenden Aussagen als PL1-Formeln:
  i. Jeder Drache ist glücklich, wenn alle seine Kinder fliegen können.
  ii. Grüne Drachen können fliegen.
  iii. Ein Drache ist grün, wenn er Kind mindestens eines grünen Drachen ist; andernfalls ist er rosa.
  iv. Alle grünen Drachen sind glücklich.

  Tipp: Es geht nur um Drachen; also braucht man nicht das Prädikat, Drache zu sein.

b) Zeigen Sie mit dem PL1-Werkzeugkasten, dass aus den Aussagen (i)-(iii) die Aussage (iv) folgt.
c) Zeigen Sie mit PL1-Resolution dass aus den Aussagen (i)-(iii) die Aussage (iv) folgt. Tipp: Zeigen Sie, dass (i) $\wedge$ (ii) $\wedge$ (iiia) $\wedge$ ¬(iv) unerfüllbar ist. Es reicht nämlich die „erste Hälfte" (iiia) von (iii), also ohne „andernfalls ist er rosa"; das spart Schreibarbeit.
d) Was würden Sie in einer Drachenwelt mit (i)-(iii) einem jungen rosa Drachen empfehlen, damit er glücklich bleibt? (Wieso „bleibt" und nicht „wird"?)

4.43 PL1-Tableaux

Beweisen Sie mit PL1-Tableaux: $\forall y[(\forall x[P(x) \rightarrow Q(x)] \wedge P(y)) \rightarrow Q(y)]$
  Tipp: Zeigen Sie die Unerfüllbarkeit des Gegenteils.

4.44 PL1-Tableaux

Weisen Sie mittels PL1-Tableaux nach, dass nach geltendem Recht Geschwister nie verschwägert sind. Ignorieren Sie zur Vereinfachung Halbgeschwister.

Tipps:
- Wählen Sie als Prädikate G für „sind Geschwister", H für „sind verheiratet", S für „sind verschwägert".
- Verheiratete sind unterschiedliche Personen (weiteres Prädikat: U für „sind Unterschiedliche Personen").
- Verschiedene Geschwister der gleichen Person sind untereinander Geschwister (s. o.).
- Geschwister sind nach geltendem Recht nicht miteinander verheiratet.
- Man kann auf zwei Weisen verschwägert sein:
  $S(x,z) \equiv \exists y[G(x,y) \wedge H(y,z)] \vee \exists y[H(x,y) \wedge G(y,z)]$

Und wenn Sie sich schon mit Logik und Verwandtschaftsrecht befassen: Darf in Deutschland ein Mann die Schwester seiner Witwe heiraten?

4.45 Pränexe Form
Bringen Sie in bereinigte pränexe Form:
a) $\forall x \exists y P(x,y) \wedge \forall y R(x,y)$
b) $\forall y \exists x [R(x,y) \leftrightarrow \neg \exists x Q(y,x)]$

4.46 Skolem-Form
Bringen Sie in erfüllbarkeitsäquivalente Skolem-Form:
a) $\exists x P(x)$
b) $\forall x \exists y R(x,y)$
c) $\forall x \exists y \forall z \exists w S(x,y,z,w)$
d) $\forall x \exists y [\exists u P(x, g(y,f(x))) \vee \neg Q(z) \vee \neg R(u,y)]$

4.47 Klausel-Normalform
Bestimmen Sie jeweils eine erfüllbarkeitsäquivalente Formel in Klausel-Normalform:
a) $P(x) \rightarrow [\forall y \exists z (S(x,z) \vee R(x,y,z))]$
b) $\exists x [R(x,y) \leftrightarrow \neg \exists x Q(y,x)]$

4.48 Unifikation
Geben Sie – wo möglich – einen allgemeinsten Unifikator an für ...

a) $P(x, g(a), y)$ und $P(a, g(x), b)$
b) $P(a,x)$ und $P(x, g(x))$
c) $P(x)$ und $P(g(x))$
d) $P(h(x))$ und $P(g(x))$
e) $Q(x,y)$ und $Q(y,x)$
f) $Q(a,y)$ und $Q(y,x)$

g) $Q(g(x,y),f(x))$ und $Q(g(h(z),y),f(h(z)))$

h) $Q(g(x,y),f(x))$ und $Q(g(h(a),y),f(h(z)))$

4.49 PL1-Resolution

Formalisieren Sie und zeigen Sie mittels Resolution die Unerfüllbarkeit des Satzes: „Der Barbier in unserem Ort rasiert genau alle Männer des Ortes, die sich nicht selbst rasieren." Tipps:

- Universum U = Männer im Ort, b = der Barbier, R = rasiert.
- Beim PL1-Resolutionsschritt muss nicht jeweils *genau* ein Literal in jeder der beiden Klauseln verschwinden.

4.50 PL1$_=$-Werkzeugkasten

Beweisen Sie mit dem PL1$_=$-Werkzeugkasten

a) die Äquivalenzen

$$\exists x P(x) \wedge \forall x \forall y ((P(x) \wedge P(y)) \to x=y) \equiv$$

$$\exists x P(x) \wedge \neg \exists x \exists y ((P(x) \wedge P(y)) \wedge x \neq y) \equiv$$

$$\exists x (P(x) \wedge \forall y (P(y) \to x=y)) \equiv$$

$$\exists x \forall y (P(y) \leftrightarrow x=y))$$

b) die Folgerung

$$\{ \exists x \forall y (R(x,y,y) \wedge R(y,x,y)), \forall w \forall x \forall y \forall z ((R(w,x,y) \wedge R(w,x,z)) \to y=z)\}$$

$$\vDash \forall x \forall y (\forall z (R(x,z,z) \wedge R(z,x,z) \wedge R(y,z,z) \wedge R(z,y,z)) \to x=y)$$

Tipps zu (b):

Nehmen Sie für $R(x,y,z)$ den Spezialfall $x \circ y = z$, und lassen Sie sich inspirieren von der Beweisidee dafür, dass es in jeder Gruppe (vgl. Kapitel 7) nur ein neutrales Element e gibt: Gibt es nämlich ein zweites, e', so ist $e' = e' \circ e = e$.

Verwenden Sie zur Abkürzung des Beweises ∧-Ketten wie bereits in der Aufgabenstellung und die gültigen Verallgemeinerungen für UB:

$$\frac{\varphi_1 \wedge \varphi_2 \wedge ... \wedge \varphi_n}{\varphi_k} \quad \text{für} \quad k=1,...,n \,.$$

Übrigens: Welche gültige(n) Verallgemeinerung(en) hätte(n) Ihren Beweis noch weiter verkürzt?

5 Zahlen und Anzahlen

Aus der Schule kennen wir mehrere Zahlensysteme: natürliche, ganze, rationale, reelle und eventuell auch komplexe Zahlen. Die Zahlen und ihre Rechenregeln werden in der Schule weitgehend per Anschauung und überzeugende Beispiele gelehrt. Eine strenge formalmathematische Darstellung wäre dort aus didaktischer Sicht auch nicht angebracht.

Im Abschnitt 5.1 wird ein mathematisch strenger Aufbau der klassischen Zahlenbereiche und ihrer Eigenschaften skizziert. Die Betonung liegt auf skizziert, denn selbst Landaus[77] klassische lakonische Darstellung in [Land 1930] umfasst 134 Seiten. Hier wird zumindest ein Definitionsgerüst im Landau'schen Stil präsentiert und um erläuternde Diagramme ergänzt. Sätze über die wichtigsten der uns bereits informell vertrauten Rechenregeln werden zitiert. Von ihnen werden hier aber nur einzelne bewiesen, um zumindest die Methodik zu demonstrieren.

Grundlegendes zu Anzahlen wird in Abschnitt 5.2 dargestellt. Jede Menge hat eine Anzahl von Elementen, mindestens null. Diese Anzahl nennt man Mächtigkeit. Eine Menge bestehend aus einem Floh ist gleich mächtig zu einer Menge bestehend aus einem Elefanten. Zum Zählen der Elemente endlicher Mengen brauchen wir von den obigen Zahlensystemen nur das einfachste, die natürlichen Zahlen. In der Kombinatorik befasst man sich mit speziellen Anzahlen. Sie lehrt, die Mächtigkeit von endlichen Mengen, die nach Standardmethoden aus anderen Mengen konstruiert werden, aus der Mächtigkeit der Ausgangsmengen zu berechnen. Wenn beispielsweise n Personen einander per Handschlag begrüßen, finden insgesamt $n \cdot (n-1)/2$ Handschläge statt, entsprechend der Anzahl der 2-elementigen Teilmengen der Personenmenge. Beim „Abzählen" der Elemente unendlicher Mengen stellt sich heraus, dass es unendlich viele unterschiedliche unendliche Anzahlen gibt. Zum Abzählen unendlicher Mengen eignen sich die dafür entwickelten Kardinalzahlen.

Beim Rechnen mit natürlichen und ganzen Zahlen spielt die Teilbarkeit eine besondere Rolle. Ihr widmet sich mit der Zahlentheorie ein ganzer Zweig der Mathematik. In Abschnitt 5.3 stellen wir dessen einfachste Grundlagen bereit. Einzelne Fakten der Zahlentheorie lassen sich besonders gut unter Verwendung algebraischer Methoden zeigen, weshalb deren Beweise auf Kapitel 7 verschoben werden.

---

77 Edmund Landau, 1877–1938, lehrte Mathematik in Göttingen und Berlin.

https://doi.org/10.1515/9783111336107-005

5.1 Zahlen

5.1.1 Natürliche Zahlen und ihre Operationen

Die Peano-Axiome

Die natürlichen Zahlen (hier einschließlich der Null verwendet) 0, 1, 2, 3, ... haben wir in Kapitel 2 als induktiv definierte endliche Strichlisten kennengelernt:

- ε st eine natürliche Zahl. (ε bedeutet, dass hier eine eigentlich unsichtbare leere Strichliste steht. Daher ist auch $\varepsilon| = |$.)
- Ist n eine natürliche Zahl, dann auch $n|$.
- Jede natürliche Zahl entsteht durch endlich viele Anwendungen dieser beiden Regeln.

Dabei wird allerdings der Begriff der Endlichkeit vorausgesetzt, den wir erst (gewissermaßen dann „endlich") in 5.2.3 formal definieren. $n|$ wurde der Nachfolger von n genannt und auch $succ(n)$ geschrieben. Er wird sich natürlich als $n + 1$ herausstellen, aber die Addition haben wir noch nicht formal eingeführt. In modernerer Schreibweise schreibt man seit Langem

$$\varepsilon \text{ als } 0, \ | \text{ als } 1, \ || \text{ als } 2, \ ..., \ |||||||||| \text{ als } 10, \text{ usw.}$$

Aus den Eigenschaften der Zeichenfolgen ergeben sich speziell folgende Eigenschaften der natürlichen Zahlen, die in zahlreichen Beweisen zu deren Rechenregeln eine Rolle spielen:

- Ist n eine natürliche Zahl, dann ist $n|$ von 0 verschieden. (Durch das Anhängen von Zeichen an eine Zeichenkette kann nicht die leere Zeichenkette entstehen.)
- Sind m und n natürliche Zahlen mit $m| = n|$ so ist $m = n$, d. h. die Funktion succ ist injektiv. (Durch das Anhängen des gleichen Zeichens an zwei unterschiedlichen Zeichenfolgen können nicht zwei gleiche Zeichenfolgen entstehen.)

Will man diese Eigenschaften von Zeichenfolgen aber formal beweisen, so verwendet man Begriffe rund um Mengen, Folgen und Abbildungen – und leider auch die natürlichen Zahlen! Eine solche letztlich zyklische Vorgehensweise kann man vermeiden, wenn man eine Mindestmenge von Eigenschaften natürlicher Zahlen axiomatisch voraussetzt. Dabei behandelt man $\mathbb{N}_0$ gewissermaßen als unbekannte Menge, von der man die Erfüllung einiger prädikatenlogischer Formeln (mit den Relationen der Identität = und der Elementbeziehung $\in$) erwartet. Unsere Strichfolgenmenge dieses Namens ist dann nur noch ein anschauliches Modell für diese Formelmenge. Solch eine Axiomatisierung hat im 19. Jahrhundert Giuseppe Peano[78] formuliert. Sie fand großen

---

[78] 1858–1932 (oft auch auf 1939 datiert, vermutlich aufgrund eines Irrtums in einem namhaften Mathematikerlexikon), Mathematikprofessor an der Universität in Turin.

Anklang in der Mathematikwelt. Die sogenannten **Peano-Axiome** für eine Menge $\mathbb{N}_0$ und eine Relation *succ* auf dieser Menge lauten (leicht modernisiert geschrieben):

1. 0 ist eine natürliche Zahl:

$$0 \in \mathbb{N}_0$$

2. Zu jeder natürlichen Zahl n existiert genau eine natürliche Zahl n' mit $succ(n, n')$, der **Nachfolger** von n, d. h. *succ* ist linkstotal und rechtseindeutig, also eine Abbildung, und wir können dieses n' daher in der Folge als $succ(n)$ schreiben:

$$succ \colon \mathbb{N}_0 \to \mathbb{N}_0$$

3. Für jede natürliche Zahl n ist ihr Nachfolger von 0 verschieden:

$$\forall n \in \mathbb{N}_0 \; succ(n) \neq 0.$$

4. Haben zwei natürliche Zahlen m und n den gleichen Nachfolger, so sind sie gleich:

$$\forall m, n \in \mathbb{N}_0 \; (succ(m) = succ(n) \to m = n).$$

5. Jede Menge natürlicher Zahlen, die 0 und mit jedem Element n auch dessen Nachfolger enthält, umfasst alle natürlichen Zahlen:

$$\forall M((M \subseteq \mathbb{N}_0 \wedge 0 \in M \wedge (\forall n \in M \; succ(n) \in M)) \Rightarrow M = \mathbb{N}_0).$$

Keine dieser Eigenschaften können wir rein logisch aus den anderen herleiten, die Axiome sind voneinander unabhängig. In einer Übungsaufgabe beweisen wir dies, indem wir für jede Auswahl von nur vier der Peano-Axiome ein Modell bestimmen, welches das in der Auswahl fehlende Axiom *nicht* erfüllt.

Wir arbeiten nun unter der Annahme dieser fünf Axiome weiter.

Die Rechenoperationen auf den natürlichen Zahlen

Wir kennen – zumindest informell – zahlreiche Funktionen auf den natürlichen Zahlen. Einige davon werden im Folgenden formal definiert.

– Wir definieren für jedes $m \in \mathbb{N}_0$ die **Addition** $m + \dots$ von m als eine separate einstellige Funktion $plus_m$, setzen dann

$$m + n := plus_m(n)$$

und stellen damit die zweistellige Funktion + dar.

– Diese Funktionen, eine für jedes m, werden (jede für sich) rekursiv definiert:

$$plus_m(0) := m$$
$$plus_m(succ(n)) := succ(plus_m(n))$$

Die informell bereits bekannten Regeln $m + 0 = m$ und $m + (n + 1) = (m + n) + 1$ werden also in der *plus-succ*-Schreibweise zur formalen Definition der Addition verwendet. Anschließend kann $succ(n) = n + 1$ bewiesen werden[79], was schließlich den in der vollständigen Induktion üblichen Induktionsschritt von n nach $n + 1$ (anstatt $succ(n)$) rechtfertigt.

Ganz so wie die Addition auf der Nachfolgerbildung aufbaut, bauen auch die Multiplikation auf der Addition und die Potenzierung auf der Multiplikation auf.

– Multiplikation ist mehrfache Addition:
  – $\quad m \cdot 0 \qquad := 0$
  – $\quad m \cdot (n + 1) \quad := (m \cdot n) + m$

– Potenzierung ist mehrfache Multiplikation:
  – $\quad m^0 \qquad := 1$
  – $\quad m^{n+1} \quad := m^n \cdot m$

Satz 5.1: Eigenschaften der Addition und Multiplikation

Die Addition auf den natürlichen Zahlen ist **assoziativ** und **kommutativ**, d. h. für alle $l, m, n \in \mathbb{N}_0$ gilt:

– $\quad (l + m) + n \quad = l + (m + n)$, und
– $\quad m + n \qquad = n + m$.

Ferner gilt $succ(n) = n + 1$.

Die Multiplikation auf den natürlichen Zahlen ist **assoziativ** und **kommutativ**, d. h. für alle $l, m, n \in \mathbb{N}_0$ gilt:

– $\quad (l \cdot m) \cdot n \quad = l \cdot (m \cdot n)$ und
– $\quad m \cdot n \qquad = n \cdot m$.

Schließlich gilt das **Distributivgesetz,** d. h. für alle $l, m, n \in \mathbb{N}_0$ gilt:

– $\quad l \cdot (m + n) \ = \ l \cdot m + l \cdot n$.

Hierbei ist die übliche klammersparende Priorität „ $\cdot$ vor $+$ " berücksichtigt. $\qquad\qquad \square$

Beweis (exemplarisch für die Assoziativität und Kommutativität der Addition):

– Assoziativität von $+$
  Induktionsbasis: Die Aussage $\forall l, m \in \mathbb{N} \ \ l + (m + n) = (l + m) + n$ gilt für $n = 0$, denn

  $$(l + m) + 0 \ = \ l + m \ = \ l + (m + 0).$$

---

79 Bertrand Russell und Alfred North Whitehead, 1861–1947, schrieben mehrere hundert Seiten in ihren Principia Mathematica, bis sie $1 + 1 = 2$ bewiesen, vgl. [DPPD 2012].

Induktionsschritt: Es gelte $\forall l, m \in \mathbb{N} \ \ l + (m + n) = (l + m) + n$. Dann folgt

$$
\begin{aligned}
l + (m + succ(n)) &= l + succ(m + n) && \text{wegen der Definition von } +, \\
&= succ(l + (m + n)) && \text{Definition von } +, \\
&= succ((l + m) + n) && \text{Induktionsannahme,} \\
&= (l + m) + succ(n). && \text{Definition von } +.
\end{aligned}
$$

Hier ist wieder die übliche Operationsschreibweise $(m + n)$ anstelle der Funktions-schreibweise $(plus_m (n))$ verwendet. Letztere würde uns eher daran erinnern, dass es sich um einen gewöhnlichen induktiven Beweis im Sinne von 3.10.4 handelt.

- Kommutativität von +
  Vorab zeigt man induktiv ganz leicht dass (#) für alle n gilt: $n = 0 + n$:
  $0 = 0 + 0$, und wenn $n = 0 + n$, dann $0 + succ(n) = succ(0 + n) = succ(n)$.
  Ebenfalls zeigt man induktiv vorab, dass
  (○) für alle m und n gilt: $m + succ(n) = succ(m) + n$:
  Sei m eine beliebige natürliche Zahl. Dann gilt die Induktionsbasis:

$$
m + succ(0) = succ(m + 0) = succ(m) = succ(m) + 0.
$$

Gilt für den Induktionsschritt die Induktionsannahme $m + succ(n) = succ(m) + n$, so folgt daraus

$$
\begin{aligned}
m + succ(succ(n)) &= succ(m + succ(n)) && \text{wegen der Definition von } +, \\
&= succ(succ(m) + n) && \text{Induktionsannahme,} \\
&= succ(m + succ(n)) && \text{Definition von } +.
\end{aligned}
$$

Nach diesen Vorbereitungen wählen wir eine beliebige natürliche Zahl m und zeigen induktiv, dass für alle n gilt (•) $m + n = n + m$.

Induktionsbasis: (•) gilt für $n = 0$, denn $m + 0 = m = 0 + m$ wegen der Def. von + und (#)
Induktionsschritt: Es gelte (•) für eine natürliche Zahl n: $m + n = n + m$. Dann folgt

$$
m + succ(n) \quad = succ(n) + m \qquad \text{(○) oben} \qquad\qquad \blacksquare
$$

Die Ordnungsrelationen auf den natürlichen Zahlen

Auch die Relationen < **((echt) kleiner als)** und ≤ **(kleiner oder gleich)** können wir induktiv definieren, nämlich als kleinste Relationen mit folgender Eigenschaft:

- $m < succ(m)$ und $m < n \Rightarrow m < succ(n)$ bzw.
- $m \leq m$ und $m \leq n \Rightarrow m \leq succ(n)$.

Die Relationen > **((echt) größer als)** und ≥ **(größer oder gleich)** sind die Inversen dazu:

$$> := <^{-1}, \quad \geq := \leq^{-1}.$$

Satz 5.2: Addition und Kleiner(Gleich)-Relation

Innerhalb der natürlichen Zahlen gilt:

- $m < n \Leftrightarrow \exists d \in \mathbb{N} \ m + d = n,$
- $m \leq n \Leftrightarrow \exists d \in \mathbb{N}_0 \ m + d = n,$
- $m_1 \leq n_1 \wedge m_2 < n_2 \Rightarrow m_1 + m_2 < n_1 + n_2,$
- $m_1 \leq n_1 \wedge m_2 \leq n_2 \Rightarrow m_1 + m_2 \leq n_1 + n_2.$ □

Lemma 5.3: Wohlordnung beschränkter Mengen natürlicher Zahlen

Für jede natürliche Zahl n hat jede nichtleere Teilmenge M der Menge $\{i \in \mathbb{N}_0 \mid i \leq n\}$ ein kleinstes und ein größtes Element. □

Beweis: Zunächst ergibt sich induktiv die Aussage bezüglich des kleinsten Elements.

- Sie gilt für $n = 0$:

  $\{i \in \mathbb{N}_0 | i \leq 0\} = \{0\},$ und $\varnothing \neq M \subseteq \{0\} \Rightarrow M = \{0\} \Rightarrow \min(M) = 0.$

- Gilt $\varnothing \neq M \subseteq \{i \in \mathbb{N}_0 | i \leq n\} \Rightarrow \min(M)$ existiert, so folgt, wenn $\varnothing \neq M \subseteq \{i \in \mathbb{N}_0 | i \leq n+1\},$ dass

  - im Falle $M = \{n + 1\} \ \min(M) = n + 1;$
  - im anderen Falle $\min(M) = \min(M \cap \{i \in \mathbb{N}_0 | i \leq n\}),$ das gemäß Induktionsannahme existiert.

Die Aussage bezüglich des größten Elements folgt ähnlich induktiv bzw. aus

$$M \subseteq \{i \in \mathbb{N}_0 \mid i \leq n\} \Rightarrow \ \{n - i \mid i \in M\} \subseteq \{i \in \mathbb{N}_0 \mid i \leq n\}$$

$$\Rightarrow \max(M) = n - \min(\{n - i \mid i \in M\}). \ ■$$

Satz 5.4: Wohlordnung der natürlichen Zahlen

In jeder nichtleeren Menge natürlicher Zahlen gibt es ein kleinstes Element:

$$\forall M \in \mathbf{P}(\mathbb{N}_0) \backslash \{\varnothing\} \ \exists m \in M \ \forall n \in M \ m \leq n \qquad □$$

Beweis: Zu der nichtleeren Menge M existiert ein $n \in M$. Dann ist $M \cap \{i \in \mathbb{N}_0 \mid i \leq n\}$ eine nichtleere Teilmenge der Menge $\{i \in \mathbb{N}_0 \mid i \leq n\}$, hat also nach Lemma 5.3 ein kleinstes Element $\min(M \cap \{i \in \mathbb{N}_0 \mid i \leq n\})$, welches, wie man leicht sieht, auch $\min(M)$ ist. ■

Innerhalb der natürlichen Zahlen sind **Subtraktion, Division** und die **Logarithmierung** (zur Basis b) partielle Abbildungen mit

- $d = m - n \qquad :\Leftrightarrow n + d = m,$
- $q = m : n \qquad :\Leftrightarrow n \cdot q = m,$
- $l = log_b(n) \qquad :\Leftrightarrow n = b^l.$

Dabei ist d die Differenz, q der Quotient, l der Logarithmus und b die Basis. Die Eindeutigkeit des jeweiligen Ergebnisses, wenn es eines gibt, kann man beweisen.

5.1.2 Ganze Zahlen

Informell kennen wir die ganzen Zahlen, die entstehen, wenn man zu den natürlichen Zahlen die Negativen $-x(\in$ „$-\mathbb{N}$") der von Null verschiedenen $x \in \mathbb{N}$ hinzunimmt. Mit den geeigneten Rechenregeln lassen sich Addition und Multiplikation auf den ganzen Zahlen fortsetzen, z. B. die Addition als $+'$ durch

$$\forall m \in \mathbb{N}_0, n \in \mathbb{N} \quad m +' n := \begin{cases} m - n & \text{falls} \quad m \geq n \\ -(n - m) & \text{falls} \quad m < n \end{cases}$$

Hier werden wir jedoch einen etwas anderen Weg zu den ganzen Zahlen beschreiten, nämlich über Äquivalenzklassen von Zahlenpaaren. Dazu betrachten wir auf $\mathbb{N}_0 \times \mathbb{N}_0$ ie Relation

$$(i, k) \approx (m, n) :\Leftrightarrow i + n = k + m.$$

Sie ist, wie man leicht zeigt, eine Äquivalenzrelation. Besonders gut würde dies mit Satz 3.3 einleuchten (da es sich letztlich um die Übereinstimmung der Differenzen zwischen jeweils der ersten und der zweiten Komponente handeln würde: $i - k = m - n$), *falls* wir die uneingeschränkte Subtraktion und die ganzen Zahlen schon zur Verfügung hätten. Die Menge der **ganzen Zahlen** wird nun als der Quotient[80] $\mathbb{N}_0 \times \mathbb{N}_0 / \approx$ bezüglich dieser Äquivalenzrelation definiert.

Dann führt man auf den Paaren in $\mathbb{N}_0 \times \mathbb{N}_0$ eine komponentenweise Addition ein, der Bequemlichkeit halber ebenfalls + genannt[81],

$$(i, k) + (m, n) := (i + m, k + n),$$

und zeigt, dass $\approx$ eine Kongruenz bezüglich + ist, d. h. dass für alle beteiligten natürlichen Zahlen gilt:

---

[80] Quotient im Sinne von Abschnitt 3.5, nicht im Sinne eines Divisionsergebnisses.

[81] Dafür verwendet man in der Informatik Begriffe wie **Polymorphie** oder **Überladung**.

$$(i_1, k_1) \approx (i_2, k_2) \wedge (m_1, n_1) \approx (m_2, n_2) \Rightarrow (i_1, k_1) + (m_1, n_1) \approx (i_2, k_2) + (m_2, n_2).$$

Dies führt dazu, dass man eine **Addition** zweier *Äquivalenzklassen* – also ganzer Zahlen – einführen kann (auch diese wieder salopp + genannt), die als Ergebnis die Klasse der Summe aus einem beliebigen Repräsentanten der einen und einem beliebigen Repräsentanten der anderen Klasse ergibt:

$$[(i, k)]_\approx + [(m, n)]_\approx := [(i + m, k + n)]_\approx.$$

Dazu passend sehen wir in Abb. 5.1, wie in der x-y-Ebene anschaulich
–   die Äquivalenzklassen als „ganzzahlige Punkte" auf (parallelen, um 45° ansteigenden) Geraden und
–   die Addition durch „Vektoraddition" beliebiger Repräsentanten

dargestellt werden können. Die gepunkteten Pfeile illustrieren das Additionsbeispiel

$$[(1, 3)]_\approx + [(1, 0)]_\approx = [(2, 3)]_\approx = [(0, 1)]_\approx$$

zweier solcher Geraden: Die beiden äußeren Geraden ergeben addiert die mittlere. Die Paare natürlicher Zahlen sind durch Punkte dargestellt. Die im schulmäßigen Sinne auf dem negativen x-Zahlenstrahl liegenden negativen ganzen Zahlen sind durch weiße Kreise markiert.

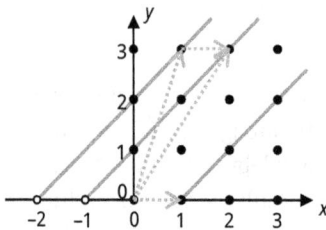

Abb. 5.1: Addition −2 + 1 = −1 über Repräsentanten der Äquivalenzklassen.

Im Hinblick darauf, dass unsere neu konstruierte ganze Zahl $[(i, k)]_\approx$ das darstellt, was wir intuitiv unter $i - k$ verstehen, wird die **Multiplikation** auf ganzen Zahlen wegen der (aus der Schulzeit bekannten, hier aber erst angestrebten) Gleichung

$$(i - k) \cdot (m - n) = i \cdot m + k \cdot n - i \cdot n - k \cdot m$$

definiert durch

$$[(i, k)]_\approx \cdot [(m, n)]_\approx := [\{i \cdot m + k \cdot n, i \cdot n + k \cdot m)]_\approx.$$

Genauso, wie intuitiv n auch als $n-0$ gesehen werden kann, so können wir jede natürliche Zahl n als $[(n, 0)]_\approx$ „wiederfinden", wodurch gemäß der Definition der Addition und der Multiplikation ganzer Zahlen für alle $m, n \in \mathbb{N}_0$ gilt:

$$[(m, 0)]_\approx + [(n, 0)]_\approx := [(m+n, 0)]_\approx,$$

$$[(m, 0)]_\approx \cdot [(n, 0)]_\approx := [(m \cdot n, 0)]_\approx.$$

Insofern können wir die natürlichen Zahlen durch die Zuordnung $n \mapsto [(n, 0)]_\approx$ als in die Menge $\mathbb{Z} := \{[m, n]_\approx \mid m, n \in \mathbb{N}_0\}$ **eingebettet** betrachten, als ihre Bilder den gleichen Rechengesetzen unterworfen sind wie bisher die natürlichen Zahlen. Mit geeigneten Ordnungen $<$ und $\leq$ auf $\mathbb{Z}$, deren Definition in einer Übungsaufgabe den Lesern überlassen bleibt, prüft man leicht nach, dass sich die Ordnungsrelationen zwischen m und n auch auf die entsprechenden Klassen $[(m, 0)]_\approx$ und $[(n, 0)]_\approx$ übertragen.

Jetzt überlegt man sich „nur" noch (vgl. Satz 5.5), dass die Menge $\mathbb{Z}$ lediglich aus den eingebetteten natürlichen Zahlen $[(n, 0)]_\approx$ und den **negativen Zahlen**, deren „additiven Inversen" $[(0,n)]_\approx$ besteht. Dann schreibt man $[(n, 0)]_\approx$ kürzer als n, $[(0, n)]_\approx$ kürzer als $-n$, und erhält als Belohnung für die Mühe die gewohnten ganzen Zahlen mit den altbekannten – nun aber beweisbaren – Rechen- und Ordnungsregeln.

Insbesondere ist mit $[(i, k)]_\approx - [(m, n)]_\approx := [(i, k)]_\approx + [(n, m)]_\approx$ die Subtraktion nun auf ganz $\mathbb{Z}$ wohldefiniert, und es gelten die informell gewohnten Rechenregeln.

Satz 5.5: Die ganzen Zahlen als positive und negative natürliche Zahlen

$$\mathbb{Z} = \{[(n, 0)]_\approx \mid n \in \mathbb{N}_0\} \cup \{[(0, n)]_\approx \mid n \in \mathbb{N}_0\}, \quad \text{und} - [(n, 0)]_\approx = [(0, n)]_\approx. \qquad \square$$

Wenn nun also bei rechtem Licht besehen gar nichts Neues dabei herauskommt, wozu eigentlich diese ganze Anstrengung, die auf Nichtmathematiker eher abschreckend wirken dürfte? Der erste Unterschied zu unseren Schulkenntnissen über die ganzen Zahlen liegt darin, dass die Rechenregeln nun nicht mehr durch die Überzeugungskraft von Lehrern mit durchaus anschaulichen Analogien aus der geometrischen oder finanziellen Erfahrungswelt (linke und rechte Hälfte des Zahlenstrahls, Schulden und Guthaben) vermittelt werden, sondern allesamt in logischen Schritten bewiesen werden können.[82] Der zweite Unterschied liegt darin, dass hier eine auf

---

82 Trotzdem: Warum sollte man eigentlich etwas beweisen, was bisher tausendfach bestätigt und nie widerlegt wurde? Sehen wir uns dazu einmal die Behauptung an, dass der jeweils aktuelle handelsübliche Kalender (im gregorianischen System*) *immer* eine Jahreszahl zeigt, die kleiner als 2050 ist. Sie wurde in allen bisherigen Beobachtungen milliardenfach bestätigt und nie widerlegt! Vielfache einzelne Bestätigung ist jedoch kein sicherer Beleg für die Behauptung. Den Beweis ihres Gegenteils werden höchstwahrscheinlich sehr viele Menschen irgendwann schriftlich in der Hand halten! Zum Thema Bestätigung vgl. auch [Rose 2007].
*Spezialkalender mit (meist religiös bedingter) anderer Zählung können davon abweichen.

ähnliche Fälle übertragbare Methode vorliegt, die wir im nächsten Abschnitt zur Konstruktion der rationalen Zahlen verwenden werden.

5.1.3 Rationale Zahlen

Zur formalen Einführung von beliebigen Subtraktionen bzw. negativen Werten wie 3−7 verwendeten wir im vorigen Abschnitt Paare natürlicher Zahlen wie (3,7), in denen die erste Komponente kleiner als die zweite ist. Nun, nach gelungener formaler Einführung der ganzen Zahlen als Mengen „gleichwertiger" solcher Paare schreiben wir diese wieder wie gewohnt, also zum Beispiel als −4 anstatt $[(3,7)]_\approx$.

Zur formalen Einführung von Brüchen wie −2/5 verwenden wir nun analog Paare ganzer Zahlen wie (−2,5). Dazu betrachten wir auf $M := \mathbb{Z} \times (\mathbb{Z} \setminus \{0\})$ die Relation $\equiv$ mit

$$(i,k) \equiv (m,n) \quad :\Leftrightarrow \quad i \cdot n = k \cdot m.$$

Diese Relation $\equiv$ stellt sich wiederum als Äquivalenzrelation heraus. Intuitiv leuchtet dies bereits dadurch ein, dass sie letztlich auf die Übereinstimmung $i/k = m/n$ hinauslaufen wird. Auf den Paaren in M führt man nun gemäß den informell bekannten Regeln des Bruchrechnens die Addition und Multiplikation, Subtraktion und Division ein:

$$(i,k) + (m,n) := (i \cdot n + k \cdot m, k \cdot n),$$

$$(i,k) \cdot (m,n) := (i \cdot m, k \cdot n),$$

$$(i,k) - (m,n) := (i \cdot n - k \cdot m, k \cdot n),$$

und, falls $m \neq 0$:

$$(i,k) : (m,n) := (i \cdot n, k \cdot m).$$

In Abb. 5.2 sehen wir, wie in der x–y-Ebene anschaulich die Äquivalenzklassen als Mengen der „ganzzahligen Punkte" auf Geraden durch (0,0) dargestellt werden können. Zwei solche Geraden sind für die Klassen $[(1,2)]_\equiv$ und $[(-2,1)]_\equiv$ abgebildet. Die Repräsentanten (1,2) und (−2, −1) sind eingekreist gezeichnet. Der Abschnitt auf der gestrichelten Linie $y = 1$ oberhalb der x-Achse zwischen der y-Achse und der jeweiligen Geraden hat nach den Strahlensätzen der Geometrie die entsprechende Länge im herkömmlichen Sinn.

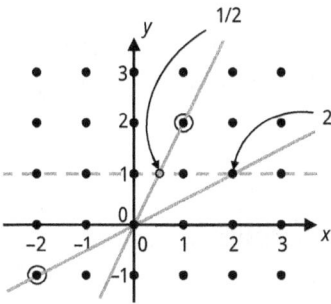

Abb. 5.2: Rationale Zahlen als Äquivalenzklassen.

Ähnlich wie bei der Einführung der ganzen Zahlen erhalten wir die Kongruenzeigenschaften der Relation $\equiv$ bezüglich der so auf M definierten Ordnungen und Rechenoperationen: Ersetzt man ein Paar durch ein äquivalentes, erhält man ein zum bisherigen Ergebnis äquivalentes Ergebnis. Beispielsweise ...

folgt aus $\qquad (i_1, k_1) \equiv (i_2, k_2) \wedge (m_1, n_1) \equiv (m_2, n_2),$
dass, wenn $m_1 \neq 0, \quad (i_1, k_1) : (m_1, n_1) \equiv (i_2, k_2) : (m_2, n_2).$

Dies erlaubt uns, eine eindeutige **Addition, Multiplikation, Subtraktion** und **Division** zweier Äquivalenzklassen (wiederum salopp mit den gleichen Operatorsymbolen) über die entsprechenden Operationen auf zwei Repräsentanten einzuführen:

$$[(i,k)]_{\equiv} + [(m,n)]_{\equiv} \quad := [(i,k) + (m,n)]_{\equiv} \quad = [(i \cdot n + k \cdot m, k \cdot n)]_{\equiv},$$

$$[(i,k)]_{\equiv} \cdot [(m,n)]_{\equiv} \quad := [(i,k) \cdot (m,n)]_{\equiv} \quad = [(i \cdot m, k \cdot n)]_{\equiv},$$

$$[(i,k)]_{\equiv} - [(m,n)]_{\equiv} \quad := [(i,k) - (m,n)]_{\equiv} \quad = [(i \cdot n - k \cdot m, k \cdot n)]_{\equiv}$$

und, falls $m \neq 0$,

$$[(i,k)]_{\equiv} : [(m,n)]_{\equiv} \quad := [(i,k) : (m,n)]_{\equiv} \quad = [(i \cdot n, k \cdot m)]_{\equiv}.$$

Genauso wie bisher informell z auch als $z/1$ geschrieben werden kann, so können wir jede ganze Zahl z als $[(z,1)]_{\equiv}$ „wiederfinden". Insofern können wir die ganzen Zahlen durch die Zuordnung $z \mapsto [(z,1)]_{\equiv}$ als in die Menge $\mathbb{Q} := \{[(i,k)]_{\equiv} \mid (i,k) \in \mathbb{Z}, k \neq 0\}$ **eingebettet** betrachten, als nämlich ihre Bilder mit den Operationen auf den Äquivalenzklassen den gleichen Rechengesetzen unterworfen sind wie bisher die ganzen Zahlen. Diese „verhaltensgleiche" Einbettung rechtfertigt auch nachträglich den lockeren Umgang mit den Symbolen: Die Operationen auf neuen Objekten wurden benannt wie die alten Operationen auf alten Objekten, wodurch kollidierende Lesarten hätten entstehen können, so aber nicht entstehen.

Nun schreiben wir $[(i, k)]_\equiv$ kürzer als **Bruch** i/k (und $i/1$ noch kürzer als i)[83] und können dann ohne große Mühe jede der uns informell vertrauten Rechen- und Ordnungsregeln für die Brüche bzw. **rationalen Zahlen** in $\mathbb{Q}$ formal beweisen, unter anderem,

– dass jede rationale Zahl Ergebnis einer Division von ganzen Zahlen ist:

$$i/k = i : k,$$

– die Kommutativität und Assoziativität von Addition und Multiplikation, z. B.

$$i/k + m/n = m/n + i/k,$$

$$((i/k) \cdot (m/n)) \cdot (p/q) = (i/k) \cdot ((m/n) \cdot (p/q));$$

– dass die 0 für die Addition und die 1 für die Multiplikation jeweils ein **neutrales Element** darstellt, z. B.

$$i/k + 0 = i/k,$$

$$(i/k) \cdot 1 = i/k;$$

– dass Addition und Subtraktion bzw. Multiplikation und Division im bekannten Sinn zueinander **inverse Operationen** sind und die Bestimmung der inversen Werte, z. B.

$$(i/k + m/n) - m/n = i/k,$$

$$(i/k) \cdot (k/i) = 1;$$

– die Distributivgesetze, z. B.

$$i/k \cdot (m/n + p/q) = i/k \cdot m/n + i/k \cdot p/q$$

In der Sprache der Algebra (vgl. Kapitel 7) bilden die rationalen Zahlen mit der Addition und Multiplikation einen **Körper.**

Rationale Zahlen werden natürlich auch als **gemischte Brüche** geschrieben, so z. B. $-7/3$ als $-2\frac{1}{3}$, bzw. als endliche oder periodische **Dezimalbrüche,** z. B. $-7/3$ als $-2,\overline{3} = -2,33\,\ldots$.

Die Einführung der Ordnungen $<$ und $\leq$ auf den Äquivalenzklassen $[(i, k)]_\equiv$ überlassen wir den Lesern als Übungsaufgabe. Für diese Ordnungen (vgl. Kapitel 3) kann man zeigen:

– $\leq$ ist eine lineare Ordnung;

– $<$ ist eine dichte strenge Totalordnung.

---

83 Man schreibt den Bruchstrich oft auch waagrecht. Dann können weitere Klammern eingespart werden.

Überdies bestehen Zusammenhänge zwischen den Ordnungen und den arithmetischen Operationen, die den Körper der rationalen Zahlen zu einem sog. **geordneten Körper** machen:

- $a < b \Rightarrow a + c < b + c$;
- $a < b$ und $0 < c \Rightarrow a \cdot c < b \cdot c$.

5.1.4 Reelle und komplexe Zahlen*

Reelle Zahlen als Cauchy-Folgen

Mit den reellen Zahlen, die wir vielleicht als (evtl. unendliche) Dezimalbrüche kennen, verlassen wir allmählich den Bereich der diskreten Mathematik und stoßen in die **Analysis** vor, bei der es grob gesagt zunächst um unendliche Zahlenfolgen und ihre Grenzwerte geht: Reelle Zahlen können formal über spezielle Folgen rationaler Zahlen, sogenannte **Cauchy-Folgen**[84], eingeführt werden, deren Glieder sich mit wachsender Nummer nur noch um beliebig geringe Beträge unterscheiden.

Wenn wir zum Beispiel die Dezimaldarstellung von $\sqrt{2}$, der aus der Schulzeit bekannten (Quadrat-) Wurzel aus 2, Stelle um Stelle aufbauen, erhalten wir die Folge $a_1 = 1$, $a_2 = 1{,}4$, $a_3 = 1{,}41$, $a_4 = 1{,}414$, ... Diese Folge besitzt die **Cauchy-Eigenschaft**

$$\forall \varepsilon \in \mathbb{Q} \, (\varepsilon > 0 \to \exists n \in \mathbb{N} \, \forall i, k \geq n \, |a_i - a_k| \leq \varepsilon),$$

denn ab a_i unterscheiden sich die Folgenglieder nur noch um weniger als 10^{1-i}. Auch die Folge mit den jeweils nächsthöheren letzten Stellen (sofern $\neq 9$, 9 bleibt jeweils) ist eine Cauchy-Folge: $b_1 = 2$, $b_2 = 1{,}5$, $b_3 = 1{,}42$, $b_4 = 1{,}415$, ... Nun nennen wir zwei Cauchy-Folgen **äquivalent,** wenn ihre gliedweisen Differenzen, wie bei den beiden eben genannten Folgen, eine Nullfolge bilden:

$$\lim_{n \to \infty} |a_i - b_i| = 0 \, , \text{ d.h. } \forall \varepsilon \in \mathbb{Q} \, (\varepsilon > 0 \to \exists n \in \mathbb{N} \, \forall i \geq n \, |a_i - b_i| \leq \varepsilon).$$

Im Beispiel unterscheiden sich Folgenglieder gleicher Nummer ab Nummer i nur noch um weniger als 10^{1-i}. Dies ist in der Tat eine Äquivalenzrelation, und ihre Äquivalenzklassen sind unsere formal definierten **reellen Zahlen** in $\mathbb{R}$. Man kann mit ihnen wie gewohnt rechnen und sie wie gewohnt größenmäßig ordnen. Die Details dazu gehören allerdings traditionell in Darstellungen der Analysis.

Wie in den vorigen Abschnitten sind die Ausgangszahlen (die rationalen) in die neuen (die reellen) rechnerisch und ordnungsmäßig **eingebettet**, nämlich jede rationale Zahl r als Äquivalenzklasse der konstanten Cauchy-Folge $r, r, r, ...$

Alle reellen Zahlen r sind dann **Grenzwerte** von Folgen $r_1, r_2, r_3, ...$ rationaler Zahlen:

---

84 Augustin-Louis Cauchy, 1789–1857, Mathematiker, lehrte vorwiegend in Paris, publizierte über 800 Arbeiten.

$$\forall \varepsilon \in \mathbb{R}(\varepsilon > 0 \ \rightarrow \ \exists k \in \mathbb{N} \ \forall i \geq k : |r_i - r| \leq \varepsilon).$$

So ist $\sqrt{2}$ Grenzwert u. a. der zwei hier beschriebener Folgen rationaler Zahlen:

$$\sqrt{2} = \lim_{n \to \infty} a_i = \lim_{n \to \infty} b_i.$$

Die stetigen, differenzierbaren und integrierbaren reellen Funktionen der Analysis werden dann über ein spezielles Grenzwertverhalten definiert. Auch die Funktionswerte von Ableitungen und Integralen sind über Grenzwerte definiert.

Reelle Zahlen als Dedekind'sche Schnitte

Man kann aber die reellen Zahlen aus den rationalen Zahlen auch ohne Folgen konstruieren. Dieser Weg, mittels der **Dedekind'schen**[85] **Schnitte**, soll hier ausführlicher dargestellt werden, und zwar in der Darstellungsweise von [Land 1930]. Ein Schnitt S ist dort eine Teilmenge der rationalen Zahlen mit folgenden Eigenschaften:

- S ist weder leer noch ganz $\mathbb{Q}$: $\varnothing \neq S \neq \mathbb{Q}$.
- Jedes Element von S ist kleiner als jede nicht zu S gehörende rationale Zahl; oder – in diesem Zusammenhang äquivalent –

  Jede rationale Zahl, die kleiner als ein Element von S ist, ist selbst Element von S; also $x \in S \wedge y \in \mathbb{Q}, S \Rightarrow x < y$ bzw. $x \in \mathbb{Q} \wedge y \in S \wedge x < y \Rightarrow x \in S$.
- S enthält kein größtes Element: $\acute{o} x \in S \forall y \in S \ y \leq x$.

Für jede rationale Zahl x ist $x^* := \{ y \in \mathbb{Q} \,|\, y < x \}$ ein Schnitt, der als **rationaler Schnitt** bezeichnet wird. Rationale Schnitte sind genau diejenigen, die ein Supremum in $\mathbb{Q}$ besitzen. Wir bezeichnen insgesamt alle Schnitte als **reelle Zahlen;** sie bilden die Menge $\mathbb{R}$. Jeder nicht rationale Schnitt wird als **irrationale Zahl** bezeichnet. Wir nennen einen rationalen Schnitt x^* nun auch einfach eine rationale Zahl und bezeichnen sie wiederum als x. Beispielsweise ist $\{ y \in \mathbb{Q} \,|\, y < 2 \}$ eine rationale Zahl (nämlich 2) und ...

Satz 5.6: Irrationalität von $\sqrt{2}$

Der Schnitt $\{ y \in \mathbb{Q} \,|\, y^2 < 2 \vee y < 0 \}$ (uns bereits als Intervall $(-\infty, \sqrt{2})$ bzw. einfach als Zahl $\sqrt{2}$ bekannt (ist eine irrationale Zahl. $\qquad \square$

Beweis: Die Irrationalität von $(-\infty, \sqrt{2})$ zeigt ein indirekter Beweis unter Vorgriff auf etwas Zahlentheorie aus Abschnitt 5.3:

Annahme: $(\bigcirc)(-\infty, \sqrt{2})$ ist ein rationaler Schnitt.

Dann gibt es natürliche Zahlen i, k mit $\sup (-\infty, \sqrt{2}) = i/k$ und, wie man mit Ordnungsargumenten leicht sieht: $(i/k)^2 = 2$. Dann existiert der größte gemeinsame Teiler t von i und k, und mit $p := i/t$ und $q := k/t$ gilt: p und q sind teilerfremd und $(p/q)^2 = 2$, also $p^2 = 2 \cdot q^2$. Nach dem Fundamentalsatz der Arithmetik (Satz 5.21) ist 2

---

85 Richard Dedekind, 1831–1916, lehrte Mathematik in Zürich und Braunschweig.

dann **Primfaktor** (Primzahl und Teiler) von p, also $p = 2 \cdot r$ für eine natürliche Zahl r. Daraus folgt $4 \cdot r^2 = 2 \cdot q^2$, $q^2 = 2 \cdot r^2$ und dass 2 Primfaktor von q ist. p und q sind daher nicht teilerfremd – im Widerspruch zum oben Gezeigten – ein Widerspruch.

Also muss die Annahme (○) falsch sein, und $(-\infty, \sqrt{2})$ ist eine irrationale Zahl. ■

Im Bild der Punkte der Zahlengerade, das wir vielleicht mit den reellen Zahlen verbinden, ist ein Schnitt das links unbeschränkte und rechts offene Intervall aller Punkte links von der Stelle, die wir bislang intuitiv mit einer reellen Zahl verknüpften. Allerdings umfasst dieses Intervall lediglich die rationalen Punkte, was man nicht zeichnerisch darstellen kann. Abb. 5.3 zeigt symbolisch den Schnitt $\{ y \in \mathbb{Q} / |y^2 < 2 \vee y < 0 \}$ als fette Linie ohne rechten Endpunkt.

$$0 \qquad 1 \quad \sqrt{2}$$

Abb. 5.3: Ein irrationaler Schnitt.

Nun ordnen wir die reellen Zahlen, wobei wir im Hinterkopf behalten müssen, dass es sich in unserer Konstruktion um Mengen rationaler Zahlen handelt: Zwei Schnitte S_1, S_2 stehen nun in der Kleiner-oder-gleich-Relation, $S_1 \leq S_2$, wenn zu jeder (rationalen) Zahl des einen Schnittes S_1 eine größere oder gleiche (rationale) Zahl im anderen Schnitt S_2 existiert.

$$S_1 \leq S_2 :\Leftrightarrow \forall x_1 \in S_1 \, \exists x_2 \in S_2 \; x_1 \leq x_2,$$

$$S_1 < S_2 :\Leftrightarrow S_1 \leq S_2 \wedge S_1 \neq S_2.$$

Mit $<$ für „$\leq$ und $\neq$" also sind die rationalen Zahlen auch ordnungsmäßig bezüglich $<$ und $\leq$ über ihre rationalen Schnitte in die reellen Zahlen eingebettet, da beispielsweise für alle rationalen x und y gilt:

$$x < y \text{ in } \mathbb{Q} \Leftrightarrow x < y \text{ in } \mathbb{R}.$$

Auch in den reellen Zahlen gilt wieder:
- $\leq$ ist eine lineare Ordnung;
- $<$ ist eine dichte strenge Totalordnung.

Darüber hinaus sind aber die beiden Ordnungen auf den reellen Zahlen **vollständig** (d. h. jede nichtleere nach unten bzw. oben beschränkte Menge besitzt ein Infimum bzw. Supremum), was bei den rationalen Zahlen, siehe $(-\infty, \sqrt{2})$, nicht der Fall war.

Man nennt eine Teilmenge N einer durch $<$ streng totalgeordneten Menge M **dicht in** M, wenn zwischen je zwei $<$-geordneten Elementen von M ein drittes aus N liegt, wenn also $\forall x, y \in M (x < y \Rightarrow \exists z \in N (x < z < y))$, und es ist $<$ eine **dichte** strenge Totalordnung auf einer Menge M, wenn unter $< M$ dicht in sich selbst liegt. Man kann nun zeigen, dass bereits sowohl die rationalen als auch die irrationalen Zahlen dicht in den reellen liegen.

Die Rolle der 0 übernimmt natürlich 0^*, also $(-\infty, 0)$, und wie gewohnt werden mit $x > 0$ bzw. $x < 0$ die positiven bzw. negativen Zahlen definiert. Dass jede nicht-negative reelle Zahl genau eine nicht-negative reelle Zahl als Quadratwurzel hat, lässt sich nun aus dem Bisherigen beweisen, vgl. z. B. [Land 1930].

Schnitte können wir addieren, indem wir alle möglichen Summen ihrer Elemente bilden:

$$S_1 + S_2 := \{x_1 + x_2 \mid x_1 \in S_1 \wedge x_2 \in S_2\},$$

Beim Subtrahieren, Multiplizieren und Dividieren wird es etwas komplizierter. Würden wir nämlich $1^* - 1^*$ als Menge aller $x_1 - x_2$ mit $x_1, x_2 \in 1^*$ definieren, so würden wir keinen Schnitt sondern ganz $\mathbb{Q}$ erhalten! Für die Subtraktion und die Vorzeichenumkehr kann man noch relativ überschaubar definieren:

$S_1 - S_2 := \{x_1 + x_2 \mid x_1 \in S_1 \wedge x_2 \in \mathbb{Q} \backslash S_2\},$

$-S \quad := \{-x \mid x \in \mathbb{Q} \backslash S\}$, welches hier kein Schnitt ist, aber unten benötigt wird.

Für die weiteren Operationen braucht man dann aber kompliziertere Aktionen und Fallunterscheidungen, da man bei der elementweisen Multiplikation zweier Schnitte eine nach oben unbeschränkte Zahlenmenge erhält, also wiederum keinen Schnitt. Sei zunächst für Mengen S, S_1, S_2 rationaler Zahlen definiert:

$$S_1 \otimes S_2 := \{x_1 \cdot x_2 \mid x_1 \in S_1 \wedge x_2 \in S_2\},$$

$$S^+ := \{x \in S \mid x \geq 0\}.$$

Die Multiplikationsergebnisse definiert man damit fallweise wie in Tab. 5.1.

Tab. 5.1: Die Multiplikation von Schnitten.

$S_1 \cdot S_2 :=$		$0^* \leq S_1$	$S_1 < 0^*$
	$0 \leq S_2$	$S_1{}^+ \otimes S_2 (= S_1 \otimes S_2{}^+)$	$-((-S_1) \cdot S_2)$
	$S_2 < 0$	$-(S_1 \cdot (-S_2))$	$(-S_1) \cdot (-S_2)$

Die Definition der Division wird den Lesern als Übungsaufgabe überlassen.

Durch diese (am Ende technisch etwas aufwändigen) Konstruktionen erhalten wir mittels entsprechender Beweise nun ganz formal die bislang informell bekannten reellen Zahlen mitsamt allen vertrauten Rechenregeln bezüglich $=$, $<$, $\leq$, $+$, $-$, und$:$. Darin sind die rationalen Zahlen per $r \mapsto r^*$ rechnerisch kompatibel eingebettet, d. h. sie „verhalten sich" als rationale Zahlen genauso wie ihre Schnitte in den reellen Zahlen.

Algebraische und transzendente Zahlen

Neben der Partition in rationale und irrationale Zahlen existiert auf den reellen Zahlen noch die Partition in algebraische und transzendente Zahlen: Eine **algebraische reelle Zahl** ist eine reelle Nullstelle eine **Polynoms** $a_n \cdot x^n + a_{n-1} \cdot x^{n-1} + \ldots + a_1 \cdot x + a_0$ mit ganzzahligen Koeffizienten $a_0, a_1, \ldots, a_{n-1}, a_n$. Die übrigen reellen Zahlen – darunter beispielsweise die Kreiszahl π, die Euler'sche Zahl e und sin 1 – heißen **transzendent**. Transzendenzbeweise sind meist aufwändig. Rationale Zahlen sind natürlich algebraisch, denn m/n ist Nullstelle des Polynoms $n \cdot x + (-m)$. Im Abschnitt über Anzahlen werden uns diese Zahlenbereiche nochmals begegnen.

Komplexe Zahlen

Genauso wie
- die ganzen Zahlen eingeführt wurden, um die Subtraktion als zunächst nur partiell definierte Umkehrfunktion zur Addition von natürlichen Zahlen total zu machen, und
- die rationalen Zahlen eingeführt wurden, um die Division als zunächst nur partiell definierte Umkehrfunktion zur Multiplikation mit ganzen Zahlen total zu machen – zumindest fast, nämlich bis auf die Division durch 0,

so wurden
- die **komplexen Zahlen** eingeführt, um gewisse nur partielle Umkehroperationen zum Potenzieren (nämlich das Wurzelziehen auf den reellen Zahlen) total zu machen.

Technisch geht dies wiederum über Paare von „alten" (nun also reellen) Zahlen, wobei man an Stelle von (x, y) meist $x + y \cdot i$ oder $x + yi$ schreibt. Man bezeichnet die erste Komponente, x, der komplexen Zahl (x, y) bzw. $x + yi$ als **Realteil** und die zweite Komponente, y, als **Imaginärteil** von (x, y) bzw. $x + yi$. Damit ist die Konstruktion aber bereits zu Ende; aus diesen Paaren müssen keine Äquivalenzklassen mehr gebildet werden. Für die Menge der komplexen Zahlen wird auch $\mathbb{C}$ geschrieben. Real- oder Imaginärteile mit Komponente null sowie einen Koeffizienten $y = 1$ vor dem i lässt man i.a. weg.

In einer Übungsaufgabe in Kapitel 7 begegnet uns eine alternative Konstruktion der komplexen Zahlen mittels einer Quotientenbildung.

Addiert werden die komplexen Zahlen komponentenweise, anschaulich wie Vektoren in der komplexen Zahlenebene (Gauß'sche[86] Ebene) mit einem Koordinatenkreuz für die Realteile und die Imaginärteile. v_1 und v_2 werden geometrisch addiert, indem der Anfangspunkt von v_2 an den Endpunkt von v_1 angesetzt wird. Ihre Summe

---

[86] Carl Friedrich Gauß, 1777–1855, Professor für Mathematik und Leiter der Sternwarte in Göttingen.

$v_1 + v_2$ verläuft dann vom Anfangspunkt von v_1 bis zum Endpunkt des angesetzten v_2. Abb. 5.4 zeigt dies an einem Beispiel.

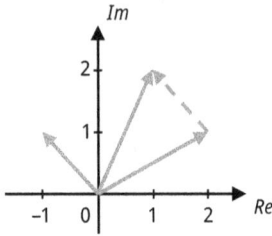

Abb. 5.4: $(2+i) + (-1+i) = 1 + 2 \cdot i$.

Multipliziert werden die komplexen Zahlen wie Polynome in i, wobei aber $i^2 = -1$ gilt, wie in folgendem Beispiel:

$$(1+i) \cdot (-1+i) = 1 \cdot (-1) + 1 \cdot i + i \cdot (-1) + i^2$$
$$= -1 + i - i - 1$$
$$= -2.$$

Auch die Multiplikation ist also arithmetisch unproblematisch; anschaulicher versteht man sie aber wahrscheinlich in der geometrischen Darstellung. Mit trigonometrischen Grundkenntnissen sieht man in Abb. 5.5, dass mit

$$r := \sqrt{x^2 + y^2}$$

als Länge des Vektors (x, y) und mit φ als seinem Winkel zur reellen Achse (gegen den Uhrzeigersinn im Bogenmaß, in welchem ein Vollkreis 2π entspricht) Folgendes gilt:

$$\sin \varphi = y/r,$$
$$\cos \varphi = x/r,$$
$$x + y \cdot i = r \cdot (\cos \varphi + \sin \varphi \cdot i).$$

Letztere nennt man die **Polardarstellung** oder **Polarkoordinaten** einer komplexen Zahl, vgl. Abb. 5.5.

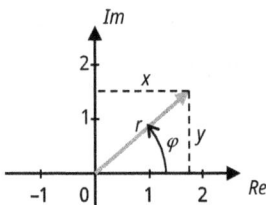

Abb. 5.5: Die Polardarstellung einer komplexen Zahl.

Für das Produkt zweier komplexer Zahlen gilt dann unter Verwendung trigonometrischer Additionssätze

$$r_1 \cdot (\cos \varphi_1 + \sin \varphi_1 \cdot i) \cdot r_2 \cdot (\cos \varphi_2 + \sin \varphi_2 \cdot i)$$
$$= r_1 \cdot r_2 \cdot [(\cos \varphi_1 \cos \varphi_2 - \sin \varphi_1 \sin \varphi_2) + (\cos \varphi_1 \sin \varphi_2 + \sin \varphi_1 \cos \varphi_2) \cdot i]$$
$$= r_1 \cdot r_2 \cdot [(\cos (\varphi_1 + \varphi_2) + \sin (\varphi_1 + \varphi_2) \cdot i].$$

Mit anderen Worten: Die *Längen* der Vektoren werden miteinander *multipliziert*, ihre *Winkel addiert*. In der Analysis lernt man mittels der **Euler'schen Formel** $e^{i\varphi} = \cos \varphi + \sin \varphi \cdot i$ eine noch elegantere Herleitung dieser geometrischen Sicht. Abb. 5.6 stellt die Multiplikation von $z_1 = 1 + i$ und $z_2 = -1 - i$ bildlich dar.

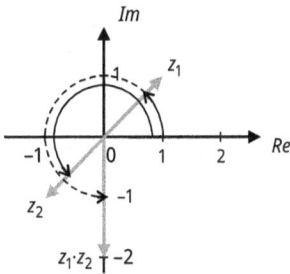

Abb. 5.6: $z_1 \cdot z_1 = (1 + i) \cdot (-1 - i) = -2i$.

Natürlich erlaubt das Vorstehende auch eine Division komplexer Zahlen durch Division der Längen der Vektoren und Subtraktion der Winkel. Eine alternative arithmetische Vorgehensweise bei der Division überlegen wir uns im Rahmen einer Übungsaufgabe.

5.2 Anzahlen

Die elementarste Anwendung der natürlichen Zahlen ist das Abzählen von Objekten. Hier geht es abstrakt und allgemein um die Bestimmung der Anzahl der Elemente einer Menge, die sogenannte **Mächtigkeit** dieser Menge. Beschäftigt man sich mit unendlichen Mengen, benötigt man neben den natürlichen Zahlen noch zusätzliche – naiv gesehen mindestens eine („unendlich"). Wie wir aber bald sehen werden, braucht man mehr als eine unendliche „Zahl".

5.2.1 Mächtigkeit und endliche Anzahlen

Zum Zählen der Elemente endlicher Mengen braucht man natürliche Zahlen. Ganz primitiv zählt man eine endliche Menge M von Objekten, indem man jedes Element genau einmal antippt und gleichzeitig einen Strich zeichnet. Hat man alle Elemente durch, gibt die Strichliste (als primitiv geschriebene natürliche Zahl) die **Mächtigkeit**

$|M|$ der Menge M wieder. Natürlich ist das Antippen für Mathematiker viel zu handgreiflich, die hätten das schon gerne etwas abstrakter. Was ist also beim Durchzählen mit einer Strichliste abstrakt geschehen? Wir haben jedem Objekt m der Menge M genau einen gezeichneten Strich (also ein Vorkommen des Strich-Zeichens) $f(m)$ innerhalb der am Ende erreichten Strichfolge n zugeordnet. Außerdem war jeder Strich einem Objekt zugeordnet, da wir Striche nicht mutwillig, sondern nur beim Antippen geschrieben haben. Somit ist f eine bijektive Abbildung von der abgezählten Menge M auf die Strichvorkommen-Menge $|M|$, die nach unserer primitiven Sichtweise in Abschnitt 3.10 eine natürliche Zahl ist, vgl. Abb. 5.7.

Wir nennen daher zwei Mengen M und N **gleich mächtig,** in Symbolen $M \sim N$, wenn eine bijektive Abbildung $f\colon M \to N$ existiert. Gleichmächtigkeit ist eine Äquivalenzrelation. Die Anzahl $|M|$ der Elemente einer endlichen Menge M ist als Menge von Strichvorkommen also gleich mächtig wie M, siehe Abb. 5.7. Ergänzend sei noch definiert: M ist **gleich oder weniger mächtig** als N, symbolisch $M \preceq N$, wenn eine bijektive Abbildung von M auf eine Teilmenge von N existiert, also ein $f\colon M \to N'$ mit $N' \subseteq N$. Die Umkehrrelation ist **„mindestens so mächtig wie",** symbolisch $N \succeq M : \Leftrightarrow M \preceq N$.

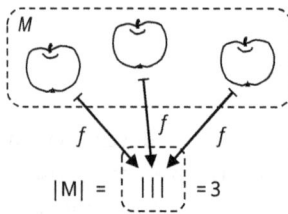

Abb. 5.7: Zählen mittels einer bijektiven Abbildung.

M ist **echt weniger mächtig** als N, und N ist **echt mächtiger** als M, geschrieben $M \prec N$ bzw. $N \succ M$, wenn gilt:

$$M \preceq N \ \wedge \ \neg(M \sim N) \text{ bzw. (gleichbedeutend) } N \succeq M \ \wedge \ \neg(N \sim M).$$

Durch die handfeste Bijektion zwischen den drei Äpfeln und den drei Strichen im obigen Abzählverfahren ist dafür gesorgt, dass die Strichliste und die Apfelmenge gleich mächtig sind. Wir können aber auch etwas aufwändiger agieren und die Äpfel **durchzählen,** etwa so, als ob wir die Äpfel einzeln antippen und dabei „eins, zwei, drei" murmeln, vgl. Abb. 5.8. Oder wir führen zwar wie vorher die Strichliste, machen aber nach jedem Strich einen Schnappschuss von der Strichliste und kleben das Bild auf den zuletzt angetippten Apfel. So entsteht eine bijektive Beziehung g zwischen jedem einzelnen Objekt und dem bis zu diesem Objekt geschriebenen Anfangsstück der Strichliste. Endliche Mengen können wir mit einer Strichlisten der Länge von 0 bis n mit passendem $n \in \mathbb{N}_0$ durchzählen, und damit haben sie ebenso viele Elemente wie $\{1, 2, ..., n\}$, wobei $\{1, 2, ..., 0\}$ einfach $\varnothing$ bedeutet.

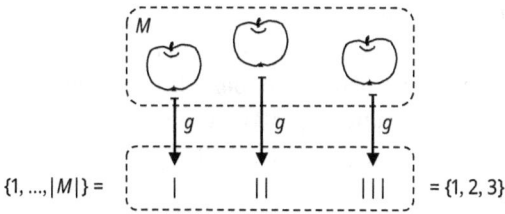

Abb. 5.8: Durchzählen mittels einer bijektiven Abbildung.

Die Existenz bijektiver Abbildungen zwischen Mengen ist eine transitive Relation. Die Strichliste (als Strichvorkommenmenge) mit n Strichen ist also (auch ohne Apfelkiste dazwischen) gleich mächtig wie die Zahlenmenge $\{1, 2, ..., n\}$. Mengen sind genau dann **endlich,** wenn eine natürlichen Zahl n existiert derart, dass sie zur Menge $\{1, 2, ..., n\}$ gleich mächtig sind. Doch die Leser werden sich erinnern, dass die natürlichen Zahlen durch *endlich* häufige Anwendung einer Erweiterungsabbildung entstanden, was diese Definition von „endlich" leider zyklisch macht. In Abschnitt 5.2.3 werden wir sauberere aber auch mathematisch abstraktere Charakterisierungen der Endlichkeit kennenlernen – ohne handgreifliches Abzählen, ohne Strichlisten, und so auch in einer formal und axiomatisch aufgebauten Mengenlehre verwendbar.

Die Zahlen zum Zählen und die zum Durchzählen sind im Endlichen die gleichen. Im Unendlichen werden sie sich als Kardinal- und Ordinalzahlen ein wenig voneinander unterscheiden.

Satz 5.7: Eigenschaften von Mächtigkeitsrelationen
Für alle Mengen M, N, O gilt:
- Eigenschaften der Mächtigkeitsrelationen

$M \sim M$	$\sim$ ist reflexiv.
$M \sim N \Rightarrow N \sim M$	$\sim$ ist symmetrisch.
$(M \sim N \wedge N \sim O) \Rightarrow M {\sim} O$	$\sim$ ist transitiv.
$M \preceq M$	$\preceq$ ist reflexiv.
$(M \preceq N \wedge N \preceq O) \Rightarrow M \preceq O$	$\preceq$ ist transitiv.
$(M \sim N \wedge N \preceq O \wedge O \sim P) \Rightarrow M \preceq P$	$\sim$ - $\preceq$ -**Verträglichkeit** (Kongruenz).

- Alternative Charakterisierungen von „gleich oder weniger mächtig" (unter der Voraussetzung des Auswahlaxioms)

$M \preceq N$	$\Leftrightarrow$ Es existiert eine injektive Funktion $f \colon M \to N$
	$\Leftrightarrow$ Es existiert eine surjektive Funktion $g \colon N \to M$. $\qquad\Box$

Beweis:
Äquivalenzeigenschaften von $\sim$: Dass die Gleichmächtigkeit reflexiv, symmetrisch und transitiv ist, war eine einfache Übungsaufgabe in Kapitel 3.

Ordnungseigenschaften von $\preceq$: $M \preceq M$ folgt unmittelbar aus der Reflexivität von $\sim$.

Ist $M \preceq N$ und $N \preceq O$ dann existieren bijektive Abbildungen $f\colon M \to N'$ und $g\colon N \to O'$ mit $N' \subseteq N$ und $O' \subseteq O$. Dann ist $g \circ f$ eine injektive Abbildung von M in O'. Wir können $g \circ f$ auch als Abbildung mit Zielmenge $g(f(M))$ betrachten, bezüglich der sie dann surjektiv ist. Also ist $g \circ f\colon M \to g(f(M))$ bijektiv und $g(f(M)) \subseteq O$ und somit $M \preceq O$. $\sim$ - $\preceq$ -Verträglichkeit: Ist $O' \subseteq O$, und sind $f\colon M \to N$, $g\colon N \to O'$, $h\colon O \to R$ bijektiv, so ist $h \circ g \circ f\colon M \to h(O')$ bijektiv und $h(O') \subseteq R$.

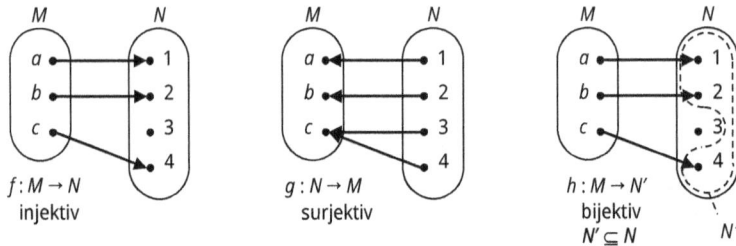

Abb. 5.9: Mächtigkeitsvergleich $M \preceq N$ mittels Abbildungen.

Alternative Charakterisierungen von $M \preceq N$, vgl. Abb. 5.9: Wir zeigen, dass die drei Aussagen zyklisch aus einander folgen:

- (1⇒2) Gilt $M \preceq N$, so sei die Abbildung $f'\colon M \to N'$ bijektiv und $N' \subseteq N$. Dann ist die Abbildung $f\colon M \to N$ mit $f(x) := f'(x)$ injektiv.
- (2⇒3) Sei $f\colon M \to N$ injektiv. Ist $M = \varnothing$, so ist $\varnothing$ der Graph einer (leeren) surjektiven Abbildung $g\colon N \to M$. Andernfalls sei $m \in M$. Dann ist $g\colon N \to M$ mit

$$g \colon \begin{cases} y \mapsto x & \text{wenn} \quad f(x) = y \\ y \mapsto m & \text{wenn} \quad \neg \exists x \in M \, f(x) = y \end{cases}$$

surjektiv.

- (3⇒1) Sei $g\colon N \to M$ surjektiv. Mithilfe des Auswahlaxioms wähle man für alle $x \in M$ aus jeder der Mengen in $\{\{(x,y) \mid y \in N \wedge g(y) = x\} x \in N\}$ ein Paar (x,y) aus (also mit einem passenden $y \in N$ für jedes $x \in N$). Dann ist die Menge dieser Paare der Graph einer bijektiven Abbildung von M auf die Teilmenge von N der „passenden y", also $M \preceq N$. ∎

5.2.2 Abzählende Kombinatorik

Alternativen, Verkettungen und Reihenfolgen

In der Mathematik und der Informatik wird häufig gezählt. Informatiker wollen abschätzen, wie viele Schritte ein Algorithmus bei einer bestimmten Eingabe mindestens, durchschnittlich oder höchstens benötigt. Mathematiker, Glücksspieler und Kryptografen wollen die Anzahlen (oft gleich wahrscheinlicher) Alternativen wissen, um die Chancen für das Eintreffen eines Ereignisses zu berechnen. Die mathematische Grunddisziplin für konkrete Zählaufgaben ist die klassische abzählende **Kombinatorik,** und kombinatorisches Elementarwissen soll in der Folge bereitgestellt werden. Dabei ist zu beachten:

Alle im Abschnitt 5.2.2 erwähnten abzuzählenden Mengen und sonstigen Anzahlen sind *endlich.*

Die meisten Ergebnisse werden hier ohne Beweis bereitgestellt. Breitere Darstellungen des Stoffes können die Leser in [Stan 2012] und [JaJu 2004] finden.

Satz 5.8: Mächtigkeit elementarer Mengenkonstruktionen

1. Die Mächtigkeit einer Vereinigung disjunkter Mengen ist die Summe der Mächtigkeiten der beteiligten Mengen:

$$\forall 1 \leq i < k \leq n: A_i \cap A_k = \varnothing \;\Rightarrow\; |A_1 \cup A_2 \cup \ldots \cup A_n| = |A_1| + |A_2| + \ldots + |A_n|.$$

2. **Siebformel für Mächtigkeiten, Inklusions-Exklusions-Prinzip**

   In einer endlichen Menge Ω gilt für jede endliche Folge $A_1, A_2, \ldots, A_n$ von Teilmengen:

$$\left|\bigcup_{i=1}^{n} A_i\right| = \sum_{\varnothing \neq I \subset \{1,\ldots,n\}} (-1)^{|I|-1}\left|\bigcap_{i\in I} A_i\right| - \sum_{\substack{\varnothing \neq I \subset \{1,\ldots,n\}, \\ |I|\,\text{ungerade}}} \left|\bigcap_{i\in I} A_i\right| - \sum_{\substack{\varnothing \neq I \subset \{1,\ldots,n\}, \\ |I|\,\text{gerade}}} \left|\bigcap_{i\in I} A_i\right|.$$

3. Die Mächtigkeit eines kartesischen Produkts ist das Produkt der Mächtigkeiten der Komponentenmengen:

$$|A_1 \times A_2 \times \ldots \times A_k| = |A_1| \cdot |A_2| \cdot \ldots \cdot |A_k|, \text{ insbesondere}: |A^k| = |A|^k. \qquad \square$$

Beweis: (2) folgt leicht (über den Spezialfall, dass alle Punkte gleich wahrscheinlich sind) aus der Siebformel in Kapitel 8, die dort – natürlich ohne Rückgriff auf (2) – bewiesen wird. ∎

Angewendet werden diese Regeln z. B. beim Zählen von Wegen in Graphen, oder allgemeiner auch von Handlungs- oder Ereignismöglichkeiten: Wenn es zum Beispiel (siehe Abb. 5.10 links)
- von A nach B zwei verschiedene Wege v_1, v_2 gibt und
- drei andere mögliche Wege w_1, w_2, w_3 von A nach B hinzukommen,

dann gibt es anschließend fünf verschiedene Wege. Wenn es aber zum Beispiel (siehe Abb. 5.10 rechts)
- von A nach C nur über B geht, und es
- zwei Wege v_1, v_2 von A nach B sowie
- drei Wege w_1, w_2, w_3 von B nach C gibt,

dann gibt es sechs Wege(-verkettungen) von A nach C: v_1w_1, v_1w_2, v_1w_3, v_2w_1, v_2w_2 und v_2w_3. Voraussetzung ist hierbei allerdings die **Unabhängigkeit** der Wegewahl. Führt z. B. einer der Wege von B nach C über einen See, und ein zu dessen Überquerung benötigtes Boot kann man sich nur entlang eines bestimmten Weges von A nach B besorgen, ist diese Unabhängigkeit nicht mehr gegeben.

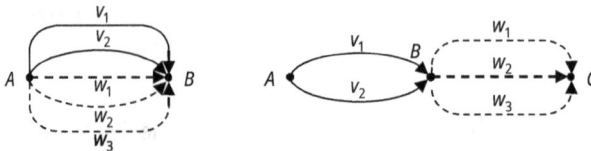

Abb. 5.10: Vereinigung und Verkettung von Auswahlmöglichkeiten.

Bei der vorstehenden Verkettung war die zweite Auswahlmenge von der Wahl des ersten Schrittes aus der ersten Auswahlmenge unabhängig. Allgemein geht man oft von einer Beschreibung eines aus mehreren Schritten bestehenden sog. **Versuches** aus, von dessen Schritten i. A. jeder mehrere mögliche Schritt-Ergebnisse hervorbringen kann. Die nächste mögliche Auswahl kann aber von den bisher getroffenen Auswahlen abhängen. Dann können wir uns in einem Baumdiagramm einen Überblick über die möglichen Auswahlfolgen verschaffen, welches dann auch gute Verwendung bei Wahrscheinlichkeitsbetrachtungen findet, wie Kapitel 8 zeigen wird. Gehen wir zum Beispiel von folgender ziemlich willkürlicher Versuchsanleitung aus:

> Wirf eine Münze und notiere die oben liegende Seite (*Zahl* oder *Bild*). Nach *Bild* wirf einen Spielwürfel und notiere, ob die oben liegende Zahl bei Division durch 3 den Rest 0, 1 oder 2 lässt. Nach *Zahl* drehe die Münze um und notiere die die nun oben liegende Seite.

Die Zusammensetzungen der möglichen „Versuchsergebnisse" *Zahl–Bild*, *Bild–0*, *Bild–1*, *Bild–2* bei diesen **Auswahlen** und **Verkettungen** zeigt der Baum in Abb. 5.11.

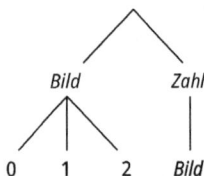

Abb. 5.11: Ein Baum von abhängigen Verkettungen von Auswahlen.

Ist $|A| = n$, $A = \{a_1, a_2, ..., a_n\}$, so ist die Anzahl möglicher Tupel $(x_1, x_2, ..., x_n)$ der Länge n von Elementen von A natürlich $|A|^n = n^n$. Beschränkt man sich dabei aber auf Tupel mit durchgehend voneinander verschiedenen Komponenten, so kann man
- für die erste Komponente zwischen n Elementen wählen,
- für die zweite zwischen allen außer dem vorher gewählten, also $n-1$ Elementen,
- usw. bis zur letzten Komponente, die ohne Wahlmöglichkeit als einzige verbleibt.

Somit hat die Menge der **Reihenfolgen** oder **Permutationen** bzw. der Bijektionen auf $A = \{a_1, a_2, ..., a_n\}$ $n! := n \cdot (n-1) \cdot (n-2) \cdot ... \cdot 2 \cdot 1$ Elemente.

Die Mächtigkeit der Potenzmenge $\mathbf{P}(A)$ mit $A = \{a_1, a_2, ..., a_n\}$ ist 2^n bzw. $2^{|A|}$. Man kann nämlich eine Auswahl eines $B \in \mathbf{P}\{a_1, a_2, ..., a_n\}$ eineindeutig mit einer endlichen Folge von binären Entscheidungen $a_1 \in B? - a_2 \in B? - ... - a_n \in B?$ identifizieren. Diese Entscheidungsfolge kann gemäß der obigen Überlegungen auf $2 \cdot 2 \cdot ... \cdot 2$, also 2^n, Arten gefällt werden, von denen jede eine andere Teilmenge von A beschreibt.

Man denke sich Elemente einer endlichen Menge $A = \{a_1, a_2, ..., a_n\}$ in einem Behälter aufbewahrt, in den man nicht hineinblicken kann. In klassischen Darstellungen der Kombinatorik und Stochastik handelt es sich traditionell – warum auch immer – um *Kugeln* in einer *Urne*. Ferner stelle man sich vor, man entnimmt nacheinander k Elemente, eine sogenannte **Stichprobe,** aus diesem Behälter und schreibt die k Ergebnisse auf. Dabei unterscheidet die Kombinatorik in zweierlei Hinsicht jeweils zwei verschiedene Vorgehensweisen, nämlich einerseits

- **geordnete Stichproben,** bei denen die *Folgen* der gezogenen Elemente betrachtet werden, und
- **ungeordnete Stichproben,** bei denen die (im Unterabschnitt „Ungeordnete Stichproben" erläuterten) *Mengen* oder *Multimengen* der gezogenen Elemente betrachtet werden,

sowie andererseits

- **Stichproben mit Zurücklegen,** bei denen jedes gezogene Element gleich wieder in den Behälter kommt, und
- **Stichproben ohne Zurücklegen,** bei denen jedes gezogene Element draußen bleibt, also von da an nicht mehr gezogen werden kann.

Anstelle von Zurücklegen wird auch von **Wiederholung** gesprochen.

Wir bestimmen die Anzahlen der jeweils möglichen Stichproben, und zwar bei allen vier Vorgehensweisen, von geordnet mit Zurücklegen bis ungeordnet ohne Zurücklegen. Die Ergebnisse werden am Ende tabellarisch zusammengefasst. Anschließend betrachten wir noch Stichproben, die gemischt (bzw. gestuft) geordnet und ungeordnet sind, sowie Stichproben aus Multimengen.

Geordnete Stichproben

Im ersten betrachteten geordneten Ansatz wird der Reihe nach jedes entnommene Element aufgeschrieben und gleich wieder zurückgelegt, bevor das nächste Element entnommen wird. Man spricht von einer **geordneten Stichprobe mit Zurücklegen.** Neben dem Urnenmodell mit Zurücklegen ist hierfür auch das Modell eines Glücksrades beliebt, dessen Segmente nach jedem Lauf natürlich nicht extra zurückgelegt werden müssen, sondern einfach unverändert weiter zur Verfügung stehen. Bei 6 Elementen ist der Würfel das populärste Modell. Wie auch immer: Wie viele mögliche Stichproben (Ergebnisfolgen) sind denkbar? Anders gefragt: Welches ist die Anzahl der Tupel bzw. endlichen Folgen $(x_1, x_2, ..., x_n)$ der Länge k von Elementen von $A = \{a_1, a_2, ..., a_n\}$? Aus dem Vorigen ergibt sich die Antwort: n^k.

Im zweiten geordneten Ansatz werden die entnommenen Elemente nicht wieder zurückgelegt. Natürlich muss dabei $k \le n$ gelten. Man spricht von einer **geordneten Stichprobe ohne Zurücklegen** bzw. Wiederholung. Wie viele mögliche Stichproben (Ergebnisfolgen) sind denkbar? Anders gefragt, welches ist die Anzahl **Variationen**, d. h. der Tupel $(x_1, x_2, ..., x_n)$ von Elementen von $A = \{a_1, a_2, ..., a_n\}$ der Länge k mit voneinander verschiedenen Komponenten, für die also $\forall 1 \le i < j \le k: x_i \ne x_j$ gilt? Mit einer ähnlichen Überlegung wie bei den Permutationen erhält man

$$P(n,k) := n \cdot (n-1) \cdot (n-2) \cdot ... \cdot (n-k+1) = \frac{n!}{(n-k)!} \ .$$

Nimmt man eine geordnete Stichprobe von n aus n Elementen ohne Zurücklegen, so bedeutet dies schlicht, dass man die n Elemente in eine Reihenfolge bringt. Und folgerichtig erhält man für diesen Spezialfall $P(n,n) = n!$, also n Fakultät.

Ungeordnete Stichproben

Auch hierbei unterscheidet man die Varianten ohne und mit Zurücklegen. Im ersten ungeordneten Ansatz werden die entnommenen Elemente nicht wieder zurückgelegt, sondern sie werden aufgehoben und ungeordnet betrachtet. Eine andere Realisierung mit dem gleichen Effekt wäre die Entnahme von k Elementen mit einem einzigen Zugriff. Man spricht von **ungeordneten Stichproben ohne Zurücklegen.** Wie viele mögliche Stichproben sind denkbar? Anders gefragt, wie viele k-elementige Teilmengen einer n-elementigen Menge gibt es? In der Kombinatorik spricht man dabei von **Kombinationen**. Natürlich ist auch hier wieder sinnvollerweise $k \le n$, bzw. für $k > n$ wird die Anzahl 0 gesetzt.

Kurioserweise lässt sich diese Frage am einfachsten über den Umweg der geordneten Stichprobe beantworten. Zählen wir also k-Tupel anstatt Teilmengen, so liefern die vorstehenden Ausführungen $P(n,k)$. Der Unterschied zur geplanten Zählung der k-elementigen Teilmengen besteht darin, dass jede Teilmenge wiederholt gezählt wird, nämlich genau in all ihren $k!$ Reihenfolgen. Also müssen wir $P(n,k)$ noch durch $k!$ dividieren und erhalten die gewünschte Anzahl der Kombinationen „k aus n":

$$C(n,k) := \binom{n}{k} := \frac{n \cdot (n-1) \cdot (n-2) \cdot ... \cdot (n-k+1)}{k \cdot (k-1) \cdot (k-2) \cdot ... \cdot 1} = \frac{n!}{k! \cdot (n-k)!} \ .$$

Hierbei ist der lange Bruch so angeordnet, dass die gleiche Anzahl der Faktoren in Zähler und Nenner ins Auge fällt – was dabei hilft, sich diesen Bruch einzuprägen. Viele kennen wahrscheinlich aus der Schulalgebra diese Kombinationen-Anzahlen als **Binomialkoeffizienten** in der Formel

$$(a+b)^n = \sum_{k=0}^{n} \binom{n}{k} a^{n-k} b^k.$$

0! ist als 1 definiert, und für $k > n$ definieren wir $C(n,k) := 0$.

Abb. 5.12 zeigt das sog. **Pascal'sche Dreieck**[87] der Binomialkoeffizienten. In einer Übungsaufgabe prüfen die Leser, dass in der gezeigten Anordnung für alle $n \in \mathbb{N}$ und $0 \le k \le n$ jeder Binomialkoeffizient $C(n,k)$ die Summe der beiden rechts und links oberhalb von ihm stehenden Werte ist. Nicht vorhandene obere Nachbarn werden als null gewertet.

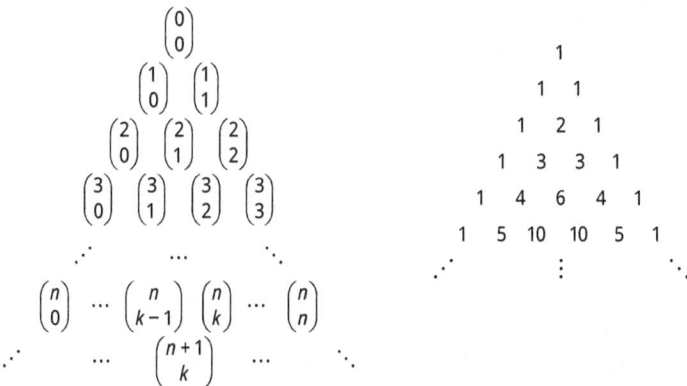

Abb. 5.12: Das Pascal'sche Dreieck – links als Formeln, rechts als Werte.

Im zweiten betrachteten ungeordneten Ansatz wird jedes entnommene Element gleich wieder zurückgelegt, jedes Ergebnis auf einem Zettel notiert, und die Zettel werden ungeordnet aufgehoben bzw. betrachtet. Man spricht von einer **ungeordneten Stichprobe mit Zurücklegen.** Wie viele mögliche Stichproben sind denkbar?

Wenn wir jedem a_i die Häufigkeit $h(a_i)$ zuordnen, mit der es gezogen wurde, geht es also um die Anzahl aller möglichen Abbildungen

$$h : A \to \mathbb{N}_0 \text{ mit } \sum_{i=1}^{n} h(a_i) = k.$$

Man nennt solche Abbildungen meist **Multimengen** (hier speziell der Mächtigkeit k) über A und betrachtet sie auch als Ansammlung von Objekten a_i, die in praktisch ununterscheidbaren Exemplaren *mehrfach* vorliegen können. Besteht eine Multimenge aus zwei w und vier s, beispielsweise als ungeordnetes Ziehungsergebnis bei einer Urne mit weißen und schwarzen Kugeln, so ist sie in obiger Definition die Abbildung $h : \{w, s\} \to \mathbb{N}_0$ mit $h(w) = 2$ und $h(s) = 4$, die auch als $\{w, w, s, s, s, s\}_\mu$ geschrieben

---

87 Blaise Pascal, 1623–1662, französischer Mathematiker, Physiker und Philosoph.

wird. Der Index μ sorgt dafür, dass man den Term nicht mit einer unnötig umständlichen Schreibweise für die Menge $\{w,s\}$ verwechselt, die ja „unempfindlich" gegen eine Mehrfachnennung von Elementen ist.

Wir können diesen Multimengen bijektiv Folgen aus $n-1$ Strichen ($|$) und k Nullen (0) zuordnen: Wir codieren der Reihe nach für $i = 1, 2, ..., n$ jedes $h(a_i)$ als ebenso viele aufeinander folgende Nullen (also 0 Nullen, wenn $h(a_i) = 0$) und trennen je zwei aufeinander folgende Nullengruppen (auch die leeren) durch einen Strich (so dass wir $n-1$ Striche benötigen). Ist oben $a_1 = w$ und $a_2 = s$, so ergibt dies für h die Folge $00|0000$. Und diese $|$-0-Folgen entsprechen wiederum bijektiv den Positionsangaben für ihre Nullen – das sind die k-elementigen Teilmengen von $\{1, 2, ..., n\}$. So wird unser obiges h schließlich als $\{1, 2, 4, 5, 6, 7\}$ wiedergegeben. Davon aber gibt es (ungeordnete Stichproben ohne Zurücklegen, wenn k aus $n + k - 1$ auszuwählen sind, s. o.):

$$\binom{n+k-1}{k} = \frac{(n+k-1)!}{k! \cdot (n-1)!} .$$

Wir fassen unsere informellen Überlegungen zu den Anzahlen der bisher behandelten vier Stichprobentypen als Satz zusammen, dessen *formale* Beweisteile jeweils induktiv zu führen wären.

Satz 5.9: Anzahlen möglicher Stichproben
Die Anzahlen möglicher geordneter oder ungeordneter Stichproben mit oder ohne Zurücklegen sind in Tab. 5.2 zusammengefasst. □

Tab. 5.2: Geordnete und ungeordnete Stichproben der Größe k aus einer Menge der Größe n – Übersicht.

Stichprobentyp	Typ	Anzahl (Name, Formel)	Alle möglichen Stichproben der Größe $k = 2$ aus der Menge $\{a_1,a_2,a_3\}$, also mit $n = 3$ (ggf. in mehreren Schreibweisen)
Geordnete Stichprobe mit Zurücklegen	Tupel, Wort	n^k	$(a_1,a_1), (a_1,a_2), (a_1,a_3), (a_2,a_1), (a_2,a_2), (a_2,a_3),$ $a_1a_1, a_1a_2, a_1a_3, a_2a_1, a_2a_2, a_2a_3, a_3a_1, a_3a_2, a_3a_3$
Geordnete Stichprobe ohne Zurücklegen	–	$P(n,k)$ $\dfrac{n!}{(n-k)!}$	$(a_1,a_2), (a_1,a_3), (a_2,a_1), (a_2,a_3), (a_3,a_1), (a_3,a_2)$ $a_1a_2, a_1a_3, a_2a_1, a_2a_3, a_3a_1, a_3a_2$
Ungeordnete Stichprobe mit Zurücklegen	Multimenge	$\dfrac{(n+k-1)!}{k!(n-1)!}$	$\{a_1,a_1\}_\mu, \{a_1,a_2\}_\mu, \{a_1,a_3\}_\mu, \{a_2,a_2\}_\mu, \{a_2,a_3\}_\mu,$ $\{a_3,a_3\}_\mu$ $00||, 0|0|, 0||0, |00|, |0|0, ||00$
Ungeordnete Stichprobe ohne Zurücklegen	Teilmenge, Kombination	$C(n,k), \dbinom{n}{k}$ $\dfrac{n!}{k!(n-k)!}$	$\{a_1,a_2\}, \{a_1,a_3\}, \{a_2,a_3\}$

Gemischt geordnete und ungeordnete Stichproben

Die Permutationen von $A = \{a_1, a_2, ..., a_n\}$ wurden als Spezialfall $k = n$ der geordneten Stichprobe von k aus n ohne Zurücklegen identifiziert. Sie können aber auch anders als nur durch eine andere Wahl der Stichprobengröße k verallgemeinert werden. Wenn wir zulassen, dass aus der Urne nicht nur jeweils genau eine, sondern evtl. mehrere Kugeln auf einmal entnommen werden, so ist ein Stichprobenergebnis zwar eine geordnete Folge, aber jedes einzelne Ziehungsergebnis bzw. Folgenglied ist eine intern ungeordnete Teilmenge von A.

Werden so insgesamt alle Kugeln entnommen, erhält man als Stichprobe eine sogenannte **geordnete Partition.** Dies ist also eine Folge $(A_1, A_2, ..., A_r)$, in der für alle $1 \le i, j \le r$ gilt, dass

$$A_i \subseteq A, \quad \bigcup_{i=1}^{r} A_i = A \text{ und } i \ne j \rightarrow A_i \cap A_j = \varnothing.$$

Die Anzahl der möglichen geordneten Partitionen mit fest vorgegebenen Teilmengengrößen in vorgegebener Reihenfolge, also mit $|A_i| = n_i$ für eine gegebene Folge $(n_1, n_2, ..., n_r)$ mit $n_1 + n_2 + ... + n_r = n$ ist

$$\frac{n!}{n_1! \cdot n_2! \cdot ..., \; n_r!} \; .$$

Stichproben aus Multimengen

Eine weitere Variante bei Stichproben besteht darin, dass die Kugeln in der Urne teilweise nicht unterscheidbar sind, so dass sie selbst insgesamt bereits eine Multimenge $h: A \rightarrow \mathbb{N}_0$ darstellen. Es liegen also jeweils $h(a_i)$ Kugeln der Art a_i darin. Die Frage nach den Anzahlen der möglichen Stichproben kann dann oft auf verschiedenen Wegen beantwortet werden.

Zunächst gibt es bei beim Ziehen *mit Zurücklegen* aus einer *Multimenge* von Kugeln keinen Unterschied zum Ziehen aus einer *Menge* von Kugeln[88]. Ob ich eine einmal vorhandene Kugel zweimal ziehe, oder ob ich nacheinander zwei verschiedene Kugeln dieser Art erwische, am sichtbaren Stichprobenergebnis ändert das nichts. Beim Ziehen *ohne Zurücklegen*, sei es geordnet oder ungeordnet, sind jetzt aber erstmals Wiederholungen möglich. Im geordneten Fall ist die Stichprobe eine endliche Folge mit eventuell mehreren Vorkommen desselben Einzelergebnisses, und im ungeordneten Fall eine Multimenge anstelle einer Menge von Einzelergebnissen.

Dies soll an einem Beispiel demonstriert werden. In einer Urne liegen zwei rote (r) und drei grüne (g) Kugeln. Wie viele und welche Stichproben aus drei Kugeln sind möglich?

---

[88] Ändern wird sich jedoch in aller Regel etwas an den *Wahrscheinlichkeiten*, worauf wir in Kapitel 8 noch eingehen werden.

Im geordneten Fall können sich alle Wörter der Länge drei über dem Alphabet $\{r, g\}$ mit maximal zwei r und drei g ergeben, also *ggg, ggr, grg, grr, rgg, rgr* und *rrg*. Wie kommen wir systematisch auf die Anzahl 7 möglicher Stichproben? Zunächst können wir die einzelnen Stufen und Zwischenergebnisse des Experiments systematisch in dessen **Strukturbaum** verfolgen (vgl. Abb. 5.13). In den Knoten steht als Zustand hier jeweils ein Urneninhalt und an den Kanten jeweils ein Ziehungsergebnis als Zustandsübergang, der vom alten zum neuen Zustand führt.

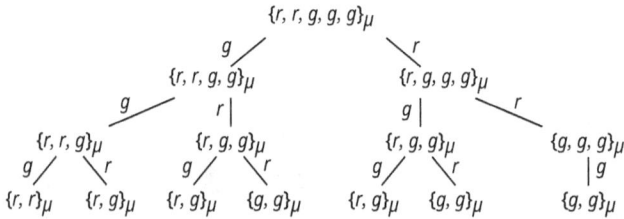

Abb. 5.13: Strukturbaum eines Experiments.

Entlang der Zweige können wir nun schrittweise die 7 möglichen Stichprobenergebnisse ablesen. Im ungeordneten Fall verrät uns der Strukturbaum aber eine Reihenfolge, die wir gar nicht wissen können oder wollen. Durch reines Abzählen der r und g in den Ergebnisfolgen erhalten wir die unterschiedlichen ungeordnet beobachtbaren Multimengen $\{g, g, g\}_\mu$, $\{r, g, g\}_\mu$ und $\{r, r, g\}_\mu$.

In Einzelfällen kann man neue Anzahlfragen zurückführen auf Fragestellungen, für die bereits eine Formel bekannt ist. Fragen wir zum Beispiel danach, durch wie viele Ergebnisfolgen bei dem obigen Beispiel genau zwei grüne Kugeln gezogen werden, so können wir

- den obigen Baum konstruieren und darin die Blätter heraussuchen, deren Pfade genau zwei mit r beschriftete Kanten enthalten; oder
- die Wörter w der Länge drei bestehend aus r und g durch eine Abbildung f bijektiv auf die Teilmengen von $\{1, 2, 3\}$ abbilden, nämlich mit $n \in f(a_1a_2a_3) :\Leftrightarrow a_n = g$, so dass beispielsweise $f(grg) - \{1, 3\}$, da g an erster und dritter Stelle steht. Also gibt es ebenso viele solche Wörter mit zwei g wie zweielementige Teilmengen von $\{1, 2, 3\}$, und das sind, wie wir von den ungeordneten Stichproben ohne Zurücklegen wissen, $C\,(3,2)$, d. h. 3.

Eine geordnete Stichprobe, die durch n Ziehungen einzelner Elemente aus einer n-elementigen Multimenge gewonnen wird, kann

$$\frac{n!}{n_1! \cdot n_2! \cdot \ldots, n_r!} \; .$$

verschiedene Ergebnisse haben, wenn die Multimenge r verschiedene Objektarten a_1, a_2, ..., a_r enthält, und zwar jede Art in $h(a_i) = n_i$ Exemplaren. Man spricht hier auch von **Permutationen einer Multimenge.**

Dass man hierbei eine Formel wie bei den geordneten Partitionen erhält, ist kein Zufall, wie wir uns anhand eines Beispiels klar machen können: $(\{2,3\}, \{1,5\}, \{4\})$ ist eine geordnete Partition der natürlichen Zahlen von 1 bis 5. Dass 2 und 3 in Menge „Nr. 1" vorkommen, 1 und 5 in Menge „Nr. 2" und 4 in Menge „Nr. 3", könnten wir uns auch so merken:

Wo ist 1? Wo ist 2? ... Wo ist 5?
Antworten: In der Menge Nr. 2, 1, 1, 2, 3.

So ist jeder aus r Mengen bestehenden geordneten Partition Pa der Zahlen von 1 bis n bijektiv eine Permutation Pe der Multimenge mit n Elementen zugeordnet, die jedes i von 1 bis r so oft enthält, wie in Pa die Menge Nr. i Elemente hat.

In der häufigsten Anwendung der abzählenden Kombinatorik, der diskreten Wahrscheinlichkeitsrechnung, werden die Anzahlen von Stichprobenergebnissen zur Bestimmung ihrer Wahrscheinlichkeit verwendet. Auch da liefert der konkrete Strukturbaum in der Regel einen Lösungsweg, und in günstigen Standardfällen folgt aus dem Aufbauprinzip des Strukturbaums eine geschlossene Formel, die uns die komplette Auswertung des Baumes erspart.

5.2.3 Unendliche Anzahlen

Endlichkeit, Abzählbarkeit und Überabzählbarkeit

Ein bewährter Einstieg in die eigenartige Welt des Unendlichen ist das Gedankenspiel von **„Hilberts Hotel"**[89]. Dieses Hotel hat unendlich viele Einzelzimmer und war einmal ausgebucht. Trotzdem konnte dort ein neuer Gast untergebracht werden: Der Empfangschef quartierte einfach jeden bereits registrierten Gast ins nächste Zimmer – von n nach $n + 1$ – um, und gab dem neuen Gast Zimmer Nummer 1. Dieser Trick wird uns in verwandten Zusammenhängen noch mehrfach begegnen. Und in diesem Zusammenhang können wir uns auch übungshalber überlegen, was wir als Empfangschef des voll belegten Hotels tun könnten, wenn anstatt *eines* neuen Gastes *unendlich* viele neue Gäste auf einmal ankommen.

Ordnen wir den bisherigen Zimmernummern 1, 2, 3, ... mittels f die neue Zimmernummer des bisher darin weilenden Gastes zu (vgl. Abb. 5.14), so erkennen wir die Existenz einer bijektiven Abbildung von der unendlichen Menge $\mathbb{N}$ in eine echte Teilmenge von $\mathbb{N}$. Bei gewöhnlichen Hotels mit endlich vielen Zimmern geht das nicht. Aus derartigen Überlegungen heraus definiert man streng formal, dass eine Menge A

---

89 Nach David Hilbert, dem Erfinder dieses Gedankenexperiments.

genau dann unendlich ist, wenn eine bijektive Abbildung von A auf eine echte Teilmenge von A existiert:

$$A \text{ ist unendlich} :\Leftrightarrow$$
$$\exists B \subseteq A, \; f : A \to B$$
$$B \neq A \wedge [(\forall a, a' \in A \; f(a) = f(a') \to a = a') \wedge (\forall b \in B \; \exists a \in A \; f(a) = b)]$$

Wir können aber auch ein anderes Gedankenexperiment mit Hilberts Hotel anstellen: Werden im voll belegten Hotel einzelne Zimmer durch Wasserschaden dauerhaft unbrauchbar, kann der Empfangschef – genauso, als wollte er dort neue Gäste unterbringen – die bisherigen Gäste so umquartieren, dass keiner auf der Straße sitzt. Und das geht immer wieder. Aus derartigen Überlegungen heraus definiert man streng formal, dass eine Menge A genau dann **unendlich** ist, wenn von A ausgehend die Möglichkeit besteht, immer wieder eine echte Teilmenge der vorigen zu finden, wenn es also eine unendliche absteigende Kette echter Teilmengen in A gibt, vgl. Abb. 5.14. Auch die späteren Kettenglieder sind dabei unendlich.

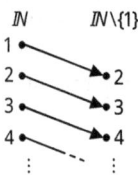

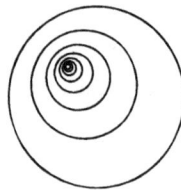

Abb. 5.14: Aspekte der Unendlichkeit: eine Bijektion auf eine echte Teilmenge (links), eine unbegrenzt absteigende Kette echter Teilmengen (rechts).

Etwas mathematischer und ohne die Verwendung natürlicher Zahlen können wir dies so formulieren, dass eine nichtleere Teilmenge S der Potenzmenge $\mathbf{P}(A)$ derart existiert, dass zu jedem Element M von S innerhalb S eine echte Teilmenge N von M existiert:

$$A \text{ ist unendlich} :\Leftrightarrow \exists S \in \mathbf{P}(\mathbf{P}(A)) \; (S \neq \varnothing \wedge \forall M \in S \, [\exists N \in S \, (N \subseteq M \wedge N \neq M)]).$$

Satz 5.10: Definitionen der Unendlichkeit
Die beiden vorstehenden Definitionen der Unendlichkeit einer Menge sind äquivalent. □

Beweisskizze: Wir sprechen von den beiden Unendlichkeitseigenschaften in der Reihenfolge ihrer Einführung als 1-unendlich und 2-unendlich. Ist A 1-unendlich und ist f eine Bijektion von A auf eine endliche Teilmenge, so liefert $S := \{A, f(A), f(f(A)), \dots \}$ die bei 2-unendlich geforderte Mengenkette. Ist A 2-unendlich, so können wir eine echt absteigende Folge von Teilmengen von A – $A_1, A_2, A_3, \dots$ mit $\forall i \in \mathbb{N}(A_{i+1} \subseteq A_i \wedge A_{i+1} \neq A_i)$ – finden. Eine induktive Definition bzw. das Auswahlaxiom liefert uns die Existenz einer Folge $x_i \in A_i \setminus A_{i+1}$ von paarweise unterschiedlichen Elementen von A. Nun definieren wir eine Abbildung f mit $f: x_i \mapsto x_{i+1}$ (die Hilbert-Hotel-Strategie!) und $f: a \mapsto a$ für alle $a \in A \setminus \{x_i \mid i \in \mathbb{N}\}$. f ist eine Bijektion von A auf $A \setminus \{x_1\}$; also ist A 1-unendlich. ■

Nachdem wir jetzt sogar zwei mengentheoretisch formale Kennzeichnungen der Unendlichkeit von Mengen kennen, sollten wir nun auch den bislang nur *informell* gehandhabten Endlichkeitsbegriff *mathematisch* definieren, was inzwischen sehr einfach ist:

Eine Menge ist genau dann **endlich,** wenn sie nicht unendlich ist.

Während wir bislang eine Menge genau dann als endlich bezeichneten, wenn sie gleich mächtig zur Strichvorkommen-Menge einer natürlichen Zahl ist – was aber bereits einen intuitiven Endlichkeitsbegriff voraussetzte – ist es beruhigend, diese formale Lücke nun endlich mit mengentheoretischen Begriffen geschlossen zu haben.

Satz 5.11: Endlichkeitskriterien
Folgende Aussagen sind für eine Menge M äquivalent:
1. M ist endlich.
2. Jede injektive Abbildung $f: M \to M$ ist surjektiv.
3. Jede surjektive Abbildung $f: M \to M$ ist injektiv. □

Beweis:
(1) $\Rightarrow$ (2): Seien M endlich und $f: M \to M$ injektiv. Wäre f nicht surjektiv, so wäre $f: M \to f(M)$ bijektiv auf eine echte Teilmenge von M, also f nicht endlich.
(2) $\Rightarrow$ (3): Es gelte (2), und $f: M \to M$ sei surjektiv. Wegen des Auswahlaxioms gibt es eine Auswahlmenge $(g_x)_{x \in M}$ aus der paarweise disjunkten Mengenfamilie $(f^{-1}(x))_{x \in M}$, d. h. $f(g_x) = x$. Die Abbildung $g: M \to M$ mit $g(x) = g_x$ ist injektiv, denn

$$g(a) = g(b) \Rightarrow a = f(g_a) = f(g(a)) = f(g(b)) = f(g_b) = b.$$

Wegen (2) ist g auch surjektiv. Gilt nun $f(a) = f(b)$, dann existieren $g^{-1}(a)$ und $g^{-1}(b)$, und wegen $g(g^{-1}(x)) = x$ und $f(g(x)) = x$ gilt

$$a = g(g^{-1}(a)) = g\big(f\big(g(g^{-1}(a))\big)\big) = g(f(a))$$
$$= g(f(b)) = g\big(f\big(g(g^{-1}(b))\big)\big) = g(g^{-1}(b))$$
$$= b, \text{ somit Injektivität von } f.$$

(3) $\Rightarrow$ (1): Ist M nicht endlich, so finden wir wie im Beweis von Satz 5.10 über die existierende unendliche absteigende Folge von Teilmengen eine Folge paarweise voneinander verschiedener x_i, und die Abbildung g mit $g: x_1 \mapsto x_1$, $g: x_{i+1} \mapsto x_i$ (inverse Hilbert-Hotel-Strategie: zwei Gäste ziehen zusammen, ohne dass ein Zimmer frei wird) und $g: a \mapsto a$ für alle $a \in A \setminus \{x_i \mid i \in \mathbb{N}\}$ ist surjektiv aber wegen $g(x_1) = g(x_2)$ nicht injektiv. ■

Zwei Sätze, die für endliche Mengen mehr oder weniger selbstverständlich sind, gelten auch für unendliche Mengen:

Satz 5.12: Cantor'scher Zwischenmengensatz

Für alle Mengen M, N, O gilt:

$$(O \subseteq N \subseteq M \wedge M \sim O) \;\Rightarrow\; M \sim N \,(\text{und dann natürlich auch } O \sim N) \qquad \square$$

Beweis: Zu zeigen ist ...

Ist eine Abbildung $f: M \to M$ injektiv und $f(M) \subseteq N \subseteq M$, so gilt $M \sim N$.

Zur leichteren Verfolgung des etwas vertrackten Beweises sind die verwendeten Mengen in Abb. 5.15 für ein konkretes Beispiel (abgeschlossene Intervalle in den reellen Zahlen) dargestellt: $M = [0, 4]$, $N = [0, 3]$ und $f(x) = x / 2$. Wie bei Satz 5.10 erinnert das Verfahren an Hilberts Hotel: Die „Empfangschef-Funktion" g „quartiert $M \setminus N$ nach $f(M \setminus N)$ um", das letztere nach $f(f(M \setminus N))$, und so immer eine f-Anwendung weiter. Der Rest darf bleiben, wo er war. – Soweit die Hauptidee, jetzt der volle Beweis:

Sei $L := \{f^n(x) \mid x \in M \setminus N, n \in \mathbb{N}_0\}$. $f^n(x)$ ist $f(f(...(f(x))...)$ mit n mal f. Es gilt

1. $M \setminus L \subseteq N$ wegen $M \setminus N \subseteq L$,
2. $f(L) \subseteq L$ wegen $f(L) := \{f^n(x) \mid x \in M \setminus N, n \in \mathbb{N}\}\,(n > 0!)$, also
3. $N \cap L \subseteq f(L)$ Ist $x \in N \cap L$, gilt wegen $x \in L$ und $x \notin M \setminus N : x \in L \setminus (M \setminus N)$ bzw. $x \in \{f^n(x) \mid x \in M \setminus N, n \in \mathbb{N}\}$ bzw. $x \in f(L)$.

Sei nun $g: M \to N$ gegeben durch $g(x) := \begin{cases} x & \text{wenn} & x \in M \setminus L \\ f(x) & \text{wenn} & x \in L \end{cases}$.

Dann gilt $g(x) \in N$: im oberen Fall wegen (1), und im unteren Fall wegen $f(M) \subseteq N$. g ist *injektiv*: Seien $x, y \in M$ und $x \neq y$. Dann sehen wir dass $f(x) \neq f(y)$, denn dies gilt
-   im Fall $x, y \in M \setminus L$ wegen der Injektivität von id,
-   im Fall $x, y \in L$ wegen der Injektivität von f,
-   im Fall $x \in L$, $y \in M \setminus L$, denn $g(x) \in L$ wegen (2), und $g(y) = y \in M \setminus L$,
-   im Fall $y \in L$, $x \in M \setminus L$ analog zum vorigen Fall.

g ist *surjektiv*: Sei $y \in N$. Ist $y \in L$, so ist wegen (3) $y = f(x)$ für ein $x \in L$, wo aber auch $g(x) = f(x)$ gilt, d. h. $y = g(x)$. Ist jedoch $y \in M \setminus L$, so ist $y = g(y)$ nach der Definition von g. In beiden möglichen Fällen ist $y = g(x)$ für ein $x \in M$.

Also bildet g die Menge M bijektiv auf N ab, womit $M \sim N$ gezeigt ist. Es ist auch in Abb. 5.15 rechts gut zu beobachten, wie dort das konkrete g M bijektiv auf N abbildet: Der Funktionsgraph überdeckt von unten wie von links aus gesehen das jeweilige Intervall ganz (linkstotal bzw. surjektiv) und überlappungsfrei (injektiv) ab. ∎

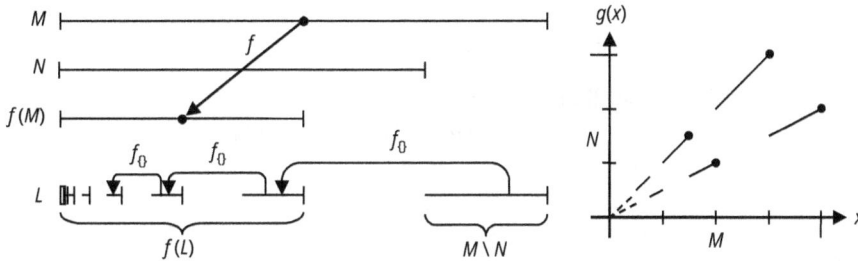

Abb. 5.15: Beispiel für Konstruktion der Bijektion auf die Zwischenmenge im Beweis von Satz 5.12.

Satz 5.13: Satz von Schröder[90], Bernstein[91] und Cantor, Gleichmächtigkeitssatz-
Für alle Mengen M und N gilt:

$$M \sim N \Leftrightarrow (M \preceq N \wedge M \succeq N) \qquad \square$$

Beweis[92]: Die Richtung $M \sim N \Leftrightarrow M \preceq N \wedge M \succeq N$ ist trivial: Ist $f\colon M \to N$ bijektiv so bildet f bzw. f^{-1} die Menge M bzw. N bijektiv auf eine Teilmenge von N bzw. M ab, nämlich jeweils auf die ganze Zielmenge.

Nun zur Gegenrichtung, $M \preceq N \wedge M \succeq N \Rightarrow M \sim N$: Ist sowohl $f\colon M \to N'$ mit $N' \subseteq N$ als auch $g\colon N \to M'$ mit $M' \subseteq M$ bijektiv, so ist $g \circ f\colon M \to g(f(M))$ eine bijektive Abbildung von M auf $g(f(M))$. Da auch

$$g(f(M)) \subseteq g(N) \subseteq M$$

gilt, existiert nach dem Zwischenmengensatz eine bijektive Abbildung $h\colon M \to g(N)$. Nun ist $g^{-1} \circ h\colon M \to N$ bijektiv, d. h. es gilt $M \sim N$. ∎

Abzählbar (unendlich) nennt man eine Menge M, die genauso mächtig ist wie $\mathbb{N}$, für die also eine Bijektion von $f\colon \mathbb{N} \to M$ existiert, so dass sie als $f(1), f(2), \ldots$ abgezählt werden kann. Abzählbar unendlich sind beispielsweise sowohl $\{0, 1, 2, \ldots\}$ als auch $\{2, 3, 4, \ldots\}$. Wir können weiterhin in einer Übungsaufgabe zeigen, dass

- die Menge der ganzen Zahlen,
- das kartesische Produkt $\mathbb{N} \times \mathbb{N}$,
- jede unendliche Teilmenge einer abzählbar unendlichen Menge,
- die Menge der endlichen Folgen von Elementen einer abzählbaren Menge und
- jede unendliche Vereinigung einer abzählbar unendlichen Menge endlicher Mengen

---

90 Ernst Schröder, 1841–1902, Mathematiklehrer, dann in Karlsruhe Professor.

91 Felix Bernstein, 1878–1956, lehrte in Göttingen Versicherungsmathematik und Statistik.

92 Beweise *ohne* Zwischenmengensatz finden sich u. A. in [Halm 1969], [Kamk 1971] und [Knüp oJ]. Eine systematische Untersuchung des Satzes und seiner Beweise unternimmt [Raut 2007]. Dort unterscheidet der Autor, welche Beweisvariante welche Axiome der Mengenlehre verwendet bzw. benötigt. Unsere Beweise des Zwischenmengen- und des Gleichmächtigkeitssatzes basieren auf einer seiner Beweisversionen.

zu den abzählbar unendlichen Mengen gehören. **Überabzählbar** nennt man Mengen, die echt mächtiger als $\mathbb{N}$ sind.

Satz 5.14: Einige überabzählbare Mengen

Die folgenden Mengen sind alle gleichmächtig und überabzählbar.

1. das reelle Intervall $(0, 1)$,
2. die Menge $\mathbb{R}$ der reellen Zahlen,
3. das reelle Intervall $[0, 1)$,
4. die Menge der unendlichen Folgen aus Nullen und Einsen,
5. die Menge der unendlichen Folgen natürlicher Zahlen,
6. die Menge der streng monoton wachsenden[93] unendlichen Folgen natürlicher Zahlen,
7. die Menge der unendlichen Mengen natürlicher Zahlen,
8. das reelle Intervall $[0, 1]$. □

Beweis: Nehmen wir zum Beweis der Überabzählbarkeit von $(0, 1)$ an, es gäbe eine bijektive Abbildung $f(1), f(2), \ldots$ von $\mathbb{N}$ auf die reellen Zahlen x mit $0 < x < 1$. Wir denken uns die Zahlen f als unendliche (nicht terminierende) Dezimalbrüche[94] untereinander geschrieben, vgl. Abb. 5.16. *Die r_{ik} sind die Dezimalziffern von $f(i)$.* In der Abbildung ist jedes Diagonalelement r_{nn}, die n-te Dezimalstelle von $f(n)$, eingerahmt.

$$f(1) \;=\; 0,\boxed{r_{11}}r_{12}\,r_{13}\ldots$$
$$f(2) \;=\; 0,r_{21}\boxed{r_{22}}r_{23}\ldots$$
$$f(3) \;=\; 0,r_{31}\,r_{32}\boxed{r_{33}}\ldots$$
$$\vdots$$

Abb. 5.16: Die Ausgangssituation des Cantor'schen Diagonalverfahrens.

Die reelle Zahl $s = 0, s_1 s_2 s_3 \ldots$ sei nun gegeben durch eine 0 vor dem Komma und die Dezimalstellen

$$s_n := \begin{cases} 2 & \text{wenn} \quad r_{nn} = 1 \\ 1 & \text{sonst} \end{cases} .$$

Es gilt $0 < s < 1$, aber s unterscheidet sich von allen Zahlen der Liste, nämlich jeweils von $f(n)$ zumindest an der n-ten Dezimalstelle – ein Widerspruch. Also muss die Annahme falsch sein, und es gibt kein solches f. Diese Strategie eines Widerspruchsbeweises heißt **Cantor'sches Diagonalverfahren.**

---

93 Jedes Folgenglied ist echt kleiner als das nächste.

94 Wir schreiben auch die abbrechenden nicht abbrechend; so hat z. B. 0,1 denselben Wert wie 0,0999 ...: Ein eventueller Abstand $a > 0$ zwischen beiden Werten, also auch $a > 10^{-n}$ für passendes n, würde bereits mit einem nach n Neunen abbrechenden 0,0999 … 9 unterschritten, ergäbe also einen Widerspruch.

Da die Menge der reellen Zahlen in $(0,1)$ natürlich auch nicht endlich sein kann (man betrachte nur alleine die darin enthaltenen Kehrwerte $1/n$ der natürlichen Zahlen), muss sie demnach überabzählbar sein.

Nun zeigen wir die Gleichmächtigkeit der unter (1) bis (8) angegebenen Mengen, hier auch als M_1 bis M_8 bezeichnet.

Zunächst konstatieren wir die gleiche Mächtigkeit von M_1, M_2 und M_3: Wie aus der Schultrigonometrie bekannt sein wird, bildet der Tangens das offene Intervall ($-\pi/2$, π) bijektiv auf $\mathbb{R}$ ab. Dann tut das von $(0,1)$ aus die Abbildung $f(x) := \tan(\pi \cdot (x - 1/2))$, vgl. Abb. 5.17.

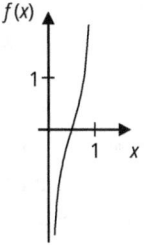

Abb. 5.17: $f(x) := \tan(\pi \cdot (x - 1/2))$ eine Bijektion von $(0,1)$ auf $\mathbb{R}$.

Damit liegt $M_2 = (0,1]$ zwischen den gleich mächtigen $M_1 = (0,1)$ und $M_3 = \mathbb{R}$. Nach dem Zwischenmengensatz müssen alle drei gleich mächtig sein, also auch beliebig untereinander in der Relation $\mathbb{R}$.

Diejenigen unter den unendlichen Folgen von Nullen und Einsen, die unendlich viele Einsen enthalten, entsprechen der eindeutigen Darstellung der Zahlen in $(0,1]$ als unendliche Dualbrüche (also zur Basis 2 anstatt 10, nämlich alle Ziffern hinter dem Beginn $0, ...$; dabei ist jedes Folgestück $1000 ...$, d. h. $1\bar{0}$, ersetzt durch das gleichwertige $0\bar{1}$). Also ist $(0,1] \preceq M_4$. Offensichtlich gilt aber auch $M_4 \subseteq M_5$, also $M_4 \preceq M_5$. Die injektive Abbildung

$$g(n_1, n_2, n_3, ...) := \left(2^{n_1+1},\ 2^{n_1+n_2+2},\ 2^{n_1+n_2+n_3+3},\ ...\right)$$

erweist M_5 als gleich mächtig zu einer Teilmenge der streng monoton wachsenden unendlichen Folgen natürlicher Zahlen (letztere hier als $\mathbb{N}_0$ gesehen), also von M_6. Somit gilt $M_5 \preceq M_6$. Die Elemente von M_6 entsprechen bijektiv (per „Menge ihrer Glieder" bzw. in Gegenrichtung per „ihre Elemente in aufsteigender Reihenfolge") den unendlichen Teilmengen der natürlichen Zahlen, also $M_6 \sim M_7$ und insbesondere $M_6 \preceq M_7$. Jeder leeren oder unendlichen Teilmenge der natürlichen Zahlen können wir bijektiv eine Zahl aus dem Intervall $[0,1]$ zuordnen, nämlich die unendliche Summe

$$\sum_{i \in M} \frac{1}{2^i},$$

entsprechend der Dualbruchdarstellung $0, a_1\, a_2\, ...$ mit $a_i = 1 \Leftrightarrow i \in M$, was erst recht $M_7 \preceq M_8$ ergibt. Schließlich konstruieren wir noch mit einem Kniff wie bei Hilberts

Hotel (0 und 1 sind hier noch „im Hotel (0,1) unterzubringen") eine Bijektion $[0,1] \to$ (0,1), indem wir die Folge 0, 1, 1/2, 1/3, ... „zwei Positionen weiter" rücken und alle anderen Zahlen lassen, wo sie sind. Also gilt $M_8 \sim M_1$ und insbesondere $M_8 \preceq M_1$.

Insgesamt gilt also $M_1 \preceq M_2 \preceq M_3 \preceq M_4 \preceq M_5 \preceq M_6 \preceq M_7 \preceq M_8 \preceq M_1$, was mithilfe der Transitivität von $\preceq$ und des Gleichmächtigkeitssatzes die Gleichmächtigkeit aller acht Mengen nach sich zieht.

Der letzte Schritt besteht darin, zu zeigen, dass sich Überabzählbarkeit auf gleich mächtige Menge überträgt. Ist N überabzählbar und $N \sim O$, so existiert eine abzählbar unendliche Menge M mit $M \prec N \wedge N \sim O$. Daraus folgt $M \preceq N \wedge N \sim O$, und daraus $M \preceq O$ (unter Berücksichtigung von $M \sim M$ und der $\sim$-$\preceq$-Verträglichkeit in Satz 5.7). Gälte $M \sim O$, dann gälte wegen der Transitivität und Symmetrie von $\sim$ auch $M \sim N$ – entgegen $M \prec N$. Also gilt $M \prec O$; O ist ebenfalls überabzählbar. ∎

Satz 5.15: Mächtigkeit wichtiger Zahlenbereiche
Die Menge der algebraischen Zahlen ist abzählbar unendlich, also auch als deren unendliche Teilmenge die Menge der rationalen Zahlen. Die Menge der transzendenten Zahlen ist überabzählbar, also auch als deren Obermenge die Menge der irrationalen Zahlen. □

Beweis: In der Analysis lernt man, dass ein Polynom $a_n \cdot x^n + a_{n-1} \cdot x^{n-1} + ... + a_1 \cdot x + a_0$ mit ganzzahligen Koeffizienten $a_0, a_1, ..., a_{n-1}, a_n$ höchstens n reelle Nullstellen besitzt. Die Menge Alg der algebraischen Zahlen ist die Vereinigung aller endlichen Nullstellenmengen $N(a_0, a_1, ..., a_{n-1}, a_n)$ über alle solchen endlichen Folgen ganzer Zahlen. Da Alg die natürlichen Zahlen n als Nullstellen von $x - n$ enthält, ist es unendliche Vereinigung einer abzählbar unendlichen Menge endlicher Mengen, also abzählbar unendlich.

Dagegen muss nun die Menge der transzendenten Zahlen überabzählbar sein; sonst wäre $\mathbb{R}$ als Vereinigung zweier abzählbarer Mengen abzählbar, was man z. B. wie bei der Unterbringung abzählbar unendlich vieler neuer Gäste in Hilberts Hotel, einer Übungsaufgabe, leicht zeigt.

Die rationalen Zahlen sind algebraisch, denn i/k ist Nullstelle von $k \cdot x - i$. Die transzendenten Zahlen sind irrational; sonst wäre mindestens eine rational, also algebraisch – im Widerspruch zur Definition transzendenter Zahlen. ∎

Satz 5.16: Satz von Cantor
Die Potenzmenge $\mathbf{P}(A)$ einer Menge A ist stets echt mächtiger als die Menge A selbst:

$$\forall A : \mathbf{P}(A) \succ A.$$

□

Beweis: Die Abbildung *menge*: $A \to \mathbf{P}(A)$ mit $menge(a) := \{a\}$ ist injektiv, woraus $\mathbf{P}(A) \succeq A$ folgt. Zum Beweis von $\mathbf{P}(A) \succ A$ fehlt noch der Nachweis, dass $\mathbf{P}(A) \sim A$ nicht gelten kann. Nehmen wir an, (○) $\mathbf{P}(A) \sim A$ gelte, d. h. es gebe eine bijektive Abbildung $f: A \to \mathbf{P}(A)$. Nun umfasse B genau die Elemente a von A, die nicht zu der Teilmenge $f(a)$ gehören: $B := \{a \in A \mid a \notin f(a)\}$.

Als Teilmenge von A ist B Bild unter f eines Elementes b von A: $B = f(b)$. b wiederum ist entweder Element von B oder nicht, aber

- aus $b \in B$ folgt, dass b die Bedingung für die Elemente von B erfüllt, also $b \notin f(b)$, also wegen $B = f(b)$ auch $b \notin B$ – ein Widerspruch;
- aus $b \notin B$ folgt $b \notin f(b)$ wegen $B = f(b)$. Somit erfüllt b die Bedingung für die Elemente von B, d. h. $b \in B$ – auch dies ein Widerspruch.

Also kann b weder Element von B sein, noch kann es das nicht. Das aber ist unmöglich; also muss die anfängliche Annahme ($\bigcirc$) falsch sein: $\mathbf{P}(A) \sim A$ gilt nicht. Insgesamt gilt also $\mathbf{P}(A) \succ A$. ■

Muss man außerhalb der Mathematik um die Unterschiede zwischen unendlichen Anzahlen, wie etwa den zwischen Abzählbarkeit und Überabzählbarkeit, wissen? Ist das nicht eher eine rein innermathematische Fragestellung? Alles was man beispielsweise in der Informatik tut, spielt sich doch sowieso im Endlichen ab: Computerprogramme sind endlich lange; Computer haben nur endlich viel Speicher.

Allerdings können Computer unendlich lange auf ein Ergebnis warten lassen, und das passiert nicht nur nach Programmierfehlern, sondern auch nach Fehlern in der Aufgabenstellung, wenn wir also Unmögliches von Ihnen erwarten. Daher ist es gut zu wissen, dass es harmlos klingende aber unmögliche Berechnungsaufgaben gibt. In der theoretischen Informatik sieht man anhand einfacher Anzahlbetrachtungen, dass es unlösbare Aufgaben geben *muss,* weil es von den unterschiedlich unendlichen Anzahlen her strikt mehr Aufgabenstellungen gibt als Computerprogramme. Aufgabenstellungen gibt es nämlich *überabzählbar* viele, Programme aber nur abzählbar viele.

So interessant es in der Theorie sein mag, um die reine Existenz für den Computer unlösbarer Aufgaben zu wissen, von praktischer Bedeutung ist es vor allem, ganz *konkrete* unlösbare Aufgaben zu kennen. Dann wird man nämlich solche Aufgaben tunlichst gar nicht in Angriff nehmen. Beim Erkennen unlösbarer Aufgaben helfen aber mathematische Verfahren, die oft eng mit den im Vorstehenden kennengelernten Methoden zusammenhängen. Zwei bekannte Beispiele sind das Halteproblem und die Unmöglichkeit abschließender Übertragungssicherheit auf einem gestörten Kanal. In den Anfangszeiten der Informations- und Kommunikationstechnik gab es aufgrund der praktischen Wünschbarkeit durchaus Versuche,

- ein Programm (bzw. einen Algorithmus) zu schreiben, das andere Programme (Algorithmen) darauf untersucht, ob sie bei jeder Eingabe eine Ausgabe produzieren oder ob sie bei manchen oder gar allen Eingabewerten nie zu Ende kommen können, vgl. Abschnitt 4.2.6;
- ein Kommunikationsprotokoll zu entwerfen, das sicherstellt, dass auf einem (nur gelegentlich und jeweils auch nur endlich oft hintereinander) gestörten Hin- und Rückkanal mittels geschickt wiederholten Nachrichtenversandes zumindest *eine* Nachricht mit abschließender Gewissheit für *beide* Seiten von einem Partner zum anderen gelangt.

Nachdem für beide Aufgaben die Unmöglichkeit ihrer Lösung bewiesen war, siehe [Turi 1937] und [BaOc 1986], und diese sich auch unter Praktikern herumgesprochen hatte, konnte weiterer Aufwand in diesen Richtungen vermieden werden.

Ausblick: Ordinal- und Kardinalzahlen*

In diesem Abschnitt sollen die natürlichen Zahlen erneut, und zwar ausnahmsweise auf typisch mengentheoretische Weise, definiert werden, da dieser Ansatz für die Einführung der Ordinal- und Kardinalzahlen vorteilhaft ist. Er basiert auf dem Unendlichkeitsaxiom

$$\exists A(\varnothing \in A \wedge \forall X[X \in A \Rightarrow X \cup \{X\} \in A]).$$

Mit *einer* solchen Menge A existiert auch der *Durchschnitt aller* solcher Mengen; er wird in der Mengenlehre als ω bezeichnet und wird unserem $\mathbb{N}_0$ entsprechen.

Wir verwenden in diesem Abschnitt daher die folgende induktive Definition der Menge der natürlichen Zahlen ab 0:

– $\varnothing \in \omega$,
– $n \in \omega \Rightarrow succ(n) := n \cup \{n\} \in \omega$.

Damit erhalten wir Schritt für Schritt in ω die natürlichen Zahlen (und Zusammenhänge zwischen ihnen):

$0 := \varnothing$,
$1 := \varnothing \cup \{\varnothing\} = \{\varnothing\} = \{0\}$,
$2 := \ldots = \{\varnothing, \{\varnothing\}\} = \{0, 1\}$,
$3 := \ldots = \{\varnothing, \{\varnothing\}, \{\varnothing, \{\varnothing\}\}\} = \{0, 1, 2\}$,
usw.

Man kann zeigen, dass die Kleiner-als-Relation $<$ auf ω nun schlicht als die Element-von-Relation $\in$ definiert werden kann und dass dann über die Beispiele hinaus allgemein gilt:

– $n = \{0, 1, \ldots, n-1\} = \{m \in \omega | m < n\}$,
– $|n| = n$,[95]
– $<$ ist eine Wohlordnung auf ω.

Nun gehen wir weiter zu unendlichen Zahlen, auch wenn man dies der folgenden Definition nicht sofort ansieht. Eine Menge M ist eine **Ordinalzahl,** wenn sie die beiden folgenden Eigenschaften hat:

– $\forall X((X \in M \wedge \neg Urelement(X)) \Rightarrow X \subseteq N)$,
– $\subseteq$ ist eine Totalordnung auf M.

---

[95] | | sind hier Mächtigkeitsstriche von Mengen, nicht Betragsstriche positiver oder negativer Zahlen.

Etliche Ordinalzahlen kennen wir bereits, nämlich die natürlichen Zahlen. Man kann zeigen, dass jede endliche wohlgeordnete Menge ordnungsisomorph zu (genau) einer natürlichen Zahl ist. Die erste unendliche Ordinalzahl ist $\omega = \{0, 1, 2, 3, \ldots\}$.

Dann folgt $\omega + 1$, eine Kurzschreibweise für

$$succ\ \omega = \omega \cup \{\omega\} = \{0, 1, 2, 3, \ldots \omega\},$$

darauf folgen $\omega + 2 = \{1, 2, 3, \ldots, \omega, \omega + 1\}$, usw., dann, nach allen $\omega + n$ mit $n \in \omega$,
$\omega + \omega = \{1, 2, 3, \ldots, \omega, \omega + 1, \omega + 2, \ldots\}$, auch 2ω oder $2 \cdot \omega$ geschrieben, usw.

In letzter Konsequenz führen solche Überlegungen zu einer richtiggehenden **Ordinalzahlarithmetik** mit Termen wie

$$\omega \cdot \omega \ \text{ bzw. } \omega\omega,\ 2^\omega \text{ und } \omega^\omega.$$

Einige ihrer Regeln entsprechen den uns vertrauten Rechenregeln für natürliche Zahlen, aber bereits die Kommutativität der Addition und der Multiplikation geht verloren. Eine **Limeszahl** ist eine Ordinalzahl ohne Vorgänger, d. h. es existiert keine Ordinalzahl x, deren Nachfolger $x \cup \{x\}$ sie ist. Beispiele für Limeszahlen sind ω und $\omega + \omega$.

Vorsicht ist geboten bei den Potenzen, die leider unterschiedlich gelesen werden können. Die Ordinalzahl 2^ω ist abzählbar, 2^ω ist aber auch eine Schreibweise für die Menge aller Abbildungen von ω, also $\{0, 1, 2, 3, \ldots\}$, nach 2, also $\{0, 1\}$, und diese ist überabzählbar!

Ordinalzahlen haben viele „mathematisch nette" Eigenschaften, wenn sie auch außerhalb der Mathematik nicht oft benötigt werden. Erwähnt sei hier nur, dass
- jede wohlgeordnete Menge zu einer Ordinalzahl ordnungsisomorph (und insbesondere gleich mächtig) ist, so dass – zumindest mit dem Auswahlaxiom und damit dem Wohlordnungssatz – die Ordinalzahlen alle Wohlordnungen repräsentieren und alle Mächtigkeiten erreichen,
- je zwei Ordinalzahlen miteinander durch $<$, d. h. $\in$, vergleichbar sind, und
- es keine Menge aller Ordinalzahlen geben kann, das sogenannte **Burali-Forti-Paradoxon**[96].

Die Wohlordenbarkeit aller Mengen erschließt wiederum weitere Eigenschaften, mit denen sich die **Endlichkeit** charakterisieren lässt. Für jede wohlgeordnete Menge $(M, <)$ sind nämlich die folgenden drei Aussagen äquivalent:
- M ist endlich.
- Die umgekehrte Ordnung $>$ ist eine Wohlordnung auf M.
- Jede nichtleere Teilmenge von M hat bezüglich $<$ ein größtes Element.

Bei der Lektüre von Texten zum Thema Ordinalzahlen muss man darauf gefasst sein, auf unterschiedliche Definitionen von Ordinalzahlen zu stoßen. Etliche davon sind

---

96 Cesare Burali-Forti, 1861–1931, lehrte an den Universitäten von Pisa und Turin.

unmittelbar äquivalent, andere sind durch unterschiedliche Varianten der Mengen-lehre – also eine andere Wahl ihrer Begriffe und Axiome – bedingt.

Mittels der Vergleichbarkeit aller Ordinalzahlen untereinander zeigt man, dass

- alle zu einer Menge M gleich mächtigen Ordinalzahlen eine Menge bilden und dass
- diese Menge ein kleinstes Element hat.

Diese kleinste zu M gleich mächtige Ordinalzahl nennt man die **Mächtigkeit** der Menge. Die Mächtigkeiten aller Ordinalzahlen (und damit die Mächtigkeiten aller Mengen über-haupt) nennt man **Kardinalzahlen.** Die Mächtigkeit von $\omega + 1$, $\omega + \omega$ und $\omega\omega$ ist ω Für die ersten beiden Terme kennen wir das von Hilberts Hotel; auch für $\omega\omega$ haben das wahrscheinlich viele von uns bereits in der Schule kennengelernt, wo die Abzählbarkeit der positiven rationalen Zahlen häufig wie in Abb. 5.18 plausibel gemacht wird.

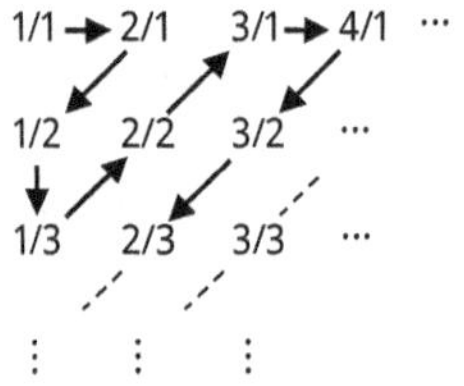

$$1/1 \rightarrow 2/1 \quad 3/1 \rightarrow 4/1 \quad \cdots$$
$$1/2 \quad 2/2 \quad 3/2 \quad \cdots$$
$$1/3 \quad 2/3 \quad 3/3 \quad \cdots$$
$$\vdots \quad \vdots \quad \vdots$$

Abb. 5.18: Ein Durchzählen der positiven Brüche.

Allgemein kann man für unendliche Kardinalzahlen κ zeigen, dass $\kappa\kappa = \kappa$. Insbeson-dere ist dann eine Vereinigung von κ endlichen Mengen zwangsweise weniger oder gleich mächtig als/wie eine Vereinigung von κ κ-mächtigen Mengen, und letztere hat auch nur κ Elemente.

Die Mächtigkeit der reellen Zahlen ist die gleiche wie die der reellen Zahlen zwi-schen 0 und 1 und wegen der Binärbruchdarstellung auch die gleiche wie die der 0-1-Folgen, und die ist in der Kardinalzahlarithmetik 2^{ω}. Die **Kontinuumshypothese** be-sagt, dass keine Kardinalzahl größenmäßig echt zwischen ω und 2^{ω} (der Mächtigkeit der Abbildungsmenge, vgl. oben) liegt. Es handelt sich hierbei nicht um eine Aussage, die man allgemein beweisen oder widerlegen kann. Vielmehr wurde gezeigt, dass man – ähnlich wie beim Auswahlaxiom – wahlweise sowohl die Kontinuumshypo-these als auch ihr widersprechende Axiome zu den sonstigen, üblichen Axiomen der Mengenlehre hinzunehmen kann, ohne dass dadurch (zumindest neue) Widersprüche erzeugt würden, vgl. [Goed 1940] und [Cohe 1963].

Ähnlich wie bei den Ordinalzahlen gibt es auch keine Menge aller Kardinalzah-len – eines der beiden sogenannten **Cantor'schen Paradoxa**[97]. Nun möchte man aber natürlich trotzdem gerne über die Gesamtheit aller Ordinalzahlen reden können,

---

[97] Das andere ist, dass es keine Allmenge geben kann, weil deren Potenzmenge eine echt größere Mächtigkeit als die der Allmenge haben müsste. Andererseits müsste die Allmenge in dieser Rolle alle ihre Teilmengen als Element enthalten und damit eine mindestens so große Mächtigkeit haben wie ihre Potenzmenge.

bzw. über die Gesamtheit aller Kardinalzahlen, ohne diese Gesamtheit als Menge zu bezeichnen. Hierfür ist der Begriff der Klasse (aller Ordinalzahlen, aller Kardinalzahlen) üblich, vgl. Abschnitt 2.4.1.

5.3 Elementare Zahlentheorie*

Zur Mitte des 20. Jahrhunderts fristete die mathematische Zahlentheorie ein Dornröschendasein. Alles Wichtige schien schon lange erforscht, verbleibende offene Probleme schienen von rein innermathematischem Interesse zu sein. Das änderte sich schlagartig durch den Aufschwung der Kryptographie, in der Erkenntnisse und Verfahren der Zahlentheorie im Zusammenhang mit der rasanten Computerisierung und weltweiten Vernetzung eine eminent praktische Bedeutung für Handel und Kommunikation erlangten. In diesem einführenden Kompendium ist allerdings nur Raum für klassische Grundlagen.

5.3.1 Teiler und Restklassenarithmetik

Nicht immer lässt sich eine ganze Zahl m durch eine ganze Zahl n ohne Rest dividieren; das geht nur, wenn eine ganze Zahl q existiert, für die gilt: $m = q \cdot n$. Dann sagt man auch „n **teilt** m" bzw. „n **ist ein Teiler** von m" und schreibt $n \mid m$. Für $\neg(n \mid m)$ schreibt man $n \nmid m$. Falls $n \mid m$ und $n \neq 0$, dann gibt es genau ein solches q, man schreibt $m : n = q$ und für den **Quotienten** q von m und n auch m/n.

Zu jeder ganzen Zahl n gehört die Menge ihrer Teiler, bei denen man sich gewöhnlich (und wir uns hier) auf die positiven beschränkt: Teiler$(n) := \{k \in \mathbb{N} \mid k \mid n\}$. Teiler$(n)$ ist wegen $1 \mid n$ und $n \mid n$ natürlich nichtleer.

Meist bleibt aber bei einer Division in den ganzen Zahlen ein Rest r. Wenn wir nun „ohne Rest" als „mit Rest 0" betrachten, ergibt sich immer ein eindeutig bestimmter **Rest** r:

$$\forall m \in \mathbb{Z}, n \in \mathbb{N} \, \exists q, r \in \mathbb{Z} \ (m = q \cdot n + r \wedge 0 \leq r \leq n).$$

Die Frage nach dem Rest ist also die Frage: „Wie groß ist der Abstand von m zum größten noch nicht darüber liegenden Vielfachen $q \cdot n$ von n?" Bei festem Divisor n ist die Zuordnung dieses Restes zu m eine Abbildung, salopp gesagt: $r = r_n(m)$. Also ist die Relation $\sim_n$, gleiche Reste bezüglich Division durch n zu haben,

$$l \sim_n m :\Leftrightarrow r_n(l) = r_n(m),$$

traditionell $l \equiv m \pmod{n}$ geschrieben, eine Äquivalenzrelation und gleichbedeutend mit $n \mid (l - m)$. Für $l \sim_n m$ sagt man: l ist **gleich** m bzw. **kongruent** zu m **modulo** n. Beispielsweise gilt damit wegen desselben Divisionsrestes 3: $11 \sim_8 -5$, d. h. $11 \equiv -5 \pmod{8}$.

Satz 5.17: Gleichheit modulo als Kongruenz

Die Relation $\sim_n$ ist bezüglich der Addition und der Multiplikation eine **Kongruenzrelation,** d. h. gilt $l_1 \sim_n l_2$ und $m_1 \sim_n m_2$ so gilt auch

- $(l_1 + m_1) \sim_n (l_2 + m_2)$ und
- $(l_1 \cdot m_1) \sim_n (l_2 \cdot m_2)$. $\qquad\qquad\square$

Der **Beweis** ist Inhalt einer einfachen Übungsaufgabe. $\qquad\qquad\blacksquare$

Wegen der Kongruenzeigenschaften kann man auf der Menge

$$\mathbb{Z}_n := \{[0]_{\sim n}, [1]_{\sim n}, ..., [n-1]_{\sim n}\}$$

der Äquivalenzklassen bezüglich $\sim_n$ (auch **Restklassen** genannt) mittels beliebiger Repräsentanten eine Arithmetik definieren:

$$[l]_{\sim n} + [m]_{\sim n} := [l + m]_{\sim n},$$

$$[l]_{\sim n} \cdot [m]_{\sim n} := [l \cdot m]_{\sim n}.$$

Schließlich schreibt man die Äquivalenzklassen gerne auch einfach ohne Klammern [] und Relationsbezeichnung $\sim_n$, sofern diese aus dem Zusammenhang ersichtlich sind, also auch schlicht $\mathbb{Z}_n = \{0, 1, 2, ..., n-1\}$. **Subtraktion** von k lässt sich als Addition von $-k$ einführen. In $\mathbb{Z}_n$ gelten mit der oben definierten Addition und Multiplikation die Rechenregeln der sog. **Moduloarithmetik,** die völlig mit denen der Ganzzahlarithmetik übereinstimmen.

Satz 5.18: Rechenregeln der Moduloarithmetik

Es gilt für beliebige $k, l, m \in \mathbb{Z}_n$:

- Kommutativität der Addition

$$k + l = l + k$$

- Assoziativität der Addition

$$k + (l + m) = (k + l) + m$$

- 0 als **neutrales Element** der Addition

$$k + 0 = 0 + k = k$$

- Existenz eines additiven **Inversen,** wobei $-k$ bedeutet: $[-k]_{\sim n}$.

$$k + (-k) = (-k) + k = 0$$

- Kommutativität der Multiplikation

$$k \cdot l = l \cdot k$$

- Assoziativität der Multiplikation

$$k \cdot (l \cdot m) = (k \cdot l) \cdot m$$

– 1 als neutrales Element der Multiplikation

$$k \cdot 1 = 1 \cdot k = k$$

– Distributivität (links und rechts)

$$k \cdot (l + m) = (k \cdot l) + (k \cdot m), \quad (l + M) \cdot k = (l \cdot k) + (m \cdot k) \qquad \square$$

Die **Beweise** sind einfach; einige davon sind Inhalt einer Übungsaufgabe.   ■

Eine solche Menge M, also mit
– zwei zweistelligen Operationen + und · von $M \times M$ in M,
– einer einstelligen Operation $-: M \to M$ und
– zwei Konstanten 0 und 1,
– und diese mit den oben aufgezählten Eigenschaften,
wird in der Algebra als **kommutativer Ring mit Eins** bezeichnet. $\mathbb{Z}_n$ nennt man daher auch den **Restklassenring** modulo n. Die Bezeichnung „Ring" leuchtet ein, wenn man sich das Hochzählen als zyklische Bewegung vorstellt und das Addieren als Hintereinanderausführung dieser Bewegungen, wie es Abb. 5.19 anhand einer Addition in einem Restklassenring zeigt. Mehr über Ringe steht im Kapitel 7 über Algebra.

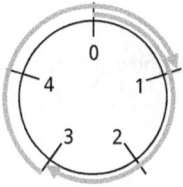

Abb. 5.19: Addition $3 + 3$ in $\mathbb{Z}_5$.

Was die Rechenregeln in $\mathbb{Z}_n$ von denen in $\mathbb{Z}$ unterscheidet, ist, dass im Restklassenring $\mathbb{Z}_n$ zusätzlich gilt:

$$\overbrace{1 + 1 + \ldots + 1}^{n\text{-mal}} = 0.$$

5.3.2 Primzahlen, ggT und Restklassengleichungen

Eine natürliche Zahl $n > 0$ mit genau zwei Teilern (die dann notwendig 1 und n sind) nennt man eine **Primzahl**; wir schreiben dann auch $Prim(n)$ für „n ist Primzahl". Die Primzahlen bis 10 sind 2, 3, 5 und 7. 1 wird nicht zu den Primzahlen gerechnet, denn es hat nur einen Teiler. 2 ist die einzige gerade Primzahl, alle anderen geraden Zahlen g haben mindestens drei Teiler: 1, 2 und g.

Das größte gemeinsame Element der Teilermengen zweier natürliche Zahlen m und n, also max(Teiler(m) $\cap$ Teiler(n)), nennt man deren **größten gemeinsamen Teiler** ggT(m,n). Zwei natürliche Zahlen m und n mit ggT$(m,n) = 1$, deren einziger (und damit größter) gemeinsamer Teiler also 1 ist, nennt man **teilerfremd.** Wir schreiben hierfür kurz $m \perp n$. Größte gemeinsame Teiler sind einfach zu berechnen.

Algorithmus 5.1: Euklidischer Algorithmus[98] – Berechnung des ggT zweier Zahlen
1. Gegeben seien zwei ganze Zahlen a und b.
2. Ersetze beide durch ihren Betrag, und setze $g := \max(|a|,|b|)$ und $k := \min(|a|,|b|)$.
3. Teile die größere Zahl g durch die kleinere k, und stelle den Rest r fest: $r := r_k\,(g)$.
   - Ist der Rest 0, so ist die kleinere, k, das Endergebnis.
   - Ist $r > 0$, wähle die bisherige kleinere Zahl als neue größere, den Rest als neue kleinere ($g := k$; $k := r$) und wiederhole Schritt 3. $\square$

Mit $a = 24$ und $b = 18$ erhält man so für g bzw. k der Reihe nach: 24 und 18, 18 und 6 und dann das Ergebnis 6. Alternativ kann man die Primfaktoren beider Zahlen bestimmen und die Elemente der „Durchschnittsmultimenge" der beiden Primfaktoren-Multimengen miteinander multiplizieren: $24 = 2 \cdot 2 \cdot 2 \cdot 3$, $18 = 2 \cdot 3 \cdot 3 \Rightarrow$ ggT$(24,18) = 2 \cdot 3$.

Man prüft leicht nach, dass der größte gemeinsame Teiler zweier Zahlen m und n der einzige Teiler t von beiden ist, der m/t und n/t teilerfremd macht, d. h.

$$t = \text{ggT}(m,n) \Leftrightarrow [t|m \wedge t|n \wedge (m/t)\perp(n/t)].$$

Den größten gemeinsamen Teiler mehrerer Zahlen definiert man analog zu dem von zweien. Seine Berechnung kann man auf der Berechnung für zwei Argumente aufbauen, denn

$$\text{ggT}(m_1, m_2, .., m_k) = \text{ggT}(m_1, \text{ggT}(m_2, .., m_k)).$$

Lemma 5.19: Lemma von Bézout[99]
Für je zwei ganze Zahlen a und b, die nicht beide 0 sind, kann der ggT(a,b) als eine ganzzahlige **Linearkombination** aus a und b dargestellt werden, d. h.

$$\exists\, a, b \in \mathbb{Z} \;\; x \cdot a + y \cdot b = \text{ggT}(a,b);$$

---

[98] Euklid von Alexandria, ca. 360–ca. 280 v. Chr., Verfasser der sog. „Elemente" (Στοιχεία), eines Lehrbuchs der Arithmetik und Geometrie, das Vorbild für die axiomatischen Methode (mit Definitionen, Axiomen, Sätzen und Beweisen) wurde.
[99] Etienne Bézout, 1730–1783, schrieb u. a. Mathematik-Lehrbücher zum militärischen Gebrauch.

insbesondere ist ggT(a, b) dann die kleinste positive ganzzahlige Linearkombination von a und b:

$$\text{ggT}(a, b) = \min\{x \cdot a + y \cdot b \mid x, y \in \mathbb{Z}, x \cdot a + y \cdot b > 0\}. \qquad \square$$

Beweis der zweiten, stärkeren Aussage:
Ist $a = 0$, so ist $|b|$ der größte Teiler von b, und $|b|$ teilt a, also ggT$(a, b) = b$, und $|b|$ ist das kleinste Vielfache von b, das größer als 0 ist. Also stimmt der Satz im Falle $a = 0$ mit beliebigem x und $y = 1$ oder -1, und analog im Falle $b = 0$. Jetzt behandeln wir den verbleibenden Fall, dass beide von 0 verschieden sind.

Da z. B. $a \cdot a + b \cdot b > 0$, ist die Menge $M := \{x \cdot a + y \cdot b \mid x, y \in \mathbb{Z}, x \cdot a + y \cdot b > 0\}$ nicht leer. Sei t die (z. B. wegen der Wohlordnung der natürlichen Zahlen existierende) kleinste Zahl von M, und $t = x_0 \cdot a + y_0 \cdot b > 0$. Division mit Rest ergibt $a = q \cdot t + r$ mit $0 \le r < t$, also $r = a - q \cdot t = a - q \cdot (x_0 \cdot a + y_0 \cdot b)$. Wäre $r > 0$, so wäre damit $r \in M$, im Widerspruch zur Minimalität von t. Also gilt $r = 0$, $a = q \cdot t$ und $t \mid a$. Analog folgt $t \mid b$, so dass t gemeinsamer Teiler von a und b ist.

Ist u ein Teiler von a und b, sagen wir $a = x_1 \cdot u$, $b = y_1 \cdot u$, so folgt

$$
\begin{aligned}
t &= x_0 \cdot a + y_0 \cdot b \\
&= x_0 \cdot (x_1 \cdot u) + y_0 \cdot (y_1 \cdot u) \\
&= u \cdot (x_0 \cdot x_1) + y_0 y_1),
\end{aligned}
$$

also $u \mid t$ und damit $u \le t$. Also ist $t = \text{ggT}(a, b)$. ∎

Wenn wir nun um die Existenz dieser Linearkombination wissen, bedeutet das noch nicht, dass wir die Koeffizienten x und y kennen. Diese finden wir aber mittels ...

Algorithmus 5.2 zur Berechnung des ggT als Linearkombination
Gesucht sind passende x und y für die Darstellung $x \cdot a + y \cdot b = \text{ggT}(a, b)$. In Algorithmus 5.1 entstehen Gleichungen

$$g_1 = q_1 \cdot k_1 + r_{k1}(g_1), \dots, g_m = q_m \cdot k_m + r_{km}(g_m), g_{m+1} = q_{m+1} \cdot k_{m+1},$$

wobei jeweils $g_{n+1} := k_n$, $k_{n+1} := r_{kn}(g_n)$ gilt und $r_{km}(g_n)$ bzw. k_{m+1} der ggT(a, b) ist. Die ersten m dieser Gleichungen bedeuten – umgeformt und in umgekehrter Reihenfolge:

$$k_{m+1} = q_m \cdot k_m - g_m, \quad k_m = q \cdot k_{m-1} - g_{m-1}, \quad \dots, \quad k_2 = q \cdot k_1 - g_1.$$

Setze in die erste Gleichung (mit Zahlen für alle Werte außer k_m) das k_m aus der zweiten ein (mit Zahlen für alle Werte außer k_{m-1}), dann das k_{m-1} aus der dritten und so fort, bis der ggT k_{m+1} als Linearkombination von k_1 und g_1, also von a und b, dasteht. $\square$

Algorithmus 5.2 liest sich schwieriger als er ist und sei daher hier am Beispiel des ggT von 24 und 14 einmal durchgeführt:

Zunächst wird der ggT mit Algorithmus 5.1 berechnet.

$$24 = 1 \cdot 14 + 10, \ 14 = 1 \cdot 10 + 4, \ 10 = 2 \cdot 4 + 2, \ 4 = 2 \cdot 2, \text{ also } \text{ggT}(24, 14) = 2.$$

Jetzt bringt man alle errechneten Reste > 0 jeweils alleine auf die linke Seite der Gleichung,

$$10 = 24 - 1 \cdot 14, \ 4 = 14 - 1 \cdot 10, \ 2 = 10 - 2 \cdot 4,$$

und setzt von der hintersten bis zur ersten Gleichung ein:

$$2 = 10 - 2 \cdot 4 = 10 - 2 \cdot (14 - 10) = -2 \cdot 14 + 3 \cdot 10 = -2 \cdot 14 + 3 \cdot (24 - 14) = 3 \cdot 24 - 5 \cdot 14.$$

Lemmata[100] 5.20: Teilbarkeit, Teilerfremdheit, Primzahlen und Produkte
Alle Variablennamen stehen in den folgenden Lemmata für ganze Zahlen, solche für Teiler und Primzahlen nur für positive ganze Zahlen.
1. Zwei Zahlen a und b sind genau dann teilerfremd, wenn Zahlen r und s existieren derart, dass $r \cdot a + s \cdot b = 1$:

$$a \perp b \Leftrightarrow \exists r, s (r \cdot a + s \cdot b = 1).$$

2. Genau dann ist eine Zahl a nicht durch eine Primzahl p teilbar, wenn beide teilerfremd sind:

$$Prim(p) \Rightarrow (p \nmid a \Leftrightarrow p \perp a).$$

3. Sind a und b teilerfremd und c eine Zahl, so ist jeder gemeinsame Teiler t von $a \cdot c$ und b auch ein Teiler von c:

$$(a \perp b \wedge t \mid a \cdot c \wedge t | b) \Rightarrow t | c.$$

4. Sind a und b teilerfremd und $a \cdot c$ teilbar durch b, so ist c teilbar durch b:

$$(a \perp b \wedge b \mid a \cdot c) \Rightarrow b | c.$$

5. Ein Produkt $a \cdot b$ zweier Zahlen, die beide zu einer Zahl c teilerfremd sind, ist selbst zu c teilerfremd:

$$(a \perp c \wedge b \perp c) \Rightarrow a \cdot b \perp c.$$

6. Ein Produkt $a_1 \cdot \ldots \cdot a_n$ mehrerer Zahlen, die alle zu einer Zahl c teilerfremd sind, ist selbst zu c teilerfremd:

$$(a_1 \perp c \wedge \ldots \wedge a_n \perp c) \Rightarrow a_1 \cdot \ldots \cdot a_n \perp c.$$

---

[100] Pural von Lemma, aus dem Griechischen, vgl. Stigma(ta), Schema(ta).

7. Ist ein Produkt mehrerer Zahlen durch eine Primzahl teilbar, dann ist mindestens einer der Faktoren durch diese Primzahl teilbar:

$$p|a_1 \cdot \ldots \cdot a_n \Rightarrow (p|a_1 \lor \ldots \lor p|a_n).$$ □

Beweis (unter Auslassung etlicher ‚·'-Symbole):

1. Aus $a \perp b$, also $\mathrm{ggT}(a, b) = 1$, folgt die Darstellung von 1 als Linearkombination von a und b aus dem Lemma von Bézout. Umgekehrt müssen bei $r \cdot a + s \cdot b = 1$ für jeden gemeinsamen Teiler t von a und b Zahlen a_1 und b_1 existieren, für die $t \cdot a_1 = a$ und $t \cdot b_1 = b$ gilt, also auch $1 = r \cdot ta_1 + s \cdot tb_1 = t \cdot (ra_1 + sb_1)$. Dann gilt $t|1$, also $t = 1$.
2. Genau dann ist a nicht durch p teilbar – welches nur die Teiler p und 1 hat – wenn a mit p nur den Teiler 1 gemeinsam hat, also $p \perp a$ gilt.
3. Nach dem Lemma von Bézout existieren ganze Zahlen r und s derart, dass $r \cdot a + s \cdot b = 1$. Nach Multiplikation mit c ist $ra \cdot c + sb \cdot c = c$. Ist t gemeinsamer Teiler von $a \cdot c$ und b, also $a \cdot c = t \cdot x$ und $b = t \cdot y$, so gilt $c = rtx + styc = t \cdot (rx + syc)$, und damit $t|c$.
4. Dies folgt aus (3) als Spezialfall $b = t$.
5. Sind a und c teilerfremd sowie b und c teilerfremd, also $\mathrm{ggT}(a, c) = \mathrm{ggT}(b, c) = 1$, so existieren nach dem Lemma von Bézout ganze Zahlen r, s, t, u mit $1 = r \cdot a + s \cdot c$ und $1 = t \cdot b + u \cdot c$. Multiplikation der rechten und der linken Seiten ergibt $1 = (ra + sc)\,(tb + uc) = ratb + rauc + sctb + scuc = (rt)\ a \cdot b + (rau + stb + scu)\ c = 1$, was wiederum nach Bézout bedeutet, dass $\mathrm{ggT}(a \cdot b, c) = 1$, also $a \cdot b \perp c$.
6. Dies folgt aus (5) mit vollständiger Induktion (ab $n = 2$) über die Anzahl der Faktoren.
7. Ist keiner der Faktoren durch diese Primzahl teilbar, so ist wegen (2) jeder von ihnen teilerfremd zu p und wegen (6) auch das Produkt. ∎

Satz 5.21: Fundamentalsatz der Arithmetik: Eindeutigkeit der Primfaktorzerlegung

Zu jeder natürlichen Zahl $n > 1$ existiert eine eindeutige Menge $\{p_1, p_2, \ldots, p_k\}$ von Primzahlen und dazu ein eindeutiges k-Tupel $(e_1, e_2, \ldots, e_k)$ von ganzzahligen Exponenten $e_i > 0$ derart, dass

$$n = p_1^{e_1} \cdot p_2^{e_2} \cdot \ldots \cdot p_k^{e_k}.$$ □

Beweis: Nehmen wir an, es gäbe zwei verschiedene Primzahlzerlegungen einer Zahl n, also zwei verschiedene Multimengen von Primfaktoren mit dem Produkt n. Man kann die Zahl n so lange durch gemeinsame Primfaktoren in den Zerlegungen teilen, bis man bei einer Zahl mit zwei verschiedenen Zerlegungen ankommt, die keinen Primfaktor gemeinsam haben. Nach Lemma 5.20(7) kann aber keine Primzahl Teiler eines Produktes von Primzahlen sein, unter denen sie nicht vorkommt. Also muss die Annahme falsch sein. ∎

Man erhält eine Zerlegung von n in Primfaktoren, indem man induktiv einen „binären Teilerbaum" konstruiert: Zunächst besteht er nur aus der mit n beschrifteten Wurzel. In jedem Schritt werden an alle Blätter des Baumes, die nicht mit Primzahlen beschrifteten sind, zwei mit natürlichen Zahlen > 1 beschriftete Kinderknoten angehängt, deren Produkt die Zahl im Elternknoten ergibt. Da die Faktoren immer kleiner werden, endet die Konstruktion, und dann sind alle Blätter Primzahlen. Das Produkt aus den Zahlen in allen Blättern ergibt dann n. So erhält man die Primfaktorzerlegung $600 = 2^3 \cdot 3 \cdot 5^2$ über den Teilerbaum in Abb. 5.20. Er ist wegen unterschiedlicher Zerlegungsmöglichkeiten nicht der einzige.

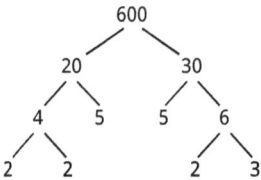

Abb. 5.20: Ein Teilerbaum einer natürlichen Zahl.

Bereits Euklid war übrigens eine Variante des Fundamentalsatzes der Arithmetik bekannt. Allerdings hat diesen wohl erst Carl Friedrich Gauß streng bewiesen.

Satz 5.22: Satz von Euklid

Es gibt unendlich viele Primzahlen. □

Beweis: Gäbe es nur endlich viele Primzahlen, $p_1, p_2, ..., p_n$, so wären – wie die eindeutigen Primfaktorzerlegung zeigt – alle Primfaktoren von $(p_1 \cdot p_2 \cdot ... \cdot p_n) + 1$ „neue" Primzahlen, d. h. nicht auf der Liste $p_1, p_2, ..., p_n$, denn keine Primzahl kann Teiler einer ganzen Zahl x und gleichzeitig von $x + 1$ sein – sonst teilt sie auch deren Differenz 1. Wegen dieses Widerspruchs muss die Annahme, es gebe nur endlich viele Primzahlen, falsch sein. ■

Für den Beweis des Satzes von Fermat stellen wir noch einige Hilfssätze bereit.

Lemmata 5.23: Kürzungsregeln und Teilerfremdheit bei Kongruenzen
1. Gilt $m \cdot i \sim_n m \cdot k$ und ist $t = \mathrm{ggT}(m,n)$, dann gilt $i \sim_{n/t} k$.
2. Gilt $m \cdot i \sim_n m \cdot k$ und sind m und n teilerfremd, dann gilt $i \sim_n k$.
3. Sind m und z ganze Zahlen und m zu der natürlichen Zahl n teilerfremd, so gilt $\{r_n(z), r_n(z+m), ..., r_n(z + (n-1) \cdot m)\} = \{0, 1, ..., n-1\}$ □

Beweis:
(1) m/t und n/t sind teilerfremde ganze Zahlen, $m \cdot (i-k) = m \cdot i - m \cdot k = l \cdot n$ für eine ganze Zahl l. Damit gilt $(m/t) \cdot (i-k) = l \cdot (n/t)$. Wählen wir in Lemma 5.20(4) $a := m/t$, $b := n/t$, $c := i - k$, so sagt es uns nun, dass $i - k$ durch n/t teilbar ist, d. h. $i \equiv k \pmod{n/t}$.

(2) Dies ist (1) im Spezialfall von ggT$(m, n) = 1$.

(3) Wegen der n Terme in der linken Menge, deren Werte sämtlich Elemente der rechten (n-elementigen) Menge sind, ist nur noch zu zeigen, dass keine zwei der Terme im Wert übereinstimmen. Wenn $r_n(z + i \cdot m) = r_n (z + k \cdot m)$ gilt, ist $i \cdot m \sim_n k \cdot m$. Da m und n teilerfremd sind, liefert uns (2), dass $i \sim_n k$. Da i und k aber beide im Intervall $[0, n-1]$ liegen, sind sie identisch. ∎

Satz 5.24: Fermat'scher Satz[101]

Ist p eine Primzahl und kein Teiler der natürlichen Zahl m, so gilt $m^{p-1} \equiv 1 \pmod{p}$. □

Beweis: Lemma 5.23(3) besagt für $z = 0$, dass $\{r_p(0), r_p(m), \dots , r_p((p-1) \cdot m)\}$ mit $\{0, 1, \dots, p-1\}$. übereinstimmt, wegen $r_p(0) = 0$ also auch $\{r_p(m), \dots , r_p((p-1) \cdot m)\}$ mit $\{1, \dots, p-1\}$. Also gibt es eine Permutation π auf $\{0, 1, \dots , p-1\}$ derart, dass

$$m \sim_p \pi(1), \ 2 \cdot m \sim_p \pi(2), \dots, (p-1) \cdot m \sim_p \pi(p-1).$$

Mit mehrfacher Anwendung der „Produktregel" in Satz 5.14 (bzw. strenger zuzüglich Induktionsbeweis) stimmen auch die Produkte dieser Zahlen modulo p überein:

$$m^{p-1} \cdot 1 \cdot 2 \cdot (p-1) \sim_p 1 \cdot 2 \cdot (p-1) \tag{O}$$

Nun ist die Primzahl p teilerfremd zu m, und $1 \cdot 2 \cdot \dots \cdot (p-1)$ ist teilerfremd zu p. Lemma 5.20(2) (mit $1 \cdot 2 \cdot \dots \cdot (p-1)$ als dortigem m) erlaubt uns daher, in (O) auf beiden Seiten den Faktor $1 \cdot 2 \cdot \dots \cdot (p-1)$ zu streichen, und es bleibt $m^{p-1} \sim_p 1$ übrig. ∎

Ist $n \geq 2$, so bezeichnet man die Anzahl der zu n teilerfremden Zahlen in $\{0, 1, 2, \dots, n-1\}$ (die salopp gesagt „in $\mathbb{Z}_n$ die Teilmenge der **Nicht-Nullteiler**[102] bilden") als $\varphi(n)$ und nennt φ die **Euler'sche Phi-Funktion**. So ist zum Beispiel $\varphi(12) = | \{1, 5, 7, 11\} | = 4$.

Satz 5.25: Partielle Multiplikativität der Phi-Funktion

Die Euler'sche Phi-Funktion ist insofern multiplikativ, als für teilerfremde m und $n > 2$ gilt:

$$\varphi(m \cdot n) = \varphi(m) \cdot \varphi(n). \qquad \square$$

Der **Beweis** ist besonders einfach im Rahmen einer algebraischen Betrachtung zu führen und sei daher bis zum Kapitel 7 aufgeschoben. Beweise ohne den „Umweg" über die Algebra finden sich in Lehrbüchern, z. B. in [ReU1 2008], aber auch in [PeBy 1970],

---

101 Pierre de Fermat, 1601–1665, französischer Jurist und erfolgreicher Hobby-Mathematiker.
102 Nullteiler sind Teiler von 0 in einem Ring, hier die beiden Faktoren in einer Gleichung $a \cdot b = 0$, die für Elemente a, b eines kommutativen Rings gilt.

wo allerdings zuerst unser Satz 5.26 bewiesen wird, aus dem dann 5.25 leicht folgt, wie wir als Übungsaufgabe nachvollziehen. ∎

Zwischen der Euler'schen Phi-Funktion und der Primfaktorzerlegung einer natürlichen Zahl besteht ein Zusammenhang, der wegen des Auftauchens von Brüchen etwas verblüfft:

Satz 5.26: Berechnung der Phi-Funktion aus der Primfaktorzerlegung

Ist $n = p_1^{e_1} \cdot p_2^{e_2} \cdot ... \cdot p_k^{e_k}$ die Primfaktorzerlegung von n, so gilt

$$\varphi(n) = n \cdot (1 - 1/p_1) \cdot (1 - 1/p_2) \cdot ... \cdot (1 - 1/p_k).$$ □

Beispielsweise ist $\varphi(12) = \{1, 5, 7, 11\} = 4 = 12 \cdot \dfrac{1}{2} \cdot \dfrac{2}{3} = 12 \cdot \left(1 - \dfrac{1}{2}\right) \cdot \left(1 - \dfrac{1}{3}\right)$.

Beweis: Es genügt, die folgende äquivalente Aussage zu beweisen, die mangels Brüchen auch weniger überraschend aussieht:

$$\varphi(n) = (p_1^{e_1} - p_1^{e_1-1}) \cdot (p_2^{e_2} - p_2^{e_2-1}) \cdot ... \cdot (p_k^{e_k} \cdot - \cdot p_k^{e_k-1}).$$

Die Übereinstimmung mit der Formel des Satzes sieht man, wenn man rechts jede der Differenzen $p_i^{e_i} - p_i^{e_i-1}$ durch $p_i^{e_i}$ dividiert, und alle diese Divisionen durch Multiplikation mit $n = p_1^{e_1} \cdot p_2^{e_2} \cdot ... \cdot p_k^{e_k}$ ausgleicht.

Zuerst bestimmen wir $\varphi(p_i^{e_i})$. Da jede p_i-te Zahl von 1 bis $p_i^{e_i}$ durch p_i teilbar ist, sind die anderen $p_i^{e_i} - \left(p_i^{e_i}/p_i\right)$ nicht durch p_i teilbar, und das sind gerade die zu $p_i^{e_i}$ teilerfremden, also

$$\varphi(p_i^{e_i}) = p_i^{e_i} - \left(p_i^{e_i}/p_i\right) = p_i^{e_i} - p_i^{e_i-1}.$$

Wegen der Multiplikativität in Satz 5.25 (und mit vollständiger Induktion) folgt

$$\begin{aligned}
\varphi(n) &= \varphi(p_1^{e_1} \cdot p_2^{e_2} \cdot ... \cdot p_k^{e_k}) \\
&= \varphi(p_1^{e_1}) \cdot \varphi(p_2^{e_2}) \cdot ... \cdot \varphi(p_k^{e_k}) \\
&= (p_1^{e_1} - p_1^{e_1-1}) \cdot (p_2^{e_2} - p_2^{e_2-1}) \cdot ... \cdot (p_k^{e_k} - p_k^{e_k-1}).
\end{aligned}$$ ∎

Satz 5.27: Eulers Verallgemeinerung des Fermat'schen Satzes

Sind die natürlichen Zahlen m und n teilerfremd, so gilt $m^{\varphi(n)} \equiv 1 \pmod{n}$. □

In der Tat beschreibt der Fermat'sche Satz einen Spezialfall: Ist n eine Primzahl, so sind m und n teilerfremd, und für die Primzahl n sind alle Zahlen von 1 bis $n - 1$ teilerfremd zu n.

Auch der **Beweis** *dieses* Satzes ist relativ einfach im Rahmen einer algebraischen Betrachtung zu führen, was in Kapitel 7 geschieht. Wer nicht so lange warten will, mag sich durch das Folgende hindurchkämpfen:

Seien $a_1, a_2, ..., a_{\varphi(n)}$ unter den Zahlen von 0 bis $n-1$ die zu n teilerfremden. Wegen Lemma 5.20(5) gilt für alle $i = 1, ..., \varphi(n)$: $m \cdot a_i \perp n$. Sei für ein i b die Zahl mit $0 \le b \le n$ und $m \cdot a_i \sim_n b$.. Dann ist $m \cdot a_i = z \cdot n + b$ für eine ganze Zahl z. Hätten b und n einen Teiler $t > 0$ gemeinsam, so gälte $t \mid m \cdot a_i$, entgegen $m \cdot a_i \perp n$. Also ist $b \in \{a_1, a_2, ..., a_{\varphi(n)}\}$, sagen wir: $b = a_r$. Ist $h: \{1, ..., \varphi(n)\} \to \{1, ..., \varphi(n)\}$ die beschriebene Zuordnung von $h(i) = r$ zu i, so gilt für alle $i = 1, ..., \varphi(n)$: $m \cdot a_i \sim_n a_{h(i)}$. Diese Abbildung ist injektiv, denn ist $h(i) = h(k)$, dann gilt $n \mid m \cdot (a_i - a_k)$, und wegen Lemma 5.20(4) $n \mid a_i - a_k$, so dass wegen der Definition der a_i folgt, dass $a_i - a_k = 0$, also $i = k$. Deswegen sind die Mengen $\{1, ..., \varphi(n)\}$ und $\{h(1), ..., h(\varphi(n))\}$ identisch. Wegen der Kongruenzeigenschaft gegenüber Multiplikation (Satz 5.17) gilt nun

$$(m \cdot a_1) \cdot (m \cdot a_2) \cdot ... \cdot (m \cdot a_{\varphi(n)}) \sim_n a_{h(1)} \cdot a_{h(2)} \cdot ... \cdot a_{h(\varphi(n))} = a_1 \cdot a_2 \cdot ... \cdot a_{\varphi(n)},$$

welche drei Produkte nach Lemma 5.20(6) zu n teilerfremd sind. Der rechte und der linke Term enthalten den Faktor $a_1. a_2 .... a_{\varphi(n)}$, den wir wegen Lemma 5.23(2) rechts und links streichen können. Übrig bleibt $m^{\varphi(n)} \sim_n 1$. ∎

Satz 5.28: Lösbarkeit multiplikativer Gleichungen, Lineare Kongruenzen

Die Äquivalenz $a \cdot x \sim_n b$ hat, wenn man $g := \mathrm{ggT}(a, n)$ setzt,

- keine Lösung x, wenn $g \nmid b$, d. h. wenn der größte gemeinsame Teiler von a und n kein Teiler von b ist.

- g (paarweise zueinander nicht $\sim_n$-äquivalente, kurz **n-inkongruente**) Lösungen für x, wenn $g \mid b$, und zwar sind diese zu erhalten als

$$x = x_0 + i \cdot \frac{n}{g} \quad \text{für} \quad i = 0, 1, ..., g-1,$$

wobei x_0 die (bis auf $\sim_n$-Äquivalenz) eindeutige Lösung von $\frac{a}{g} \cdot x \equiv \frac{b}{g} \ \left(\mathrm{mod} \frac{n}{g}\right)$ ist.

Insbesondere hat die Gleichung $[a]_n \cdot [x]_n = [b]_n$ in $\mathbb{Z}_n$ genau dann eine eindeutige Lösung x, wenn a und n teilerfremd sind, und dies ist wiederum immer dann der Fall, wenn n eine Primzahl ist. □

Beweis: Gilt $a \cdot x \sim_n b$, so ist $a \cdot x - b = z \cdot n$ für eine ganze Zahl z, somit $a \cdot x - z \cdot n = b$, und jeder gemeinsame Teiler von a und n teilt auch b. Gilt aber $g \nmid b$, muss die Annahme $a \cdot x \sim_n b$ falsch sein – dann gibt es kein solches x. Dies erledigt die erste Alternative.

Gilt $a \cdot x \sim_n b$ und $g \mid b$, so teilt g die Zahlen a, b und n: $a = g \cdot a'$, $b = g \cdot b'$, $n = g \cdot n'$. Wegen der Definition von g gilt $a' \perp n'$ (sonst wäre g nicht der ggT). Deswegen gilt $g \cdot (a' \cdot x) \sim_n g \cdot b'$ und (wegen $g \mid n$) $g = \mathrm{ggT}(g, n)$, also gemäß Lemma 5.23(2) auch $a' \cdot x \sim_{n'} b'$ (#). Satz 5.27 sagt uns, dass $x_0 := a'^{\varphi(n')-1}$ eine Lösung von (#) ist. Hat (#) die

Lösungen x_1 und x_2, so sind diese wegen der Transitivität von $\sim_{n'}$ und 5.23(2) $\sim_n$-kongruent: $x_1 \sim_{n'} x_2$. Also haben genau alle Zahlen $x = x_0 + z \cdot n'$, $z \in \mathbb{Z}$, die Eigenschaft $a' \cdot x \equiv b'$ (mod n'). Wegen der Definition der Kongruenz ist eine Lösung von (#) auch Lösung „des g-fachen", also von $a \cdot x \sim_n b$. Wieviele und welche n-inkongruente Zahlen (bzw. deren Äquivalenzklassen) findet man unter den $x_0 + z \cdot n'$ (denn diese sind die n-inkongruenten Lösungen von $a \cdot x \sim_n b$)? Je zwei kongruente unter ihnen erfüllen $x_0 + z_1 \cdot n' \sim_n x_0 + z_2 \cdot n'$ mit passenden ganzen z_1 und z_2, also wegen der „Additions- und Multiplikationseigenschaften" von $\sim_n$ auch $z_1 \cdot n' \sim_n z_2 \cdot n'$ und wegen Lemma 5.23(a), $z_1 \sim_g z_2$ und umgekehrt. Die Maximalzahl n-inkongruenter Lösungen von $a \cdot x \sim_n b$ (und die zugehörigen unterschiedlichen Restklassen) erhält man also durch $z = 0, 1, ..., g - 1$ in $x_0 + z \cdot n'$:

$$x_0, \quad x_0 + \frac{n}{g}, \quad x_0 + 2 \cdot \frac{n}{g}, \quad ..., \quad x_0 + (g - 1) \cdot \frac{n}{g} \; .$$

Die Sonderfälle sind klar. ∎

In der Tat hat beispielsweise die Kongruenz $4 \cdot x \sim_6 8$, d. h. $4 \cdot x \equiv 8$ (mod 6), insgesamt zwei, also ggT$(4,6)$ 6-inkongruente Lösungen, 2 und 5, denn sowohl $4 \cdot 2 - 8$ als auch $4 \cdot 5 - 8$ sind durch 6 teilbar. Und wir können bestätigen, dass man mit ggT$(4,6) = 2$ und der eindeutigen Lösung $x_0 = 2$ von $(4/2) \cdot x \equiv 8/2$ (mod $(6/2)$) erhält, dass für $i = 0$ bzw. 1

$$x = \frac{b}{g} \cdot x_0 + i \cdot \frac{n}{g} = \frac{8}{2} \cdot 2 + i \cdot \frac{6}{2}$$

die gleichen Lösungen (8 bzw. 11) liefert, da $2 \sim_6 8$ und $5 \sim_6 11$ ist.

Dem vorstehenden Satz zufolge existiert für jede Primzahl p im Restklassenring $\mathbb{Z}_p$ zu jedem Element k (außer 0) ein **multiplikatives Inverses,** also ein Element $\bar{k}$ mit $k \cdot \bar{k} = 1$ in $\mathbb{Z}_p$ bzw. $k \cdot \bar{k} \equiv 1$ (mod p) in den natürlichen Zahlen. Allgemein bezeichnet man einen kommutativen Ring mit multiplikativen Inversen für alle Elemente außer dem Nullelement als einen **Körper.** Für Primzahlen p nennt man $\mathbb{Z}_p$ daher auch einen **Restklassenkörper.**

Man kann überdies Zahlen finden, die **simultane Kongruenzen** lösen, d. h. bei Division durch vorgegebene untereinander teilerfremde Zahlen vorgegebene Divisionsreste haben. Der folgende Satz wurde bereits ca. im 3. Jahrhundert unserer Zeitrechnung festgestellt!

Satz 5.29: Chinesischer Restsatz

Sind die natürlichen Zahlen $m_1, m_2, ..., m_k$ paarweise teilerfremd, so existiert für jedes k-Tupel $(r_1, r_2, ..., r_k)$ ganzer Zahlen eine ganze Zahl x mit den Eigenschaften

$$x \equiv r_1 \quad (\text{mod } m_1),$$

$$\vdots$$

$$x \equiv r_k \quad (\text{mod } m_k).$$

Für je zwei solche Lösungen x, nennen wir sie x und x', gilt

$$x \equiv x' \ (\mathrm{mod}\ m_1 \cdot m_2 \cdot \ldots \cdot m_k).$$

$\square$

Beweis & Algorithmus 5.3: Sei $m := m_1 \cdot m_2 \cdot \ldots \cdot m_k$ und für alle i $M_i := m/m_i$. Dann ist jeweils M_i teilerfremd zu m_i, und $i \neq l \Rightarrow m_i \mid M_l$. Nach dem Lemma von Bézout existieren ganze Zahlen s_i, t_i für $i = 1, \ldots k$, so dass jeweils $s_i \cdot M_i + t_i \cdot m_i = 1$, d. h. $m_i \mid (s_i \cdot M_i - 1)$, d. h. (#) $s_i \cdot M_i \equiv 1 \ (\mathrm{mod}\ m_i)$.

Nun sei $x := s_1 \cdot M_1 \cdot r_1 + \ldots + s_k \cdot M_k \cdot r_k$. Wegen $m_i \mid M_h$ für alle $h \neq i$ und damit $m_1 \mid s_2 \cdot M_2 \cdot r_2 + \ldots + s_k \cdot M_k \cdot r_k$ gilt $x \equiv s_1 \cdot M_1 \cdot r_1 \ (\mathrm{mod}\ m_1)$. Mit (#) folgt $x \equiv r_1 \ (\mathrm{mod}\ m_1)$. Analog gilt $x \equiv r_2 \ (\mathrm{mod}\ m_2), \ldots, x \equiv r_k \ (\mathrm{mod}\ m_k)$.

Man beachte, dass der Beweis gleichzeitig einen Algorithmus zur Berechnung aller Lösungen darstellt, was wir in einer Übungsaufgabe nachvollziehen. ∎

Ein modernes praktisches Anwendungsbeispiel für die Zahlentheorie liefert der RSA-Algorithmus zum Verschlüsseln bzw. Signieren von Nachrichten, der z. B. in [BeSW 2006] beschreiben ist.

5.4 Übungsaufgaben

5.1 Peano-Axiome

Beweisen Sie die Unabhängigkeit der Peano-Axiome voneinander. Finden Sie dazu für jedes der fünf Peano-Axiome heraus, welche der folgenden Interpretationen gleichzeitig ein Gegenbeispiel für dieses Axiom und ein Modell für die vier anderen Axiome sind:

a) $\mathbb{N}_0 := \{\mid\}^*$ (die Menge aller Strichfolgen), $0 := \varepsilon$, $succ(n) := n\mid$.

b) $\mathbb{N}_0 := \{\mid\}^* \backslash \{\varepsilon\}$, $\quad 0 := \varepsilon$, $\ succ(n) := n\mid$.

c) $\mathbb{N}_0 := \{\mid\}^* \cup \{\bigcirc\}^*$, $\quad 0 := \varepsilon$, $\ succ$ ist Relation mit $succ(0, \mid)$, $succ(0, \circ)$, $succ(n\mid, n\mid\mid)$, $\qquad\qquad\qquad\qquad\qquad\quad succ(n\circ, n\circ\circ)$ – vgl. Hinweis unten.

d) $\mathbb{N}_0 := \{\mid\}^* \cup \{\bigcirc\}^*$, $\quad 0 := \varepsilon$, $\ succ(0) := \mid$, $succ(n\mid) := n\mid\mid$, $succ(n\circ) := n\circ\circ$.

e) $\mathbb{N}_0 := \{\varepsilon, \mid\}$, $\quad 0 := \varepsilon$, $\ succ(n) := \mid$.

f) $\mathbb{N}_0 := \{\varepsilon\}$, $\quad 0 := \varepsilon$, $\ succ(n) := n$.

g) $\mathbb{N}_0 := \{\mid\}^* \cup \{\bigcirc\}$, $\quad 0 := \varepsilon$, $\ succ(0) := \mid$, $succ(n\mid, n\mid\mid)$.

h) $\mathbb{N}_0 := \emptyset$, $\quad 0 := \varepsilon$, $\ succ(n) := n$.

Hinweis zu Axiom 2: Bei Gegenbeispielen für (2) ist $succ$ zwangsläufig nicht mehr eine Abbildung. Also sollten in diesem Falle die Axiome (3) bis (5) so umformuliert werden, dass $succ$ lediglich eine Relation ist und succ (m,n) dem Sinne nach an die Stelle von $succ(m) = n$ tritt. Zusatzfrage zu Axiom 2: Was zeigen seine beiden Gegenbeispiele jeweils? Tipp: Zeichnen Sie je ein Diagramm der Interpretationen.

5.2 Addition und Nachfolger

Beweisen Sie induktiv: $\forall n \in \mathbb{N}_0 \; succ(n) = n + 1$. Verwenden Sie dabei die Definition der Addition in 5.1.1.

5.3 Ordnungsrelationen auf natürlichen Zahlen

Zeigen Sie, dass für alle natürlichen Zahlen m und n gilt: $m \leq n \Leftrightarrow (m < n \vee m = n)$. Dabei sei die Relation $\leq$ wie in 5.1.1 induktiv definiert, und Sie können Satz 5.2 verwenden.

5.4 Ordnungsrelationen und Vorgänger auf ganzen Zahlen

a) Definieren Sie $<$ induktiv auf den ganzen Zahlen in ihrer neu konstruierten Form als Äquivalenzklassen $[(i, k)]_\approx$ mit $i, k \in \mathbb{N}_0$ so, dass Sie die von der Schulmathematik gewohnte Ordnung $<$ wieder erhalten. Prüfen Sie exemplarisch, ob weiterhin $-2 < -1$ und $-1 < 1$ gilt.

b) Definieren Sie $<$ auf den neuen ganzen Zahlen direkt, ohne sichtbare Induktion, unter Verwendung der Ordnung $<$ und der Addition $+$ auf den natürlichen Zahlen. Prüfen Sie exemplarisch, ob weiterhin $-2 < -1$ und $-1 < 1$ gilt.

c) Definieren Sie eine Vorgängerfunktion auf den ganzen Zahlen und setzen Sie sie zu *pred* auf $\mathbb{N}$ mit $m = pred(n) :\Leftrightarrow n = succ(m)$ in Beziehung.

5.5 Zahlen-Paradoxien mit Kombinatorik und Wohlordnung

a) Viele natürliche Zahlen sind interessant, d. h. sie haben bestimmte nicht triviale Eigenschaften, z. B. 1 als kleinste von allen, dann alle Primzahlen, Quadratzahlen, perfekte Zahlen (die mit der Summe ihrer echten Teiler übereinstimmen, wie 28), Zehnerpotenzen usw. Trivial wäre z. B. $x = x$. Verwenden Sie den Wohlordnungssatz (5.4), um plausibel[103] zu machen, dass es keine uninteressanten Zahlen gibt.

b) Eindeutige deutschsprachige Beschreibungen einzelner natürlicher Zahlen mit maximal 125 Zeichen Länge, unter Verwendung von Groß- und Kleinbuchstaben (incl. Umlauten und kleinem ß), Komma und Leerzeichen – also aus einem Zeichenvorrat von insgesamt $(52 + 6 + 1) + 2 = 61$ Zeichen – kann es schon aus kombinatorischen Gründen höchstens $\sum_{i=1}^{125} 61^i$ verschiedene geben. Beispiele solcher Beschreibungen sind „elf" und „Quadratwurzel aus sechsunddreißig". Ungeeignete Zeichenfolgen wie „qrumpfx" oder „Himbeereis" vermindern diese Anzahl beträchtlich. Es bleiben unendlich viele Zahlen, für deren Beschreibung man mehr als $\sum_{i=1}^{125} 61^i$ Zeichen benötigt. Inwiefern führt die kleinste natürliche Zahl,

---

103 Da man sich über Interessantheit streiten kann, solange nicht klar definiert ist, was mit trivialen Eigenschaften gemeint ist, kann hier auch nicht von einem Beweis die Rede sein, sondern lediglich von Plausibilität.

die sich nicht mit einer Folge von bis zu einhundertfünfundzwanzig Zeichen beschreiben lässt, zu einem Paradoxon?

5.6 Negativenbildung in den ganzen Zahlen

a) Zeigen Sie die Gültigkeit von Satz 5.5 über die ganzen Zahlen als positive und negative natürliche Zahlen. Hierbei helfen die vorhergehenden Sätze im Text.

b) Zeigen Sie, dass mit natürlichen Zahlen i, k in den „neuen ganzen Zahlen"
   $-[(i,k)]_\approx = [(k,i)]_\approx$ gilt,

c) Zeigen Sie, dass für ganze Zahlen m und n gilt, dass $(-m) \cdot n = -(m \cdot n)$.

5.7 Rationale Zahlen und Dezimalbrüche

Zeigen Sie, dass jeder periodische Dezimalbruch als Wert eine rationale Zahl hat und dass zu jeder rationalen Zahl genau ein periodischer Dezimalbruch existiert, dessen Wert sie ist. Dazu müssen Sie die periodischen Dezimalbrüche definieren, wie auch deren Wert in den rationalen Zahlen.

5.8 Ordnungsrelationen auf rationalen Zahlen

Definieren Sie auf den als Äquivalenzklassen auf $\mathbb{Z} \times (\mathbb{Z} \backslash \{0\})$ neu konstruierten rationalen Zahlen die von der Schulmathematik her gewohnten Ordnungen $<$ und $\leq$ unter Verwendung der gleichnamigen Ordnungen und der Rechenoperationen auf den ganzen Zahlen.

5.9 Irrationale Zahlen

Zeigen Sie dass $\sqrt{6}$ und $\sqrt{3} - \sqrt{2}$ irrational sind.

5.10 Division in Dedekind'schen Schnitten

Definieren Sie eine geeignete Division auf den Schnitten, so dass insbesondere für rationale Schnitte $x^* = (-\infty, x) \subseteq \mathbb{Q}$ und $y \neq 0$ gilt: $x^*/y^* = (x/y)^*$.

5.11 Rechnen im Komplexen

a) Berechnen Sie:

   i. $(3 - 2 \cdot i) + (1 + 4 \cdot i)$

   ii. $(3 - 2 \cdot i) - (1 + 4 \cdot i)$

   iii. $(3 - 2 \cdot i) \cdot (1 + 4 \cdot i)$

   iv. $(3 - 2 \cdot i) : (1 + 4 \cdot i)$ (Tipp: „Bruch" so erweitern, dass der Nenner real wird)

b) Berechnen Sie:
  i. z^3 mit $z = x + y \cdot i = r \cdot (\cos\varphi + \sin\varphi \cdot i)$,
  ii. z^3 mit $z = r \cdot \left(\cos\left(\varphi + \frac{2}{3}\pi \right) + \sin\left(\varphi + \frac{2}{3}\pi \right) \cdot i \right)$,
  iii. alle dritten Wurzeln aus 8.

5.12 Gleichmächtigkeit

Zeigen Sie, dass die Gleichmächtigkeit eine Äquivalenzrelation ist, d. h. dass für beliebige Mengen M, N und O gilt:

a) $M \sim M$,
b) $M \sim N \Rightarrow N \sim M$,
c) $(M \sim N \wedge N \sim O) \Rightarrow M \sim O$.

5.13 Gleichmächtigkeit und Abbildungen

Zeigen Sie mit vollständiger Induktion über die Anzahl ihrer Elemente, dass für gleichmächtige endliche Mengen M und N und für jede Abbildung $f: M \to N$ gilt: f ist genau dann injektiv, wenn es surjektiv ist.

5.14 Kombinatorik: Abbildungen, Inklusion-Exklusion

a) Wie viele natürliche Zahlen im Intervall $[1, 10000]$ sind durch 4, 5 oder 6 (d. h. durch mindestens eine der drei Zahlen) teilbar?

b) Wie viele surjektive Abbildungen gibt es von einer m-elementigen Menge M in eine n-elementige Menge N? Geben Sie eine geschlossene Formel oder zumindest eine Rekursionsformel an.
   Tipp: Stellen Sie im Falle $m > n$ einen Zusammenhang her zwischen der Menge der nicht surjektiven Abbildungen und den Mengen der speziellen Abbildungen, in deren Bildmenge jeweils ein bestimmtes Element von N nicht vorkommt.

5.15 Kombinatorik: Beweisbeispiele

Beweisen Sie die folgenden kombinatorischen Fakten per vollständiger Induktion für $n > 0$:

a) $|A_1 \cup A_2 \cup \ldots \cup A_n| = |A_1| + |A_2| + \ldots + |A_n|$ für paarweise disjunkte Mengen A_i;

b) $\binom{n+1}{k} = \binom{n}{k} + \binom{n}{k-1}$;

c) es gibt $\binom{n}{k}$ verschiedene k-elementige Teilmengen einer Menge mit n Elementen.

d) Recherchieren Sie nach weiteren numerischen Eigenschaften des Pascal'schen Dreiecks und beweisen Sie einige davon, z. B. mit vollständiger Induktion. Tipps: Es gibt u. a. Beziehungen zur Fibonacci-Folge[104], zu den Catalan-Zahlen[105], zu Zweierpotenzen und zu Quadratzahlen.

5.16 Kombinatorik: Kugeln in Urnen

a) In einer Urne liegen 7 unterscheidbare Kugeln. Wie viele mögliche Stichproben gibt es auf jede der vier Methoden: geordnet/ungeordnet, mit/ohne Zurücklegen?

b) Wie lauten die Ergebnisse bei (a), wenn es sich stattdessen um 4 ununterscheidbare rote und 3 ununterscheidbare schwarze Kugeln handelt?

5.17 Kombinatorik: Wege und Wörter

a) Angenommen, Sie können sich im $n \times m$ -Gitter zielgerichtet auf verschiedenen gleich langen Wegen der Länge $n + m$ von links oben nach rechts unten bewegen, wie etwa im untenstehenden 3×2-Gitter auf den zwei fett gedruckten minimalen Wegen der Länge 5. Wie viele verschiedene solche minimalen Wege gibt es? Tipps: Welche Bewegungsrichtungen kommen vor? Wie würden Sie mündlich einen bestimmten Weg beschreiben?

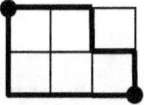

b) Wie viele Zeichenfolgen kann man durch Reihenfolgevertauschung aus den 11 Buchstaben (-vorkommen) in dem Wort MISSISSIPPI bilden?

c) Jedes der sechs Buchstabenvorkommen in ANANAS wird auf eine andere von sechs Kugeln unterschiedlicher Farbe geschrieben. Die Kugeln werden in eine Urne gelegt und dann nacheinander und ohne Zurücklegen vier davon gezogen. Wie viele unterscheidbare Ergebnisfolgen gibt es? Wie viele dieser Ergebnisfolgen ergeben in der Reihenfolge der Ziehung das Wort ANNA?

---

104 0, 1, 1, 2, 3, 5, 8, ..., definiert durch $f_1 := 0$, $f_2 := 1$, $f_{n+2} := f_n + f_{n+1}$, benannt nach Leonardo Fibonacci, um 1180 – nach 1241, hat interessante Eigenschaften u. a. hinsichtlich Kunst und Biologie aufgezeigt.

105 1, 1, 2, 5, 14, 42, ..., definiert durch $C_n = \frac{(2n)!}{n! \cdot (n+1)!}$, tritt bei Abzählungen in der Graphentheorie auf, bereits erwähnt in [Eule 1751], aber benannt nach Eugène Charles Catalan, 1814 – 1894, belgischer Mathematiker.

5.18 Kombinatorik: Multimengen und Folgen

Erklären Sie möglichst viele Methoden, die Anzahl aller Folgen aus 6 Einsen und 4 Nullen zu bestimmen. Tipps: Manuelles Abzählen, Computergestütztes rekursives Abzählen, kombinatorische Überlegungen und Formeln.

5.19 Kombinatorik: Abbildungen

Seien M und N endliche Mengen, M mit m und N mit n Elementen. Bestimmen Sie die Anzahl der injektiven Abbildungen von M nach N.

5.20 Unendliche Anzahlen und Hilberts Hotel

Wie können in Hilberts Hotel abzählbar viele gleichzeitig ankommende Gäste G_1, G_2, ... im voll belegten Hotel untergebracht werden, und zwar auf einmal, also nicht durch endlos wiederholtes Unterbringen je eines weiteren Gastes?

5.21 Einige abzählbare Mengen

Zeigen Sie, dass folgende Mengen abzählbar unendliche Mengen sind:
a) die Menge der geraden Zahlen ≥ 0,
b) die Menge der ganzen Zahlen,
c) jede unendliche Teilmenge einer abzählbar unendlichen Menge,
d) das kartesische Produkt $\mathbb{N} \times \mathbb{N}$,
e) die Menge der endlichen Folgen von Elementen einer abzählbaren Menge und
f) jede Vereinigung einer abzählbar unendlichen Menge endlicher Mengen.

Tipps: (c): Eine rekursive Funktionsdefinition empfiehlt sich.

   (d,e): Sei $f: (a_1, a_2, ..., a_{n-1}, a_n) \mapsto p_1^{a_1} \cdot p_2^{a_2} ... \cdot p_n^{a_{n-1}} \cdot p_n^{a_n}$ mit den Primzahlen $p_1 = 2$, $p_2 = 3$, $p_3 = 5$, ... Welche Mengen bildet f aufeinander ab? Schauen Sie auch auf den Fundamentalsatz 5.21.

5.22 Cantor'sches Diagonalverfahren

Beweisen Sie (ohne Verwendung der Sätze 5.14 oder 5.16) mit einem Cantor'schen Diagonalargument, dass die Potenzmenge der natürlichen Zahlen $P(\mathbb{N})$ nicht abzählbar ist.

   Tipp: Bilden Sie zunächst mittels

$$f : \mathbf{P}(N) \to \{0,1\}^N, \ f(M) := m_1 m_2 m_3 ..., \text{ wobei } m_i = \begin{cases} 1 & \text{wenn } i \in M \\ 0 & \text{wenn } i \notin M \end{cases}$$

die Teilmengen von $\mathbb{N}$ auf unendliche Folgen von Nullen und Einsen ab.

5.23 Bijektion zwischen (0,1) und $\mathbb{R}$

Geben Sie eine Bijektion f vom offenen Intervall $(0,1)$ auf $\mathbb{R}$ an, die nicht auf dem Tangens, sondern auf $1/x$ basiert.

5.24 Gleichheit modulo als Kongruenz

Beweisen Sie Satz 5.17:

Gilt $l_1 \sim_n l_2$ und $m_1 \sim_n m_2$ so gilt auch $(l_1 + m_1) \sim_n (l_2 + m_2)$ und $(l_1 \cdot m_1) \sim_n (l_2 \cdot m_2)$.

5.25 Neunerprobe

Bei der **Neunerprobe** bildet man die **Quersumme** einer Zahl, d. h. die Summe ihrer Ziffern (im gewohnten dekadischen System), und die ist genau dann durch 9 teilbar, wenn die Zahl selbst durch 9 teilbar ist. Beweisen Sie die Korrektheit der Neunerprobe. Tipp: Das geht mit Schulmathematik oder mit zahlentheoretischen Sätzen.

5.26 Rechenregeln in Restklassenringen

Zeigen Sie die Kommutativität der Addition, die Existenz des additiven Inversen, die Assoziativität der Multiplikation und die Linksdistributivität von Multiplikation und Addition in $\mathbb{Z}_n$.

5.27 Rechen- und Mengenoperationen auf Restklassen

a)   Zeigen Sie, dass $[l]_{\sim n} + [m]_{\sim n} = \{x + y \mid x \in [l]_{\sim n} \wedge y \in [m]_{\sim n}\}$.

b)   Gilt auch $[l]_{\sim n} \cdot [m]_{\sim n} = \{x \cdot y \mid x \in [l]_{\sim n} \wedge y \in [m]_{\sim n}\}$?

5.28 Eine Folge teilerfremder Zahlen

Zeigen Sie, dass je zwei Fermat-Zahlen (vgl. Übungsaufgabe 3.22) F_i und F_k, $i \neq k$, teilerfremd sind.

5.29 Teilerfremde Multiplikatoren in Restklassenringen

Es seien $0 \leq m \leq n$ und die Funktion $f\colon \mathbb{Z}_n \to \mathbb{Z}_n$ definiert durch $f([i]_{\sim n}) := [m \cdot i]_{\sim n}$. Zeigen Sie, dass f genau dann bijektiv ist, wenn m und n teilerfremd sind ($m \perp n$).

5.30 Der größte gemeinsame Teiler als Linearkombination

a)   Stellen Sie den ggT von 102 und 30 als Linearkombination dieser beiden Zahlen dar.

b)   Stellen Sie den ggT von 60, 84 und 210 durch zwei unterschiedliche Linearkombination dieser drei Zahlen dar.

5.31 Primfaktorzerlegung
Zerlegen Sie 4284 in Primfaktoren, und zeichnen Sie einen Teilerbaum.

5.32 Divisionsreste
a) Berechnen Sie die Divisionsreste $r_9\,(5), r_9\,(5+1\cdot 4), r_9(5+2\cdot 4), ..., r_9\,(5+8\cdot 4)$.
b) Was fällt bei (a) auf, und warum ist das kein Zufall?

5.33 Multiplikativität der Euler'schen Phi-Funktion
Leiten Sie Satz 5.25 (die partielle Multiplikativität der Euler'schen Phi-Funktion) aus deren Berechnung aus den Primfaktoren des Arguments in Satz 5.26 ab.

5.34 Satz von Euler
Verwenden Sie den Satz 5.27 von Euler und den größten gemeinsamen Teiler von 11 und 8, um den Rest von 11^{111} bei Division durch 8 zu bestimmen.

5.35 Eindeutige Division im Restklassenring
Lösen Sie die Kongruenz $7 \cdot x \equiv 24 \pmod{30}$. Tipp: Wodurch muss x teilbar sein? Verwenden Sie Lemma 5.20(7).

5.36 Mehrdeutige Division im Restklassenring
Finden Sie unter Verwendung von Satz 5.28 (Lineare Kongruenzen) eine vollständige Menge n-inkongruenter Lösungen von $64 \cdot x \equiv 16 \pmod{84}$ [PeBy 1970].

5.37 Zahlen mit vorgegebenen Divisionsresten
a) Finden Sie die zwei kleinsten natürlichen Zahlen, die bei Division durch 3, 5 bzw. 7 den Rest 2, 3 bzw. 2 haben.
b) Finden Sie ein Vielfaches von 7, das bei Division durch 2, 3, 4, 5 bzw. 6 jeweils den Rest 1 hat.

5.38 Ein Skatblatt als Restklassenring $\mathbb{Z}_{32}$

a) Finden Sie eine Folge $a_1, a_2, ..., a_8, a_1, a_2$ von Nullen und Einsen derart, dass für $1 \leq i < 8$ die Teilfolgen a_i, a_{i+1}, a_{i+2} genau alle acht möglichen dreigliedrigen 0-1-Folgen durchlaufen. Tipp: Sie können auch nach „De-Bruijn[106]-Folgen" recherchieren.

b) Ein Zauberkünstler gibt ein französisches Skatblatt aus 32 Karten an eine Person im Publikum und fordert sie auf, einmal abzuheben, d. h. die obersten k Karten zu nehmen (k beliebig) und unter die verbleibenden 32–k Karten zu legen. Danach sollen mit dem jeweils entstandenen Stapel die nächsten 4 Nachbarn das Gleiche tun. Nun soll die nächste Person die oberste Karte nehmen, sie sich ansehen, aber niemand anderem zeigen. Der verbleibende Stapel soll an den Nachbarn weiter gereicht werden. Dies geschieht solange, bis insgesamt 5 Personen jeweils eine Karte genommen haben. Nun bittet der Zauberer all jene, welche eine rote Karte haben, aufzustehen, jene mit schwarzen Karten sollen sitzen bleiben. Alle mit einer roten Karte stehen auf. Nun sagt der Zauberer allen 5 Personen genau, welche Karte sie in der Hand halten! Wie funktioniert dieser Zaubertrick? Vgl. auch [DiGr 2012].

5.39 Addition und Ordnungsrelation

Selbst elementare Fakten über natürliche Zahlen lassen sich ganz formal oft auch nur ganz mühsam beweisen, vgl. Richard Dedekind: Was sind und was sollen die Zahlen? Friedr. Vieweg & Sohn, 1961 (Ersterscheinung 1888). Versuchen Sie, in Satz 5.2 die $\Rightarrow$-Richtung der ersten Aussage über „$<$" ($m < n \Rightarrow \exists\, d \in \mathbb{N}: m + d = n$) wenigstens „halbformal" zu begründen, indem Sie zunächst die Addition und die Ordnungsrelation $<$ definitionsnahe anhand von Strichlisten interpretieren.

---

106 Nicolaas Govert de Bruijn, 1918–2012, lehrte Mathematik in Amsterdam und Eindhoven.

6 Graphen

In der Graphentheorie untersucht man, salopp gesagt, Gebilde, in denen Punkte, meist Knoten genannt, durch Linien mit oder ohne Pfeilspitzen, meist Kanten genannt, verbunden sind. Viele nicht unmittelbar auf Graphen bezogene Probleme lassen sich graphentheoretisch formulieren:

– Eine Relation R auf einer Menge A – wie in Abb. 6.1 links – entspricht einem (sogenannten gerichteten) Graphen mit den Elementen von A als Punkten und je einem Pfeil von x nach y für jedes Paar $(x, y) \in R$ – wie in Abb. 6.1 rechts:

$A = \{a, b, c, d\}$

$R = (A, \{(a, a), (b, c)\})$

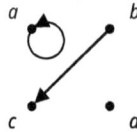

Abb. 6.1: Mengentheoretische und bildliche Darstellung einer Relation auf einer Menge.

In diesem Sinne ist Relationentheorie ein Teil der Graphentheorie.

Ein Hinweis zur Terminologie

In fast allen Bereichen der Mathematik findet man gelegentlich unterschiedliche Bezeichnungen für denselben Begriff oder, schlimmer, eine Bezeichnung wird dort von verschiedenen Autoren für verschiedene Begriffe verwendet. In der Graphentheorie tritt dieses Phänomen besonders häufig auf.

Außerhalb der Graphentheorie werden Bäume (als besondere Graphen, die wir auch schon in Kapitel 5 verwendet haben) durchweg als mit einem Wurzelknoten ausgestattet betrachtet. Innerhalb der Graphentheorie dagegen wird bei den Bäumen durchweg kein Knoten als Wurzel ausgezeichnet. In Abschnitt 6.6 versuchen wir einen Brückenschlag zur Mehrheit der Anwender.

Aber selbst innerhalb der Literatur über Graphentheorie sind häufig divergierende Definitionen und Bezeichnungen anzutreffen.

– Beispielsweise werden die hier definierten *direkten* Nachfolger anderswo vielleicht einfach als Nachfolger bezeichnet.

– Manche Texte kennen keine leeren Wege. Dann ist ein an keiner Kante beteiligter Knoten eventuell nicht von sich selbst aus erreichbar.

– In vielen Texten werden in der Definition des Graphen Kanten von einem Knoten zu sich selbst (also Schlingen) von vornherein ausgeschlossen.

– Überhaupt gibt es verschiedene „Schulen", was die Definition von Wegen, Pfaden, Zyklen, Kantenfolgen, Kantenzügen und Ähnlichem anbelangt.

https://doi.org/10.1515/9783111336107-006

Die verwirrende Vielfalt der graphentheoretischen Terminologien hat bereits dazu geführt, dass ein amerikanischer Lehrbuchautor eine Abstimmung bzw. Umfrage über bevorzugte terminologische Alternativen anstieß, vgl. [West IGT].

Auf jeden Fall sollte man sich bei der Lektüre unterschiedlicher Texte zur Graphentheorie vorsichtshalber stets die dort zugrunde gelegten Definitionen anschauen.

6.1 Einführende Beispiele

Das klassische, bereits im 18. Jahrhundert von Euler gelöste **Königsberger-Brücken-Problem** fragt nach der Existenz eines Weges (in anderer Version: eines Rundweges) durch das damalige Königsberg, der genau einmal über jede der sieben Brücken führt. Die „topologischen" bzw. geographischen Verhältnisse in Abb. 6.2 links entsprechen dem Graphen unten rechts. Jede von dessen Verbindungslinien entspricht einer Brücke zwischen den Landstücken *a, b, c, d*.

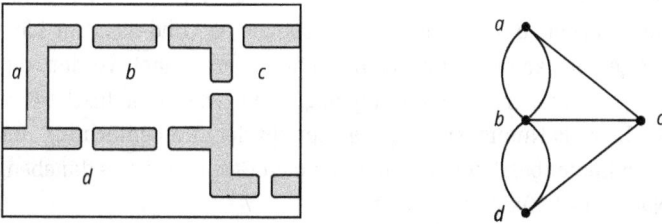

Abb. 6.2: Die Königsberger Brücken 1836 – kartographisch und als Graph.

Irrgärten oder **Labyrinthe** sind eine Form von Unterhaltungsrätseln. Damit sind hier Systeme meist verzweigter Wege gemeint, in denen ein Pfad von einem Eingang entweder zu einem bestimmten Punkt in der Mitte oder zu einem separaten Ausgang zu suchen ist. Diese Suche mag in Form physischer Fortbewegung, z. B. innerhalb einer Anlage aus Hecken, oder zeichnerisch bzw. rein visuell in einer graphischen Darstellung stattfinden. Der Weg durch das Labyrinth entspricht aber, wie in Abb. 6.3 schrittweise gezeigt, einem Weg entlang der Linien eines Graphen. Einige seiner Knoten könnten durchaus weggelassen werden und erinnern hier nur an die Gitterform des Beispiels.

In manchen Texten wird betont, dass *echte* Labyrinthe *keine* Verzweigungen aufweisen, sondern lediglich durch häufige Richtungswechsel und unübersichtlichen Verlauf des Pfades den optischen Nachvollzug des ansonsten trivialen Weges erschweren. Tatsächlich gibt es solche Triviallabyrinthe, das bekannteste vielleicht in der Kathedrale von Chartres. Aber schon in der griechischen Mythologie gelang es Theseus nur mithilfe des ihm von Ariadne mitgegebenen Fadens, den Rückweg aus dem Mino-

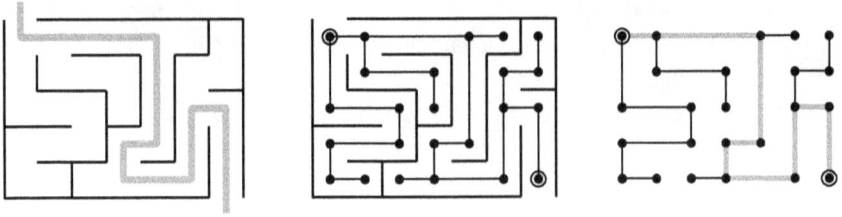

Abb. 6.3: Vom Labyrinth zum zugehörigen Graphen.

taurus-Labyrinth zu finden. Bei einem eindeutigen Weg ohne Verzweigungen hätte er den Faden überhaupt nicht gebraucht.

Erst gegen Ende des 20. Jahrhunderts wurde von Kenneth Appel und Wolfgang Haken [ApHa 1989] eine Vermutung aus dem 19. Jahrhundert, bekannt als das **Vierfarbenproblem**, bewiesen: Vier Farben genügen, um eine ebene Landkarte so zu färben, dass jedes Land einfarbig dargestellt wird und keine zwei benachbarten Länder gleich gefärbt sind. Dies gilt allerdings nur unter den Einschränkungen, dass jedes Land aus einer zusammenhängenden Fläche besteht, also keine Exklaven hat, und dass nur Länder mit einem Abschnitt gemeinsamer Grenze als benachbart bezeichnet werden, die sich also nicht nur in einem Punkt berühren. Die „topologische bzw. geographische Färbung" links in Abb. 6.4 – hier als Nummerierung – entspricht der „Knotenfärbung" im sogenannten planaren und knotenbeschrifteten ungerichteten Graphen rechts daneben, der die symmetrische Nachbarschaftsrelation darstellt.

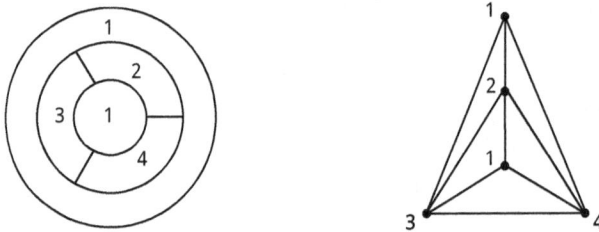

Abb. 6.4: Benachbarte gefärbte Gebiete – geometrisch und als Graph.

Auch unterhaltsame Probleme wie Sudoku-Aufgaben können als **Färbungsprobleme** von Graphen umformuliert werden. Beim Sudoku, das in Abschnitt 4.1.4 beschrieben ist, sollen benachbarten Knoten unterschiedliche „Farben" (hier: Zahlen) zugewiesen werden. In einem abstrakten Sinne „benachbart" zu einem Feld eines Sudoku-Gitters sind dabei 20 andere Felder: die in der gleichen Zeile, in der gleichen Spalte und im gleichen 3x3-Block.

Ein Handlungsreisender möchte in einem System aus Städten und Straßenverbindungen wie in Abb. 6.5 alle Städte auf einem möglichst kurzen Rundweg besuchen. Dies ist das sog. **Handlungsreisendenproblem,** häufig auch unter der englischen Bezeichnung **Traveling Salesman Problem** bekannt. Dabei können die Zahlen an den Kanten auch andere Kostenfaktoren darstellen, z. B. sich aus Zeitaufwand und Fahrtkosten errechnen. Ein einfacher Algorithmus, der alle Möglichkeiten miteinander vergleicht, ist schnell geschrieben. Bei größeren Anzahlen zu besuchender Städte ist diese Berechnung jedoch trotz des einfachen Verfahrens sehr aufwändig (und kann die Lebenszeit des Handlungsreisenden überschreiten). In die Frage nach einer möglichst schnellen Berechnung einer – vielleicht auch nur annähernd optimalen – Lösung wurde einiger Forschungsaufwand investiert.

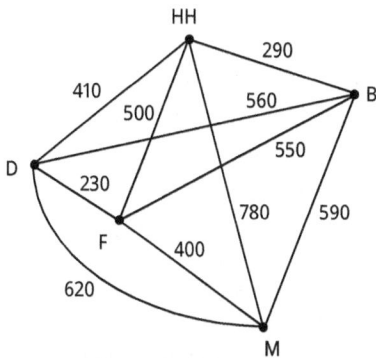

Abb. 6.5: Ein kleines Handlungsreisendenproblem.

Ein Bastler möchte zwei knapp 80 cm voneinander entfernte Metallkontakte rasch mal probeweise leitend verbinden, hat aber gerade nur ein von seiner letzten Bastelei übrig gebliebenes Objekt zur Verfügung: ein Gebilde aus leitend und drehbar miteinander verbundenen je 10 cm langen Drahtstücken wie in Abb. 6.6. Wie kann er am schnellsten entweder den Kontakt herstellen oder herausfinden, dass dies ohne Auftrennen und neues Verbinden nicht geht? Graphentheoretisch geht es hier auch um die Bestimmung des „Durchmessers eines Baums".

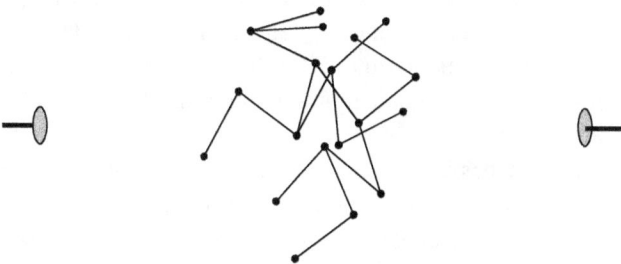

Abb. 6.6: Die Suche nach einem längsten Kantenzug.

6.2 Definition, Grundbegriffe

Es gibt keine einheitliche Definition von Graphen. Vielmehr gibt es zahlreiche Varianten, die eine Familie miteinander verwandter Strukturformen bilden. Stets werden aber in der bildlichen Darstellung Punkte aus einer gegebenen Menge von Punkten miteinander verbunden, sei es *gerichtet,* durch Linien mit Pfeilspitze, sei es *ungerichtet,* durch Linien ohne Pfeilspitze. Die Punkte werden als **Knoten** des Graphen, die Linien als **Kanten** des Graphen bezeichnet. Ausgeklammert werden hier die verallgemeinerten Varianten wie die Multigraphen und die Hypergraphen. Bei **Multigraphen** werden Mehrfachkanten (voneinander verschiedene Kanten mit gleichem Anfangs- und gleichem Endknoten) betrachtet; bei **Hypergraphen** werden auch mehr als zwei Knoten mit einer Kante verknüpft.

Die wichtigsten Arten von Graphen lassen sich mengentheoretisch wie folgt definieren:

- Ein **gerichteter Graph** ist ein Paar $G = (V,E)$, bestehend aus einer Menge V sogenannter **Knoten** und einer Relation $E \subseteq V \times V$ auf dieser Menge. Die Buchstaben V wie englisch *vertices* (Knoten) und E wie englisch *edges* (Kanten) werden international gerne verwendet. Bildlich werden die Knoten $v \in V$ als Punkte und die **Kanten** $e \in E$ als gerade oder gekrümmte Pfeile dargestellt. Abbildung 6.1 zeigt einen gerichteten Graphen.

- Ein **ungerichteter Graph** ist ein Paar $G = (V,E)$, bestehend aus einer Menge V von Knoten und einer Teilmenge $E \subseteq \mathbf{P}(V)$, deren Elemente (die ja Knotenmengen sind) alle nur einen oder zwei Knoten enthalten. Auch hier werden die Elemente von E als **Kanten** bezeichnet. Eine Zweiermenge $\{v,w\} \in E$ (mit $v \neq w$) wird bildlich als Linie zwischen v und w dargestellt. Eine Einermenge $\{v\} \in E$ wird als Linie von v nach v dargestellt und **Schlinge** genannt. Die Abbildungen 6.3 bis 6.6 basieren auf ungerichteten Graphen.

Ein gerichteter Graph erinnert an eine Stadt mit ausschließlich Einbahnstraßen, während ein ungerichteter Graph an eine Stadt mit ausschließlich Gegenverkehrsstraßen erinnert. Man sieht leicht, dass *ungerichtete* Graphen auch als *Spezialfall der gerichteten* definiert werden können, nämlich als diejenigen, bei denen die Relation E symmetrisch ist. Graphisch sind dann zwei verbundene Knoten durch je einen Pfeil in beiden Richtungen verbunden, bzw. ein Knoten mit sich selbst, und die Darstellung durch eine verbindende Linie stellt dann lediglich eine graphische Vereinfachung dar. Abbildung 6.7 zeigt ein Beispiel.

Ohne Multigraphen müssten wir das in der Entwicklung der Graphentheorie so markante Königsberger-Brücken-Problem ausklammern – könnte man es nicht auch leicht als Problem *ohne* Mehrfachkanten modellieren, vgl. Abb. 6.8. In einer Übungsaufgabe werden die Leser aufgefordert, den Zusammenhang zwischen beiden Strukturen formal herzustellen.

$E = \{\{u\}, \{v, w\}\}$

$E' = \{(u,u), (v,w), (w,v)\}$

Abb. 6.7: Gleichwertige Darstellungen eines ungerichteten Graphen.

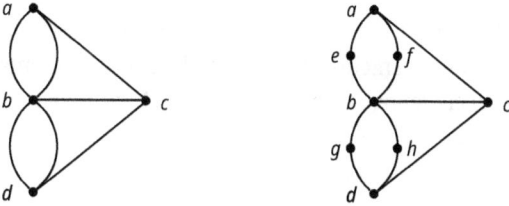

Abb. 6.8: Das Königsberger-Brücken-Problem mit und ohne Mehrfachkanten.

Ein Graph (gerichtet oder ungerichtet) wird als **endlich** bezeichnet, wenn er endlich viele Knoten und damit auch nur endlich viele Kanten hat.

Wenn man in einem gerichteten Graphen $G = (V, E)$ jede (gerichtete) Kante durch die entsprechende ungerichtete Kante, also die Einer- oder Zweiermenge ihrer Komponenten, ersetzt, erhält man den **zugehörigen ungerichteten Graphen** $G_u = (v, E_u)$ mit

$$E_u := \{\{v, w\} \mid (v, w) \in E\}.$$

In einer Übungsaufgabe werden Zuordnungen zwischen gerichteten und ungerichteten Graphen noch näher betrachtet, ebenso in Abschnitt 6.6.4 im speziellen Fall von Bäumen.

Ein **Teilgraph** eines gerichteten bzw. ungerichteten Graphen $G = (V, E)$ ist ein gerichteter bzw. ungerichteter Graph mit einer Teilmenge der Knoten und einer Teilmenge der Kanten, also $H = (W, F)$ mit $W \subseteq V$ und $F \subseteq E$.

Zu einer gegebenen Teilmenge M der Knoten eines (gerichteten oder ungerichteten) Graphen $G = (V, E)$ existiert ein Teilgraph $G_M = (M, E_M)$ von G mit Knotenmenge M und maximaler Teilmenge $E_M := \{(v,w)$ bzw. $\{v,w\} \in E \mid v, w \in M\}$ der Kanten, wobei im ungerichteten Fall jede Schlinge $\{v\}$ in E_M als $\{v,v\}$ berücksichtigt ist. Man nennt ihn den von M **induzierten Teilgraphen** von G.

6.3 Darstellungsfragen

6.3.1 Zeichnerische Darstellung in der Ebene

Bei gerichteten wie ungerichteten Graphen braucht man eine leicht und eindeutig interpretierbare bildliche Darstellung einander gegebenenfalls auch kreuzender Linien. Im Interesse der eindeutigen Lesbarkeit ...

– sorgt man daher dafür, dass sich Linien nicht in einem Winkel von 0° durchdringen oder berühren, was den oberen Fall in Abb. 6.9 links von vornherein ausschließt,

– lässt man keine von zwei Linien in einem gemeinsamen Punkt abknicken und entscheidet so im unteren Fall in Abb. 6.9 eindeutig zugunsten der linken Interpretation.

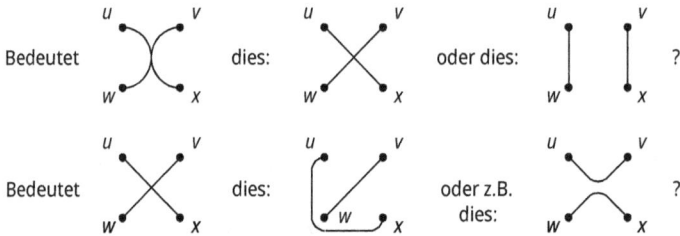

Abb. 6.9: Mehrdeutigkeiten, die durch Zeichenkonvention vermieden (oben) bzw. durch Interpretationskonvention entschieden (unten) werden.

Planare Graphen sind solche, die kreuzungsfrei gezeichnet werden können. In Abb. 6.10 können die beiden oberen Graphen auch kreuzungsfrei gezeichnet werden, die beiden unteren jedoch nicht. Mit den beiden rechten befassen wir uns in einer Übungsaufgabe.

Planare Graphen sind beim Entwurf von Leiterplatten und in der Gebäudetechnik bei der Verlegung von Leitungen (Gas, Wasser, Strom, Kommunikation etc.) von Bedeutung. Aber auch im Hinblick auf die menschlichen Betrachter versucht man in bildlichen Darstellungen gerne, Graphen kreuzungsfrei darzustellen. In allen diesen Fällen ist es gut zu wissen, wann dieser Versuch von vornherein aussichtslos ist.

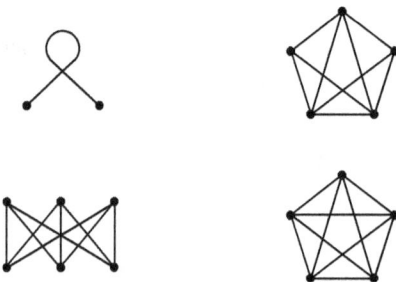

Abb. 6.10: Zwei planare (oben) und zwei nicht planare Graphen (unten).

Satz 6.1: Planaritätskriterien von Kuratowski[107] (1) und Wagner[108] (2)

1. Ein ungerichteter Graph ist genau dann planar, wenn er keinen Teilgraphen enthält, der zu einem der beiden unteren Graphen in Abb. 6.10 isomorph ist, oder daraus durch Einfügen von zusätzlichen Knoten in Kanten entsteht.
2. Ein ungerichteter Graph ist genau dann planar, wenn er keinen Teilgraphen enthält, der zu einem der beiden unteren Graphen Abb. 6.10 isomorph ist, oder durch Kantenkontraktionen in einen davon verwandelt werden kann. □

Isomorphie wird in Abschnitt 6.4 formal erklärt und bedeute hier (bei unbenannten Knoten) so viel wie „zeichnerische Identität bis auf Verschiebung der Knoten und Verformung der Kanten". **Knoteneinfügung** und **Kantenkontraktion** sind in Abb. 6.11 schematisch dargestellt. Die formale Definition beider Transformationen ist Inhalt einer Übungsaufgabe.

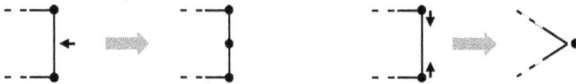

Abb. 6.11: Knoteneinfügung (links) und Kantenkontraktion (rechts).

Beweise dieser beiden Sätze sind umfangreich. Sie finden sich u. a. in [Wagn 2009] und [Dies 2012]. ∎

Da die Pfeilspitzen (hinreichend verkleinert) keinen Einfluss auf das Vorhandensein von Kreuzungen haben, und einander entgegen gerichtete Pfeile stets kreuzungsfrei beliebig eng nebeneinander gezeichnet werden können, richtet sich die Planarität eines gerichteten Graphen nach der des ungerichteten Graphen, der entsteht, wenn alle Kanten (u, v) zu Kanten $\{u, v\}$ werden.

In der Praxis handhabbarer als die Kriterien aus den Sätzen von Kuratowski und Wagner sind dedizierte Algorithmen zur Prüfung der Planarität, die in großer Zahl in einschlägigen Texten, z. B. [Wagn 2009], wie auch im Internet zu finden sind.

Bemerkenswert ist, dass ein planarer Graph sogar stets auf solche Weise kreuzungsfrei gezeichnet werden kann, dass alle Kanten *gerade Strecken* sind, vgl. [Wiki Fáry].

---

107 Kazimierz Kuratowski, 1896–1986, lehrte Mathematik in Lwów und Warschau.
108 Klaus Wagner, 1910–2000, Graphentheoretiker, lehrte in Köln und Duisburg.

6.3.2 Andere Darstellungen von Graphen

Auf offensichtliche Art und Weise kann ein endlicher gerichteter Graphen sowohl
- als Matrix (vgl. Kapitel 7), und zwar
  - entweder als Nachbarschaftsmatrix
  - oder im Falle ungerichteter oder symmetrischer gerichteter Graphen als Inzidenzmatrix, wie auch
- als geschachtelte Liste, eine sog. Nachbarschaftsliste, notiert werden.

Hat der gerichtete Graph $G = (V, E)$ m Knoten $v_1, v_2, ..., v_m$ und n Kanten, so ist seine **Adjazenzmatrix** oder **Nachbarschaftsmatrix** definiert als $m \times m$-Matrix (a_{ik}) mit $a_{ik} = 1$ wenn $(v_i, v_k) \in E$, und $a_{ik} = 0$ wenn nicht. Sie weist natürlich genau n Einsen auf.

Als **Nachbarschafts-** oder **Nachfolgerliste** kann man eine Liste aller Knoteninformationen für jeden der Knoten $v_1, v_2, ..., v_m$ ansehen. Dabei ist die Knoteninformation für jedes v_k selbst eine Liste und umfasst all diejenigen Knoten, zu denen von v_k aus Kanten verlaufen. Dabei genügen natürlich deren Nummern.

Ist G gerichtet und symmetrisch so betrachten wir ihn nun momentan als ungerichtet. Sind die Kanten eines ungerichteten Graphen als $e_1, e_2, ..., e_n$ durchnummeriert, so ist seine (symmetrische) **Inzidenzmatrix** die $m \times n$-Matrix (b_{ik}) mit $b_{ik} = 1$ wenn $v_i \in e_k$, und $b_{ik} = 0$ wenn nicht. Ihre Spalten enthalten bei Schlingen eine Eins und bei „normalen" Kanten zwei Einsen.

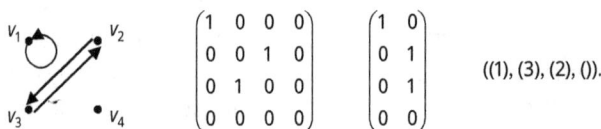

$$\begin{pmatrix} 1 & 0 & 0 & 0 \\ 0 & 0 & 1 & 0 \\ 0 & 1 & 0 & 0 \\ 0 & 0 & 0 & 0 \end{pmatrix} \qquad \begin{pmatrix} 1 & 0 \\ 0 & 1 \\ 0 & 1 \\ 0 & 0 \end{pmatrix} \qquad ((1), (3), (2), ()).$$

Abb. 6.12: Ein Beispiel zur Demonstration gleichwertiger Darstellungen eines Graphen, von links: Zeichnung, Nachbarschaftsmatrix, Inzidenzmatrix und Nachbarschaftsliste.

Ein Beispiel für die verschiedenen Notationen zeigt Abb. 6.12. Der Graph hat 4 Knoten. Als gerichteter Graph hat er die Kantenmenge $E = \{(v_1, v_1), (v_2, v_3), (v_3, v_2)\}$ und als ungerichteter Graph die Kantenmenge $E = \{\{v_1\}, \{v_2, v_3\}\}$. Entsprechend hat die Nachbarschaftsmatrix die Größe 4×4 und 3 von null verschiedene Einträge, die Inzidenzmatrix hat 4 Zeilen und 2 Spalten, und die Nachbarschaftsliste hat 4 Komponenten mit insgesamt 3 Unterkomponenten.

Diese Darstellungsweisen unterscheiden sich bezüglich des Speicherbedarfs, je nach Geschmack auch der Lesbarkeit sowie bezüglich der Leichtigkeit, mit der auf ihrer Basis bestimmte Graphenalgorithmen formalisiert bzw. programmiert werden können. Beispielsweise arbeiten etliche Algorithmen rund um die Existenz von Wegen (vgl. Abschnitt 6.5) mit Adjazenzmatrizen.

6.4 Isomorphie

Die beiden Graphen in Abb. 6.13 sind Bilder *desselben* ungerichteten Graphen $G = (V,E)$ mit $V = \{a,b,c,d\}$ und $E = \{\{a,b\},\{b,c\},\{c,d\},\{a,d\}\}$. Auch ohne die gegebene Beschriftung der Knoten wäre es uns leicht gefallen, festzustellen, dass beide Abbildungen zum gleichen Graphen gehören können, z. B. durch eigenes Eintragen genau der hier angegebenen Knotennamen.

Abb. 6.13: Bilder desselben Graphen.

Man betrachtet, anschaulich ausgedrückt, zwei Graphen als **isomorph,** wenn die Knoten des einen so umbenannt werden können, dass er dann mit dem zweiten identisch ist, wie in Abb. 6.14 an einem ähnlichen Beispiel dargestellt ist.

Abb. 6.14: Isomorphie zweier Graphen.

In der Folge definieren wir diesen Zusammenhang formal. Für zwei Graphen $G = (V,E)$ und $H = (W,F)$ (beide ungerichtet oder beide gerichtet) wird eine Abbildung $f\colon V \to W$ zwischen den Knotenmengen als **Isomorphismus** bezeichnet, wenn f bijektiv ist und für beliebige $u, v \in V$ gilt:

- $\{u,v\} \in E \Leftrightarrow \{f(u),f(v)\} \in F$ im Falle ungerichteter Graphen bzw.
- $(u,v) \in E \Leftrightarrow (f(u),f(v)) \in F$ im Falle gerichteter Graphen.

In einer Übungsaufgabe sehen wir, dass es bezüglich Isomorphie zwischen ungerichteten Graphen keinen Unterschied macht, ob wir die Kanten als Einer- und Zweiermengen modellieren oder zu den zugeordneten symmetrischen gerichteten Graphen übergehen.

Man nennt zwei Graphen **isomorph,** wenn von einem auf den anderen ein Isomorphismus existiert. Man sieht leicht, dass Isomorphie zwischen Graphen eine Äquivalenzrelation ist. Zwei Graphenzeichnungen mit unbenannten Knoten betrachtet man genau dann als isomorph, wenn sie mit einer geeigneter Knotenbenennung den gleichen Graphen darstellen, bzw. äquivalent, wenn bei beliebig gewählter Knotenbenennung ein Isomorphismus von einem Graphen auf den anderen existiert.

Nicht immer ist die rein visuelle Entscheidung, ob zwei Graphen isomorph sind oder nicht, so trivial wie im Eingangsbeispiel. Eine Übungsaufgabe wird einen ersten

Eindruck davon vermitteln. Um manuell zu zeigen, dass zwei Graphen mit gleich vielen Knoten *nicht* isomorph sind, muss man nicht immer nachprüfen, dass keine der $|V|!$ Bijektionen zwischen den Knotenmengen zueinander passende Kantenmengen erzeugt. Manchmal genügen Strukturmerkmale, die nur einer der beiden Graphen aufweist, die aber bei zwei isomorphen Graphen nur in beiden gleichzeitig gelten können (wie beispielsweise die Existenz eines Knotens mit vier Nachbarn oder eines Rundwegs über alle Knoten).

Einen Isomorphismus eines Graphen auf sich selbst nennt man (Graphen-) **Automorphismus** oder eine **Symmetrie.** Mit der Hintereinanderausführung ∘ als Verknüpfung sieht man leicht, dass für die Menge Aut(G) aller Symmetrien eines Graphen G gilt:

$$\circ : \mathrm{Aut}(G) \times \mathrm{Aut}(G) \rightarrow \mathrm{Aut}(G).$$

Mit der identischen Abbildung als neutralem Element und der Umkehrabbildung einer Symmetrie als deren inversem Element bildet Aut(G) eine Struktur, die wir in Kapitel 7 als Gruppe kennenlernen werden.

In der Kombinatorik wird auch nach der Anzahl der möglichen Automorphismen gefragt. In einer Übungsaufgabe tun wir dies an einem konkreten Beispiel manuell. In der Spezialliteratur findet man dazu allgemeine Methoden, die mit den Namen Pólya[109] und Burnside[110] verknüpft sind, vgl. [JaJu 2004].

6.5 Nachbarschaft, Wege

Bildlich gelangt man von einem Knoten zu einem seiner Nachbarn über *eine* Kante. Über 0, eine oder mehrere Kanten hintereinander erreicht man i.a. weitere Punkte. So ist man ohne Kante bzw. „über 0 Kanten" bereits beim Ausgangsknoten selbst „angekommen", über eine Kante kommt man zu Nachbarn, über zwei Kanten zu Nachbarn von Nachbarn usw. Diese Beziehungen sollen nun formalisiert werden.

6.5.1 ... in ungerichteten Graphen

Im ungerichteten Graphen $G = (V,E)$ wird v **Nachbar** von w genannt, wenn $\{v,w\} \in E$ – auch im Sonderfall einer **Schlinge,** wenn also $v = w$ und damit $\{v,w\} = \{v\}$ gilt. **Ungerichtete (zusammenhängende) Kantenfolgen** (synonym: **Wege**) in G bestehen aus hintereinander zusammenhängenden Kanten und sind – gemeinsam mit ihrer **Länge** – induktiv wie folgt definiert:

---

109 George Pólya, 1887–1985, lehrte Mathematik an der ETH Zürich und der Stanford University, publizierte auch allgemein über das Lösen mathematischer Probleme.
110 William Burnside, 1852–1927, Mathematiker, lehrte in Cambridge und Greenwich.

– Für jeden Knoten $v \in V$ gilt: Die leere Kantenfolge ε ist ein Weg (der Länge 0) von v nach v (denn von v aus soll v als über den leeren Weg ε erreichbar gelten).
– Sind v, w und x Knoten des Graphen und ist φ ein Weg der Länge n von v nach w und ist schließlich $\{w, x\} \in E$, so ist $\varphi\{w, x\}(= \varphi \circ \{w, x\})$ ein Weg der Länge $n + 1$ von v nach x.

Für jede nichtleere ungerichtete Kantenfolge $\varphi = \{v_1, v_2\}\{v_2, v_3\}...\{v_{n-1}, v_n\}$ (von v_1 nach v_n) ist $\alpha(\varphi) := v_1$ der **Anfangs-** und $\omega(\varphi) := v_n$ der **Endknoten,** und der Endknoten ist vom Anfangsknoten aus **erreichbar.** $UWege(G)$ sei die Menge aller (ungerichteten) Wege im ungerichteten Graphen G.

Sind alle Knoten zueinander benachbart, gilt also $\forall v, w \in V \{v,w\} \in E$, spricht man von einem **vollständigen Graphen.** Befasst man sich mit allgemeinen ungerichteten Graphen, so beinhaltet dies für jeden Knoten v eine Schlinge $\{v\} \in E$. Befasst man sich jedoch nur mit schlingenfreien Graphen, so nennt man im Allgemeinen diejenigen vollständig, die $\forall v \neq w \in V \{v, w\} \in E$ erfüllen.

6.5.2 ... in gerichteten Graphen

Im gerichteten Graphen $G = (V, E)$ berücksichtigt man die Pfeilrichtung und unterscheidet bei Nachbarn zwischen Vorgängern und Nachfolgern. Der Knoten v wird **unmittelbarer Vorgänger** des Knotens w, und gleichzeitig wird w **unmittelbarer Nachfolger** von v genannt, wenn $(v,w) \in E$. Dabei darf (v,w) auch eine Schlinge, also $v = w$, sein. **Gerichtete Kantenfolgen**[111] (synonym: **Wege)** in G sind – zusammen mit ihrer Länge – induktiv wie folgt definiert:
– Für jeden Knoten $v \in V$ gilt: Die leere Kantenfolge ε ist ein Weg (der Länge 0) von v nach v. Von v aus soll v als über den leeren Weg ε erreichbar gelten.
– Sind v, w und x Knoten des Graphen und ist φ ein Weg der Länge n von v nach w und ist schließlich $(w, x) \in E$, so ist $\varphi(w, x)(= \varphi \circ (w, x))$ ein Weg der Länge $n + 1$ von v nach x.

Von einem Knoten aus erreichbare Knoten werden auch als dessen **Nachfolger** bezeichnet, umgekehrt spricht man von **Vorgängern,** von denen aus der Knoten erreichbar ist. Für jede nichtleere gerichtete Kantenfolge $\varphi = (v_1, v_2)(v_2, v_3)...(v_{n-1}, v_n)$ ist $\alpha(\varphi) := v_1$ der **Anfangs-** und $\omega(\varphi) := v_n$ der **Endknoten** des Weges („von v_1 nach v_n") φ, und der Endknoten ist vom Anfangsknoten aus erreichbar. $GWege(G)$ sei die Menge aller gerichteten Wege im Graphen G.

---

111 Manche sprechen auch von **zusammenhängenden** Kantenfolgen, da nicht beliebige Folgen von Kanten gemeint sind.

6.5.3 ... und in beiden

Häufig spricht man auch nur von Wegen und meint je nach dem Typ von G implizit die gerichteten oder ungerichteten Wege. Da wir Mehrfachkanten ausschließen, ist hier ein Weg auch durch die Folge der „durchlaufenen" Knoten festgelegt. Den ungerichteten bzw. gerichteten Weg

$$\varphi = \{v_1, v_2\}\{v_2, v_3\}...\{v_{n-1}, v_n\} \text{ bzw. } (v_1, v_2)(v_2, v_3)...(v_{n-1}, v_n)$$

können wir daher auch knapp und einheitlich durch

$$v_1 v_2 v_3 ... v_{n-1} v_n$$

beschreiben. Anfangs- und Endpunkt des kantenlosen Weges v von v nach v ist per Definition v. Die **Länge** eines Weges ist die Anzahl der Kanten in der Kantenfolge bzw. die um eins verminderte Anzahl der Knoten in der Knotenfolge.

Ein **geschlossener Weg** oder **Zyklus** in einem (gerichteten oder ungerichteten) Graphen führt über mindestens eine Kante von einem Knoten zu diesem wieder zurück, ist also formal eine nichtleere Kantenfolge φ mit $\alpha(\varphi) = \omega(\varphi)$, d. h. ein Weg $v_1 v_2 v_3 ... v_{n-1} v_n$ mit $v_1 = v_n$ und $n > 1$. Der Anfangs- (und End-)knoten zählt dabei nur als einmal berührt.

Ein **Pfad** ist definiert als ein Weg, der keinen Knoten zweimal berührt, also ein $v_1 v_2 ... v_n$ mit $\forall 1 \le i < k \le n \; v_i \ne v_k$. Ein geschlossener Weg $v_1 v_2 ... v_n$, bei dem genau nur der Anfangs- und Endknoten übereinstimmen, also mit der Eigenschaft

$$\forall 1 \le i < k \le n [v_i = v_k \Leftrightarrow (i = 1 \wedge k = n)],$$

wird als **Kreis** bezeichnet. In Abb. 6.15 ist sowohl im linken (gerichteten) Graphen als auch im rechten (ungerichteten) Graphen $u\,v\,x\,u\,v\,x\,w\,u$ ein Zyklus (aber kein Kreis) von u nach u. Der Weg $u\,v\,x\,w\,u$ hingegen ist in beiden Graphen ein Kreis (und natürlich Zyklus).

Abb. 6.15: Zwei Graphen, beide mit Zyklus $u\,v\,x\,u\,v\,x\,w\,u$, Pfad $u\,v\,x\,w$ und Kreis $u\,v\,x\,w\,u$.

6.5.4 Zwei Hilfssätze für die theoretische Informatik

Die zwei folgenden graphentheoretischen Sätze finden sich gewöhnlich nicht in mathematischen Darstellungen. Für Informatiker sind sie aber wichtig, nämlich im Hinblick auf die sog. regulären Sprachen in der theoretischen Informatik. Das unten stehende Lemma über Zyklen in langen Wegen ist das rein graphentheoretische Gegenstück zum ersten sogenannten Pumping-Lemma, das oft verwendet wird, um zu zeigen, dass gewisse Sprachen *nicht* regulär sind. Auch das anschließende Zwischen-knotenlemma taucht im Zusammenhang mit den regulären Sprachen auf, nämlich beim Beweis des **Satzes von Kleene,** der besagt, dass die Sprachen der sog. endlichen Automaten auch Sprachen sogenannter regulärer Ausdrücke sind.

Angenommen, man läuft in einer Stadt mit n Kreuzungen einen Weg, der an einer Kreuzung beginnt und mindestens n Blocks lang ist. Da man an einer Kreuzung begonnen hat und nach jedem Block wieder an eine Kreuzung kommt, ist man min-destens $(n+1)$-mal an einer Kreuzung gewesen. Da es aber nur n verschiedene Kreu-zungen gibt, ist man an mindestens einer davon mindestens zweimal gewesen. Diese Binsenweisheit[112] führt – auf gerichtete Graphen angewendet – zu Lemma 6.2.

Lemma 6.2: Kreise in langen Wegen
Es seien $G = (V,E)$ ein gerichteter Graph mit n Knoten, $m \geq n$ und

$$\varphi = (v_1, v_2)(v_2, v_3)...(v_m, v_{m+1})$$

ein Weg aus m Kanten bzw. über $m+1$ Knoten in diesem Graphen. Dann enthält φ einen nichtleeren Kreis $\varphi = (v_i, v_{i+1})(v_{i+1}, v_{i+2})...(v_{k-1}, v_k)$ (folglich mit $v_i = v_k$). □

Die **Beweisidee** liegt zum einen in der obigen Betrachtung zum Stadtspaziergang und zum anderen darin, dass man auf der Basis einer zweimal besuchten Kreuzung v einen Rundweg von v nach v über immer unterschiedliche Kreuzungen (also graphen-theoretisch einen Kreis) konstruieren kann. Zunächst beschränkt man sich auf den Wegabschnitt von der ersten bis zur zweiten Begegnung mit v. Nun muss man noch ggf. endlich oft Wegstücke (also Zyklen) über dabei mehrfach besuchte andere Kreu-zungen jeweils zu einem einmaligen Besuch dieser Kreuzungen zusammenstreichen. Dies geschieht so lange, bis es außer v keine mehrfach besuchte Kreuzung auf dem Rundweg mehr gibt. Was bleibt, ist ein Kreis von v nach v. ∎

Dem folgenden Zwischenknotenlemma seien noch kurz zwei Definitionen aus dem Bereich der endlichen Folgen bzw. der formalen Sprachen vorangeschickt. Ist L eine formale Spra-che über einem Alphabet A, also $L \subseteq A^*$, so ist die Sprache L^* über A in einer gewissen Analogie zu A^* definiert, nämlich durch $\{w_1 \circ w_2 \circ ... \circ w_n | n \in \mathbb{N}_0, \forall 1 \leq i \leq n \; w_i \in L\}$ als Menge aller Verknüpfungen endlich vieler Wörter aus L, somit induktiv durch

---

112 Sie fällt mathematisch unter das sogenannte **Schubfachprinzip** – auch unter der englischen Be-zeichnung *pigeonhole principle* (etwa: Taubenschlagprinzip) bekannt: In jeder n-teiligen Partition auf einer Menge mit $m > n$ Elementen enthält mindestens eine der n Partitionsmengen mehr als ein Ele-ment. Oder anschaulicher: Wenn man eine Anzahl Objekte in eine geringere Anzahl von Schubladen legt, legt man in mindestens eine Schublade mehr als ein Objekt. Es lässt sich mit vollständiger Induk-tion zeigen.

- $\varepsilon \in L^*$,
- $u \in L^* \wedge w \in L \Rightarrow u \circ w \in L^*$.

Ferner setzt man, wenn L' eine weitere Sprache über A ist, $LL' := \{u \circ v \mid u \in L \wedge v \in L'\}$.

Lemma 6.3: Zwischenknotenlemma

Es sei $G = (V,E)$ ein gerichteter Graph mit $n+1$ Knoten, $V = \{v_0, v_1, v_2, \ldots, v_{n-1}, v_n\}$. Ferner sei für alle $0 \le i, j \le n$ und $k < n$ $W_{i,j,k}$ die Menge der Wege von v_i nach v_j, bei denen zwischen dem Anfangs- und dem Endknoten ausschließlich Knoten v_l mit $l < k$ vorkommen. Dann gilt

$$W_{i,j,k+1} = W_{i,j,k} \cup W_{i,k+1,k} \left(W_{k+1,k+1,k} \right)^* \left(W_{k+1,j,k} \right) \qquad \square$$

Beweisskizze: Der Satz hantiert zwar mit unangenehm vielen Indizes, beschreibt aber einen leicht einsehbaren Sachverhalt. Indem man sich die Bedeutung der Formel klar macht, sieht man auch bereits ein, warum sie gilt: Wir lassen die „v" nun weg und bezeichnen v_i schlicht als i. Wenn man unter Vermeidung von Zwischenknoten ab $k+2$ aufwärts von i nach j geht, dann schafft man das eventuell bereits, ohne über $k+1$ zu gehen – das wäre dann auf einem der Wege in $W_{i,j,k}$. Alternativ dazu geht man ein- oder mehrmals über $k+1$. Dann gelangt man also mindestens ein erstes Mal nach $k+1$ (auf einem Weg aus $W_{i,k+1k}$), dann noch 0-, ein- oder mehrmals erneut nach $k+1$ (jeweils auf einem Weg aus $W_{k+1,k+1,k}$), um sich dann endgültig von $k+1$ zu verabschieden und nach j zu gehen (ein Weg aus $W_{k+1,j,k}$) – das alles jeweils über Zwischenknoten $\le k$.

Die resultierenden Wege in $W_{i,j,k} \cup W_{i,k+1,k} \left(W_{k+1,k+1,k} \right)^* \left(W_{k+1,j,k} \right)$, also die über 1 bis $k+1$, sind in Abb. 6.16 schematisch dargestellt. Dabei repräsentiert der graue Bereich die Menge der Knoten von 1 bis k. Anfangs- und Endknoten i und j sind halb innerhalb, halb außerhalb der grauen Menge gezeichnet, um anzudeuten, dass sie (unabhängig voneinander) sowohl zu der Menge gehören können als auch nicht, was erlaubt, vier ähnliche Bilder zu einem zusammenzufassen[113]. ∎

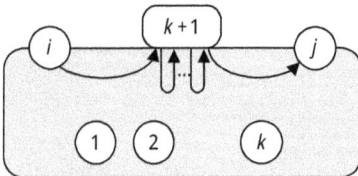

Abb. 6.16: Wege über Knoten $\le k+1$.

---

[113] Hinzu kommt streng genommen die Möglichkeit, dass die Knoten i und j mit 1, 2 oder k, oder auch untereinander, übereinstimmen können und dass k natürlich auch 2, 1 oder 0 sein kann.

6.5.5 Weglängen

Sind v und w zwei Knoten eines endlichen Graphen $G = (V,E)$, so nennt man die Länge eines Weges minimaler Länge von v nach w den **Abstand** $d(v,w)$ **von** v **nach** w. Wie Autofahrer in Großstädten mit vielen Einbahnstraßen oft schmerzlich erfahren, kann der Abstand von w nach v (sogar deutlich) größer oder kleiner als der von v nach w sein. In Graphen existiert eventuell kein Weg in einer der, oder gar beiden, Richtungen, und der entsprechende Abstand wird dann als unendlich betrachtet. In ungerichteten Graphen spricht man auch vom Abstand **zwischen** v und w, da er ist dort richtungsunabhängig ist. Man sieht leicht, dass ein minimaler Weg keinen Knoten zweimal durchläuft und somit ein Pfad ist.

Aus Abständen werden markante Weglängen bezüglich einzelner Punkte definiert. Die **Exzentrizität** eines Knoten ist sein größter Abstand zu einem anderen Knoten im Graphen.

Aus Abständen, ggf. über die Exzentrizität, werden markante Weglängen für den ganzen Graphen definiert. Der **Radius** eines Graphen die kleinste Exzentrizität eines Punktes im Graphen. Der **Durchmesser** von G ist definiert als der größte Abstand zweier Knoten des Graphen, $\max \{d(v, w) \mid v, w \in V\}$. Er entspricht der größten Exzentrizität aller Knoten eines Graphen. Der Durchmesser ist also gewissermaßen ein maximaler minimaler Pfad im Graphen. Bei Abb. 6.6 ging es um einen maximalen Pfad überhaupt. Da in diesem Graphen aber alle Pfade von einem Knoten zu einem anderen sowohl maximal als auch minimal lang sind, ging es dort auch um die Frage, ob der Durchmesser ≥ 8 ist. Die **Taillenweite** des Graphen ist die minimale Länge eines Kreises im Graphen, der über mindestens drei verschiedene Knoten geht.

Wir fassen diese Weglängen-basierten Begriffe (für einen endlichen Graphen $G = (V, E)$ und solange der jeweilige Wert endlich ist) in Tab. 6.1 halbformal zusammen. Das Maximum bzw. Minimum der leeren Menge natürlicher Zahlen wird dabei als 0 bzw. ∞ interpretiert.

Tab. 6.1: Einige Begriffe rund um die Weglängen.[114]

Abstand von a nach b	$d(a,b) := \min\{n \in \mathbb{N}_0 \mid \exists \text{ Weg } v_1 v_2 \dots v_{n+1} \text{ von } v_1 = a \text{ nach } v_{n+1} = b\}$
Exzentrizität von a	$e(a) := \max\{d(a, b) \mid b \in V\}$
Radius von G	$r(G) := \min\{e(a) \mid a \in V\}$
Durchmesser von G	$d(G) := \max\{d(a, b) \mid a, b \in V\} = \max\{e(a) \mid a \in V\}$
Taillenweite von G	$g(G) := \min\{n > 2 \mid \exists a \in V, \text{ Weg } v_1 v_2 \dots v_{n+1} \text{ von } v_1 = a \text{ nach } v_{n+1} = a\}$

---

[114] Beim Abstand und der Taillenweite machen sich die englischen Ursprünge bemerkbar: Abstand – *distance*, Exzentrizität – *eccentricity*, Durchmesser – *diameter*, Taillenweite – *girth*.

Im ungerichteten Graphen in Abb. 6.17 findet man Exzentrizitäten der Größen 2, 3 und 4 (an den Knoten eingezeichnet), sowie Kreise aus drei und vier Knoten. Entsprechend ist der Radius des Graphen 2, sein Durchmesser 4, und seine Taillenweite ist 3.

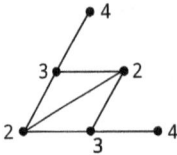

Abb. 6.17: Ein Beispiel für Weglängen-basierte Begriffe.

6.5.6 Zusammenhang

Ein ungerichteter Graph $G = (V,E)$ heißt **zusammenhängend,** wenn jeder Knoten von jedem Knoten aus erreichbar ist, oder anders ausgedrückt, wenn gilt:

$$\forall v, w \in V \; \exists \varphi \in UWege(G)(\alpha(\varphi) = v \land \omega(\varphi) = w).$$

Unzusammenhängende Graphen erkennt man zumindest in kreuzungsfreien Bildern an der Existenz von "Inseln", die durch freie Fläche voneinander getrennt sind, vgl. Abb. 6.18.

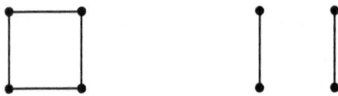

Abb. 6.18: Ein zusammenhängender (links) und ein unzusammenhängender ungerichteter Graph (rechts).

Ein gerichteter Graph $G = (V,E)$ heißt **stark zusammenhängend,** wenn jeder Knoten von jedem Knoten aus erreichbar ist, anders ausgedrückt, wenn gilt:

$$\forall v, w \in V \; \exists \varphi \in GWege(G)(\alpha(\varphi) = v \land \omega(\varphi) = w).$$

Er heißt **schwach zusammenhängend,** wenn $G_u = (V,E_u)$, der zugehörige ungerichtete Graph, zusammenhängend ist. Je ein Beispiel zeigt Abb. 6.19.

Abb. 6.19: Ein stark zusammenhängender (links) und ein schwach, aber nicht stark zusammenhängender gerichteter Graph (rechts).

Eine **Zusammenhangskomponente** eines ungerichteten Graphen $G = (V,E)$ ist eine der oben so genannten "Inseln", formal ein bezüglich der Knotenmenge maximaler induzierter zusammenhängender Teilgraph $G_M = (M,E_M)$ von G. Für eine **Zusammenhangskomponente** existiert also keine Knotenmenge N mit $M \subseteq N \subseteq V$ und $M \neq N$ derart, dass $G_N = (M,E_N)$ ebenfalls zusammenhängend ist. Eine **starke** bzw. **schwache Zusammen-**

hangskomponente eines gerichteten Graphen $G = (V,E)$ ist im schwachen Fall eine der oben so genannten "Inseln", im starken Fall ein maximaler "Bereich", in dem man noch von überall nach überall gelangt. Formal ausgedrückt ist eine starke bzw. schwache Zusammenhangskomponente ein maximaler induzierter stark bzw. schwach zusammenhängender Teilgraph $G_M = (M,E_M)$ von G. Da jeder Knoten nur in genau einer Zusammenhangskomponente liegt, spricht man auch von *der* Zusammenhangskomponente des Knoten, und für jeden der drei Typen bilden die Knotenmengen der entsprechenden Zusammenhangskomponenten eine Partition der Knotenmenge.

6.5.7 Spezielle Wege

Sei $G = (V,E)$ ein endlicher gerichteter oder ungerichteter Graph. Ein **Eulerweg** in G ist ein Weg $p = e_1, e_2, ..., e_n$, der alle Kanten in genau einmal enthält, also mit $E = \{e_1 e_2, ..., e_n\}$ und $\forall 1 \leq i < k \leq n \ e_i \neq e_k$. Ein **Eulerzyklus**[115] ist ein Eulerweg von einem Punkt zu sich selbst, der also ein Zyklus ist. Die wohl allen kleinen Kindern bekannte „Laterne" oder das "Haus vom Nikolaus" in Abb. 6.20 links besitzt zahlreiche Eulerwege, von denen zwei (wegen jeweils zweier Laufrichtungen eigentlich sogar vier) in Abb. 6.20 angedeutet sind. Das Königsberger Brückenproblem – hier modifiziert als ungerichteter (nicht Multi-) Graph wie in Abb. 6.8 rechts – fragt ebenfalls nach einem Eulerweg, der in diesem Graphen aber nicht existiert.

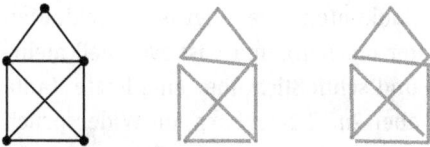

Abb. 6.20: Zwei Beispiele für Eulerwege.

Warum sich bei den Eulerwegen in der Laterne stets der End- vom Anfangspunkt unterscheiden muss und dass das Königsberger Brückenproblem unlösbar ist, ergibt sich aus folgenden mathematischen Sätzen:

Satz 6.4: Existenz von Eulerzyklen
– Für einen ungerichteten Graphen $G = (V,E)$ sind folgende Eigenschaften äquivalent:
   1. In G gibt es einen Eulerzyklus.
   2. G ist endlich und zusammenhängend, und jeder Knoten hat eine gerade Anzahl von Nachbarn.

---

115 Wir vermeiden hier die häufig anzutreffende aber evtl. irreführende Bezeichnung *Eulerkreis,* da er gar kein *Kreis* in unserem Sinne sein muss.

– Für einen gerichteten Graphen $G = (V,E)$ sind folgende Eigenschaften äquivalent:

3. In G gibt es einen Eulerzyklus.

4. G ist endlich und stark zusammenhängend, und jeder Knoten hat eine gerade Anzahl von Nachbarn. □

Beweis: Wir betrachten hier nur ungerichtete Graphen mit mindestens einer Kante, d. h. $E \neq \emptyset$, und schließen Schlingen aus. Der Beweis lässt sich leicht um diese Fälle (0- oder 1-elementige Kantenmenge V, Schlingen) ergänzen und analog für gerichtete Graphen führen.

(1 ⇒ 2) Es gebe einen Eulerzyklus im ungerichteten G. Jeder Knoten wird ein- oder mehrfach durchlaufen, was den Zusammenhang von G belegt, wobei jeder Durchlauf zwei „neue" Kanten beiträgt. Daher liegt jeder n-mal durchlaufene Knoten auf $2n$ Kanten. Auch ein willkürlich gewählter gleichzeitiger Anfangs- und Endknoten liegt auf mindestens zwei Kanten, der ersten und der letzten, und wenn er dazwischen noch n-mal durchlaufen wird, auf $2n + 2$ Kanten.

(2 ⇒ 1) Sei umgekehrt der ungerichtete Graph G zusammenhängend, und jeder Knoten habe eine gerade Anzahl von Nachbarn. Wir beginnen bei einem Knoten w und bauen von w aus schrittweise einen Weg ohne Wiederholung von Kanten auf, indem wir solange wie möglich immer vom zuletzt erreichten Knoten aus eine noch nicht durchlaufene Kante anhängen. Irgendwann geht es wegen der Endlichkeit von G nicht weiter.

Dann müssen wir aber gerade wieder bei w angekommen sein. Sonst wären alle Kanten, an denen der von w verschiedene Endknoten x beteiligt ist, durchlaufen (andernfalls könnte man von ihm aus ja weiter machen), und x ist eventuell mehrfach durchlaufen worden (über $2n$ Kanten) und schließlich über eine letzte Kante erreicht worden. Dann hätte der Endpunkt aber $2n + 1$ Nachbarn, im Widerspruch zur Voraussetzung.

Die Knoten und Kanten des konstruierten Weges bilden einen Graphen $W_1 = (V_1, E_1)$.

Also haben wir einen Teilgraphen $W_i = (V_i, E_i)$ von G vorliegen, der in sich einen Eulerzyklus $z_i = wx_1 \ldots x_l w$ besitzt. Leider wird es sich oft noch nicht um den *ganzen* Graphen G handeln. Daher betrachten wir folgende Schritte:

(#) Sind auf dem Weg z_i noch nicht alle Kanten verwendet worden, d. h. $E_i \neq E$, so betrachten wir den Graphen $G_i = (V, E \setminus E_i)$. Alle seine Knoten haben jeweils eine gerade Anzahl von Nachbarn, ggf. die (gerade) Anzahl null. Mindestens ein Knoten v_i aus V_i muss über eine Kante mit einem Knoten aus $V \setminus V_i$ verbunden sein, sonst wäre G nicht zusammenhängend. Also ist v_i Endknoten sowohl einer Kante in E_i als auch einer Kante e_i in $E \setminus E_i$. Ähnlich wie zuvor finden wir in der Zusammenhangskomponente von $V_i \cup \{v_i\}$, beginnend mit e_i, einen nichtleeren Weg $v_i y_1 \ldots y_m v_i$ von v_i nach v_i in G_i, den wir als „Abstecher" (eingeschobenen Ausflug) in z_i einbauen, indem wir darin v_i durch $v_i y_1 \ldots y_m v_i$ ersetzen. Wir erhalten dadurch einen echt größeren Weg z_{i+1} ohne Wiederholung von Kanten und einen echt größerem Teilgraphen $W_{i+1} = (V_{i+1}, E_{i+1})$ von G.

Die Schritte (#) wiederholen wir mit $i + 1$, $i + 2$, ..., anstelle von i, bis (wegen der Endlichkeit von E mit Gewissheit) nach endlich vielen Wiederholungen alle Kanten von

G erschöpft sind. Dann ist $E_k = E$, und wir haben am Ende einen Eulerzyklus von G erhalten. ∎

Mit kleinen Ergänzungen zum Beweis des vorigen Satzes zeigt man seine Verallgemeinerung:

Satz 6.5: Existenz von Eulerwegen

In einem endlichen ungerichteten und zusammenhängenden Graphen $G = (V,E)$ gibt es genau dann einen Eulerweg, wenn die Anzahl seiner Knoten mit einer ungeraden Anzahl von Nachbarn 0 oder 2 beträgt. Im ersten Fall ist jeder Eulerweg ein Eulerzyklus. Im zweiten Fall stellen die beiden Knoten mit einer ungeraden Anzahl von Nachbarn Anfangs- und Endpunkt jedes möglichen Eulerwegs dar. □

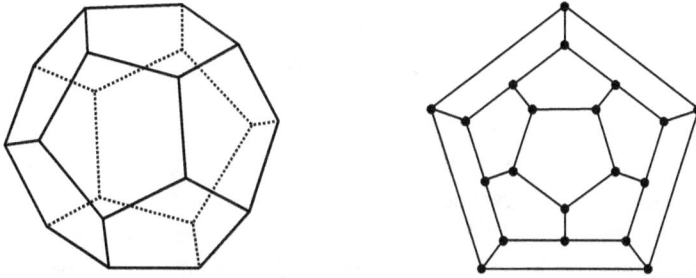

Abb. 6.21: Ein Dodekaeder – räumlich und eben.

Ein **Hamiltonpfad** eines Graphen $G = (V,E)$ ist ein Pfad, der jeden Knoten in V genau einmal berührt. Ein **Hamiltonkreis** ist ein geschlossener Hamiltonpfad, bei dem also Anfangs-und Endknoten übereinstimmen (und daher, wie erwähnt, auch dieser Knoten als nur einmal berührt gilt). Hamilton[116] stellte die Rätselaufgabe, auf einem Rundweg entlang der Kanten eines Dodekaeders (Abb. 6.21 links) jede Ecke genau einmal zu besuchen. Denken wir uns den Körper als elastisches Kantenmodell und eines der Fünfecke weit auseinander gezogen, so erhalten wir den ungerichteten ebenen Graphen in Abb. 6.21 rechts. Die manuelle Suche nach einem Hamiltonkreis dieses Graphen, wie auch die Aufstellung eines Algorithmus zur Ermittlung von Hamiltonpfaden und -kreisen, bleibt den Lesern in Übungsaufgaben überlassen.

---

116 William Rowan Hamilion, 1805–1865, Mathematiker, Physiker und Astronom in Dublin.

6.6 Bäume

6.6.1 Bäume – ein Thema mit Variationen

Bäume sind eine Klasse besonders einfacher, explizit oder implizit gerichteter Graphen mit unzähligen Anwendungen. Überall werden Hierarchien durch Bäume dargestellt. Von jeher bekannt sind die Gliederungen im Tier und Pflanzenreich. Texte werden in Kapitel, Abschnitte usw. gegliedert. Die Verweisstruktur vieler Webseiten mitsamt ihrer Unterseiten ist primär ein Baum, wenn auch oft sekundär mit Querbezügen. In der Informatik werden Bäume als Datenstrukturen verwendet, z. B. der Aufrufstruktur-Baum der temporären Prozessinstanzen bei der Abarbeitung eines rekursiven Funktionsaufrufs, oder als Suchbäume in relationalen Datenbanken. Der Aufbau von Termen lässt sich in Mathematik und Informatik gut als Baum darstellen. Syntaxbäume für Computer-Programme spielen eine zentrale Rolle bei der Kompilierung und der Codeanalyse.

In der üblichen graphischen Darstellung sehen Bäume besonders einfach aus, wobei sie gegenüber biologischen Bäumen auf den Kopf gestellt sind und obendrein kein Wurzelgeflecht haben: Ihre **Wurzel** ist ein einziger Knoten, der in der Regel ganz *oben* gezeichnet wird. Für jeden Knoten des Baumes werden die – darunter gezeichneten – unmittelbaren Nachfolgerknoten meist als seine **Kinder (-knoten)** bezeichnet. Den unmittelbaren Vorgänger darüber nennt man **Elternknoten**. Allein die Wurzel ist elternlos. Kinderlose Knoten heißen **Blätter**. Bei Bäumen hat also kein Knoten mehr als einen Elternknoten, auch wenn es biologisch danach klingt. In Abb. 6.22 ist u die Wurzel des Baums, v und w sind die Kinder von u, und x und y die Kinder von w. u ist Elternknoten von v und w, w ist Elternknoten von x und y. Die Knoten w, x, und z sind die Blätter des Baumes. Da wie erwähnt die Nachfolger in der Regel unterhalb ihrer Vorgänger gezeichnet werden, spart man sich zumeist die Pfeilspitzen und zeichnet den Baum wie in Abb. 6.22 rechts.

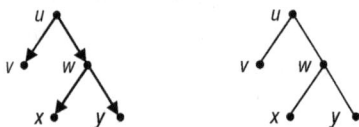

Abb. 6.22: Ein Baum (links) und seine gängige Darstellung (rechts).

Auf die Texte an den Knoten gehen wir in Abschnitt 6.7 noch näher ein. Hier sei nur kurz unterschieden zwischen
- einer eindeutigen Namensgebung, mit deren Hilfe man leicht ausdrücken kann, von welchem der vielen schwarzen Punkte man spricht (wie etwa in Abb. 6.22), und
- einer Beschriftung im engeren Sinne, bei der verschiedene Knoten gleich beschriftet sein können (wie etwa in Abb. 3.14 oder in Abb. 6.32).

In der mathematischen Graphentheorie (und eigentlich nur dort) ist es üblich, auch einen zusammenhängenden kreisfreien ungerichteten Graphen der Art wie in Abb. 6.23 – also *ohne* ausgezeichnete Wurzel – als **Baum** zu bezeichnen. Bäume *mit* ausgezeichneter Wurzel heißen dort **Wurzelbaum** oder gar **gewurzelter Baum.**

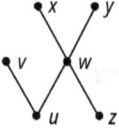

Abb. 6.23: Ein zusammenhängender kreisfreier ungerichteter Graph – kurz: ein wurzelloser Baum.

Wegen ihrer herausragenden praktischen Bedeutung befassten und befassen wir uns in diesem Kompendium vorwiegend mit *Wurzelbäumen,* die wir in der Folge, wie in der Außenwelt üblich, schlicht als *Bäume* bezeichnen. Die zusammenhängenden kreisfreien ungerichteten Graphen, auf die wir nur in diesem Kapitel näher eingehen, nennen wir *wurzellose Bäume* bzw. noch kürzer **Präbäume**[117]. Durch die Auswahl eines seiner Knoten als Wurzel wird aus einem Präbaum also ein Baum; alle Kanten erhalten dabei eine (zumindest implizite) Richtung, nämlich „von der Wurzel weg".

Darüber hinaus gibt es zwei anwendungsrelevante Varianten von Bäumen, die visuell nicht voneinander zu unterscheiden sind: Entweder versteht man die Kinder eines Knotens als untereinander linear geordnet (im Bild in der Regel von links nach rechts dargestellt) oder nicht. Demgemäß spricht man von einem **geordneten Baum** oder einem **ungeordneten Baum.** Als *ungeordnete* Bäume interpretiert sehen wir in Abb. 6.24 links und rechts den gleichen Baum; als *geordnete* Bäume interpretiert zeigt die Abbildung zwei voneinander verschiedene Bäume!

Abb. 6.24: Zwei Bäume – identisch, wenn ungeordnet, und unterschiedlich, wenn geordnet interpretiert.

Was manche lästig, andere faszinierend und wieder andere sehr praktisch finden, ist, dass man überdies selbst einzelne Varianten von Bäumen auf unterschiedliche, jedoch gleichwertige Arten definieren kann. Dies wird in den folgenden Unterabschnitten an Beispielen demonstriert. Wir werden dabei eine Menge oder Folge von Bäumen als **Wald** bezeichnen. Beachtet werden sollte, dass manche der Definitionen nur für eine jeweils eingeschränkte Klasse von Bäumen geeignet sind. Zumindest für *endliche* Bäume sind sie aber *alle* geeignet.

---

117 Prä … bedeutet so viel wie „Vorstufe zu …", in dem Sinne, dass diesem Graphen nur noch eine Wurzel zum „richtigen" Baum fehlt (gewissermaßen ein Steckling).

6.6.2 Gerichtete ungeordnete Bäume

Satz 6.6: Eindeutigkeit von Wegen und Vorgängern

Sei $G = (V, E)$ ein gerichteter Graph. Dann sind die beiden folgenden Aussagen zueinander äquivalent:

1. Es existiert ein Knoten w in V mit der Eigenschaft, dass es für alle Knoten v in V genau einen Weg von w nach v gibt.
2. Es existiert ein Knoten w ohne Vorgänger in V, von dem aus alle Knoten v in V erreichbar sind, und alle anderen Knoten haben genau einen Vorgänger. □

Beweis: Gibt es von w aus zu jedem anderen Knoten einen Weg, so sind alle Knoten von w aus erreichbar, und der umgekehrte Schluss gilt ebenso. Diese äquivalenten Bedingungen seien nun erfüllt. Wir zeigen per Kontraposition, dass es unter dieser Voraussetzung genau dann von w aus nur eindeutige Wege gibt, wenn die Anzahl der unmittelbaren Vorgänger eines Knotens im Graphen für w null und für alle anderen Knoten eins beträgt:

$\neg(1) \Rightarrow \neg(2)$: Gibt es in G zwei unterschiedliche Wege $u_1 u_2 \ldots u_m$ und $v_1 v_2 \ldots v_n$ von w nach v, also mit $u_1 = v_1 = w$ und $u_m = v_n = v$, so können wir von v aus beide Wege jeweils so lange um einen Schritt zurückverfolgen, bis die beiden Endstücke erstmals nicht mehr übereinstimmen. Dort ist dann, sagen wir, $u_{m-k+1} = v_{n-k+1}$, aber $u_{m-k} \neq v_{n-k}$, d. h. $u_{m-k+1} = v_{n-k+1}$ hat zwei unterschiedliche unmittelbare Vorgänger.

$\neg(2) \Rightarrow \neg(1)$: Wenn es umgekehrt nicht der Fall ist, dass die Anzahl der unmittelbaren Vorgänger eines Knotens in G für w null und für alle anderen Knoten eins beträgt, so betrachten wir die Fälle, dass zum einen w einen Vorgänger u hat und dass zum anderen ein Knoten v zwei unmittelbare Vorgänger x und y hat.

- Im ersten Fall können wir einen (existierenden) Weg von w nach u um den einen Knoten w zu einem Weg von w nach w verlängern, der sich von dem leeren Weg ε von w nach w unterscheidet.
- Im zweiten Fall können wir die (existierenden) Wege von w nach x bzw. y um den einen Knoten v zu zwei verschiedenen Wegen von w nach v verlängern. ∎

Ein gerichteter Graph $G = (V,E)$ heißt genau dann ein gerichteter **ungeordneter Baum**, wenn er eine der beiden oben stehenden Bedingungen erfüllt. Das w aus beiden Bedingungen ist der gleiche Knoten und wird **Wurzel** von G genannt. Die **Tiefe eines Knotens** v ist die Länge des Weges von w nach v Als **Tiefe eines Baumes** betrachtet man das Maximum der Tiefen aller seiner Knoten, sofern es existiert, ansonsten unendlich.

In jedem gerichteten Baum $B = (V,E)$ bestimmt jeder Knoten v einen Teilgraphen mit allen von v aus erreichbaren Knoten und allen in B zwischen diesen Knoten vorhandenen Kanten. Dieser Teilgraph ist automatisch ein Baum, der durch v bestimmte **Teilbaum** $T(B,v)$ von B.

Gerichtete ungeordnete Bäume endlicher Tiefe (hier kurz **U-Bäume**) mit Knoten in einer Grundmenge K können wir (gleichzeitig mit ihren Knotenmengen und ihren Mengen, den **U-Wäldern**) auch induktiv definieren:

- Ein Paar $(w,\varnothing)$, bestehend aus einem Element $w \in K$ und der leeren Menge ist ein U-Baum mit Wurzel w und Knotenmenge $kn(w,\varnothing) = \{w\}$.
- Ein U-Wald ist eine Menge M von U-Bäumen mit paarweise disjunkten Knotenmengen, d. h. $b,b' \in M \wedge b \neq b' \Rightarrow kn(b) \cap kn(b') = \varnothing$.
- Ist M ein U-Wald und kommt $w \in K$ in keiner Knotenmenge eines seiner Bäume vor, so ist (w, M) ein U-Baum mit Wurzel w und Knotenmenge

$$kn(w,M) = \{w\} \cup \bigcup_{b \in M} kn(b).$$

Eine Erweiterung des Begriffs zu *potentiell unendlich tiefen* U-Bäumen erhalten wir durch die Vereinigung einer endlichen oder unendlichen Folge $B_1, B_2, B_3, \ldots$ jeweils wachsender endlich tiefer U-Bäume, wenn z. B. B_i genau die obersten i "Generationen" jedes späteren Baumes in der Folge umfasst.

6.6.3 Ungerichtete ungeordnete Bäume

Wenn wir uns den zusammenhängenden und kreisfreien ungerichteten Graphen in Abb. 6.23 oben ähnlich wie im letzten Beispiel von Abschnitt 6.1 als Modell aus Stäbchen gebastelt vorstellen, das in den Verbindungspunkten frei drehbar ist, so könnten wir es an jedem der Knoten hochheben, und der Rest hinge dann nach unten. Das Ergebnis entspricht jeweils einem Baum, und seine Wurzel halten wir gerade in der Hand. Die Richtung der Kanten des Baumes zeigt implizit von der ausgewählten Wurzel weg. Entsprechend der freien Beweglichkeit in den Knoten unterscheiden wir nicht zwischen verschiedenen Kinderreihenfolgen, sehen in dem Stäbchenmodell also einen ungeordneten Baum. Abbildung 6.25 zeigt einen Präbaum und alle vier aus diese Weise aus ihm erzeugbaren ungeordneten Bäume.

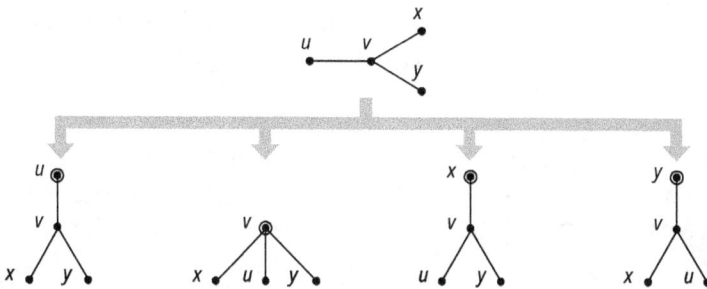

Abb. 6.25: Mögliche Auswahlen einer Wurzel in einem kreisfreien ungerichteten Graphen.

Ein ungeordneter Baum besteht aus einem Präbaum $G = (V,E)$ und einem „ausgezeichneten" Knoten w aus V. Für die Präbaum-Eigenschaft gibt es unterschiedliche gleichwertige graphentheoretische Charakterisierungen.

Satz 6.7 Präbaum-Kriterien

Sei $G = (V,E)$ ein ungerichteter Graph. Dann sind die folgenden Aussagen (1), (2) und (3) zueinander äquivalent.

1. G ist zusammenhängend und kreisfrei (d. h. ein Präbaum).
2. G ist zusammenhängend, nach Entfernung einer beliebigen Kante (bei unveränderter Knotenmenge) aber nicht mehr.
3. Von jedem Knoten u von G zu jedem Knoten v von G gibt es genau einen Pfad.

Ist überdies G endlich (d. h. $|V|$ eine natürliche Zahl – und damit auch $|E|$) und hat mindestens einen Knoten, so sind diese Aussagen äquivalent zu:

4. G ist zusammenhängend und $|E| = |V| - 1$. $\qquad\qquad\qquad\qquad\qquad$ □

Beweis:

(1) $\Rightarrow$ (2): Sei $G = (V,E)$ ein Präbaum. Wir nehmen an, es gäbe im Gegensatz zu (2) eine Kante $\{u,v\} \in E$, derart dass $G' = (V, E \setminus \{u,v\})$ noch zusammenhängend ist. Dann gibt es aber einen Pfad $vx_1x_2 \dots x_ku$ in G', also auch in G, und somit den Kreis $vx_1x_2 \dots x_kuv$ in G. Also muss die Annahme falsch sein und damit (2) gelten.

(2) $\Rightarrow$ (3): Es gelte (2). Wegen des Zusammenhangs gibt es Wege von jedem Knoten zu jedem andern (und natürlich zum selben, z. B. ε). Solange innerhalb eines Weges ein Zyklus $vx_1x_2 \dots x_kv$ vorkommt, kann man den Zyklus durch v ersetzen, und erhält einen kürzeren Weg mit denselben Anfangs- und Endknoten. Das geht nur endlich oft, dann ist der erhaltene Weg ein Pfad. Also gibt es von einem Knoten zum andern nicht nur Wege, sondern Pfade.

Gäbe es zwei unterschiedliche Pfade $x_1x_2 \dots x_i$ und $y_1y_2 \dots y_k$ von einem Knoten zu einem anderen, also mit $x_1 = y_1$ und $x_i = y_k$, so gäbe es auch ein erstes x_l, $l > 1$, das mit einem y_m übereinstimmt (was spätestens bei x_i der Fall ist). Dann wäre die Knotenfolge $x_1x_2 \dots x_my_{m-1}y_{m-2} \dots y_1$ auf dem ersten Pfad vorwärts und dem zweiten zurück ein Kreis, also ist diese Möglichkeit auszuschließen, und es gibt keine zwei verschiedenen derartige Pfade.

(3) $\Rightarrow$ (1): Wir gehen von (3) aus. Der Zusammenhang von G ist klar, da Pfade insbesondere Wege sind. Gäbe es einen nichtleeren Kreis $vx_1x_2 \dots x_kv$ in G, so gäbe es auch zwei verschiedene v nach x_1, nämlich vx_1 und $vx_kx_{k-1} \dots x_1$. Also gilt (1).

Nun sei der Graph endlich.

Beweisskizze (1) $\Rightarrow$ (4): Wenn man von jedem maximalen Pfad den Endpunkt (auf jeden Fall ein Knoten mit nur einem Nachbarn) und die letzte Kante aus dem Graphen streicht, bleibt $|V| - |E|$ unverändert. Am Ende bleibt ein Knoten und keine Kante übrig.

Beweisskizze (4) $\Rightarrow$ (1), indirekt: Erfüllt der zusammenhängende Graph G (1) nicht, so enthält G einen nichtleeren Kreis. Nun streicht man so lange wie möglich aus den verbliebenen Kreisen in G jeweils eine Kante, ohne dabei den Zusammenhang zu gefährden, was zu einem Präbaum mit (s. o.) $|E'| = |V| - 1$ führt. Da aber inzwischen aus G Kanten gestrichen wurden, gilt in G nicht $|E| = |V| - 1$. ∎

Ein Paar $B = (G,w)$ aus einem Präbaum $G = (V,E)$ und einem Knoten $w \in V$ (genannt die **Wurzel** von G) wird nun als (ungerichteter ungeordneter verwurzelter) **Baum** bezeichnet.

6.6.4 Parallelen zwischen gerichteten und ungerichteten Bäumen

Was im Bild das Weglassen bzw. Hinzunehmen der Pfeilspitzen ausmacht, dem entspricht eine eineindeutige Zuordnung zwischen gerichteten und ungerichteten ungeordneten Bäumen. So entspricht beispielsweise bei $V = \{u,v,x,y\}$
- der ungerichtete Baum $B_1 = (G_1,u)$ mit $G_1 = (V,E_1)$, der Kantenmenge $E_1 = \{\{u,v\}, \{v,x\}, \{v,y\}\}$ und der Wurzel u (vgl. Abb. 6.25 unten links)
- dem gerichteten Baum $B_2 = G_2 = (V,E_2)$ mit $E_2 = \{(u,v),(v,x), (v,y)\}$.

Zeichnerisch bzw. mithilfe des mechanischen Gleichnisses haben wir das vermutlich schon als plausibel akzeptiert. Mathematisch bleibt die Zuordnung noch formal zu beschreiben und deren Eineindeutigkeit als Übungsaufgabe zu beweisen. Dazu definieren wir im Rahmen ungeordneter Bäume, also ohne Geschwisterreihenfolge,
- für jeden gerichteten Baum $G = (V, E)$ den ihm zugeordneten ungerichteten Baum $Unger(G) = (V, Unger(E), w)$ wie folgt:
  - seine Knotenmenge V ist die von G,
  - seine Kantenmenge ist die Menge aller $\{u,v\}$ mit $(u,v) \in E$, vgl. G_u in 6.2,
  - seine Wurzel w ist die Wurzel von G (vgl. Satz 6.6);
- für jeden ungerichteten Baum $G' = (V,E',w)$ den ihm zugeordneten gerichteten Baum $Ger(G') = (V,Ger(E',w))$ wie folgt:
  - seine Knotenmenge V ist die von G,
  - seine Kantenmenge ist die Menge aller (u,v), für die gilt: $\{u,v\} \in E$, und u ist der Vorgänger von v auf dem Pfad von w nach v.
  Dazu überlegt man, dass $\{u,v\} = \{v,u\}$ und dass im Falle $\{u,v\} \in E$ genau einer der beiden Knoten Vorgänger des anderen auf dem Pfad von w aus ist.

6.6.5 Geordnete Bäume

Baumgrafiken sind in diesem Unterabschnitt so zu interpretieren, dass jeweils zwischen den Kindern des gleichen Knotens eine lineare Ordnung „von links nach rechts" definiert ist. Formal – ohne Zuhilfenahme einer grafischen Darstellung – ist ein **geordneter Baum** definierbar als Tripel $T = (V,E,O)$, bei dem $B = (V,E)$ ein gerichteter Baum und O eine Abbildung ist, die jedem Knoten $v \in V$ eine Totalordnung auf der Menge der Kinder von v (die Geschwisterreihenfolge) zuweist.[118]

Wenn wir den leeren Baum ignorieren, können wir die knotenbeschrifteten geordneten Bäume endlicher Tiefe (hier kurz **G-Bäume**) mit Knotenanschriften in einer Grundmenge M (gleichzeitig mit ihren Knotenmengen und ihren Folgen, den **G-Wäldern**) auch induktiv definieren:

- Ein Paar $(w, ())$, bestehend aus einem Element $w \in M$ und einer leeren Folge von G-Bäumen ist ein G-Baum mit Wurzel w und Knotenmenge $kn(w,()) = \{w\}$.
- Ein G-Wald ist eine total geordnete Menge f von G-Bäumen mit paarweise disjunkten Knotenmengen (d.h. $b, b' \in f \wedge b \neq b' \Rightarrow kn(b) \cap kn(b') = \varnothing$).
- Ist f ein G-Wald und kommt $w \in M$ in keiner Knotenmenge eines seiner Bäume vor, so ist (w, f) ein G-Baum mit Wurzel w und Knotenmenge

$$kn(w,f) = \{w\} \cup \bigcup_{b \in f} kn(b).$$

So können wir beispielsweise mit der Grundmenge $M = \{v_1, v_2, v_3, ...\}$ auf Basis der ersten Regel die „1-knotigen" G-Bäume $(v_4,())$, $(v_5, ())$ und $(v_2, ())$ konstruieren, dann mittels der zweiten Regel den G-Wald $((v_4, ()), (v_5, ()))$, mithilfe der dritten Regel den G-Baum $(v_3,((v_4,()),(v_5,())))$, sowie entsprechend den G-Wald $((v_2,()),(v_3,((v_4,()),(v_5,()))))$ und schließlich den in Abb. 6.26 links dargestellten G-Baum $(v_1,((v_2,()),(v_3,((v_4,()),(v_5,())))))$. Sein rechtes Gegenstück wird in der Folge erklärt.

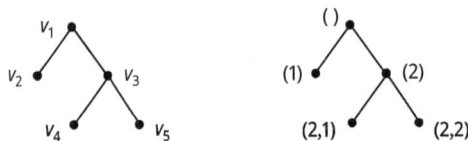

Abb. 6.26: Der geordnete Baum $(v_1,((v_2,()),(v_3,()),v_4,()),(v_5,())))$ und sein **Adressenbaum**.

Geschwister tauchen in der Konstruktion explizit als Komponenten eines G-Waldes f auf, der durch Überordnung einer Wurzel w in einen Baum (w,f) eingearbeitet

---

118 Wegen der eineindeutigen gegenseitigen Zuordnung unterscheiden wir hier nicht zwischen gerichteten und ungerichteten Bäumen.

wurde. Die Ordnung zwischen Geschwistern ist die Ordnung innerhalb f. Die durch Kanten und Abwärtsrichtung gegebene „gewöhnliche" Ordnung ist die von der Wurzel w des Teilbaums (w,f) zu den Wurzeln der Bäume in f.

Eine Erweiterung des Begriffs zu *potentiell unendlich tiefen* G-Bäumen erhalten wir durch die Vereinigung einer endlichen oder unendlichen Folge B_1, B_2, B_3, ... jeweils wachsender endlich tiefer G-Bäume, wenn z. B. B_i genau die obersten i „Generationen" jedes späteren Baumes in der Folge umfasst.

Wenn in einem geordneten gerichteten Baum jeder Knoten nur endlich oder abzählbar viele Kinder hat, kann man jedem seiner Knoten eine Folge natürlicher Zahlen als eindeutige „Wegbeschreibung" bzw. „**Adresse**" zuordnen, nämlich der Wurzel die leere Adresse ε bzw. () und für jeden Knoten mit Adresse (adr) seinen Kindern (in der Geschwisterreihenfolge) die Adressen $(adr \circ 1)$, $(adr \circ 2)$, ..., wobei in der hier verwendeten Folgenschreibweise die erste Ziffer ohne Komma eingefügt und die folgenden mit Komma angehängt werden. Damit erhalten wir für die Knoten v_1, v_2, v_3, ... in Abb. 6.26 links die Adressen (), (1), (2), (2,1) und (2,2), wie im **Adressenbaum** rechts dargestellt. Oft kommt es nicht auf die Identität der Knoten, sondern nur auf die zeichenbare „Form" des Baumes und seine Geschwisterordnung an. Dann kann man einen „von Knotennamen abstrahierenden" G-Baum bereits durch seinen Adressenbaum, d. h. seine Adressenmenge beschreiben. In diesem Sinne wäre ein geordneter Baum definierbar als Menge B endlicher Folgen natürlicher Zahlen mit folgender Eigenschaft: Ist $(a \circ n) \in B$ und $n \in \mathbb{N}$, dann ist auch $(a) \in B$, sowie im Falle $n \in \{2, 3, ...\}$, auch $(a \circ 1)$, $(a \circ 2)$, ..., $(a \circ n - 1) \in B$. Einen mit Knoten aus M beschrifteten G-Baum erhält man dann als Abbildung einer solchen Folgenmenge in M. In einer Übungsaufgabe überlegen wir uns eine sparsamere Notation für unbeschriftete endliche geordnete Bäume.

Mehr über Beschriftungsmöglichkeiten bei Graphen finden wir in Abschnitt 6.7.

6.6.6 Spannbäume

Ein **Spannbaum** (häufig auch auf Englisch: spanning tree) eines ungerichteten Graphen $G = (V,E)$ ist ein Teilgraph $B = (V,E')$, der Präbaum ist und alle Knoten des Graphen enthält. Abbildung 6.27 zeigt ein Beispiel, in dem der Spannbaum grau unterlegt dargestellt ist. Wegen Satz 6.7 über die Präbaumkriterien haben alle Spannbäume eines Graphen gleich viele Kanten.

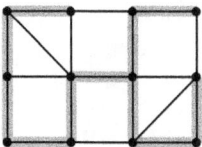

Abb. 6.27: Ein Graph und einer seiner Spannbäume.

In der Praxis interessieren Spannbäume im Zusammenhang mit Kantengewichten, wie wir sie vom Handlungsreisendenproblem in Abschnitt 6.1 kennen, nur dass nun nicht nach einem (hinsichtlich der Gewichte) minimalen Rundweg, sondern nach einem minimalen Spannbaum gefragt wird. Zu dessen Bestimmung stehen effiziente Algorithmen zur Verfügung, vgl. [CLRS 2010], die aber über den Rahmen dieser einführenden Darstellung hinausgehen.

6.6.7 Baumbezogene Graphenalgorithmen

Häufig will man systematisch alle Knoten eines endlichen Baumes durchlaufen, in der Regel, um für diesen Knoten eine Berechnung durchzuführen, der der Baum als Datenstruktur zugrunde liegt. Wir drücken dies als jeweilige „Bearbeitung des Knotens" aus. Dazu gibt es zwei kanonische[119] Vorgehensweisen: die Tiefensuche und die Breitensuche. Wir gehen davon aus, dass man an jedem Knoten des Baumes zusätzlich zum Knotennamen oder der Knoteninschrift eine „erledigt"-Marke anbringen kann, was ggf. formal durch eine geeignete Datenstruktur erreicht werden kann. Anfangs sind alle Knoten unerledigt, also nicht markiert.

Algorithmus 6.1a: Tiefensuche mit Begrüßungs-Reihenfolge
Für jeden Knoten v des Baums sei die Ausführung von Tiefensuche(v) im Rahmen einer Bearbeitung aller Knoten wie folgt definiert:
Tiefensuche(v):
Wenn v noch nicht als erledigt markiert ist:
1. Markiere v als erledigt.
2. Bearbeite v.
3. Solange es ein noch unerledigtes Kind x von v gibt: Führe Tiefensuche(x) aus.

Wende nun Tiefensuche auf die Wurzel w des Graphen an: Tiefensuche(w). ☐

In *geordneten* Bäumen wird man in vielen Fällen in Schritt 3 nicht *irgendein* noch unerledigtes, sondern das in der Geschwisterreihenfolge *nächste* Kind bearbeiten.

Abb. 6.28: Ein zu durchlaufender Baum (links), durchlaufen mit Tiefensuche (Mitte) und mit Breitensuche (rechts).

---

119 **Kanonisch** bedeutete ursprünglich „dem Kanon (Kirchenrecht) entsprechend"; in der Mathematik: schulmäßig, mit grundlegenden Eigenschaften.

Sehen wir uns eine Ausführung der Tiefensuche anhand des Baumes in Abb. 6.28 an:
Tiefensuche(w) startet, markiert w als erledigt, bearbeitet w;
      Tiefensuche(u) startet, markiert u als erledigt, bearbeitet u;
    Tiefensuche(x) startet, markiert x als erledigt, bearbeitet x, endet;
    Tiefensuche(y) startet, markiert y als erledigt, bearbeitet y, endet;
      Tiefensuche(u) endet;
      Tiefensuche(v) startet, markiert v als erledigt, bearbeitet v, endet;
Tiefensuche(w) endet.

Die Knoten werden hierbei in der Reihenfolge *wuxyv* bearbeitet. Diese Reihenfolge wird gewöhnlich als **Discovery-Reihenfolge**[120] bezeichnet. Auf Deutsch könnten wir sie als **Begrüßungs-Reihenfolge** charakterisieren: Jeder Knoten wird „bei der Begrüßung" bearbeitet, nämlich sobald man ihm das erste Mal begegnet. Wenn wir uns in der Abbildung des Baumes die Knoten als von oben gesehene Pfeiler und die Kanten als von oben betrachtete Mauern vorstellen, so entspricht diese Bearbeitungsreihenfolge folgendem Vorgehen:

- Stelle Dich nördlich des Wurzelpfeilers und berühre ihn mit der linken Hand.
- Laufe entgegen dem Uhrzeigersinn um das Gemäuer, wobei Du mit der linken Hand daran entlang streichst.
- Bearbeite dabei jeden Pfeiler, sobald Du ihn das erste Mal berührst.
- Wenn Du wieder auf der Nordseite des Wurzelpfeilers angelangt bist, bist Du fertig.

Wenn man in der Tiefensuche die Anweisungen (2) und (3) vertauscht, also den Knoten erst bearbeitet, nachdem man die Tiefensuche auf seine Kinder angewendet hat, bearbeitet man ebenfalls jeden Knoten genau einmal – was ja der Hauptzweck des Unterfangens ist – jedoch in einer anderen Reihenfolge. In Abb. 6.28 durchläuft man die Knoten dann in der Reihenfolge *xyuvw*. Jeder Knoten (oder im Gemäuer-Szenarium: Pfeiler) wird bearbeitet, sobald man ihm das letzte Mal begegnet, die sogenannte **Finishing-Reihenfolge**[121], auf Deutsch würde **Abschieds-Reihenfolge** zum Vorstehenden passen.

Algorithmus 6.1b: Tiefensuche mit Abschieds-Reihenfolge

Für jeden Knoten v des Baums sei die Ausführung von Tiefensuche(v) wie folgt definiert: Tiefensuche(v):
Wenn v noch nicht als erledigt markiert ist:
1. Solange es ein noch unerledigtes Kind x von v gibt: Führe Tiefensuche(x) aus.
2. Bearbeite v.
3. Markiere v als erledigt.

---

120 Von englisch *discovery:* Entdeckung.
121 Von englisch *finish*: beenden.

Wende nun die Tiefensuche-Prozedur auf die Wurzel w des Graphen an:
Tiefensuche(w). □

Zur Lösung konkreter Aufgaben muss das Tiefensuche-Schema noch um die entsprechenden Aktionen ergänzt werden, ohne am eigentlichen Baumdurchlauf etwas zu ändern. Will man zum Beispiel die Tiefe eines endlichen Baumes berechnen, kann man wie folgt in der Abschiedsordnung vorgehen:

    (*maxtiefe* ist eine für alle Tiefenbestimmung-Prozesse global zugreifbare Variable.)
    Setze *maxtiefe* := 0;
    Führe Tiefenbestimmung(w,0) aus.
    Dabei ist Tiefenbestimmung(v,*knotentiefe*) wie folgt auszuführen:
        Wenn v noch nicht als erledigt markiert ist:
            Solange es ein noch unerledigtes Kind x von v gibt:
                Führe Tiefenbestimmung(x, *knotentiefe* + 1) aus.
            Setze *maxtiefe* := max(*maxtiefe*, *knotentiefe*).
            Markiere v als erledigt.

Man beachte dabei, dass jeder gestartete Tiefensuche-Prozess mit seinem eigenen Exemplar von *knotentiefe* arbeitet. Diese ist die Tiefe des aktuell besuchten Knotens und folgerichtig um eins größer als die Tiefe des Elternknotens, von dem aus dieser Prozess in Gang gesetzt wurde. Die Bearbeitung des Knotens besteht darin, dass, wenn er eine größere Tiefe als alle bisher bearbeiteten Knoten hat, die maximale bisherige Tiefe entsprechend erhöht wird. Wenn am Ende alle Knoten bearbeitet sind, stimmt die maximale bisherige Tiefe per Definition mit der des Baumes überein.

    Die Breitensuche eignet sich als Alternative zur Tiefensuche zum Besuch aller Knoten eines endlichen Baumes.

Algorithmus 6.2: Breitensuche
(Der Algorithmus arbeitet mit einer (zunächst leeren) Liste q von Knoten.)
Schreibe die Wurzel w des Baumes in q.
Solange es noch einen Knoten in q gibt:
1.   Nimm den ersten (linken) Knoten v aus q heraus.
2.   Schreibe alle Kinder ans Ende von q (rechts).
3.   Bearbeite v.

Mit der Breitensuche entwickelt sich q von Anweisung zu Anweisung (sofern sie q ändert). Im Beispielbaum von Abb. 6.28 verläuft das wie folgt: ε, w, ε, uv, v, vxy, xy, y, ε. Kleinere Variationen ändern an der Haupteigenschaft nichts, dass nämlich die Knoten „stockwerk-oder generationenweise abwärts" bearbeitet werden, und zwar Geschwister hintereinander, und jeder Knoten genau einmal. So kann man 1, 2 und 3 vertauschen, sofern man deren Wortlaut ggf. geeignet anpasst, damit man mit den gleichen

Objekten (z. B. v/erster Knoten in q) arbeitet. Bei geordneten Bäumen wird man in der Regel wieder die Geschwisterordnung (hier in Anweisung 2) einhalten.

6.6.8 Unendliche Bäume

Auch bei Bäumen mit unendlich vielen Knoten bzw. – gleichbedeutend – unendlich vielen Kanten ist ein Pfad zwischen zwei Knoten immer nur endlich lang. Unendlichkeit kommt bei Bäumen auf zwei Weisen ins Spiel:
- Zum einen kann die Kinderzahl eines Knotens unendlich sein, wie bei den Geschwistern (1), (2), (3), ... in Abb. 6.29. Sie darf sogar überabzählbar sein.
- Unabhängig davon können unendliche Pfade in dem Sinne existieren, dass man evtl. eine unendliche Knotenfolge angeben kann, deren sämtliche (endlichen) Anfangsstücke Pfade sind, wie (), (1), (1,1), ... in Abb. 6.29.

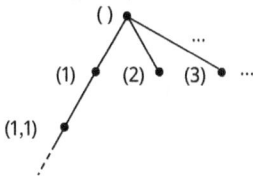

Abb. 6.29: Unendlichkeit in Bäumen.

Satz 6.8: Lemma von Kőnig[122]
In einem Baum mit unendlich vielen Knoten, in dem jeder Knoten nur endlich viele Kinderknoten hat, gibt es einen unendlichen Pfad. □

Beweis: Wir definieren den Pfad v_1, v_2, v_3, ... im Baum B induktiv, beginnend mit der Wurzel v_1. Der Teilbaum $T(B,v_1)$ stimmt mit B überein und ist daher unendlich. Der Induktionsschritt sieht so aus: Sei $(v_1, v_2, ..., v_k)$ ein Anfangsstück des gesuchten Pfades mit der Eigenschaft, dass $T(B,v_k)$ unendlich viele Knoten hat. Hätte für alle Kinder v von v_k der an v hängende Teilbaum $T(T(B,vk), v) = T(B,v)$ jeweils nur endlich viele Knoten, so hätte auch $T(B,v_k)$ nur endlich viele Kinder, da er sich dann aus v_k und endlich vielen endlichen Teilbäumen zusammensetzen würde. Also gibt es ein Kind v_{k+1} von v_k mit unendlichem $T(B,v_{k+1})$, und der um einen Knoten längere Pfad $(v_1, v_2, ..., v_k, v_{k+1})$ hat die gewünschte Eigenschaft und bringt uns einen Schritt weiter. ∎

---

122 Dénes Kőnig, 1884–1944, Professor für Mathematik an der TH Budapest. Obwohl dieser Satz nach verbreiteter Ansicht ein eigenständiges Ergebnis darstellt, wird er traditionell „nur" als Lemma tituliert.

6.7 Beschriftete Graphen

In vielen Anwendungen von Graphen sind Knoten oder Kanten (oder beide) beschriftet. In kantengewichteten Graphen wie beim Handlungsreisendenproblem sind die Kanten mit Zahlen beschriftet. In Abb. 6.30 sind sowohl Knoten als auch Kanten beschriftet.

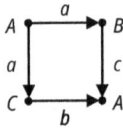

Abb. 6.30: Ein knoten- und kantenbeschrifteter gerichteter Graph.

Gleiche Beschriftung bedeutet hier nicht Identität von Knoten oder Kanten im Graphen; der Graph in Abb. 6.30 soll tatsächlich, wie gezeigt, vier Knoten und vier Kanten haben. Formal beschreibt man eine **Knotenbeschriftung** eines Graphen $G = (V,E)$ durch eine Abbildung von V in eine Menge (ein Alphabet) Σ_V und eine **Kantenbeschriftung** eines Graphen $G = (V,E)$ durch eine Abbildung von E in eine Menge (ein Alphabet) Σ_E.

6.7.1 Endliche Automaten

In der Informatik sind (deterministische) **endliche Automaten** spezielle kantenbeschriftete gerichtete Multigraphen mit zusätzlichen Strukturmerkmalen:

– Jeder Knoten (genannt Zustand) hat für jedes Symbol $x \in \Sigma_E$ genau eine ausgehende Kante, die mit x beschriftet ist. Zustände werden grafisch gewöhnlich als Kreise dargestellt, ihr Name wird jeweils in den Kreis geschrieben.
– Es gibt genau einen ausgezeichneten sog. **Anfangszustand.**
– Es gibt eine Menge ausgezeichneter sog. **akzeptierender Zustände.**

Abbildung 6.31 zeigt einen endlichen Automaten, der auf einem gewissen Abstraktionsniveau – vor allem in finanzieller Hinsicht – die Bedienung und das Verhalten eines Getränkeautomaten ohne Chipkarten-Leser modelliert:

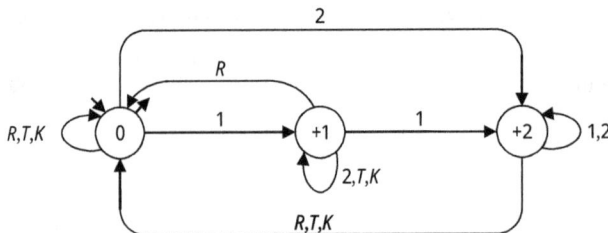

Abb. 6.31: Ein Verkaufsautomat als endlicher Automat.

1, 2	Einwurf einer 1- bzw. 2-Euro-Münze
R	Betätigung des Knopfes „Rückgabe"
T, K	Betätigung des Knopfes „Tee" bzw. „Kaffee"
0, + 1, + 2	Zustände: Wie viel „schuldet" der Automat momentan dem Benutzer?

Anfangs- und einziger Zielzustand, hier gekennzeichnet durch einen kleinen Eingangs- bzw. Ausgangspfeil, sei 0: Kunde und Automat sind quitt. Führen mehrere Kanten von einem Zustand z_1, zu einem Zustand z_2, so sind diese der Übersichtlichkeit zu einem mehrfach beschrifteten Pfeil zusammengefasst.

Zu den modellierten realen Abläufen sei noch erläutert:

Ein Getränk kostet 2 Euro. Der Automat nimmt nur 1- und 2-Euro-Münzen an, er wechselt nicht und nimmt Geld vorab nur für höchstens ein Getränk an. Jede das nächste Getränk überzahlende Münze wirft er unmittelbar wieder aus. K und T führen nur nach hinreichendem Einwurf (also im Zustand + 2) zu einer Reaktion. Dann wird das gewünschte Getränk ausgegeben (was im endlichen Automat nicht explizit dargestellt ist), und eingeworfene Münzen sind dann nicht mehr rückholbar. Eingeworfene Münzen, die noch nicht durch Getränkeausgabe verbraucht sind, werden nach Drücken des Rückgabeknopfes wieder ausgeworfen.

Mit endlichen Automaten kann man Zustände und Zustandsübergänge eines Systems und damit auch induktiv längere Abläufe modellieren. Oben ist 11R22K ein Ablauf, nach dem der (zwischenzeitig unentschlossene und obendrein etwas schusselige) Automatenkunde schließlich einen Kaffee erworben hat. Kunde und Verkaufsautomat schulden einander danach nichts mehr, was man am erreichten Zustand 0 ablesen kann.

Genau genommen haben wir gerade den gängigeren Automatentyp des **Akzeptors** oder **Moore-Automaten**[123] kennengelernt. Der Typ des **Transduktors** oder **Mealy-Automaten**[124], enthält zwei Symbole an jeder Kante, ein Input- und ein Outputsymbol. Er produziert quasi eine situationsabhängige zeichenweise „Übersetzung" des Eingabewortes anstelle der reinen Entscheidung des Akzeptors, ob das gelesene Wort „in Ordnung ist". Manche Systeme haben unendlich viele Zustände und sind nur als unendliche Automaten modellierbar. Man kann prinzipiell jeder formalen Sprache leicht einen (notfalls unendlichen) Automaten zuordnen, der sie akzeptiert. Seine Zustände entsprechen den möglichen Wortresten nach dem bisherigen Ablauf. Zum *Aufschreiben* eines solchen Gebildes muss man sich natürlich eine endliche Darstellung einfallen lassen. Da es nur abzählbar viele endliche Beschreibungen für überabzählbar viele unendliche Automaten gibt, kann das nicht immer gelingen. Zum Ausgleich gibt es aber auch nur abzählbar viele *endlich beschreibbare* Problemstellungen.

---

[123] Edward F. Moore, 1925–2003, lehrte Mathematik und Informatik an der Universität von Wisconsin.
[124] George H. Mealy, 1927–2010, lehrte Mathematik an der Harvard University, arbeitete auch als Informatiker.

Endliche Automaten sind in der Informatik das Mittel der Wahl zur anschaulichen Darstellung regulärer Sprachen sowie ein wichtiges Instrument im Compilerbau.

6.7.2 Termsyntax

Den induktiven Aufbau von Termen kann man auf unterschiedliche Arten durch knotenbeschriftete Syntaxbäume darstellen, so zum Beispiel den logischen Term $(A \wedge (\neg B \vee C)) \vee B$ wie in Abb. 6.32.

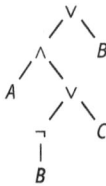

Abb. 6.32: Ein Syntaxbaum aus der Aussagenlogik.

Wird dieser Baum mittels Tiefensuche durchlaufen und besteht die Bearbeitung der Knoten darin, jeweils ihre Anschrift niederzuschreiben, so erhält man

- in der Begrüßungsordnung $\vee \wedge A \vee \neg BCB$, die sogenannte polnische Notation[125] des Terms, bei der jeder Operator klammerfrei unmittelbar vor seinen Operanden steht.
- In der Abschiedsordnung $AB\neg C \vee \wedge B \vee$, die sogenannte umgekehrte polnische Notation des Terms, bei der jeder Operator klammerfrei unmittelbar hinter seinen Operanden steht.

Aus beiden lässt sich der Syntaxbaum und daher die uns gewohnte Schreibweise leicht rekonstruieren.

6.7.3 Färbungen

Färbungsprobleme, wie wir sie in Abschnitt 6.1 kennengelernt haben, beziehen sich ebenfalls auf knotenbeschriftete Graphen, wobei die Anschriften als Farben bezeichnet werden.

Mit zwei Farben gefärbte Graphen nennt man **bipartite Graphen**, wenn ihre Knotenmenge so in zwei Teilmengen aufgeteilt ist, dass Kanten immer von einem

---

125 Benannt nach der *Nationalität* ihres Erfinders Jan Łukasiewicz, 1878–1956, Professor in Warschau und Dublin, vgl. [Łuka 1963], kurzfristig auch Kultusminister von Polen. Die Aussprache seiner Nationalität verunsicherte die Nicht-Polen vermutlich weniger als die seines Namens (letztere etwa wie Wukaschewitsch).

Knoten in einer Menge zu einem Knoten in der anderen Menge verlaufen. Bipartite gerichtete Graphen werden zentral in der Theorie der **Petri-Netze**[126] verwendet. Es gibt verschiedene Typen von Petri-Netzen. Meist sind die Knoten einer Farbe (die sog. Stellen oder neuerdings rückübersetzt aus dem Englischen „Plätze") zusätzlich mit Multimengen formaler Objekte, der sog. Marken, und die Kanten sind mit Multimengenmustern für diese Objekte beschriftet. Die Markierung der Stellen („welche Marken wo liegen") repräsentiert einen aktuellen Zustand eines Systems. Ein Petri-Netz weist jedem Knoten der anderen Farbe, einer sog. Transition, automatisch mögliche Zustandsänderungen, sog. Schaltungen, zu, durch die sich die Markierung der Stellen ändern kann. Auf diese Weise können Handlungsabläufe modelliert und analysiert werden, vgl. z. B. [Baum 1997]. Petri-Netze verallgemeinern endliche Automaten insofern, als man letztere durch besonders einfache Netze repräsentieren und emulieren kann, nicht aber alle Netze durch Automaten.

6.8 Einfache Algorithmen für endliche Graphen

6.8.1 Graphendurchläufe, Zusammenhang, Spannbäume

Im Folgenden sei $G = (V,E)$ ein endlicher Graph. Ist G zusammenhängend (bzw. als gerichteter Graph stark zusammenhängend), so ist der systematische Besuch aller Knoten von G mit Strategien ähnlich der bislang für Bäume definierten Tiefen- oder Breitensuche möglich. Dabei verwendet man lediglich

- anstelle der Wurzel des Baumes einen beliebigen Startknoten w und
- für jeden erreichten Knoten anstelle der (unmarkierten) Kinder im Baum seine (unmarkierten) Nachbarn bzw. unmittelbaren Nachfolger.

Auch für Nicht-Bäume verwendet man so die Begriffe **Tiefen-** und **Breitensuche.** Ist G nicht (stark) zusammenhängend, dann besucht man auf diese Weise genau alle Knoten, die von w aus erreichbar sind, also die Knoten der Zusammenhangskomponente von w. Dieser Algorithmus liefert automatisch einen Test für den (starken) Zusammenhang von G: G ist genau dann nicht (stark) zusammenhängend, wenn nach dem Besuch der kompletten Zusammenhangskomponente von w noch unmarkierte Knoten übrig bleiben.

Den Aspekt, dass man sich beim oben beschriebenen Vorgehen ähnlich wie in einem Baum durch den Graphen bewegt, kann man dazu nutzen, für einen (stark) zusammenhängenden Graphen einen Spannbaum bzw. für einen beliebigen Graphen einen Wald von Spannbäumen (einen für jede Zusammenhangskomponente) zu kon-

---

126 Carl Adam Petri, 1926–2010, deutscher Mathematiker und Informatiker.

struieren. Wir beschränken uns der Einfachheit halber auf die Diskussion im Falle ungerichteter Graphen.

Bei einem solchen, einen Baum erzeugenden Graphendurchlauf wird – wegen der jeweiligen Markierung und der Suche nach unmarkierten Knoten – jeder Knoten v nur genau einmal besucht. Bringt man die Information über seinen Durchlauf-Vorgänger und zukünftigen Elternknoten per Prozessaufruf ein, so kann man als Bearbeitung des Knotens v sowohl den Knoten v zur Liste der durchlaufenen Knoten hinzufügen als auch die Kante $(V(v),v)$ vom Vorgänger nach v zu einer Liste von gerichteten Kanten hinzufügen, die am Ende einen Baum mit Wurzel w beschreibt. Das bedeutet aber, dass man so einen Spannbaum der Zusammenhangskomponente von w erhält, bzw. – wenn G zusammenhängend ist – einen Spannbaum von ganz G. Ist G aber nicht zusammenhängend, kann man anschließend einen bislang unmarkierten Knoten auswählen und damit genau wie mit w verfahren und dies so lange wiederholen, bis man alle Zusammenhangskomponenten identifiziert und mit einem Spannbaum versehen hat. Dieser Algorithmus soll als die umfassendste Variante der hier angeführten nun etwas ausführlicher beschrieben werden, und zwar auf Basis der Tiefensuche.

Die Knotenmenge des Graphen sei der Einfachheit halber $\{1, 2, ..., n\}$. Da wir jeden Knoten irgendwann als erledigt markieren wollen, repräsentieren wir die Knotenmarkierungen als Listen $(m_1, m_2, ..., m_n)$ mit m_i-Werten 0 (unmarkiert) oder 1 (markiert). Summa summarum hat unser rekursiver Prozeduraufruf drei Argumente:

- die Nummer des nächsten zu besuchenden und zu bearbeitenden Knotens,
- die Nummer des aktuellen aufrufenden Knotens, des Vorgängers des nächsten, anfangs aber 0, sowie
- die Nummer des aktuellen Wurzelknotens, von dem aus der aktuelle Spannbaum aufgebaut wird.

Algorithmus 6.3: Konstruktion eines „Spannwaldes", Zusammenhang
Hier wird der Graph als ungerichtet angenommen. Für gerichtete Graphen funktioniert der Algorithmus analog.

1. $m_1 := 0; m_2 = 0; ...; m_n := 0;$ ⟨Die Knoten sind unmarkiert.⟩
2. Ankerliste $:= leer$ ⟨Noch ist keine Wurzel eines Spannbaums eingetragen.⟩
3. Solange es ein $1 \leq w \leq n$ mit $m_w = 0$ gibt:
   Hänge w ans Ende der Ankerliste;
   Knotenliste $(w) := leer;$ ⟨die bislang für die Zusammenhangskomponente von w eingetragenen Knoten von G⟩
   Kantenliste $(w) := leer;$ ⟨die bislang für den am Spannbaum mit Wurzel w eingetragenen Kanten von G⟩
   Spannbaum $(w,0,w)$.   ⟨w hat keinen Elternknoten (0) und hängt am Anker w.⟩

Dabei arbeitet Spannbaum(v, u, w) wie folgt:

⟨u hängt bereits im bislang aufgebauten Spannbaum mit Wurzel (Anker) w. Sein noch nicht erfasster Nachbar v soll nun als Kind von u in diesen Baum integriert werden. Zu Beginn des Spannbaum-Aufbaus ist ausnahmsweise $v = w$ und $u = 0$.⟩

i. Markiere v: $m_v := 1$;

ii. Hänge v ans Ende der Knotenliste(w);

iii. Wenn $u \neq 0$, hänge (u,v) ans Ende der Kantenliste(w);

iv. Solange es einen unmarkierten Nachbarn x von v (d. h. mit $m_v := 0$) gibt: Führe Spannbaum(x, v, w) aus.

v. Zusammenhängend ist der Graph genau dann, wenn der Spannwald aus genau einem Baum besteht. $\qquad\qquad$ □

Abb. 6.33: Ein ungerichteter Graph und ein Spannwald für ihn.

Wegen der freien Wahl unmarkierter Knoten sind im Allgemeinen verschiedene Ausführungsfolgen möglich. Wir sehen uns *eine* mögliche Ausführung der Spannwalderzeugung und ihr Ergebnis anhand des sehr einfachen Graphen in Abb. 6.33 an:

1. Die Markierungen von 1, 2, 3 werden 0, 0, 0 gesetzt.

2. Die Ankerliste wird leer ( ) angelegt.

3. $w = 1$ wird gewählt, Ankerliste wird (1), Knoten- und Kantenliste(1) werden leer ( ), Spannbaum (1,0,1) startet:

    i. 1 wird markiert ($m_1 = 1$).

    ii. Knotenliste(1) wird (1).

    iii. Kantenliste(1) bleibt leer wegen $u = 0$.

    iv. $x = 2$ wird gewählt,
    Spannbaum (2,1,1) startet:

    　　i. 2 wird markiert ($m_2 = 1$).

    　　ii. Knotenliste(1) wird (1,2).

    　　iii. Kantenliste(1) wird ((1,2)).

    　　iv. scheitert mangels unmarkierter Nachbarn von 2.
    　　Spannbaum (2,1,1) endet.

    iv. Fortsetzung scheitert mangels unmarkierter Nachbarn von 1.
    Spannbaum (1,0,1) endet.

3. $w = 3$ wird gewählt, Ankerliste wird (1,3), Knoten- und Kantenliste(3) werden leer ( ), Spannbaum (3,0,3) startet:

    i. 3 wird markiert ($m_3 = 1$).

    ii. Knotenliste(3) wird (3).

    iii. Kantenliste(3) bleibt leer wegen $u = 0$.

iv. scheitert mangels unmarkierter Nachbarn von 3.

   Spannbaum (3,0,3) endet.

3. Fortsetzung scheitert mangels unmarkierter Knoten.

Für die Prüfung des (ggf. starken) Zusammenhangs gibt es außer der „brute force"-Methode über Algorithmus 6.3 andersartige Ansätze auf der Basis der linearen Algebra, wie wir in Kapitel 7 sehen werden.

6.8.2 Besondere Wege: kürzeste, längste, Euler'sche und Hamilton'sche

Für die Ermittlung eines kürzesten Weges von einem Knoten $w \in V$ zu einem anderen Knoten $v \in V$ eignet sich vornehmlich die Breitensuche, da man so zuerst die Knoten im kürzesten Abstand 1, dann die im kürzesten Abstand 2, usw. besucht. Sobald man v erreicht, hat man dann einen kürzesten Weg durchlaufen. Andernfalls würde man vielleicht mit viel mehr Aufwand alle Wege suchen und darunter dann erst den kürzesten ermitteln. Natürlich muss v von w aus erreichbar sein, also zu dessen Zusammenhangskomponente gehören, wobei aber auch die eventuelle Nichterreichbarkeit im gleichen Algorithmus ermittelt werden kann.

Algorithmus 6.4: Kürzester Weg (ohne Kantengewichte)

Gegeben: ein endlicher Graph $G = (V,E)$ – der Einfachheit halber sei $V = \{1,2, \dots ,n\}$ – und zwei Knoten $v, w \in V$.

   Gesucht: ein Weg minimaler Länge von w nach v, bzw. die Feststellung dass v von w aus unerreichbar ist.

1. (*Knotenliste* ist jeweils die aktuelle Liste der nächsten zu bearbeitenden Knoten.)
   Setze *Knotenliste* := (w).
2. (Die Abbildung $p: V \to V \cup \{0\}$ ist jeweils die „Liste" der bislang passierten Elternknoten: $p(v) = u$, wenn v Nachfolger von u und erledigt ist (Ausnahme: $p(w) := w$); $p(v) = 0$, wenn v unerledigt ist.)
   Setze $p(w) := w$ und für alle anderen Knoten (d. h. i mit $1 \le i \le n$, $i \ne w$) $p(i) := 0$.
3. Ist *Knotenliste* leer, also ( ), so gib „unerreichbar" aus und beende den Algorithmus;
4. Ansonsten sei $u \in V$ der erste Eintrag in *Knotenliste*, ein. Lösche u an deren Kopf.
5. Für jeden von u aus unmittelbar erreichbaren Knoten x mit $p(x) = 0$ (d. h. unerledigt):
   i.   Setze $p(x) := u$.
   ii. Ist $x = v$, so ermittle die Liste v, $p(v)$, $p(p(v))$, ... der Vorgänger, Vorvorgänger etc. bis zur Wiederholung w, w. Streiche das letzte w, baue unter Umkehrung der Reihenfolge den kürzesten Weg von w nach v als Knotenfolge zusammen, gib ihn aus und beende die Ausführung des Algorithmus.
   iii. Ansonsten, wenn also $x \ne v$, hänge x ans Ende von *Knotenliste*.
6. Mache weiter bei 3. □

In der Praxis sind kürzeste Wege oft für kantengewichtete Graphen gefragt. Sind alle Kantengewichte natürliche Zahlen, könnten wir diese eventuell durch Einfügen von entsprechend vielen Zwischenknoten auf Kanten mit Gewichten > 1 simulieren. Der vorstehende einfache Algorithmus wäre dann nicht sonderlich effizient. In der speziellen Literatur oder im Internet kann man leicht effizientere finden, die aber über den Rahmen dieser Einführung hinausgehen.

Algorithmus 6.5: Abstand und Durchmesser

Den Abstand zweier Knoten erhält man sofort durch Abzählen der Kanten aus einem kürzesten Weg, bzw. aus dessen Nichtexistenz.

Den Durchmesser eines Graphen mit $V = \{1, 2, ..., n\}$ erhält man über die kürzesten Abstände von i nach k für alle Knoten i und k, über die man dann das Maximum bildet. Im ungerichteten Graphen beschränkt man sich natürlich auf die Fälle mit $i < k$. □

Der Durchmesser eines Präbaums kann mit deutlich weniger Aufwand als im allgemeinen Fall berechnet werden:

Algorithmus 6.6: Zwei-Runden-Algorithmus für den Durchmesser eines Präbaums

Es genügt, im ersten Schritt einen von einem beliebigen Knoten w ausgehenden Pfad $w ... u$ maximaler Länge zu finden und im zweiten Schritt die maximale Länge der von u ausgehenden Pfade, d. h. die Tiefe des Baumes mit der Wurzel u. Diese Länge ist der Durchmesser des Präbaums. □

Im Hinblick auf das letzte Beispiel im Abschnitt 6.1 bedeutet dies für den Bastler, dass er das Drahtgebilde an einem beliebigen Knoten (Drahtverbindung oder freies Drahtende) anfasst, hochhebt und frei daran herunter hängen lässt. Dann greift er sich das oder eines der am tiefsten hängenden Drahtenden und macht noch einmal das Gleiche. Wenn sein Gebilde nun von oben bis unten gemessen die 80 cm erreicht, kann er es benutzen (im Bild kann er); andernfalls könnte er es garantiert nicht ohne weitere Basteleien zur Überbrückung der Strecke verwenden.

Der Korrektheitsbeweis dieser überraschend einfachen Methode erfordert lediglich eine leicht verständliche mehrfache Fallunterscheidung.

Satz 6.9: Korrektheit des Zwei-Runden-Algorithmus

Algorithmus 6.6 für den Durchmesser eines Präbaums ist korrekt. □

Beweis: Sei $x ... y$ ein Pfad maximaler Länge (= Durchmesser). Wir betrachten den Präbaum als Baum mit Wurzel w – dem im ersten Schritt willkürlich gewählten ersten Knoten. Nun unterscheiden wir die möglichen Lagen von w, x und y zueinander – vgl. Abb. 6.34, wo der Pfad $x ... y$ jeweils grau hervorgehoben ist.

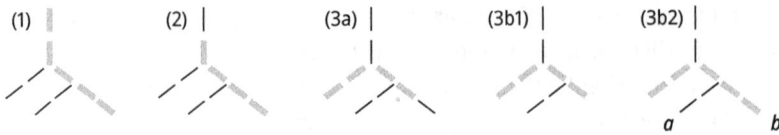

Abb. 6.34: Mögliche (1 und 3b2) und unmögliche Lagen eines Durchmesserpfads im Baum.

Fall 1: $w = x$ oder y. Dann ist $w \ldots y$ bzw. $w \ldots x$ maximal lang und im zweiten Schritt $y \ldots w$ bzw. $x \ldots w$ auch. Der Algorithmus liefert in Fall 1 die richtige Antwort.

2: w, x und y liegen auf einem Pfad, und w ist weder x noch y. Fall 2 kommt nicht vor; sonst könnte $x \ldots y$ vorne oder hinten bis w verlängert werden.

3: x und y liegen unterhalb w aber nicht auf einem Pfad, sondern "in getrennten Ästen".

3a: Mindestens einer der Knoten x und y ist kein Blatt. Fall 3a kommt nicht vor; sonst könnte $x \ldots y$ vorne oder hinten bis zu einem Blatt verlängert werden.

3b: x und y sind Blätter. Wir unterscheiden in Fall 3b zwei Unterfälle.

3b1: Es geht von w aus auch tiefer als nach x oder y (z. B. nach t). dann ist $x \ldots t$ (bzw. $y \ldots t$) ein längerer Pfad als $x \ldots y$. Fall 3b1 kommt also nicht vor.

3b2: Es geht von w aus nicht tiefer als maximal bis x bzw. y. Entweder wird im zweiten Schritt einer von x und y (a) die Wurzel, oder ein anderer Knoten (b), der einen gleich langen Pfad für den Durchschnitt liefert. Der Algorithmus liefert in Fall 3b2 die richtige Antwort.

In allen Fällen, die vorkommen können – und das sind, wie gezeigt, einzig die Fälle 1 und 3b2 – liefert der Algorithmus die richtige Antwort. ∎

Algorithmus 6.7: Suche nach einem Eulerzyklus
Der Algorithmus ist im Beweis von Satz 6.4 formlos beschrieben. □

Algorithmus 6.8: Suche nach einem Eulerweg sowie

Algorithmus 6.9: Suche nach einem Hamiltonpfad bzw. Hamiltonkreis:
Den Lesern wird zugetraut, als Übungsaufgabe geeignete Algorithmen selbst zu finden. Dabei sollten sowohl Tiefen- als auch Breitensuche in Betracht gezogen werden. □

Die Suche nach einem Eulerweg und die nach einem Hamiltonpfad klingen als Aufgaben sehr ähnlich. Man möchte überall genau einmal durchkommen – einmal durch alle Kanten, einmal durch alle Knoten. Wer in die Suchalgorithmen einen Zähler für die Befehlsausführungen einbaut, wird bei Versuchen mit zunehmend komplexeren Beispielen schnell große Unterschiede feststellen. Der Rechenaufwand für das Euler-Problem kann mit geeigneten Algorithmen auf ein moderates Wachstum bei wachsender Beispielgröße beschränkt werden. Das Hamilton-Problem wird jedoch einen bald

unzumutbaren Rechenaufwand erfordern. Es gehört zur Problemklasse der sogenannten NP-vollständigen Probleme[127], die höchstwahrscheinlich einen mit der Problemgröße exponentiell wachsenden Rechenaufwand erfordern. Dies konnte aber trotz
großer Bemühungen noch nicht bewiesen werden. Wer einen Algorithmus zum Auffinden von Eulerwegen findet, der nur einen mit höchstens einer festen Potenz der
Problemgröße wachsenden Aufwand erfordert, kann damit eine Million Dollar ver-
dienen, siehe [Clay Mill]. Dasselbe gilt für jemanden, der beweist, dass es keinen solchen Algorithmus geben kann. Die Wirtschaft und die Geheimdienste dürften bei
der ersten der beiden Möglichkeiten allerdings Kopfschmerzen bekommen, da vertrauli-
che Kommunikation und Signaturverfahren über Datennetze in großen Teilen davon
abhängen, dass NP-vollständige Probleme nur mit exponentiell wachsendem Aufwand lösbar sind.

6.9 Übungsaufgaben

6.1 Multigraphen und gewöhnliche Graphen
a) Geben Sie eine mögliche formale Definition für Multigraphen an.
b) Beschreiben Sie formal, wie man im Stile von Abb. 6.8 allgemein einem (gerichte-
    ten bzw. ungerichteten) Multigraphen einen (gerichteten bzw. ungerichteten) Gra-
    phen so zuordnet, dass eine „Reise" im Multigraphen über alle Kanten einer Reise
    im zugeordneten Graphen entspricht.

6.2 Ungerichtete und symmetrische gerichtete Graphen
Wenn man in einem ungerichteten Graphen $U = (V,E)$ jede (ungerichtete) Kante durch
die entsprechende(n) gerichtete(n) Kante(n) ersetzt, also $\{v\}$ durch (v,v) bzw. $\{v,w\}$
durch (v,w) und (w,v), erhält man den **zugehörigen gerichteten Graphen** $U_g = (V,E_g)$ mit

$$E_g := \{(v,w)|\{v,w\} \in E\}.$$

Zeigen Sie:
a) Wenn man sich auf symmetrische gerichtete Graphen beschränkt, also mit sym-
    metrischer Relation, sind diese beiden Zuordnungen zueinander invers, d. h. gilt
    $G_{ug} = G$ und $U_{gu} = U$.
b) Zwei symmetrische gerichtete Graphen G_1 und G_2 sind genau dann isomorph,
    wenn die beiden zugehörigen ungerichteten Graphen G_{1u} und G_{2u} isomorph sind.
c) Zwei ungerichtete Graphen U_1 und U_2 sind genau dann isomorph, wenn die bei-
    den zugehörigen gerichteten Graphen U_{1g} und U_{2g} isomorph sind.

---

127 NP-Vollständigkeit ist ein zentraler Begriff aus der Komplexitätstheorie, vgl. [Hrom 2011, Wege
2003]. NP steht für *nondeterministic polynomial.*

6.3 Planarität

a) Zeichnen Sie den Graphen unten links kreuzungsfrei.
b) Erklären Sie formlos, warum der der Graph unten rechts nicht kreuzungsfrei gezeichnet werden kann. Tipp: Argumentieren Sie mithilfe eines Hamiltonkreises und der dann noch zusätzlich zu zeichnenden Kanten.

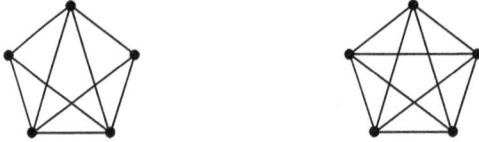

6.4 Planarität, Isomorphie

Zeigen Sie, dass der sog. **Petersen-Graph**[128] unten links nicht planar ist.

Tipps: In einem ersten Schritt streichen Sie die beiden waagrechten Kanten, und zeigen, dass der Rest zum Graphen unten rechts isomorph ist. Dazu reicht eine geeignete Benennung der Knoten, mit der beide Bilder dann auch hinsichtlich der Kanten den gleichen Graphen zeigen.

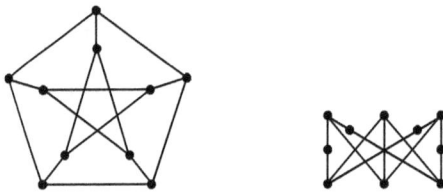

6.5 Knoteneinfügung und Kantenkontraktion

Entwerfen Sie formale Definitionen für (a) Knoteneinfügung und (b) Kantenkontraktion in schlingenfreien ungerichteten Graphen.

6.6 Isomorphie

Geben Sie einen Isomorphismus zwischen den beiden Graphen an, oder begründen Sie, weshalb es keinen gibt.

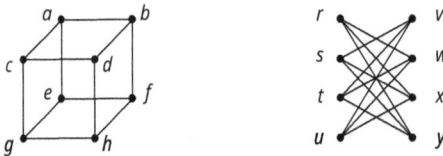

---

128 Julius Peter Christian Petersen, 1839–1910, dänischer Mathematiker.

6.7 Symmetriegruppe

Geben Sie alle Automorphismen der beiden folgenden Graphen in Form von Produkten disjunkter Zyklen an. Die Automorphismen findet man wahrscheinlich schneller als man dann beweist, dass es keine weiteren gibt.

a)

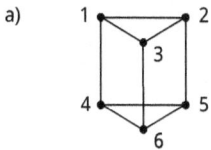

b)

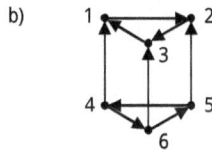

6.8 Vollständigkeit

Zeigen Sie, dass ein schlingenfreier endlicher ungerichteter Graph genau dann vollständig ist, wenn für die Anzahl seiner Knoten und Kanten $|E| = (|V|^2 - |V|)/2$ gilt.

6.9 Zyklen und Kreise

Zeigen Sie, dass in endlichen Graphen jeder Zyklus (als Kantenmenge) in paarweise disjunkte Kreise (als Teilmengen der Zykluskanten) zerlegt werden kann.

6.10 Weglängen-basierte Begriffe

Bestimmen Sie jeweils den Radius, den Durchmesser und die Taillenweite der folgenden Graphen:

a)

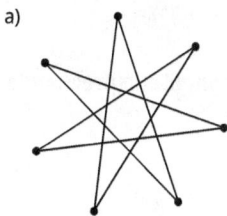

b)

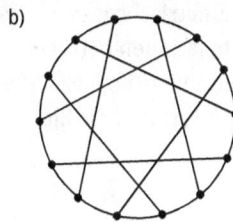

Kann man (a) vereinfachen?

c)   Der n-dimensionale Würfel Q_n. Seine Knoten sind die n-Tupel mit Komponenten 0 oder 1. Zwei Knoten sind genau dann durch eine Kante verbunden, wenn sie sich in genau einer Komponente unterscheiden.

d)   Weitere im Text und in den Übungsaufgaben abgebildeten Graphen.

6.11 Weglängen-basierte Begriffe

Zeigen Sie, dass in einem ungerichteten Graphen G mit endlicher Taillenweite gilt: $g(G) \leq 2 \cdot d(G) + 1$.

6.12 Zusammenhang

Zeigen Sie, dass ein ungerichteter Graph genau dann zusammenhängend ist, wenn je zwei seiner Knoten durch einen Pfad verbindbar sind.

6.13 Ein konkreter Hamiltonkreis

Geben Sie einen Hamiltonkreis für den Dodekaeder-Graphen in Abb. 6.21 an.

6.14 Hamiltonpfad-Algorithmus

Geben Sie einen Algorithmus an, der in ungerichteten Graphen einen Hamiltonpfad durch Breitensuche ermittelt, sofern es einen gibt. Mit welchen Änderungen würde der Algorithmus ebenso systematisch nach einem Hamiltonkreis suchen?

6.15 Hamiltonkreis

Beweisen Sie den Satz von Dirac[129]: Ist G ein ungerichteter schlingenfreier endlicher Graph mit mindestens 3 Ecken und hat jeder Knoten eines mindestens die Hälfte aller Knoten als Nachbarn, so existiert in G ein Hamiltonkreis.

Tipp: Finden Sie einen längsten Pfad. Zeigen Sie, dass darauf von zwei benachbarten Knoten der zweite zum Anfangs-, der erste zum Endknoten des Pfades benachbart ist.

6.16 Graphen und Relationen

Wenn Sie,
– ungerichtete Graphen als symmetrische gerichtete und
– alle gerichteten Graphen als Relationen betrachten,
geben Sie zu den folgenden potentiellen Eigenschaften von Graphen entsprechende relationen- und mengentheoretisch formulierte Eigenschaften an:
a) schlingenfrei,
b) vollständig,
c) bipartit.

6.17 Präbäume

Beweisen Sie im Zusammenhang mit Satz 6.7, dass (1) unmittelbar aus (2) folgt – auch ohne (3) als Zwischenschritt.

---

[129] Gabriel Andrew Dirac, 1925–1984, Graphentheoretiker, lehrte in Dänemark und Irland.

6.18 Präbäume

Zeigen Sie, dass ein Präbaum nach Hinzufügung einer Kante (bei unveränderter Knotenmenge) einen Kreis enthält.

6.19 Äquivalenz gerichteter und ungerichteter Bäume

Zeigen Sie, dass die Zuordnungen $G \mapsto Unger(G)$ und $H \mapsto Ger(H)$ in Abschnitt 6.6.4

a) eineindeutig sind, d. h. jeder Bildgraph nur einem einzigen Urbildgraph zugeordnet ist,

b) invers zueinander sind, d. h. dass $Unger(Ger(H)) = H$ und $Ger(Unger(G)) = G$ gilt.

6.20 Adressenbäume

Betrachten Sie die Adressenbäume in Abschnitt 6.6.5.

a) Wenn in einem endlichen Adressenbaum Knoten mit Adressen (1,3) und (2,2,1) vorkommen, welche Adressen müssen dann sicher ebenfalls vorkommen?

b) Wie könnte man angesichts (a) Adressenbäume generell verkürzt angeben?

6.21 Spannbäume

Zeigen Sie, dass ein Präbaum genau einen Spannbaum hat.

6.22 Spannbäume

Zeichnen Sie – sofern möglich – ungerichtete Graphen mit kleinstmöglicher Knotenzahl, die genau

a) 0   b) 1   c) 2   d) 3   Spannbäume haben.

6.23 Königs Lemma

Folgendes seien die Spielregeln für ein Solitärspiel:

- Beginne mit einem Zettel auf dem Tisch, auf den Du eine natürliche Zahl $n \geq 0$ geschrieben hast.

- Führe so lange wie möglich einen Schritt folgender Art durch:
  Nimm einen Zettel mit einer Zahl $n > 0$ vom Tisch, beschrifte beliebig viele neue Zettel (endlich viele aber mindestens einen) jeweils mit einer Zahl m mit $0 \leq m < n$ und lege Sie dann alle auf den Tisch.

Kann man bei geschicktem Spiel (z.B. jeweils irrsinning viele Zettel mit $m = n - 1$) solche Schritte endlos hintereinander durchführen? Wenn ja: mit welcher Strategie? Wenn nein: warum nicht?

6.24 Polnische Notation und Syntaxbaum

a) Entwerfen Sie einen Algorithmus, der aus einem aussagenlogischen Term (sagen
    wir: mit Aussagevariablen, $\neg$, $\wedge$ und $\vee$) in polnischer Notation den zugehörigen
    Syntaxbaum als beschrifteten geordneten Baum produziert.
    Tipps: Verwenden Sie den Term und einen anfangs leeren Baum als globale
    Daten, auf die mehrere Instanzen einer geeigneten Prozedur zugreifen können.
    Die Prozedur kann das erste Symbol des Terms lesen bzw. vom Term entfernen,
    den Baum an einem Knoten um Kinder des Knotens erweitern, einen Knoten mit
    einem Symbol beschriften und sich selbst aufrufen, was eine neue Instanz der
    Prozedur erzeugt.

b) Testen Sie diesen Algorithmus am Beispiel $\vee \neg AB$.
    Tipps: Notieren Sie jeweils die Nummer des ausgeführten Schritts und die neuen
    Werte der durch ihn veränderten Größen (z. B. Term term, Baum baum, s), aber
    auch in der wievielten Instanz (I, II, III, IV, ...) der Prozedur der Schritt ausgeführt
    wurde. Schreiben Sie den Baum mittels Adressen und eventuellen Anschriften,
    etwa wie (1) A, (1,1) $-$.

6.25 Kürzester Weg

Prüfen Sie den Algorithmus 6.4 anhand folgender Beispiele:

a) Kürzester Weg von 1 nach 4 im Graphen
$$\begin{array}{c} 1 \\ \diagdown \\ \, {>}3 — 4 \\ \diagup \\ 2 \end{array}$$

b) Kürzester Weg von 1 nach 3 im Graphen $1 — 2 \quad 3$

Tipps: Nehmen Sie zur Vereinheitlichung der Lösungen an, der Algorithmus wähle in
Schritt 5 immer den Knoten mit der kleinstmöglichen Nummer.

Notieren Sie jeweils die Nummer des ausgeführten Schritts und die Werte der
durch ihn veränderten Größen (z. B. Knotenliste K, p-Werte, u).

7 Algebra

Die Algebra[130] befasst sich mit Rechenoperationen unterschiedlicher Prägung. Halb-gruppen und Gruppen sind Mengen mit *einer* zweistelligen Operation mit besonderen Eigenschaften, wie sie in verschiedenen Zahlenbereichen – aber nicht nur dort – gel-ten. Bei Ringen, Körpern und Verbänden geht es um *zwei* zweistellige Operationen, die in bestimmten Beziehungen zueinander stehen. Vektorräume wiederum sind je-weils gemeinsam mit einem Körper definiert. Bei ihnen geht es um *eine* grundlegende Operation auf der Vektorenmenge, die erwähnten zwei Operationen des Körpers, sowie eine zweistellige Verknüpfung, deren erstes Argument ein Körperelement und deren zweites ein Vektor ist, die also *zwei* Mengen überspannt. In der allgemeinen bzw. universellen Algebra befasst man sich mit beliebigen solchen Konstellationen von *beliebig vielen* Mengen mit ihren jeweils eigenen Operationen und mit Ver-knüpfungen zwischen diesen Mengen.

So abstrakt diese Übersicht klingt, so vielfältig sind die konkreten Anwendungen der Algebra – von kryptographischen Verfahren über die Symmetrieeigenschaften von Kristallen bis zur Baustatik. Charakteristisch für die Entwicklung der algebrai-schen Theorie ist jedoch die stetig zunehmende Abstraktion und Verallgemeinerung, vgl. [Alea 2008].

7.1 Gruppen

7.1.1 Definition, Beispiele, Grundeigenschaften

Eine zweistellige **Verknüpfung** (oder **Operation**) auf einer Menge M ist eine Abbil-dung $\circ$ von $M \times M$ in M. Die Zweistelligkeit wird in der Folge vorausgesetzt und nicht weiter erwähnt. Anstatt $\circ(a,b)$ schreibt man gewöhnlich $(a \circ b)$, und das äußerste Klammerpaar wird auch meist weggelassen. Eine Verknüpfung $\circ$ wird **assoziativ** ge-nannt wenn

$$\forall a, b, c \in M \ (a \circ b) \circ c = a \circ (b \circ c)$$

gilt. Bei Assoziativität einer Verknüpfung sind alle „Hintereinanderausführungen" von $\circ$ mit der gleichen Folge von Elementen von M, gleichgültig wie geklammert wird, äquivalent. So gilt z. B. in der Aussagenlogik

$$((a \vee b) \vee c) \vee d \equiv (a \vee b) \vee (c \vee d) \equiv a \vee (b \vee (c \vee d)),$$

---

[130] Benannt nach dem Rechenbuch *Hisab al-dschabr wa-l-muqabala* des Universalgelehrten Abu Dscha'far Muhammad ibn Musa al-Chwarizmi, ca. 780–ca. 850, der in Bagdad arbeitete und postum Namensgeber für *Algorithmus* wurde.

https://doi.org/10.1515/9783111336107-007

und der Beweis von Satz 4.12 ist leicht auf beliebige assoziative Verknüpfungen (auch mit ‚=' anstelle von ‚≡') zu übertragen.

Gruppen sind Mengen mit einer Verknüpfung, die gewissen „Gesetzen" genügt. Zahlreiche Zahlenräume sowie Räume komplexerer mathematischer Gebilde sind Gruppen. Doch wir holen zunächst ein klein wenig weiter aus.

Ein Paar $(M,\circ)$ aus einer Menge M und einer assoziativen Verknüpfung $\circ$ auf M bezeichnet man als **Halbgruppe.** Folgendes sind Beispiele (oder eher Beispielmuster) für Halbgruppen:

Beispielmuster 1:

Menge M:	A^*, die Zeichenfolgen über einem Alphabet A (eine **formale Sprache)**
Verknüpfung $\circ$:	die Verkettung von Zeichenfolgen, so dass z. B.
beispielsweise	(WACH $\circ$ S) $\circ$ TUBE

$$\text{(WACH} \circ \text{S)} \circ \text{TUBE} = \text{WACHS} \circ \text{TUBE}$$
$$= \text{WACHSTUBE}$$
$$= \text{WACH} \circ \text{STUBE}$$
$$= \text{WACH} \circ \text{(S} \circ \text{TUBE)}^{131}.$$

Beispielmuster 2:

Menge M:	eine Menge von Abbildungen $f: B \to B$ einer Menge B in sich selbst, die gegenüber Hintereinanderausführung abgeschlossen ist: $\forall f, g \in M\, f \circ g \in M$
Verknüpfung $\circ$:	die Hintereinanderausführung von Abbildungen,
beispielsweise	$B = \{a,b\}$, $M = B^B$ (*alle* Abbildungen von B nach B), darunter die Abbildungen id_B und f mit $f(a) = b$ und $f(b) = a$ (sodass $f \circ f = \mathrm{id}_B$),
oder	$B =$ Punkte eines unendlichen regelmäßigen Gitters wie in Abb. 7.1 mit Abbildungen der Art von Verschiebungen, zusammengesetzt aus mindestens einer Verschiebung um eine Einheit nach rechts bzw. oben, wie $r \circ o \circ r$ (je 1 Einheit nach rechts-oben-rechts, wobei $r \circ o = o \circ r$).

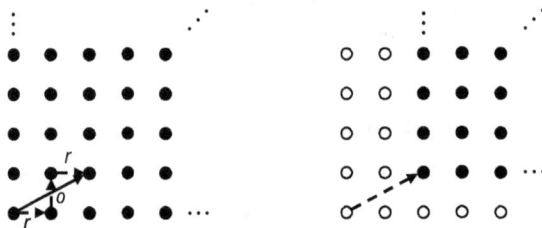

Abb. 7.1: Verschiebung *ror* eines nach rechts und oben unendlichen Gitters.

---

131 Natürlich ist die Verkettung oder Trennung auch dort möglich, wo sie nicht sinnstiftend ist: WACHSTUBE ist genauso identisch mit WAC $\circ$ (HST $\circ$ UBE).

In Beispielmuster (1) existiert immer und in Beispielmuster (2) evtl. ein **neutrales Element,** d. h. ein $e \in M$ mit

$$\forall a \in M \quad a \circ e = e \circ a = a,$$

nämlich im Muster (1) das leere Wort ε und im Muster (2) im ersten Beispiel die identische Abbildung id_B, während die Menge im zweiten Beispiel kein neutrales Element hat.

Satz 7.1: Eindeutigkeit des neutralen Elementes

In einer Halbgruppe $(M, \circ)$ gibt es höchstens ein neutrales Element e. □

Beweis: Sind e und e' neutrale Elemente, so können wir $e' \circ e$ gemäß ihrer Definition auf zwei Weisen ausrechnen und erhalten $e' = e' \circ e = e$. ■

Wenn im Beispielmuster (1) das Alphabet A nur ein Symbol s enthält, ist die Halbgruppe bzw. ihre Verknüpfung **kommutativ,** d. h. sie erfüllt

$$\forall a, b \in M \quad a \circ b = b \circ a.$$

Beispielsweise gilt dann $ss \circ sss = sss \circ ss = sssss$. Ist überdies das einzige Symbol ein Strich $|$, so sind wir bei der Menge $\mathbb{N}_0$ der natürlichen Zahlen als Spezialfall von Muster (1) angekommen. Die Verknüpfung entspricht dann der Addition.

Wenn man „etwas anders draufschaut", können die Beispiele nach Muster (1) sogar allesamt unter das Muster (2) subsumiert werden: Jedem Wort w entspricht die Abbildung $v \mapsto v \circ w$ bzw. vw des Anhängens von w.

Eine **Gruppe** $(G, \circ)$ ist eine Halbgruppe mit mindestens einem neutralen Element und mit Inversen, d. h. eine Menge G mit einer Verknüpfung $\circ$, für die gilt:

1. $\forall a, b, c \in G: (a \circ b) \circ c = a \circ (b \circ c),$
2. $\exists e \in G \; \forall a \in G \quad a \circ e = e \circ a = a,$
3. $\forall a \in G \; \exists b \in G \quad a \circ b = b \circ a = e.$

Satz 7.2: Eindeutigkeit der neutralen und inversen Elemente

In einer Gruppe $(G, \circ)$ gibt es genau ein Element e, das die Regel (2) erfüllt – man nennt es das **neutrale Element** der Gruppe – und zu jedem $a \in G$ genau ein b, das die Regel (3) erfüllt, man nennt es das **inverse Element** oder kurz das **Inverse** a^{-1} von a. □

Beweis: Die Eindeutigkeit des neutralen Elements gilt bereits für Halbgruppen (Satz 7.1), und jede Gruppe ist eine. Nun zur Eindeutigkeit des Inversen: Sei $b \circ a = a \circ b = a \circ c = e$. Wir verknüpfen b nach rechts mit den beiden wertegleichen Termen $a \circ b$ *und* $a \circ c$ und erhalten schrittweise

$$b \circ (a \circ b) = b \circ (a \circ c), \quad (b \circ a) \circ b = (b \circ a) \circ c, \quad e \circ b = e \circ c, \text{ also } b = c. \quad ■$$

Folgendes sind Beispiele bzw. Beispielmuster für Gruppen:

1. Menge: die ganzen Zahlen
   Verknüpfung: Addition mit
   $e = 0$, und a^{-1}, das Inverse bezüglich der Addition, bekannt als $-a$.
2. Menge: die positiven rationalen Zahlen
   Verknüpfung: Multiplikation mit
   $e = 1$, $a^{-1} = 1/a$
3. Menge: jeder Restklassenring $\mathbb{Z}_n$
   Verknüpfung: Restklassenaddition (mod n) mit
   $e = [0]_{\sim n}$, $\left([m]_{\sim n}\right)^{-1} = [-m]_{\sim n}$
4. Menge: jeder Restklassenkörper ohne 0, $\mathbb{Z}_p \setminus \{0\}$, mit Primzahl p
   Verknüpfung: Restklassenmultiplikation (mod p) mit
   $e = [1]_{\sim p}$, $\left([m]_{\sim p}\right)^{-1}$: vgl. die Folgerungen im Anschluss an Satz 5.28
5. Menge: diejenigen (Gesamt-) Bewegungen einer Figur mit einer „Blickrich-
   Verknüpfung: tung" in der Ebene, die sich aus Schritten v vorwärts und Vierteldrehungen d im Uhrzeigersinn zusammensetzen: ε, d, v, dd, dv, ... die
   Hintereinanderausführung von Bewegungen (von links nach rechts)
   mit $e = \varepsilon$, $d^{-1} = ddd$, $v^{-1} = ddvdd$, usw.[132]
6. Menge: die bijektiven Abbildungen $f \colon A \to A$ einer Menge A auf sich selbst
   Verknüpfung: die Hintereinanderausführung von Abbildungen mit $e = \mathrm{id}_A$, $f^{-1} =$
   Umkehrabbildung
   Im Falle $A = \{1, 2, \ldots, n\}$ – manchmal auch für jede Kardinalzahl n – nennt man diese
   Gruppe die **symmetrische Gruppe** S_n vom Grad n und ihre Elemente **Permutationen**.
7. Menge: für Gruppen $(G_1, \circ)$, $(G_2, \bullet)$ das kartesische Produkt $G_1 \times G_2$
   Verknüpfung: komponentenweise: $(x_1, x_2) * (y_1, y_2) := (x_1 \circ y_1, x_1 \bullet y_2)$ mit $e = (e_1, e_2)$,
   $(x_1, x_2)^{-1} = (x_1^{-1}, x_2^{-1})$
   Man spricht hierbei vom **direkten Produkt** zweier Gruppen.

Eine Gruppe mit kommutativer Verknüpfung nennt man kommutativ oder **abelsch**[133]. Die Gruppen der Beispielmuster (1) bis (4) sind allesamt abelsche Gruppen, Beispiel (5) nicht ($dv \neq vd$), die Gruppen nach Beispielmuster (6) ab 3 Elementen nicht und die nach Muster (7) genau dann, wenn die einzelnen Gruppen abelsch sind.

---

132 Die Vierteldrehung *gegen* den Uhrzeigersinn wird durch drei Vierteldrehungen *im* Uhrzeigersinn simuliert. Der Rückwärtsschritt wird durch eine Kehrtwendung (das Ergebnis zweier Vierteldrehungen), einen Vorwärtsschritt und eine erneute Kehrtwendung (also zurück in die Ausgangsrichtung) simuliert.
133 Niels Henrik Abel, 1802–1829, norwegischer Mathematikstipendiat, sollte 1829 eine Dozentenstelle in Berlin antreten. Er wurde Namensgeber für eine Reihe weiterer mathematischer Begriffe.

Satz 7.3: Regeln für Inverse und Translation

1. $\forall a \in G: \left(a^{-1}\right)^{-1} = a$
2. $\forall a, b \in G: (a \circ b)^{-1} = b^{-1} \circ a^{-1}$
3. Sowohl die **Links-** als auch die **Rechtstranslation** (oder **-multiplikation**) – ($b \mapsto a \circ b$ bzw. $b \mapsto b \circ a$) mit einem festen Gruppenelement $a \in G$ ist eine bijektive Abbildung von G auf G. □

Beweis: (1) folgt aus der Eindeutigkeit des Inversen und der Rechenregel $a \circ b = b \circ a = e$ für zueinander inverse a und b. (2) folgt aus der Eindeutigkeit des Inversen und

$$
\begin{aligned}
(a \circ b) \circ \left(b^{-1} \circ a^{-1}\right) &= a \circ \left(b \circ \left(b^{-1} \circ a^{-1}\right)\right) && \text{wegen Assoziativität,} \\
&= a \circ \left(\left(b \circ b^{-1}\right) \circ a^{-1}\right) && \text{Assoziativität,} \\
&= a \circ \left(e \circ a^{-1}\right) && \text{Inversenregel,} \\
&= a \circ a^{-1} && \text{neutrales Element,} \\
&= e && \text{Inversenregel,}
\end{aligned}
$$

sowie der Multiplikation $\left(b^{-1} \circ a^{-1}\right) \circ (a \circ b)$, die auf gleiche Weise e ergibt.

(3) Ist bei einer Linkstranslation $a \circ b = a \circ c$, so ergibt die Linksmultiplikation beider Seiten mit a^{-1}, dass $b = c$. Also ist die Linkstranslation um ein Gruppenelement a injektiv. Analog ergibt sich die Injektivität der Rechtstranslation. ■

Satz 7.3(3) bedeutet insbesondere, dass in einer Verknüpfungstabelle (auch Multiplikationstafel) genannt, wie man sie für kleine Gruppen aufstellen kann, jedes Gruppenelement in jeder Spalte und in jeder Zeile *genau einmal* vorkommt. Dies sei hier an zwei Beispielen gezeigt: der Gruppe $\mathbb{Z}_5$ mit der Addition und der Gruppe $\mathbb{Z}_5 \setminus \{0\}$ mit der Multiplikation. In der Tab. 7.1 links für $(\mathbb{Z}_5, +)$ steht beispielsweise in der Zeile für 3 und Spalte für 4 der Rest von $3 + 4$ bei Division durch 5, also 7–5, d. h. 2. An gleicher Stelle steht in der Multiplikationstafel für $(\mathbb{Z}_5 \setminus \{0\}, \cdot)$ der Rest von 3.4 bei Division durch 5, also 12–10, d. h. "zufällig" auch 2.

Tab. 7.1: Multiplikationstafeln zweier Gruppen.

$(\mathbb{Z}_5, +)$:

+	0	1	2	3	4
0	0	1	2	3	4
1	1	2	3	4	0
2	2	3	4	0	1
3	3	4	0	1	2
4	4	0	1	2	3

$(\mathbb{Z}_5 \setminus \{0\}, \cdot)$:

·	1	2	3	4
1	1	2	3	4
2	2	4	1	3
3	3	1	4	2
4	4	3	2	1

Anstelle des Paares (G,∘) bezeichnet man auch das Quadrupel[134] $(G,∘,^{-1},e)$ als Gruppe, d. h. man zählt dann die einstellige Inversionsabbildung $^{-1}$: $G → G$ und die Konstante „neutrales Element" zu den Strukturbestandteilen hinzu und fordert für diese die Gültigkeit der oben abgeleiteten Rechenregeln. Dabei ändert sich nichts an der resultierenden Gruppentheorie. Ansonsten sprechen wir aber auch kurz von einer „Gruppe G".

7.1.2 Gruppenhomomorphismen

In der Algebra verwendet man häufig „strukturverträgliche" Abbildungen zwischen algebraischen Strukturen. Mit solchen Abbildungen befassen wir uns nun im Hinblick auf Gruppen. Sind (G,∘) und (H,•) zwei Halbgruppen bzw. zwei Gruppen und $f: G → H$ eine Abbildung mit der Eigenschaft

$$\forall a, b \in G : f(a \circ b) = f(a) \bullet f(b),$$

so bezeichnet man f als (Halbgruppen- bzw. Gruppen-) **Homomorphismus**. Ist f dabei bijektiv, so wird es als (Halbgruppen- bzw. Gruppen-) **Isomorphismus** (und die beiden beteiligten (Halb-) Gruppen als isomorph) bezeichnet. Man kann bei einem Homomorphismus f gewissermaßen die Abbildung und die Verknüpfung vertauschen. Ein Gruppenhomomorphismus einer Gruppe in sich selbst wird auch **Gruppenendomorphismus** genannt, während ein Gruppenisomorphismus einer Gruppe auf sich selbst auch als **Gruppenautomorphismus** bezeichnet wird.

Ein Beispiel eines Homomorphismus ist die Abbildung $p: x \mapsto 2^x$ von der Gruppe der ganzen Zahlen (mit der Addition) in die Gruppe der positiven rationalen Zahlen (mit der Multiplikation), denn es gilt

$$p(x+y) = 2^{x+y} = 2^x \cdot 2^y = p(x) \cdot p(y).$$

Satz 7.4: Inverses und neutrales Element unter Homomorphismen
Bezeichnen wir im Falle zweier Gruppen G und H die Inversion in beiden durch $^{-1}$, und ist e das neutrale Element von G und e' das von H, so gilt für jeden (Gruppen-) Homomorphismus f:

$$\forall a \in G \ f(a^{-1}) = f(a)^{-1} \text{ und}$$
$$f(e) = e'. \qquad \qquad \square$$

Beweis: Die zweite Eigenschaft sieht man leicht, wenn man bedenkt, dass $x = e$ das einzige Element x von G mit $x \circ x = x$ ist – analog gilt dies für e' in H – und auf beide Seiten der Gleichung f anwendet. Mit der zweiten Eigenschaft kann man die erste zeigen, indem man f auf die drei Terme der Gleichungen $a \circ a^{-1} = a^{-1} \circ a = e$ anwendet. ∎

---

134 4-Tupel, von lateinisch *quadruplus*, vierfach.

Die Links- bzw. die Rechtstranslation mit $a \in G$ ist genau dann ein Homomorphismus von G nach G, wenn $a = e$, und dann stimmt sie mit dem Isomorphismus id_G überein. Die sogenannte **Konjugation** $b \to a \circ b \circ a^{-1}$ mit festem $a \in G$ ist stets ein Isomorphismus von G auf sich selbst, denn (unter zulässiger Auslassung einiger Klammern wegen Assoziativität)

$$a \circ b \circ c \circ a^{-1} = a \circ (b \circ e \circ c) \circ a^{-1}$$

$$= a \circ b \circ (a^{-1} \circ a) \circ c \circ a^{-1}$$

$$= (a \circ b \circ a^{-1}) \circ (a \circ c \circ a^{-1}),$$

d. h. die Konjugation mit a ist ein Homomorphismus. Gilt $a \circ b \circ a^{-1} = a \circ c \circ a^{-1}$, sieht man leicht die Injektivität durch Multiplikation mit a^{-1} von links und mit a von rechts. Die Surjektivität folgt aus $a \circ (a^{-1} \circ b \circ a) \circ a^{-1} = (a \circ a^{-1}) \circ b \circ (a \circ a^{-1}) = e \circ b \circ e = b$.

Wir beweisen als Übungsaufgabe:

Satz 7.5: Verknüpfungen von Gruppenhomomorphismen
1. Die Hintereinanderausführung $g \circ f$ zweier Gruppenhomomorphismen f von einer Gruppe $(G_1, \circ_1)$ in eine Gruppe $(G_2, \circ_2)$ und g von $(G_2, \circ_2)$ in eine Gruppe $(G_3, \circ_3)$ ist ein Gruppenhomomorphismus von $(G_1, \circ_1)$ in $(G_3, \circ_3)$.
2. Die inverse Abbildung f^{-1} eines Gruppenisomorphismus f ist ebenfalls ein Gruppenisomorphismus.
3. Die Menge aller Gruppenautomorphismen auf einer Gruppe $(G, \cdot)$ bildet eine Gruppe $(Aut(G), \circ)$ mit der Hintereinanderausführung von Abbildungen als Verknüpfung. □

7.1.3 Untergruppen

Eine **Untergruppe** H einer Gruppe G ist eine nichtleere Teilmenge $H \subseteq G$, die
- gegenüber der Verknüpfung von G abgeschlossen ist, d. h. $\forall a, b \in H \ a \circ b \in H$, und
- unter der Restriktion der Verknüpfung auf $H \times H$ selbst eine Gruppe bildet.

Meist redet man salopp von H einmal als Teilmenge, ein andermal als Gruppe.

Grundlegende Eigenschaften

Satz 7.6: Neutrales Element und Inverses in Untergruppen
- Das neutrale Element einer Untergruppe ist das der ganzen Gruppe G.
- Die Inversenbildung $^{-1}$ in H ist die Restriktion der Inversenbildung $^{-1}$ von G auf H. □

Beweis: Sei e_H neutral in H. Aus $e_H \circ e_H = e_H$ und $e_H \circ e = e_H$ folgt nach Linksmultiplikation mit $e_H{}^{-1}$: $e_H = e$.

Sind h_1 und h_2 in H invers zueinander, so gilt $h_1 \circ h_2 = h_2 \circ h_1 = e$ in H, also auch in G. Damit ist jedes der beiden Elemente das eindeutige Inverse des anderen in G. ∎

Satz 7.7: Ein Untergruppen-Kriterium

Ist G eine Gruppe und H eine nichtleere Teilmenge von G, so ist H genau dann eine Untergruppe von G, wenn

$$\forall a, b \in H \quad a \circ b^{-1} \in H. \qquad \square$$

Beweis: Die Aussage (i) $\forall a, b \in H \;\; a \circ b^{-1} \in H$ gelte für die nichtleere Teilmenge H von G Es gibt also ein $h \in H$, und es gilt wegen (i) $e = h \circ h^{-1} \in H$, so dass (ii) H das neutrale Element enthält. Für beliebige $h \in H$ gilt daher wieder wegen (i) $h^{-1} = e \circ h^{-1} \in H$, so dass (iii) H Inverse enthält. Ist H auch gegen $\circ$ abgeschlossen? Seien $h_1, h_2 \in H$. Dann gilt wegen (iii) auch $h_2{}^{-1} \in H$ und wegen (i) $h_1 \circ h_2 = h_1 \circ \left(h_2{}^{-1} \right)^{-1} \in H$ ∎

Konkrete Beispiele für Untergruppen sind für jede feste ganze Zahl n die Vielfachen $n \cdot \mathbb{Z}$ in der Gruppe $(\mathbb{Z}, +)$ der ganzen Zahlen mit der Addition.

Ein anderes spezifisches Beispiel bilden die Symmetrien (Graphen-Automorphismen) eines Graphen als Untergruppe der symmetrischen Gruppe seiner Knoten, die ja deren sämtliche Bijektionen umfasst. Dies hatten wie wir in Abschnitt 6.4 – noch ohne Verwendung des Begriffs „Untergruppe" – festgestellt. Abbildung 7.2 zeigt links einen Graphen, dessen Symmetrien – alle als Zyklenprodukte unter Nennung aller Knoten geschrieben – genau die beiden Bijektionen $(a)(b)(c)$, d. h. id, und $(ab)(c)$ sind. Die anderen vier Bijektionen in der symmetrischen Gruppe, also außerhalb dieser Untergruppe, sind $(ac)(b)$, $(bc)(a)$, (abc) und (acb). Auch diese wären Symmetrien, wenn im Graphen jeder der drei Knoten mit jedem anderen verbunden wäre, wie rechts im Bild, oder auch wenn der Graph gar keine Kanten hätte.

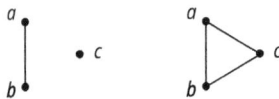

Abb. 7.2: Ein Graph mit zwei und ein Graph mit sechs Symmetrien.

Daneben gibt es allgemeine Beispielmuster zur Bildung von Untergruppen. Sowohl die ganze Gruppe G als auch $\{e\}$ sind Untergruppen von G. Zudem liefern alle Homomorphismen Untergruppen, wie folgender (unter Verwendung von Satz 7.7 in einer Übungsaufgabe leicht herzuleitender) Satz zeigt:

Satz 7.8: Untergruppen bei Homomorphismen

Ist f ein Gruppenhomomorphismus von $(G, \circ)$ nach $(H, \bullet)$ und e bzw. e' das neutrale Element von G bzw. H, dann ist ...

- die Bildmenge $f(U)$ jeder Untergruppe U von G eine Untergruppe von H; insbesondere ist das **Bild** $\operatorname{im}(f) := f(G) = \{f(a) \mid a \in G\}$ eine Untergruppe von H;
- die Urbildmenge $f^{-1}(V)$ jeder Untergruppe V von H eine Untergruppe von G; insbesondere ist der **Kern** von f, definiert durch $\ker(f) := \{a \in G \mid f(a) = e'\}$, eine Untergruppe von G;[135]
- f ist genau dann surjektiv, wenn $\operatorname{im}(f) = H$, und genau dann injektiv, wenn nur e auf e' abgebildet wird, d. h. $\ker(f) := \{e\}$ gilt. □

Die sogenannte Erzeugung von Untergruppen ist ein weiter Lieferant von Beispielen. Sei $(G, \circ)$ eine Gruppe und $M \subseteq G$. Dann ist die von M **erzeugte Untergruppe** $[M]$ von G induktiv definiert durch

- Alle Elemente von M und das neutrale Element e von G gehören zu $[M]$;
- mit jedem Element a von $[M]$ gehört auch dessen Inverses a^{-1} zu $[M]$;
- mit je zwei Elementen a, b von $[M]$ gehört auch $a \circ b$ zu $[M]$.

Die Bezeichnung als Untergruppe ist aufgrund des Bisherigen gerechtfertigt, und $[M]$ ist die kleinste M enthaltende Untergruppe von G. Es handelt sich also um eine Hüllenbildung im Sinne von Abschnitt 3.11. Man nennt M ein **Erzeugendensystem** von G, wenn $[M] = G$.

Die Ordnung von Gruppen und Untergruppen

Die Mächtigkeit $|G|$ einer Gruppe wird als ihre **Ordnung** bezeichnet. Wir schreiben in diesem Unterabschnitt bei einer Gruppe $(G, \circ)$ und Teilmengen A und B von G vereinfachend AB für $\{a \circ b \mid a \in A, b \in B\}$ – eine offensichtlich assoziative Verknüpfung – und obendrein bei jedem Gruppenelement g gB für $\{g\}B$. Ist H eine Untergruppe von G, so nennt man die Elemente der Menge $G / H := \{gH \mid g \in G\}$ die **Linksnebenklassen** von H in G. G/H ist eine Partition von G, denn

- jedes Gruppenelement g gehört einer Linksnebenklasse von H an, da wegen $g = g \circ e$ und $e \in H$ $g \in gH$ gilt, und
- je zwei Linksnebenklassen von H sind disjunkt oder identisch, d. h. wenn ein Gruppenelement g (das ja in gH liegt) in einer Linksnebenklasse fH liegt, dann ist diese mit gH identisch. Gilt nämlich $f, g \in G$ und $g \in fH$, dann existiert ein $h \in H$ mit $g = f \circ h$. Also ist $gH = (f \circ h)H = f(hH)$ und wegen Satz 7.3(3) $hH = H$, somit $gH = fH$.

---

135 „im" kommt vom englischen *image* (Bild, Bildnis) und „ker" vom englischen *kernel* (Kern, Korn).

Damit besteht G aus $|G/H|$ disjunkten Nebenklassen, die wegen Satz 7.3(3) alle jeweils $|H|$ Elemente haben. Ganz analog kann man im Hinblick auf **Rechtsnebenklassen** Hg und die Menge $H \setminus G := \{Hg \mid g \in G\}$ argumentieren und erhält insgesamt ein Ergebnis von Lag range[136]:

Satz 7.9: Satz von Lagrange

Ist $H \subseteq G$ Untergruppe einer endlichen Gruppe $(G,\circ)$, so gilt

$$|G| = |H| \cdot |G/H| = |H| \cdot |H \setminus G|. \qquad \square$$

Insbesondere ist die Ordnung einer Untergruppe einer endlichen Gruppe ein Teiler der Gruppenordnung. Eine Gruppe mit 12 Elementen kann keine Untergruppe der Ordnung 5 oder 8 haben.

In einer Gruppe $(G,\circ)$ besteht für jedes vom neutralen verschiedene Element g von G die von $\{g\}$ aufgespannte sog. **zyklische** Untergruppe $[g]$ von G, aus den (mindestens zwei verschiedenen) Elementen $..., g^{-2}, g^{-1}, g^0 := e, g, g^2, ...$ Ist G endlich, muss auch $[g]$ endlich und $|[g]|$ nach dem Satz von Lagrange Teiler von $|G|$ sein, was uns zum nächsten Satz führt.

Satz 7.10: Gruppen von Primzahlordnung

Für eine Gruppe $(G,\circ)$ mit neutralem Element e und mindestens einem weiteren Element g sind folgende Aussagen äquivalent:

1. G hat keine Untergruppen außer den **trivialen,** d. h. G und $\{e\}$.
2. G ist eine endliche zyklische Gruppe, insbesondere

$$\exists n \in \mathbb{N}, h \in G \; G = \{h^i \mid i \in \mathbb{Z}\} = \{h^i \mid 1 \leq i \leq n\} \wedge |G| = n,$$

   und G hat nur die trivialen Untergruppen.
3. $|G|$ ist eine Primzahl. $\qquad \square$

Beweis:

(1) $\Rightarrow$ (2): G habe keine Untergruppen außer G und $\{e\}$. Dann ist $[g]$ von $\{e\}$ verschiedene Untergruppe, also $[g] = G$. Wäre G unendlich, so wäre $\{g^{2n} \mid n \in \mathbb{Z}\}$ eine von G und $\{e\}$ verschiedene Untergruppe. Also ist G endlich. Es existiert eine die kleinste positive natürliche Zahl n mit $g^n = e$. Dann ist n auch die Ordnung von G, und $G = \{g^i \mid i \in \mathbb{Z}\} = \{g^i \mid 1 \leq i \leq n\}$.

---

136 Joseph Louis Lagrange, 1736–1813, wurde Mathematiker, Physiker und Astronom, nachdem sich die Offizierslaufbahn als zu kostspielig herausgestellt hatte. Er lehrte (ab dem Alter von 19 Jahren) in Turin, Berlin und Paris.

(2) $\Rightarrow$ (3): Die Elemente von G sind die voneinander verschiedenen h^i, $1 \le i \le n$. Dann ist $h^n = e$, sonst wäre $e = h^k$ mit $1 \le k < n$, also $h = h^{k+1}$, im Widerspruch zur Verschiedenheit der h^i, $1 \le i \le n$. Wäre n teilbar durch m mit $m > 1$, so wäre $\{h^m, h^{2m}, \dots h^n\}$ eine nichttriviale Untergruppe von G.

(3) $\Rightarrow$ (1): Dies konnten wir oben bereits aus dem Satz von Lagrange folgern. ∎

Untergruppen der symmetrischen Gruppen und die Vorzeichenfunktion
Die Bijektivität der Rechts- und Linksmultiplikationen kann man verwenden, um zu zeigen, dass die symmetrischen Gruppen in ihren Untergruppen alle denkbaren Gruppenstrukturen aufweisen:

Satz 7.11: Satz von Cayley[137]
Jede Gruppe $(G, \bullet)$ ist isomorph zu einer Untergruppe der symmetrischen Gruppe $S_{|G|}$. □

Beweis: Wir zeigen die Isomorphie von $(G, \bullet)$ zu einer Untergruppe der Gruppe $(B, \circ)$ aller Bijektionen von G auf G mit der Hintereinanderausführung als Verknüpfung. Die Gruppe $(B, \circ)$ ist ihrerseits mittels einer Bijektion von G auf $|G|$ (als die Kardinalzahl, mit der man G „durchzählen" kann) isomorph zu $S_{|G|}$ ist.

Wegen Satz 7.3(3) kann man jedem $a \in G$ die Bijektion $\varphi_a : \begin{cases} G \to G \\ g \mapsto a \bullet g \end{cases}$ zuordnen. Das wiederum führt zur Abbildung $\varphi : \begin{cases} G \to B \\ a \mapsto \varphi_a \end{cases}$, deren Eigenschaften wir untersuchen: Für jedes $g \in G$ gilt

$$(\varphi(a \bullet b))(g) = (a \bullet b) \bullet g = a \bullet (b \cdot g) = \varphi_a(\varphi_b(g)) = (\varphi_a \circ \varphi_b)(g) = (\varphi(a) \circ \varphi(b))(g),$$

d. h. $\varphi(a \bullet b) = \varphi(a) \circ \varphi(b)$, φ ist Gruppenhomomorphismus. φ bildet $(G, \bullet)$ surjektiv auf die Untergruppe $\operatorname{im}(\varphi)$ ab. Schließlich erweist sich φ auch als injektiv (und damit als Isomorphismus von $(G, \bullet)$ auf die Untergruppe $(\operatorname{im}(\varphi), \circ)$ von $(B, \circ)$, was zu beweisen war):

$$\varphi(a) = \varphi(b) \Rightarrow a = a \bullet e = \varphi_a(e) = \varphi_b(e) = b \bullet e = b. \quad \blacksquare$$

Eine Bijektion $t : \{1, \dots, n\} \to \{1, \dots, n\}$ nannten wir in Kapitel 3 eine **Transposition**, wenn sie alle Elemente bis auf zwei fest lässt ($t(m) = m$ für $m \neq k, l$), welche sie vertauscht ($k \neq l$, $t(k) = l$, $t(l) = k$). Wir sahen bereits in Satz 3.10: Für jede natürliche Zahl n ist die Teilmenge der Transpositionen ein Erzeugendensystem der symmetrischen Gruppe S_n. Mit algebraischen Mitteln können wir nun noch Weiteres über die Erzeugung durch Transposition zeigen:

---

[137] Arthur Cayley, 1821–1895, lehrte Mathematik in Cambridge, nachdem er anfangs als Rechtsanwalt in London gearbeitet hatte.

Satz 7.12: Alternierende Gruppe

Für jede Permutation π auf $\{1, ..., n\}$ gilt, dass in allen Zerlegungen $\pi = \tau_1 \circ \tau_2 \circ ... \circ \tau_k$ von π in Transpositionen die Anzahlen k entweder alle gerade oder alle ungerade sind; man spricht entsprechend von **geraden** oder **ungeraden Permutationen**. Die Menge der geraden Permutationen bildet die **alternierende Gruppe** A_n, eine Untergruppe von S_n mit der Hälfte der Elemente von S_n. □

Beweis: Wir verwenden die **Vorzeichen-Abbildung**[138] sgn: $S_n \to \{1,-1\}$ auf den Permutationen auf $\{1, ..., n\}$, definierbar als

$$\text{sgn}(\pi) := \prod_{1 \le i < k \le n} \frac{\pi(k) - \pi(i)}{k - i}, \text{ wenn } n > 1, \text{ bzw. } 1, \text{ wenn } n = 1 .$$

Die Nenner durchlaufen alle (immer positiven) Differenzen $k - i$ für alle möglichen Paare (i,k) mit $1 \le i < k \le n$. Aber auch alle Zähler durchlaufen diese Werte, wenn auch gelegentlich mit negativem Vorzeichen. Daher können wir den ausmultiplizierten Bruch für sgn(π) mit dem Produkt $\prod_{1 \le i < k \le n}(k-i)$ kürzen und sehen dann: Jeder sgn-Wert ist das Produkt von $n \cdot (n-1) / 2$ Faktoren 1 oder -1, je nachdem, ob in der Folge $\pi(1), ..., \pi(n)$ jeweils $\pi(i)$ und $\pi(k)$ in wachsender $(\pi(k) > \pi(i))$ oder fallender Reihenfolge $(\pi(i) > \pi(k))$ auftauchen, d. h.

$$\text{sgn}(\pi) = \begin{Bmatrix} 1 \\ -1 \end{Bmatrix}, \text{ wenn } \left|\{(i,k)|(i < k) \wedge (\pi(i) > \pi(k))\}\right| \begin{cases} \text{gerade} \\ \text{ungerade} \end{cases}.$$

sgn ist ein Gruppenhomomorphismus von $(S_n, \circ)$ in $(\{1,-1\}, \cdot)$, denn

$$\begin{aligned}
\text{sgn}(\pi \circ \rho) &= \prod_{1 \le i < k \le n} \frac{(\pi \circ \rho)(k) - (\pi \circ \rho)(i)}{k - 1} \\
&= \prod_{1 \le i < k \le n} \frac{(\pi \circ \rho)(k) - (\pi \circ \rho)(i)}{k - 1} \cdot \frac{\pi(k) - \pi(i)}{\pi(k) - \pi(i)} \\
&= \prod_{1 \le i < k \le n} \frac{\pi(k) - \pi(i)}{k - 1} \cdot \frac{(\pi \circ \rho)(k) - (\pi \circ \rho)(i)}{\pi(k) - \pi(i)} \\
&= \prod_{1 \le i < k \le n} \frac{\pi(k) - \pi(i)}{k - 1} \cdot \prod_{1 \le i < k \le n} \frac{(\pi \circ \rho)(k) - (\pi \circ \rho)(i)}{\pi(k) - \pi(i)} \\
&= \text{sgn}(\pi) \cdot \text{sgn}(\rho).
\end{aligned}$$

Dabei kommen im letzten Produkt die gleichen Faktoren wie in $\prod_{1 \le i < k \le n} \frac{(\rho)(k) - (\rho)(i)}{k - 1}$ vor, lediglich in anderer Reihenfolge. Der Kern des Gruppenhomomorphismus sgn ist das Urbild von $\{1\}$.

---

138 Der Funktionsname sgn kommt von *signum*, lateinisch für Vorzeichen.

Weiterhin hat jede einzelne Transposition das Vorzeichen −1, da sgn ein Homomorphismus ist und (ik) ein Produkt von $2 \cdot (k-i) - 1$ Nachbartranspositionen ist (vgl. Abschnitt 3.7), die das Vorzeichen −1 haben, da bei ihnen genau ein Paar seine Ordnung umdreht. Wiederum wegen Homomorphie gilt für ein Produkt beliebiger Transpositionen:

$\mathrm{sgn}(\tau_1 \circ \tau_2 \circ ... \circ \tau_k) = 1 \Leftrightarrow k$ ist eine gerade Zahl.

An ist als Kern des Homomorphismus sgn eine Untergruppe von S_n. A_n ist weder leer, denn $\mathrm{id}_{\{1, ..., n\}} \in A_n$, noch ist es ganz S_n, denn $(1\,2) \notin A_n$ − zumindest wenn $n > 1$. In der Tat ist es gleichmächtig zu $S_n \setminus A_n$, da die Linksmultiplikation mit $(1\,2)$ alle Elemente von A_n wegen Satz 7.3(3) und Satz 7.12 bijektiv auf $S_n \setminus A_n$ abbildet. ∎

7.2 Ringe und Körper

7.2.1 Ringe

Sind + und · zwei zweistellige Verknüpfungen auf einer Menge R, dann nennt man $(R, +, \cdot)$ einen **Ring**, wenn
- $(R, +)$ eine abelsche Gruppe ist, genannt die **additive Gruppe** des Ringes,
- $(R, \cdot)$ eine Halbgruppe ist,
- die **Distributivgesetze** gelten, d. h. für alle $a, b, c \in R$ ist

$$a \cdot (b + c) = (a \cdot b) + (a \cdot c) \text{ und } (a + b) \cdot c = (a \cdot c) + (b \cdot c).$$

Das neutrale Element von $(R, +)$ nennt man das **Nullelement** des Ringes und schreibt es meist als 0. Ein eventuelles neutrales Element von $(R, \cdot)$ d. h. ein x mit $\forall a \in R\ a \cdot x = x \cdot a$ schreibt man meist als 1. Es ist dann eindeutig festgelegt, vgl. Satz 7.1, und man nennt es das **Einselement** des Rings. Ein Ring wird als **kommutativ** bezeichnet, wenn auch seine Multiplikation kommutativ ist.

Folgendes sind Beispiele bzw. Beispielmuster für Ringe mit Einselement:

1. Menge: die ganzen bzw. rationalen bzw. reellen bzw. komplexen Zahlen

   Verknüpfung + : Addition, mit Null 0
   Verknüpfung · : Multiplikation, mit Eins 1

2. Menge: die Restklassenringe $\mathbb{Z}_n$, vgl. Abschnitt 5.3.1
   Verknüpfungen: Addition und Multiplikation über Repräsentanten der Klassen
   Null, Eins: $[0]_{\sim n}$ und $[1]_{\sim n}$

3. Menge: die Menge aller Abbildungen $f\colon A \to Q$ von einer Menge A in einen Ring $(Q, +, \cdot)$ mit Eins

  Verknüpfung + :   **punktweise**[139] Addition $(f+g)(x) := f(x) + g(x)$

  Verknüpfung $\cdot$:   punktweise Multiplikation $(f \cdot g)(x) := f(x) \cdot g(x)$

  Null, Eins: die konstanten Abbildungen auf die Null bzw. Eins von $(Q, +, \cdot)$

4. Menge: die Menge aller Gruppenendomorphismen $f\colon G \to G$ einer abelschen Gruppe $(G, +)$.

  Verknüpfung + :   punktweise Addition $(f+g)(x) := f(x) + g(x)$

  Verknüpfung $\cdot$:   Hintereinanderausführung $(f \cdot g)(x) := g \circ f(x) = g(f(x))$

  Null, Eins: die konstante Abbildungen auf die Null von $(G, +)$, id_G

5. Menge: die Menge $R[x]$ aller Polynomterme p in einer Veränderlichen x, d. h. $p = \sum_{i=0}^{n} r_i x^i$, mit Elementen $r_1, r_2, \ldots, r_n$ aus einem kommutativen Ring R mit Eins 1.

  Verknüpfung + :   Polynomaddition,

$$\sum_{i=0}^{m} r_i x^i + \sum_{i=0}^{n} s_i x^i := \sum_{i=0}^{\max(m,n)} (r_i + s_i) x^i$$

  Verknüpfung: Polynommultiplikation,

$$\sum_{i=0}^{m} r_i x^i \cdot \sum_{i=0}^{n} s_i x^i := \sum_{i=0}^{m+n} \sum_{k=0}^{i} (r_k s_{i-k}) x^i \text{ (Bei beiden}$$

Definitionen: ursprünglich nicht vorhandene $r_i, s_i := 0$)

  Null, Eins: $p_0 = 0x^0$, $p_1 = 1x^0$

6. Menge: bei gegebenen Ringen $(R_1, +_1, \cdot_1)$ und $(R_2, +_2, \cdot_2)$ mit Eins das kartesische Produkt $R_1 \times R_2$

  Verknüpfung + :   komponentenweise: $(x_1, x_2) + (y_1, y_2) := (x_1 +_1 y_1, x_2 +_2 y_2)$

  Verknüpfung $\cdot$:   komponentenweise: $(x_1, x_2) \cdot (y_1, y_2) := (x_1 \cdot_1 y_1, x_2 \cdot_2 y_2)$

  Null, Eins: $(0_1, 0_2)$, $(1_1, 1_2)$

Man spricht hierbei vom **direkten Produkt** zweier Ringe.

Das +-Inverse eines Elements a im Ring R schreibt man meist „$-a$", und anstatt „$a + (-b)$" schreibt man kürzer „$a - b$" und spricht von **Subtraktion.**

Satz 7.13: Multiplikation mit Null

In einem Ring $(R, +, \cdot)$ mit Nullelement 0 gilt für alle Ringelemente a und b:

1. $0 \cdot 0 = 0$,
2. $a \cdot 0 = 0 \cdot a = 0$,
3. $a \cdot (-b) = (-a) \cdot b = -(a \cdot b)$,
4. insbesondere in einem Ring mit Einselement 1: $a \cdot (-1) = (-1) \cdot a = -a$.   □

---

139 „Punktweise" Anwendung der Operation bedeutet, für jeden Argumentwert x die Funktionen f und g einzeln und dann im Zielraum die Operation auf die beiden Funktionswerte anzuwenden.

Beweis:
Wegen der bereits vertrauten Eigenschaften der Addition und der Null, sowie der Distributivität gilt (zwecks Klammerersparnis: Mal bindet stärker Plus):

(1) $0 \cdot 0 = 0 \cdot 0 + 0 \cdot 0 - 0 \cdot 0 = 0 \cdot (0 + 0) - 0 \cdot 0 = 0 \cdot 0 - 0 \cdot 0 = 0$,

(2) $a \cdot 0 = a \cdot 0 + 0 = a \cdot 0 + (a \cdot 0 - a \cdot 0) = (a \cdot 0 + a \cdot 0) - a \cdot 0 = a \cdot (0 + 0) - a \cdot 0 = a \cdot 0 - a \cdot 0 = 0$ und $0 \cdot a = 0 \cdot a + 0 = 0 \cdot a + 0 \cdot (-a) = 0(a - a) = 0 \cdot 0 = 0$,

(3) $a \cdot b + a \cdot (-b) = a \cdot (b - b) = a \cdot 0 = 0$, $a \cdot b + (-a) \cdot b$ analog. ∎

Ein **Unterring** Q eines Rings R ist eine nichtleere Teilmenge $Q \subseteq R$, die

– gegenüber den Verknüpfungen von R **abgeschlossen** ist, d. h. mit

$$\forall a, b \in Q\, [a + b \in Q \land a \cdot b \in Q], \text{ und}$$

– unter der Restriktion der Verknüpfungen von $R \times R$ auf $Q \times Q$ selbst einen Ring bildet. Wie bei Untergruppen wird salopp mal die Teilmenge mit, mal ohne ihre Operationen und Konstanten als Unterring bezeichnet.

Satz 7.14: Ein Unterring-Kriterium
Ist $(R, +, \cdot)$ ein Ring und Q eine nichtleere Teilmenge von R, so ist Q genau dann ein Unterring von R, wenn

$$\forall a, b \in Q\, [a - b \in Q \land a \cdot b \in Q]. \qquad \square$$

Beweisskizze: Q ist genau dann ein Unterring, wenn Q mit (der Restriktion von) + eine Untergruppe von $(R, +)$ ist, also wenn $\forall a, b \in Q\, a - b \in Q$ gilt, und wenn $\forall a, b \in Q\, a \cdot b \in Q$ gilt, denn damit gelten automatisch über die Restriktion der Verknüpfungen die Assoziativität der Multiplikation und die Distributivgesetze auf Q. ∎

Ähnlich wie bei Gruppen **erzeugen** auch Teilmengen von Ringen $M \subseteq R$ jeweils einen kleinsten M enthaltenden Unterring $[M]$, der dann neben allen Elemente des **Erzeugendensystems** M die 0 und mit je zwei Elementen a, b auch $a - b$ und $a \cdot b$ enthält.

Sind $(R, +, \cdot)$ und $(Q, \oplus, \otimes)$ zwei Ringe und $f: R \to Q$ eine Abbildung mit den Eigenschaften, dass für alle $a, b \in R$

$$f(a + b) = f(a) \oplus f(b) \text{ und } f(a \cdot b) = f(a) \otimes f(b)$$

gilt, so bezeichnet man f als (Ring-) **Homomorphismus.** Ist f dabei bijektiv, so wird es als (Ring-) **Isomorphismus** bezeichnet (und die beiden beteiligten Ringe als **isomorph**). Man kann bei einem Homomorphismus f also gewissermaßen die Abbildung und die Verknüpfungen in ihrer Reihenfolge vertauschen.

Satz 7.15: Unterringe bei Homomorphismen

Ist $f: R \to Q$ ein Ringhomomorphismus, so ist
- die Bildmenge $f(U)$ jedes Unterrings U von R ein Unterring von Q und
- die Urbildmenge $f^{-1}(V)$ jedes Unterrings V von Q ein Unterring von R.

Insbesondere ist dann der **Kern** von f, $\ker(f) := f^{-1}(0) = \{a \in R \mid f(a) = 0\}$, ein Unterring von R und das **Bild** $\text{im}(f) := f(R) = \{f(a) \mid a \in R\}$ ein Unterring von Q. $\square$

Der einfache **Beweis** verläuft ähnlich wie der von Satz 7.8. ∎

Ist $(R, +, \cdot)$ ein Ring, so nennt man von zwei Elementen $a, b \in R \backslash \{0\}$ mit $a \cdot b = 0$ a einen **echten linken Nullteiler** und b einen **echten rechten Nullteiler** von R. Wegen $a \cdot 0 = 0 \cdot b = 0$ ist auch 0 ein Nullteiler, allerdings wie man sagt, ein **trivialer,** kein echter. *Natürlich* braucht man in kommutativen Gruppen die Unterscheidung der Seiten nicht.

In einer Gruppe war die Abbildung $x \mapsto a \circ x$ immer bijektiv. Wie wir in einer Übungsaufgabe zeigen, ist in $(R, +, \cdot)$ die Abbildung $x \mapsto a \cdot x$ für $a \neq 0$ genau dann injektiv, wenn a *kein* linker Nullteiler ist. Im Produktring in Ringbeispiel (6) gibt es wegen $(x_1,0_2) \cdot (0_1,y_2) = (0_1,0_2)$ Nullteiler, wenn $R_1 \backslash \{0\}$ und $R_2 \backslash \{0\}$ nichtleer sind.

In einem Ring $(R, +, \cdot)$ mit Einselement und mit mindestens zwei Elementen (letzteres dann gleichbedeutend mit $0 \neq 1$) nennt man ein $a \in R$ eine **Einheit** von R, wenn es Elemente $b,c \in R$ mit $a \cdot b = c \cdot a = 1$ gibt. Dieser Ring ist dann frei von rechten und linken Nullteilern (1), und die beiden „multiplikativen Inversen" von a sind dann identisch (2), denn

(1) $a \cdot x = 0, x \neq 0, c \cdot a = 0 \Rightarrow 0 = c \cdot (a \cdot x) = (c \cdot a) \cdot x = x$, ein Widerspruch, analog bei $x \cdot a = 0$,

(2) $c \cdot a = 1 \Rightarrow (1 - a \cdot c) \cdot a = a - a \cdot (c \cdot a) = a - a = 0$;
nullteilerfrei $\Rightarrow 1 - a \cdot c = 0 \Rightarrow a \cdot b = 1 = a \cdot c \Rightarrow a \cdot (b - c) = 0 \ldots \Rightarrow b = c$.

Satz 7.16: Einheitengruppe

Die Menge R^* der Einheiten von R bildet mit der Restriktion der Ringmultiplikation auf R^* eine Gruppe, die sog. **Einheitengruppe.** $\square$

Beweis: Das multiplikative neutrale Element 1 ist wegen $1 \cdot 1 = 1$ auch eine Einheit. Mit den obigen a, b und c folgt aus $b = 1 \cdot b = (c \cdot a) \cdot b = c \cdot (a \cdot b) = c \cdot 1 = c$, dass $b = c$ gilt. Dies liefert die weitere Gruppeneigenschaft, dass jede Einheit ein multiplikatives Inverses hat. Und schließlich ist das Produkt zweier Einheiten ebenfalls eine Einheit, denn gilt

$a \cdot b = b \cdot a = 1$ und $c \cdot d = d \cdot c = 1$, so gilt auch
$(a \cdot c) \cdot (d \cdot b) = a \cdot (c \cdot d) \cdot b = a \cdot b = 1$ und analog $(d \cdot b) \cdot (a \cdot c) = 1$. ∎

Anwendungen in der Zahlentheorie

Satz 7.17: Zerlegung des Restklassenringes

Sind die natürlichen Zahlen m, $n > 0$ und teilerfremd, so ist die Abbildung

$$f : \begin{cases} \mathbb{Z}_{mn} & \to \mathbb{Z}_m \times \mathbb{Z}_n \\ [x]_{\sim mn} & \mapsto ([x]_{\sim m}, [x]_{\sim n}) \end{cases}$$

ein Ringisomorphismus, der die Eins auf die Eins abbildet. □

Beweis: f ist Ringhomomorphismus, denn

$$
\begin{aligned}
f([x]_{\sim mn} + [y]_{\sim mn}) \quad &= f([x+y]_{\sim mn}) & \text{wegen Def. der Addition in } \mathbb{Z}_{mn}, \\
&= ([x+y]_{\sim m}, [x+y]_{\sim n}) & \text{Definition von } f, \\
&= ([x]_{\sim m} + [y]_{\sim m}, [x]_{\sim n} + [y]_{\sim n}) & \text{Addition in } \mathbb{Z}_m, \mathbb{Z}_n, \\
&= ([x]_{\sim m}, [x]_{\sim n}) + ([y]_{\sim m}, [y]_{\sim n}) & \text{Add. im Produkt,} \\
&= f([x]_{\sim mn}) + f([y]_{\sim mn}) & \text{Definition von } f,
\end{aligned}
$$

und analog gilt für die Multiplikation $f([x]_{\sim mn} \cdot [y]_{\sim mn}) = f([x]_{\sim mn}) \cdot f([y]_{\sim mn})$.

Schließlich gilt $f([1]_{\sim mn}) = ([1]_{\sim m}, [1]_{\sim n})$ gemäß der Definition von f.

Nun zunächst zur Surjektivität: Gesucht ist zu gegebenem $([y]_{\sim m}, [z]_{\sim n})$ ein $[x]_{\sim mn}$ mit $f([x]_{\sim mn}) = ([y]_{\sim m}, [z]_{\sim n})$, d. h. mit $x \equiv y \pmod{m}$ und $x \equiv z \pmod{n}$. Dieses existiert aber nach dem Chinesischen Restesatz 5.29. Beide Ringe, $\mathbb{Z}_m$ und $\mathbb{Z}_m \times \mathbb{Z}_n$, haben $m \cdot n$ Elemente, so dass die surjektive Abbildung f auch bijektiv ist, was wir in einer Übungsaufgabe zeigen. ∎

Natürlich kann die „Zerlegung" von $\mathbb{Z}_n$ analog fortgesetzt werden, bis sich $\mathbb{Z}_n$ als isomorph zum Produkt der Primzahl-Restklassen entsprechend der Primzahlzerlegung von n herausstellt.

Satz 7.18: Einheitengruppe eines Restklassenrings

In einem Restklassenring $\mathbb{Z}_n$ besteht die Einheitengruppe $\mathbb{Z}_n^*$ aus allen $[i]_{\sim n}$ mit zu n teilerfremden i, $[i]_{\sim n}$, $1 \le i \le n$, so dass für die Mächtigkeiten beider Mengen gilt:

$$|\mathbb{Z}_n^*| = \varphi(n).$$ □

Beweis: Wegen des Lemmas von Bezout gilt (mit passenden r und s)

$$i \perp n \Leftrightarrow r \cdot i + s \cdot n = 1 \Leftrightarrow r \cdot i \sim_n 1 \Leftrightarrow [r]_{\sim n} \cdot [i]_{\sim n} = [1]_{\sim n}.$$

Die Gleichung folgt aus der Definition der Phi-Funktion. ∎

Nun können wir aber mit algebraischen Argumenten bequem die noch ausstehenden Beweise zweier bereits erwähnter Sätze der Zahlentheorie erbringen:

Satz 5.25: Partielle Multiplikativität der Phi-Funktion Die Euler'sche Phi-Funktion ist insofern multiplikativ, als für teilerfremde m und $n > 2$ gilt:

$$\varphi(m \cdot n) = \varphi(m) \cdot \varphi(n). \qquad \square$$

Beweis: Für die Einheitenmengen gilt $f(\mathbb{Z}_{mn}^*) = \mathbb{Z}_m^* \cdot \mathbb{Z}_n^*$, denn wegen Isomorphie ist $[x]_{\sim mn} \in \mathbb{Z}_{mn}^*$ genau dann, wenn für passendes y gilt: $[x]_{\sim mn} \cdot [y]_{\sim mn} = [1]_{\sim mn}$. Aus den Definitionen folgt, dass

$$[x]_{\sim mn} \cdot [y]_{\sim mn} = [1]_{\sim mn}$$

$$\Leftrightarrow f([x]_{\sim mn}) \cdot f([y]_{\sim mn}) = f([x])_{\sim mn} \cdot [y]_{\sim mn}) = f([1]_{\sim mn})$$

$$\Leftrightarrow ([x]_{\sim m} \cdot [y]_{\sim m}, \ [x]_{\sim n} \cdot [y]_{\sim n}) = ([x]_{\sim m}, [x]_{\sim n}) \cdot ([y]_{\sim m}, [y]_{\sim n}) = ([1]_{\sim m}, [1]_{\sim n})$$

$$\Leftrightarrow [x]_{\sim m} \cdot [y]_{\sim m} = [1]_{\sim m} \wedge [x]_{\sim n} \cdot [y]_{\sim n} = [1]_{\sim n}$$

$$\Leftrightarrow [x]_{\sim m}, [y]_{\sim m} \in \mathbb{Z}_m^* \wedge [x]_{\sim n}, [y]_{\sim n} \in \mathbb{Z}_n^*.$$

Insgesamt ergibt sich $\varphi(m \cdot n) = |\mathbb{Z}_{mn}^*| = |\mathbb{Z}_m^* \times \mathbb{Z}_n^*| = |\mathbb{Z}_m^*| \cdot |\mathbb{Z}_n^*| = \varphi(m) \cdot \varphi(n).$ ∎

Satz 5.27: Eulers Verallgemeinerung des Fermat'schen Satzes
Sind die natürlichen Zahlen m und n teilerfremd, so gilt $m^{\varphi(n)} \equiv 1 \pmod{n}$. $\qquad \square$

Beweis: Wegen Satz 7.18 gilt $|\mathbb{Z}_n^*| = \varphi(n)$ und $[m]_{\sim n} \in \mathbb{Z}_n^*$. Sei $\mathbb{Z}_n^* = \{a_1, a_2, ..., a_{\varphi(n)}\}$ die Menge der Einheiten in $\mathbb{Z}_n$ und $b := a_1 \cdot a_2 \cdot ... \cdot a_{\varphi(n)}$ das Produkt aller Einheiten. b ist wegen der Abgeschlossenheit von $\mathbb{Z}_n^*$ unter Multiplikationen (Satz 7.16) auch ein Element von $\mathbb{Z}_n^*$. Wegen Satz 7.3 durchläuft $[m]_{\sim n} \cdot a_i$, $1 \le i \le \varphi(n)$, genau die Elemente von $\mathbb{Z}_n^*$, d. h. $\mathbb{Z}_n^* = \left\{ [m]_{\sim n} \cdot a1, ..., [m]_{\sim n} \cdot a_{\varphi(n)} \right\}$. Diese müssen miteinander multipliziert daher wegen der Kommutativität der Multiplikation ebenfalls b ergeben:

$$b = [1]_{\sim n} \cdot b = [1]_{\sim n} \cdot a_1 \cdot a_2 ... a_{\varphi(n)} = [m]_{\sim n}^{\varphi(n)} \cdot a_1 \cdot a_2 ... a_{\varphi(n)}.$$

Wiederum wegen Satz 7.3 dürfen wir durch den gleichen Faktor teilen und erhalten $[1]_{\sim n} = [m]_{\sim n}^{\varphi(n)}$, und das bedeutet $m^{\varphi(n)} \equiv 1 \pmod{n}$. ∎

7.2.2 Körper

Ein Körper ist ein kommutativer Ring $(K, +, \cdot)$ mit von 0 verschiedenem Einselement 1, in dem alle Elemente außer 0 Einheiten sind, d. h. eine Menge K mit Verknüpfungen + und · mit folgenden Eigenschaften:

- $(K, +)$ ist eine abelsche Gruppe, deren neutrales Element meist 0 geschrieben wird;
- $(K \setminus \{0\}, \cdot)$ ist eine abelsche Gruppe, deren neutrales Element meist 1 geschrieben wird;
- für alle $a, b, c \in$ K gilt: $a \cdot (b + c) = (a \cdot b) + (a \cdot c)$, das (Links-) **Distributivgesetz**.

Mithilfe der Kommutativität(en) folgt, dass dann auch das Rechts-Distributivgesetz gilt,

$$\forall a, b, c \in K \quad (a + b) \cdot c = (a \cdot c) + (b \cdot c),$$

so dass alle Körper Ringe (natürlich mit Einselement) sind, sowie die „multiplikative Absorption" durch die Null, d. h.

$$\forall a \in K \quad a \cdot 0 = 0 \cdot a = 0.$$

Man spricht auch einfach von „dem Körper K", wenn die zugehörigen Operationen feststehen. In einem Körper gibt es insbesondere für jedes von 0 verschiedene Element a als Umkehrabbildung der Multiplikation $x \mapsto x \cdot a$ mit a, die Division durch a, $x \mapsto x / a$ mit $x / a := x \cdot a^{-1}$.

Beispiele für Körper sind
1. die rationalen Zahlen Q bzw. die reellen Zahlen $\mathbb{R}$ bzw. die komplexen Zahlen $\mathbb{C}$, jeweils mit der gewohnten Addition und Multiplikation, sowie
2. die Restklassenringe $\mathbb{Z}p$ modulo Primzahlen.

Satz 7.19: Endliche Körper
Für jeden endlichen Körper K existieren eine Primzahl p und eine natürliche Zahl $n > 0$ derart, dass $|K| = p^n$ gilt. □

Die folgende **Beweisskizze** setzt Begriffe und Ergebnisse aus den nächsten Abschnitten über lineare Algebra und Quotienten voraus (die natürlich *nicht* zyklisch auf dem vorliegenden Satz basieren). Wegen der Endlichkeit von K existiert unter den Elementen $1, 1 + 1, 1 + 1 + 1, \ldots$ (wir schreiben auch salopp $1 \cdot 1, 2 \cdot 1, 3 \cdot 1, \ldots$) ein erstes, $p \cdot 1$, das 0 ergibt, denn eine erste Wiederholung $a \cdot 1 = (a + p) \cdot 1$ muss es geben, und die führt nach Subtraktion von $a \cdot 1$ zu $p \cdot 1 = 0$. p muss nun Primzahl sein, sonst gäbe es $q, r > 0$ mit $q \cdot r \cdot 1 = 0$, und Division durch q würde zeigen, dass $p \cdot 1$ *nicht* als *erstes* Vielfaches 0 ergäbe, sondern bereits $r \cdot 1$.

Man prüft nun nach, dass K ein $\mathbb{Z}_p$-Vektorraum ist (ähnlich wie $\mathbb{R}$ ein $\mathbb{Q}$-Vektorraum ist), und $\mathbb{Z}_p$ (genau genommen sein injektives Bild in K) ein Untervektorraum davon. Mit $n := \dim(K / \mathbb{Z}_p)$ folgt $|K| = p^n$. ∎

In einer Übungsaufgabe suchen wir einen endlichen Körper mit p^2 Elementen, der also in der vorstehenden Liste der Beispiele noch nicht vorkommt. Man kann sogar zeigen, dass es zu jeder Primzahl p und jeder von Null verschiedenen natürlichen Zahl n bis auf Ringisomorphie genau einen Körper mit p^n Elementen gibt, vgl. [FiSa 1974].

So wie der rationale Zahlenkörper Unterkörper des reellen, und dieser wiederum Unterkörper des komplexen Zahlenkörpers ist, so können auch andere Körper schrittweise vergrößert werden. Ähnlich wie bei der Zahlenbereichskonstruktion von $\mathbb{C}$ aus $\mathbb{R}$ zwei Nullstellen i und $-i$ für das Polynom $x^2 + 1$ geschaffen wurden, so kann es auch in anderen Zusammenhängen Ziel sein, noch nicht vorhandene Nullstellen für Polynome neu zu schaffen. Man befasst sich auf diesem Gebiet mit Polynomen über den Körpern sowie mit den Vektorräumen, die Oberkörper über ihren Unterkörpern bilden. Anwendungen dieser Theorie der sogenannten **Körpererweiterungen** sind zum einen klassische

- Unmöglichkeitsbeweise, wie die der
    - Quadratur des Kreises, der
    - Dreiteilung eines Winkels und der
    - Verdoppelung des Würfels
      mit den schulmäßigen „Konstruktionen mit Zirkel und Lineal", andererseits aber auch
- Machbarkeitsaussagen wie die
    - Zerlegbarkeit von Polynomen oder die
    - Existenz von Nullstellen von diesen sowie
    - praktische Anwendungen in der Kryptografie.

Eine Darstellung des Themenbereiches Körpererweiterung ist hier aus Platzgründen nicht möglich, findet sich aber mitsamt seiner innermathematischen Anwendungen in praktisch allen Spezialwerken über Algebra, z. B. [Bosc 2006, Stro 1998 und FiSa 1974]. Der Bezug zur Kryptografie wird in Werken über deren algebraische Grundlagen hergestellt, wie in [Soch 2012] und [Witt 2007].

7.3 Verbände[*]

In Kapitel 3 hatten wir im Zusammenhang mit Ordnungsrelationen bereits vor den Ringen eine Klasse von Mengen $(A, \sqcap, \sqcup)$ mit zwei zweistelligen Operatoren kennengelernt, nämlich die (Operationen-)Verbände, bei denen per Definition folgende Gesetze gelten:

1. Assoziativität: $(a \sqcap b) \sqcap c = a \sqcap (b \sqcap c)$ und $(a \sqcup b) \sqcup c = a \sqcup (b \sqcup c)$,
2. Kommutativität: $a \sqcap b = b \sqcap a$ und $a \sqcup b = b \sqcup a$,
3. Absorption: $a \sqcup (a \sqcap b) = a$ und $a \sqcap (a \sqcup b) = a$.

Ein Element n eines Verbands heißt **Nullelement,** wenn $\forall a \in A \ (a \sqcap n = n \ \wedge \ a \sqcup n = a)$. Ein Element e eines Verbands heißt **Einselement,** wenn $\forall a \in A \ (a \sqcap e = a \ \wedge \ a \sqcup e = e)$. Wegen Satz 7.1 kann es höchstens ein Einselement und höchstens ein Nullelement geben. Jeder endliche Verband mit den Elementen $\{a_1, a_2, \ldots, a_n\}$ hat ein Einselement und ein Nullelement, nämlich

$$e := (\ldots((a_1 \sqcup a_2) \sqcup a_3) \ldots \sqcup a_n) \text{ und } n := (\ldots((a_1 \sqcap a_2) \sqcap a_3) \ldots \sqcap a_n).$$

Ein Verband mit Null- und Einselement heißt **komplementär,** wenn in ihm gilt:

$$\forall a \in A \ \exists a' \in A \ (a \sqcap a' = n \ \wedge \ a \sqcup a' = e);$$

a' heißt dann das **Komplement** von a und umgekehrt a das von a'. Verbände mit

$$\forall a,b,c \in A\,[a \sqcap (b \sqcup c) = (a \sqcap b) \sqcup (a \sqcap c) \wedge a \sqcup (b \sqcap c) = (a \sqcup b) \sqcap (a \sqcup c)]$$

werden als **distributiv** bezeichnet. Wir zeigen in einer Übungsaufgabe, dass die Gültigkeit jeder der beiden Gleichungen für alle a, b, c die der anderen impliziert.

Einen Verband nennt man **vollständig**, wenn er eine Eins und eine Null hat und seine Halbordnung vollständig ist, d. h. also wenn jede Teilmenge ein Supremum und ein Infimum hat.

Ist $(A, \sqcap, \sqcup)$ ein Verband und B eine Teilmenge von A, die gegen die beiden Verbandsoperationen abgeschlossen ist, d. h. mit $\forall a, b \in B\ a \sqcap b \in B \wedge a \sqcup b \in B$, dann nennt man B mit den (genau gesagt: Restriktionen der) Operationen $\sqcap$ und $\sqcup$ auf Elemente von B einen **Unterverband** von $(A, \sqcap, \sqcup)$.

Sind (A, Δ, ∇) und $(B, \sqcap, \sqcup)$Verbände und f eine Abbildung von A nach B mit

$$\forall a,b \in B\,[f(a\Delta b) = f(a) \sqcap f(b) \wedge f(a\nabla b) = f(a) \sqcup f(b)],$$

so bezeichnet man f als **Verbandshomomorphismus**. Ein bijektiver Verbandshomomorphismus f hat als Umkehrabbildung ebenfalls einen Verbandshomomorphismus und wird als **Verbandsisomorphismus** bezeichnet. Zwei Verbände nennt man **isomorph**, wenn es einen Verbandsisomorphismus von einem auf den anderen gibt.

Beispiele für Verbände sind:

1. die Menge der Untergruppen einer abelschen Gruppe $(G, \circ)$ mit den Operationen $U_1 \sqcap U_2 := U_1 \cap U_2$ und $U_1 \sqcup U_2 := [U_1 \cup U_2]$ (d. h. $U_1 \circ U_2$ bei abelschem G)
   Analog:
   - Unterringe eines Ringes (mit Durchschnitt und erzeugtem Unterring)
   - Unterkörper eines Körpers,
   - Untervektorräume eines Vektorraumes (siehe Abschnitt 7.4),

   $\{e\}$ (Gruppe) bzw. $\{0\}$ (Ring, Körper) bzw. $\{0\}$ (Vektorraum) ist Nullelement; die gesamte Struktur ist Einselement. Der Verband ist zwar nur in Trivialfällen (z. B. der Untergruppen von $(\{e\}, \circ)$), komplementär aber stets distributiv und vollständig.

2. die natürlichen (ab 0 incl.), negativen (bis 0 incl.), ganzen, rationalen bzw. reellen Zahlen unter ihrer Halbordnung $\leq$, wie in 3.6.4 als Verband interpretiert
   $\mathbb{N}_0$ hat das Nullelement 0, $-\mathbb{N}_0$ hat das Einselement 0; $\mathbb{Z}$, $\mathbb{Q}$ und $\mathbb{R}$ haben nichts dergleichen. Keiner dieser Verbände ist vollständig. Alle sind distributiv.

3. die (logischen) Äquivalenzklassen aussagenlogischer Formeln mit

$$[\varphi]_\equiv \sqcap [\psi]_\equiv := [\varphi \wedge \psi]_\equiv \quad \text{und} \quad [\varphi]_\equiv \sqcup [\psi]_\equiv := [\varphi \wedge \psi]_\equiv.$$

Der Verband hat das Nullelement $[A_1 \wedge \neg A_1]_\equiv$, das Einselement $[A_1 \vee \neg A_1]_\equiv$, ist komplementär mit $[\varphi]_\equiv [\neg\varphi]_\equiv$ und distributiv aber nicht vollständig. Die zugehörige Halbordnung stimmt mit der Folgerung (bezogen auf Klassen) überein:

$$[\varphi]_\equiv \leq [\psi]_\equiv \Leftrightarrow \varphi \wedge \psi \Leftrightarrow \varphi \Leftrightarrow \varphi \rightarrow \psi.$$

4. die Potenzmenge $P(M)$ einer gegeben Menge M mit $U_1 \sqcap U_2 := U_1 \cap U_2$ und $U_1 \sqcup U_2 := U_1 \cup U_2$. Der Verband hat das Nullelement $\varnothing$, das Einselement M, ist komplementär mit $U' := M \backslash U$, distributiv und vollständig.

5. allgemeiner als (4) **Mengenverbände,** d. h. für beliebige Mengen M solche Teilmengen von $P(M)$, die jeweils mit U_1 und U_2 auch $U_1 \cap U_2$ und $U_1 \cup U_2$ enthalten, mit Durchschnitt und Vereinigung als Operationen. Sie sind distributiv.

6. die **Verbandshülle** $[X_0]$ einer Teilmenge X_0 eines Verbands $(A, \sqcap, \sqcup)$. Sie ist der kleinste Verband $(B, \sqcap, \sqcup)$ mit $X_0 \subseteq B \subseteq P(M)$, und ihre Elemente sind die der Vereinigung $\bigcup_{i=0,1,\ldots}[X_i]$ der aufsteigenden Mengenfamilie, die durch
$$X_{i+1} := \{X \sqcap Y \mid X, Y \in X_i\} \cup \{X \sqcap Y \mid X, Y \in X_i\}$$ induktiv definiert ist.

7. **Begriffsverbände** (vgl. [GaWi 1996]), d. h. spezielle Mengenverbände, die als Verbandshüllen einer Familie X_0 von Teilmengen einer Objektemenge O entstanden sind. X_0 wiederum entstammt einer Merkmal-Erfüllungs-Relation $R \subseteq O \times M$, auch **Inzidenzrelation** genannt, mit einer Menge M von Merkmalen, die ein Objekt (in O) haben kann:
$$X_0 := \{N' \mid N \subseteq M\}, N' := \{o \in O \mid \forall m \in N \ oRm\},$$

vgl. das Hasse-Diagramm in Abb. 7.3. In diesem Beispiel besteht O aus den Zahlen 1, 2, 4, 5, 8, 9 und M aus den Merkmalen $G(erade)$, $Z(usammengesetzt)$, $P(rimzahl)$, Q (*adratzahl*), $U(ngerade)$. Beispielsweise erfüllt 2 die Merkmale G und P. Die Ausgangsmengen, die den Verband erzeugenden Elemente m' in X_0, sind jeweils mit dem Merkmal m etikettiert. Andere Elemente entsprechen den logischen Merkmalskombinationen, z. B. $\{1, \ldots, 9\}$: $G \vee U$, $\{4\}$: $Z \wedge Q \wedge G$.

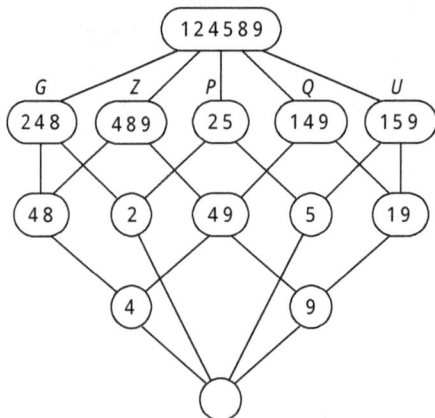

Abb. 7.3: Hasse-Diagramm eines Begriffsverbandes.

8. das **direkte** Produkt zweier gegebenen Verbände $(A_1, \sqcap_1, \sqcup_1)$ und $(A_2, \sqcap_2, \sqcup_2)$ mit den komponentenweisen Operationen.

Ob ein Verband distributiv ist, lässt sich an seinem Hasse-Diagramm ablesen, wie der folgende Satz zeigt. Sein Beweis ist nicht kurz und findet sich z. B. in [DaPr 2002].

Satz 7.20: Charakterisierung distributiver Verbände
Ein Verband ist genau dann distributiv, wenn er keinen Unterverband einer der beiden Formen in Abb. 7.4 enthält. □

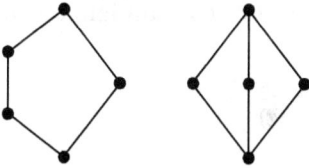

Abb. 7.4: Charakteristische Unterverbände bei Nicht-Distributivität.

Den Dualitätsbegriff der Aussagenlogik können wir hier durch die Analogien $\sqcap/\wedge$, $\sqcup/\vee$, $\le$ / $\rightarrow$, $=$ / $\leftrightarrow$, auf beliebige Verbände und mit den zusätzlichen Parallelen $\neg a$ / a', e / $\top$ bzw. n / $\bot$ auf komplementäre Verbände, solche mit Eins bzw. mit Null verallgemeinern. So sagt uns die Dualität bei Verbänden beispielsweise, dass die sogenannte **Modularität** eines Verbandes, definierbar durch

$$\forall a, b, x \in A \quad (x \sqcap b) \sqcup (a \sqcap b) = ((x \sqcap b) \sqcup a) \sqcap b,$$

genauso gut (d. h. logisch äquivalent) durch

$$\forall a, b, x \in A \quad (x \sqcup b) \sqcap (a \sqcup b) = ((x \sqcup b) \sqcap a) \sqcup b$$

definiert werden kann. Die Äquivalenz mit der gängigeren Definition,

$$\forall a, b, x \in A \quad x \le b \Rightarrow (x \sqcap (a \sqcup b) = ((x \sqcap a) \sqcup b),$$

ist wegen $x \le b :\Leftrightarrow (x \sqcap b) = x$ leicht nachzuprüfen.

7.4 Vektorräume

Die Theorie der Vektorräume, die sogenannte **lineare Algebra**, beeindruckt durch ihr immenses Anwendungsspektrum, sei es auf physikalischen Gebieten wie Mechanik, Elektromagnetik und Quantentheorie, sei es in den Wirtschaftswissenschaften oder in der Informatik. Sie verallgemeinert das wahrscheinlich schon aus der Schulzeit bekannte Lösen von Systemen linearer Gleichungen aus einer algebraischen Sichtweise. Die geometrische Sicht auf die Vektorräume, die auch die analytische Geometrie des mathematischen Schulstoffs fortführt, mit Themen wie innere Produkte, Orthogonalität und Normen, ist hier ausgeklammert. Sie findet sich auch bei den Grundlagen der Analysis, vgl. [Rudi 2009].

7.4.1 Definition und Beispiele

Sei K ein Körper mit Einselement 1; seine Elemente werden jetzt als **Skalare** bezeichnet. Ein **Vektorraum über** dem Körper K (auch kurz **K-Vektorraum** genannt) ist
- eine abelsche Gruppe $(V, +)$ mit neutralem Element **0**, deren Elemente jetzt als **Vektoren** bezeichnet und zur Unterscheidung von Skalaren hier zumeist fett und mit aufrechten Kleinbuchstaben geschrieben werden, und für die
- eine Abbildung $K \times V \to V$, $(k, \mathbf{v}) \mapsto k\,\mathbf{v}$, die sogenannte **(Skalar-)Multiplikation,** mit folgenden Eigenschaften gegeben ist:

$$\forall k,\, l \in K, \mathbf{v} \in V \ \ k(l\,\mathbf{v}) = (k \cdot l)\mathbf{v} \qquad \text{(Assoziativgesetz)}$$
$$\forall \mathbf{v} \in V \ \ 1\mathbf{v} = \mathbf{v}$$
$$\forall k \in K,\, \mathbf{u}, \mathbf{v} \in V \ \ k(\mathbf{u} + \mathbf{v}) = k\mathbf{u} + k\mathbf{v} \qquad \text{(Linksdistributivgesetz)}$$
$$\forall k,\, l \in K, \mathbf{v} \in V \ \ (k + l)\mathbf{v} = k\mathbf{v} + l\mathbf{v} \qquad \text{(Rechtsdistributivgesetz)}$$

Folgendes sind (1–3) Beispielmuster – zum Teil aus der Analysis – und (4) ein Einzelbeispiel für Vektorräume:

1. Skalarenmenge: ein beliebiger Körper K
   Vektorenmenge: die Menge aller Abbildungen $f: A \to K$
   einer festen Menge A in den Körper K
   Vektoraddition: punktweise Addition $(f + g)(x) := f(x) + g(x)$
   Skalarmultiplikation: punktweise Multiplikation $(kf)(x) := k \cdot (f(x))$
2. Skalarenmenge: die Menge $\mathbb{R}$ der reellen Zahlen
   Vektorenmenge: die Menge aller bzw. aller stetigen/ differenzierbaren/
   beschränkten / im Unendlichen gegen 0 gehenden
   Abbildungen $f: A \to K$
   Vektoraddition: punktweise Addition $(f + g)(x) := f(x) + g(x)$
   Skalarmultiplikation: punktweise Multiplikation $(kf)(x) := k \cdot (f(x))$
3. Skalarenmenge: ein beliebiger Körper K
   Vektorenmenge: bei gegebenen Vektorräumen $(V_1, +_1)$ und $(V_2, +_2)$ über K
   das kartesische Produkt $V_1 \times V_2$
   Vektoraddition: komponentenweise Addition
   $(\mathbf{v}_1, \mathbf{v}_2) + (\mathbf{w}_1, \mathbf{w}_2) := (\mathbf{v}_1 +_1 \mathbf{w}_1, \mathbf{v}_2 +_2 \mathbf{w}_2)$
   Skalarmultiplikation: komponentenweise Multiplikation $k(\mathbf{v}_1, \mathbf{v}_2) := (k\mathbf{v}_1, k\mathbf{v}_2)$
4. Skalarenmenge: die Menge $\mathbb{Q}$ der rationalen Zahlen
   Vektorenmenge: die Menge der reellen Zahlen, $\mathbb{R}$
   Vektoraddition: die Addition in $\mathbb{R}$
   Skalarmultiplikation: die Restriktion der Multiplikation in $\mathbb{R}$ auf $\mathbb{Q} \times \mathbb{R}$

Die häufig verwendeten Beispiele der Art
     K^n = „Menge der n-Tupel von Elementen des Körpers K"
entsprechen dem Beispielmuster (1) mit $A = \{1, 2, ..., n\}$. In diesen Fällen gilt für $k \in K$,
$\mathbf{v} = (v_1, ..., v_n) \in V$, $\mathbf{w} = (w_1, ..., w_n) \in V$:

$$\mathbf{v} + \mathbf{w} = (v_1 + w_1, \ldots, v_n + w_n) \text{ und } k\mathbf{v} = (k \cdot v_1, \ldots, k \cdot v_n).$$

Unter diesen wiederum sind die gängigsten Spezialfälle $\mathbb{R}^2$ und $\mathbb{R}^3$, die gut als geometrische Ebene bzw. geometrischer Raum vorstellbar sind. In der Analysis betrachtet man auch andere eingeschränkte Funktionenräume, wie die Mengen der stetigen bzw. der differenzierbaren Funktionen von $\mathbb{R}$ in $\mathbb{R}$ oder die Mengen der beschränkten Folgen bzw. der Cauchy-Folgen reeller Zahlen.

7.4.2 Lineare Abhängigkeit, Basis und Dimension

In der Folge arbeiten wir eine Zeitlang mit einem festen Vektorraum V über einem festen Skalarenkörper K. Für eine Teilmenge $M \subseteq V$ ist eine **Linearkombination** (von Vektoren aus M) eine Summe von Vielfachen von Vektoren aus M,

$$\sum_{i=1}^{n} k_i \mathbf{v}_i = k_1 \mathbf{v}_1 + k_2 \mathbf{v}_2 + \ldots + k_n \mathbf{v}_n.$$

Anstelle von Mengen verwenden wir bei Bedarf **Familien**, d. h. **indizierte Mengen** mit einer Indexmenge I. Formal handelt es sich jeweils um eine Abbildung $\varphi \colon I \to M$, bei der man einen „typischen Namen" (z. B. x) für Elemente von M wählt, $\varphi(i)$ als x_i und die Familie als $(x_i)_{i\,I}$ schreibt.

Eine Familie $(\mathbf{v}_i)_{i \in I}$ von Vektoren heißt **linear abhängig**, wenn es eine endliche Teilfamilie $(\mathbf{v}_i)_{i \in J}$, also mit $J \subseteq I$, $|J| = n \in \mathbb{N}$, sowie eine Familie $(k_i)_{i \in J}$ von Skalaren gibt, in der mindestens ein k_i von 0 verschieden ist und derart, dass

$$\sum_{i \in J} k_i \mathbf{v}_i = 0$$

gilt. Häufig identifiziert man die endliche Menge J mit $\{1,2, \ldots, n\}$ und schreibt

$$\sum_{i=1}^{n} k_i \mathbf{v}_i = k_1 \mathbf{v}_1 + k_2 \mathbf{v}_2 + \ldots + k_n \mathbf{v}_n = 0.$$

Für eine leere Familie definiert man $\sum_{i=1}^{0} k_i \mathbf{v}_i := 0$. Eine nicht linear abhängige Familie von Vektoren (oder salopp einfach „die Vektoren" der Familie) nennt man **linear unabhängig.**

Sowohl die leere Familie von Vektoren $(\ )= (\mathbf{v}_i)_{i \in \varnothing}$ wie auch jede einelementige Familie $(\mathbf{v}_1)$ mit $\mathbf{v}_1 \neq \mathbf{0}$ ist daher immer linear unabhängig. $(\mathbf{v}_1)$ mit $\mathbf{v}_1 = \mathbf{0}$ ist dagegen wegen $1\,\mathbf{v}_1 = \mathbf{0}$ linear abhängig, und $(\mathbf{v}_1, \mathbf{v}_2)$ mit $\mathbf{v}_2 = k\,\mathbf{v}_1$ ist wegen $1\,\mathbf{v}_2 + (-k)\mathbf{v}_1 = \mathbf{0}$ linear abhängig.

Eine Menge von Vektoren kann man als Familie betrachten, indem man z. B. jeden Vektor mit sich selbst indiziert. Bei Fragen der linearen Unabhängigkeit muss man etwas Vorsicht walten lassen: In einer Familie kann derselbe Vektor *mehrfach*, unter verschiedenen Indizes, auftauchen, in einer Menge jedoch nicht. Es kann sein, dass zwar $\{\mathbf{v}_i \mid i = 1, ..., n\}$ linear unabhängig ist, die Familie $(\mathbf{v}_i \mid i = 1, ..., n)$ aber nicht, beispielsweise im Falle, dass $\mathbf{v}_1 = \mathbf{v}_2$.

Lemma 7.21: Kriterien für lineare Abhängigkeit

Für eine nichtleere endliche Familie $(\mathbf{v}_1, \mathbf{v}_2, ..., \mathbf{v}_n)$ von Vektoren sind folgende Aussagen äquivalent:

1. $(\mathbf{v}_1, \mathbf{v}_2, ..., \mathbf{v}_n)$ ist linear abhängig.
2. Einer der Vektoren, $\mathbf{v}_k$, ist eine Linearkombination der vorherigen, also der Vektoren $\mathbf{v}_1, \mathbf{v}_2, ..., \mathbf{v}_{k-1}$.
3. Einer der Vektoren, $\mathbf{v}_k$, ist eine Linearkombination der anderen, also der Vektoren $\mathbf{v}_1, \mathbf{v}_2, ..., \mathbf{v}_{k-1}, \mathbf{v}_{k+1}, ..., \mathbf{v}_n$.
4. Es gibt zwei Linearkombinationen der $\mathbf{v}_i$ mit gleichem Wert aber nicht durchgehend gleichen Koeffizienten: $\sum_{i=1}^{n} k_i \mathbf{v}_i = \sum_{i=1}^{n} l_i \mathbf{v}_i, \; k_{i_0} \neq l_{i_0}$. □

Beweis:

(1) $\Rightarrow$ (2): Sei $(\mathbf{v}_1, \mathbf{v}_2, ..., \mathbf{v}_n)$ lin. abhängig, also $\sum_{i=1}^{n} k_i \mathbf{v}_i = k_1 \mathbf{v}_1 + k_2 \mathbf{v}_2 + ... + k_n \mathbf{v}_n = 0$, und $k_i \neq 0$ für ein $1 \leq i \leq n$. Sei $i_{max} := \max(\{i \mid 1 \leq i \leq n \wedge k_i \neq 0\})$.

Dann gilt $\sum_{i=1}^{i_{max}} k_i \mathbf{v}_i = \sum_{i=1}^{n} k_i \mathbf{v}_i = 0$, also auch $\mathbf{v}_{i_{max}} = \sum_{i=1}^{i_{max}-1} \left(-k_i/k_{i_{max}}\right) \mathbf{v}_i$.

Also ist einer der Vektoren, $\mathbf{v}_{i_{max}}$, eine Linearkombination der vorherigen.

(2) $\Rightarrow$ (3): Ist einer der Vektoren, $\mathbf{v}_k$, eine Linearkombination der vorherigen, dann auch aller anderen, denn die späteren in der Folge können mit Koeffizient 0 davor addiert werden:

$$\mathbf{v}_k = \sum_{i=1}^{k-1} k_i \mathbf{v}_i = \sum_{i=1}^{k-1} k_i \mathbf{v}_i + \sum_{i=k+1}^{n} 0\mathbf{v}_i.$$

(3) $\Rightarrow$ (4): Ist einer der Vektoren, $\mathbf{v}_k$, eine Linearkombination der anderen, d. h. $\mathbf{v}_k = \sum_{i=1}^{k-1} k_i \mathbf{v}_i + \sum_{i=k+1}^{n} k_i \mathbf{v}_i$, so sind die beiden Seiten der Gleichung zwei Linearkombinationen der $\mathbf{v}_i$ mit gleichem Wert aber nicht durchgehend gleichen Koeffizienten.

(4) $\Rightarrow$ (1): Gilt $\sum_{i=1}^{n} k_i \mathbf{v}_i = \sum_{i=1}^{n} l_i \mathbf{v}_i, \; k_{i_0} \neq l_{i_0}$, so folgt durch Subtraktion der rechten Seite $\sum_{i=1}^{n} (k_i - l_i) \mathbf{v}_i = 0$ mit $\left(k_{i_0} - l_{i_0}\right) \neq 0$, also lineare Abhängigkeit.

Auch hier greift die zyklische Implikation. ∎

Abbildung 7.5 zeigt eine Familie von drei linear abhängigen Vektoren $\mathbf{v}_1 = (1,0)$, $\mathbf{v}_2 = (0,1)$, $\mathbf{v}_3 = (-\frac{1}{2}, -\frac{1}{2})$, alle einmal als Punkte und einmal als Pfeile dargestellt, in der mit $\mathbb{R}^2$ identifizierten Ebene, sowie den Nullvektor als Linearkombination der drei Vektoren:

$$\mathbf{v}_1 + \mathbf{v}_2 + 2\mathbf{v}_3 = 0.$$

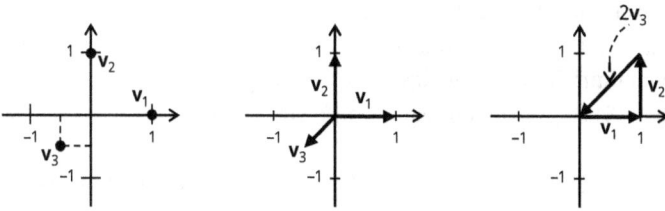

Abb. 7.5: $(v_i)_{1 \le i \le 3}$, eine Familie von Vektoren: Punkt- und Pfeildarstellung, lineare Abhängigkeit.

Für jede Teilmenge M eines Vektorraums V ist $[M]$, die **lineare Hülle** von M, definiert als Menge aller Linearkombinationen von Vektoren aus M. Man sagt, M **erzeugt** $[M]$ bzw. M **spannt** $[M]$ **auf,** und schreibt für $[M]$ auch $\operatorname{span}(M)$.[140]

Eine Menge $B \subseteq V$ linear unabhängiger Vektoren – genauer gesagt, wenn die zugehörige Familie von Vektoren linear unabhängig ist, – nennt man eine **Basis** von V, wenn $[B] = V$ gilt, d. h. wenn jeder Vektor von V als (endliche) Linearkombination $\sum_{i=1}^{n} k_i \mathbf{b}_i$ von Vektoren aus B dargestellt werden kann. Diese Linearkombination ist wegen Lemma 7.21 eindeutig in dem Sinne, dass in je zwei solchen Darstellungen mit der gleichen Wahl[141] der $\mathbf{b}_i$ jeder der Vektoren mit den gleichen Koeffizienten vorkommt; die Reihenfolge der Glieder darf natürlich variieren. Je zwei der Vektoren $\mathbf{v}_1$, $\mathbf{v}_2$, $\mathbf{v}_3$ in Abb. 7.5 bilden beispielsweise eine Basis des $\mathbb{R}^2$.

Satz 7.22: Charakteristiken von Basen

Für eine Teilmenge B eines Vektorraums V sind folgende Aussagen äquivalent:

1. B ist eine Basis von V.
2. B ist ein minimales V aufspannendes System, d. h.

$$[B] = V, \text{ sowie } [(A \subseteq B \wedge A \ne B) \Rightarrow [A] \ne V].$$

3. B ist eine maximale linear unabhängige Teilmenge von V, d. h.
   B ist linear unabhängig, und $[\mathbf{v} \in V \setminus B \Rightarrow B \cup \{\mathbf{v}\}$ ist linear abhängig]. $\qquad\square$

Beweis:

(1) $\Rightarrow$ (2): B sei eine Basis von V. Könnte eine echte Teilmenge A von B den Vektorraum V aufspannen, so gäbe es ein $\mathbf{b}$ in $B \setminus A$, das eine Linearkombination von Vektoren aus A wäre – und damit von Vektoren aus $B \setminus \{\mathbf{b}\}$. Nach Lemma 7.21 wäre dann B linear abhängig, also keine Basis.

(2) $\Rightarrow$ (1): Es gelte $[B] = V$, und $(A \subseteq B \wedge A \ne B) \Rightarrow [A] \ne V$. Ist B keine Basis, so ist B linear abhängig (oder $[B] \ne V$, was (s.o.) nicht zutrifft). Mit Lemma 7.21 kann man dann

---

140 Vom englischen *span:* die Spanne, überspannen.
141 Nichtvorkommen in einer Darstellung kann einem Vorkommen mit Koeffizient 0 gleichgesetzt werden.

ein Element **b** von B durch die restlichen linear kombinieren, also auch in allen Linearkombinationen von Vektoren aus B ersetzen, so dass diese zu $[B \setminus \{\mathbf{b}\}]$ gehören, so dass $[B \setminus \{\mathbf{b}\}] = V$. Das widerspricht der Eingangsvoraussetzung.

Die Äquivalenz (1) $\Leftrightarrow$ (3) zeigt man ähnlich mithilfe von Lemma 7.21. ∎

Damit man bei kommenden Sätzen keine regelmäßige Ausnahmen oder Voraussetzungen formulieren muss, verabreden wir,

– dass eine Linearkombination von Vektoren, bei der die Indizes von 1 bis 0 laufen, den Nullvektor ergibt, $\sum_{i=1}^{0} k_i \mathbf{v}_i := \mathbf{0}$, und

– dass ein Vektorraum, der nur aus dem Vektor **0** besteht, die leere Menge als Basis hat, also $[\varnothing] := \{\mathbf{0}\}$.

Satz 7.23: Existenz von maximalen linear unabhängigen Teilmengen und von Basen
1. Jede Teilmenge M eines Vektorraums V hat eine unter ihren linear unabhängigen Teilmengen (aber i.a. nicht in V) maximale Teilmenge.
2. Jede den Vektorraum V aufspannende Teilmenge, für die also $M \subseteq V$ und $[M] = V$ gilt, hat eine Basis B des Vektorraums als Teilmenge.
3. Jeder Vektorraum hat mindestens eine Basis. □

Der allgemeine **Beweis** von (1) verwendet das Auswahlaxiom in der Form des Zorn'schen Lemmas. Ist $LinU(M)$ die Menge alle linear unabhängigen Teilmengen einer Teilmenge M von V, so ist $\subseteq$ eine Halbordnung auf $LinU(M)$, und $LinU(M)$ ist z. B. wegen $\varnothing \in LinU(M)$ nicht leer. Wir zeigen dass für jede Kette C in $(LinU(M),\subseteq)$ die Vereinigung $\bigcup C$ aller Vektorenmengen der Kette linear unabhängig ist:

Nehmen wir an, für Vektoren $\mathbf{v}_i$ in $\bigcup C$ gilt $\sum_{i=1}^{n} k_i \mathbf{v}_i = 0$. Jedes $\mathbf{v}_i$ ist Element eines Kettengliedes C_i, unter welchen ein größtes, C_{i_0}, existiert, das dann alle $\mathbf{v}_i$ enthält. Wegen der linearen Unabhängigkeit von C_{i_0} sind alle k_i null.

$\bigcup C$ ist eine, sogar die kleinste, obere Schranke der Kette C. Nach dem Zorn'schen Lemma enthält $LinU(M)$ ein maximales Element. Im Falle einer konkret gegebenen endlichen Menge M kann auf das Zorn'sche Lemma verzichtet und wegen der endlichen Zahl der Möglichkeiten eine maximale Teilmenge der gesuchten Art sogar explizit benannt werden.

(2): Ist $VAuf(M)$ die Menge aller V aufspannenden Teilmengen von M, so ist $\supseteq$ eine Halbordnung auf $VAuf(M)$, und $VAuf(M)$ ist z. B. wegen $M \in VAuf(M)$ nicht leer, und für jede $\supseteq$-Kette C ist ihr Durchschnitt $\bigcap C$ „obere" Schranke bezüglich $\supseteq$. Nach dem Zorn'schen Lemma existiert eine $\supseteq$-maximale (also in der gewöhnlichen Ordnung $\subseteq$ minimale!) V aufspannende Teilmenge B von M. Wie im Beweis von Satz 7.22 zeigt man leicht, dass B linear unabhängig und damit Basis von V ist. Im Falle einer konkret gegebenen endlichen Menge M kann auf das Zorn'sche Lemma verzichtet und wegen der endlichen Zahl der Möglichkeiten eine Basis der gesuchten Art sogar explizit benannt werden.

(3): Dies ist der Spezialfall $M = V$ von (2). Es ist übrigens auch ein Spezialfall von (1), wobei man dann aber noch Satz 7.22 anwenden müsste, um auf (3) zu schließen. ∎

Für $n = 1, 2, \ldots$ hat K^n als K-Vektorraum die sog. **kanonische** n-dimensionale **Basis** $E_n = \{\mathbf{e}_1, \mathbf{e}_2, \ldots, \mathbf{e}_n\}$ mit den Basisvektor-Komponenten $(\mathbf{e}_i)_k = \delta_{ik}$, denn natürlich spannt $\{\mathbf{e}_1, \ldots, \mathbf{e}_n\}$ wegen

$$\mathbf{v} = (v_1, \ldots, v_n) \in K^n \Rightarrow \mathbf{v} = v_1\mathbf{e}_1 + \ldots + v_n\mathbf{e}_n$$

den Vektorraum auf, und zum anderen ist E_n linear unabhängig, denn

$$k_1\mathbf{e}_1 + \ldots + k_n\mathbf{e}_n = \mathbf{0} \Rightarrow (k_1, \ldots, k_n) = (0, \ldots, 0) \Rightarrow k_1 = 0 \wedge \ldots \wedge k_n = 0.$$

Natürlich haben die kanonischen Basisvektoren $\mathbf{e}_i$ von K^n n Komponenten, so dass mit dieser saloppen Schreibweise $\mathbf{e}_i$ je nach n Verschiedenes bedeutet. Spätestens wenn wir im gleichen Zusammenhang von K^n und K^m sprechen, schreiben wir für die jeweiligen Basisvektoren zur besseren Unterscheidung $^n\mathbf{e}_i$ und $^m\mathbf{e}_i$. In der linearen Algebra werden Vektoren des K^n oft als **Spaltenvektoren** geschrieben, was mit der Veranschaulichung der in der Folge noch einzuführenden Matrizenmultiplikation zusammenhängt.

So hat $\mathbb{R}^3$ die Basisvektoren $^3\mathbf{e}_1, {}^3\mathbf{e}_2, {}^3\mathbf{e}_3$, die seltener in der Tupelschreibweise als

$$(1,0,0), \ (0,1,0), \ (0,0,1),$$

d. h. als waagrecht angeordnete **Zeilenvektoren**, und häufiger als

$$\begin{pmatrix} 1 \\ 0 \\ 0 \end{pmatrix}, \ \begin{pmatrix} 0 \\ 1 \\ 0 \end{pmatrix}, \ \begin{pmatrix} 0 \\ 0 \\ 1 \end{pmatrix},$$

d. h. als senkrecht angeordnete **Spaltenvektoren**, geschrieben werden.

Jede linear unabhängige Teilmenge C kann zu einer Basis des Vektorraumes erweitert werden, und das sogar gegebenenfalls mit Vektoren aus einer unabhängig von ihr vorgegebenen Basis B. Des Weiteren können in jeder Basis B passende Vektoren derart gegen alle Vektoren aus einer vorgegebenen linear unabhängigen Teilmenge C des Vektorraums ausgetauscht werden, dass auch die so konstruierte Menge eine Basis des Vektorraums ist. Bei genauerem Hinsehen läuft beides auf dieselbe knappe Aussage – nur jeweils aus anderer Sicht – hinaus:

Satz 7.24: Basisaustauschsatz, Basisergänzungssatz

Sind B eine Basis des Vektorraumes V und C eine linear unabhängige Teilmenge von V, dann gibt es eine Teilmenge B' von B derart, dass $C \cup B'$ eine Basis von V ist. □

Beweis: Ist $CErgB$ die Menge der „linear unabhängigen Ergänzungen von C um Vektoren aus B", formaler $CErgB := \{M \mid M \subseteq B \wedge C \cup M \text{ ist linear unabhängig}\}$, so ist $\subseteq$ eine Halbordnung auf $CErgB$, und $CErgB$ ist z. B. wegen $\varnothing \in CErgB$ nicht leer. Für jede

Kette L in $(CErgB, \subseteq)$ ist $C \cup \bigcup L$ linear unabhängig, da eine dem widersprechende Gleichung $\sum_{i=1}^{n} k_i \mathbf{v}_i = 0$ zwischen Vektoren in $C \cup \bigcup L$ sonst bereits in $C \cup N$ mit einem Kettenglied $N \in L$ zutreffen müsste. Somit ist $\bigcup L \in CErgB$. Wegen des Zorn'schen Lemmas hat $CErgB$ ein maximales Element B' (#).

Annahme ($\bigcirc$): $C \cup B'$ ist keine Basis von V. Dann existiert ein $\mathbf{v} \in V \setminus [C \cup B']$. Dann existiert auch ein $\mathbf{b} \in B \setminus [C \cup B']$, denn andernfalls würde $B \subseteq [C \cup B']$ gelten, und, da B Basis – und daher $v \in [B]$ –ist, auch $\mathbf{v} \in [C \cup B']$.

Im Falle ($\bigcirc$) wäre also die Menge $B' \cup \{\mathbf{b}\}$ echte Obermenge von B' und Element von $CErgB$, im Widerspruch zu (#). Also ist ($\bigcirc$) unzutreffend und die Vektormenge $C \cup B'$ eine Basis von V. ∎

Wir kommen nun zu einem Hauptergebnis der linearen Algebra.

Satz 7.25: Dimensionssatz der Basen
Je zwei Basen B und C eines Vektorraums V haben die gleiche Anzahl von Elementen: $|B| = |C|$. Man nennt diese Zahl die **Dimension** $\dim(V)$ des Vektorraums V. □

Beweis:
1. Fall: Beide Basen sind endlich, $B = \{\mathbf{b}_1, \mathbf{b}_2, ..., \mathbf{b}_m\}$, $C = \{\mathbf{c}_1, \mathbf{c}_2, ..., \mathbf{c}_n\}$[142].

Wir definieren induktiv Vektorenfamilien D_i (ab $i = 1$), B_i, beginnend mit $B_0 := B$, und C_i, beginnend mit $C_0 := C$, derart dass jedes C_i, D_i je n und jedes B_i $m - i$ Glieder hat: $D_1 := C_0 \cup \{\mathbf{b}_1\} = \{\mathbf{b}_1, \mathbf{c}_1, \mathbf{c}_2, ..., \mathbf{c}_n\}$, und $B_1 := \{\mathbf{b}_2, \mathbf{b}_3, ..., \mathbf{b}_m\}$. Da C_0 ganz V aufspannt, tut dies erst recht D_1. Da D_1 linear abhängig ist, muss nach Lemma 7.21 einer der Vektoren der Liste eine Linearkombination der vor ihm aufgezählten sein, und das kann wegen der linearen Unabhängigkeit der $\mathbf{b}_i$ keiner von diesen Vektoren sein.

Also ist ein $\mathbf{c}_k$ in der Liste eine Linearkombination der anderen Vektoren. Zur Vereinfachung der Indexrechnung denken wir uns die $\mathbf{c}_i$ so umnummeriert, dass $k = 1$. Das Umnummerieren ändert nichts an der linearen (Un-)Abhängigkeit und dem Spann. Nun spannt $C_1 := D_1 \setminus \{\mathbf{c}_1\}$ immer noch V auf, denn in jeder Linearkombination aus C_0-Vektoren, können wir $\mathbf{c}_1$ durch seine Linearkombination aus anderen C_1-Vektoren ersetzen. Und so geht es induktiv weiter mit

$$D_k := C_{k-1} \cup \{\mathbf{b}_k\} = \{\mathbf{b}_1, ..., \mathbf{b}_k, \mathbf{c}_k, \mathbf{c}_{k+1}, \mathbf{c}_{k+2}, ..., \mathbf{c}_n\},$$

$$B_k := \{\mathbf{b}_{k+1}, \mathbf{b}_{k+2}, ..., \mathbf{b}_m\},$$

$$C_k := \{\mathbf{b}_1, ..., \mathbf{b}_k, \mathbf{c}_{k+1}, \mathbf{c}_{k+2}, ..., \mathbf{c}_n\} \quad (\mathbf{c}_i \text{ umnummeriert})$$

---

142 Wenn wie hier eine Basis *als* aufgezählte *Menge* hingeschrieben ist, sind alle notierten Vektoren als paarweise voneinander verschieden vorausgesetzt, damit sie auch *als Familie* linear unabhängig sind.

Stets spannt C_k den Vektorraum auf, und B_k ist linear unabhängig. Wäre $m > n$, so wäre $B_n := \{\mathbf{b}_{n+1}, \mathbf{b}_{n+2}, ..., \mathbf{b}_m\}$, und die Menge $C_n := \{\mathbf{b}_1, ..., \mathbf{b}_n\}$ würde V aufspannen. Dann könnte man $\mathbf{b}_m$ aus den $\mathbf{b}_1, ..., \mathbf{b}_n$ linear kombinieren, im Widerspruch zur Basiseigenschaft von B. Also ist $m \leq n$.

Argumentiert man jetzt analog unter Vertauschung der Rollen von B und C, ergibt sich $n \leq m$, also $m = n$.

2. Fall: Mindestens eine der Basen $B = \{\mathbf{b}_i \mid i \in I\}$ und $C = \{\mathbf{c}_j \mid j \in J\}$ ist unendlich, sagen wir B, und $I = |B| > |C| = J$. Jeder Vektor $\mathbf{b}_i$ ist endliche Linearkombination von $\mathbf{c}_k$'s, also $\mathbf{b}_i = \sum_{j \in J} a_{ij} \mathbf{c}_j$ mit endlichen Indexmengen $I_j \subseteq I$ und $a_{ij} \in K$. Nun ist $\bigcup_{j \in J} I_j \subseteq I$. Aber wir vermerkten in Abschnitt 5.2.3 im Zusammenhang mit den Kardinalzahlen, dass eine J-fache Vereinigung endlicher Mengen nicht die Mächtigkeit einer Menge erreichen kann, die unendlich und echt mächtiger als J ist. Also gilt $\bigcup_{j \in J} I_j \neq I$, und es existiert ein $i_0 \in I \setminus \bigcup_{j \in J} I_j$. Auch $\mathbf{b}_{i_0}$ ist endliche Linearkombination von $\mathbf{c}_k$'s, die ihrerseits endliche Linearkombinationen von $\mathbf{b}_i$'s aus $\bigcup_{j \in J} I_j$ sind, unter denen also $\mathbf{b}_{i_0}$ nicht vorkommt.

Nach Lemma 7.21 ist B dann linear abhängig, im Widerspruch zur Voraussetzung. Also ist auch im zweiten Falle keine Basis echt mächtiger als die andere. ∎

Der erste Fall im obigen Beweis kann modifiziert werden zu einem Beweis des Basis-Austausch-Lemmas bei zwei endlichen Mengen, so dass man im endlichen Fall das Zorn'sche Lemma und damit das Auswahlaxiom beim Beweis nicht benötigt.

Ist $\mathbf{b} = (b_1, b_2, ..., b_n)$ ein Vektor des endlich-dimensionalen Vektorraums K^n (z. B. $\mathbb{Q}^n$, $\mathbb{R}^n$, $\mathbb{C}^n$) und $\{\mathbf{a}_1, \mathbf{a}_2, ..., \mathbf{a}_n\}$ eine Basis, so besitzt $\mathbf{b}$ eine Darstellung $\mathbf{b} = \sum_{i=1}^{n} x_i \mathbf{a}_i$ als Linearkombination der $\mathbf{a}_i$. Schreiben wir die Komponenten der $\mathbf{a}_i \in V$ als $a_{ik} \in K$ so folgt aus der Darstellung komponentenweise $\sum_{i=1}^{n} a_{ik} x_i = b_k$, $k = 1, ..., n$. Mit der Bestimmung der Koeffizienten $x_1, x_2, ..., x_n \in K$ befassen wir uns in den Abschnitten 7.4.5 und 7.4.7.

7.4.3 Untervektorräume

Ein **Untervektorraum** oder **linearer Unterraum** (auch Teilvektorraum, linearer Teilraum, oder kurz Unterraum) eines Vektorraums V ist eine nichtleere Teilmenge U von V, die

- mit je zwei Vektoren $\mathbf{v}$ und $\mathbf{w}$ auch $\mathbf{v} + \mathbf{w}$ und
- mit jedem Vektor $\mathbf{v}$ für jeden Skalar $k \in K$ auch $k\mathbf{v}$ enthält.

Das ist natürlich genau dann der Fall, wenn U alle Linearkombinationen (in V) von Vektoren aus U enthält: $[U] \subseteq U$, also $[U] = U$.

Man sieht leicht:

- Jeder Untervektorraum U eines K-Vektorraumes V ist mit den auf U eingeschränkten Operationen selbst ein K-Vektorraum.
- Jeder Untervektorraum $U \subseteq V$ enthält den Nullvektor **0** von V
  (nämlich als $0\,\mathbf{u}$ für $\mathbf{u} \in U$).
- Für Untervektorräume U von V gilt $\dim(U) \le \dim(V)$,
  (wegen des Basisergänzungs-Lemmas).
- Der Durchschnitt beliebig vieler Unterräume von V ist ein Unterraum von V,
  (da auch er gegen die Bildung von Linearkombinationen abgeschlossen ist).
- Für jede (auch unendliche) Vektorenmenge $M \subseteq V$ ist die von M aufgespannte Menge $[M]$ der kleinste M umfassende Unterraum bzw. der Durchschnitt aller M umfassenden Unterräume von V. $[M]$ bzw. $\mathrm{span}(M)$ heißt daher auch der von M **aufgespannte Unterraum**.
- Sind U_1, U_2 Untervektorräume von V, gilt mit $U_1 + U_2 := \{\mathbf{u}_1 + \mathbf{u}_2 \mid \mathbf{u}_1 \in U_1, \mathbf{u}_2 \in U_2\}$: $\mathrm{span}(U_1 \cup U_2) = U_1 + U_2$.

Im $\mathbb{R}^2$, interpretiert als geometrischer Ebene, gibt es neben dem nulldimensionalen Unterraum $\{\mathbf{0}\}$ und der zweidimensionalen ganzen Ebene, also den beiden **trivialen Unterräumen**, noch die Geraden durch den Nullpunkt als eindimensionale Untervektorräume. Die nichttrivialen Unterräume des $\mathbb{R}^3$ sind die eindimensionalen Geraden und die zweidimensionalen Ebenen durch den Nullpunkt. Zwei Ebenen-Untervektorräume des $\mathbb{R}^3$ schneiden sich i.a. in Geraden-Untervektorräumen, nämlich immer, wenn sie nicht ausgerechnet identisch sind. Zwei Geraden als Untervektorräume spannen eine Ebene auf, sofern sie nicht identisch sind. In Abb. 7.6 gilt für die gezeigten Untervektorräume zum Beispiel:

$$U \cap V \cap W = R \cap S = \{\mathbf{0}\},$$

$$V \cap W = T,$$

$$R + S = U \text{ und}$$

$$U + T = \mathbb{R}^3.$$

Satz 7.26: Eindeutigkeit der Unterräume „voller Dimension"
Für jeden Untervektorraum U eines endlich-dimensionalen Vektorraums V gilt:

$$U \ne V \Leftrightarrow \dim(U) < \dim(V) \ \text{ bzw.}\ \dim(U) = \dim(V) \Leftrightarrow U = V. \qquad \square$$

Beweis: Nach Satz 7.23 hat U eine Basis C (wie man leicht sieht: von auch in V linear unabhängigen Vektoren), die man nach Satz 7.24 zu einer Basis B von V ergänzen kann. Dann ist

$$\dim(U) = |C| \ \le \ |B| = \dim(V).$$

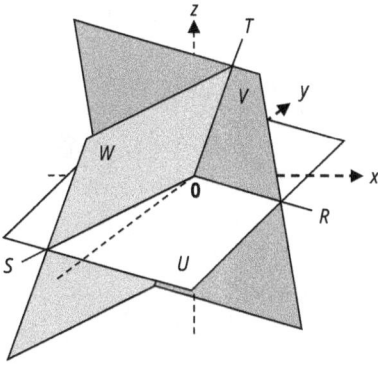

Abb. 7.6: Einige Unterräume des $\mathbb{R}^3$.

Gilt $U \neq V$, dann gibt es ein $\mathbf{v} \in V \setminus U$, das keine Linearkombination von C ist. Also ist, wie man leicht mit Lemma 7.21 folgert, $C \cup \{\mathbf{v}\}$ linear unabhängig, so dass nach den Definitionen von Basis und Dimension $\dim(V) > |C| = \dim(U)$ gilt. ∎

7.4.4 Lineare Abbildungen und Matrizen

Eine Abbildung $A: V \to W$ eines Vektorraums V in einen Vektorraum W über dem gleichen Körper K wird als **lineare Abbildung** (oder **(Vektorraum-) Homomorphismus**) bezeichnet, wenn sie in folgendem Sinne mit den Vektorraum-Operationen verträglich ist:

- $\forall \mathbf{v}, \mathbf{w} \in V \; A(\mathbf{v} + \mathbf{w}) = A(\mathbf{v}) + A(\mathbf{w})$,
- $\forall \mathbf{v} \in V, k \in K \; A(k\,\mathbf{v}) = k\,A(\mathbf{v})$.

Mit Induktion über den Termaufbau der Linearkombinationen zeigt man, dass eine lineare Abbildung A jede Linearkombination von Vektoren auf die entsprechende Linearkombination der Bilder der Vektoren abbildet:

$$A\left(\sum_{i=1}^{n} k_i \mathbf{v}_i\right) = \sum_{i=1}^{n} k_i A(\mathbf{v}_i) \,.$$

Die Nullabbildung, die alles konstant auf $\mathbf{0}$ abbildet, ist stets linear. Ist $W = V$, so spricht man von einem (Vektorraum-) **Endomorphismus** von V. Die identische Abbildung id_V auf V ist stets ein Endomorphismus von V. Eine bijektive lineare Abbildung $A: V \to W$ wird als (Vektorraum-) **Isomorphismus** bezeichnet; V und W bezeichnet man dann als **isomorph**. Isomorphie ist, wie man leicht sieht, eine Äquivalenzrelation.

Satz 7.27: Untervektorräume bei linearen Abbildungen
Sei $A: V \to W$ eine lineare Abbildung eines Vektorraums V in einen Vektorraum W.

1. Die Bildmenge $A(T)$ jedes Untervektorraums T von V ist ein Untervektorraum von W.

2. Die Urbildmenge $A^{-1}(U)$ jedes Untervektorraums U von W ein Untervektorraum von V.

3. Insbesondere ist der **Kern** von A, $\ker(A) := \{\mathbf{v} \in V \mid A(\mathbf{v}) = \mathbf{0}\}$, ein Untervektorraum von V und das **Bild** $\operatorname{im}(A) := A(V) = \{A(\mathbf{v}) \mid \mathbf{v} \in V\}$ ein Untervektorraum von W.

4. Genau dann ist $\ker(A) = \{\mathbf{0}\}$, wenn A injektiv ist.

5. Genau dann ist $\operatorname{im}(A) = W$, wenn A surjektiv ist.

6. Ist B eine Basis von V, so spannen die Bilder der Basisvektoren genau das Bild von V auf, d. h. es gilt $[A(B)] = A(V)$. $\qquad\square$

Beweis:

(1) Sind $A(\mathbf{v}), A(\mathbf{w}) \in A(T)$ mit $\mathbf{v}, \mathbf{w} \in T$ und $k \in K$, dann gilt $\mathbf{v} + \mathbf{w} \in T$, $k\mathbf{v} \in T$, denn T ist Unterraum, also $A(\mathbf{v}) + A(\mathbf{w}) = A(\mathbf{v} + \mathbf{w}) \in A(T)$ und $kA(\mathbf{v}) = A(k\mathbf{v}) \in A(T)$, d. h. $A(T)$ ist Unterraum.

(2) Sind $\mathbf{v}, \mathbf{w} \in A^{-1}(U)$ und $k \in K$, dann gilt $A(\mathbf{v}), A(\mathbf{w}) \in U$. Da U Unterraum ist, folgt $A(\mathbf{v}) + A(\mathbf{w}), kA(\mathbf{v}) \in U$. Nun gilt wegen Linearität $A(\mathbf{v} + \mathbf{w}) = A(\mathbf{v}) + A(\mathbf{w}) \in U$ und $A(k\mathbf{v}) = kA(\mathbf{v}) \in U$, also $\mathbf{v} + \mathbf{w}, k\mathbf{v} \in A^{-1}(U)$, d. h. $A^{-1}(U)$ ist Unterraum.

(3) ... sind dann lediglich Spezialfälle von (2) bzw. (1), da $\{\mathbf{0}\}$ ein Unterraum von W und V ein Unterraum von V ist.

(4) Gilt $\ker(A) = \{\mathbf{0}\}$ und für zwei Vektoren $\mathbf{v}, \mathbf{w} \in V$ $A(\mathbf{v}) = A(\mathbf{w})$, so folgt aus der Linearität von A $A(\mathbf{v} - \mathbf{w}) = A(\mathbf{v}) - A(\mathbf{w}) = 0$, also $\mathbf{v} - \mathbf{w} \in \ker(A)$, $\mathbf{v} - \mathbf{w} = \mathbf{0}$ und schließlich $\mathbf{v} = \mathbf{w}$. Also ist A injektiv. Natürlich ist $\mathbf{0} \in \ker(A)$. Ist A injektiv und $\mathbf{v} \in \ker(A)$, so folgt $A(\mathbf{v}) = \mathbf{0} = A(\mathbf{0})$, und wegen der Injektivität von A ist $\mathbf{v} = \mathbf{0}$, insgesamt also $\ker(A) = \{\mathbf{0}\}$.

(5) $\operatorname{im}(A) = W$ ist unmittelbar die Definition der Surjektivität von $A\colon V \to W$.

(6) $B \subseteq V$, also $A(B) \subseteq A(V)$ und $[A(B)] \subseteq A(V)$, da es sich um Linearkombinationen von Vektoren aus $A(V)$ handelt, vgl. Aussage 1. oben. Ist umgekehrt $\mathbf{w} \in A(V)$, dann gibt es ein $\mathbf{v} \in V$ mit $A(\mathbf{v}) = \mathbf{w}$, also auch eine natürliche Zahl n, Basisvektoren $\mathbf{e}_1, \ldots, \mathbf{e}_n \in B$ und Skalare $v_1, \ldots, v_n$ mit $\mathbf{v} = v_1\mathbf{e}_1 + \ldots + v_n\mathbf{e}_n$, somit auch $\mathbf{w} = A(\mathbf{v}) = A(v_1\mathbf{e}_1 + \ldots + v_n\mathbf{e}_n) = v_1 A(\mathbf{e}_1) + \ldots + v_n A(\mathbf{e}_n) \in [A(B)]$. $\qquad\blacksquare$

Satz 7.28: Koordinaten

Je zwei n-dimensionale Vektorräume V und W über K (mit endlichem n) sind zueinander isomorph. Insbesondere ist die **Koordinatenabbildung**

$$\kappa_B := \begin{cases} V & \to K^n \\ \displaystyle\sum_{i=1}^{n} v_i \mathbf{b}_i & \mapsto \displaystyle\sum_{i=1}^{n} v_i \mathbf{e}_i, \end{cases}$$

die jedem Vektor den Spaltenvektor seiner **Koordinaten** bezüglich einer festen Basis B zuordnet, ein Vektorraum-Isomorphismus von V auf K^n. $\qquad\square$

Beweisidee: V hat eine Basis $B = \{\mathbf{b}_1, \mathbf{b}_2, ..., \mathbf{b}_n\}$ und W eine Basis $C = \{\mathbf{c}_1, \mathbf{c}_2, ..., \mathbf{c}_n\}$. Jeder Vektor $\mathbf{v} \in V$ ist eindeutige Linearkombination $\mathbf{v} = \sum_{i=1}^{n} v_i \mathbf{b}_i$. Die Abbildung $\sum_{i=1}^{n} v_i \mathbf{b}_i \mapsto \sum_{i=1}^{n} v_i \mathbf{e}_i$ von V in W ist, wie man leicht zeigt, linear und bijektiv. ∎

Damit spielt sich, salopp gesagt, in einem n-dimensionalen Vektorraum das Gleiche ab wie im sogenannten **Koordinatenraum** K^n der n-Tupel bzw. n-zeiligen Spaltenvektoren über K. Die Ergebnisse linearer Abbildungen auf endlich-dimensionalen Vektorräumen kann man in gewissem Sinne mechanisch ausrechnen. Seien dazu

– V und W endlich-dimensionale Vektorräume über K,
– $B = \{\mathbf{b}_1, \mathbf{b}_2, ..., \mathbf{b}_n\}$ eine Basis von V und $C = \{\mathbf{c}_1, \mathbf{c}_2, ..., \mathbf{c}_m\}$ eine Basis von W, also $\dim(V) = n$, $\dim(W) = m$,
– $A: V \rightarrow W$ eine lineare Abbildung.

Dann ist das Bild jedes der n Basisvektoren in B eine Linearkombination der Basisvektoren aus C:

$$A(\mathbf{b}_k) = \sum_{i=1}^{m} a_{ik} \mathbf{c}_i .$$

Die Koeffizienten $a_{ik} \in K$, $1 \leq i \leq m$, $1 \leq k \leq n$, bilden die **Matrix** $\mu_{BC}(A)$ von A **bezüglich** der Basen B und C:

$$\mu_{BC}(A) = \begin{pmatrix} a_{11} & a_{12} & \cdots & a_{1n} \\ a_{21} & a_{21} & \cdots & a_{21} \\ \vdots & \vdots & \ddots & \vdots \\ a_{m1} & a_{m2} & \cdots & a_{mn} \end{pmatrix} .$$

Gemäß der Anzahl der Zeilen und Spalten nennt man $\mu_{BC}(A)$ eine **$m \times n$-Matrix** und schreibt sie auch als $(a_{ik})_{1 \leq i \leq m, 1 \leq k \leq n}$ bzw. schlicht als (a_{ik}) mit dem Kleinbuchstaben a zum Großbuchstaben der Abbildung A. Die a_{ik} werden **Matrixkomponenten** genannt.

Jeder Vektor $\mathbf{v} \in V$ ist eine Linearkombination $\sum_{k=1}^{n} v_k \mathbf{b}_k$ mit eindeutigen **Koeffizienten** v_k, den Koordinaten von $\mathbf{v}$ in der Basis B. Analog ist $A(\mathbf{v})$ eine eindeutige Linearkombination $\sum_{i=1}^{m} A(\mathbf{v})_i \mathbf{c}_i$, deren Koeffizienten wir nun bestimmen wollen. Wegen der Linearität von A, der vorstehenden Darstellung von $A(\mathbf{v})$ und der Rechenregeln für Summen und Produkte in Körpern ist

$$A(\mathbf{v}) = A\left(\sum_{k=1}^{n} v_k \mathbf{b}_k\right) = \sum_{k=1}^{n} A(v_k \mathbf{b}_k) = \sum_{k=1}^{n} v_k A(\mathbf{b}_k) =$$
$$= \sum_{k=1}^{n} v_k \sum_{i=1}^{m} a_{ik} \mathbf{c}_i = \sum_{k=1}^{n} \sum_{i=1}^{m} v_k a_{ik} \mathbf{c}_i = \sum_{i=1}^{m} \left(\sum_{k=1}^{n} a_{ik} v_k\right) \mathbf{c}_i,$$

also wegen der Eindeutigkeit der Koeffizienten in Linearkombinationen von Basisvektoren

$$A(\mathbf{v})_i = \sum_{k=1}^{n} a_{ik} v_k.$$

Schreibt man die Vektoren $\mathbf{v}$ von V und $\mathbf{w}$ von W als Spaltenvektoren $\kappa_B(\mathbf{v})$ bzw. $\kappa_C(\mathbf{w})$, so lässt sich $\mathbf{w} = A(\mathbf{v})$ auch so berechnen:

$$
\begin{pmatrix} w_1 \\ w_2 \\ \vdots \\ w_m \end{pmatrix} = \begin{pmatrix} a_{11} & a_{12} & \cdots & a_{1n} \\ a_{21} & a_{21} & \cdots & a_{21} \\ \vdots & \vdots & \ddots & \vdots \\ a_{m1} & a_{m2} & \cdots & a_{mn} \end{pmatrix} \begin{pmatrix} v_1 \\ v_2 \\ \vdots \\ v_n \end{pmatrix} = \begin{pmatrix} a_{11} \cdot v_1 + a_{12} \cdot v_2 + \cdots + a_{1n} \cdot v_n \\ a_{21} \cdot v_1 + a_{21} \cdot v_2 + \cdots + a_{21} \cdot v_n \\ \vdots \\ a_{m1} \cdot v_1 + a_{m2} \cdot v_2 + \cdots + a_{mn} \cdot v_n \end{pmatrix}.
$$

Hierbei bestimmt man die Koeffizienten $w_i = \sum_{k=1}^{n} a_{ik} v_k$ anschaulich durch die **Matrix-mal-Vektor-Regel:** Der Spaltenvektor $\mathbf{v}$ wird im Geiste um 90° nach links (d. h. gegen den Uhrzeigersinn) gedreht und über die i-te Zeile der Matrix gelegt. Die nun übereinanderliegenden Werte a_{ik} und v_k ($k = 1, ..., n$) werden jeweils multipliziert und die n erhaltenen Produkte addiert[143]. Das Ergebnis ist die i-te Komponente (= Zeile) im Ergebnis-Spaltenvektor, vgl. Abb. 7.7.

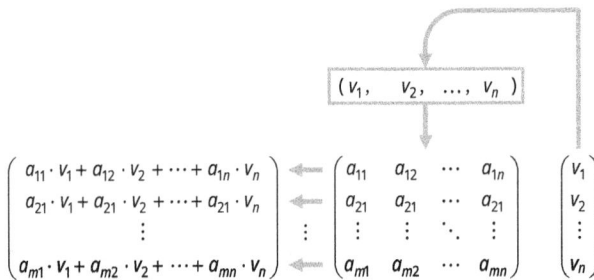

Abb. 7.7: Matrix-mal-Vektor.

Definiert man ausgehend von einer vorgegebenen $m{\times}n$-Matrix (a_{ik}) aus Elementen des Körpers K eine Abbildung A von V mit Basis B nach W mit Basis C durch „Matrix-mal-Vektor", also mittels

$$
A(v) = \sum_{i=1}^{m} \left(\sum_{k=1}^{n} a_{ik} v_k \right) \mathbf{c}_i.
$$

so ist diese Abbildung linear und hat (a_{ik}) als Abbildungsmatrix. Damit haben wir gezeigt:

Satz 7.29: Kommutativität von linearen, Koordinaten- und Matrixabbildungen
Ist V ein K-Vektorraum mit der Basis $B = \{\mathbf{b}_1, \mathbf{b}_2, ..., \mathbf{b}_n\}$, W ein K-Vektorraum mit der Basis $C = \{\mathbf{c}_1, \mathbf{c}_2, ..., \mathbf{c}_n\}$ und sind

---

143 Diese Operation ist vielleicht schon aus der Schule als die Bildung des **Skalarprodukts** (hier von $\mathbf{v}$ mit der i-ten Matrixzeile) bekannt.

- $\kappa_B\colon V \to K^n$ bzw. $\kappa_C\colon W \to K^m$ die Koordinatenabbildungen,
- λ_{BC} die Funktion, die jeder $m{\times}n$-Matrix (a_{ik}) mit Komponenten in K die lineare Abbildung $\mathbf{v} = \left(\sum_{k=1}^{n} v_k \mathbf{b}_k\right) \mapsto A(v) = \sum_{i=1}^{m}\left(\sum_{k=1}^{n} a_{ik} v_k\right)\mathbf{c}_i$ zuordnet, sowie wie gehabt
- μ_{BC} die Funktion, die jeder linearen Abbildung A von V nach W ihre $m{\times}n$-Matrix (a_{ik}) bezüglich der Basen B und C zuordnet,

so sind die beiden folgenden **Diagramme** für jede lineare Abbildung $A\colon V \to W$ und jede $m \times n$-Matrix (a_{ik}) **kommutativ**:

$$
\begin{array}{ccc}
V \xrightarrow{\ \lambda_{BC}(a_{ik})\ } W & \qquad & V \xrightarrow{\qquad A \qquad} W \\[4pt]
\kappa_B^{-1}\uparrow \qquad\qquad \uparrow \kappa_C^{-1} & & \kappa_B\downarrow \qquad\qquad \downarrow \kappa_C \\[4pt]
K^n \xrightarrow{\ \lambda_{E_nE_m}(a_{ik})\ } K^m & & K^n \xrightarrow{\ \lambda_{E_nE_m}(\mu_{BC}(A))\ } K^m
\end{array}
$$

, d.h.

$$
\lambda_{BC}(a_{ik}) \circ \kappa_B^{-1} = \kappa_C^{-1} \circ \lambda_{E_nE_m}(a_{ik}) \text{ und } \lambda_{E_nE_m}(\mu_{BC}(A)) \circ \kappa_B = \kappa_C \circ A. \qquad \square
$$

Salopp gesagt kann man in Erweiterung des Satzes über den Koordinatenraum bei endlich-dimensionalen Vektorräumen zwischen den Vektoren mit ihren linearen Abbildungen einerseits und den Spaltenvektoren mit ihren Matrizenmultiplikationen andererseits zwanglos hin und her wechseln. Diese Parallelen werden durch Satz 7.32 noch ausgebaut werden.

Die „Austauschbarkeit von Wegen" in Diagrammen von Räumen mit Abbildungen zwischen diesen ist ein vor allem in der Kategorientheorie [EhPf 1972] eingehend untersuchter Aspekt der Mathematik. Wegen des Einführungscharakters dieses Kompendiums wird mit derartigen Sätzen hier jedoch sparsam umgegangen, und die Kategorientheorie gänzlich ausgespart.

Die Matrix der identischen Abbildung eines n-dimensionalen Vektorraumes V auf sich selbst (bezüglich derselben Basis $B = \{\mathbf{b}_1, \mathbf{b}_2, ..., \mathbf{b}_m\}$ für V sowohl als Definitions- wie als Zielmenge) ist wegen

$$
\mathrm{id}_V(\mathbf{b}_k) = \mathbf{b}_k = \sum_{i=1}^{n} (\mathbf{b}_i) \quad \text{mit}
$$

$$
\delta_{ik} = \begin{cases} 1 & \text{wenn } i = k \\ 0 & \text{sonst} \end{cases},
$$

dem sogenannten **Kronecker-Delta**[144], die **Einheitsmatrix**, d. h. die quadratische $(n{\times}n\text{-})$Matrix

---

[144] Leopold Kronecker, 1823–1891, war zunächst Gutsbesitzer mit Hobby Mathematik, später Professor in Berlin.

$$\mu_{BB}(\mathrm{id}_V) = (\delta_{ik}) = \begin{pmatrix} 1 & 0 & \cdots & 0 \\ 0 & 1 & \cdots & 0 \\ \vdots & \vdots & \ddots & \vdots \\ 0 & 0 & \cdots & 1 \end{pmatrix} .$$

Der **Rang** einer linearen Abbildung $A\colon V \to W$, $\mathrm{rang}(A)$, ist die Dimension des Bildraums $A(V)$, der **Defekt** von A, $\mathrm{def}(A)$, ist die Dimension des Kerns $A^{-1}(0)$:

$$\mathrm{rang}(A) := \dim(\mathrm{im}(A)) \text{ und}$$
$$\mathrm{def}(A) := \dim(\ker(A)).$$

Der **Zeilenrang** einer $m \times n$-Matrix $(a_{ik})_{1 \le i \le m, 1 \le k \le n}$, $\mathrm{zrang}\,(a_{ik})$, ist die Dimension des von ihren als Zeilenvektoren gelesenen m Zeilen $(a_{i\bullet})$, $1 \le i \le m$, aufgespannten Unterraums von K^n. Ihr **Spaltenrang**, $\mathrm{srang}\,(a_{ik})$, ist die Dimension des von ihren als Spaltenvektoren gelesenen n Spalten $(a_{\bullet k})$, $1 \le k \le n$, aufgespannten Unterraums von K^m.

Satz 7.30: Dimensionssatz der linearen Abbildungen
Ist $A\colon V \to W$ eine lineare Abbildung von einem endlich-dimensionalen K-Vektorraum V in einen K-Vektorraum W, dann gilt

$$\mathrm{def}(A) + \mathrm{rang}(A) = \dim(V).$$

Insbesondere gilt dann für eine Basis $B_{ker} = \{\mathbf{u}_1, \mathbf{u}_2, ..., \mathbf{u}_d\}$ von $\ker(A)$ und eine Basis $B_{im} = \{A(\mathbf{v}_1), A(\mathbf{v}_2), ..., A(\mathbf{v}_r)\}$ von $\mathrm{im}(A)$, dass

$$B := B_{ker} \cup A^{-1}(B_{im}) = \{\mathbf{u}_1, \mathbf{u}_2, ..., \mathbf{u}_d, \mathbf{v}_1, \mathbf{v}_2, ..., \mathbf{v}_r\}$$

eine Basis von V ist. □

Beweis: Da nach Satz 7.23 zwei Basen der beschriebenen Art tatsächlich existieren müssen, folgt die erste Aussage aus der zweiten Aussage und der Definition der Dimension.

Sei also $A\colon V \to W$ eine lineare Abbildung von einem endlich-dimensionalen Vektorraum V in einen Vektorraum W. Dann sehen wir die lineare Unabhängigkeit von B wie folgt:

Ist eine Linearkombination von Vektoren aus B null, $\sum_{i=1}^{d} k_i \mathbf{u}_i + \sum_{i=1}^{r} l_i \mathbf{v}_i = \mathbf{0}$ (#), so folgt nach Anwendung von A auf beide Seiten der Gleichung aus der Linearität von A:

$$\sum_{i=1}^{d} k_i A(\mathbf{u}_i) + \sum_{i=1}^{r} l_i A(\mathbf{v}_i) = A\Big(\sum_{i=1}^{d} k_i \mathbf{u}_i + \sum_{i=1}^{r} l_i \mathbf{v}_i\Big) = 0 .$$

Da für $1 \le i \le d$ $A(\mathbf{u}_i) = \mathbf{0}$ gilt, bleibt $\sum_{i=1}^{r} l_i A(\mathbf{v}_i) = \mathbf{0}$ übrig. Wegen der Basiseigenschaft von B_{im} gilt für alle $1 \le i \le r$ $l_i = 0$. Von (#) bleibt daher $\sum_{i=1}^{d} k_i \mathbf{u}_i = \mathbf{0}$ übrig, was wegen der Basiseigenschaft von B_{ker} $k_i = 0$ für alle $1 \le i \le d$ nach sich zieht.

Dass andererseits B ganz V aufspannt, $[B] = V$, sehen wir wie folgt:

Sei $\mathbf{v} \in V$. Wegen der Basiseigenschaft von B_{im} existieren Skalare $l_1, l_2, ..., l_r$ derart, dass $A(\mathbf{v}) = \sum_{i=1}^{r} l_i A(\mathbf{v}_i)$. Dann gilt $A\left(\mathbf{v} - \sum_{i=1}^{r} l_i \mathbf{v}_i\right) = A(\mathbf{v}) - \sum_{i=1}^{r} l_i A(\mathbf{v}_i) = \mathbf{0}$, somit auch $\mathbf{v} - \sum_{i=1}^{r} l_i \mathbf{v}_i \in \ker(A)$, und wegen der Basiseigenschaft von B_{ker} existieren Skalare $k_1, k_2, ..., k_d$ derart, dass $\mathbf{v} - \sum_{i=1}^{r} l_i \mathbf{v}_i = \sum_{i=1}^{d} k_i \mathbf{u}_i$, sprich $\mathbf{v} = \sum_{i=1}^{d} k_i \mathbf{u}_i + \sum_{i=1}^{r} l_i \mathbf{v}_i$. ∎

Satz 7.31: Koinzidierende Eigenschaften linearer Abbildungen

Für jede lineare Abbildung A von einem endlich-dimensionalen Vektorraum V in einen Vektorraum W gleicher Dimension sind folgende Aussagen äquivalent:

1. A ist injektiv.
2. A ist surjektiv.
3. A ist bijektiv. □

Beweis (vgl. [Kers 2001]): Da „bijektiv" gleichbedeutend mit „gleichzeitig injektiv und surjektiv" ist, genügt es, (1) ⟺ (2), also (1) ⟹ (2) und (2) ⟹ (1), zu zeigen.

Ist A injektiv, dann gilt nach Satz 7.27 $\ker(A) = \{\mathbf{0}\}$. Der Dimensionssatz Satz 7.30 liefert dann $\text{rang}(A) = \dim(V)$. Vorausgesetzt war $\dim(V) = \dim(W)$. Also hat der Unterraum $\text{im}(A)$ von W mit $\text{rang}(A)$ auch die gleiche Dimension wie W, also gilt $\text{im}(A) = W$ nach Satz 7.26, und somit ist A surjektiv.

Ist A surjektiv, also $\text{im}(A) = W$ und dann unter Berücksichtigung der Voraussetzung

$$\text{rang}(A) = \dim(\text{im}(A)) = \dim(W) = \dim(V),$$

so liefert der Dimensionssatz nun $\text{def}(A) = 0$, d. h. $\ker(A) = \{\mathbf{0}\}$, und wegen Satz 7.27 ist A injektiv. ∎

Die bereits angesprochenen Parallelen zwischen linearen Abbildungen (zwischen endlich-dimensionalen Räumen) und ihren Matrizen gehen weiter. Wir berechnen die Matrix der Hintereinanderausführung $A \circ B$ zweier linearer Abbildungen A und B aus den Matrizen der einzelnen Abbildungen.

Dazu sei zunächst die **Matrizenmultiplikation** (oder **Matrixmultiplikation**) definiert. Das Produkt einer $l \times m$-Matrix (a_{ij}) und einer $m \times n$-Matrix (b_{jk}) ist definiert als die $l \times n$-Matrix (c_{ik}) mit

$$c_{ik} = \sum_{j=1}^{m} a_{ij} b_{jk}, \text{ auch } (c_{ik}) = (a_{ij})(b_{jk}) \text{ geschrieben.}$$

Die Matrizenmultiplikation bedeutet anschaulich, wie in Abb. 7.8 dargestellt, dass zur Berechnung von c_{ik} die k-te Spalte von (b_{jk}) im Geiste um 90° nach links gedreht und über die i-te Zeile von (a_{ij}) gelegt wird. Die nun übereinanderliegenden Werte a_{ij} und b_{jk} ($j = 1, ..., m$) werden jeweils multipliziert und die m erhaltenen Produkte addiert.

Die Multiplikation Matrix-mal-Vektor können wir daher als Spezialfall der Matrizenmultiplikation betrachten: Der Spaltenvektor ist einfach eine Matrix mit genau einer Spalte.

Satz 7.32: Hintereinanderausführung linearer Abbildungen, Multiplikationssatz
Die Hintereinanderausführung zweier linearer Abbildungen $B: U \to V$ und $A: V \to W$
ist eine lineare Abbildung $A \circ B: U \to W$. Haben dabei

- U, V und W die endlichen Dimensionen n bzw. m bzw. l und die Basen $P = \{\mathbf{p}_1, ..., \mathbf{p}_n\}$
  bzw. $Q = \{\mathbf{q}_1, ..., \mathbf{q}_m\}$ bzw. $R = \{\mathbf{r}_1, ..., \mathbf{r}_l\}$, sowie
- B die $m \times n$-Matrix $\mu_{PQ}(B) = (b_{jk})$ bezüglich P und Q und
- A die $l \times m$-Matrix $\mu_{QR}(A) = (a_{ij})$ bezüglich Q und R,

so hat $A \circ B$ die $l \times n$-Matrix $(c_{ik}) = (a_{ij})(b_{jk})$ bezüglich P und R. □

Man beachte, dass trotz der textlichen Reihenfolge in $A \circ B$ mit der Matrix $(c_{ik}) = (a_{ij})(b_{jk})$
die Abbildung A *nach* der Abbildung B ausgeführt wird.

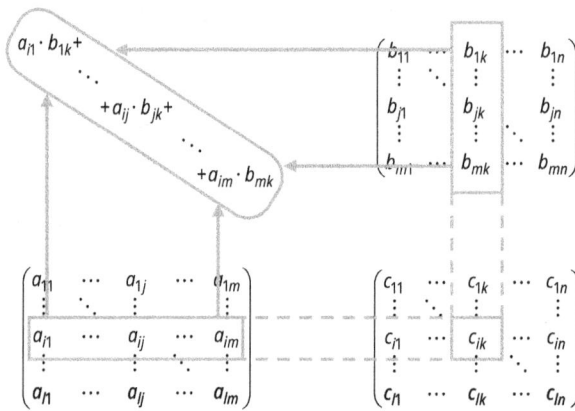

Abb. 7.8: Matrixmultiplikation.

Beweis: Die Linearität von $A \circ B$ zeigen wir in einer Übungsaufgabe. Für die Matrix der Hintereinanderausführung gilt wegen Linearität und der Definition der
Abbildungsmatrizen

$$A \circ B(\mathbf{p}_k) = A\left(\sum_{j=1}^{m} b_{jk}\mathbf{q}_j\right) \qquad \text{sowie} \quad A \circ B(\mathbf{p}_k) = \sum_{i=1}^{n} c_{ik}\mathbf{r}_i,$$

$$= \sum_{j=1}^{m} b_{jk}A\left(\mathbf{q}_j\right)$$

$$= \sum_{j=1}^{m} b_{jk}\sum_{i=1}^{n} a_{ij}\mathbf{r}_i$$

$$= \sum_{i=1}^{n}\left(\sum_{j=1}^{m} a_{ij}b_{jk}\right)\mathbf{r}_i$$

also wegen der Eindeutigkeit der Linearkombinationen über D schließlich

$$c_{ik} = \sum_{j=1}^{m} a_{ij}b_{jk} \, , \text{ d.h. } (c_{ik}) = (a_{ij})(b_{jk}).$$

■

Satz 7.33: Inverse von linearen Abbildungen

Ist A eine lineare Abbildung eines Vektorraums V in den Vektorraum W, beide von der endlichen Dimension n, mit der Matrix (a_{ij}) bezüglich je einer vorgegebenen Basis von V und W, so sind folgende Aussagen äquivalent:

1. A ist bijektiv, d. h. ein Isomorphismus.
2. Es existiert eine lineare Abbildung A^{-1} derart, dass $A \circ A^{-1} = id_W$ und $A^{-1} \circ A = id_V$.
3. $im(A) = W$
4. $ker(A) = \{\mathbf{0}\}$
5. Es existiert eine „rechtsinverse" Matrix (b_{jk}) mit $(a_{ij})(b_{jk}) = (\delta_{ik})$.
6. Es existiert eine „linksinverse" Matrix (c_{hi}) mit $(c_{hi})(a_{ij}) = (\delta_{hj})$.

Wenn eine bzw. alle der Aussagen des Satzes zutreffen, nennt man (a_{ij}) **invertierbar**, die links- und rechtsinversen Matrizen sind dann identisch, d. h. $(b_{ik}) = (c_{ik})$, man spricht von *der* **inversen Matrix** $(a_{ij})^{-1}$, und diese ist die Matrix der inversen Abbildung A^{-1}. □

Beweis:

(1) $\Rightarrow$ (2): Ist A bijektiv, existiert nach Satz 3.9 die beidseitig zu A inverse Abbildung A^{-1}, und A^{-1} ist linear, denn

$$A^{-1}(\mathbf{v}+\mathbf{w}) = A^{-1}(A \circ A^{-1}(\mathbf{v}) + A \circ A^{-1}(\mathbf{w})) = A^{-1}(A(A^{-1}(\mathbf{v}) + A^{-1}(\mathbf{w})))$$

$$= (A^{-1} \circ A)(A^{-1}(\mathbf{v}) + A^{-1}(\mathbf{w})) = A^{-1}(\mathbf{v}) + A^{-1}(\mathbf{w}),$$

und analog für $A^{-1}(k\mathbf{v})$.

(2) $\Rightarrow$ (1): vgl. Satz 3.9

(1) $\Leftrightarrow$ (3) $\Leftrightarrow$ (4): Dies folgt aus Satz 7.27(4 +5) und Satz 7.31.

(2) $\Rightarrow$ (5): Dies folgt aus Satz 7.32 (Multiplikationssatz).

(5) $\Rightarrow$ (2): Die Rechtsinverse ist eindeutig und ist auch die eindeutige Linksinverse, wie vorstehend gezeigt. Mit den gewählten Basen ist die inverse Matrix die Matrix einer linearen Abbildung, die die Anforderungen an A^{-1} in (2) erfüllt.

(5) $\Leftrightarrow$ (6): Die $n \times n$-Matrizen bilden wegen Satz 7.33 eine Halbgruppe mit der Einheitsmatrix (δ_{ik}) als (beidseitig) neutralem Element. In einer Halbgruppe mit neutralem Element sind die Rechtsinversen auch Linksinverse, und umgekehrt, und sie sind eindeutig, wie im Beweis von Satz 7.2 implizit gezeigt.

Damit können wir von jeder der sechs Aussagen auf jede andere schließen. Die abschließende Aussage ergibt sich aus dem bisherigen Beweis. ■

Mit diesem Satz zeigt man leicht, dass die Koordinatenabbildungen κ_P bezüglich Basen P Isomorphismen sind.

Satz 7.34: Rang von Abbildung und Matrix

Sind V und W K-Vektorräume, und hat V die Basis $B = \{\mathbf{b}_1, \mathbf{b}_2, ..., \mathbf{b}_n\}$ und W die Basis $C = \{\mathbf{c}_1, \mathbf{c}_2, ..., \mathbf{c}_m\}$, und ist $A: V \to W$ eine lineare Abbildung mit der Matrix (a_{ik}) bezüglich B und C, so gilt

$$\text{rang}(A) = \text{srang}(a_{ik}).$$

□

Beweis: Nach Satz 7.29 gilt $A = \kappa_C^{-1} \circ \lambda_{E_n E_m}((\mu_{BC})(A)) \circ \kappa_B$, wobei κ_B und κ_C die Koordinatenabbildungen der Vektorräume bezüglich ihrer Basen sind, und diese sind Isomorphismen. μ_{BC} ordnet der Abbildung A ihre Matrix zu und $\lambda_{E_n E_m}$ der Matrix die durch sie gegebene lineare Abbildung von K^n nach K^m. Da die Spalten von (a_{ik}), d. h. von $\mu_{BC}(A)$, den Bildraum von $\kappa_C \circ A$ bzw. $\lambda_{E_n E_m}(\mu_{BC}(A)) \circ \kappa_B$ aufspannen, ist nun

$$\text{rang}(A) = \dim(\text{im}(A)) = \dim(\text{im}(\mu_{BC}(A))) = \dim(\text{im}(\lambda_{E_n E_m}\mu_{BC}(A))) = \text{srang}(A). \quad \blacksquare$$

7.4.5 Lineare Gleichungssysteme

Im Folgenden seien alle Vektorräume endlich-dimensional, und jedem von ihnen sei eine feste Basis zugeordnet. Es soll gezeigt werden, dass man die Matrix (a_{ik}) einer linearen Abbildung A dann nicht nur zur Berechnung eines Bildes $A(\mathbf{v})$ verwenden kann, sondern auch zur Berechnung von Urbildern und Umkehrabbildungen.

V sei ein n- und W sei ein m-dimensionaler Vektorraum. Wenn wir bei gegebener linearer Abbildung $A: V \to W$ die Urbilder eines Vektors $\mathbf{y} \in W$ suchen, also einen oder mehrere $\mathbf{x} \in V$ mit $A(\mathbf{x}) = \mathbf{y}$, so können wir die Vektoren in V und W wegen ihrer Koeffizienten bezüglich der Basen als n- bzw. m-Tupel von Skalaren, geschrieben als Spaltenvektoren, behandeln. Über die gesuchten Vektoren $\mathbf{x}$ (wenn es solche überhaupt gibt) wissen wir:

$$(a_{ik})(x_k) = (y_i) \quad \text{bzw.} \quad \sum_{k=1}^{n} a_{ik}x_k = y_i \quad \text{bzw.} \quad \begin{aligned} a_{11}x_1 + a_{12}x_2 + \cdots + a_{1n}x_n &= y_1 \\ a_{21}x_1 + a_{22}x_2 + \cdots + a_{2n}x_n &= y_2 \\ &\vdots \\ a_{m1}x_1 + a_{m2}x_2 + \cdots + a_{mn}x_n &= y_m \end{aligned} .$$

Solch ein System linearer Gleichungen wird griffig als **lineares Gleichungssystem**[145] bezeichnet. Aus diesem System können wir Folgerungen ziehen, die schließlich alle geeigneten $\mathbf{x} \in V$ liefern. Da auch dabei wiederholt lineare Gleichungssysteme auftauchen, lassen wir hier der Übersichtlichkeit halber die regelmäßig wiederholten „+", „=" und „x_k" weg und schreiben nur noch

---

145 Diese traditionell übliche Bezeichnung liegt auf einer Ebene mit den klassischen Stilblüten „elektrischer Straßenbahnschaffner" und „selbstgepflückter Apfelmus".

$$
\begin{array}{cccc|c}
a_{11} & a_{12} & \cdots & a_{1n} & y_1 \\
a_{21} & a_{21} & \cdots & a_{21} & y_2 \\
\vdots & \vdots & \ddots & \vdots & \vdots \\
a_{m1} & a_{m2} & \cdots & a_{mn} & y_m
\end{array}
\ .
$$

Besonders leicht zu lösen ist ein lineares Gleichungssystem in **normierter Stufenform**, die durch folgende Eigenschaften definiert ist: 0-Zeilenanfänge wiederholen sich darunter durchgehend, und der erste von 0 verschiedene Koeffizient in der Zeile ist 1:

$$
a_{i1} = a_{i2} = \ldots = a_{ik} = 0 \qquad \Rightarrow \quad \forall i < j \le m : a_{j1} = a_{j2} = \ldots = a_{jk} = 0
$$

$$
a_{i1} = a_{i2} = \ldots = a_{ik} = 0 \wedge a_{i(k+1)} \neq 0 \quad \Rightarrow \quad a_{i(k+1)} = 1
$$

Die zweite Eigenschaft ist die sog. Normierung der in der ersten Eigenschaft beschriebenen Stufenform.

Tab. 7.2: Lineares Gleichungssystem in normierter Stufenform, knapp und ausgeschrieben.

(1)	1	2	3	12	0	x_1	$+2\,x_2$	$+ 3\,x_3$	$+ 12\,x_4$	$=$	0
(2)		1	2	2		$0\,x_1$	$+0\,x_2$	$+ x_3$	$+ 2\,x_4$	$=$	2
(3)			1	−1		$0\,x_1$	$+0\,x_2$	$+ 0\,x_3$	$+ x_4$	$=$	−1

Sehen wir uns den Lösungsweg in einem Beispiel über dem Körper der reellen Zahlen an, bei dem – wie oft üblich – alle Zeilenanfänge mit $a_{i1} = a_{i2} = \cdots = a_{ik} = 0$ weggelassen sind.

Ausgehend vom System in Tab. 7.2 rechnen wir von unten nach oben:

(3) liefert $x_4 = -1$. Mit (2) folgt $x_3 = 2 - 2x_4 = 4$. In (1) kann dann x_2 (oder x_1) beliebig aus dem Körper K gewählt werden, und es folgt für den anderen Koeffizienten, hier für x_1: $x_1 = 0 - 2x_2 - 3x_3 - 12x_4 = -2x_2 - 12 + 12 = -2x_2$. Somit ist die Lösungsmenge, ausgedrückt durch Spaltenvektoren:

$$
\{\mathbf{x} \in \mathbb{R}^4 | (1) \wedge (2) \wedge (3)\} = \left\{ \begin{pmatrix} -2x_2 \\ x_2 \\ 4 \\ -1 \end{pmatrix} \middle| x_2 \in \mathbb{R} \right\}
$$

Beispielsweise ist $x_1 = -2$, $x_2 = 1$, $x_3 = 4$, $x_4 = -1$ *eine* Lösung des Gleichungssystems. Die allgemeine Formulierung des Lösungsalgorithmus bleibt den Lesern als Übungsaufgabe überlassen.

Angenehmerweise kann man *jedes* lineare Gleichungssystem in ein **äquivalentes** (d. h. mit der gleichen Lösungsmenge) in normierter Stufenform überführen:

Algorithmus 7.1: Gauß'sches Eliminationsverfahren (Berechnung einer äquivalenten normierten Stufenform eines Gleichungssystems)

1. Die aktuelle Spaltennummer s, wie auch die aktuelle Zeilennummer z, ist zunächst 1.
2. Sind in der aktuellen Spalte noch nicht alle Skalare in oder unterhalb der aktuellen Zeile null, d. h. gilt *nicht* $\forall i \ (i \geq z \Rightarrow a_{is} = 0)$, so gehe zu (5).
3. Ist $s = n$, so gehe zu (10).
4. Andernfalls ersetze $s := s + 1$, und gehe zu (2). $\langle$D. h. im Falle $s \neq n$ forme innerhalb des Systems nur noch das Teilsystem rechts der Spalte s um.$\rangle$
5. Ist $a_{zs} = 0$, so vertausche Zeile z mit einer Zeile y unterhalb, in der $a_{ys} \neq 0$ ist. $\langle$Der Wert von z ändert sich nicht; dort steht in diesem Falle aber anschließend die vorherige Zeile y.$\rangle$
6. Dividiere Zeile z durch a_{zs}, d. h. setze: (Zeile z) := (Zeile z) / a_{zs}.
7. Eliminiere alle Koeffizienten unterhalb a_{zs} (das jetzt 1 ist), d. h. für alle $y > z$ mit $a_{zs} \neq 0$:

   Subtrahiere von Zeile y das a_{ys}-fache von Zeile z, d. h. setze:

   $$(\text{Zeile } y) := (\text{Zeile } y) - a_{ys}(\text{Zeile } z).$$

8. Ist $s = n$ oder $z = m$, so gehe zu (10).
9. Forme innerhalb des Systems nun noch das Teilsystem rechts der Spalte s und unterhalb der Zeile z um, d. h. setze $z := z + 1$, $s := s + 1$ und gehe zu (2).
10. Die Berechnung der normierten Stufenform ist fertig. □

Das Verfahren wird in Abb. 7.9 anhand eines Beispiels mit $K = \mathbb{R}$, $V = W = \mathbb{R}^3$, illustriert. Gezeigt werden jeweils die Nummern der ausgeführten Schritte, die aktuellen Matrixversionen und (durch Umrahmung) die aktuelle Zeile und Spalte. Im dargestellten Beispiel errechnet man für die Lösungsvektoren x_i:

$$x_3 = 3/2, \quad x_2 = 3 - 2 \cdot 3/2 = 0, \quad x_1 \text{ ist beliebig.}$$

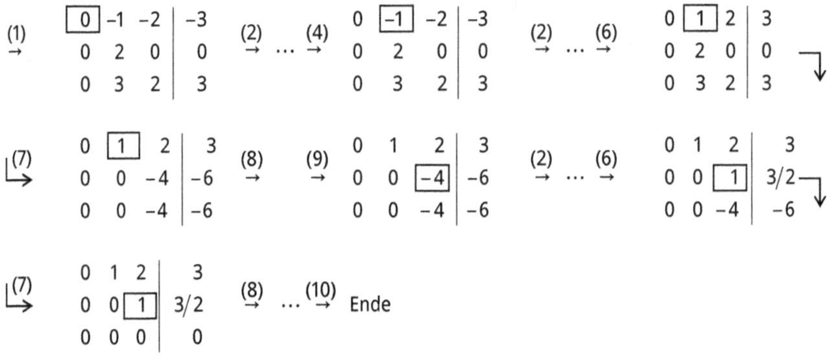

Abb. 7.9: Ein Beispiel für die Erzeugung der normierten Stufenform.

Manchmal stellt sich anstelle einer Aufgabe der Art
- „Matrix (a_{ik}) mal unbekannter (Spalten-) Vektor (x_k) = (Spalten-) Vektor (w_i)"

eine Aufgabe der Art
- „Matrix (a_{ij}) mal unbekannte Matrix (x_{jk}) = Matrix (b_{ik})".

Man sieht leicht, dass dies der Aufgabe entspricht, für jede Spalte von (x_{jk}) zu lösen:
- „Matrix (a_{ik}) mal unbekannte l-te Spalte von (x_{jk}) = l-te Spalte von (b_{ik})".

Am besten führen wir dabei die Zeilenumformungen simultan für alle Spalten von (b_{ik}) durch. Insbesondere können wir so auch invertierbare *Matrizen invertieren*, was dem Fall (b_{ik}) = (δ_{ik}) entspricht und in Abb. 7.10 an einem Beispiel verkürzt gezeigt wird. Dabei muss man aber in der Regel am Ende noch in der linken Matrix von 0 verschiedene Komponenten oberhalb der Diagonalen a_{11}, a_{22}, ... zu 0 machen, ähnlich wie man dies vorher „nach unten" getan hat. Man prüft leicht nach, dass das Ergebnis stimmt:

$$
\begin{pmatrix} 1 & 0 & 1 \\ 2 & 2 & 0 \\ 0 & 3 & 3 \end{pmatrix}
\begin{pmatrix} 1/2 & 1/4 & -1/6 \\ -1/2 & 1/4 & 1/6 \\ 1/2 & -1/4 & 1/6 \end{pmatrix}
= \begin{pmatrix} 1 & 0 & 0 \\ 0 & 1 & 0 \\ 0 & 0 & 1 \end{pmatrix}.
$$

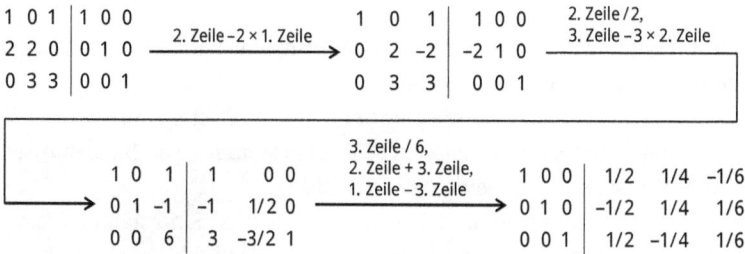

Abb. 7.10: Ein Beispiel für die Invertierung einer Matrix.

7.4.6 Räume linearer Abbildungen

Man sieht leicht, dass die Menge $\mathrm{Hom}_K (V, W)$ aller linearen Abbildungen von einem Vektorraum V in einen Vektorraum W, beide über dem gleichen Körper K, einen Vektorraum über K bildet, den sogenannten **Homomorphismenraum**. Dabei ist für alle $A, B \in \mathrm{Hom}_K (V, W)$, $k \in K$ und $\mathbf{v} \in V$ (punktweise) definiert
- $A + B : \mathbf{v} \mapsto A(\mathbf{v}) + B(\mathbf{v})$.
- $kA : \mathbf{v} \mapsto k(A(\mathbf{v}))$

Der Nullvektor ist die Abbildung (in salopper Schreibweise) **0:** $\mathbf{v} \mapsto \mathbf{0}$.

Die Zuordnung $\lambda_{E_n E_m}$ von $m \times n$-Matrizen mit Komponenten in K zu der jeweiligen Matrizenmultiplikation als Homomorphismus von K^n in K^m ist ein Isomorphismus vom

K-Vektorraum $K^{m \times n}$ der $m \times n$-Matrizen mit der komponentenweisen Addition und Skalarmultiplikation auf $\text{Hom}_K(K^n, K^m)$ mit den oben beschriebenen punktweisen Verknüpfungen. Sind V und W endlich-dimensionale K-Vektorräume mit den Basen $B = \{\mathbf{b}_1, \mathbf{b}_2, ..., \mathbf{b}_n\}$ von V und $C = \{\mathbf{c}_1, \mathbf{c}_2, ..., \mathbf{c}_m\}$ von W, so ist auch die Zuweisung μ_{BC} der Abbildungsmatrix ein Isomorphismusvon $\text{Hom}_K(V, W)$ auf $K^{m \times n}$.

Im Falle von Endomorphismen, also $W = V$, können wir auf $\text{Hom}_K(V, V)$ neben der obigen Vektorraum-Addition $+$ auch eine „Multiplikation" definieren, nämlich die Hintereinanderausführung $\circ$ von Abbildungen. Da nun

– $+$ auf $\text{Hom}_K(V, V)$ assoziativ und kommutativ ist, die Nullabbildung als neutrales Element und mit $-A = (-1)A$ ein bezüglich $+$ inverses Element von A besitzt,

– $\circ$ auf $\text{Hom}_K(V, V)$ assoziativ ist, und schließlich auch gilt:

– $A \circ (B + C) = (A \circ B) + (A \circ C)$ und $(A + B) \circ C = (A \circ C) + (B \circ C)$,

bilden die Vektorraum-Endomorphismen auf V einen Ring unter der Addition und der Hintereinanderausführung, den **Endomorphismenring**. Dieser Ring hat die identische Abbildung als Einselement. Da auch die Skalarmultiplikation des Homomorphismenraums zur Verfügung steht, kann man sogar Polynome über K mit einer formalen Variable x als Abbildung auf $\text{Hom}_K(V, V)$ anwenden,

$$(a_0 + a_1 \cdot x + a_2 \cdot x^2 + \cdots + a_n \cdot x^n) : A \mapsto (a_0 id_V + a_1 A + a_2 A^2 + \cdots + a_n A^n),$$

die sowohl ein Vektorraum- als auch ein Ringhomomorphismus von den Polynomen in die Homomorphismen über V ist.

Im Rest dieses Abschnitts sind K ein Körper, m und n natürliche Zahlen sowie V ein n-dimensionaler und W ein m-dimensionaler K-Vektorraum. $B = \{\mathbf{b}_1, \mathbf{b}_2, ..., \mathbf{b}_n\}$ sei eine Basis von V, und $C = \{\mathbf{c}_1, \mathbf{c}_2, ..., \mathbf{c}_m\}$ eine Basis von W.

Der Körper K ist ein eindimensionaler Vektorraum über K. Sind nämlich k, $\mathbf{v}_1$ und $\mathbf{v}_2 \in K$, dann ist die Vektoraddition $\mathbf{v}_1 + \mathbf{v}_2$ identisch mit der Addition $\mathbf{v}_1 + \mathbf{v}_2$ in K, und die Skalarmultiplikation $k \mathbf{v}_1$ ist identisch mit der Multiplikation $k \cdot \mathbf{v}_1$ in K.

Daher bilden auch die **linearen Funktionale**, d. h. die linearen Abbildungen eines K-Vektorraums V in den K-Vektorraum K, einen K-Vektorraum $\text{Hom}_K(V, K)$. Dieser wird auch V^* geschrieben, und **Dualraum** von V genannt. So wie wir nach Abschnitt 7.4.2 jeden Vektor $\mathbf{v} = \sum_{k=1}^{n} v_k \mathbf{b}_k$ in V als n-zeilen Spaltenvektor der v_i betrachten können, so können wir die Matrizen eines linearen Funktionals $\mathbf{f}$ auf V als n-spaltige Zeilenvektoren von Skalaren f_i ansehen. Die Anwendung des linearen Funktionals wird dann zur Matrizenmultiplikation:

$$\mathbf{f}(\mathbf{v}) = (f_1, f_2, ..., f_n) \begin{pmatrix} v_1 \\ v_2 \\ \vdots \\ v_n \end{pmatrix} = \sum_{k=1}^{n} f_k v_k \, .$$

Ordnen wir den Vektoren von V eindeutig ihre Linearkombination aus Basisvektoren zu, $\mathbf{v} = \sum_{k=1}^{n} v_k \mathbf{b}_k$, so ist für jedes $1 \leq i \leq n$ die Abbildung $\mathbf{v} \to v_i$ auf die i-te Koordinate, d. h. den Koeffizienten von $\mathbf{b}_i$, ein lineares Funktional; wir schreiben es als $\mathbf{b}_i^*$. Angewendet auf die Basisvektoren aus B ergibt es

$$\mathbf{b}_i^*(\mathbf{b}_k) = \delta_{ik}. \tag{1}$$

Für jedes lineare Funktional $\mathbf{f}$ auf V gilt wegen der Linearität

$$\mathbf{f}(\mathbf{v}) = \mathbf{f}\left(\sum_{i=1}^{n} v_i \mathbf{b}_i \right) = \sum_{i=1}^{n} v_i \cdot \mathbf{f}(\mathbf{b}_i) = \sum_{i=1}^{n} \mathbf{f}(\mathbf{b}_i) \cdot \mathbf{b}_i^*(v). \tag{2}$$

Also ist $\mathbf{f}$ eine Linearkombination der $\mathbf{b}_i^*$, nämlich $\mathbf{f} = \sum_{i=1}^{n} \mathbf{f}(\mathbf{b}_i) \cdot \mathbf{b}_i^*$. Die $\mathbf{b}_i^*$ sind linear unabhängig, denn wenn wir das Nullfunktional $\mathbf{v} \mapsto \mathbf{0}$ als $\mathbf{0}^*$ schreiben, folgt aus $\sum_{i=1}^{n} k_i \mathbf{b}_i = \mathbf{0}^*$ durch Anwendung auf jeden einzelnen Basisvektor $\mathbf{b}_j$, $1 \leq j \leq n$, dass wegen (1) oben jedes k_j null sein muss. Wir erhalten damit:

Satz 7.35: Duale Basis
Ist $B = \{\mathbf{b}_1, \mathbf{b}_2, ..., \mathbf{b}_n)$ eine Basis von V, so ist $B = \{\mathbf{b}_1^*, \mathbf{b}_2^*, ..., \mathbf{b}_n^*$ eine Basis von V^*, die sogenannte **duale Basis zu** B. Für jeden endlich-dimensionalen K-Vektorraum V gilt also, dass der Dualraum V^* die gleiche Dimension wie V hat. $\qquad\square$

Aus (2) oben ergibt sich, dass die Skalare $f_i := \mathbf{f}(\mathbf{b}_i)$ die Spalten der Matrix von $\mathbf{f}$ bilden, nämlich des Zeilenvektors $(f_1, f_2, ..., f_n)$.

Die Voraussetzung der *endlichen* Dimension ist hierbei wichtig, wie ein Gegenbeispiel in einem unendlich-dimensionen Fall zeigt. Die Menge F_{endl} der Folgen $(x_1, x_2, ...)$ reeller Zahlen mit nur endlich vielen von Null verschiedenen Folgengliedern bildet unter der gliedweisen Addition und Skalarmultiplikation einen $\mathbb{R}$-Vektorraum. Die Folgen ${}^{\omega}\mathbf{e}_1, {}^{\omega}\mathbf{e}_2, ...$ mit $({}^{\omega}\mathbf{e}_i)_k = \delta_{ik}$, also lauter Nullen bis auf eine Eins, bilden eine Basis von F_{endl}, denn

$$0...0,\ x_{i_1},\ 0...0,\ x_{i_2},\ 0...\ ...\ ...0,\ x_{i_n},\ 0,\ ... = \sum_{k=1}^{n} x_{i_k} {}^{\omega}\mathbf{e}_{i_k}.$$

Der Dualraum von F_{endl}^* von F_{endl} entspricht dem $\mathbb{R}$-Vektorraum F der (beliebigen) Folgen reeller Zahlen $(a_1, a_2, ...)$. Jede Folge führt zu einem linearen Funktional auf F_{endl}, wenn wir: $(a_1, a_2, ...)\, (x_1, x_2, ...) := a_1 x_1 + a_2 x_2 + ...$ definieren, was jeweils wegen der vielen Nullen unter den x_i eine endliche Summe und daher wohldefiniert, sowie offensichtlich linear ist. Auch führt jedes lineare Funktional f zu einer Folge $(a_1, a_2, ...)$, wenn wir die $a_i := f({}^{\omega}\mathbf{e}_i)$ berechnen, weil ${}^{\omega}\mathbf{e}_i$ die Folge mit genau einer 1 an Stelle i und sonst lauter Nullen ist. Die Dimension von F ist aber überabzählbar, denn z. B. mit den Folgen $h_r := (2^{0 \cdot r}, 2^{1 \cdot r}, 2^{2 \cdot r}, ...)$ für positive reelle r erweist sich die Folgenmenge $\{h_r \mid r \in \mathbb{R}\}$ als linear unabhängig, und diese ist überabzählbar. Also gilt $\dim\left(F_{endl}^*\right) \neq \dim(F_{endl})$.

Nun können wir jedem Vektor $\mathbf{v} \in V$ über seine Darstellung als Linearkombination $\mathbf{v} = \sum_{k=1}^{n} v_k \mathbf{b}_k$ seinen (bezogen auf die feste Basis B) dualen Vektor $\mathbf{v}^* := \sum_{k=1}^{n} v_k \mathbf{b}_k{}^*$ zuordnen, wozu die bisher eingeführten linearen Funktionale $\mathbf{b}_i{}^*$ und $\mathbf{0}^*$ also Spezialfälle passen. Man sieht zudem leicht, dass $^*: \mathbf{v} \mapsto \mathbf{v}^*$ ein Isomorphismus von V auf V^* ist. Die gleichen Überlegungen können wir auch bezüglich W und seiner festen Basis C anstellen. Für zwei Vektoren $\mathbf{v} \in V$ und $\mathbf{w} \in W$ ist die Anwendung von $\mathbf{v}^*$, gefolgt von der Rechtsmultiplikation mit $\mathbf{w}$ eine nach Satz 7.32 lineare Abbildung von V in W, die man als **Tensorprodukt** von $\mathbf{v}$ und $\mathbf{w}$ bezeichnet und $\mathbf{v} \otimes \mathbf{w}$ schreibt:

$$\mathbf{v} \otimes \mathbf{w} : \begin{cases} V & \to & W \\ \mathbf{u} & \mapsto & \mathbf{v}^*(\mathbf{u})\mathbf{w} . \end{cases}$$

$\mathbf{v} \otimes \mathbf{w}$ ist eine Linearkombination der Tensorprodukte von Basisvektoren, denn mit $\mathbf{v} = \sum_{k=1}^{n} v_k \mathbf{b}_k$ und $\mathbf{w} = \sum_{i=1}^{m} w_i \mathbf{c}_i$ gilt

$$\mathbf{v} \otimes \mathbf{w} = \sum_{i=1}^{m} \sum_{k=1}^{n} w_i v_k \mathbf{b}_k \otimes \mathbf{c}_i :$$

$$\mathbf{v} \otimes \mathbf{w}(\mathbf{u}) = \mathbf{v}^*(\mathbf{u})\mathbf{w}$$

$$= \left[\left(\sum_{k=1}^{n} v_k \mathbf{b}_k{}^* \right) \left(\sum_{l=1}^{n} u_l \mathbf{b}_l \right) \right] \sum_{i=1}^{m} w_i \mathbf{c}_i$$

$$= \left[\sum_{k=1}^{n} \sum_{l=1}^{n} v_k u_l \mathbf{b}_k{}^*(\mathbf{b}_l) \right] \sum_{i=1}^{m} w_i \mathbf{c}_i$$

$$= \left(\sum_{k=1}^{n} \sum_{l=1}^{n} v_k u_l \delta_{kl} \right) \sum_{i=1}^{m} w_i \mathbf{c}_i$$

$$= \left(\sum_{k=1}^{n} v_k u_k \right) \sum_{i=1}^{m} w_i \mathbf{c}_i$$

$$= \sum_{i=1}^{m} \sum_{k=1}^{n} w_i v_k u_k \mathbf{c}_i$$

$$= \sum_{i=1}^{m} \sum_{k=1}^{n} w_i v_k \mathbf{b}_k{}^*(\mathbf{u}) \mathbf{c}_i$$

$$= \sum_{i=1}^{m} \sum_{k=1}^{n} w_i v_k \mathbf{b}_k \otimes \mathbf{c}_i(\mathbf{u})$$

$$= \left(\sum_{i=1}^{m} \sum_{k=1}^{n} w_i v_k \mathbf{b}_k \otimes \mathbf{c}_i \right)(\mathbf{u}) .$$

Satz 7.36: Tensorprodukte und Basen

1. Ist $B = \{\mathbf{b}_1, \mathbf{b}_2, ..., \mathbf{b}_n\}$ eine Basis von V und $C = \{\mathbf{c}_1, \mathbf{c}_2, ..., \mathbf{c}_m\}$ eine Basis von W, so bildet die Familie $(\mathbf{b}_k \otimes \mathbf{c}_i)_{1 \leq i \leq m, \, 1 \leq k \leq n}$ der $m \cdot n$ Tensorprodukte der Basisvektoren eine Basis von $\mathrm{Hom}_K(V, W)$.

2. Die Matrizenfamilie $\left(\varepsilon_{rs}^{ik}\right)_{1\le i\le m,\ 1\le k\le n}$ der $m\cdot n$ Matrizen mit den Komponenten

$$\varepsilon_{rs}^{ik} = \begin{cases} 1 & \text{wenn} \quad r=i\wedge s=k \\ 0 & \text{sonst} \end{cases}$$

(vgl. Abb. 7.11) bildet eine Basis von M_{mn}.

3. Die Abbildung

$$A \mapsto [\text{Matrix } (a_{ik}) \text{ von } A \text{ bezüglich der Basen } B \text{ und } C]$$

ist ein Isomorphismus von $\text{Hom}_K(V,W)$ auf M_{mn}. □

Beweis: Zunächst zu (1): Einerseits sind die $\mathbf{b}_k \otimes \mathbf{c}_i$ sind linear unabhängig. Ist nämlich eine Linearkombination $\sum_{i=1}^{m}\sum_{k=1}^{n}a_{ik}(\mathbf{b}_k \otimes \mathbf{c}_i)$ die Nullabbildung, dann gilt für alle $1 \le r \le n$:

$$\mathbf{0} = \mathbf{0}^*(\mathbf{b}_r) = \sum_{i=1}^{m}\sum_{k=1}^{n}a_{ik}\mathbf{b}_k{}^*(\mathbf{b}_r)\mathbf{c}_i = \sum_{i=1}^{m}\sum_{k=1}^{n}a_{ik}\delta_{kr}\mathbf{c}_i = \sum_{i=1}^{m}a_{ir}\mathbf{c}_i \ ,$$

und da C eine Basis ist, gilt für sämtliche Koeffizienten $a_{ir} = 0$.

Andererseits spannen die $\mathbf{b}_k \otimes \mathbf{c}_i$ den Raum $\text{Hom}_K(V,W)$ auf, denn wenn (a_{ik}) die Matrix von A ist, und ein Vektor von V als Linearkombination $\sum_{k=1}^{n}x_k\mathbf{b}_k$, dargestellt ist, gilt $A\left(\sum_{k=1}^{n}x_k\mathbf{b}_k\right) = \sum_{i=1}^{m}\sum_{k=1}^{n}x_k a_{ik}\mathbf{c}_i = \left[\sum_{i=1}^{m}\sum_{k=1}^{n}a_{ik}\mathbf{b}_k \otimes \mathbf{c}_i\right]\left(\sum_{k=1}^{n}x_k\mathbf{b}_k\right)$, d.h.

$$A = \sum_{i=1}^{m}\sum_{k=1}^{n}a_{ik}\mathbf{b}_k \otimes \mathbf{c}_i \ .$$

Beweis von (2): Analog zu (1), hier mit den kanonischen m- bzw. n-dimensionalen Basisvektoren $\mathbf{e}_i$, den Spaltenvektoren mit einer Eins in der i-ten Zeile und ansonsten Nullen, d. h. $(\mathbf{e}_i)_k = \delta_{ik}$.

Beweis von (3): Die Abbildung ist linear und bildet die Basisvektoren der $\mathbf{b}_k \otimes \mathbf{c}_i$ bijektiv auf die Vektoren der Basis der „Fast-Null-Matrizen" $\left(e_{ik}^{rs}\right)$ mit genau einer Eins, also mit ik-Komponenten $e_{ik}^{rs} = \delta_{ir}\delta_{ks}$ ab, vgl. Abb. 7.11.

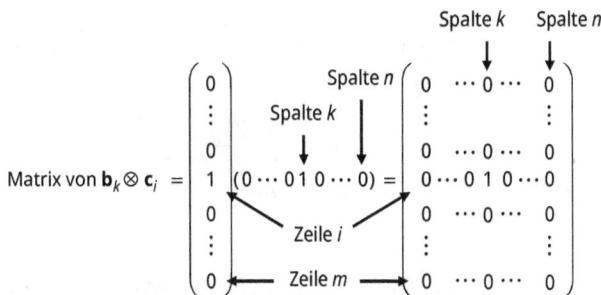

Abb. 7.11: Ein Tensorprodukt von Basisvektoren.

Jede Matrix (a_{ik}) ist Bild von $A = \sum_{i=1}^{m} \sum_{k=1}^{n} a_{ik} \mathbf{b}_k \otimes \mathbf{c}_i$. Die Abbildung ist daher surjektiv, also nach Satz 7.31 bijektiv. ∎

Sei $A: V \to W$ eine lineare Abbildung, also Element von $\mathrm{Hom}_K(V, W)$. Für jedes lineare Funktional $h \in W^*$ ist $h \circ A$ eine Abbildung $h \circ A: V \to K$, die als Hintereinanderausführung linearer Abbildungen linear, also ein lineares Funktional ist: $h \circ A \in V^*$. Jetzt betrachten wir die folgende Abbildung, genannt die **duale Abbildung** A^* von A:

$$A^* : \begin{cases} W^* & \to & V^* \\ h & \mapsto & h \circ A . \end{cases}$$

Satz 7.37: Duale Abbildungen

Sei $A: V \mapsto W$ eine lineare Abbildung von dem n-dimensionalen Vektorraum V in den m-dimensionalen Vektorraum W. Dann gilt

$$A^* \in \mathrm{Hom}_K(W^*, V^*) \text{ und } \mathrm{rang}(A) = \mathrm{rang}(A^*) .$$ □

Beweis: Die Linearität von A^* ist leicht nachzuprüfen.

$\ker(A)$ hat eine Basis $\{\mathbf{b}'_k \mid k = 1, ..., \mathrm{def}(A)\}$. Diese kann nach dem Basisergänzungs-Lemma und dem Dimensionssatz für lineare Abbildungen durch $\{\mathbf{b}''_k \mid k = 1, ..., \mathrm{rang}(A)\}$ zu einer Basis von V ergänzt werden. Setzt man $\mathbf{b}_k := \mathbf{b}''_k$ für $k = 1, ..., \mathrm{rang}(A)$ und $\mathbf{b}_{\mathrm{rang}(A)+k} := \mathbf{b}'_k$ für $k = 1, ..., \mathrm{def}(A)$, so ist jeder Vektor $\mathbf{v} \in V$ eine Linearkombination der $\mathbf{b}_k$. Aus Gründen der Linearität von A ist $A(\mathbf{v})$ eine Linearkombination der $A(\mathbf{b}_k)$, wegen $A(\mathbf{b}'_k) = 0$ sogar bereits der $\mathbf{c}_i := A(\mathbf{b}_i)$, $i = 1, ..., \mathrm{rang}(A)$. Daher sind diese $\mathbf{c}_i$ nicht nur linear unabhängig, sondern sie spannen auch $\mathrm{im}(A)$ auf, bilden also eine Basis von $\mathrm{im}(A)$. Diese $\mathbf{c}_i$ wiederum können durch Vektoren $\mathbf{c}_i$, $i = \mathrm{rang}(A) + 1, ..., m$, zu einer Basis von W ergänzt werden.

Für die dualen Basen $\{\mathbf{b}_k^* \mid k = 1, ..., n\}$ und $\{\mathbf{c}_i^* \mid i = 1, ..., m\}$ von V^* bzw. W^* und für $k = 1, ..., n$ gilt:

$$A^*(\mathbf{c}_i^*)(\mathbf{b}_k) = \mathbf{c}_i^*(A(\mathbf{b}_k)) = \begin{cases} \mathbf{c}_i^*(\mathbf{0}) & = 0 & \text{wenn } k > \mathrm{rang}(A) \\ \mathbf{c}_i^*(\mathbf{c}_k) & = \delta_{ik} & = \mathbf{b}_i^*(\mathbf{b}_k) & \text{wenn } k \leq \mathrm{rang}(A) \end{cases}.$$

Ist nun $i > \mathrm{rang}(A)$, dann ist $A^*(\mathbf{c}_i^*)(\mathbf{b}_k) = 0$ wenn $k > \mathrm{rang}(A)$ und ebenfalls 0, wenn $k \leq \mathrm{rang}(A)$, also stets 0, d. h. in V^* ist $A^*(\mathbf{c}_i^*) = 0$.

Ist hingegen $i \leq \mathrm{rang}(A)$, so ist $A^*(\mathbf{c}_i^*)(\mathbf{b}_k) = 0 = \mathbf{b}_i^*(\mathbf{b}_k)$, wenn $k > \mathrm{rang}(A)$ und $A^*(\mathbf{c}_i^*)(\mathbf{b}_k) = \mathbf{b}_i^*(\mathbf{b}_k)$, wenn $k \leq \mathrm{rang}(A)$, also für alle k, d. h. $A^*(\mathbf{c}_i^*) = (\mathbf{b}_i^*)$. Damit hat $A^*(W^*)$ die Basisvektoren $\mathbf{b}_i^*$ für $i = 1, ..., \mathrm{rang}(A)$ und insgesamt die Dimension $\mathrm{rang}(A^*) = \mathrm{rang}(A)$. ∎

Jede $m{\times}n$-Matrix (a_{ik}) kann man **transponieren**, d. h. an ihrer von links oben nach rechts unten verlaufenden **Hauptdiagonalen** $a_{11}, a_{22}, ..., a_{\min(m,n)\min(m,n)}$ „spiegeln".

Die erhaltene $n{\times}m$-Matrix $(a_{ik})^\top$ mit ik-Komponente $a^\top{}_{ik} = a_{ki}$ nennt man die **Transponierte** der Ausgangsmatrix, wie im Beispiel

$$\begin{pmatrix} 4 & 2 \\ 0 & 1 \\ -3 & 0 \end{pmatrix}^\top = \begin{pmatrix} 4 & 0 & -3 \\ 2 & 1 & 0 \end{pmatrix},$$

in dem die Hauptdiagonale und die Spiegelung graphisch markiert sind.

Satz 7.38: Duale Abbildung und transponierte Matrix

Ist $(a_{ik})_{1\le i\le m, 1\le k\le n}$ die Matrix einer linearen Abbildung A von einem Vektorraum V mit Basis $B = \{\mathbf{b}_1, \mathbf{b}_2, ..., \mathbf{b}_n\}$ nach einem Vektorraum W mit Basis $C = \{\mathbf{c}_1, \mathbf{c}_2, ..., \mathbf{c}_m\}$, so ist die **Transponierte** dieser Matrix, $(a_{ik})^\top$, die Matrix von A^* bezüglich der dualen Basen C^* und B^*. $\qquad\square$

Beweis: Ist $(a_{rs}{}^*)_{1\le r\le n, 1\le s\le m}$ die Matrix von A^*, so ist $A^*(\mathbf{c}_s^*) = \sum_{k=1}^n a_{ks}^* \mathbf{b}_k^*$. Angewendet auf $\mathbf{b}_r$ folgt gemäß Definitionen sowie wegen der Eigenschaften der Matrizen linearer Abbildungen und der Linearität:

$$a_{rs}^* = \sum_{k=1}^n a_{ks}^* \delta_{kr} = \sum_{n=1}^n a_{ks}^* \mathbf{b}_k^*(\mathbf{b}_r) = A^*(\mathbf{c}_s^*)(\mathbf{b}_r) = \mathbf{c}_s^*(A(\mathbf{b}_r))$$

$$= \mathbf{c}_s^*\left(\sum_{i=1}^m a_{ir}\mathbf{c}_i\right) = \sum_{i=1}^m a_{ir}\mathbf{c}_s^*(\mathbf{c}_i) = \sum_{i=1}^m a_{ir}\delta_{si} = a_{sr}. \qquad\blacksquare$$

Satz 7.39: Dimensionssatz der Matrizen

Ist (a_{ik}) eine $m{\times}n$-Matrix über einem Körper K, dann gilt

$$\mathrm{zrang}(a_{ik}) = \mathrm{srang}(a_{ik}),$$

Daher spricht man auch einfach vom **Rang** einer Matrix (a_{ik}) und schreibt $\mathrm{rang}(a_{ik})$, und der Rang einer Matrix ist höchstens das Minimum seiner Zeilen- bzw. Spaltenzahl. $\qquad\square$

Beweis: Wie gezeigt, ist (a_{ik}) Matrix einer linearen Abbildung A von K^n nach K^m bezüglich der kanonischen Basen. Es gilt

$$\begin{aligned}
\mathrm{srang}(a_{ik}) \quad &= \mathrm{rang}(A) && \text{wegen Satz 7.34,} \\
&= \mathrm{rang}(A^*) && \text{Satz 7.37,} \\
&= \mathrm{srang}(a_{ik})^\top && \text{Satz 7.34,} \\
&= \mathrm{zrang}(a_{ik}) && \text{Definition der Transponierten.} \qquad\blacksquare
\end{aligned}$$

Eine besondere quadratische (d. h. $n{\times}n$-) Matrix mit maximalem Rang n ist natürlich die Einheitsmatrix E_n.

7.4.7 Basistransformationen

Hat V die Basen $B = \{\mathbf{b}_1, \mathbf{b}_2, ..., \mathbf{b}_n\}$ und $B' = \{\mathbf{b}'_1, \mathbf{b}'_2, ..., \mathbf{b}'_i\}$, so ist es in manchen Anwendungen von Interesse, welche Koeffizienten v_i' ein Vektor mit bekannter Darstellung $\mathbf{v} = \sum_{k=1}^{n} v_k \mathbf{b}_k$ (als Linearkombination von B) bezüglich der „neuen" Basisvektoren $\mathbf{b}_k'$ hat, also als Linearkombination $\mathbf{v} = \sum_{i=1}^{n} v_i' \mathbf{b}_i'$ von B'. Ist $\mathbf{b}_k = \sum_{i=1}^{n} t_{ik} \mathbf{b}_i'$ die Darstellung der „alten" Basisvektoren $\mathbf{b}_k$ als Linearkombinationen der „neuen" für $k = 1, ..., n$, so gilt

$$\mathbf{v} = \sum_{k=1}^{n} v_k \mathbf{b}_k = \sum_{k=1}^{n} v_k \sum_{i=1}^{n} t_{ik} \mathbf{b}'_i = \sum_{i=1}^{n} \sum_{k=1}^{n} t_{ik} v_k \mathbf{b}'_i, \text{ also } v_i' = \sum_{k=1}^{n} t_{ik} v_k .$$

Die $n \times n$-Matrix (t_{ik}) ist die Matrix $\mu_{BB'}(\mathrm{id}_V)$ der identischen Abbildung von V mit Basis B nach V mit der Basis B', die sog. **Transformationsmatrix** der **Basistransformation** von B nach B'. Offensichtlich ist die Einheitsmatrix E_n die Transformationsmatrix der trivialen Transformation von B nach B.

Satz 7.40: Basistransformation

Ist (t_{ik}) die Transformationsmatrix einer Basistransformation von $B = \{\mathbf{b}_1, \mathbf{b}_2, ..., \mathbf{b}_n\}$ nach $B' = \{\mathbf{b}'_1, \mathbf{b}'_2, ..., \mathbf{b}'_i\}$, eines n-dimensionalen Vektorraums, so gilt $\mathrm{rang}(t_{ik}) = n$. Ferner ist die Transformationsmatrix der umgekehrten Transformation die inverse Matrix $(t_{ik})^{-1}$. □

Beweis: (t_{ik}) ist die Matrix der Isomorphie id_V bezüglich zweier Basen, und daher gilt $\mathrm{rang}(\mathrm{id}_V) = n$. Die Transformation von der neuen Basis zur alten ist die Umkehrabbildung, die daher als Matrix die inverse Matrix zur Matrix der ursprünglichen Transformation von Alt nach Neu hat. ∎

Wenn also im Gegensatz zum obigen Ansatz zunächst die neuen Basisvektoren als Linearkombinationen der alten vorliegen, ergibt sich, wenn man deren Spaltenvektoren zu einer Matrix zusammensetzt, die Matrix der umgekehrten Transformation. Die gesuchte Transformationsmatrix ergibt sich dann durch Inversion.

In manchen Texten zur linearen Algebra wird $(t_{ik})^{-1}$ als „Transformationsmatrix von B nach B'" (!) bezeichnet. Aussagen über Basistransformationen lauten dann natürlich entsprechend anders.

In praktischen Anwendungen benötigt man gelegentlich die Veränderung der Matrix einer linearen Abbildung $A: V \to W$, wenn vor A noch eine Basistransformation in V oder nach A noch eine Basistransformation in W zwischengeschaltet wird. Wir betrachten den Fall, dass beides geschieht. Der Einzelfall ist dann der Spezialfall des beidseitigen, dass eine der beiden Transformationen die triviale ist.

Satz 7.41: Abbildungsmatrix bei Basistransformationen

- Sei $A: V \to W$ eine lineare Abbildung zwischen endlich-dimensionalen K-Vektorräumen V und W mit der Matrix (a_{ik}) bezüglich der Basen $B = \{\mathbf{b}_1, \mathbf{b}_2, ..., \mathbf{b}_n\}$ von V und $C = \{\mathbf{c}_1, \mathbf{c}_2, ..., \mathbf{c}_m\}$ von W.
- V habe zudem eine Basis $B' = \{\mathbf{b}'_1, \mathbf{b}'_2, ..., \mathbf{b}'_n\}$, und (s_{kl}) sei die Matrix der Basistransformation von B nach B'
- W habe zudem eine Basis $C' = \{\mathbf{c}'_1, \mathbf{c}'_2, ..., \mathbf{c}'_m\}$, und (t_{hi}) sei die Matrix der Basistransformation von C nach C'.

Dann ist $(t_{hi})(a_{ik})(s_{kl})^{-1}$ die Matrix von A bezüglich der Basen B' und C'. □

Beweis: Der Satz ist eine unmittelbare Folge von Satz 7.32, Satz 7.33 und Satz 7.20, denn A bezüglich der Basen B' und C' lässt sich zusammensetzen aus der Umkehrung der Basistransformation von B nach B', der Abbildung A bezüglich der Basen B und C, sowie der Basistransformation von C nach C'. ■

Satz 7.42: Umkehrabbildung und duale Abbildung

Ist $A: V \to W$ eine lineare Abbildung von einem endlich-dimensionalen K-Vektorraum V in einen endlich-dimensionalen K-Vektorraum W, dann ist A genau dann Isomorphismus, wenn A^* Isomorphismus ist, und in diesem Falle gilt

$$(A^*)^{-1} = (A^{-1})^*.$$

Entsprechend gilt für die zugeordneten Matrizen (a_{ik})

$$((a_{ik})^\top)^{-1} = ((a_{ik})^{-1})^\top.$$

□

Beweis: Die gleichzeitige Invertierbarkeit folgt sofort aus den Eigenschaften der Bijektion und den Dimensionssätzen. Zu zeigen ist nun, dass bei invertierbarem A gilt, dass $(A^{-1})^*$ die Umkehrabbildung von A^* ist, dass also $(A^{-1})^* \circ A^* = id_{W^*}$.

Für jedes lineare Funktional g auf W und jeden Vektor $\mathbf{v}$ aus V gilt gemäß der Definition dualer Abbildungen $(A^{-1})^*(A^*(g))(\mathbf{v}) = (A^{-1})^* (g(A(\mathbf{v}))) = g(A^{-1}(A(\mathbf{v}))) = g(\mathbf{v})$. Also gilt $(A^{-1})^* \circ A^*(g) = g$ und damit $(A^{-1})^* \circ A^* = id_{W^*}$. ■

7.4.8 Determinanten

Um im nächsten Unterabschnitt Eigenwerte ausrechnen zu können, gehen wir zunächst auf Determinanten ein. In diesem Abschnitt untersuchen wir der Einfachheit halber Abbildungen rund um $V = W = K^n$, ausgestattet mit der kanonischen Basis der $\mathbf{e}_i$. Man kann aber sämtliche Überlegungen analog und mit den gleichen Ergebnissen für jeden endlich-dimensionalen Vektorraum mit einer fest ausgewählten Basis nachvollziehen, ja sogar in Bezug auf lineare Abbildungen zwischen Vektorräumen über dem gleichen Körper mit gleicher endlicher Dimension und mit festen Basen.

Die **Determinante** einer linearen Abbildung $A: V \to W$ ist als die Determinante ihrer $n{\times}n$-Matrix (a_{ik}) definiert, und diese wie folgt[146]:

$$\det(a_{ik}) := \sum_{\pi \in S_n} \mathrm{sgn}(\pi) \cdot a_{\pi(1),1} \cdot a_{\pi(2),2} \cdot \dots \cdot a_{\pi(n),n}.$$

Dabei ist S_n die Menge aller Permutationen auf $\{1, 2, ..., n\}$ und sgn die Vorzeichenfunktion auf den Permutationen, vgl. Abschnitt 7.1.3.

Die Determinante $\det(a_{ik})$ kann rekursiv durch „**Entwicklung** nach der s-ten Spalte bzw. z-ten Zeile" berechnet werden.

Satz 7.43: Laplace'scher Entwicklungssatz[147]

Ist (a_{ik}) eine $n{\times}n$-Matrix und $1 \le s \le n$, so gilt

$$\det(a_{ik}) = \sum_{z=1}^{n} (-1)^{z+s} a_{zs} \det(Rest((a_{ik}), z, s)).$$

Analog gilt für $1 \le z \le n$

$$\det(a_{ik}) = \sum_{s=1}^{n} (-1)^{z+s} a_{zs} \det(Rest((a_{ik}), z, s)).$$

Dabei ist $Rest((a_{ik}),z,s)$ für jede $n{\times}n$-Matrix (a_{ik}) mit $n > 1$ die verbleibende Matrix der Größe $(n-1) \times (n-1)$, nachdem aus (a_{ik}) die s-te Spalte und die z-te Zeile gestrichen wurden, und die Zeilen und Spalten von 1 bis $n-1$ neu nummeriert wurden, vgl. Abb. 7.12. □

Beweis: siehe z. B. [Kers 2001]. ∎

Für $n = 2$ oder 3 kann man sich die Determinantenberechnung noch durch Merkbilder mit den „Diagonalen" in Abb. 7.12 und die Faustregel „Abwärtsprodukte addieren, Aufwärtsprodukte subtrahieren" einprägen **(Sarrus-Regel)**[148]. Im Bild wird die schulübliche Schreibweise $|a_{ik}|$ für $\det(a_{ik})$ verwendet. Aus diesen Spezialfällen entspringt allerdings für größere n keine ähnlich einfache „Regel".[149]

Es gibt aber – insbesondere bei großen n wichtig – auch schnellere Berechnungswege als die Entwicklung nach Spalten oder Zeilen. Einen besonders einfachen werden wir hier noch kennenlernen.

---

146 Hierbei werden teilweise doppelte Indizes durch Kommata besser lesbar gemacht.
147 Pierre-Simon (Marquis de) Laplace, 1749–1827, Mathematiker und Physiker, lehrte in Paris, unter Napoleon sechs Wochen lang Innenminisier.
148 Pierre Frédéric Sarrus, 1798–1861, lehrte Mathematik in Straßburg.
149 Schon der Übergang von $n = 2$ zu $n = 3$ geschieht nicht in völliger Analogie: Bei $n = 2$ verläuft z. B. durch a_{12} keine „Diagonale abwärts", bei $n = 3$ jedoch durch jede Komponente der ersten Zeile.

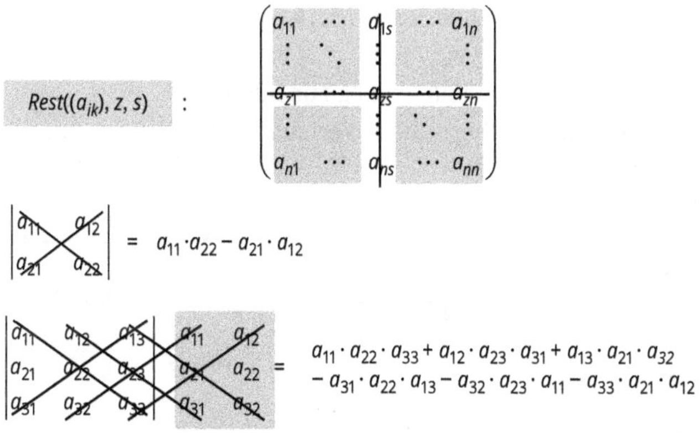

$$Rest((a_{ik}), z, s) \quad : \quad \begin{pmatrix} a_{11} & \cdots & a_{1s} & \cdots & a_{1n} \\ \vdots & \ddots & & & \vdots \\ a_{21} & & a_{2s} & & a_{2n} \\ \vdots & & & \ddots & \vdots \\ a_{n1} & \cdots & a_{ns} & \cdots & a_{nn} \end{pmatrix}$$

$$\begin{vmatrix} a_{11} & a_{12} \\ a_{21} & a_{22} \end{vmatrix} = a_{11} \cdot a_{22} - a_{21} \cdot a_{12}$$

$$\begin{vmatrix} a_{11} & a_{12} & a_{13} \\ a_{21} & a_{22} & a_{23} \\ a_{31} & a_{32} & a_{33} \end{vmatrix} \begin{matrix} a_{11} & a_{12} \\ a_{21} & a_{22} \\ a_{31} & a_{32} \end{matrix} = \begin{matrix} a_{11} \cdot a_{22} \cdot a_{33} + a_{12} \cdot a_{23} \cdot a_{31} + a_{13} \cdot a_{21} \cdot a_{32} \\ - a_{31} \cdot a_{22} \cdot a_{13} - a_{32} \cdot a_{23} \cdot a_{11} - a_{33} \cdot a_{21} \cdot a_{12} \end{matrix}$$

Abb. 7.12: Restmatrix beim Entwicklungssatz, Determinantenberechnung 2×2 und 3×3.

Die Determinante kann als Abbildung mit n Argumenten, nämlich den n Matrixspalten, betrachtet werden. Diese Spalten entsprechen den Vektoren von $V = K^n$. Insgesamt ist die Determinante damit eine Abbildung $f: V^n \to K$.

Satz 7.44: Eigenschaften der Determinante
Die Determinante det hat die folgenden Eigenschaften:
1. Sie ist **multilinear**:

$$\det(\mathbf{v}_1, ..., \mathbf{v}_{k-1}, \mathbf{v} + \mathbf{w}, \mathbf{v}_{k-1}, ..., \mathbf{v}_n)$$

$$= \det(\mathbf{v}_1, ..., \mathbf{v}_{k-1}, \mathbf{v}, \mathbf{v}_{k+1}, ..., \mathbf{v}_n) + \det(\mathbf{v}_1, ..., \mathbf{v}_{k-1}, \mathbf{w}, \mathbf{v}_{k+1}, ..., \mathbf{v}_n)$$

$$\det(\mathbf{v}_1, ..., \mathbf{v}_{k-1}, j\, \mathbf{v}_k, \mathbf{v}_{k+1}, ..., \mathbf{v}_n) = j \cdot \det(\mathbf{v}_1, ..., \mathbf{v}_{k-1}, \mathbf{v}_k, \mathbf{v}_{k+1}, ..., \mathbf{v}_n).$$

2. Sie ist **alternierend**:

$$\det(\mathbf{v}_1, ..., \mathbf{v}_{k-1}, \mathbf{v}, \mathbf{v}_{k+1}, ..., \mathbf{v}_{k'-1}, \mathbf{v}, \mathbf{v}_{k'-1}, ..., \mathbf{v}_n) = 0.$$

3. Sie ist **normiert**, d. h. sind $\mathbf{e}_i$ die kanonischen Einheitsvektoren, d. h. $(\mathbf{e}_i)_k = \delta_{ik}$, so gilt:

$$\det(E_n) = \det(\mathbf{e}_1, \mathbf{e}_2, ..., \mathbf{e}_n) = 1. \qquad \square$$

Beweis:
(1: Additivität in Spalte k) In jedem Summanden $\varphi_\pi := \text{sgn}(\pi) \cdot a_{\pi(1),1} \cdot a_{\pi(2),2} \cdot \cdots \cdot a_{\pi(n),n}$ der Determinante kommt genau eine Komponente $a_{\pi(k),k}$ von Spalte k (d. h. v_k) vor. Ist Spalte k Summe zweier Vektoren $\mathbf{v}$ (mit Komponenten $b_{i,k}$, $i = 1, ..., n$) und $\mathbf{w}$ (mit Komponenten $c_{i,k}$, $i = 1, ..., n$), so ist jeder Summand

$$s_\pi := \text{sgn}(\pi) \cdot a_{\pi(1),1} \cdot \cdots \cdot (b_{\pi(k),\, k} + c_{\pi(k),k}) \cdot \cdots \cdot a_{\pi(n),n}$$

$$= \text{sgn}(\pi) \cdot a_{\pi(1),1} \cdot \cdots \cdot b_{\pi(k),\, k} \cdot \cdots \cdot a_{\pi(n),n} + \text{sgn}(\pi) \cdot a_{\pi(1),1} \cdot \cdots \cdot c_{\pi(k),k} \cdot \cdots \cdot a_{\pi(n),n}$$

So dass sich bei Addition der Summanden s_π links $\det(\mathbf{v}_1, ..., \mathbf{v}_{k-1}, \mathbf{v} + \mathbf{w}, \mathbf{v}_{k-1}, ..., \mathbf{v}_n)$ und rechts $\det(\mathbf{v}_1, ..., \mathbf{v}_{k-1}, \mathbf{v}, \mathbf{v}_{k+1}, ..., \mathbf{v}_n) + \det(\mathbf{v}_1, ..., \mathbf{v}_{k-1}, \mathbf{w}, \mathbf{v}_{k+1}, ..., \mathbf{v}_n)$ ergibt.

(1: Skalar-Multiplikativität) Diese ergibt sich völlig analog zur Additivität.

(2: Alternieren) Sei (b_{ik}) die Matrix, die aus (a_{ik}) durch Vertauschung der k-ten und k'-ten Spalte entsteht. Dann ist

$$
\begin{aligned}
\det(b_{ik}) &:= \sum_{\pi \in S_n} \mathrm{sgn}(\pi) \cdot b_{\pi(1),1} \cdot b_{\pi(2),2} \cdot \cdots \cdot b_{\pi(n),n} && \text{Wegen Definition,}\\
&= \sum_{\pi \in S_n} \mathrm{sgn}(\pi) \cdot a_{\pi \circ (k,k')(1),1} \cdot a_{\pi \circ (k,k')(2),2} \cdot \cdots \cdot a_{\pi \circ (k,k')(n),n} && \text{Vertauschung,}\\
&= \sum_{\pi \circ (k,k') \in S_n} \mathrm{sgn}(\pi \circ (k,k')) \cdot a_{\pi(1),1} \cdot a_{(2),2} \cdot \cdots \cdot a_{(n),n} && \text{Satz 7.3(3),}\\
&= \sum_{\pi \circ (k,k') \in S_n} -\mathrm{sgn}(\pi) \cdot a_{\pi(1),1} \cdot a_{\pi(2),2} \cdot \cdots \cdot a_{(n),n} && \text{vgl. sgn bei}\\
& && \text{Satz 7.12,}\\
&= \sum_{\pi \in S_n} -\mathrm{sgn}(\pi) \cdot a_{\pi(1),1} \cdot a_{\pi(2),2} \cdot \cdots \cdot a_{\pi(n),n} && \text{Satz 7.3(3)),}\\
&= -\sum_{\pi \in S_n} \mathrm{sgn}(\pi) \cdot a_{\pi(1),1} \cdot a_{\pi(2),2} \cdot \cdots \cdot a_{\pi(n),n} && \text{Rechenregeln,}\\
&= -\det(a_{ik}) && \text{Definition.}
\end{aligned}
$$

Nun ist aber nach Voraussetzung $(a_{ik}) = (b_{ik})$, also $\det(a_{ik}) = -\det(a_{ik}) = 0$.

(3: Normierung) Bei der Definition von $\det(E_n)$ kommt in bei allen Permutationen außer der identischen im Produkt $e_{\pi(1),1} \cdot e_{\pi(2),2} \cdot \cdots \cdot e_{\pi(n),n}$ mindestens einmal der Faktor 0 vor:

$$
\det(E_n) = \mathrm{sgn}\left(id_{\{1,...,n\}}\right) \cdot e_{11} \cdot e_{22} \cdot ... \cdot e_{nn} = 1 \cdot 1 \cdot ... \cdot 1 = 1 \ . \qquad \blacksquare
$$

Ein $f: V^n \to K$ mit (1) und (2) nennt man eine **alternierende Multilinearform**. Da Summen und skalare Vielfache (punktweise definiert) von alternierenden Multilinearformen ebensolche Abbildungen sind, bilden die alternierenden Multilinearformen auf V^n einen K-Vektorraum.

Satz 7.45: Invarianzeigenschaft der Determinante

Ist $f: V^n \to K$ eine alternierende Multilinearform und (a_{ik}) eine $n \times n$-Matrix, dann ändert sich der Wert von $f(a_{ik})$ nicht, wenn man zu einer Spalte von (a_{ik}) eine Linearkombination der anderen Spalten addiert. $\qquad \square$

Der **Beweis** ist Inhalt einer Übungsaufgabe. $\qquad \blacksquare$

Satz 7.46: Das Alternieren bei alternierenden Multilinearformen

Für jede alternierende Multilinearform f auf V^n gilt, dass das Ergebnis $f(a_{ik})$ mit -1 multipliziert wird, wenn man zwei der Spalten von (a_{ik}) vertauscht:

$$f(v_1, \ldots, v_{i-1}, v_i, v_{i+1}, \ldots, v_{k-1}, v_k, v_{k+1}, \ldots, v_n)$$
$$= -f(v_1, \ldots, v_{i-1}, v_k, v_{i+1}, \ldots, v_{k-1}, v_i, v_{k+1}, \ldots, v_n). \qquad \square$$

Beweis: Betrachten wir die von i und k verschiedenen Spalten als konstant und die Terme als zweistellige Funktionen g auf den Spalten i und k, so folgt aus der Multilinearität

$$g(v_i + v_k, v_i + v_k) = g(v_i, v_i) + g(v_i, v_k) + g(v_k, v_i) + g(v_k, v_k),$$

aus dem Alternieren dann $0 = 0 + g(v_i, v_k) + g(v_k, v_i) + 0$ und somit der Satz. ∎

Satz 7.47: Die Rolle der Determinante unter den alternierenden Multilinearformen
1. Alle alternierenden Multilinearformen sind Vielfache von det.
2. Die Determinante det ist die einzige normierte alternierende Multilinearform.
3. det ist multiplikativ auf den Matrizen:

$$\det\big((a_{ij})(b_{jk})\big) = \det(a_{ij}) \cdot \det(b_{jk}). \qquad \square$$

Beweis:
(1) Die Komponenten (d. h. Zeilen) eines Spaltenvektors $\mathbf{v}_k$ seien v_{ik}. Dann ist

$$
\begin{aligned}
f(\mathbf{v}_1, \mathbf{v}_2, \ldots, \mathbf{v}_n) &= f\left(\sum_{i_1=1}^{n} v_{i_1 1} \mathbf{e}_{i_1}, \mathbf{v}_2, \ldots, \mathbf{v}_n \right) \\
&= \sum_{i=1}^{n} v_{i_1 1} f\left(\mathbf{e}_{i_1}, \mathbf{v}_2, \ldots, \mathbf{v}_n \right) \\
&= \sum_{i=1}^{n} v_{i_n n} \cdots \sum_{i=1}^{n} v_{i_1 1} f\left(\mathbf{e}_{i_1}, \ldots, \mathbf{e}_{i_n} \right). \\
&= \sum_{i=1}^{n} \cdots \sum_{i=1}^{n} v_{i_n n} \cdots v_{i_1 1} f\left(\mathbf{e}_{i_1}, \ldots, \mathbf{e}_{i_n} \right).
\end{aligned}
$$

Die Terme $f(\mathbf{e}_{i_1}, \ldots, \mathbf{e}_{i_n})$ sind wegen des Alternierens 0, wenn zwei gleiche Vektoren darunter sind. Übrig bleiben die $f(\mathbf{e}_{\pi(1)}, \ldots, \mathbf{e}_{\pi(i)})$ mit Permutationen der n Vektoren $\mathbf{e}_i$ als Argumenten.

Da jede Permutation durch eine Reihe von Transpositionen erzeugt werden kann, und Transpositionen zweier Argumentefolgen nur das Vorzeichen des Terms ändern, sind alle verbleibenden Terme $f(\mathbf{e}_{i_1}, \ldots, \mathbf{e}_{i_n})$ jeweils $f(\mathbf{e}_1, \ldots, \mathbf{e}_n)$ oder $-f(\mathbf{e}_1, \ldots, \mathbf{e}_n)$, je nach dem Vorzeichen $\mathrm{sgn}(\pi)$ der Permutation. Somit gilt gemäß der Definition von det

$$f(\mathbf{v}_1, \mathbf{v}_2, \ldots, \mathbf{v}_n) = \left(\sum_{\pi \in S_n} \mathrm{sgn}(\pi) v_{\pi(n), n} \cdots v_{\pi(1), 1} \right) \cdot f(\mathbf{e}_1, \ldots, \mathbf{e}_n)$$
$$= f(\mathbf{e}, \ldots, \mathbf{e}_n) \cdot \det(\mathbf{v}_1, \mathbf{v}_2, \ldots, \mathbf{v}_n).$$

Damit ist $f = f(\mathbf{e}_1, ..., \mathbf{e}_n) \cdot \det$.

(2) Wegen $f = f(\mathbf{e}_1, ..., \mathbf{e}_n) \cdot \det$ gilt $f(\mathbf{e}_1, ..., \mathbf{e}_n) = 1 \Leftrightarrow f = 1 \cdot \det = \det$.

(3) Definieren wir (ähnlich wie bei der dualen linearen Abbildung) für alternierende Multilinearformen f auf V^n und Endomorphismen B auf V, die Abbildung $\langle B \rangle(f)$ auf V^n durch

$$\langle B \rangle(f)(\mathbf{v}_1, ..., \ \mathbf{v}_n) := f(B(\mathbf{v}_1), ..., \ B(\mathbf{v}_n)),$$

so können wir leicht nachprüfen, dass $\langle B \rangle(f)$ eine alternierende Multilinearform auf V^n und $\langle B \rangle : f \mapsto \langle B \rangle f$ ein Endomorphismus auf dem Vektorraum aller alternierenden Multilinearformen auf V^n ist. Wegen Teil (1) ist dieser Vektorraum eindimensional, also $\langle B \rangle$ schlicht die Multiplikation mit einem von B abhängenden Skalar, den wir etwas salopp ebenfalls einfach als $\langle B \rangle$ bezeichnen, so dass $\langle B \rangle(f) = \langle B \rangle \cdot f$. Ist C ein weiterer Endomorphismus auf V, so ist

$$
\begin{aligned}
\langle B \circ C \rangle f(\mathbf{v}_1, ..., \mathbf{v}_n) \ &= f((B \circ C)(\mathbf{v}_1), ..., (B \circ C)(\mathbf{v}_n)) \\
&= \langle B \rangle f(C(\mathbf{v}_1), ..., C(\mathbf{v}_n)) \\
&= \langle C \rangle \langle B \rangle f(\mathbf{v}_1, ..., \mathbf{v}_n) \\
&= \langle C \rangle \cdot \langle B \rangle \cdot f(\mathbf{v}_1, ..., \mathbf{v}_n).
\end{aligned}
$$

Die Abbildung $\langle \rangle : B \mapsto \langle B \rangle$ von $\mathrm{Hom}_K(V,V)$ auf K ist also multiplikativ:

$$\langle B \circ C \rangle = \langle C \rangle \cdot \langle B \rangle = \langle B \rangle \cdot \langle C \rangle$$

Nun sehen wir unter Berücksichtigung der Dreifachrolle der Determinante det als
- alternierender Multilinearform auf V^n mit $V = K^n$,
- als Abbildung auf den $n \times n$-Matrizen (a_{ik}), und
- als Abbildung auf den $A \in \mathrm{Hom}_K(V, V)$ bezüglich einer festen Basis,

dass für die Matrizen (a_{ik}) bzw. (b_{jk}) linearer Abbildungen $A, B \in \mathrm{Hom}_K(V,V)$ gilt:

$$
\begin{aligned}
\langle \mathrm{id}_V \rangle = \langle \mathrm{id}_V \rangle \cdot 1 &= \langle \mathrm{id}_V \rangle \cdot \det(\delta_{ik}) = \langle \mathrm{id}_V \rangle \cdot \det(\mathrm{id}_V) \\
&= \det(\mathrm{id}_V \circ \mathrm{id}_V) = \det(\mathrm{id}_V) = \det(\delta_{ik}) = 1, \\
\langle A \rangle = \langle A \rangle \cdot 1 &= \langle A \rangle \cdot \det(\mathrm{id}_V) \\
&= \det(A \circ \mathrm{id}_V) = \det(A), \qquad \text{wegen Def. von } \langle A \rangle \\
\det((a_{ij})(b_{jk})) &= \det(A \circ B) = \det(A \circ B \circ \mathrm{id}_V) \\
&= \langle B \rangle \cdot \langle A \rangle \cdot \det(\mathrm{id}_V) = \det(A) \cdot \det(B) = \det(a_{ij}) \cdot \det(b_{jk}) \qquad \blacksquare
\end{aligned}
$$

Satz 7.48: Determinante und Rang

Für $n \times n$-Matrizen A gilt:

1. $\det(A) = 0 \ \Leftrightarrow \ \mathrm{rang}(A) < n$,
2. $\mathrm{rang}(A) = n \ \Rightarrow \ \det(A^{-1}) = (\det(A))^{-1}$ $\qquad \square$

Beweis: Nehmen wir für (1) an, es sei rang $(A) < n$. Dann ist nach Lemma 7.21 eine Spalte $\mathbf{a}_i$ von A eine Linearkombination der anderen. Nach Satz 7.45 können wir diese Linearkombination unter Umkehrung aller Koeffizienten (also $-\mathbf{a}_i$!) zu $\mathbf{a}_i$ addieren, ohne dass sich der Wert der Determinante ändert. In der erhaltenen Matrix A' können wir die so erhaltene Nullspalte mit 0 multiplizieren, und dies wiederum ohne Wertänderung. Wegen der Linearität bezüglich jeder Spalte gilt insgesamt $\det(A) = \det(A') = 0 \cdot \det(A') = 0$.

Nehmen wir für die Gegenrichtung von (1) (zum Zwecke der Kontraposition) rang$(A) = n$ an. Dann existiert die inverse Matrix A^{-1}, und für diese gilt $A^{-1} \circ A = id_{K^n}$. Mit der Multiplikativität von det aus Satz 7.47(3) folgt

$$\det(A) \cdot \det(A^{-1}) = \det(A \circ A^{-1}) = \det(id_{K^n}) = 1,$$

und damit $\det(A) \neq 0$, also sowohl die Gegenrichtung von (1) als auch Teil (2) des Satzes. ∎

Wie in Satz 7.44 zeigt man, dass det auch eine normierte alternierende Multilinearform auf den *Zeilen* der Matrix ist und daher (wegen der gezeigten Eindeutigkeit) bezüglich der Zeilen denselben Wert wie bezüglich der Spalten haben muss. Gleichzeitig ist der Wert der Determinante bezüglich der Zeilen der Wert der transponierten Matrix bezüglich der Spalten. Mit andern Worten erhalten wir:

Satz 7.49: Determinante der Transponierten
Die Determinante einer Matrix und die Determinante ihrer transponierten Matrix haben den gleichen Wert: $\det(a_{ik}) = \det((a_{ik})^\top)$. Aussagen über Spalten und die Determinante gelten also auch entsprechend bezüglich der Zeilen. □

Abschließend wollen wir uns noch einen schnelleren Algorithmus für die Berechnung von Determinanten erarbeiten, als ihn die Entwicklung nach Zeilen oder Spalten bietet. Wegen Satz 7.49 können wir dabei bei den gewohnten Zeilen bleiben.

Eine **obere Dreiecksmatrix** (a_{ik}) hat unterhalb der Hauptdiagonalen nur 0-Komponenten, d. h. sie erfüllt $i > k \Rightarrow a_{ik} = 0$. Bei einer **unteren Dreiecksmatrix** gilt dies oberhalb der Hauptdiagonalen: $i < k \Rightarrow a_{ik} = 0$.

Satz 7.50: Determinante von Dreiecksmatrizen
Das Produkt der Hauptdiagonalelemente einer quadratischen oberen oder unteren Dreiecksmatrix ist der Wert ihrer Determinante. □

Beweis: Wir entwickeln im „oberen" Fall gemäß dem Laplace'schen Entwicklungssatz die Matrix nach ihrer ersten Spalte. Wegen der Nullen unterhalb von a_{11} ist $(-1)^{1+1} a_{11} \det$ $(Rest((a_{ik}),1,1))$ der einzige von 0 verschiedene Summand. $Rest((a_{ik}),1,1)$ aber ist selbst wieder obere Dreiecksmatrix, weshalb bei den Faktoren des (immer wieder einzigen) Produkts stets mit dem jeweils linken oberen Element weiter geht, den ursprünglichen

Diagonalkomponenten a_{ii}, $i = 2, 3, \ldots$, bis zur letzten Matrix, der 1×1-Matrix mit dem ursprünglichen a_{nn} als einziger Komponente und gleichzeitig als Wert ihrer Determinante.

Für die untere Dreiecksmatrix gilt die Aussage wegen Satz 7.49. ∎

Dieser Satz bildet die Grundlage des folgenden ...

Algorithmus 7.2: Modifiziertes Gauß'sches Eliminationsverfahren zur Berechnung der Determinante

Gegeben sei eine quadratische Matrix (a_{ik}).

Sie wird im Verlauf der Rechnung verändert.

1. Die aktuelle Spaltennummer s, wie auch die aktuelle Zeilennummer z, ist zunächst 1.
2. Sind in der aktuellen Spalte alle Komponenten in und unterhalb der aktuellen Zeile null, setze $\det(a_{ik}) = 0$ und beende die Rechnung.
3. Ist $s = z = n$, so setze $\det(a_{ik}) = a_{11} \cdot \ldots \cdot a_{nn}$ und beende die Rechnung.
4. Ist $a_{zs} = 0$, so vertausche Zeile z mit einer Zeile y unterhalb, in der $a_{ys} \neq 0$ ist, und multipliziere die neue Zeile z mit −1. ⟨Siehe Übungsaufgabe. Zeile z enthält jetzt die mit −1 multiplizierten bisherigen Komponenten der Zeile y.⟩
5. „Eliminiere alle Koeffizienten" unterhalb a_{zs}, d. h. für alle $y > z$ mit $a_{vs} \neq 0$ setze (Zeile y) := (Zeile y) − $(a_{ys} / a_{zs}) \cdot$ (Zeile z).
6. Forme innerhalb des Systems nun noch das Teilsystem rechts der Spalte s und unterhalb der Zeile z um, d. h. setze $z := z + 1$, $s := s + 1$, und gehe zu (2). □

Für **untere Dreiecksmatrizen** gilt ein entsprechender Satz und ergibt sich ein entsprechender Algorithmus.

7.4.9 Eigenwerte und Eigenvektoren

In den praktischen Anwendungen der linearen Algebra – auf Gebieten wie Statik und Mechanik, Elektrotechnik, Wirtschaftswissenschaften, Statistik und Wahrscheinlichkeitstheorie – stellt sich nach der mathematischen Modellierung der Gegebenheiten häufig die Frage nach Vektoren, die unter einer linearen Abbildung $A \in \mathrm{Hom}_K (V, V)$ „ihre Richtung nicht ändern", d. h. auf ein Vielfaches ihrer selbst abgebildet werden, ggf. auch auf **0**. Diese Vektoren können in der jeweiligen Anwendung sowohl für erwünschte Systemzustände stehen – z. B. Resonanz bei Musikinstrumenten – als auch für unerwünschte – z. B. die Resonanzschwingung einer Brücke, über die eine Kolonne im Gleichschritt marschiert, oder eines Turmes, in dem Glocken läuten – sofern deren Rhythmus jeweils zur Eigenfrequenz passt.

Natürlich ist jedes lineare Bild des Nullvektors ein Vielfaches von diesem, wird er doch dabei auf **0** abgebildet, also auf ein skalares Vielfaches[150] seiner selbst. Da dieser Trivialfall aber selten interessiert, klammert man ihn aus und definiert wie folgt: Seien A ein Endomorphismus auf dem Vektorraum V über dem Körper K, $\lambda \in K$ ein Skalar und $\mathbf{v} \in V \setminus \{\mathbf{0}\}$ ein von Null verschiedener Vektor. Dann nennt man λ einen **Eigenwert** und $\mathbf{v}$ einen **Eigenvektor** von A, wenn $A(\mathbf{v}) = \lambda \mathbf{v}$.

Für einen Eigenwert λ von A bildet $\{v \in V \mid A(\mathbf{v}) = \lambda \mathbf{v}\}$, d. h. die Menge der Eigenvektoren zum Eigenwert λ zuzüglich des per Definition ausgeklammerten Vektors **0**, einen Untervektorraum von V, der als **Eigenraum** von λ und dessen Dimension als die **Vielfachheit** von λ bezeichnet wird. Man sieht unmittelbar, dass

$$\{v \in V \mid A(\mathbf{v}) = \lambda \mathbf{v}\} = \ker(A - \lambda \mathrm{id}_V).$$

Daher gibt es genau dann Eigenvektoren zum Eigenwert λ, wenn $\ker(A - \lambda \mathrm{id}_V) \setminus \{\mathbf{0}\}$ nichtleer ist, bzw. wenn $\det(a_{ik} - \lambda \cdot \delta_{ik}) = 0$. Ist V endlich-dimensional und eine Basis von V ausgewählt, liefert jeder aus der Analysis bekannte Algorithmus zur Bestimmung der Nullstellen von Polynomen alle Eigenwerte, und das Gauß'sche Eliminationsverfahren (Algorithmus 7.1) liefert für jeden Eigenwert λ dessen Eigenraum. Sehen wir uns ein Beispiel über dem Körper der reellen Zahlen an:

Wir bestimmen die (reellen) Eigenwerte und Vektoren der Matrix $\begin{pmatrix} 1 & 1 & 1 \\ 1 & 1 & 1 \\ 0 & 0 & 0 \end{pmatrix}$.

Berechnung der Eigenwerte:

$$0 = \det\left(\begin{pmatrix} 1 & 1 & 1 \\ 1 & 1 & 1 \\ 0 & 0 & 1 \end{pmatrix} - \begin{pmatrix} \lambda & 0 & 0 \\ 0 & \lambda & 0 \\ 0 & 0 & \lambda \end{pmatrix}\right) = \begin{vmatrix} 1-\lambda & 1 & 1 \\ 1 & 1-\lambda & 1 \\ 0 & 0 & 1-\lambda \end{vmatrix}$$

$$= (1-\lambda)^3 + 1 \cdot 1 \cdot 0 + 1 \cdot 1 \cdot 0 - 0 \cdot 1 \cdot (1-\lambda) - 0 \cdot 1 \cdot (1-\lambda) - (1-\lambda) \cdot 1 \cdot 1$$

$$= 1 - 3\lambda + 3\lambda^2 - \lambda^3 - 1 + \lambda$$

$$= \lambda^3 - 3\lambda^2 + 2\lambda \qquad \leftarrow \text{erlaubter Vorzeichenwechsel, da } = 0$$

$$- \lambda \cdot (\lambda - 2).(\lambda - 1)$$

Also sind 0, 1 und 2 die Eigenwerte. Hier noch die Berechnung beispielsweise der Eigenvektoren zum Eigenwert 0:

$$\begin{array}{ccc|c} 1 & 1 & 1 & 0 \\ 1 & 1 & 1 & 0 \\ 0 & 0 & 1 & 0 \end{array} \quad \Rightarrow \quad x_3 = 0, x_1 = -x_2, \text{Eigenraum von } 0 = \mathbb{R}\begin{pmatrix} 1 \\ -1 \\ 0 \end{pmatrix}.$$

---

150 Er wird sogar auf *jedes* skalare Vielfache seiner selbst abgebildet.

In manchen Fällen weiß man schon ohne die obige explizite Berechnung der Eigenvektoren einiges über sie, wie die folgenden Fakten zeigen.

Satz 7.51: Fakten über Eigenwerte

1. Ist λ Eigenwert des Endomorphismus A auf dem Vektorraum V, $\mathbf{v}$ ein Eigenvektor zum Eigenwert λ und B eine lineare Bijektion auf V, so ist $B(\mathbf{v})$ ein Eigenvektor zum Eigenwert λ des Endomorphismus $B \circ A \circ B^{-1}$.

2. Genau dann ist 0 Eigenwert des Endomorphismus A auf dem Vektorraum V, wenn A nicht injektiv (bzw. nicht surjektiv/bijektiv, wenn V endlich-dimensional) ist.

Ist V endlich-dimensional, gilt überdies:

3. Ein Endomorphismus auf V, dessen Matrix eine obere bzw. untere Dreiecksmatrix ist, hat deren Diagonalelemente (auf der Hauptdiagonalen) als Eigenwerte.

4. Wenn in jeder Spalte (oder jeder Zeile) einer $n{\times}n$-Matrix eines Endomorphismus auf V die Summe aller Komponenten 1 beträgt, hat diese Matrix den Eigenwert 1.[151]

5. Eine $n{\times}n$-Matrix (a_{ik}) und ihre Transponierte $(a_{ik})^\top$ haben die gleichen Eigenwerte. $\qquad\qquad\square$

Beweis:

(1) Aus $A(\mathbf{v}) = \lambda\mathbf{v}$ folgt $B \circ A \circ B^{-1}(B(\mathbf{v})) = B \circ A(\mathbf{v}) = B(\lambda\mathbf{v}) = \lambda B(\mathbf{v})$.

(2) Genau dann ist $\mathbf{v}$ ein Vektor mit $A(\mathbf{v}) = 0\,\mathbf{v} = \mathbf{0}$, wenn $A(\mathbf{v}) = A(\mathbf{0})$, und genau dann gibt es ein solches $\mathbf{v}$ mit $\mathbf{v} \neq \mathbf{0}$, wenn $\ker(A) \neq \{\mathbf{0}\}$. Dies liefert mit Satz 7.27(4) und Satz 7.31 die Aussage.

(3) Die Determinante der Dreiecksmatrix $(a_{ik}) - \lambda(\delta_{ik})$ der Abbildung $A - \lambda id_V$ ist wegen Satz 7.50 das Produkt $(a_{11} - \lambda) \cdot (a_{22} - \lambda) \cdot \ldots \cdot (a_{nn} - \lambda)$, und das ist genau dann null, wenn $a_{11} = \lambda$, $a_{22} = \lambda$, ... oder $a_{nn} = \lambda$.

(4) Für zeilenstochastische Matrizen (a_{ik}) ergibt sich $\mathbf{v} = \begin{pmatrix} 1 \\ \vdots \\ 1 \end{pmatrix}$ als Eigenvektor zum Eigenwert 1, da die i-te Komponente von $(a_{ik})\,\mathbf{v}$ die Summe der Komponenten in der i-ten Zeile von (a_{ik}) ist. Daraus folgt die Behauptung für spaltenstochastische Matrizen mittels Transponieren, wobei sich wegen Satz 7.49 die Determinante von $(a_{ik}) - \lambda(\delta_{ik})$ nicht ändert.

(5) Die Eigenwerte von (a_{ik}) sind die Lösungen λ von $\det((a_{ik}) - \lambda \cdot (\delta_{ik})) = 0$. Analog sind die Eigenwerte der Transponierten $(a_{ik})^\top$ die Nullstellen von $\det((a_{ik})^\top - \lambda \cdot (\delta_{ik}))$, und dies ist $= \det((a_{ik})^\top - \lambda \cdot (\delta_{ik})^\top)$, da (δ_{ik}) symmetrisch ist (d. h. $(\delta_{ik})^\top = (\delta_{ik})$), also ...

---

[151] In Anwendungen sind solche Matrizen von Bedeutung, wenn sie reelle Komponenten mit Werten aus dem Intervall [0,1] haben; dann werden sie als **spalten-** bzw. **zeilenstochastisch** bezeichnet.

$= \det\left(\left((a_{ik})^{\top} - \lambda \cdot (\delta_{ik})\right)^{\top}\right)$, da die Transponierten von Summen bzw. Vielfachen von Matrizen die entsprechenden Summen bzw. Vielfachen ihrer Transponierten sind. Letzteres ergibt sich leicht, wie z. B. – in legerer Schreibweise – $((a_{ik}) + (b_{ik}))^{\top} = (a_{ik} + b_{ik})^{\top} = (a_{ki} + b_{ki}) = (a_{ki}) + (b_{ki}) = (a_{ik})^{\top} + (b_{ik})^{\top}$ ∎

Eine interessante Tatsache von mindestens ästhetischem Reiz ist der **Satz von Cayley-Hamilton,** der besagt, dass eine quadratische Matrix A immer ihr charakteristisches Polynom $\det(a_{ik} - \lambda \cdot \delta_{ik}) = 0$ erfüllt, d. h. dass die Gleichung auch (genau besehen im Endomorphismenring $\mathrm{Hom}_K(K^n, K^n)$, d. h. mit der Matrixmultiplikation als Ringmultiplikation) gilt, wenn man in dem Polynom A für λ einsetzt. Der Beweis sprengt den einführenden Rahmen dieses Kompendiums, doch finden sich gleich drei Beweise in [Gree 2008]. Am vorstehenden Beispiel der Eigenwertbestimmung finden wir den Satz bestätigt: Das (negative) charakteristische Polynom war $\lambda^3 - 3\lambda^2 + 2\lambda$, und tatsächlich gilt

$$\begin{pmatrix} 1 & 1 & 1 \\ 1 & 1 & 1 \\ 0 & 0 & 1 \end{pmatrix}^3 - 3\begin{pmatrix} 1 & 1 & 1 \\ 1 & 1 & 1 \\ 0 & 0 & 1 \end{pmatrix}^2 + 2\begin{pmatrix} 1 & 1 & 1 \\ 1 & 1 & 1 \\ 0 & 0 & 1 \end{pmatrix}$$

$$= \begin{pmatrix} 4 & 4 & 7 \\ 4 & 4 & 7 \\ 0 & 0 & 1 \end{pmatrix} - \begin{pmatrix} 6 & 6 & 9 \\ 6 & 6 & 9 \\ 0 & 0 & 3 \end{pmatrix} + \begin{pmatrix} 2 & 2 & 2 \\ 2 & 2 & 2 \\ 0 & 0 & 2 \end{pmatrix}$$

$$= \begin{pmatrix} 0 & 0 & 0 \\ 0 & 0 & 0 \\ 0 & 0 & 0 \end{pmatrix}.$$

Mit dem Satz von Cayley-Hamilton ist zugleich gezeigt, dass das Inverse einer invertierbaren Matrix eine Linearkombination der zweiten bis n-ten Potenz der Matrix ist. Wer also lieber Matrizen multipliziert und addiert als Gleichungssysteme löst, kann die obige Matrizengleichung verwenden, um das Inverse der Matrix zu berechnen.

7.5 Quotienten*

Im Ring der ganzen Zahlen haben wir in Abschnitt 4.3.1 für jede natürliche Zahl $n > 0$ die Kongruenzrelation $\sim_n$ der Gleichheit modulo n kennengelernt, d. h. die Übereinstimmung der Reste bei Division durch n. Kongruenz bedeutete dabei eine Äquivalenz mit der Eigenschaft, dass die Rechenoperationen der Addition und Multiplikation, angewendet einmal auf zwei Elemente und dann auf zwei zu diesen äquivalente Elemente, zueinander äquivalente Ergebnisse lieferten:

$$l_1 \sim_n l_2 \wedge m_1 \sim_n m_2 \;\Rightarrow\; (l_1 + m_1) \sim_n (l_2 + m_2) \wedge (l_1 \cdot m_1) \sim_n (l_2 \cdot m_2).$$

Kongruenz führte dazu, dass man diese beiden Operationen für festes n auch auf den Äquivalenzklassen modulo n ausführen konnte, wodurch diese zusammen einen Ring bildeten, den sogenannten Restklassenring bzw. Quotienten über der Kongruenzrelation $\sim_n$.

Wie wir jetzt sehen werden, gibt es auch bei Gruppen, allgemeinen Ringen und Vektorräumen eine analoge Definition von Kongruenzrelationen und eine darauf basierende Konstruktion von Quotienten. Eine solche Quotientenkonstruktion wird uns schließlich in der allgemeinen Algebra in Abschnitt 7.6 Modelle für beliebige aus Gleichungen bestehende Axiomensysteme liefern.

7.5.1 Normalteiler und Faktorgruppen

In einer Gruppe $(G, \circ)$ schreibt man für zwei Teilmengen $M, N \subseteq G$ die Menge $\{a \circ b \mid a \in M, b \in N\}$ auch kurz als MN. Falls $M = \{g\}$ oder $N = \{h\}$, schreibt man auch kurz gN bzw. Mh, und wir unterscheiden jetzt etwas salopp auch nicht mehr zwischen dem Element $g \circ h$ und der einelementigen Menge gh. Wegen der Assoziativität können bei wiederholten Verknüpfungen von Mengen Klammern entfallen, so dass Terme wie „gMh" entstehen. Man sieht leicht, dass für jede Untergruppe U von G die Gleichung $UU = U$ gilt. Ein **Normalteiler** von G ist eine Untergruppe von G, die als Menge mit allen Gruppenelementen **kommutiert,** d. h. eine Untergruppe N mit der Eigenschaft $\forall g \in G \ gN = Ng$.

Hier einige Beispiele für Normalteiler:

- In einer abelschen Gruppe sind alle Untergruppen Normalteiler.
- In jeder Gruppe ist die aus dem neutralen Element bestehende Menge $\{e\}$ ein Normalteiler, was man direkt oder mit $\{e\}$ als Kern der identischen Abbildung zeigt. Ähnliches gilt für die ganze Gruppe, z. B. als Kern des konstanten Homomorphismus auf e.
- In der symmetrischen Gruppe S_n bildet die alternierende Untergruppe A_n einen Normalteiler. Dies zeigt Satz 7.53, wenn man im Falle $a \in A_n$ die Anzahl der Transpositionen im Produkt $g \circ a \circ g^{-1}$ zählt.
- In der Bewegungsgruppe von Gruppenbeispiel (5) in 7.1.1 erzeugen sowohl $\{d,vv\}$ als auch $\{dd,v\}$ einen Normalteiler $[\{d,vv\}]$ bzw. $[\{dd,v\}]$.
- Der folgende Satz liefert (wie wir später sehen werden: sogar alle!) Beispiele für Normalteiler.

Satz 7.52: Kerne sind Normalteiler

Ist $f: G \to H$ ein Gruppenhomomorphismus von einer Gruppe $(G, \circ)$ in eine Gruppe $(H, \bullet)$, so ist $N = \ker(f)$ ein Normalteiler von G. $\qquad\square$

Beweis: Sind e und e' die neutralen Elemente von G bzw. H, so gilt für $g \in G$ und $n \in N$ $gng^{-1} \in N$, denn $f(gng^{-1}) = f(g)f(n)f(g^{-1}) = f(g)f(g^{-1}) = f(gg^{-1}) = f(e) = e'$. Also gilt mit $n' := gng^{-1}$: $gn = gne = gng^{-1}g = n'g$. Damit haben wir $gN \subseteq Ng$ gezeigt und können natürlich analog $Ng \subseteq gN$ zeigen. ∎

Satz 7.53: Charakterisierende Eigenschaft von Normalteilern
Seien $(G, \circ)$ eine Gruppe und N eine Untergruppe von G Dann sind folgende Aussagen äquivalent:
1. N ist ein Normalteiler von G.
2. $\forall g \in G \ gNg^{-1} = N$. □

Beweis:

$$(1) \Rightarrow (2) : \quad gN = Ng \Rightarrow gNg^{-1} = N \ gg^{-1} = N$$

$$(2) \Rightarrow (1) : \quad gNg^{-1} = N \Rightarrow gN = gNg^{-1}g = Ng$$ ∎

Sei N ein Normalteiler von G. Dann ist die zweistellige Relation $\sim_N$ auf G, die durch

$$g \sim_N h :\Leftrightarrow gN = hN$$

definiert ist, eine Äquivalenzrelation, denn es handelt sich um einen Spezialfall von Satz 3.3 mit $f(g) := gN$. Für deren Äquivalenzklassen – man nennt sie auch die **Nebenklassen** bezüglich N – gilt $[g]_{\sim_N} = gN$, denn ist $gN = hN$, so gibt es wegen $e \in N$ ein $n \in N$ mit $hn = ge$, also auch mit $h = hnn^{-1} = gen^{-1} = gn^{-1} \in gN$.

Darüber hinaus *ist* $\sim_N$ eine Kongruenzrelation bezüglich der Verknüpfung $\circ$, denn ...

$$g_1 \sim_N g_2 \wedge h_1 \sim_N h_2$$
$$\Rightarrow g_1 N = g_2 N \wedge h_1 N = h_2 N$$

$\Rightarrow (g_1 \circ h_1)N$	$= g_1 h_1 N$	$= g_1 N h$	$= g_1 NN h_1$	$= g_1 N h_1 N$
	$= g_2 N h_2 N$	$= g_2 NN h$	$= g_2 N h_2$	$= g_2 h_2 N$	$= (g_2 \circ h_2)N$

Bei der Gleichungskette wird sowohl die Normalteiler-Eigenschaft von N als auch die Eigenschaft $U \, U = U$ aller Untergruppen U verwendet. Die Kongruenz erlaubt, auf der Menge der Nebenklassen $G/N := \{gN \mid g \in G\}$, dem sogenannten **Quotienten** von G nach N, eine Verknüpfung $\circ : G/N \times G/N \to G/N$ zu definieren:

$$gN \circ hN := ghN.$$

Man sieht leicht, dass diese Verknüpfung assoziativ ist, dass $eN = N$ ihr neutrales Element und $gN \circ g^{-1}N = N = g^{-1}N \circ gN$ ist – mit anderen Worten: Der Quotient $(G/N, \circ)$ ist eine Gruppe. Sie wird auch die **Faktorgruppe** von G nach N genannt.

Den ersten Teil des folgenden Satzes haben wir hiermit abgeleitet. Wir stellen dabei, wie eingangs angekündigt, fest, dass *jeder* Normalteiler Kern eines Gruppenhomomorphismus ist. Im zweiten Teil konstruieren wir aus jedem Gruppenhomomorphismus einen natürlich zugeordneten Gruppenisomorphismus.

Satz 7.54: Homomorphiesatz für Gruppen

1. Ist N ein Normalteiler einer Gruppe $(G, \circ)$, so ist $g \mapsto gN$ ein surjektiver Homomorphismus von $(G, \circ)$ auf $(G/N, \circ)$ mit Kern N.

2. Ist f ein Homomorphismus von einer Gruppe $(G, \circ)$ in eine Gruppe $(H, \bullet)$, so ist $\varphi : g \, \mathrm{ker}(f) \mapsto f(g)$ ein Isomorphismus von $G/\mathrm{ker}(f)$ auf $\mathrm{im}(f)$ (also von $G/\mathrm{ker}(f)$ auf H, falls f surjektiv ist).

Beweis: Für (2) ist zu zeigen, dass φ für den Gruppenhomomorphismus $f : G \to H$ wohldefiniert und injektiv ist. Zum Nachweis der Wohldefiniertheit überprüfen wir $g \, \mathrm{ker}(f) = h \, \mathrm{ker}(f) \Rightarrow f(g) = f(h)$, was z. B. so geht: Das neutrale Element e von G gehört zu $\mathrm{ker}(f)$ – das von H sei e'. Also existiert im Falle $g \, \mathrm{ker}(f) = h \, \mathrm{ker}(f)$ ein $k \in \mathrm{ker}(f)$ mit $g = ge = hk$, und es folgt $f(g) = f(hk) = f(h)f(k) = f(h)e' = f(h)$. Die Injektivität ist nun die Umkehrung der Implikation in der Wohldefiniertheit: Wir zeigen, dass $f(g) = f(h) \Rightarrow g \, \mathrm{ker}(f) = h \, \mathrm{ker}(f)$. Sei nun $f(g) = f(h)$. Dann gilt

$$f(g^{-1}h) = f(g^{-1})f(h) = f(g)^{-1}f(h) = f(g)^{-1}f(g) = e', \text{ also}$$

$$g^{-1}h \in \mathrm{ker}(f), h = eh = (gg^{-1})h = g(g^{-1}h) \in g \, \mathrm{ker}(f), \text{ also}$$

$$h \, \mathrm{ker}(f) \subseteq g \, \mathrm{ker}(f) \, \mathrm{ker}(f) = g \, \mathrm{ker}(f).$$

Da man unter Vertauschung von g und h analog die Umkehrung ableitet, gilt

$$g \, \mathrm{ker}(f) = h \, \mathrm{ker}(f). \qquad \blacksquare$$

Zwei Fakten rund um Normalteiler werden als die **Isomorphiesätze** für Gruppen bezeichnet, ihre Beweise finden sich in Algebra-Lehrbüchern (z. B. [FiSa 1974]):

Satz 7.55: Isomorphiesätze für Gruppen

1. Ist U eine Untergruppe und N ein Normalteiler der Gruppe $(G, \circ)$ dann ist

$$\varphi : \begin{cases} H/H \cap N & \to \ HN/N \\ a(H \cap N) & \mapsto \ aN \end{cases}$$

    ein Gruppenisomorphismus.

2. Sind M und N Normalteiler der Gruppe $(G, \circ)$ und gilt $M \subseteq N$, dann ist N/M Normalteiler von G/M, und

$$\varphi : \begin{cases} (G/M)/(N/M) & \to \ G/N \\ (aM)(N/M) & \mapsto \ aN \end{cases}$$

    ist ein Gruppenisomorphismus. $\qquad \qquad \square$

7.5.2 Ideale und Restklassenringe

Analog zu den Schreibweisen bei Gruppen schreibt man auch für Teilmengen-Verknüpfungen eines Ringes $M + N$, $M - N$ und $M \cdot N$. Dabei kann man die Multiplikationspunkte und bei einelementigen verknüpften Mengen die Mengenklammern weglassen, wie auch bei mehrgliedrigen Termen die wegen der Assoziativität entbehrlichen Klammern.

Ein **Ideal** eines Ringes R ist eine Untergruppe I von $(R, +)$ mit den Eigenschaften $R \cdot I \subseteq I$ und $I \cdot R \subseteq I$. Beispiele für Ideale eines Ringes R sind

- die trivialen Ideale $\{0\}$ und R,
- der Kern jedes Ringhomomorphismus von R in einen Ring Q,
- für jedes seiner Ringelemente $a \in R$ die Mengen RaR und $\{a\} \cup aR \cup Ra \cup RaR$,

wie man im Rahmen einer Übungsaufgabe leicht nachvollzieht.

Jedes Ideal I von R ist ein Unterring von R. Als Untergruppe der kommutativen Gruppe $(R, +)$ ist I ein Normalteiler von $(R, +)$. Daher wissen wir bereits von den Gruppen her, dass:

- durch $a \sim_I b :\Leftrightarrow a + I = b + I$ eine Äquivalenzrelation definiert ist,
- für die $a \sim_I b \Leftrightarrow a - b \in I$ und $[a]_{\sim_I} = a + I$ gilt (man nennt die Äquivalenzklassen $[a]_{\sim_I}$ auch die **Restklassen** bezüglich I) und
- $\sim_I$ eine Kongruenzrelation bezüglich der Verknüpfung $+$ ist:

$$a_1 + I = a_2 + I \ \wedge \ b_1 + I = b_2 + I \ \Rightarrow \ a_1 + b_1 + I = a_2 + b_2 + I.$$

Darüber hinaus ist $\sim_I$ aber auch eine Kongruenzrelation bezüglich der Multiplikation $\cdot$:

$$\begin{aligned}
&a_1 + I = a_2 + I \wedge b_1 + I = b_2 + I \\
\Rightarrow \ &(a_1 - a_2) \in I \wedge (b_1 - b_2) \in I && \text{Nebenklassen nach Untergruppe,} \\
\Rightarrow \ &(a_1 - a_2) \cdot b_1 + a_2 \cdot (b_1 - b_2) \in I && \text{Def. Ideal, Untergruppe,} \\
\Rightarrow \ &a_1 \cdot b_1 - a_2 \cdot b_2 \in I, && \text{Rechenregeln,}
\end{aligned}$$

so dass schließlich mit einer durch $(a + I) \bullet (b + I) := a \cdot b + I$ definierten Multiplikation die Restklassenmenge $R/I := \{a + I \mid a \in R\}$ mit der Addition $+$ (als Teilmengenverknüpfung) und der Multiplikation $\bullet$ einen Ring bildet, der als **Quotientenring, Faktorring** oder **Restklassenring** bezeichnet wird. Man beachte, dass $\bullet$ i.a. nicht die Teilmengenmultiplikation mit $\cdot$ ist, d. h. dass $(a + I) \bullet (b + I) = (a + I) \cdot (b + I)$ *nicht* gelten muss, wie wir in einer Übungsaufgabe zeigen.

Für Ringe und Ideale gelten ähnliche Homomorphie- und Isomorphiesätze wie für Gruppen, vgl. z. B. [FiSa 1974].

7.5.3 Quotientenräume von Vektorräumen

Wie bei Gruppen und Ringen verknüpfen wir auch hier in vereinfachter Schreibweise Mengen mit Mengen bzw. einzelnen Elementen. Sind also M und N Teilmengen eines Vektorraums V über dem Körper K, L eine Teilmenge von K und $\mathbf{v}$ ein Vektor ($\mathbf{v} \in V$) sowie k ein Skalar ($k \in K$), so schreiben wir zwanglos $M + N$, $\mathbf{v} + M$, $L \cdot M$ und $k\,M$ für die Mengen der entsprechend verknüpften Elemente. So können wir jetzt sagen, dass ein Untervektorraum von V eine Teilmenge U von V mit der Eigenschaft $U + U = K \cdot U = U$ ist.

Sei U ein Untervektorraum von V. Man sieht leicht, dass durch

$$\mathbf{v} \sim_U \mathbf{w} :\Leftrightarrow \mathbf{v} + U = \mathbf{w} + U$$

eine Äquivalenzrelation auf V definiert ist und dass diese sogar ein Kongruenzrelation bezüglich der Vektoraddition und Skalarmultiplikation ist, d. h. genau gesagt dass

$$\mathbf{v}_1 + U = \mathbf{v}_2 + U \wedge \mathbf{w}_1 + U = \mathbf{w}_2 + U \wedge k \in K \Rightarrow$$

$$(\mathbf{v}_1 + \mathbf{w}_1) + U = (\mathbf{v}_2 + \mathbf{w}_2) + U \ \wedge\ (k \cdot \mathbf{v}_1) + U = (k \cdot \mathbf{v}_2) + U.$$

Ein einfaches Kriterium für die Kongruenz $\sim_U$ ergibt sich so:

$$\mathbf{v} \sim_U \mathbf{w} \quad :\Leftrightarrow \quad \mathbf{v} + U = \mathbf{w} + U \quad \Leftrightarrow \quad (\mathbf{v} - \mathbf{w}) \in U.$$

Die Kongruenzeigenschaften führen dazu, dass die Menge

$$V/U := \{[\mathbf{v}]_{\sim_U} \,|\, \mathbf{v} \in V\} = \{\mathbf{v} + U \mid \mathbf{v} \in V\}$$

der Äquivalenzklassen bezüglich $\sim_U$, die auch die zu U **parallelen affinen Unterräume** genannt werden, mit der wohldefinierten Addition und der Skalarmultiplikation

$$(\mathbf{v} + U) + (\mathbf{w} + U) := (\mathbf{v} + \mathbf{w}) + U \text{ und } k \cdot (\mathbf{v} + U) := (k \cdot \mathbf{v}) + U$$

zu einem Vektorraum wird, **Quotient, Quotientenraum** oder **Faktorraum** von V nach U (oder über U) genannt. Das additive Inverse zu $\mathbf{v} + U$ in V/U ist $(-\mathbf{v}) + U$, und der Nullvektor von V/U ist U. Abbildung 7.13 zeigt einen affinen Unterraum, genauer ein Element $\mathbf{v} + U$ eines Quotienten nach einem von einem Element $\mathbf{u}$ aufgespannten Unterraum $U = [\mathbf{u}]$ des $\mathbb{R}^2$.

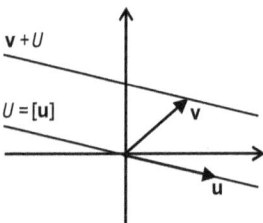

Abb. 7.13: Ein affiner Unterraum $\mathbf{v} + U$ des $\mathbb{R}^2$.

Auch bezüglich Vektorraum-Quotienten ergibt sich auf ähnliche Weise ein Isomorphismus wie im Homomorphiesatz der Gruppen für deren Quotienten.

Satz 7.56: Quotientenräume und lineare Abbildungen
Sind V und W Vektorräume über einem Körper K und ist $A: V \to W$ eine lineare Abbildung, so definiert $\mathbf{v} + \ker(A) \mapsto A(\mathbf{v})$ einen linearen Isomorphismus von $V / \ker(A)$ auf den Bildraum $\operatorname{im}(A)$. $\qquad\qquad\square$

Beweis: Damit die Zuordnung eine Abbildung, also rechtseindeutig, ist, müssen wir nachprüfen, das „gleiche Elemente gleiche Bilder" haben, was von links nach rechts aus

$$\mathbf{v} + \ker(A) = \mathbf{w} + \ker(A) \Leftrightarrow \mathbf{v} - \mathbf{w} \in \ker(A) \Leftrightarrow A(\mathbf{v}) - A(\mathbf{w}) = A(\mathbf{v} - \mathbf{w}) = \mathbf{0} \Leftrightarrow A(\mathbf{v}) = A(\mathbf{w})$$

folgt. Dass die Abbildung injektiv ist, ergibt sich aus derselben Kette von Äquivalenzen von rechts nach links. Surjektiv ist sie wegen $A(\mathbf{v}) = \mathbf{v} + \mathbf{0} \in \mathbf{v} + \ker(A)$. Die Definition von $V/\ker(A)$ und die der Operationen auf $V/\ker(A)$ liefern zusammen mit der Linearität von A unmittelbar die Linearität der Abbildung. $\qquad\blacksquare$

7.5.4 Isomorphiesätze bezüglich Produkten und Quotienten

Zusammenhänge zwischen Produkten und Quotienten, wie wir sie für Zahlen aus der Arithmetik kennen, gelten auch zwischen direkten Produkten und Quotienten algebraischer Strukturen. Wir finden diese bezüglich
– Gruppen und Normalteilern,
– Ringen und Idealen,
– Vektorräumen und Untervektorräumen, und sie lauten wie folgt:

1. Das direkte Produkt $(S / U) \times U$ zwischen dem Quotienten S / U einer Struktur S nach einer geeigneten Unterstruktur U einerseits und der Unterstruktur U andererseits ist zur Ausgangsstruktur isomorph: $(S / U) \times U \cong S$.
2. Der Quotient eines direkten Produktes $S \times T$ zwischen zwei Strukturen S und T (gleichen Typs) nach einer von beiden (genauer gesagt deren direktem Produkt $S \times \{0\}$ mit der trivialen Unterstruktur bestehend aus dem Nullelement) ist zur anderen Struktur isomorph: $(S \times T) / (S \times \{0\}) \cong T$.

7.6 Allgemeine Algebra*

In diesem Abschnitt betrachten wir einfache Möglichkeiten der – gewissermaßen grenzenlosen – Verallgemeinerung unserer algebraischen Strukturen wie Halbgruppen, Gruppen, Ringen, Körpern, Verbänden und Vektorräumen. Wir gewinnen dabei erste Eindrücke von der sogenannten **allgemeinen Algebra** (auch **universelle Algebra** genannt); Informatiker kennen das Thema auch als **abstrakte Datentypen.** Beim Lesen wird etwas Programmiererfahrung nicht schaden, denn manche der folgenden Beispiele ähneln in Form und Sinn den Deklarationsteilen von Computerprogrammen. Die folgende Einführung ist in Teilen an [Ihri 2003] angelehnt. Weitere gründliche Darstellungen des hier nur angerissenen Stoffes bieten [EhGL 1989], [EhMa 1985] und [Wech 1992].

7.6.1 Zwei Beispiele

Wir steigen kopfüber ein und betrachten in Tab. 7.3 zwei Beispiele fertiger Spezifikationen. Sie sind in einer an das Programmieren angelehnten Notation geschrieben und dadurch vielleicht bereits intuitiv verständlich. Zusätzlich werden sie zunächst formlos erläutert. Anschließend werden Sie als mathematische Objekte definiert, damit dann die Erfüllung einer Spezifikation formalisiert werden kann.

Tab. 7.3: Zwei Spezifikationen mit Sorten, Operatoren und Axiomen in Form von Gleichungen.

einsortig:			mehrsortig:	
def	Gruppe		def	StapelNatuerlicherZahlen
sorten	grupel;		sorten	nat, sta;
operatoren			operatoren	
	e:	$\rightarrow$ grupel;		null: $\rightarrow$ nat;
	inv:	grupel $\rightarrow$ grupel;		leer: $\rightarrow$ sta;
	mul:	grupel, grupel $\rightarrow$grupel;		nachfo: nat $\rightarrow$ nat;
axiome				stapeln: nat, sta $\rightarrow$ sta;
fuer alle x, y, z in grupel:				oberste: sta $\rightarrow$ nat;
	mul(mul(x,y),z) = mul(x, mul(y,z));			abheben: sta $\rightarrow$ sta;
	mul(x,e) = x;		axiome	
	mul(e,x) = x;		fuer alle x in nat; s in sta:	
	mul(x,inv(x)) = e;			oberste(leer) = null;
	mul(inv(x),x) = e;			oberste(stapeln(x,s)) = x;
ende_der_def				abheben(leer) = leer;
				abheben(stapeln(x,s)) = s;
			ende_der_def	

Unter „sorten" stehen Namen für die unterschiedlichen Objektemengen. Dabei gibt es bei den Gruppen nur eine Sorte von Objekten: Gruppenelemente (*grupel*), bei den Stapeln natürlicher Zahlen aber zwei Sorten: natürliche Zahlen (*nat*) und Stapel natürlicher Zahlen (*sta*).

Unter „operatoren" sind jeweils die beteiligten Operatoren mit den Anzahlen und Sorten ihrer Argumente, sowie der Sorte des Ergebnisses aufgezählt. Konstanten sind dabei als „nullstellige Operatoren" mit lediglich einer Ergebnissorte und ohne Argumentesorten aufgeführt. Beispielsweise ordnet die Multiplikation *mul* in der Gruppe zwei Gruppenelementen ein drittes zu (die aber natürlich nicht alle unterschiedlich sein müssen).

In den Konstanten und den Axiomen der Spezifikation „Gruppe" erkennen wir die mathematische Definition der Gruppe wieder. Bei den Stapeln natürlicher Zahlen gibt es zunächst die induktive Erzeugung der natürlichen Zahlen aus der Null durch (i.a. mehrfache) Anwendung der Nachfolgerfunktion *nachf*. Mit *stapeln* wird auf den Stapel (anfangs *leer*) eine (erste oder weitere) Zahl gelegt. Die oberste Zahl des Stapels wird mittels *oberste* abgelesen, und *abheben* hinterlässt den verbleibenden Stapel nach Entfernung der obersten Zahl. Man spricht auch von **LIFO** (last in, first out)[152]. *stapeln(nachf(null),leer)* ist beispielsweise der Stapel, der entsteht, wenn man auf den bisher leeren Stapel die natürliche Zahl 1 legt.

Die eigentlich unmöglichen Operationen, die oberste Zahl auf einem leeren Stapel zu lesen (*oberste(leer)*) oder von dort zu entfernen (*abheben(leer)*), sind hier ersatzweise mit Ergebnissen versehen (0 bzw. *leer*). Es sollen nämlich der Einfachheit halber alle Operatoren *totale Funktionen* sein. Damit umgehen wir Komplikationen wie partielle Funktionen oder die mathematische Modellierung von Systemreaktionen auf Fehler. Diese sind auf unterschiedliche Weisen behandelbar, welche jeweils ihre spezifischen Vor- und Nachteile haben, gehen aber über den Rahmen dieser knappen Einführung hinaus.

Alles außer den Axiomen erinnert bislang stark an den Deklarationsteil eines Computerprogramms. In der Folge wollen wir allgemein-algebraische Spezifikationen und ihre Realisierungen (letztere in der Informatik meist als **Implementierungen** und in der Mathematik eher als **Modelle** bezeichnet) mathematisch definieren. Dabei verzichten wir auf die Schlüsselwörter, Interpunktion und typografischen Konventionen der an Programmiersprachen angelehnten Beispiele.

7.6.2 Signaturen, Terme und Spezifikationen

Eine **Signatur** (mit Variablen) ist ein Quadrupel

$$\Sigma = (Sorten,\ Operatoren,\ Variablen,\ Stelligkeit),$$

bestehend aus
- einer Menge *Sorten*, deren Elemente **Sorten** genannt werden,
- einer Menge *Operatoren*, deren Elemente **Operatoren** genannt werden,
- einer Menge *Variablen*, deren Elemente **Variablen** genannt werden, disjunkt zu *Operatoren*,
- einer Abbildung *Stelligkeit: Operatoren* ∪ *Variablen* → *Sorten** × *Sorten*, wobei *Stelligkeit* (*Variablen*) ⊆ {ε} × *Sorten* gilt, Variablen also „nullstellig" sind.

---

[152] Entnommen wird das zuletzt aufgelegte unter den zwischenzeitig nicht schon wieder abgehobenen Objekten.

Die obigen Mengen sind bei Spezifikationen im Stile von Tab. 7.3 natürlich endlich. Die Stelligkeit legt durch Paare (Sorten der Argumente, Sorte des Ergebnisses) die „Typen" der Variablen und Operatoren fest. Bei Variablen und nullstelligen Operatoren **(Konstanten)** ist die erste Komponente im Paar ε. Die Wörter $s_1 \ldots s_n$ bzw. ε in *Sorten** werden auch $(s_1, \ldots, s_n)$ bzw. () geschrieben.

Ein **Σ-Term** ist ein Element der Menge *Σ-Terme*. Diese ist eine Sprache über dem Alphabet, das aus den Operatoren, den Variablen und den drei syntaktischen Symbolen „(,)" besteht. Jeder Σ-Term t ist von einer bestimmten Sorte *Sorte*(t). Die Menge *Σ-Terme* ist gleichzeitig mit *Sorte* folgendermaßen induktiv definiert:

- *Σ-Terme* enthält zunächst alle Variablen und Konstanten. Jede Variable bzw. Konstante t mit *Stelligkeit*(t) = (ε, *sorte*) ist von der Sorte *sorte*. Die Variablenmenge einer Sorte *sorte* nennen wir V_{sorte}.
- Ist *op* ein Operator mit *Stelligkeit*(*op*) = (($sorte_1, \ldots, sorte_n$), $sorte_{n+1}$), $n > 0$, und sind $t_1, t_2, \ldots, t_n$ Σ-Terme, und zwar jeweils t_i von der Sorte $sorte_i$, so ist $op(t_1, \ldots, t_n)$ ein Σ-Term von der Sorte $sorte_{n+1}$.

Ein **Σ-Gleichungssystem** ist eine endliche Menge von Paaren (t_1, t_2) von Σ-Termen jeweils gleicher Sorte. Diese werden auch $t_1 = t_2$ geschrieben.

Eine **algebraische Spezifikation durch Gleichungen** ist ein Paar (Σ, Gl), bestehend aus einer Signatur Σ und einem Σ-Gleichungssystem.

In Tab. 7.3 finden wir die Stelligkeiten (Typen) der Konstanten unter „operatoren" und die der Variablen hinter „fuer alle". Unter den letzteren stehen die Σ-Gleichungen.

7.6.3 Algebren und Modelle

Als Realisierungen der Spezifikationen, die wir nun in Beispielen und in ihrer allgemeinen Definition kennengelernt haben, kommen Σ-Algebren infrage. Diese sollen die Sorten und Operatoren interpretieren und das Gleichungssystem erfüllen.

Bei gegebener Signatur Σ ist eine **Σ-Algebra** ein Quadrupel

$$A = (Traeg, Funk, SortInt, OpInt),$$

bestehend aus

- *Traeg*, einer nichtleeren Menge nichtleerer Mengen, die (d. h. letztere) **Trägermengen** genannt werden,
- *Funk*, einer Menge von Funktionen von Produkten von Trägermengen in eine Trägermenge, $Funk \subseteq \{ f : M_1 \times \ldots \times M_n \to M_{n+1} \mid n \in \mathbb{N}_0, M_1, \ldots, M_n, M_{n+1} \in Traeg \}$,
- *SortInt*, einer surjektiven Abbildung *SortInt*: *Sorten* $\to$ *Traeg*, der **Sorteninterpretation,**
- *OpInt*, einer Abbildung *OpInt*: *Operatoren* $\to$ *Funk*, der **Operatoreninterpretation,**
die in folgendem Sinne mit der Signatur verträglich sind:
- Für alle Operatoren *op* mit *Stelligkeit*(*op*) = (($sorte_1, \ldots, sorte_n$), $sorte_{n+1}$) gilt:

$$OpInt(op) : SortInt(sorte_1) \times \ldots \times SortInt(sorte_n) \rightarrow sorte_{n+1}$$

Insbesondere sind in A alle Konstanten durch Objekte der jeweils richtigen Sorte „interpretiert".

Eine Σ-Algebra **erfüllt** eine Spezifikation (Σ, Gl) oder ist ein **Modell** derselben, wenn sie „allen Axiomen genügt", d. h. wenn für alle Gleichungen $t_1 = t_2$ in Gl unter jeder **Auswertung** $Eval$ der Variablen von Σ **in** A für die Fortsetzung von $Eval$ auf alle Terme $Eval(t_1) = Eval(t_2)$, gilt.

Eine Auswertung $Eval$ „interpretiert" jede Variable durch ein Objekt der passenden Sorte, d. h. $Eval: Variablen \rightarrow \bigcup Traeg$ und $x \in V_{sorte} \Rightarrow Eval(x) \in SortInt(sorte)$. Fortgesetzt auf alle Σ-Terme wird $Eval$ rekursiv durch

$$Eval(op(t_1, \ldots, t_n)) \in OpInt(op)(Eval(t_1), \ldots, Eval(t_n)).$$

Welche Σ-Algebren erfüllen nun unsere eingangs vorgestellten Spezifikationen?

Offensichtlich erfüllen genau alle Gruppen die Spezifikation *Gruppe*. Für Stapel-NatuerlicherZahlen eignen sich nach unseren früheren Erfahrungen Strichlisten auf Zetteln als Zahlen und Stapel übereinandergelegter Zettel als Stapel. Abstraktere Modelle sind unterschiedlich definierbar. Modellieren wir den Stapel „2 über 1 über 5" durch $(5,1,2)$ – „rechts ist oben" – und legen 0 obendrauf, so wird daraus $(5,1,2,0)$. Natürlich müssten wir die Operationen noch formal niederschreiben. Andere bevorzugen vielleicht eine Formalisierung mit expliziter Stapelhöhe. Nun lautet der Ausgangsstapel der Höhe drei $(3,(5,1,2))$ und nach Erhöhung durch Auflegen der Zahl 0 wird daraus $stapeln((3,(5,1,2)),0) = (4,(5,1,2,0))$. Alle drei Modelle erfüllen die geforderten Gleichungen. Unsere Suche nach Σ-Algebren, welche die Spezifikation erfüllen, war also absolut erfolgreich.

Doch nun kommt die ernüchternde Beobachtung, dass wir die Spezifikation auch so interpretieren könnten, dass alle Operationen konstant zum „Grundelement" führen. Es langt die einzige Zahl 0 als Interpretation von *null* – aber auch von allen anderen Termen der Sorte *nat;* es langt der einzige Stapel () als Interpretation von *leer* – aber auch von allen anderen Termen der Sorte *sta.* Und auch damit sind alle geforderten Gleichungen erfüllt!

Wenn das nun nicht in unserem Sinne ist, da wir bei dieser trivialen Interpretation sowohl die richtigen Zahlen als auch die richtigen Stapel vermissen, müssen wir uns fragen, wie wir erreichen könnten, dass nur das, was gemeint ist, spezifiziert wird. Sei es durch Hinzunahme weiterer Gleichungen oder auch Operationen oder Sorten, wie auch immer, wir können durch Gleichungsspezifikation stets nur ausdrücken, was *gleich* sein soll, und nicht, was voneinander *verschieden* sein soll. Vielleicht liegt die Rettung darin, dass genau nur solche Terme identisch interpretiert sein sollen, bei denen diese Übereinstimmung logisch aus den Gleichungen folgt. Doch geht das?

7.6.4 Initiale Semantik

In der Tat gibt es zu jeder algebraischen Spezifikation durch Gleichungen (Σ, Gl) eine „kanonische" Σ-Algebra, die die Gleichungen in Gl erfüllt. Deren Konstruktion soll (ohne den vollen Beweis ihrer Modelleigenschaft) hier kurz präsentiert werden:

- Zunächst einmal gibt es zu jeder Signatur Σ eine Σ-Algebra, bei der keine zwei Terme das gleiche Objekt bezeichnen; das sind nämlich ganz einfach die variablenfreien Terme selbst! Jeder Term wird schlicht durch sich selbst interpretiert. Die Sorte eines Terms ist die (Ziel-)Sorte seines obersten Operators. Operatoren werden angewendet, indem sie „syntaktisch angewendet" – sprich: einfach dazugeschrieben[153] – werden.

  Dies ist eine einfache Fortsetzung eines Gedankens, der in der Prädikatenlogik zum (dort allerdings sortenfreien bzw. einsortigen) Herbrand-Universum[154] und zur sogenannten Grundresolution führte.

- Induktiv können wir dann auf dieser Menge konstanter Terme eine Äquivalenzrelation $\sim$ definieren[155]: zwei Σ-Terme mit oder ohne Variablen sind im Wesentlichen äquivalent, wenn einer auf der Basis der Gleichungen in der Spezifikation in den anderen transformiert werden kann, bzw. genauer:

  - Äquivalenzrelation: Für jeden Σ-Term t gilt $t \sim t$. Für Σ-Terme t_1, t_2 mit $t_1 \sim t_2$ gilt $t_2 \sim t_1$. Für Σ-Terme t_1, t_2, t_3 mit $t_1 \sim t_2$ und $t_2 \sim t_3$ gilt $t_1 \sim t_3$.
  - Spezifikationsgleichungen: Für Σ-Terme t_1, t_2 mit $(t_1, t_2) \in Gl$ gilt $t_1 \sim t_2$.
  - Substitution: Für Σ-Terme t_1, t_2 mit $t_1 \sim t_2$ gilt nach „sortengerechter" beidseitiger Substitution σ einer Variable durch einen Σ-Term: $t_{1\sigma} \sim t_{2\sigma}$.

  Dann wird $\sim$ auf die variablenfreien Terme eingeschränkt.

- Nun zeigt man, dass $\sim$ eine Kongruenzrelation auf der Termalgebra bezüglich sämtlicher Operationen in Σ ist. Daher kann man mit den Operatoren auf den Kongruenzklassen operieren. Da man leicht induktiv beweisen kann, dass je zwei kongruente Terme auch die gleiche Sorte haben, kann man jeder Kongruenzklasse eine Sorte zuweisen.

- Schließlich kann man zeigen, dass die Kongruenzklassen alle Gleichungen in Gl erfüllen. Wir haben das gewünschte Modell gefunden. Man bezeichnet es als die **initiale Algebra** oder **initiale Semantik** zur Spezifikation (Σ, Gl).

---

153 Dazu zählen natürlich die notwendigen Klammern und Kommata.

154 Dieses Thema war im einführenden Kapitel 5 ausgespart. Jaques Herbrand, 1908–1931, forschte als Stipendiat in Berlin, Hamburg und Göttingen. Er verunglückte in den Alpen, bevor er Mathematik hätte lehren können.

155 Ausführlich würde man $\sim_{Spec}$ in Abhängigkeit von der Spezifikation $Spec$ schreiben, die hier aber fest sein soll.

Was ist nun jeweils die initiale Algebra von *Gruppe* und von *StapelNatuerlicherZahlen?*

Da hierbei immer unendlich viele Terme zueinander äquivalent sind, können wir kein einziges Element (Kongruenzklasse!) komplett aufzählen. Man kann sich aber klarmachen, dass bei den Stapeln eine Σ-Algebra herauskommt, die sich „im Wesentlichen wie unsere drei konkreten Stapelmodelle verhält", was wir mathematisch noch durch einen Σ-Isomorphiebegriff untermauern können.

Bei der Gruppe stellen sich indessen alle Terme als äquivalent heraus, und die initiale Gruppe besteht nur aus einem einzigen, ihrem neutralen Element. Hier ist es reizvoller, Gruppen mit weiteren Konstanten zu spezifizieren, wie auch mit zusätzlichen Gleichungsaxiomen, die besondere Eigenschaften erzwingen. So hat die initiale Algebra der vorstehenden Spezifikation „Gruppe", erweitert um die zusätzlichen Konstanten a_1, a_2, ..., a_n und die zusätzlichen Axiome

$$\mathrm{mul}(a_i, a_k) = \mathrm{mul}(a_k, a_i); \qquad \text{(für alle } 1 \le i \le k - 2, k \le n)$$
$$\mathrm{mul}(\mathrm{mul}(a_i, a_{i+1}), a_i) = \mathrm{mul}(\mathrm{mul}(a_{i+1}, a_i), a_{i+1}); \quad \text{(für alle } 1 \le i < n)$$

eine physische Interpretation. Sie modelliert gemäß einem Satz von Artin[156] genau die **n-Zöpfe**, d. h. die möglichen Verflechtungsmuster aus *n* Schnüren, wie in [Arti 1925] gezeigt. Der Operator mul wird realisiert durch Aneinanderkleben zweier *n*-Zöpfe, der zweite im Bild unter dem ersten, wobei von Längenunterschieden abstrahiert wird. Verflechtungen, die bei festgehaltenen Endpunkten durch Schütteln, Streifen, Strecken oder Stauchen ineinander überführt werden könnten, gelten als identisch. a_i bedeutet, dass, von oben nach unten verfolgt, der derzeitige Strang *i vor* Strang *i* + 1 kreuzt. Man überlegt sich, dass dann durch $\mathrm{inv}(a_1)$ der derzeitige Strang *i hinter* Strang *i* + 1 kreuzt. Abbildung 7.14 zeigt – jeweils interpretiert durch 3-Zöpfe – von links nach rechts
- das unverdrillte neutrale Element *e*,
- das damit identische Element $\mathrm{mul}(a_1, \mathrm{inv}(a_1))$ sowie
- einen kurzen traditionell geflochtenen Dreierzopf, $\mathrm{mul}(\mathrm{mul}(a_1, \mathrm{inv}(a_2^{-1})), a_1)$.

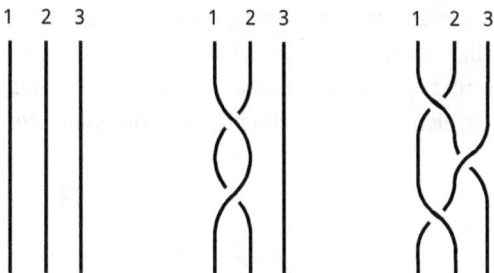

Abb. 7.14: Zwei triviale 3-Zöpfe und ein nicht-trivialer 3-Zopf.

---

[156] Emil Artin, 1898–1962, lehrte an deutschen und amerikanischen Universitäten.

Zwei mögliche Eigenschaften von Σ-Algebren sind bei einem Modell A einer Spezifikation (Σ, Gl) häufig von besonderem Interesse:

- **no junk**[157] bedeutet: Es soll nur Elemente in der Σ-Algebra geben, die durch einen Σ-Term bezeichnet werden, die also aus den interpretierten Konstanten mittels Operatoranwendung aufgebaut werden können. Man nennt diese auch **Standard-Elemente**[158].
- **no confusion**[159] bedeutet: Zwei Terme sollen nur dann durch das gleiche Element interpretiert werden, wenn dies aus den Gleichungen logisch folgt, d. h. wenn die beiden Terme in derselben ~-Kongruenzklasse liegen.

Mit diesen Begriffen und einem (leicht einzuführenden) Begriff des

- Σ-Homomorphismus, bei dem wie bei den bisherigen Strukturen die Abbildung in die andere gleichartige Struktur mit den Operatoren kommutieren soll, und des
- Σ-Isomorphismus, der zusätzlich bijektiv ist,

zeigt man:

- Die oben als Quotient einer Termalgebra bezüglich Gl eingeführte kanonische initiale Algebra hat die Eigenschaften no-junk und no-confusion.
- Sind A und B zwei (Σ, Gl)-Modelle, die die Eigenschaften no-junk und no-confusion haben (man nennt diese dann **initiale Modelle** von (Σ, Gl)), so ist A Σ-isomorph zu B.
- Sind A und B zwei (Σ, Gl)-Modelle und ist A initial, dann existiert genau ein Σ-Homomorphismus von A nach B.

Mit dem bisher vorgestellten kleinen Teil der allgemeinen Algebra bleiben natürlich noch viele Fragen offen. Bei bisherigen „konkreten" Algebren ging es auch manchmal um die Garantie der Existenz gewisser Elemente, wie bereits in unserer ersten Gruppendefinition vor Satz 7.2; oder es ging um partielle Operatoren wie die Division in Körpern. Welche Lösungsansätze liefert die allgemeine Algebra? Darüber hinaus befasst sich die allgemeine Algebra natürlich auch mit algebraischen Standardthemen wie Homomorphismen, Unteralgebren und Quotienten. Dazu kommen schließlich praktisch motivierte Themen wie die Auszeichnung beobachtender Operationen oder Fragen der Programmierung.

---

157 Vom englischen *junk* (Plunder, Schrott).
158 Der Begriff erinnert an die Nichtstandard-Analysis, in der neben den reellen Zahlen weitere Zahlen, u. a. auch unendlich große und kleine eingeführt werden, die also nicht als unendlicher Dezimalbruch repräsentiert werden. Es sei aber erwähnt, dass es bereits für die reellen Zahlen nicht genug Terme gibt, da wir mit einem endlichen Zeichenvorrat nur abzählbar viele (endlich lange) Terme bilden können, während es überabzählbar viele reelle Zahlen gibt.
159 Vom englischen *confusion* (Verwirrung, Durcheinander).

7.7 Übungsaufgaben

7.1 Verknüpfungen: Assoziativität, Kommutativität, neutrales Element
a) Geben Sie ein Beispiel für eine kommutative aber nicht assoziative Verknüpfung auf einer Menge an.
b) Geben Sie ein Beispiel für eine assoziative aber nicht kommutative Verknüpfung auf einer Menge an.
c) Geben Sie Beispiele von Halbgruppen ohne neutrale Elemente an.
d) Wie viele Elemente muss das Beispiel jeweils mindestens enthalten (in (c), wenn es nichtleer ist)?

7.2 Potenzmenge als Gruppe
Zeigen Sie, dass für jede Menge M gilt, dass $\mathbf{P}(M)$ mit der symmetrischen Mengendifferenz

$$A \Delta B = (A \setminus B) \cup (B \setminus A)$$

eine abelsche Gruppe bildet, d. h. die Verknüpfung ist assoziativ und kommutativ, und es gibt ein neutrales Element sowie zu jeder Teilmenge von M eine dazu inverse.

7.3 Nichtkommutative Gruppen
Zeigen Sie, dass eine nichtkommutative Gruppe G …
a) mindestens fünf Elemente haben muss, ja sogar
b) mindestens sechs Elemente haben muss.
c) Geben Sie Beispiele für Gruppen an, die nicht abelsch sind und möglichst wenige Elemente bzw. zwei mehr als notwendig haben.

Tipps zu (a): Mit zwei Elementen a und b mit $a \circ b \neq b \circ a$ „herumspielen" und einfache Verknüpfungsregeln benutzen.
Tipps zu (b): Teil (a) und Satz 7.10 verwenden.
Tipps zu (c): i) Vertauschen Sie die Zahlen 1, 2, 3, auch wiederholt. ii) Sie stehen am Nordpol mit Blickrichtung London. Jetzt verknüpfen Sie auf alle möglichen Weisen folgende zwei Bewegungen: d: ¼ Drehung links, v: vorwärts um die halbe Erde laufen. Bewegungen mit gleicher Endstellung werden als gleich betrachtet, z. B. vv = ε und vddv = dd. (Das Verknüpfungszeichen ist dabei weggelassen.)

7.4 Einseitig neutrale und inverse Elemente
Zeigen Sie, dass eine Halbgruppe $(G, \circ)$ bereits durch linksneutrale Elemente und Linksinverse zu einer Gruppe wird. Sei also $(G, \circ)$ Halbgruppe mit

$$\exists e \in G \ \forall a \in G \ (e \circ a = a \wedge \exists b \in G \ b \circ a = e).$$

a) Zeigen Sie, dass ein b wie oben auch Rechtsinverses ist, also $a \circ b = e$ erfüllt.
b) Zeigen Sie, dass ein e wie oben auch rechtsneutral ist, also $a \circ e = a$ erfüllt.

Tipp: Verwenden Sie ein $c \in G$ mit $c \circ b = e$.

7.5 Gruppenhomomorphismen
Beweisen Sie die Aussagen von Satz 7.5.

7.6 Kommutativität und Untergruppen
a) Zeigen Sie, dass in einer Gruppe $(G, \circ)$ für jede Teilmenge $M \subseteq G$ die Menge

$$\widetilde{K} = \{k \in G | \ \forall a \in M \ k \circ a = a \circ k\}$$

aller mit allen Elementen von M kommutierenden Elemente eine Untergruppe ist. Man nennt sie den **Zentralisator** von M.
b) Geben Sie kleine Gruppen G an, in denen der Zentralisator von G (i.a. **Zentrum von G** genannt) nicht trivial (G oder $\{e\}$) ist. Tipp: Bilden Sie ein Produkt aus einer abelschen und einer nicht-abelschen Gruppe, z. B. $\mathbb{Z}_2 \times S_3$, oder untersuchen Sie die Symmetriegruppe des ungerichteten zyklischen Graphen mit 4 Knoten.

7.7 Untergruppen und Homomorphismen
Beweisen Sie die Aussagen von Satz 7.8.

7.8 Gruppen-Antiisomorphismen
Ein **Antiisomorphismus** von einer Gruppe von $(G, \circ)$ auf eine Gruppe $(H, \bullet)$ ist eine bijektive Abbildung $f \colon G \to H$, für die gilt: $\forall g_1, g_2 \in G \ f(g_1 \circ g_2) = f(g_2) \bullet f(g_1)$. Wenn $(G, \circ)$ abelsch ist, ist id_G ein Beispiel. Zeigen Sie dass es *immer* einen Antiisomorphismus von $(G, \circ)$ auf sich selbst gibt.

7.9 Gruppen endlicher Ordnung
Zeigen Sie, dass in jeder endlichen Gruppe $(G, \circ)$ die $|G|$-te Potenz $g^{|G|}$ jedes Elementes g das neutrale Element ist.

7.10 Bewegungsgruppe eines Tetraeders

Ein massiver regelmäßiger Tetraeder sei an seinen Ecken wie rechts (von der Ecke Nr. 1 her gesehen) abgebildet nummeriert. Wenn man ihn ein- oder mehrfach so dreht, dass er wieder deckungsgleich wie vorher zu liegen kommt, dann liegt an der Stelle der bisherigen Ecke i ($1 \leq i \leq 4$) anschließend jeweils die Ecke $f(i)$.

Welche Permutationen f sind auf diese Weise möglich, d. h. welche Untergruppe von S_4 wird durch solche Bewegungen erzeugt?

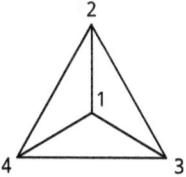

7.11 Endomorphismenringe

a) Zeigen Sie, dass das Beispielmuster (4) am Anfang von 7.2.1 für den Ring der Gruppenendomorphismen einer abelschen Gruppe tatsächlich Ringe ergibt.

b) Geben Sie zwei von der Multiplikation mit Null bzw. Eins verschiedene Gruppen-Endomorphismen f, g auf $(\mathbb{Z}, +)$, ihre Summe $f + g$ und ihr Produkt $f \circ g$ an.

c) Geben Sie einen Gruppenendomorphismus einer möglichst kleinen abelschen Gruppe an, der nicht einem festen Vielfachen $f_n \colon a \mapsto a^n$, $n \in \mathbb{N}$, ($a^n = a \circ a \circ \ldots \circ a$ (n-mal)), entspricht.

Tipp: Suchen Sie Endomorphismen der Vierergruppe $\left\{ \begin{pmatrix} 0 \\ 0 \end{pmatrix}, \begin{pmatrix} 1 \\ 0 \end{pmatrix}, \begin{pmatrix} 0 \\ 1 \end{pmatrix}, \begin{pmatrix} 1 \\ 1 \end{pmatrix} \right\}$ mit der komponentenweisen Addition in $\mathbb{Z}_2$ als Verknüpfung, und lassen Sie sich von der linearen Algebra inspirieren.

7.12 Nullteiler und Einheiten im Ring

a) Zeigen Sie: Ist $(R, +, \cdot)$ ein Ring ohne echte linke Nullteiler und a ein Element von $R \setminus \{0\}$, so ist die Abbildung $x \mapsto a \cdot x$ injektiv.

b) Zeigen Sie, dass in einem endlichen kommutativen Ring mit Eins jedes Element entweder Einheit oder Nullteiler ist, d. h. dass $\{R^*, \text{Teiler}(0)\}$ eine Partition von R ist.

7.13 Ringe und Homomorphismen

Beweisen Sie die Aussagen von Satz 7.15.

7.14 Zerlegung eines Restklassenrings

Stellen Sie in einer Liste die durch die „kanonische Abbildung" f in Satz 7.17 einander zugeordneten Elemente von $\mathbb{Z}_{12}^*$ und von $\mathbb{Z}_4^* \times \mathbb{Z}_3^*$ einander gegenüber.

7.15 Produktkörper

Körper sind Ringe mit speziellen Eigenschaften. Geben Sie ein Beispiel an, bei dem das Ring-Produkt zweier Körper mit den komponentenweisen Ringoperationen nicht nur ein Ring, sondern auch ein Körper ist, oder begründen Sie, warum es das nicht geben kann.

7.16 Endliche Körper

Konstruieren Sie einen Körper mit p^2 Elementen für eine Primzahl p, und geben Sie die Additions- und Multiplikationstafel an.

Tipp: Wenden Sie auf einen Restklassenkörper $\mathbb{Z}_p$ eine geeignete Konstruktion ähnlich der Konstruktion der komplexen Zahlen aus den reellen an. Suchen Sie dazu ein möglichst kleines p, für das $\mathbb{Z}_p$ keine Wurzel aus -1 besitzt.

7.17 Restklassenkörper

Beweisen Sie den Satz von Wilson[160]: Im Restklassenkörper $\mathbb{Z}_p$ mit Primzahl p gilt:

$$1 \cdot 2 \cdot \ldots \cdot (p-1) = -1 \text{ (Klassenklammern weggelassen).}$$

Tipps: Zu jedem Faktor kommt unter den Faktoren auch sein multiplikatives Inverses in $\mathbb{Z}_p$ vor. Trennen Sie im Produkt die Paare von Faktoren $i, i^{-1}, i \neq i^{-1}$, von den „selbstinversen" Faktoren $i = i^{-1}$. Untersuchen Sie bei Letzteren $(i+1)(i-1)$.

7.18 Schiefkörper

Schiefkörper haben alle Eigenschaften eines Körpers außer evtl. der Kommutativität der Multiplikation. Zeigen Sie dass $\mathbb{C} \times \mathbb{C}$ mit den Verknüpfungen

$$(a,b) + (c,d) := (a+c, b+d)$$
$$(a,b) \cdot (c,d) := (a \cdot c - b \cdot \bar{d}, \, a \cdot d + b \cdot \bar{c}),$$

ein Schiefkörper und kein Körper ist.

Die zu $z = x + y \cdot i \in \mathbb{C}$ **konjungierte** komplexe Zahl ist durch $\bar{z} := x - y \cdot i$ definiert.

---

[160] John Wilson, 1741–1793, britischer Mathematiker und Jurist, Namensgeber (aber möglicherweise weder erster Entdecker noch erster Beweisverfasser) des Satzes. Der erste Beweis wird oft Lagrange zugeschrieben.

7.19 Kleine Verbände

Zeichnen Sie jeweils als Hasse-Diagramm für die zugehörige Ordnung alle möglichen Verbände mit fünf Elementen. Welche davon sind nicht distributiv? (Bitte begründen.)

7.20 Distributive Ungleichungen und Gleichungen in Verbänden

a) Zeigen Sie dass für jeden Verband $(A, \sqcap, \sqcup)$ und alle $a, b, c \in A$ gilt:
   i. $a \sqcap (b \sqcup c) \geq (a \sqcap b) \sqcup (a \sqcap c)$,
   ii. $a \sqcup (b \sqcap c) \leq (a \sqcup b) \sqcap (a \sqcup c)$,

b) Zeigen Sie unter Verwendung der Absorptionsregel:

$$[\forall a, b, c \in A \quad a \sqcap (b \sqcup c) = (a \sqcap b) \sqcup (a \sqcap c)]$$

$$\Leftrightarrow [\forall a, b, c \in A \quad a \sqcup (b \sqcap c) = (a \sqcup b) \sqcap (a \sqcup c)].$$

7.21 Kürzungsregel in distributiven Verbänden

a) Zeigen Sie, dass in einem distributiven Verband für alle Elemente a, b, x die sogenannte **Kürzungsregel** gilt:

$$(x \sqcup a = x \sqcup b \wedge x \sqcap a = x \sqcap b) \Rightarrow a = b.$$

b) Zeigen Sie, dass aus der Gültigkeit der Kürzungsregel in einem Verband folgt, dass er distributiv ist. Verwenden Sie dazu die „verbotenen Unterverbände" in Satz 7.20.

7.22 Verbandshülle

Zeigen Sie:

a) Die **Verbandshülle** $[X_0]$ einer Teilmenge X_0 eines Verbands $(A, \sqcap, \sqcup)$, der kleinste Verband $(B, \sqcap, \sqcup)$ mit $X_0 \subseteq B \subseteq \mathbf{P}(M)$, existiert. Untersuchen Sie Sie dazu den Durchschnitt aller solchen Verbände.

b) $[X_0]$ in $(A, \sqcap, \sqcup)$ ist die Vereinigung $\bigcup_{i=0,1,\ldots} X_i$ der aufsteigenden Mengenfamilie, die durch $X_{i+1} := \{X \sqcap Y \mid X, Y \in X_i\} \cup \{X \sqcup Y \mid X, Y \in X_i\}$ induktiv definiert ist.

7.23 Lineare (Un-)Abhängigkeit

a) Zeigen Sie, dass für beliebige Vektoren $\mathbf{u}, \mathbf{v}$, und $\mathbf{w}$ eines Vektorraums V die Familie $(\mathbf{u} + \mathbf{v}, \mathbf{v} - \mathbf{w}, \mathbf{w} + \mathbf{u})$ linear abhängig ist.

b) Angenommen, $\mathbf{u}, \mathbf{v}$ und $\mathbf{w}$ bilden eine linear unabhängige Menge von Vektoren, zeigen Sie, dass dann auch $\{\mathbf{u} + \mathbf{v}, \mathbf{v} + \mathbf{w}, \mathbf{w} + \mathbf{u}\}$ linear unabhängig ist.

7.24 Lineare (Un-)Abhängigkeit

Zeigen Sie, dass im Vektorraum über $\mathbb{R}$ der Funktionen $f: \mathbb{R} \to \mathbb{R}$ (dem $\mathbb{R}^{\mathbb{R}}$) mit der punktweisen Addition und Skalarmultiplikation die Familie der vier Polynome 1, x, x^2 und $x^2 - 2x + 1$ linear abhängig ist, aber je drei davon linear unabhängig sind.

7.25 Lineare (Un-)Abhängigkeit

Verwenden Sie die Eigenschaft $b^{a \cdot \log_b(x) + \log_b(c)} = c \cdot x^a$ des Logarithmus zur Basis 10, um zu zeigen, dass im Vektorraum $\mathbb{R}$ über dem Körper $\mathbb{Q}$ die Menge $\{\log p \mid p$ ist Primzahl$\}$ linear unabhängig ist.

7.26 Unendlich-dimensionale Räume

a) Geben Sie für jeden der beiden folgenden $\mathbb{R}$-Vektorräume (mit der punktweisen Addition und Skalarmultiplikation) eine Basis an.

   i. Menge F_{abbr} aller abbrechenden (genauer fast überall null) reellen Folgen $a_1, a_2, ..., a_n, 0, 0, ...$, d. h. mit $\exists n \in \mathbb{N}\ \forall i > n : a_i = 0$.

   ii. Menge aller reellen Folgen $a_1, a_2, a_3, ...$ mit $\forall i \in \mathbb{N}\ a_i = a_{i+2}$.

b) Geben Sie eine lineare Abbildung $A_i : F_{abbr} \to F_{abbr}$ an, die ...

   i. surjektiv aber nicht injektiv ist,

   ii. injektiv aber nicht surjektiv ist.

   iii. Versuchen Sie, den beiden Abbildungen jeweils informell eine Art „unendlicher Matrix" bezüglich der gefundenen Basis zuzuordnen.

7.27 Geometrische Anwendung der reellen Zahlen als rationaler Vektorraum

Beweisen Sie in Anlehnung an einen Satz von Dehn[161]: Wenn man ein Quadrat der Kantenlänge 1 in endlich viele kleinere Quadrate (parallel zu den Seiten) zerschneidet, dann sind deren Seitenlängen alle rational.

   Tipps: Käme eine irrationale Kantenlänge s vor, wieso gäbe es einen Endomorphismus f auf $\mathbb{R}$ (über $\mathbb{Q}$) mit $f(1) = 0$ und $f(s) = 1$? Wäre dann für Rechtecke $r_{a \times b}$ mit Kanten a und b definiert: $g(r_{a \times b}) = f(a) \cdot f(b)$, warum wäre g additiv bezüglich in Rechtecke zerlegter Rechtecke? Bestimmen Sie dann $g(r_{1 \times 1})$ auf zwei Arten.

---

[161] Max Dehn, 1878–1952, lehrte Mathematik in Deutschland, Polen, Norwegen und USA, löste als erster eines (das dritte) von Hilberts berühmten 23 mathematischen Problemen.

7.28 Aufgespannte Untervektorräume

Beweisen Sie:

a) Für jede (auch unendliche) Vektorenmenge $M \subseteq V$ ist die von M aufgespannte Menge $[M]$ der kleinste M umfassende Unterraum bzw. der Durchschnitt aller M umfassenden Unterräume von V.

b) Sind U_1, U_2 Untervektorräume von V, gilt mit $U_1 + U_2 := \{\mathbf{u}_1 + \mathbf{u}_2 \mid \mathbf{u}_1 \in U_1, \mathbf{u}_2 \in U_2\}$: $\operatorname{span}(U_1 \cup U_2) = U_1 + U_2$.

7.29 Spann und Schnitt mehrerer Untervektorräume

Beweisen oder widerlegen Sie jeweils, dass die folgenden Aussagen für beliebige Untervektorräume U_1, U_2, U_3 eines Vektorraums V gelten:

a) $U_1 \subseteq U_3 \Rightarrow U_1 + (U_2 \cap U_3) = (U_1 + U_2) \cap U_3$, (Verband?!)

b) $U_1 + (U_2 \cap U_3) = (U_1 + U_2) \cap (U_1 + U_3)$,

c) $U_1 \cap (U_2 + U_3) = (U_1 \cap U_2) + (U_1 \cap U_3)$.

7.30 Untervektorräume von Folgenräumen

Zeigen Sie (ggf. unter Verwendung von Ergebnissen aus der Analysis) dass die folgenden Folgen jeweils einen Unterraum des Vektorraums über $\mathbb{R}$ aller reellen Folgen a_1, a_2, a_3, ... bilden:

a) alle Nullfolgen ($\lim_{n \to \infty} a_n = 0$),

b) alle konvergente Folgen ($\exists r \in \mathbb{R} \lim_{n \to \infty} a_n = r$),

c) alle beschränkte Folgen ($\exists r \in \mathbb{R} \, \forall n \in \mathbb{N} \, |a_n| \leq r$),

d) alle höchstens polynomial wachsenden Folgen (hier: $\exists r,s \in \mathbb{N} \, \forall n \in \mathbb{N} \, |a_n| \leq r \cdot n^s$).

7.31 Lineare Abbildung aus der Analysis

a) Zeigen Sie, dass die reellen Polynome $ax^2 + bx + c$ des Grades bis zwei als reellwertige Abbildungen einen linearen Unterraum P_2 des $\mathbb{R}^{\mathbb{R}}$ bilden.

b) Zeigen Sie dass die Bildung der ersten Ableitung $f \mapsto f'$ eine lineare Abbildung von P_2 nach P_2 ist, und bestimmen Sie deren Matrix bezüglich der Basis $(1, x, x^2)$.

7.32 Lineare Abbildungen

Gegeben seien die linearen Abbildungen

$$A \colon \mathbb{R}^4 \to \mathbb{R}^3 \text{ mit der Matrix } \begin{pmatrix} 1 & -1 & 0 & 1 \\ 0 & 1 & -1 & -1 \\ 2 & 0 & -2 & 0 \end{pmatrix}, B \colon \mathbb{Z}_3^2 \to \mathbb{Z}_3^3 \text{ mit der Matrix } \begin{pmatrix} 1 & 2 \\ 0 & 1 \\ 2 & 0 \end{pmatrix}.$$

Geben Sie jeweils an:
a) den Rang,
b) eine Basis des Kerns,
c) eine Basis des Bildes.

7.33 Hintereinander ausgeführte lineare Abbildungen
Beweisen Sie: Die Hintereinanderausführung linearer Abbildungen $B : U \to V$ und $A : V \to W$ ist eine lineare Abbildung $A \circ B: U \to W$.

7.34 Matrixprodukte
Berechnen Sie, sofern das jeweils möglich ist, folgende Matrixprodukte für Matrizen mit reellen Komponenten:

a) $\begin{pmatrix} 1 & -1 & 2 \\ -1 & 0 & 1 \end{pmatrix} \begin{pmatrix} 1 & -1 \\ 1 & 1 \\ -1 & 1 \end{pmatrix}$ b) $\begin{pmatrix} 1 & -1 & 2 \\ -1 & 0 & 1 \end{pmatrix} \begin{pmatrix} 1 & -1 & 2 \\ -1 & 0 & 1 \end{pmatrix}$ c) $\begin{pmatrix} 1 & -1 \\ 1 & 1 \\ -1 & 1 \end{pmatrix} \begin{pmatrix} 1 & -1 & 2 \\ -1 & 0 & 1 \end{pmatrix}$

d) $(1 \quad -1 \quad 1) \begin{pmatrix} 1 \\ 2 \\ 3 \end{pmatrix}$ e) $(1 \quad -1 \quad 1)(1 \quad -1 \quad 1)$ f) $\begin{pmatrix} 1 \\ 2 \\ 3 \end{pmatrix} (1 \quad -1 \quad 1)$

7.35 Matrixpotenzen
Berechnen Sie $A^{100}, B^{100}, C^{100}, D^{100}$ für:

$$A = \begin{pmatrix} 1 & 0 & 0 \\ 0 & 1 & 0 \\ a & 0 & 1 \end{pmatrix}, \qquad B = \begin{pmatrix} 1 & 0 & 0 \\ 0 & b & 0 \\ 0 & 0 & 1 \end{pmatrix}, \qquad C = \begin{pmatrix} 0 & 1 & 0 \\ 0 & 0 & 1 \\ 1 & 0 & 0 \end{pmatrix}, \qquad D = \begin{pmatrix} 0 & 1 & 0 \\ 0 & 0 & d \\ 1 & 0 & 0 \end{pmatrix}.$$

7.36 Produkte von Dreiecksmatrizen
Eine **Diagonalmatrix** ist eine $n \times n$-Matrix (a_{ik}), $n \in \mathbb{N}$, die außerhalb der Hauptdiagonalen nur Nullen enthält, also mit $a_{ik} \neq 0 \Rightarrow i = k$.
a) Welche Form hat allgemein das Produkt zweier Diagonalmatrizen?
b) Welche Form hat allgemein das Produkt zweier oberer Dreiecksmatrizen?
c) Welche Form hat allgemein das Produkt AB, wenn eine davon eine obere und die andere eine untere Dreiecksmatrix ist?
d) Wenn Sie eine der beiden Möglichkeiten (untere mal obere Dreiecksmatrix) in (c) geklärt haben, wie können Sie die andere (obere mal untere) leicht klären?

Die Dimension beider Matrizen soll natürlich jeweils $n \times n$ mit dem gleichen n sein.

7.37 Vektorkoordinaten, Basistransformation

Bestimmen Sie im $\mathbb{R}^3$

die Koordinaten des Vektors $\begin{pmatrix} 1 \\ 1 \\ 1 \end{pmatrix}$ bezüglich der Basis $\left\{ \begin{pmatrix} 1 \\ 2 \\ 0 \end{pmatrix}, \begin{pmatrix} 0 \\ -2 \\ 1 \end{pmatrix}, \begin{pmatrix} 3 \\ 2 \\ 1 \end{pmatrix} \right\}$.

7.38 Basisergänzung und Basistransformation

a) Ergänzen Sie mit Vektoren aus der Menge $\left\{ \begin{pmatrix} 1 \\ 0 \\ 0 \\ 0 \end{pmatrix}, \begin{pmatrix} 1 \\ -1 \\ 0 \\ 0 \end{pmatrix}, \begin{pmatrix} 1 \\ 0 \\ -1 \\ 0 \end{pmatrix}, \begin{pmatrix} 1 \\ 0 \\ 0 \\ -1 \end{pmatrix} \right\}$ die

Vektorenmenge $\left\{ \begin{pmatrix} 1 \\ 2 \\ 0 \\ 0 \end{pmatrix}, \begin{pmatrix} 2 \\ 1 \\ 0 \\ 0 \end{pmatrix} \right\}$ zu einer Basis B des $\mathbb{R}^4$.

b) Stellen Sie jeden der kanonischen Basisvektoren – jeweils als Spaltenvektoren gesehen – aus $E_4 = \{\mathbf{e}_1, \mathbf{e}_2, \mathbf{e}_3, \mathbf{e}_4\}$ als Linearkombination von Vektoren aus B dar.

c) Berechnen Sie die Matrix der Basistransformationen von B nach E_4 und umgekehrt.

d) Sei A die lineare Abbildung von $\mathbb{R}^4$ nach $\mathbb{R}^4$, die (bezüglich der kanonischen Basis E_4) die Vektorkomponenten zyklisch so um eine Position verschiebt, dass $(A\mathbf{x})_1 = \mathbf{x}_4$, und ansonsten $(A\mathbf{x})_i = \mathbf{x}_{i-1}$. Berechnen Sie die Matrix von A bezüglich der Basis B (im Definitions- und im Zielvektorraum).

7.39 Matrixgleichungen

Bestimmen Sie jeweils alle Matrizen (x_{ik}), die folgende Gleichungen (über $\mathbb{R}$) erfüllen:

a) $(x_{ik})^2 = \begin{pmatrix} 1 & 2 \\ 0 & 1 \end{pmatrix}$ b) $\begin{pmatrix} 1 & 1 & 0 \\ 0 & 1 & 1 \\ 1 & 0 & 1 \end{pmatrix}(x_{ik}) = \begin{pmatrix} 2 & -1 & 1 \\ 1 & 0 & 1 \\ 1 & 1 & 2 \end{pmatrix}$ c) $(x_{ik})\begin{pmatrix} 1 & 1 & 0 \\ 0 & 1 & 1 \\ 1 & 0 & 1 \end{pmatrix} = \begin{pmatrix} 2 & -1 & 1 \\ 1 & 0 & 1 \\ 1 & 1 & 2 \end{pmatrix}$

7.40 Matrix-Rang

Die Matrix $\begin{pmatrix} 2 & -1 & 1 \\ 1 & 0 & 1 \\ 1 & 1 & 2 \end{pmatrix}$ hat nicht den Rang drei, da die dritte Spalte die Summe der ersten und zweiten ist, so dass die Spalten linear abhängig sind. Nach Satz 7.39 kann der Zeilenrang daher auch nicht drei sein. Stellen Sie eine der Zeilen als Linearkombination der anderen dar.

7.41 Gleichungssysteme

Lösen Sie die folgenden Gleichungssysteme (über $\mathbb{R}$):

a) $\begin{aligned} x_1 + 2x_2 &= 1 \\ -x_1 + x_2 &= 2 \end{aligned}$ b) $\begin{aligned} x_1 + 2x_2 + x_3 &= 1 \\ -x_1 + x_2 + 2x_3 &= 2 \end{aligned}$

7.42 Gleichungssysteme

Beschreiben Sie die Fortsetzung des Gauß'schen Algorithmus bis zur Angabe der Lösungsmenge des linearen Gleichungssystems.

7.43 „Wirtschaftsmathematik"

In Omas Sparschwein befinden sich noch alte 1 DM-, 2 DM- und 5 DM-Stücke. Ein 1 DM-Stück wiegt 5 g, ein 2 DM-Stück 7 g, ein 5 DM-Stück 10 g. Die insgesamt 30 Münzen sind zusammen 200 g schwer, und ihr Gesamtwert beträgt 61 DM. Wie viele Münzen jeder Sorte liegen vor?

7.44 Matrizenvektorräume

Es sei M die Menge aller magischen reellwertigen 3×3-Quadrate, d. h. aller Matrizen in $\mathbb{R}^{3\times3}$, in denen alle Zeilen-, Spalten- und Diagonalsummen den gleichen Wert haben. Zeigen Sie, dass M ein Untervektorraum von $\mathbb{R}^{3\times3}$ ist, und bestimmen Sie seine Dimension und eine Basis.

7.45 Matrixinverse

Invertieren Sie, wo möglich,

a) i. $\begin{pmatrix} 2 & 3 \\ 4 & 1 \end{pmatrix}$ ii. $\begin{pmatrix} 2 & 1 \\ 1 & 2 \end{pmatrix}$ über dem Körper $\mathbb{Z}_5$ (wo z. B. $3 \cdot 3 = 4$ gilt),

b) i. $\begin{pmatrix} 2 & 3 \\ 4 & 1 \end{pmatrix}$ ii. $\begin{pmatrix} 2 & 1 \\ 1 & 2 \end{pmatrix}$ über dem Körper $\mathbb{R}$,

c) $\begin{pmatrix} 1+i & 2 \\ 1 & 1-i \end{pmatrix}$ über dem Körper $\mathbb{C}$. Tipp zu(c): $\dfrac{a+bi}{c+di} = (a+bi) \cdot \dfrac{c-di}{(c+di)(c-di)}$.

7.46 Mengensysteme als Vektorräume

Sei M eine Menge.

a) Zeigen Sie, dass $\mathbf{P}(M)$ einen Vektorraum über $\mathbb{Z}_2$ bildet, wenn (Klassenklammern bei Elementen von $\mathbb{Z}_2$ weglassen) für alle $A, B \subseteq M$

$$0A := \emptyset, \ 1A := A \text{ und } A + B := A \, \Delta \, B = (A \backslash B) \cup (B \backslash A)$$

definiert sind. Bestimmen Sie insbesondere den Nullvektor **0** und $-A$. Beachten Sie, dass in $\mathbb{Z}_2$ $1 + 1 = 0$ gilt.

b) Zeigen Sie dass die Menge $E(M)$ der endlichen Teilmengen von M einen Untervektorraum von $P(M)$ bildet.

c) Bestimmen Sie zwei verschiedene Familien $(\mathbf{v}_i)_{i=1, \ldots, n}$ und $(\mathbf{w}_i)_{i=1, \ldots, n}$ von Vektoren, die beide eine Basis von $E(\{1,2,3\})$ bilden und möglichst wenige gemeinsame Elemente haben.

d) Zeigen Sie: Für zwei Mengen M, N und eine Abbildung $f: M \to N$ gilt, dass die Abbildung $f_{\{\}}: \begin{cases} E(M) & \to E(N) \\ A & \mapsto f(A) \end{cases}$ genau dann ein Homomorphismus von $E(M)$ nach $E(N)$ ist, wenn f injektiv ist.

e) Bestimmen Sie für $g: \{1,2\} \to \{a,b,c\}$ mit $g(1) = a$ und $g(2) = b$ die Matrix von $g_{\{\}}$ bezüglich der Basen $\mathbf{b}_i = \{i\}$ und $\mathbf{c}_1 = \{a,b\}$, $\mathbf{c}_2 = \{a,c\}$, $\mathbf{c}_1 = \{a,b,c\}$.

f) Zeigen Sie, dass der $E(M)^*$ und $P(M)$ isomorphe Vektorräume sind.

g) Wir nennen ein Mengensystem S Δ-**unabhängig**, wenn für $n > 0$ und paarweise verschiedene $A_i \in S$ immer $A_1 \, \Delta \, A_2 \, \Delta \, \ldots \, \Delta \, A_n \neq \emptyset$ gilt. Wir sagen von zwei Mengensystemen S und T, S Δ-**erzeugt** T, wenn $T = \{A_1 \Delta A_2 \Delta \ldots \Delta A_n \mid n > 0 \land \forall 1 \leq i \leq n \, A_n \in S\}$. Zeigen Sie, dass für jede Menge M eine Δ-unabhängige Teilmenge von $P(M)$ existiert, die $P(M)$ Δ-erzeugt.

7.47 Determinantenberechnung

Zeigen Sie, dass für jede alternierende Multilinearform $f: V^n \to K$ und $n \times n$-Matrix (a_{ik}) gilt, dass der Wert von $f(a_{ik})$ sich nicht ändert, wenn man zu einer Spalte von (a_{ik}) eine Linearkombination der anderen Spalten addiert.

7.48 Determinantenberechnung

a) Berechnen Sie die Determinante $\begin{vmatrix} 1 & 0 & 1 & 0 \\ 0 & -1 & -1 & 0 \\ 0 & 1 & 2 & 0 \\ 1 & 0 & 0 & 1 \end{vmatrix}$ aus reellen Zahlen.

b) Berechnen Sie die Determinante $\begin{vmatrix} 123 & 456 & 789 \\ 222 & 555 & 666 \\ 321 & 654 & 543 \end{vmatrix}$ aus reellen Zahlen.

Überlegen Sie jeweils, wie Sie unter Verwendung geeigneter Sätze Arbeit sparen können.

7.49 Permutationsmatrizen

Zu jeder Permutation π auf $\{1, 2, ..., n\}$ ist eine **Permutationsmatrix** $(\delta_{i,\pi(k)})$ definiert als die Matrix $(a_{ik})_{1\le i,k\le n}$ aus Einsen und Nullen mit $a_{ik} = 1 \Leftrightarrow \pi(i) = k$. Zeigen Sie dass die Determinante der Permutationsmatrix das Vorzeichen der Permutation ist:

$$\det(\delta_{i,\pi(k)}) = sign(\pi).$$

7.50 Bilinearformen

Eine Bilinearform b auf zwei K-Vektorräumen V und W ist eine Abbildung $b: V \times W \to K$ für die mit beliebigen $\mathbf{v}, \mathbf{v_i} \in V$, $\mathbf{w}, \mathbf{w_i} \in W$ und $k_i \in K$ gilt:

$$b(k_1\mathbf{v}_1 + k_2\mathbf{v}_2, \mathbf{w}) = k_1 \cdot b(\mathbf{v}_1, \mathbf{w}) + k_2 \cdot b(\mathbf{v}_2, \mathbf{w}) \text{ und}$$

$$b(\mathbf{v}, k_1\mathbf{w}_1 + k_2\mathbf{w}_2,) = k_1 \cdot b(\mathbf{v}, \mathbf{w}_1) + k_2 \cdot b(\mathbf{v}, \mathbf{w}_2).$$

V habe eine Basis $\{\mathbf{b}_1, ..., \mathbf{b}_n\}$ und W eine Basis $\{\mathbf{c}_1, ..., \mathbf{c}_m\}$. Zeigen Sie:

a) Ist $(a_{ik})_{1\le i\le n, 1\le k\le m}$ eine Matrix über K, dann existiert genau eine Bilinearform b auf $V \times W$ mit $b(\mathbf{b}_i, \mathbf{c}_k) = a_{ik}$ für alle i und k.

b) Die Bilinearformen auf $V \times W$ bilden einen $m \cdot n$-dimensionalen K-Vektorraum mit Basisvektoren $\mathbf{x}_{rs}$, $1 \le r \le n$, $1 \le s \le m$ derart dass $\mathbf{x}_{rs}(\mathbf{b}_i, \mathbf{c}_k) = \delta_{ir}\delta_{ks}$.

7.51 Reelle Zahlen als rationaler Vektorraum

a) Zeigen Sie, dass im Vektorraum $\mathbb{R}$ über $\mathbb{Q}$ die Familie $(1, \sqrt{2}, \sqrt{3}, \sqrt{6})$ linear unabhängig ist. Tipp: Verwenden die Irrationalität von $\sqrt{2}$ (vgl. Satz 5.6) und ähnlich die von $\sqrt{3}$ und $\sqrt{6}$. Beweisen Sie nun zunächst die lineare Unabhängigkeit von $(\sqrt{2}, \sqrt{3}, \sqrt{6})$, indem Sie beide Seiten einer geeigneten Gleichung quadrieren, dann die der ganzen Familie.

b) Welche der folgenden Abbildungen auf $\mathbb{R}$ sind auf dem von den vier Vektoren erzeugten Unterraum $U := [(1, \sqrt{2}, \sqrt{3}, \sqrt{6})]$ lineare Abbildungen nach U?
    (i) $x \mapsto \sqrt{2} \cdot x$ (ii) $x \mapsto x/\sqrt{3}$ (iii) $x \mapsto \sqrt{6} \cdot x$

Berechnen Sie im Falle von Elementen von $Hom_\mathbb{Q}(U,U)$ die Matrix der Abbildung bezüglich der Basis $(1, \sqrt{2}, \sqrt{3}, \sqrt{6})$ sowie deren Determinante.

7.52 Gaußscher Algorithmus für Determinanten

Erklären Sie die Gründe für die Unterschiede, die im Algorithmus 7.2 im Vergleich zum Algorithmus 7.1 eingeführt werden.

7.53 Eigenwerte von Projektionen

Ein Vektorraum-Endomorphismus $A: V \rightarrow V$ heißt **Projektion**, wenn $A \circ A = A$. Das entspricht auch geometrischen Projektionen im $\mathbb{R}^n$. Zeigen Sie, dass Projektionen nur die Eigenwerte 0 und 1 haben können.

7.54 Eigenwerte und -vektoren

Geben Sie auf dem Vektorraum der Folgen reeller Zahlen mit komponentenweiser Addition und Skalarmultiplikation lineare Abbildungen an, bei denen sich das Bild von seinem Urbild im Allgemeinen in unendlich vielen Positionen unterscheidet. Mindestens jeweils eine der Abbildungen

- soll einen eindimensionalen bzw. unendlich-dimensionalen Eigenraum haben,
- soll eine bzw. keine konstante Folge als Eigenvektor haben,
- soll als einen ihrer Eigenwerte 1 bzw. 2 haben.

7.55 Eigenschaften von Transponierten

Zeigen Sie

a) Die Transponierte der Summe zweier Matrizen ist die Summe der Transponierten dieser Matrizen.

b) Die Transponierte des k-fachen $(k \in K)$ einer Matrix über dem Körper K ist das k-fache der Transponierten dieser Matrix.

c) Eine $n \times n$-Matrix (a_{ik}) und ihre Transponierte $(a_{ik})^\top$ haben die gleichen Eigenwerte.

7.56 Bilder von Normalteilern

Ist f surjektiver Gruppenhomomorphismus von $(G, \circ)$ nach $(H, \bullet)$ und N Normalteiler von G, dann ist $f(N)$ Normalteiler von H. Zeigen Sie dies und außerdem, dass man dabei auf die Surjektivität als Voraussetzung nicht generell verzichten kann.

7.57 Ein Kriterium für Normalteiler

Zeigen Sie: Eine Untergruppe U einer Gruppe $(G, \circ)$ ist genau dann ein Normalteiler der Gruppe, wenn für alle Elemente g, h von G gilt $(gU)(hU) = (gh)U$.

7.58 Kleinste Ideale

a) In einem Ring $(R, +, \cdot)$ sei für eine Teilmenge $M \subseteq R$ die Menge $[M]_+$ definiert als die Menge aller endlichen Summen und Differenzen $\sum_{i=1}^{m} m_i - \sum_{k=1}^{n} l_k$ von Elementen von M, z. B. $\sum_{i=1}^{2} m_i - \sum_{k=1}^{1} l_k = m_1 + m_2 - l_1 = ((m_1 + m_2) + - l_1)$, wobei die leere Summe $(m = n = 0)$ mit der Null 0_R von $(R, +)$ identifiziert wird. Zeigen Sie, dass

(i) $[M]_+$ eine M enthaltende *Untergruppe* von $(R, +)$ ist, und dass insbesondere

(ii) $[M]_+$ die *kleinste* M enthaltende Untergruppe von $(R, +)$ ist

b) Seien $(R, +, \cdot)$ ein Ring, $a \in R$ und $M_a := \{a\} \cup Ra \cup aR \cup RaR$. Zeigen Sie, dass

   (i) $I_a := [M_a]_+$ ein a enthaltendes *Ideal* ist, und dass insbesondere

   (ii) I_a das *kleinste* a enthaltende Ideal in $(R, +, \cdot)$ ist.

7.59 Idealmultiplikation

Verwenden Sie eine Restklasse in $\mathbb{Z}_4$, um zu zeigen, dass mit der Multiplikation $\bullet$ im Restklassenring und der gewöhnlichen Multiplikation, punktweise erweitert auf Mengen (wie bei den Schnitten in Kapitel 5: $M \cdot N := \{x \cdot y \mid x \in M \wedge y \in N\}$), *nicht* mehr unbedingt $(a + I) \bullet (b + I) := (a + I) \cdot (b + I)$ gelten muss.

7.60 Ein interessanter Quotient eines Polynomrings

Zeigen Sie, dass im Ring $\mathbb{R}[x]$ der Polynomterme $p = \sum_{i=0}^{n} r_i x^i$ mit reellen Koeffizienten (mit der üblichen Polynomaddition und -multiplikation) die Menge $I := (x^2 + 1)\,\mathbb{R}[x]$ aller (Polynom-)Vielfachen von $x^2 + 1$ ein Ideal bildet und dass der Quotient $\mathbb{R}[x]/I$ zu dem Ring $\mathbb{C}$ der komplexen Zahlen isomorph ist.

   Tipps: Verwenden Sie (z. B. aus der Analysis oder Schulmathematik, Stichwort Polynomdivision), dass jedes Polynom p auf genau eine Weise in der Form $p = r_0 + r_1 x + (x^2 + 1)q$ mit $q \in \mathbb{R}[x]$ geschrieben werden kann. Untersuchen Sie die Zuordnung $p + I \mapsto r_0 + r_1 i$.

7.61 Gleichungsspezifizierte Warteschlange

a) Geben Sie im Stile von Tab. 7.3 eine Spezifikation mit Sorten, Operatoren und Axiomen in Form von Gleichungen für eine **FIFO**-Warteschlange (first in, first out) für Objekte a, b oder c, wie im Schema links.

b) Fügen Sie noch eine Abfragemöglichkeit „ist_leer" mit möglichen Werten W und F hinzu, die genau auf den Termen für die leere Warteschlange W ergibt. Vergessen Sie dabei nicht die Sorte für W und F.

7.62 Zopfgruppe als initiale Algebra

Machen Sie informell graphisch plausibel, warum in der n-Zopfgruppe die (hier vereinfacht geschriebenen) Gleichungen $a_i a_k = a_k a_i$ (für $1 \le i \le k - 2$, $k \le n$) und $a_i a_{i+1} a_i = a_{i+1} a_i a_{i+1}$ (für $1 \le i < n$) gelten.

7.63 Matrizenrechnung in der Graphentheorie

Sei $G = (V, E)$ ein gerichteter oder ungerichteter Graph mit Knotenmenge $V = \{v_1, v_2, ..., v_n\}$ und der Nachbarschaftsmatrix $A = (a_{ij})$. Zeigen Sie:

a) Für $k \in \mathbb{N}_0$ und $1 \leq i, j \leq n$ ist die Anzahl der Pfade der Länge k in G von v_i nach v_j gleich der Komponente ij von A^k, wobei $A^0 := E_n$.

b) Für $k \in \mathbb{N}$ und $1 \leq i, j \leq n$ ist die Anzahl der Pfade einer Länge von höchstens k in G von v_i nach v_j gleich der Komponente ij von $E_n + A + A^2 + ... + A^k$.

c) G ist genau dann (stark) zusammenhängend, wenn in $E_n + A + A^2 + ... + A^{n-1}$ alle Komponenten größer als 0 sind.

8 Diskrete Wahrscheinlichkeitstheorie

Wahrscheinlichkeit hat einerseits mit Anteilen bestimmter Versuchsausgänge an einer großen Zahl von Versuchswiederholungen, andererseits aber auch mit Erwartungshaltungen zu tun, die wir mitbringen, bevor die Versuche überhaupt erst losgehen. Trotz der nicht zu verleugnenden philosophischen und psychologischen Aspekte des Themas kann die Mathematik Theorie und Methoden beisteuern, die den Zufall zu einem erfreulichen Grad berechen- und beherrschbar machen. Deswegen sind Spielcasinos, Versicherungs- und Lottogesellschaften auch derart solide Verdiener.

Historisch spielen Überlegungen zu Gewinnchancen im Glücksspiel eine gewichtige Rolle bei der Entwicklung der Wahrscheinlichkeitstheorie. Typisch für die meisten Darstellungen der Wahrscheinlichkeitstheorie ist die enge Verquickung von mathematischen Folgerungen mit praktischen Beobachtungen und Erwägungen in Bezug auf Gewinn- und Verlusterwartungen. Allgemein ist die Wahrscheinlichkeitstheorie der mathematisch-theoretische Hintergrund der **Stochastik**[162], deren anwendungsorientierter Teil die **Statistik**[163] darstellt, in der empirisch gewonnene Daten mathematisch analysiert werden.

In zahlreichen Punkten nutzen wir Methoden der Graphentheorie und der linearen Algebra.

8.1 Markante Beispiele

In Wahrscheinlichkeitsfragen lässt uns unsere Intuition gerne einmal im Stich. Manche Problemfälle werden sogar als Paradoxien bezeichnet. Einige wirken zwar außergewöhnlich, weisen aber typische Aspekte von Alltagssituationen auf. Eine Auswahl bekannter Beispiele wird hier vorgestellt und bis zum Ende des Kapitels aufgeklärt.

8.1.1 Die Verdoppelungsstrategie

Ein Spieler S spielt gegen eine Bank B nach folgender einfachen Regel: S darf eine beliebige Summe setzen; dann wird eine Münze geworfen. Liegt *Bild* oben, behält er seinen Einsatz und bekommt dieselbe Summe als Gewinn von B, bei *Zahl* verliert er seinen Einsatz an B. Beide spielen solange S will. Das sieht zunächst einmal gerecht aus, denn in jedem Spiel haben beide die gleiche Chance auf jeweils die gleiche Summe.

---

162 Aus dem Griechischen: Lehre vom Vermuten bzw. Raten.
163 Vermutlich aus dem Neulateinischen: etwas den Staat betreffendes.

https://doi.org/10.1515/9783111336107-008

Durch die Wiederholungsoption gibt es jedoch für S eine verblüffend einfache Gewinnstrategie! Er fängt mit einem Euro an. Jedes Mal, wenn er verloren hat, macht er weiter und setzt beim nächsten Spiel das Doppelte des vorherigen Einsatzes. Hat er gewonnen, überschreitet sein Gewinn dann die Summe seiner vorherigen ununterbrochenen Verluste um genau einen Euro. Nennen wir die geschilderte Abfolge bis zum ersten Gewinn eine **Runde.** Hat er beispielsweise zunächst 1, 2 und 4 Euro verloren und daraufhin 8 Euro gewonnen, dann hat er am Ende dieser Runde zusammen 8 – 7, also einen, Euro, gewonnen. Diesen Euro wird S sicher gewinnen, wenn wir davon ausgehen, dass er nicht endlos hintereinander verliert. Anschließend kann S wieder eine Runde mit einem Euro beginnen und so Runde um Runde auf die Dauer beliebig viel gewinnen. Besonders verblüffend ist dabei die folgende Beobachtung: S würde selbst dann auf Dauer gewinnen, wenn die Münze zu seinen Ungunsten unfair wäre und häufiger *Zahl* als *Bild* liefert – solange Bild nur immer wieder einmal vorkommt!

Es erscheint sicherlich merkwürdig, dass man mit einer fairen – ja sogar mit einer zugunsten des Gegners unfairen – Münze auf die Dauer sicher gewinnen kann, nur weil man bestimmen darf, um welche Summe man jeweils spielt. Die Sache hat tatsächlich einen Haken: In der Praxis hat S nur ein begrenztes Vermögen, auf das er zum Setzen zurückgreifen kann, und das wirkt sich auf seine Gewinnchancen aus, wie wir in Abschnitt 8.4.2 sehen werden

8.1.2 Das Aufteilungsproblem

Ann setzt beim Münzwurf auf *Bild,* Ben auf *Zahl.* Beide setzen 4 Euro ein und vereinbaren, so lange eine Münze zu werfen, bis eines der Ergebnisse insgesamt sechsmal geworfen wurde. Wer von beiden auf dieses Ergebnis gesetzt hat, soll dann beide Einsätze einstreichen. Nach insgesamt fünf Mal *Bild* und drei Mal *Zahl* wird Ann dringend weggerufen. Jetzt wollen die beiden noch schnell die 8 Euro gerecht aufteilen, entsprechend ihren Gewinnchancen, wenn sie hätten weiter spielen können. Was aber wäre gerecht?

– 5 : 3, d. h. Ann gewinnt 1 Euro hinzu, entsprechend den jeweils erzielten günstigen Würfen?

– 3 : 1, d. h. Ann gewinnt 2 Euro hinzu, entsprechend den jeweils dem Gegner zum Gewinn noch fehlenden günstigen Würfen?

– In der Tat müsste 7: 1 aufgeteilt werden, d. h. Ann gewinnt 3 Euro hinzu, wie wir in Abschnitt 8.4.3 ausrechnen werden.

Dieses Problem stammt (in ähnlicher Form) bereits aus dem Mittelalter und stand mit am Anfang der Entwicklung der Wahrscheinlichkeitstheorie [Szék 1990].

8.1.3 Das False-Positive-Problem

Ein **false positive** (aus dem Englischen) ist ein fälschlich positives Testergebnis, das nur aufgrund einer Unsicherheit der Testmethode zustande gekommen ist, während im gegebenen Fall ein negativer Bescheid korrekt wäre. Positive Ergebnisse können für die Beteiligten brisant sein, z. B. wenn auf eine noch nicht sichtbare ernste Krankheit oder den Konsum einer Droge getestet wird. Gehen wir einmal von folgender Situation aus:

- Ein Proband wird auf eine seltene verborgene Eigenschaft getestet. Nur 0,5 % der Bevölkerung haben sie. Die Eigenschaft würde die Lebenserwartung des Probanden drastisch beschneiden.
- Die angewendete Testmethode ist sehr zuverlässig. Sie ist in beiden Richtungen zu 99% sicher, d. h. das Testergebnis stimmt in 99 von 100 Fällen, sowohl wenn der Test an jemandem *mit* der Eigenschaft als auch wenn er an jemandem *ohne* die Eigenschaft durchgeführt wird. Es gibt also unter den „positives" nur 1% „false positives" und unter den „negatives" nur 1% „false negatives".
- Zum Entsetzen des Probanden ist das Testergebnis positiv. Der Arzt versucht, ihn zu beruhigen: Wahrscheinlich sei er trotzdem eher gesund als krank, und man werde jetzt zusätzliche Untersuchungen vornehmen.

Ist die Aussage des Arztes nur ein gut gemeinter aber offensichtlich unglaubwürdiger Beruhigungsversuch, oder trifft sie trotz der großen Sicherheit des Testverfahrens zu? Das klären wir in Abschnitt 8.4.4.

8.1.4 Das Geburtstagsphänomen

Obwohl das „normale" Jahr 365 verschiedene Tage hat, ist bereits in jeder zufällig zusammengewürfelten Gruppe von 23 Personen, von denen keine ausgerechnet am 29. Februar Geburtstag hat, die Wahrscheinlichkeit, dass mindestens zwei von Ihnen am gleichen Tag des Jahres Geburtstag haben, größer als die, dass alle an unterschiedlichen Tagen Geburtstag haben. Sehr viel schneller rechnet man natürlich aus, dass ab 366 Personen die Wahrscheinlichkeit dann zur Gewissheit wird[164].

8.1.5 Das Ziegenproblem

Ein Kandidat in einer Spielshow erhält die Chance, ein Auto zu gewinnen. Dieses steht hinter einem von drei Toren; hinter den beiden anderen Toren steht jeweils eine

---

164 Ein typischer Fall des Schubfachprinzips, vgl. Abschnitt 6.5.4.

Ziege. Der Kandidat steht vor den Toren, soll eines davon wählen und gewinnt dann das, was dahinter steht. Der Kandidat hat keinerlei Information, wo genau das Auto steht. Nun wählt er das erste Tor. Noch bevor es geöffnet werden kann, öffnet der Moderator das zweite Tor; dahinter steht eine Ziege. Der Moderator bietet dem Kandidaten an, wenn er möchte, dürfe er jetzt noch seine Wahl revidieren und Tor 3 wählen oder aber bei Tor 1 bleiben. Was sollte er am besten tun?

Zu dieser Frage gab es eine längere öffentliche Diskussion in allen Medien, von Laien wie von Fachleuten [Rand 2004, Wiki Zieg], und zwar mit kontroversen Antworten. Schließlich ergaben genaue Analysen, dass wahrscheinlichkeitstheoretisch fundierte Antworten zwar im Prinzip möglich sind, aber vorab eine genauere Beschreibung des Problems erfordern. Die obige Schilderung erlaubt nämlich immer noch unterschiedliche Interpretationen mit entsprechend unterschiedlichen Empfehlungen. Die Unterschiede liegen im Wesentlichen in einer eventuellen Strategie des Moderators. Hier kann die Wahrscheinlichkeitstheorie dem Kandidaten, der die Strategie des Moderators nicht kennt und trotzdem entscheiden muss, nicht unmittelbar weiterhelfen.[165]

Es bleibt dem Kandidaten aber unbenommen, über außermathematische Erwägungen die Wahrscheinlichkeiten für die Anwendung der verschiedenen möglichen Strategien des Moderators einzuschätzen. Dabei spielen solche Aspekte eine Rolle wie:
- Will er mir helfen oder mich hereinlegen, oder handelt er „rein spontan und ohne Hintergedanken"?
- Tat er das bereits in früheren Sendungen, und, wenn ja, wie ging die Sache jeweils aus?

Auf der Basis solcher Einschätzungen kann der Kandidat dann die mutmaßlich günstigere seiner beiden Wahlmöglichkeiten berechnen. Die hier angedeutete Mischung von Schätzung und Berechnung klingt vielleicht nach unsinnigem Stochern im Nebel[166], ist aber gar nicht so untypisch für das Alltagsleben, vgl. auch Abschnitt 8.3.4.

---

165 Klar ist die Sache noch, wenn der Moderator dies immer tut und der Kandidat das auch weiß. Doch selbst dann – das zeigte die öffentliche Diskussion – ist die optimale Reaktion des Kandidaten nicht Jedem sofort klar.
166 Die Situation nähert sich mit Ihrer Mischung von Raten und präzisem Vorgehen dem Scherz über einen Züchter, der ein Schaf wiegt, wobei er dafür nur zwei große Steine und ein Brett zur Verfügung hat. Er legt das Brett über den einen Stein und stellt das Schaf auf das eine Ende des Bretts. Dann legt er den zweiten Stein nahe an das andere Ende des Bretts und rückt ihn so lange hin und her, bis das Brett ganz genau waagerecht steht. Dann schätzt er das Gewicht des aufgelegten Steines – und so viel wiegt das Schaf.

8.1.6 Serien beim Glücksspiel – der Spielerfehlschluss

Zwei Anfänger im Glücksspiel mit nur rudimentärem Wissen über Wahrscheinlichkeiten sitzen am Roulettetisch. Es kommt neunmal hintereinander Rot. Der eine sagt: „Hier liegt eine Glückssträhne vor, ich setze jetzt auf Rot." Der andere sagt: „10 mal hintereinander Rot ist extrem unwahrscheinlich, ich setze natürlich auf Schwarz." Welcher von beiden argumentiert richtig? Welcher hat eine über 50%ige Gewinnchance? Welcher hat eine 50%ige Gewinnchance? Die Antworten auf diese Fragen, das sei hier verraten, sind 1. Keiner, 2. Keiner, 3. Keiner. Wir gehen dabei natürlich davon aus, dass alles mit rechten Dingen zugeht und nicht z. B. das Rouletterad manipuliert ist oder der Croupier schummelt. Die Leser werden in einer Übungsaufgabe nach Erklärungen gefragt. Argumentationen wie die obigen haben Spielcasinos schon gewaltige Tagesumsätze beschert. Das Argument für Schwarz ist als **Spielerfehlschluss** bekannt und taucht bereits in Fjodor M. Dostojewskis Roman „Der Spieler" auf.

8.2 Wahrscheinlichkeit und Wahrscheinlichkeitsmodelle

8.2.1 Zufallsergebnisse

In vielen Situationen weiß man, welche möglichen Beobachtungsergebnisse bei einer Aktion auftreten können, man weiß aber vorher nicht sicher, welches aus der Menge der möglichen Ergebnisse nun genau auftreten wird:
- Wie viele Minuten kommt mein Zug heute wieder zu spät, oder trifft er rechtzeitig ein?
- Was liegt nach dem Wurf einer Münze oben: Bild oder Zahl?
- Welche Mannschaft wird in der nächsten Saison deutscher Fußballmeister?

Solche Situationen haben Aspekte der Zufälligkeit. Ein **Zufallsexperiment** ist eine Aktion, die ein Ergebnis aus einer bekannten Menge möglicher Ergebnisse, der **Ergebnismenge,** auf unvorhersehbare Weise auswählt. **Zufallsgeräte** sind Vorrichtungen, die für gleichartige Zufallsexperimente besonders geeignet sind, da sie diese Auswahl offenbar auf die immer gleiche Weise treffen, es aber erfahrungsgemäß keinem der Beobachter besser als den anderen erlauben, das nächste Ergebnis vorherzusagen.

Vielleicht wäre die genaue Ankunftszeit des Zuges, der genaue Fall der Münze oder der nächste Fußballmeister für ausreichend informierte und perfekt rechnende Beobachter sogar vorhersehbar. Vielleicht ist echter Zufall überhaupt nur auf der Ebene der Quantenmechanik möglich – oder womöglich gar nicht. Meist führt aber die nicht beherrschbare Vielzahl und Komplexität der beteiligten Faktoren, wie auch der Mangel an Information über dieselben, dazu, dass gewöhnliche Beobachter den Ausgang zahlreicher Aktionen als aus ihrer Sicht zufällig ansehen. Beim Glücksspiel ist das ja sogar erwünscht.

Bekannte Zufallsgeräte sind Münzen oder Utensilien aus der Welt des Glücksspiels, wie Würfel, Rouletteräder und gut gemischte Kartenblätter. Wenn wir eine Münze werfen, erhalten wir ein unvorhersehbares Element der Ergebnismenge {*Bild*, *Zahl*}. Andere Zufallsexperimente und ihre Ergebnismengen sind:

– Werfen eines Würfels,

$$\{1, 2, 3, 4, 5, 6\},$$

– Wurf einer Kugel in ein Rouletterad[167],

$$\{(0, grün), (1, rot), (2, schwarz), ..., (35, schwarz), (36, rot)\},$$

– blindes Ziehen eines Gegenstandes unter vielen gemischten gleichartigen, z. B. einer Karte aus einem gemischten Blatt[168],

$$\{(Kreuz, As), (Kreuz, König), ..., (Karo, 8), (Karo, 7)\},$$

oder einer Kugel aus einem Behälter mit m roten und n grünen Kugeln,

$$\{rot, grün\},$$

– Drehen eines drehbaren Pfeiles auf einem fest stehenden Glücksrad (oder eines an einem festen Pfeil vorbei drehbaren Glücksrades),

$$\{Sektor\,1, Sektor\,2, Sektor\,3, ..., Sektor\,n\},$$

– Werfen einer Reißzwecke,

$$\{Rückenlage, Seitenlage\}.$$

8.2.2 Wahrscheinlichkeit und Ereignisse

Häufig zeigen Zufallsexperimente bei wiederholter Durchführung unter gleichen Bedingungen erkennbare Verhaltensmuster. Je öfter wir werfen, umso näher pendelt sich gewöhnlich das Verhältnis zwischen Zahl- und Bildwürfen einer Münze bei 50% ein, und umso genauer kommt die Sechs in einem Sechstel aller Würfe eines Würfels oben zu liegen. Allgemein nähert sich für jedes mögliche Ergebnis a die **relative Häufigkeit** seines Auftretens,

$$\frac{\text{Anzahl des Auftretens des Ergebnisses } a}{\text{Anzahl der Durchführungen des Experiments}}$$

---

167 Hier: der sog. französische Roulettekessel. Es gibt andere, z. B. mit einer zusätzlichen Doppelnull.
168 Hier: sog. französisches Skatblatt.

bei wachsender Zahl von Durchführungen immer dem gleichen Wert, den man als **Wahrscheinlichkeit** von a bezeichnet. Diese beobachtete Wahrscheinlichkeit von a führt in der Praxis zu einer entsprechenden Erwartungshaltung der Beteiligten bei der Durchführung des nächsten Experiments. Als relative Häufigkeiten bzw. deren „Grenzwerte" liegen Wahrscheinlichkeiten immer zwischen 0 und 1.

Gleiche Wahrscheinlichkeit rechnen wir uns für endlich viele Ergebnisse aus, deren Zustandekommen untereinander keine Bevorzugung erkennen oder erwarten lässt. Die Symmetrieeigenschaften der Münzen und Würfel sowie die unkontrollierten und unregelmäßigen Würfe führen zur Erwartung der **Gleichwahrscheinlichkeit** (je 1/2 für Bild oder Zahl, je 1/6 für 1, 2, 3, 4, 5 oder 6), die in der Praxis auch meist erfüllt wird. Zumindest ist das bei **fairen** Münzen und Würfeln der Fall. Das liegt aber auch (strenggenommen zirkulär) daran, dass wir Würfe mit Münze oder Würfel, bei denen die Gleichwahrscheinlichkeit offenbar nicht gegeben ist, als **unfair** betrachten und dies z. B. einer Fehlproduktion, einer absichtlichen Präparierung oder auch unerwünschtem Geschick der Werfenden zuschreiben.

Ein Experiment mit endlich vielen gleich wahrscheinlichen Ergebnissen nennt man ein **Laplace-Experiment.** In den vorstehenden Zufallsexperimenten sind die Versuche mit Münze, Würfel, Rouletterad und Kartenblatt im allgemeinen Laplace-Experimente, bei gleich vielen Kugeln jeder Farbe auch die Urne mit den Kugeln und bei gleich großen Sektoren auch das Glücksrad.

Den Reißzwecken sieht man an, dass prinzipielle Unterschiede zwischen Rücken- und Seitenlage bestehen, und wird daher eher auf zwei ungleiche Wahrscheinlichkeiten tippen. Die tatsächlichen Wahrscheinlichkeiten bei einer bestimmten Reißnagel-Sorte liefern uns hinreichend lange Versuchsreihen. Diese ergeben für das Ergebnis *Rückenlage* zumeist eine größere Wahrscheinlichkeit als für *Seitenlage.*

Oft fasst man auch ganze Mengen von Ergebnissen zusammen. Nehmen wir zum Beispiel an, wir brauchen eine zufällige Entscheidung zwischen zwei Möglichkeiten mit gleicher Wahrscheinlichkeit und haben gerade keine Münze, wohl aber einen Würfel zur Hand. Dann können wir diesen verwenden und eine ungerades Würfelergebnis (1, 3 oder 5) als Ersatz für Bild betrachten sowie entsprechend ein gerades (2, 4 oder 6) als Ersatz für Zahl. In der Wahrscheinlichkeitstheorie nennt man eine (relevante) Ergebnismenge ein **Ereignis,** wobei man in der diskreten Wahrscheinlichkeitstheorie i.a. alle Ergebnismengen als relevant betrachtet. Ein einelementiges Ereignis, das nur ein bestimmtes Ergebnis umfasst, nennt man auch **Elementarereignis.**[169]

Die Wahrscheinlichkeit eines Ereignisses setzt sich nach den Regeln der Arithmetik additiv aus den Wahrscheinlichkeiten der Ergebnisse des Ereignisses zusammen. Die Wahrscheinlichkeit, dass beispielsweise beim Würfeln Ungerade, also {1,3,5}, eintritt, d. h. ein Ergebnis 1, 3 oder 5 aus dieser Menge auftritt, ist hier also 1/6 + 1/6 + 1/6 = 1/2. Hät-

---

[169] Angehende Versicherungsmathematiker lernen diesen Ausdruck mit zwei unterschiedlichen Bedeutungen kennen.

ten wir nur ein Kartenspiel zur Hand, könnten wir auch mit den gleichwahrscheinlichen Ereignissen Rot (eine Herz- oder Karo-Karte) und Schwarz (eine Kreuz- oder Pik-Karte) arbeiten. Das Roulettespiel kennt ähnlich Ereignisse, wie Rouge (französisch für „rot"), das ist die Teilmenge $\{(1,\text{rot}), (3,\text{rot}), \ldots, (34,\text{rot}), (36,\text{rot})\}$ der Menge der möglichen Rouletteergebnisse. Rouge und sein Gegenstück Noir („schwarz") wären aber noch kein perfekter Ersatz für den Münzwurf, da es auch noch das grüne Feld mit der Null gibt. Man könnte jedoch ein Ergebnis Null nicht werten und den Wurf dann wiederholen.

8.2.3 Wahrscheinlichkeitsräume

Wir kommen nun zu den mathematischen Strukturen, mit denen man die angeführten praktischen Beispiele mathematisch darstellen kann. Ein **diskreter Wahrscheinlichkeitsraum** (Ω, P) oder kurz **W-Raum** – besteht aus zwei Komponenten,

-   dem **Ergebnisraum Ω,** einer beliebigen endlichen oder abzählbar unendlichen Menge, wobei man jede Teilmenge von Ω als **Ereignis** und $\mathbf{P}(\Omega)$, die Potenzmenge von Ω, als **Ereignisraum** bezeichnet, und
-   der **Wahrscheinlichkeit** P^{170}, einer Abbildung vom Ereignisraum in die reellen Zahlen von 0 bis 1, also $P\colon \mathbf{P}(\Omega) \to [0,1]$, mit den Eigenschaften
    -   $P(\Omega) = 1$;
    -   P ist **additiv** in dem Sinne, dass für jede Folge $A_1, A_2, A_3, \ldots$ paarweise disjunkter Ereignisse $A_i \subseteq \mathbf{P}(\Omega)$ gilt: $P(\cup_{i\in\mathbb{N}}A_i) = \sum_{i\in\mathbb{N}} P(A_i)$. Die unendliche Summe $\sum_{i\in\mathbb{N}} P(A_i)$ ist dabei definiert als $\sup\{\sum_{i=1}^{n} P(A_i)\mid n \in \mathbb{N}\}$.

Jeden endlichen (und mit etwas Phantasie auch unendlichen) diskreten W-Raum kann man sich wie in Abb. 8.1 durch ein Glücksrad als Zufallsgerät realisiert denken, dessen Zeiger nach dem Drehen keine Richtung bevorzugt. Jedem Ergebnis x entspricht ein Sektor, dessen Winkel den Bruchteil $P(x)$ vom vollen Kreis beträgt, und das ist bei langen Versuchsreihen dann auch die relative Häufigkeit dieses Ergebnisses. Dabei gehen wir davon aus, dass die Pfeilspitze nie genau auf einen der Trennstriche zeigt oder man solche Versuche ignoriert.

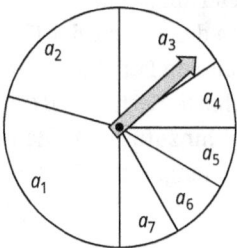

Abb. 8.1: Ein Glücksrad mit W-Raum $(\{a_1, a_2, \ldots, a_7\}, P)$, in dem $P(\{a_1, a_2\}) = 1/2$ gilt.

---

170 P wird häufig verwendet wegen des englischen Wortes *probability*.

Ist der Ergebnisraum endlich, so kann man sich bei der Additivität auf endliche Folgen paarweise disjunkter Ereignisse A_1, A_2, A_3, ..., A_n beschränken, da dann in einer unendlichen Folge nur endlich viele der Ereignisse nichtleer sein können.

Satz 8.1: Endliche Additivität und Monotonie der Wahrscheinlichkeit

In einem diskreten Wahrscheinlichkeitsraum (Ω, P) gilt für alle Ereignisse A, B und C:

1. $P(\varnothing) = 0$;
2. $(A, B \subseteq \Omega \wedge A \cap B = \varnothing) \Rightarrow P(A \cup B) = P(A) + P(B)$;
3. $P(A \cup B) = P(A) + P(B) - P(A \cap B)$;
4. $A \subseteq C \subseteq \Omega \Rightarrow P(A) \leq P(C)$. $\qquad\qquad\square$

Beweis:

(1) ergibt sich aus der Anwendung der Additivität von P auf die Folge Ω, $\varnothing$, $\varnothing$, ...

(2) ergibt sich aus der Anwendung der Additivität von P auf die Folge A, B, $\varnothing$, $\varnothing$, ...

(3) folgt unter mehrfacher Anwendung von (2):

$$P(A \cup B) + P(A \cap B) = P((A \backslash B) \cup (A \cap B) \cup (B \backslash A)) + P(A \cap B)$$

$$= P(A \backslash B) + P(A \cap B) + P(B \backslash A) + P(A \cap B)$$

$$= P((A \backslash B) \cup (A \cap B)) + P((B \backslash A) \cup (A \cap B))$$

$$= P(A) + P(B).$$

(4) folgt aus (2) mit $B = \Omega \setminus C$, wobei dann $P(A) \leq P(A) + P(B) = P(C)$ wegen $P(B) \geq 0$, $A \cup B = C$ und $A \cap B = \varnothing$ gilt. $\qquad\blacksquare$

Die obige Identität (3) lässt sich wiederum auf den Fall von endlich vielen beteiligten Mengen zur sog. Formel von Sylvester[171] bzw. Siebformel verallgemeinern. Diese sei zunächst anhand von drei Mengen anschaulich erläutert. Betrachten wir in Abb. 8.2 die Flächenanteile der Mengen A, B und C symbolisch als deren Wahrscheinlichkeiten, so setzt sich die Fläche $A \cup B \cup C$ additiv zusammen aus den Flächen A, B und C.

Dabei sind allerdings die Flächen $(A \cap B) \setminus C$, $(B \cap C) \setminus A$ und $(C \cap A) \setminus B$ zweimal und die Fläche $A \cap B \cap C$ dreimal gerechnet und sind entsprechend abzuziehen.

Zum gleichen Ergebnis kommt man, wenn man zunächst von der Summe der Flächen A, B und C die Flächen $A \cap B$, $B \cap C$ und $C \cap A$ abzieht. An diesem Punkt hat man allerdings die in der Summe der Flächen A, B und C dreifach gerechnete Fläche $A \cap B \cap C$ dreimal abgezogen, muss sie also zur Korrektur wieder einmal hinzufügen. Es deutet sich das folgende mutmaßliche „Rezept" für endlich viele Mengen an: Flächen

---

[171] James Joseph Sylvester, 1814–1897, Mathematiker, arbeitete abwechselnd in England und USA. Die Formel wird je nach Quelle auch Daniel da Silva, Abraham de Moivre, und Jules-Henri Poincaré zugeschrieben.

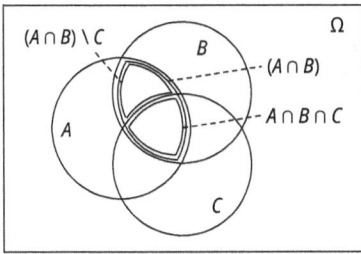

Abb. 8.2: Zur Siebformel mit drei Mengen.

der n einfachen Mengen addieren, dann die der Zweierschnitte subtrahieren, dann die der Dreierschnitte addieren usw. alternierend, bis zu dem Schnitt aus allen n Mengen. Und das klappt tatsächlich:

Satz 8.2: Formel von Sylvester (Siebformel)
Für jede endliche Ereignisfolge $A_1, A_2, \ldots, A_n$, $A_i \subset \Omega$, in einem diskreten Wahrscheinlichkeitsraum (Ω, P) gilt

$$P\left(\bigcup_{i=1}^{n} A_i\right) = \sum_{k=1}^{n} \left[(-1)^{k-1} \sum_{\substack{I \subseteq \{1, \ldots, n\}, \\ |I|=k}} P\left(\bigcap_{i \in I} A_i\right) \right] \quad \text{bzw.}$$

$$P\left(\bigcup_{i=1}^{n} A_i\right) = \sum_{\emptyset \neq I \subseteq \{1, \ldots, n\}} \left[(-1)^{|I|-1} P\left(\bigcap_{i \in I} A_i\right) \right]. \qquad \square$$

In der oberen Version der Formel sind die Teilmengen von $\{1, 2, \ldots, n\}$ zunächst partitioniert nach ihrer Mächtigkeit k. Dort tragen die Summanden mit $k=1$ wegen $(-1)^{1-1}=1$ den „Bärenanteil" $P(A_1) + P(A_2) + \ldots + P(A_n)$ bei.

Beweis: Für $n=0$ reduziert sich die Formel auf $P(\emptyset) = 0$, für $n=1$ auf $P(A_1) = 1 \cdot P(A_1)$, und für $n=2$ entspricht sie der Formel (3) in Satz 8.1. Induktiv setzen wir unter der Annahme der Formel für n fort, wobei wir zwecks Übersichtlichkeit
– $\{1, 2, \ldots, n\}$ als $[1, n]$
– $\bigcap_{i \in I} A_i$ als A_I und
– $\bigcap_{i \in I}(A_i \cap A_{n+1}))$ als A'_I
abkürzen und mit folgenden Begründungen 1. – 6. die anschließenden sechs Identitäten des Beweises zeigen:
1.   induktive Definition der endlichen Vereinigung;
2.   Satz 8.1(3);
3.   Annahme der Formel für n vorn und Distributivität zwischen $\cap$ und $\cup$ hinten;
4.   Annahme der Formel für n (mit A'_I anstelle von A_I);
5.   „$\ldots \cap A_{n+1}$" in A'_I erhöht die Anzahl der beteiligten A_i um 1, plus Indexumrechnung, plus eine Multiplikation mit -1 durch Erhöhung des Exponenten um 1;

6. Die nichtleeren Teilmengen von $[1, n+1]$ kann man trennen in die, die $n+1$ nicht enthalten, $\{n+1\}$ und die mindestens zweielementigen, die $n+1$ enthalten.

$$P\left(\bigcup_{i=1}^{n+1} A_i\right) = P\left(\bigcup_{i=1}^{n} A_i\right) \cup A_{n+1}$$

$$= P\left(\bigcup_{i=1}^{n} A_i\right) + P(A_{n+1}) - P\left(\left(\bigcup_{i=1}^{n} A_i\right) \cap A_{n+1}\right)$$

$$= \sum_{\emptyset \neq I \subseteq [1,n]} (-1)^{|I|-1} P(A_I) + P(A_{n+1}) - P\left(\bigcup_{i=1}^{n} (A_i \cap A_{n+1})\right)$$

$$= \sum_{\emptyset \neq I \subseteq [1,n]} (-1)^{|I|-1} P(A_I) + P(A_{n+1}) - \sum_{\emptyset \neq I \subseteq [1,n]} (-1)^{|I|-1} P\left(A'_I\right)$$

$$= \sum_{\emptyset \neq I \subseteq [1,n]} (-1)^{|I|-1} P(A_I) + P(A_{n+1}) + \sum_{I \subseteq [1,n+1],\, n+1 \in I,\, |I| > 1} (-1)^{|I|-1} P(A_I)$$

$$= \sum_{\emptyset \neq I \subseteq [1,n+1]} (-1)^{|I|-1} P\left(\bigcap_{i \in I} A_i\right)$$

∎

Es sei hier – im Vorgriff auf eine spätere Beschäftigung der Leser mit nicht-diskreter Wahrscheinlichkeitstheorie – kurz erwähnt, dass im Rahmen überabzählbar unendlicher Wahrscheinlichkeitsräume der Ereignisraum nicht mehr die ganze Potenzmenge $\mathbf{P}(\Omega)$ und auch nicht unbedingt irgendwelche Elementarereignisse umfassen muss. Es ist dann aber immer das Komplement $\Omega \setminus A$ eines Ereignisses A sowie die Vereinigung von abzählbar vielen Ereignissen selbst ein Ereignis. Man spricht von einer **Sigma-Algebra,** und P ist dann wie im diskreten Fall additiv auf abzählbar vielen disjunkten Ereignissen.

Wenn wir nun bei Ergebnissen $a \in \Omega$ für $P(\{a\})$ kürzer $P(a)$ schreiben, ergibt sich im endlichen W-Raum aus Satz 8.1 bzw. 8.2 allgemein für jedes Ereignis $\{a_1, a_2, ..., a_k\} \subseteq \Omega$:

$$P(\{a_1, a_2, ..., a_k\}) = \sum_{i=1}^{k} P(a_i).$$

Ereignisse mit Wahrscheinlichkeit 0 nennt man **fast unmöglich,** Ereignisse mit Wahrscheinlichkeit 1 **fast sicher.** Wenn es unmögliche Ergebnisse, d. h. unmögliche Elementarereignisse, gibt, dann gibt es neben dem **unmöglichen** leeren Ereignis $\emptyset$ weitere fast unmögliche und neben dem **sicheren** ganzen Ergebnisraum Ω auch andere fast sichere Ereignisse.

In den Begriffen der W-Räume steht ein **Laplace-Experiment** für einen W-Raum (Ω, P) mit $\Omega = \{a_1, a_2, ..., a_n\}$, $n \in \mathbb{N}$, in dem $P(a_1) = P(a_2) = P(a_n) = 1/n$ gilt. Unseren einführenden Beispielen der Zufallsgeräte Münze und Würfel in 8.2.1 entsprechen also die Laplace-Versuche

- (Ω_M, P_M) mit $\Omega_M = \{Bild, Zahl\}$, $P_M(Bild) = P_M(Zahl) = 1/2$;
- (Ω_W, P_W) mit $\Omega_W = \{1, 2, 3, 4, 5, 6\}$, $P_W(1) = ... = P_W(6) = 1/6$.

Ein W-Raum (Ω, P) mit einem zweielementigen Wertebereich $\Omega = \{1, 0\}$, wird als **Bernoulli-Versuch**[172] bezeichnet. Bei einem solchen werden Versuchsergebnisse x in zwei Mengen getrennt: das Ereignis **Erfolg** = $\{1\}$ mit der Erfolgswahrscheinlichkeit $p := P(x = 1)$ und das Ereignis **Misserfolg** = $\{0\}$ mit der Misserfolgswahrscheinlichkeit $q := 1 - p = P(x = 0)$.

8.2.4 Reiner Zufall

Was im Rahmen der Wahrscheinlichkeitstheorie überraschenderweise nicht mathematisch definiert ist, ist der Zufall. Wann sprechen wir denn zumindest in der Praxis von Zufall?

Wenn man bei einer a priori erwarteten Gleichwahrscheinlichkeit regelmäßig dieselben langfristigen Abweichungen davon beobachtet, dann sagt man oft, das sei wahrscheinlich (!) kein Zufall; der Zufall würde gleiche Wahrscheinlichkeit erfordern.

Eine andere Bedeutung, in der der Begriff Zufall verwendet wird, ist sowohl das Fehlen jeglichen Vorwissens über das Ergebnis des einzelnen Zufallsexperimentes (abgesehen von dessen evtl. vorab bekannter Wahrscheinlichkeit) als auch die Unmöglichkeit der Beeinflussbarkeit desselben.

Es gibt aber kein mathematisch sicheres Kriterium dafür, dass das Ergebnis eines vermeintlichen Zufallsexperimentes oder die Ergebnisse einer Folge von Zufallsexperimenten „echt zufällig" sind oder nicht! Ob etwas mehr oder weniger zufällig oder gar völlig determiniert geschieht, ist kein an den Ergebnissen ablesbarer Unterschied, sondern vielmehr ein praktischer Unterschied im Vorwissen der Beteiligten. Wenn wir einen Zauberkünstler dabei beobachten, dass er nacheinander 6, 6, 6, 6, 6 würfelt, zweifeln wir möglicherweise an der Zufälligkeit seiner Ergebnisse. Wir halten den Würfel für manipuliert, den Künstler für sehr geschickt oder beides. Ausgeschlossen ist eine solche Ergebnisfolge natürlich selbst bei einem gewöhnlichen Würfelspieler mit fairem Würfel nicht – sie ist höchstens nicht sonderlich wahrscheinlich. Würfelt der Zauberkünstler stattdessen eine unauffällige Folge wie 1, 5, 3, 5, 6, denken wir uns nichts dabei. Wenn er aber anschließend einen Zettel aus der Tasche zieht, auf dem „1, 5, 3, 5, 6" steht, sehen wir das Ganze wieder völlig anders.

Ergebnisfolgen mit möglichst wenigen (erkennbaren) Regelmäßigkeiten sind besonders unverdächtig bezüglich Manipulationen und wirken „besonders zufällig", sind es aber nicht unbedingt. Sie wurden formal untersucht unter dem Thema **Kolmogorow-Komplexität**[173], der – grob gesagt – minimalen Länge einer formalen Beschreibung der

---

172 Jakob I. Bernoulli, 1655–1705, Schweizer Mathematiker, Physiker und Theologe. Das „I." steht für „der Erste", aufgrund gleicher Vornamen in der Familie, die etliche namhafte Wissenschaftler hervorbrachte.

173 Andrei Nikolajewitsch Kolmogorow, 1903–1987, arbeitete als Eisenbahnschaffner und als Mathematikprofessor in Moskau.

Ergebnisfolge, vgl. [Hrom 2011]. Ein wichtiger Aspekt ist dabei die Erkennung möglicher Regelmäßigkeiten. So tippt man bei der Würfelergebnisfolge „3, 1, 4, 1, 5" eines Nichtmathematikers vielleicht weniger auf eine mögliche Bildungsregel, als wenn ein Mathematiker in einer Runde von Mathematikern dieses Ergebnis erzielt.[174]

8.3 Abgeleitete Begriffe

8.3.1 Unabhängigkeit und bedingte Wahrscheinlichkeit

Man nennt zwei Ereignisse, also Ergebnismengen, A und B eines Wahrscheinlichkeitsraums **unabhängig**, wenn

$$P(A \cap B) = P(A) \cdot P(B).$$

Zieht man eine Karte aus einem Skatblatt – mit dem in Abschnitt 8.2.1 angegebenen Ergebnisraum und gleicher Wahrscheinlichkeit (1/32) für jede einzelne Karte – so sind die Ereignisse
- Rot, d. h. $\{(farbe, wert) \in \Omega \mid farbe \in \{Herz, Karo\}\}$ und
- Bild, d. h. $\{(farbe, wert) \in \Omega \mid wert \in \{Bube, Dame, König\}\}$

mit ihren $2 \cdot 8 = 16$ bzw. $4 \cdot 3 = 12$ gleich wahrscheinlichen Ergebnissen unabhängig, denn

$$P(Rot \cap Bild) = P(\{(Herz, Bube), (Herz, Dame), ..., (Karo, König)\})$$

$$= 6/32$$

$$= 16/32 \cdot 12/32$$

$$= P(Rot) \cdot P(Bild).$$

Beim Werfen eines Würfels sind hingegen die Ereignisse
- *Klein*, definiert als $\{1, 2, 3\}$ und
- *Ungerade*, d. h. $\{1, 3, 5\}$
abhängig (d. h. nicht unabhängig), denn

$$P(Klein \cap Ungerade) = P(1) + P(3)$$

$$= 1/3, \text{und}$$

$$P(Klein) \cdot P(Ungerade) = 1/2 \cdot 1/2$$

$$= 1/4.$$

---

174 Es sind die ersten 5 Ziffern der Dezimaldarstellung der Kreiszahl π.

Allgemeiner nennt man eine endliche Menge von Ereignissen, $\{A_1, A_2, ..., A_n\} \subseteq \mathbf{P}(\Omega)$ **(wechselseitig) unabhängig,** wenn für jede beliebige Teilmenge $I \subseteq \{1, 2, ..., n\}$ gilt, dass $P(\bigcap_{i \in I} A_i) = \Pi_{i \in I} P(A_i)$. Die paarweise Unabhängigkeit der n Ereignisse reicht dazu *nicht* aus. Das zeigen z. B. beim Werfen zweier Münzen die Ereignisse

- A_1: Münze 1 zeigt *Kopf,*
- A_2: Münze 2 zeigt *Kopf,*
- A_3: Beide Münzen zeigen unterschiedliche Ergebnisse.

Hier gilt mit $\Omega = \{KK, KZ, ZK, ZZ\}$ (Ergebnisse abgekürzt) und wegen Gleichverteilung

- $A_1 = \{KK, KZ\}, A_2 = \{KK, ZK\}, A_3 = \{KZ, ZK\}$
- $P(A_1) = P(A_2) = P(A_3) = 1/2$,
- $i \neq k \Rightarrow P(A_i \cap A_k) = P(A_i) \cdot P(A_k) = 1/4$,
- $P(A_1 \cap A_2 \cap A_3) = P(\varnothing) = 0 \neq 1/8 = P(A_1)\, P(A_2) \cdot P(A_3)$.

Praktisch gesehen ist bedingte Wahrscheinlichkeit die neu zu berechnende Wahrscheinlichkeit, nachdem man nach einem Zufallsexperiment vielleicht nicht das exakte Ergebnis erfuhr, aber dennoch eine gewisse Information über das Ergebnis erhielt. Wenn wir z. B. nicht sehen, welche Zahl gewürfelt wurde, aber verraten bekommen, dass es eine ungerade Zahl war, dann schreiben wir den 6 Würfelergebnissen neue Wahrscheinlichkeiten zu, nämlich

$$P'(2) = P'(4) = P'(6) = 0 \text{ und } P'(1) = P'(3) = P'(5) = 1/3.$$

Die erstgenannten drei sind unter dem neuen Wissen nämlich unmöglich, die anderen drei aber immer noch gleich wahrscheinlich. Unter diesen Umständen ist die gewürfelte Zahl beispielsweise mit größerer Wahrscheinlichkeit eine von 1 bis 3 (nämlich $P'(Klein) = 2/3$) als eine von 4 bis 6 ($P'(Groß) = 1/3$), denn groß und ungerade ist nur die 5, klein und ungerade sind 1 und 3.

Formal definiert man für zwei Ereignisse A und B eines W-Raumes, von denen zumindest B nicht (auch nur fast) unmöglich ist, also $P(B) > 0$ gilt, die **bedingte Wahrscheinlichkeit** von A unter der Bedingung B als

$$P(A|B) := \frac{P(A \cap B)}{P(B)}.$$

Mit dieser Definition ist im Würfelbeispiel

$$P(Klein|Ungerade) = P(Klein \cap Ungerade)/P(Ungerade) = \frac{1/3}{1/2} = 2/3,$$

was zur oben erwarteten „neuen" (nämlich bedingten) Wahrscheinlichkeit passt.

Sind A und B unabhängig, so ist

$$P(A|B) = \frac{P(A) \cdot P(B)}{P(B)} = P(A),$$

d. h. die Information, dass das Ergebnis zum Ereignis B gehörte, beeinflusst nicht den Grad der Erwartung, dass (auch) das Ereignis A eingetroffen ist. Genau das ist die praktische Bedeutung der Unabhängigkeit.

Satz 8.3: Wechselseitige bedingte Wahrscheinlichkeiten
Ist weder A noch B (fast) unmöglich, so gilt

$$P(B|A) = \frac{P(A|B) \cdot P(B)}{P(A)},$$

und es gelten folgende Äquivalenzen:

$$A \text{ und } B \text{ unabhängig} \Leftrightarrow P(A \mid B) = P(A) \Leftrightarrow P(B \mid A) = P(B). \qquad \square$$

Die angesichts der vorhergehenden Formeln sehr einfachen **Beweise** bleiben den Lesern als Übungsaufgaben überlassen. ∎

Satz 8.4: Totale Wahrscheinlichkeit und Bayes'sche Formel[175]
Ist $\{B_1, B_2, ..., B_n\}$ eine Partition des Ereignisraums Ω, d.h. sind die Ereignisse B_i alle nicht unmöglich, alle paarweise disjunkt, und überdecken sie Ω, so gilt

$$P(A) = \sum_{i=1}^{n} P(A|B_i) \cdot P(B_i) \text{ und}$$

$$P(B_k \mid A) = \frac{P(A|B_k) \cdot P(B_k)}{\sum_{i=1}^{n} P(A|B_i) \cdot P(B_i)}. \qquad \square$$

Beweis: Aufgrund der Distributivgesetze für Mengen gilt

$$A = A \cap \Omega = A \cap \bigcup_{i=1}^{n} B_i = \bigcup_{i=1}^{n} (A \cap B_i).$$

Da alle vereinigten Mengen $A \cap B_i$ paarweise disjunkt sind, folgt mit Satz 8.2 und dann der Definition der bedingten Wahrscheinlichkeit

$$P(A) = \sum_{i=1}^{n} P(A \cap B_i) = \sum_{i=1}^{n} P(A \mid B_i) \cdot P(B_i).$$

---

175 Thomas Bayes, 1701 (oder 1702)–1761, englischer Geistlicher und Hobby-Mathematiker.

Ebenfalls nach der Definition der bedingten Wahrscheinlichkeit und wegen des vorstehenden Ergebnisses über die totale Wahrscheinlichkeit gilt

$$P(B_k \mid A) = \frac{P(B_k \cap A)}{P(A)} = \frac{P(B_k \cap A)}{\sum_{i=1}^{n} P(A \mid B_i) \cdot P(B_i)}. \qquad \blacksquare$$

8.3.2 Mehrstufige Zufallsexperimente

Häufig werden mehrere Zufallsexperimente hintereinander oder nebeneinander ausgeführt, ohne dass sie sich gegenseitig beeinflussen.

Wenn Ann und Ben den Zufall entscheiden lassen wollen, ob sie abends ins Kino oder zum Ball gehen und wer von beiden dann den Wagen fährt, so werfen sie zweimal eine Münze, nachdem sie vorher die Umsetzung des Ergebnisses festgelegt haben (z. B. für den ersten Wurf Bild ↦ Kino, Zahl ↦ Ball). Als mathematisches Modell für die unabhängige **Hintereinanderausführung** desselben Zufallsexperimentes eignet sich eine Verknüpfung *Münze × Münze* des W-Raums *Münze* = (Ω_M, P_M) mit sich selbst, d. h. der W-Raum mit vier gleichwahrscheinlichen möglichen Ergebnissen im Ergebnisraum

$$\Omega_M \times \Omega_M = \{(Bild, Bild), (Bild, Zahl), (Zahl, Bild), (Zahl, Zahl)\}.$$

Wenn Ann und Ben es jedoch besonders eilig haben, werfen sie in dieser Situation gleichzeitig einen Euro und eine 50¢-Münze, den Euro für die Wahl der Unternehmung und die 50¢ für die Wahl des Fahrers. Schreibt man das Ergebnis eines solchen Doppelwurfes als geordnetes Paar (Euro-Ergebnis, 50¢-Ergebnis), so sieht man, dass *Münze × Münze* auch für die unabhängige **Parallelausführung** dieser beiden identischen Zufallsexperimente ein geeignetes mathematische Modell darstellt.

Allgemeiner kann ein W-Raum aber auch mit anderen verknüpft werden, nicht nur mit sich selbst. Wenn Ann und Ben den Zufall entscheiden lassen wollen, ob sie ins Kino oder in die Diskothek gehen, und dann in welches der sechs Kinos oder welche der sechs Diskotheken, dann können sie die zweite der beiden Entscheidungen auch auswürfeln. Dann eignet sich *Münze × Würfel* als Modell.

Es müssen auch nicht genau zwei Wahrscheinlichkeitsräume sein, die miteinander verknüpft werden. Vielleicht überlassen es Ann und Ben auch noch dem Zufall, ob sie nach ihrer Unternehmung noch etwas trinken gehen oder nicht, was uns dann zum Modell *Münze × Würfel × Münze* führt. Allgemein bezeichnen wir als unabhängiges Produkt von n (nicht unbedingt unterschiedlichen) W-Räumen $(\Omega_1, E_1, P_1), (\Omega_2, E_2, P_2), ..., (\Omega_n, E_n, P_n)$ den W-Raum $(\Omega_1, E_1, P_1) \times (\Omega_2, E_2, P_2) \times ... \times (\Omega_n, E_n, P_n)$ mit
- dem Ergebnisraum $\Omega_1 \times \Omega_2 \times ... \times \Omega_n$,
- dem Ereignisraum $\mathbf{P}(\Omega_1 \times \Omega_2 \times ... \times \Omega_n)$ und
- der Wahrscheinlichkeit $P(A_1 \times A_2 \times ... \times A_n) := P_1(A_1) \cdot P_2(A_2) \cdot ... \cdot P_n(A_n)$ für Ereignisse A_i in Ω_i, woraus sich die Wahrscheinlichkeit beliebiger Ergebnismengen eindeutig errechnet.

Sehen wir uns im Vergleich dazu den Unabhängigkeitsbegriff aus Abschnitt 8.3.1 an, so bedeutet diese Wahrscheinlichkeitsfunktion, dass gewissermaßen Ereignisse in verschiedenen Zufallsexperimenten, genauer gesagt für $1 \le i < k \le n$ $\Omega_1 \times \ldots \times A_i \times \ldots \times \Omega_n$ und $\Omega_1 \times \ldots \times A_k \times \ldots \times \Omega_n$ voneinander unabhängig sind. Was wäre dann aber ein konkretes Beispiel einer *abhängigen* Verknüpfung von Zufallsexperimenten? Nehmen wir beim Wurf zweier Münzen an, der werfende Ben habe vorher mit Sekundenkleber gearbeitet, und die beiden Münzen kleben nun unglücklicherweise auf einem Stück ihrer Fläche zusammen. Dann ist – für jede Münze alleine betrachtet – jede ihrer Seiten immer noch gleich wahrscheinlich. Im gemeinsamen Wurf bleiben jedoch nur zwei gleich wahrscheinliche Paare übrig, wenn z. B. eine Bildfläche an einer Zahlfläche klebt, (*Bild, Bild*) und (*Zahl, Zahl*). Die beiden anderen Paare sind unmögliche Ereignisse geworden. Dann wäre also $P(Bild, Bild) = 1/2$ und nicht mehr wie bei Unabhängigkeit $\ldots = P(Bild) \cdot P(Bild) = 1/4$.

Kommen wir nun wieder auf sequentiell verknüpfte Zufallsexperimente zurück. Nehmen wir an, unsere Protagonisten Ann und Ben werfen zuerst die Münze, um zwischen Kino und Kneipe zu wählen und stehen nun vor der komplexen Frage: Wenn Kino, in welches der 6 Kinos in der Stadt, wenn Kneipe, in welche der 32 Kneipen? Mit einem Würfel und einem Skatblatt ist diese bedingte Fragenstellung gut zufällig zu beantworten. Hier besteht eine gewisse Abhängigkeit: *Welches* das zweite Zufallsexperiment wird, folgt aus dem Ergebnis des ersten Zufallsexperiments. Andererseits endet da die Abhängigkeit, denn das nächste Ergebnis von Würfel oder Kartenblatt wird in seiner Wahrscheinlichkeit nicht von dem vorherigen Münzwurf beeinflusst: sowohl 1 bis 6 als auch Kreuz-As bis Karo-Sieben bleiben jeweils untereinander gleich wahrscheinlich.

Solche Szenarien bezeichnet man als **mehrstufige Zufallsexperimente**. Diese lassen sich gut in einem (knoten- und kantenbeschrifteten ungeordneten) Baum darstellen und berechnen. Nehmen wir als Beispiel einen anfänglichen Versuch mit Münze, auf den nach dem Ergebnis Bild ein weiterer Versuch mit Münze, nach dem Ergebnis Zahl aber ein Versuch mit Würfel folgt. Abbildung 8.3 stellt den „Versuchsplan" bildlich dar. Man nennt ihn **Wahrscheinlichkeitsbaum** oder kurz **W-Baum**. Wir sehen darin die fallabhängig gestuften Abfolgen der Experimente, die jeweils möglichen nächsten Ergebniskomponenten, sowie auch die jeweilige Wahrscheinlichkeit für das Ergebnis des nächsten Schrittes. Die Blätter entsprechen den 8 möglichen (Gesamt-) Ergebnissen, von (Bild, Bild) bis (Zahl, 6), ablesbar an den Knotenbeschriftungen auf

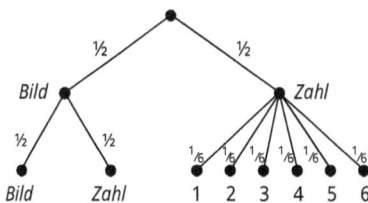

Abb. 8.3: Ein mehrstufiges Zufallsexperiment.

dem Weg von der Wurzel bis zum Blatt. Abhängig vom Zweck der Darstellung werden in solchen W-Bäumen auch weitere Informationen repräsentiert, z. B. über den jeweils nächsten W-Raum, wie in Abb. 8.5.

Die Wahrscheinlichkeit einer bestimmten Ergebnisfolge ergibt sich durch Multiplikation der Wahrscheinlichkeiten an den Kanten auf dem Weg von der Wurzel bis zum Blatt. So ist beispielsweise in Abb. 8.3

$$P(Bild, Bild) = 1/2 \cdot 1/2 = 1/4 \text{ und}$$

$$P(Zahl, 6) = 1/2 \cdot 1/6 = 1/12$$

Allgemein ist also ein diskreter W-Baum ein ungeordneter knoten- und kantenbeschrifteter Baum. Für jeden Elternknoten v muss gelten:
- v hat höchstens abzählbar viele Kinder k_1, k_2, ...,
- die Kinder k_1, k_2, ... sind unterschiedlich beschriftet, und
- die Kanten (v, k_i) zu den Kindern sind mit reellen Zahlen $P_v(k_i)$ aus dem Intervall (0,1] derart beschriftet, dass die Summe der Anschriften 1 beträgt, also

$$1 = P_v(k_1) + P_v(k_2) + \dots.$$

W-Bäume weisen in ihrer Bedeutung Parallelen zu den Tableaubäumen der Logik auf:
- Alternativen erscheinen als Geschwister, können aber bei Tableaubäumen überlappen (inklusives *oder*), während sie bei W-Bäumen strikt getrennt sind (exklusives *entweder oder*).
- Eltern- und Kinderknoten sind über *und* verbunden.

Wie bei den Tableaubäumen können wir auch hier die Zweige „auseinander zupfen", wobei wir die Wahrscheinlichkeiten entlang der Zweige ausmultiplizieren. Aus Abb. 8.3 wird so ein einstufiges Zufallsexperiment wie in Abb. 8.4.

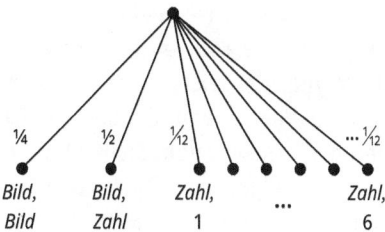

Abb. 8.4: Einstufige Interpretation eines mehrstufigen Zufallsexperiments.

Der dem W-Baum **zugeordnete W-Raum** besteht also aus den Folgen der Knotenanschriften der Zweige (der Wege von der Wurzel zu den Blättern, bzw. der unendlichen Wege) als dessen **Ergebnisse**; sie bilden zusammen den Ergebnisraum. Jedes Ergebnis wird versehen mit dem Produkt der Kantenanschriften des Zweiges als seiner Wahrscheinlichkeit.

Hierbei kann das Ereignis „unendliche Folge" leer sein, wie im gerade abgebildeten Beispiel, einem W-Baum mit endlich vielen Knoten. Es kann auch nichtleer sein, aber die Wahrscheinlichkeit 0 haben, wie beim Würfeln, bis eine Sechs kommt, oder beim Würfeln, solange keine Sechs kommt. Das Ereignis „unendliche Folge" kann aber umgekehrt sogar die Wahrscheinlichkeit 1 haben, wie beim schlichten endlosen Würfeln. Auch für unendliche Folgen gibt es sinnvolle Fragen, z. B. wie wahrscheinlich beim endlosen Würfeln die Folgen mit unendlich vielen Sechsen sind, oder die Folgen mit mehr Einsen als Sechsen in jedem Anfangsstück, oder die mit 1, 2, 3 beginnenden.

Eine spezielle Form eines mehrstufigen Zufallsexperimentes ist der **Bernoulli-Prozess**; er besteht aus einer Verkettung endlich oder abzählbar unendlich vieler unabhängiger identischer Bernoulli-Versuche, d. h. mit derselben Erfolgswahrscheinlichkeit.

Ein weiterer Spezialfall mehrstufiger Zufallsexperimente ist zufälliges Ziehen ohne Zurücklegen. Wenn wir aus dem Skatblatt eine Herz-Acht gezogen haben und dann aus dem restlichen Blatt eine weitere Karte ziehen wollen, stehen wir vor einer neuen Situation. Das nächste Zufallsexperiment enthält das Ergebnis Herz-Acht nicht mehr im Ergebnisraum (oder gibt ihm zumindest die Wahrscheinlichkeit null), während für das Ziehen jeder verbliebenen Karte x die Wahrscheinlichkeit von 1/32 auf $P'(x) = 1/31$ gestiegen ist.

Allgemein besteht beim Ziehen ohne Zurücklegen jeweils der nach einem Ergebnis $a \in \Omega$ auf (Ω, P) folgende W-Raum (Ω_a, P_a) aus dem vorigen abzüglich a mit entsprechend erhöhten Wahrscheinlichkeiten für die verbleibenden Ergebnisse, d. h. dann gilt:

$$\Omega_a = \Omega \setminus \{a\}, \quad P_a(x) = \frac{P(x)}{1 - P(a)}.$$

Wenden wir nun diese Begriffe und Methodik auf ein etwas komplexeres Beispiel an (siehe Abb. 8.5). Eine Urne[176] enthält zwei weiße und drei roten Kugeln, die sich nur durch ihre Farbe unterscheiden. Aus der Urne werden nacheinander zwei Kugeln blind gezogen. Wie groß ist die Wahrscheinlichkeit, dass es sich bei den gezogenen Kugeln – unabhängig von der Reihenfolge – um eine rote und eine weiße handelt? Die Teilergebnisse seien jeweils kurz als W und R bezeichnet. Zwecks verbesserter Übersicht, wie die einzelnen Wahrscheinlichkeiten zustande kommen, ist in die Knoten mit Kinderknoten der jeweilige Inhalt der Urne vor dem Ziehen hinein geschrieben. Gesucht ist die Wahrscheinlichkeit des Ereignisses $\{(W, R), (R, W)\}$, dessen „Ergebnisknoten" eingekreist sind. Wir können an diesem W-Baum ablesen, dass $P(\{(W, R), (R, W)\}) = 2/5 \cdot 3/4 + 3/5 \cdot 1/2 = 3/5$.

---

176 Die Bezeichnung „Urne" kommt nicht aus der Grufti- oder Gothic-Szene, sondern daher, dass im oben beschriebenen **Urnenmodell** keine Einsicht in den Behälter und somit „blindes" Ziehen der Farben suggeriert werden soll.

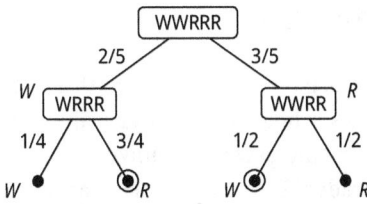

Abb. 8.5: Ziehen ohne Zurücklegen als mehrstufiges Zufallsexperiment.

Mit der unendlichen Verkettung von Münzwürfen erhalten wir den vielleicht einfachsten *überabzählbaren* W-Raum, denn unendliche Wörter über dem Alphabet {*Zahl, Bild*} gibt es ebenso viele wie unendliche Folgen von Nullen und Einsen. Jedes einzelne Ergebnis hat hier die Wahrscheinlichkeit null! Das führt zu zwei Fragen, die Anfängern oft wie Paradoxien vorkommen:

- Wie soll man zu positiven Wahrscheinlichkeiten kommen, wenn jedes Ergebnis die Wahrscheinlichkeit null hat?
- Wenn jedes Ergebnis *fast unmöglich* ist, wie kann man überhaupt zu Ergebnissen kommen?

Zur ersten Frage ist festzustellen: jedenfalls nicht, indem ich für ein Ereignis unendlicher Mächtigkeit, also eine unendliche Ergebnismenge, eine beliebig, evtl. sogar unendlich lange Liste e_1, e_2, e_3, ... ihrer Ergebnissen anlege. Und das selbst, wenn ich daran denke, für jedes dieser Ergebnisse e_i, das ja als unendliche Folge gar nicht aufschreibbar ist, eine endlich lange Bildungsregel R_i zu formulieren. Alle diese endlichen oder abzählbaren Ergebnismengen hätten die Wahrscheinlichkeit 0. Frage ich aber nach der Wahrscheinlichkeit der Menge aller Wurffolgen, die mit *Zahl* beginnen, oder all derer, die im dritten Wurf *Kopf* aufweisen, kann ich mir jeweils leicht 1/2 ausrechnen.

Die zweite Frage ist leicht beantwortet: Es ist ja auch tatsächlich unmöglich, eine Münze unendlich oft zu werfen! Bevor sich zwangsläufig die Münze so abgreift, dass man Kopf und Zahl nicht mehr erkennen kann, wird eventuell bereits der Werfende das Zeitliche segnen. Selbst wenn die Menschheit durch Ersatzmünzen und Ersatzwerfende und genaue Aufzeichnung für ein endloses Werfen sorgt, kann jede Generation nur feststellen, dass bisher nur endlich viele Würfe stattgefunden haben. Unendliche W-Räume sind eher Gedankenexperimente, und dies gilt insbesondere für die überabzählbaren unter ihnen – was der Verwertbarkeit ihrer Ergebnisse im Endlichen und Beobachtbaren jedoch keinen Abbruch tut.

Für spannende Fragen, die Unendliches betreffen, z.B. wie wahrscheinlich unendliche Münzwurffolgen mit nur endlich oft vorkommender *Zahl* sind, verweisen wir auf Spezialliteratur zur Wahrscheinlichkeitstheorie.

8.3.3 Zufallsvariablen, Verteilungsfunktionen, Erwartungswerte

Ann und Ben haben sich seit ihren ersten Zufallsexperimenten im vorigen Abschnitt zunehmend für Glücksspiele interessiert. Eines Tages schlägt Ann Ben vor, abwechselnd zu würfeln. Wenn sie würfelt, soll ihr Ben für eine gewürfelte ungerade Zahl genau diese Zahl von Euro und im Falle einer geraden Zahl eins weniger an Euro geben. Wenn er würfelt, soll er von ihr für eine Eins oder eine Sechs fünf Euro erhalten, für jede Zahl dazwischen aber nur zwei Euro. Bevor er mitspielt, möchte Ben prüfen, ob er nach einem einmaligen beiderseitigen Würfeln im Nachteil ist. Er ordnet jedem Würfelergebnis x den damit verbundenen Gewinn $G(x)$ für Ann zu, wenn sie wirft, siehe Tab. 8.1 links. Jeder dieser Gewinne kommt mit der gleichen Wahrscheinlichkeit von 1/6 vor. Durchschnittlich kann Ann einen Gewinn in Höhe von $(1 + 1 + 3 + 3 + 5 + 5)/6 = 18/6 = 3$ Euro erwarten. Nun betrachtet er den pro Würfelergebnis für ihn selbst fälligen Gewinn $H(x)$, siehe Tab. 8.1 rechts. Jeder dieser Gewinne kommt mit der gleichen Wahrscheinlichkeit von 1/6 vor. Durchschnittlich kann Ben einen Gewinn in Höhe von $(5 + 2 + 2 + 2 + 2 + 5)/6 = 18/6 = 3$ Euro erwarten. Die Chancen sind also trotz der unterschiedlichen Auszahlungsregeln ausgeglichen, der zu erwartende Wert für Gewinn minus Verlust ist null.

Tab. 8.1: Gewinne G für Ann, H für Ben.

x	1	2	3	4	5	6	x	1	2	3	4	5	6
$G(x)$	1	1	3	3	5	5	$H(x)$	5	2	2	2	2	5

Dieses fiktive Beispiel führt uns zu weiteren wichtigen Begriffen der Wahrscheinlichkeitstheorie. Sei (Ω, P) ein diskreter W-Raum mit $\Omega = \{a_1, a_2, ..., a_n\}$ bzw. $\Omega = \{a_n \mid n \in \mathbb{N}\}$. Häufig interessieren – wie im vorstehenden Beispiel – letztlich weniger die Ergebnisse von Zufallsexperimenten, sondern reelle Zahlen, die diesen Ergebnissen zugeordnet sind, insbesondere oft damit verknüpfte Gewinne oder Verluste. Man hat es also mit einer Funktion $X: \Omega \to \mathbb{R}$ zu tun; diese wird auch als **Zufallsvariable** oder **Zufallsgröße** auf Ω bezeichnet. Oben sind G und H Zufallsvariablen auf $\{1, 2, 3, 4, 5, 6\}$.

Häufig interessieren aber auch Ereignisse bestehend aus allen Ergebnissen mit dem gleichen Wert w der Zufallsvariable X, also Mengen der Form $\{a \in \Omega \mid X(a) = w\}$, für deren Wahrscheinlichkeit $P(\{a \in \Omega \mid X(a) = w\})$ man oft kürzer $P(X = w)$ schreibt.

Der **Erwartungswert** oder **Mittelwert** der Zufallsvariablen X ist bei endlichem bzw. – wie unten eingeschränkt – auch bei (abzählbar) unendlichem Ergebnisraum

$$E(X) := \sum_{i=1}^{n} P(a_i) \cdot X(a_i) \quad \text{bzw.} \quad E(X) := \sum_{i=1}^{\infty} P(a_i) \cdot X(a_i),$$

entsprechend dem zu erwartenden Durchschnitt aller X-Werte bei vielen Wiederholungen des Experiments. Dabei sei der Erwartungswert von X bei unendlichem Ergebnisraum nur definiert, wenn die unendliche Reihe $\sum_{i=1}^{\infty} P(a_i) \cdot |X(a_i)|$ eine obere Schranke in $\mathbb{R}$ besitzt, bzw. wenn die Reihe $\sum_{i=1}^{\infty} P(a_i) \cdot X(a_i)$, wie man in der Analysis definiert, absolut konvergent ist, weswegen man (wie sich zeigen lässt) ihre Summanden umordnen darf, ohne die Summe zu ändern.[177] Wenn wir die Menge aller $P(a_i) \cdot X(a_i)$ nun gruppieren nach a_i mit gleichem Wert $X(a_i)$ und lassen x durch die möglichen $X(a_i)$ laufen, folgt:

Satz 8.5: Erwartungswert über die Wahrscheinlichkeit der Zufallswerte

$$E(X) = \sum_{x \in X(\Omega)} (P(X = x) \cdot x). \qquad \square$$

Wenn die Versuchsergebnisse selbst reelle Zahlen sind, ist natürlich auch die identische Abbildung auf Ω eine Zufallsvariable. Dann kann man auch vom Erwartungswert, der Varianz (s. Abschnitt 8.3.5) usw. der möglichen *Ergebnisse* sprechen.

Im obigen Beispiel hat Ben also die finanziellen Erwartungswerte $E(G)$ eines Spielzugs von Ann und $E(H)$ eines eigenen Spielzugs miteinander verglichen. Erwartungswerte sind oft ein wichtiger Faktor, wenn eine wirtschaftlich motivierte Auswahl zwischen Handlungsmöglichkeiten zu treffen ist. Dies geschieht allerdings oft im Rahmen zusätzlicher Überlegungen, auf welche wir in Abschnitt 8.3.4 ein wenig näher eingehen werden.

Eine weitere charakteristische Information, die aus einer Zufallsvariablen eines W-Raumes (Ω, P) extrahiert werden kann, ist die Verteilungsfunktion. Als die **(kumulative) Verteilungsfunktion** einer Zufallsvariable $X \colon \Omega \to \mathbb{R}$ eines W-Raumes (Ω, P) bezeichnet man die Funktion

$$F_X : \begin{cases} \mathbb{R} & \to & [0,1] \\ x & \mapsto & P(\{a \in \Omega | X(a) \leq x\}) \end{cases},$$

d. h. die Wahrscheinlichkeit des Ereignisses, dass die Zufallsvariable einen Wert von höchstens x annimmt. Für $F_X(x)$, d. h. $P(\{a \in \Omega \mid X(a) \leq x\})$, schreibt man auch $P(X \leq x)$. Der Begriff der **Verteilung** wird informell sowohl für die Verteilungsfunktion einer Zufallsvariablen als auch für die Zufallsvariable selbst, aber auch für einen Wahrscheinlichkeitsraum verwendet.

Satz 8.6: Linearkombinationen von Zufallsvariablen
Sind $X_1, X_2, ..., X_n$, Zufallsvariablen auf demselben W-Raum (Ω, P) und $r_1, r_2, ..., r_n$ reelle Zahlen, so ist die Linearkombination $\sum_{i=1}^{n} r_i \cdot X_i = r_1 \cdot X_1 + r_2 \cdot X_2 + ... + r_n \cdot X_n$ eine Zufallsvariable auf (Ω, P), für die gilt

---

177 So konvergiert zwar die alternierende harmonische Reihe $1 - 1/2 + 1/3 - 1/4 + ...$, sie tut es aber nicht *absolut*. Der sog. Riemann'sche Umordnungssatz impliziert daher, dass man diese Reihe nach jeweils geeigneter Umordnung sogar gegen *jede* gewünschte reelle Zahl konvergieren lassen kann.

$$E\left(\sum_{i=1}^{n} r_i \cdot X_i\right) = \sum_{i=1}^{n} r_i \cdot E(X_i). \qquad \qquad \square$$

Beweis: Wir gehen von einem endlichen Ergebnisraum $\Omega = \{a_1, a_2, ..., a_m\}$ aus; für unendliche W-Räume folgt die Behauptung dann mit einem Grenzwertargument der Analysis. Die angegebene Linearkombination ist durch $(\sum_{i=1}^{n} r_i \cdot X_i)(a) := \sum_{i=1}^{n} r_i \cdot X_i(a)$ definiert und damit auch eine Zufallsvariable auf (Ω, P). Da eine Linearkombination durch Multiplikation mit Konstanten und Addition je zweier Größen induktiv aufgebaut werden kann, genügt es zu zeigen, dass die Aussage des Satzes für die Sonderfälle $r \cdot X$ und $X_1 + X_2$ gilt.

$$E(a \cdot X) = \sum_{i=1}^{m} P(a_i) \cdot a \cdot X(a_i)$$

$$= a \cdot \sum_{i=1}^{m} P(a_i) \cdot X(a_i)$$

$$= a \cdot E(X), \qquad \qquad \text{und}$$

$$E(X_1 + X_2) = \sum_{i=1}^{m} P(a_i) \cdot (X_1 + X_2)(a_i)$$

$$= \sum_{i=1}^{m} P(a_i) \cdot (X_1(a_i) + X_2(a_i))$$

$$= \sum_{i=1}^{m} (P(a_i) \cdot X_1(a_i) + P(a_i) \cdot X_2(a_i))$$

$$= \sum_{i=1}^{m} P(a_i) \cdot X_1(a_i) + \sum_{i=1}^{m} P(a_i) \cdot X_2(a_i)$$

$$= E(X_1) + E(X_2). \qquad \qquad \blacksquare$$

Sind X_1, X_2, ..., X_n Zufallsvariablen auf demselben W-Raum (Ω, P) so nennt man diese **(völlig) unabhängig,** wenn für beliebige reelle Zahlen x_1, x_2, ..., x_n die Ereignisse $(X_i = x_i)$, $i = 1, 2, ... n$, unabhängig sind, wenn also gilt:

$$P(X_1 = x_1, X_2 = x_2, ..., X_n = x_n) = P(X_1 = x_1) \cdot P(X_2 = x_2) ... \cdot P(X_n = x_n).^{178}$$

Wie bei den Ereignissen reicht auch bei den Zufallsvariablen die *paarweise* Unabhängigkeit dazu *nicht* aus; das zeigen die Leser in einer Übungsaufgabe.

Satz 8.7: Produkte von Zufallsvariablen

Sind X_1, X_2, ..., X_n unabhängige Zufallsvariablen auf demselben W-Raum, so ist $\prod_{i=1}^{n} X_i$, d. h. $X_1 \cdot X_2 \cdot ... \cdot X_n$, eine Zufallsvariable auf (Ω, P), für die gilt

---

178 Es gibt etliche äquivalente Definitionen der Unabhängigkeit von Zufallsvariablen.

$$E\left(\Pi_{i-1}^n X_i\right) = E(X_1 \cdot X_2 \cdot \ldots \cdot X_n) = E(X_1) \cdot E(X_2) \cdot \ldots \cdot E(X_n) = \Pi_{i=1}^n E(X_n). \qquad \square$$

Teilbeweis: Wir beschränken uns wie im Beweis von Satz 8.6 auf einen endlichen Ergebnisraum $\Omega = \{a_1, a_2, \ldots, a_m\}$ und zudem auf den einfachsten Fall $n = 2$, aus dem die allgemeinere Behauptung dann per Induktion folgt. Nun gelten folgende sechs Identitäten:

$$
\begin{aligned}
E(X_1 \cdot X_2) \quad &= \sum\nolimits_{z \in X_1 \cdot X_2(\Omega)} P(X_1 \cdot X_2 = z) \cdot z && \text{wegen Satz 8.5} \\
&= \sum\nolimits_{x \in X_1(\Omega)} \sum\nolimits_{y \in X_2(\Omega)} P(X_1 = x, X_2 = y) \cdot x \cdot y \\
& && \text{Unterteilung der Mengen } (X_1 \cdot X_2 = z) \text{ nach} \\
& && \text{den } x \text{ und } y \text{ mit Produkt } z, \text{ Additivität von } P \\
&= \sum\nolimits_{x \in X_1(\Omega)} \sum\nolimits_{y \in X_2(\Omega)} P(X_1 = x) \cdot x \cdot P(X_2 = y) \cdot y && \text{Unabhängigkeit} \\
&= \sum\nolimits_{x \in X_1(\Omega)} \left(P(X_1 = x) \cdot x \cdot \sum\nolimits_{y \in X_2(\Omega)} P(X_2 = y) \cdot y \right) && \text{Arithmetik} \\
&= \left(\sum\nolimits_{x \in X_1(\Omega)} P(X_1 = x) \cdot x \right) \cdot \left(\sum\nolimits_{y \in X_2(\Omega)} P(X_2 = y) \cdot y \right) && \text{Arithmetik} \\
&= E(X_1) \cdot E(X_2) && \text{Satz 8.5} \qquad \blacksquare
\end{aligned}
$$

8.3.4 Erwartungswerte als Entscheidungsgrundlage

Beim eingangs betrachteten Ziegenproblem wurde die Verknüpfung von mathematisch klaren wahrscheinlichkeitstheoretischen mit nichtmathematischen Einschätzungen erwähnt. Auch im Alltag müssen wir uns häufig unter unvollständiger Information mittels psychologischer, politischer oder sozio-ökonomischer Erfahrungen und Überlegungen Wahrscheinlichkeiten für die möglichen wahren Verhältnisse zusammenreimen. Erst dann können wir unter deren Annahme wahrscheinlichkeitstheoretisch optimieren. So kaufen wir vermutlich niemandem auf der Straße mal schnell einen dicken angeblichen Goldring für 5 Euro ab, selbst angesichts einer rechnerisch hohen Gewinn-Erwartung. Wir gehen nämlich davon aus, dass in dieser Situation höchstwahrscheinlich die Materialangabe gelogen und der Ring wertlos ist. Die **Entscheidungstheorie** untersucht die rationale Bewältigung diverser Entscheidungssituationen mittels mehrstufiger Vorgehensweisen und unter der Verknüpfung unterschiedlicher Methoden.

Während man bei Glücksspielen in der Regel von einer Wahl zugunsten der Möglichkeit mit der größeren Gewinnerwartung ausgeht, ist im wahren Leben auch zu beachten, welchen „tatsächlichen" Nutzen oder Schaden der zufällige Ausgang eines Zufallsexperiments nach sich zieht. Wer über Millionenbeträge zum Investieren verfügt, kann es sich leisten, 50.000 Euro in ein riskantes Anlagegeschäft mit günstigenfalls großem Gewinn zu investieren. Ein weniger wohlhabender Mensch würde vielleicht trotz hohem Gewinnerwartungswert *nicht* sein gesamtes Erspartes in dieser Höhe investieren oder gar ein Darlehen dazu aufnehmen.

Das heißt nun nicht, dass die zugrunde liegende Mathematik falsch ist; vielmehr kann sie uns nur keine Entscheidungen abnehmen. Ihr Anwendungsbereich wird erweitert, wenn man die vollen Effekte eines ungünstigen Ausgangs mit einer realistischen

Maßzahl in sein Zahlenmodell einbezieht: Auch in weniger drastischen Situationen als dem kompletten Vermögensverlust sollten die sich eröffnenden (bzw. drohenden) Möglichkeiten und deren numerisch vielleicht mühelos zu beziffernden Gewinne und Verluste auf alle denkbaren Auswirkungen untersucht werden. Dann müssen diese oft mit unterschiedlichen Faktoren gewichtet werden. Solchen speziellen Fragen im Rahmen der Entscheidungstheorie widmet sich die **Nutzwertanalyse.**

8.3.5 Streuungsmaße

Der Begriff der **Streuung** wird häufig informell für das Ausmaß verwendet, in dem Ergebnisse eines W-Experiments (als Werte einer Zufallsvariable X) vom Erwartungswert abweichen. Der Erwartungswert einer Zufallsvariable X auf einem W-Raum (Ω, P) kann auf höchst unterschiedliche Weise zustande kommen, wie in Abb. 8.6 illustriert, wo er 3 beträgt,

- wenn $P(X = 3) = 1$, also das Ereignis $X = 3$ fast sicher eintritt,
- wenn $P(X = 1) = P(X = 2) = P(X = 3) = P(X = 4) = P(X = 5) = 1/5$ oder
- wenn $P(X = 1) = P(X = 5) = 1/2$.

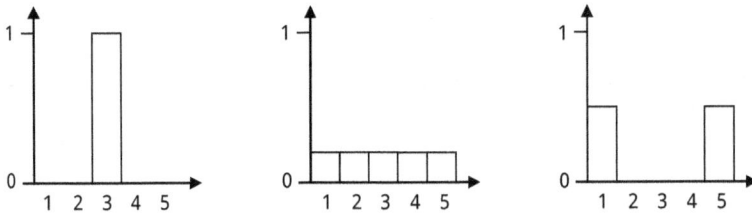

Abb. 8.6: Drei Verteilungen mit gleichem Erwartungswert und unterschiedlicher Varianz.

Bei diesen Beispielen entfernen sich die X-Ergebnisse zunehmend vom Mittelwert $E(X) = 3$. Eine mathematische Maßzahl für diese Tendenz ist die **Varianz** von X, $V(X)$, definiert durch

$$V(X) := E\left((X - E(X))^2\right).$$

Die Varianz beantwortet also die Frage, um wie viel die beobachtete Zufallsgröße durchschnittlich im Quadrat von ihrem Mittelwert abweicht. Ist beispielsweise $\Omega = \{a_1, a_2, ..., a_n\}$, so durchlaufen die Werte $X(a_i)$, $1 \le i \le n$, endlich viele voneinander verschiedene reelle Zahlen x_k, $1 \le k \le m$, mit $m \le n$. Dann ist

$$V(X) = \sum_{k=1}^{m} P(X = x_k)(x_k - E(X))^2.$$

$V(X)$ ist, wie man zeigen kann, genau dann definiert, wenn $E(X)$ und $E(X^2)$ definiert sind, bei endlichen Ergebnisräumen also immer.

Drängen sich bei Ausführungen eines Zufallsexperiments die Werte der Zufallsgröße eng um den Erwartungswert, ist die Varianz klein; liegen sie eher teils weit darüber, teils darunter, ist die Varianz groß. In den obigen Beispielen ist in gleicher Reihenfolge:

- $V(X) = 0 \cdot 2^2 + 0 \cdot 1^2 + 1 \cdot 0^2 + 0 \cdot 1^2 + 0 \cdot 2^2 = 0$,
- $V(X) = 0,2 \cdot (2^2 + 1^2 + 0^2 + 1^2 + 2^2) = 2$,
- $V(X) = 0,5 \cdot 2^2 + 0 \cdot 1^2 + 0 \cdot 0^2 + 0 \cdot 1^2 + 0,5 \cdot 2^2 = 4$.

Auch die Quadratwurzel aus der Varianz, die sogenannte **Standardabweichung**, wird als Maß für die Streuung verwendet:

$$\sigma(X) := \sqrt{E\left((X - E(X))^2\right)}.$$

Satz 8.8: Verschiebungssatz
Ist X eine Zufallsvariable auf einem W-Raum (Ω, P), so gilt

$$V(X) = E(X^2) - (E(X))^2. \qquad \square$$

Beweis: Wie im Beweis von Satz 8.6 gehen wir wieder von einem endlichen Ergebnisraum $\Omega = \{a_1, a_2, ..., a_n\}$ aus. Es gilt

$$V(X) = E\left((X - E(X))^2\right)$$

$$= \sum_{i=1}^{n} P(a_i) \cdot (X(a_i) - E(X))^2$$

$$= \sum_{i=1}^{n} P(a_i) \cdot \left[(X(a_i))^2 - 2 \cdot X(a_i) \cdot E(X) + (E(X))^2\right]$$

$$= \sum_{i=1}^{n} P(a_i) \cdot (X(a_i))^2 - 2 \cdot E(X) \cdot \sum_{i=1}^{n} P(a_i) \cdot X(a_i) + (E(X))^2 \sum_{i=1}^{n} P(X)$$

$$= E(X^2) - 2 \cdot E(X) \cdot E(X) + (E(X))^2 \cdot 1$$

$$= E(X^2) - (E(X))^2. \qquad \blacksquare$$

Die Varianz elementarer Zufallsvariablen ist leicht zu berechnen. Für $X: a_i \mapsto i$ auf einem Laplace'schen Experiment, einem W-Raum (Ω, P) mit $\Omega = \{a_1, a_2, ..., a_n\}$ und $P(a_i) = 1/n$, gilt mit dem Verschiebungssatz

$$V(X) = E(X^2) - (E(X))^2 = \frac{\sum_{i=1}^{n} n^2}{n} - \left(\frac{\sum_{i=1}^{n} n}{n}\right)^2 = \frac{(n+1)(2n+1)}{6} - \left(\frac{n+1}{2}\right)^2$$

$$= \frac{4n^2 + 6n + 2 - (3n^2 + 6n + 3)}{12} = \frac{n^2 - 1}{12},$$

wobei außerdem die Definition von E und die bekannten – aus den Regeln der Arithmetik mit vollständiger Induktion ableitbaren – Summenformeln verwendet wurden. Für $X: i \mapsto i$ auf einem Bernoulli-Experiment $(\{0,1\}, P)$ mit $P(1) = p$ und gilt mit dem Verschiebungssatz wegen $X^2 = X$ und $E(X) = p \cdot 1 + (1-p) \cdot 0 = p$

$$V(X) = E(X^2) - (E(X))^2 = E(X) - (E(X))^2 = p - p^2 = p \cdot (1-p).$$

Satz 8.9: Varianzen von Kombinationen von Zufallsvariablen
1. Ist X eine Zufallsvariable auf einem W-Raum (Ω, P), für die $V(X)$ existiert, und sind a und b reelle Zahlen, so ist auch $a \cdot X + b$ eine Zufallsvariable, deren Varianz existiert, und es gilt

$$V(a \cdot X + b) = a^2 \cdot V(X).$$

2. Sind $X_1, X_2, \ldots, X_n$ unabhängige Zufallsvariablen auf demselben W-Raum (Ω, P) mit definierten Varianzen, so gilt für deren Summe die Gleichung von Bienaymé[179],

$$V\left(\sum_{i=1}^n X_i\right) = \sum_{i=1}^n (X_i). \qquad \square$$

Beweis:

1.
$$\begin{aligned}
V(a \cdot X + b) &= E\left((a \cdot X + b - E(a \cdot X + b))^2\right) && \text{laut Definition}\\
&= E\left((a \cdot X + b - a \cdot E(X) - b)^2\right) && \text{Satz 8.7}\\
&= E\left((a \cdot (X - E(X)))^2\right) && \text{Arithmetik}\\
&= a^2 \cdot E\left((X - E(X))^2\right) && \text{Satz 8.7, Arithmetik}\\
&= a^2 \cdot V(X) && \text{Definition}
\end{aligned}$$

2. Wir setzen der besseren Übersicht halber $Z_i := X_i - E(X_i)$ und beachten, dass dann (a) $V(X_i) = E(Z_i^2)$ gilt, und rechnen leicht nach, dass (b) für unabhängige X_i, X_k (d. h. $i \neq k$) $E(Z_i \cdot Z_k) = 0$ gilt (vgl. Übungsaufgabe zur Kovarianz).

$$\begin{aligned}
V\left(\sum_{i=1}^n X_i\right) &= E\left(\left(\sum_{i=1}^n X_i - E\left(\sum_{i=1}^n X_i\right)\right)^2\right) && \text{wegen Definition,}\\
&= E\left(\left(\sum_{i=1}^n X_i - \sum_{i=1}^n E(X_i)\right)^2\right) && \text{Satz 8.7,}\\
&= E\left(\left(\sum_i^n (Z_i)\right)^2\right) && \text{Arithmetik, Definition,}
\end{aligned}$$

---

179 Irénée-Jules Bienaymé, 1796–1878, lehrte Mathematik und arbeitete als Finanzinspektor in Frankreich.

$$= E\left(\sum_{i,k=1}^{n} Z_i \cdot Z_k\right) \qquad \text{Arithmetik,}$$

$$= \sum_{i,k=1}^{n} E(Z_i \cdot Z_k) \qquad \text{Satz 8.7,}$$

$$= \sum_{i=1}^{n} E(Z_i^2) \qquad \text{Vorbemerkung (b),}$$

$$= \sum_{i=1}^{n} V(X_i) \qquad \text{Vorbemerkung (a).} \quad \blacksquare$$

Die Wahrscheinlichkeit, dass die Werte einer Zufallsvariable einen bestimmten Abstand vom Mittelwert übersteigen, wird durch deren Varianz eingeschränkt:

Satz 8.10: Tschebyscheff-Ungleichung[180]
Ist X eine Zufallsvariable auf einem W-Raum (Ω, P) und r eine positive reelle Zahl, so gilt

$$P(|X - E(X)| \geq r) \leq \frac{V(X)}{r^2}. \qquad \square$$

Beweis: Wie zuvor sei $\Omega = \{a_1, a_2, ..., a_n\}$, und überdies $\Omega' = \{b_1, b_2, ..., b_m\}$ mit $m \leq n$ die Menge der $a \in \Omega$, für die $|X(a) - E(X)| \geq r$ ist, so dass die Wahrscheinlichkeit, dass $|X - E(X)| \geq r$ beträgt, sich aus den Wahrscheinlichkeiten der b_i summiert:

$$P(|X - E(X)| \geq r) = \sum_{i=1}^{m} P(b_i).$$

Damit gilt

$$V(X) = E\left((X - E(X))^2\right)$$

$$= \sum_{i=1}^{n} P(a_i) \cdot (X(a_i) - E(X))^2$$

$$\geq \sum_{i=1}^{m} P(b_i) \cdot (X(b_i) - E(X))^2$$

$$\geq \sum_{i=1}^{m} P(b_i) \cdot r^2$$

$$= r^2 \cdot \sum_{i=1}^{m} P(b_i)$$

$$= r^2 \cdot P(|X - E(X)| \geq r). \qquad \blacksquare$$

---

[180] Pafnuti Lwowitsch Tschebyschow, 1821–1894, lehrte in St. Petersburg. Man fmdet auch andere Schreibweisen, wie Tschebyschew und – vor allem bei der nach ihm benannten Ungleichung – Tschebyscheff.

Mithilfe der Tschebyscheff-Ungleichung gewinnt man auf mathematischem Wege – nun also als logische Folgerung – eine Aussage wieder, die als praktische Beobachtung (!) mit den Anstoß zur Wahrscheinlichkeitstheorie gab: Bei einer wachsenden Zahl von gleichen Zufallsexperimenten mit Zahlen als Ergebnissen nähert sich der Durchschnittswert immer derselben Zahl. Diese Übereinstimmung spricht dafür, dass die Wahrscheinlichkeitstheorie eine passende Modellierung der Wirklichkeit darstellen könnte.

Satz 8.11: Ein Gesetz der großen Zahlen[181]
Ist $X_1, X_2, \ldots$ eine Folge unabhängiger identisch verteilter Zufallsvariablen auf demselben W-Raum (Ω, P) (d. h. für alle $i, k \in \mathbb{N}$, $x \in \mathbb{R}$ ist $P(X_i = x) = P(X_k = x)$) mit existierendem Erwartungswert und existierender Varianz und ist r eine positive reelle Zahl, so gilt

$$P\left(\left| E(X_1) - \frac{1}{n} \cdot \sum_{i=1}^{n} X_i \right| \geq r \right) \leq \frac{V(X_1)}{n \cdot r^2} \; .$$

Insbesondere geht auch für beliebig kleine r die obige Wahrscheinlichkeit mit wachsendem n gegen 0, d. h. der Durchschnitt $\frac{1}{n} \sum_{i=1}^{n} X_i$ der Beobachtungswerte X_i strebt gegen $E(X_1)$. $\qquad\square$

Beweis: Wegen der identischen Verteilung gilt

$$E(X_i) = E(X_k) = E(X_1) \text{ und } V(X_i) = V(X_k) = V(X_1).$$

Damit gilt wegen der Sätze 8.7 und 8.10(1)

$$E\left(\frac{1}{n} \cdot \sum_{i=1}^{n} X_i \right) = \frac{1}{n} \cdot E\left(\sum_{i=1}^{n} X_i \right) = \frac{1}{n} \cdot \sum_{i=1}^{n} E(X_i) = \frac{1}{n} \cdot n \cdot E(X_1) = E(X_1)$$

sowie wegen Satz 8.9(1&2) und der Unabhängigkeit

$$V\left(\frac{1}{n} \cdot \sum_{i=1}^{n} X_i \right) = \frac{1}{n^2} \cdot V\left(\sum_{i=1}^{n} X_i \right) = \frac{1}{n^2} \cdot \sum_{i=1}^{n} V(X_i) = \frac{1}{n^2} \cdot n \cdot V(X_1) = \frac{V(X_1)}{n} \; .$$

Satz 8.11 ist damit einfach Satz 8.10, angewendet auf $X := \frac{1}{2} \sum_{i=1}^{n} X_i$ und mit anschließenden identischen Ersetzungen, wie sie oben abgeleitet sind. $\qquad\blacksquare$

---

[181] Es gibt mehrere Gesetze der großen Zahlen, genannt starke und schwache, und damit verwandt sog. zentrale Grenzwertsätze, die präzisieren, in welchem Sinne der intuitive Ansatz der Wahrscheinlichkeit als relativer Häufigkeit bei einer großen Zahl von Versuchswiederholungen wahrscheinlichkeitstheoretisch gerechtfertigt und quantifizierbar ist, vgl. z. B. [Schm 2011].

8.4 Anwendungsbeispiele

8.4.1 Wahrscheinlichkeitstheoretische Begriffe und Ergebnisse an einem Demonstrationsbeispiel

Wirft man zwei Würfel, um die Summe der Augenzahlen als Zufallsergebnisse zu verwenden, so kann man dieses Zufallsexperiment wie folgt in W-theoretischen Begriffen analysieren[182]:

- Die Würfel werden als Würfel 1 und 2 physikalisch voneinander unterschieden, und ihre Ergebnisse sind voneinander unabhängig. Als gleich wahrscheinliche mögliche Gesamtergebnisse kann man die Zahlenpaare (Zahl von Würfel 1, Zahl von Würfel 2) betrachten. Der gewählte W-Raum ist selbst bereits Beispiel einer Verknüpfung unabhängiger Zufallsexperimente, nämlich der Würfe von Würfel 1 mit den Würfen von Würfel 2. Die Wahrscheinlichkeit der einzelnen Ergebniskombinationen ergibt sich als Produkt der Wahrscheinlichkeiten der einzelnen Ergebnisse in den getrennt gesehenen einzelnen Experimenten: $\frac{1}{36} = \frac{1}{6} \cdot \frac{1}{6}$. Damit handelt es sich um ein Laplace-Experiment (Ω, P) mit 36 möglichen Ergebnissen:

$$\Omega = \{ (1,1), (1,2), ..., (6,5), (6,6) \},$$

$$\forall (x, y) \in \Omega : P(x, y) = 1/36.$$

- Die erzielten Augenzahlensummen können wir den Ergebnissen (Versuchsausgängen) als Zufallsvariable X zuordnen:

$$X : \begin{cases} \Omega & \to & \mathbb{N} \\ (x, y) & \mapsto & x + y \end{cases}$$

Dabei ist, um nur einige Beispiele anzuführen,

$$P(X = 2) = P(1,1) = 1/36 = P(6,6) = P(X = 12),$$

$$P(X = 7) = P(1,6) + P(2,5) + P(3,4) + P(4,3) + P(5,2) + P(6,1) = 6 \cdot 1/36 = 1/6.$$

- Ein Beispiel einer bedingten Wahrscheinlichkeit im W-Raum (Ω, P) mit der Zufallsvariable X ist

$$P(X = 6 \,|\, Keine\_3)$$

mit den Ereignissen

$$Keine\_3 = \{(x,y) \mid x \neq 3 \land y \neq 3\},$$

---

[182] Dies geschieht hier im Wesentlichen auf ganz elementare Weise. Es bleibt den Lesern überlassen, sich übungshalber einige der hier errechneten Zahlen unter Verwendung von im Kapitel erarbeiteten Sätzen auf kürzerem Wege zu verschaffen.

das sowohl die 6 Paare mit der Drei von Würfel 1 als auch die 6 Paare mit der Drei von Würfel 2 ausschließt, das sind – da (3,3) hierbei doppelt genannt ist – 11 der 36 möglichen Paare, es bleiben 25,

$$(X = 6) = \{(1,5),(2,4),(3,3),(4,2),(5,1)\},$$

$$(X = 6) \cap Keine\_3 = \{(1,5),\ (2,4),\ (4,2),\ (5,1)\}.$$

Damit ergibt sich

$$P(X = 6|Keine\_3) = \frac{P((X = 6) \cap Keine\_3)}{P(Keine\_3)} = \frac{4}{25}.$$

– Der Erwartungswert von X ist hier der Erwartungswert der Summe der Ergebnisse der verknüpften Experimente eines einzelnen Würfels. Dieser ist wegen der Unabhängigkeit der Experimente gleich der Summe der Erwartungswerte der Einzelexperimente, d,h, $E(X) = 2\,E(Y)$, wobei

$$E(Y) = \frac{1}{6} \cdot 1 + \frac{1}{6} \cdot 2 + \frac{1}{6} \cdot 3 + \frac{1}{6} \cdot 4 + \frac{1}{6} \cdot 5 + \frac{1}{6} \cdot 6 = 3,5$$

Also ist $E(X) = 7$.
– Zusammen mit $P(X = x)$ ist die kumulative Verteilungsfunktion von X, F_X: $\mathbb{R} \to$ [0,1] mit $F_X(x) = P(X \geq x)$, in Abb. 8.7 dargestellt.

Das Diagramm für $P(X = x)$ ist ein Balkendiagramm, und seine y-Achse ist gegenüber dem Diagramm von F_X sechsfach gestreckt. Die verdickten linken Endpunkte im Funktionsgraphen im letzteren symbolisieren, dass die konstanten Intervalle links abgeschlossen und rechts offen sind.
– Die Varianz von X ist $V(X) = E(Z)$ mit der Zufallsvariablen $Z = (X - 7)^2$, wobei sich die verschiedenen Werte von Z wie folgt ergeben:
  – $(2 - 7)^2 = (12 - 7)^2 = 25$ für die 2 Ergebnisse (1,1) und (6,6),
  – $(3 - 7)^2 = (11 - 7)^2 = 16$ für die 4 Ergebnisse (1,2), (2,1), (5,6) und (6,5),
  – $(4 - 7)^2 = (10 - 7)^2 = 9$ für die 6 Ergebnisse (1,3), (2,2), (3,1), (4,6), (5,5), (6,4),
  – $(5 - 7)^2 = (9 - 7)^2 = 4$ für die 8 Ergebnisse (1,4),..., (4,1), (3,6),..., (6,3),
  – $(6 - 7)^2 = (8 - 7)^2 = 1$ für die 10 Ergebnisse (1,5),..., (5,1), (2,6),..., (6,2), und
  – $(7 - 7)^2 = 0$ für die 6 Ergebnisse (1,6), (2,5),..., (6,1).
– Damit ist $V(X) = E(Z) = (2 \cdot 25 + 4 \cdot 16 + 6 \cdot 9 + 8 \cdot 4 + 10) / 36 = 5{,}8\overline{3}$ und die Standardabweichung beträgt $\sigma(X) = \sqrt{5{,}8\overline{3}} \approx 2{,}415$.

8.4.2 Ernüchterung bei der Verdopplungsstrategie

Sehen wir uns einmal systematisch, ganz ohne mathematische Terminologie, den besonders einfachen Fall an, dass die Münzwürfe in Abschnitt 8.1.1 fair sind, S nur 3 Euro zum Spielen zur Verfügung hat und auch höchstens eine einzige Runde spielt,

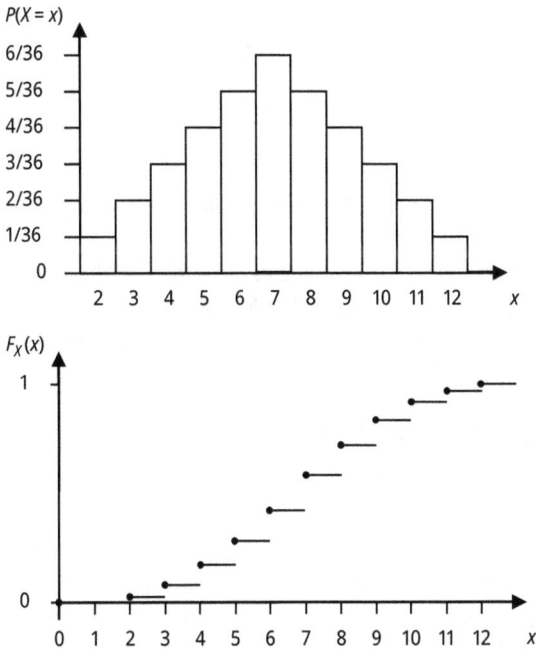

Abb. 8.7: Die Wahrscheinlichkeiten $P(X = x)$ (oben) und die kumulative Verteilungsfunktion F_X (unten) der Augensumme zweier Würfel.

d. h. nur so lange, bis er entweder insgesamt einen Euro gewonnen oder kein Geld mehr zum Weiterspielen hat. Nun sind gleich wahrscheinlich:

– Wurf 1 ergibt *Bild*, was erwartungsgemäß in 50% aller Fälle geschieht. Somit kann er zu 50% einen Gewinn von 1 Euro erwarten, was 50¢ zur „Gewinnerwartung" beiträgt.

– Wurf 1 ergibt *Zahl*, was ebenfalls in 50% aller Fälle zu erwarten ist. Nun hat er zunächst 1 Euro verloren, aber es kommt zu einem zweiten Wurf um 2 Euro. Danach sind gleich wahrscheinlich:

  – In Wurf 2 kommt *Bild* (in 50% aller zweiten Würfe, insgesamt also in 25% aller Fälle). Auch dann gewinnt er insgesamt in der Runde 1 Euro, hat also durch diesen Fall eine zusätzliche Gewinnerwartung von 25% eines Euro, also 25¢.

  – In Wurf 2 kommt *Zahl*, (ebenfalls in 50% aller zweiten Würfe) so dass er erwartungsgemäß in 25% aller Fälle 3 Euro verliert – was ihm eine eine „Verlusterwartung" von 25% von 3 Euro, also von 75¢, beschert.

Die Baumstruktur dieses mehrstufigen Experiments zeigt Abb. 8.8, wobei die den (End-) Ergebnissen entsprechenden Blätter mit dem jeweiligen Wert der Zufallsvariable G (Gewinn für S) beschriftet sind.

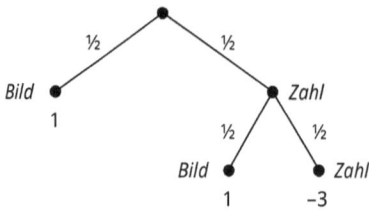

Abb. 8.8: Ein Beispiel für die Verdopplungsstrategie.

Der Erwartungswert errechnet sich aus dieser Zufallsvariable und den Wahrscheinlichkeiten der Ergebnisse *Bild* (*B*), *Zahl-Bild* (*ZB*) und *Zahl-Zahl* (*ZZ*), wobei die Wahrscheinlichkeit mehrstufiger Ergebnisse das Produkt der Wahrscheinlichkeiten der Ergebnisse der Stufen ist:

$$E(G) = P(B) \cdot G(B) + P(ZB) \cdot G(ZB) + P(ZZ) \cdot G(ZZ)$$

$$= 0{,}5 \cdot 1 + 0{,}5 \cdot 0{,}5 + 1 + 0{,}5 \cdot 0{,}5 \cdot (-3)$$

$$= 0$$

Damit hat *S* summa summarum weder Gewinn noch Verlust zu erwarten. Und das gilt, wie man leicht ausrechnen kann, auch dann, wenn unser Spieler über mehr Kapital, z. B. eine Million Euro, zum Spielen verfügt. Er kann so lange spielen, wie er Lust und Kapital hat – seine Gewinnerwartung bleibt null.

Es bleibt der Beigeschmack, dass der Spieler mit *unbegrenztem* Kapital *fast sicher* einen Euro gewinnen würde. Abgesehen davon, dass es keine unbegrenzten Kapitalien gibt, kann man sich damit trösten, dass er dann immer noch, wenn auch mit der Wahrscheinlichkeit null, theoretisch ewig verlieren könnte, also unendlich viele Euro. Eine Verlusterwartung null mal unendlich ist zwar undefiniert; mit einer Grenzwertbetrachtung für die Verlusterwartung bei 1, 2, 3, ... mal hintereinander *Zahl* könnte man auch mathematisch wieder bei einer Zugewinnerwartung (Gewinn minus Verlust) von null ankommen.

8.4.3 Gerechtigkeit beim Aufteilungsproblem

Natürlich kann man sich streiten, was in Abschnitt 8.1.2 ein gerechtes Vorgehen ist. Jedoch werden vielleicht Viele der folgenden Vorgehensweise zustimmen: Die beiden teilen die eingesetzte und ursprünglich nur von entweder Ann oder Ben zu gewinnende Summe entsprechend der jeweiligen (bedingten) Wahrscheinlichkeit auf, mit der Ann bzw. Ben gewinnen würde, wenn beide das Spiel aus der erreichten Situation zu Ende bringen könnten. Wie würde es also in der beschriebenen Situation mit welchen Wahrscheinlichkeiten weiter gehen? Wieder liefert das Baumdiagramm des mehrstufigen restlichen Spielablaufs die Antwort, wie in Abb. 8.9 gezeigt. Hier sind die Blätter mit dem jeweiligen Sieger beschriftet.

Demnach gewinnt Ben nur mit einer Wahrscheinlichkeit von $\frac{1}{2} \cdot \frac{1}{2} \cdot \frac{1}{2} \cdot \frac{1}{8}$,
Ann dagegen mit einer Wahrscheinlichkeit von $\frac{1}{2} + \frac{1}{4} + \frac{1}{8} = \frac{7}{8}$.
Entsprechend wäre der Einsatz im Verhältnis 1 : 7 zwischen Ben und Ann zu teilen.

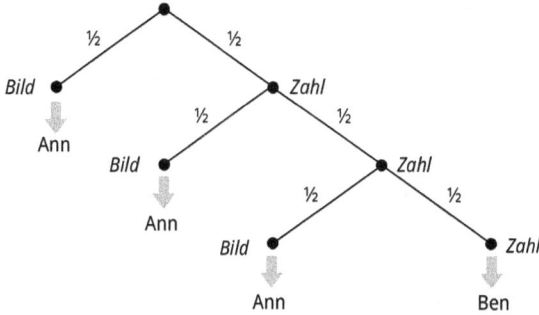

Abb. 8.9: Berechnung der Wahrscheinlichkeiten beim Aufteilungsproblem.

8.4.4 Erleichterung beim False Positive

Die Auflösung dieses schon fast paradox wirkenden Phänomens beginnt mit einer Fallunterscheidung, die wir analog einem mehrstufigen Experiment strukturieren können:
– Im ersten Schritt geht es darum, ob die Eigenschaft E vorliegt ($E+$) oder nicht ($E-$).
– Im zweiten Schritt geht es darum, ob das Testergebnis dann positiv ist ($T+$) oder nicht ($T-$), vgl. Abb. 8.10.

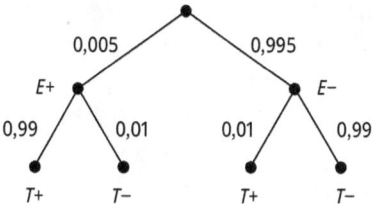

Abb. 8.10: Eigenschaft und Testergebnis als mehrstufiges Zufallsexperiment.

Das Ereignis $T+$ (Testergebnis positiv) setzt sich zusammen aus den Ergebnissen „fälschlich positiv", $E-T+$, und „zutreffend positiv", $E+T+$. Nach dem Vorliegen von $T+$ geht es nun um die Frage, wie wahrscheinlich E unter dieser Bedingung vorliegt, also um die Frage nach $P(E+|T+)$. Diese bedingte Wahrscheinlichkeit beträgt

$$P(E+|T+) = \frac{P(E+T+)}{P(T+)} = \frac{P(E+T+)}{P(E+T+)+P(E-T+)} = \frac{0{,}005 \cdot 0{,}99}{0{,}005 \cdot 0{,}99 + 0{,}995 \cdot 0{,}01} = 0{,}332\dots.$$

Es ist also tatsächlich etwa doppelt so wahrscheinlich, dass die Eigenschaft *nicht* vorliegt, als dass sie wirklich vorliegt.

Wer dieser Rechnung noch misstraut, kann sie alternativ über durchschnittliche Personenzahlen nachvollziehen. Nehmen wir an, 20000 Personen werden getestet. 100 davon haben die Eigenschaft, und dies wird bei 99 von diesen erkannt. 19900 haben die Eigenschaft nicht, aber bei 199 von ihnen wird sie fälschlich diagnostiziert. Insgesamt 298 Probanden haben ein positives Testergebnis, aber nur 99 von ihnen zu Recht – knapp ein Drittel.

8.5 Prozesse

8.5.1 Definition und Beispiele

Ein stochastischer Prozess ist eine potenziell unbeschränkte Verknüpfung miteinander zusammenhängender Zufallsexperimente. Dabei kann es sich um unabhängige Wiederholungen des immer gleichen Experiments handeln. Es können aber auch einzelne Parameter jedes Zufallsexperiments von den Ergebnissen früher durchgeführter Zufallsexperimente abhängen – im einfachsten Fall nur dem des gerade vorhergehenden.

Wenn sich Ann und Ben die Zeit damit vertreiben, immer wieder um einen Einsatz von einem Euro eine Münze zu werfen, dann ist dies ein Prozess des ersten Typs mit identischen Zufallsexperimenten. Solange keiner von beiden sein gesamtes Geld verliert, können sie unbeschränkt weiter spielen. Sollte aber wegen begrenzter Mittel eine Pleite eintreten, endet der Prozess, d. h. die Zufallsexperimente sind nicht ganz unabhängig, da sich beim Pleitegehen etwas anderes als bisher ereignet, das nämlich von einem langen Gedächtnis über die bisherigen Ereignisse abhängt. Weitere Prozesse des zweiten Typs haben wir beim Ziehen ohne Zurücklegen und beim zufälligen Austausch von Kugeln zwischen zwei Urnen kennengelernt. Dort hatte sich die Verteilung der Kugeln auf die Urnen von einem zum nächsten Versuch geändert – und damit auch die Wahrscheinlichkeit, eine Kugel bestimmter Farbe zu ziehen.

In der mathematischen Stochastik wird ein stochastischer Prozess unter Zuhilfenahme der Maßtheorie abstrakter als beim soeben intuitiv beschriebenen Prozessbegriff definiert, vgl. z. B. [Mürm 2014]. Die Details der Definition und erst recht die Theorie selbst sprengen jedoch den Rahmen dieser Einführung.

8.5.2 Spezielle Bernoulli-Prozesse

Die Binomialverteilung

Ein Bernoulli-Prozess (vgl. Abschnitt 8.3.2) bestehe aus Wiederholungen eines Bernoulli-Experiments (Ω, P) mit der Ergebnismenge $\Omega = \{0,1\}$ und mit $P(1) = p$ sowie $P(0) = q = 1 - p$. Wir betrachten nun Anfänge fester Länge dieses Bernoulli-Prozesses; ein komplexes Experiment bestehe aus n Durchführungen von (Ω, P). Dabei ist es in einer physischen Realisierung gleichgültig, ob ein Zufallsgerät für (Ω, P) n-mal hintereinander oder n nummerierte aber ansonsten identische Exemplare des Gerätes gleichzeitig betätigt werden. Der dabei entstehende W-Raum $(\Omega_{(n)}, P_{n,p})$ soll nun untersucht werden.

Zunächst stellen natürlich alle Folgen der Länge n aus den Zeichen 1 und 0 die möglichen Ergebnisse dar:

$$\Omega_{(n)} \;=\; \{0,1\}^{n}.$$

Die Wahrscheinlichkeit eines Elementarereignisses $u \in \Omega_n$ beträgt aufgrund der Unabhängigkeit der Versuchsdurchführungen

$$P_{(n,p)}(u) \;=\; p^{\#(1,u)} \;\cdot\; q^{\#(0,u)},$$

wobei $\#(x,u)$ die Anzahl der Vorkommen des Zeichens x in der Folge bzw. dem aus n Symbolen bestehenden Wort u ist. Beispielsweise ist $P_{(5,p)}(11001) = p^3 \cdot q^2$. Ist (Ω, P) überdies ein Laplace-Experiment, also mit $p = q = 1/2$, so sind auch alle Ergebnisse $u \in \Omega_{(n)}$ gleich wahrscheinlich mit $P_{(n)}(u) \;=\; 2^{-n}$.

Nun interessiert am Ergebnis $u \in \Omega_{(n)}$ als Zufallsgröße oft die Anzahl der Erfolge $X(u)$ $:= \#(1,u)$. Alle Ergebnisse in dem Ereignis $X(u) = k$ mit $0 \le k \le n$ sind nach der obigen Formel gleich wahrscheinlich mit $P_{(n)}(u) = p^k \cdot q^{n-k}$, und diese Ergebnisse sind genau die Permutationen aus k Zeichen 1 und $n - k$ Zeichen 0. Wie in Abschnitt 5.2.2 im Rahmen der Kombinatorik gezeigt, umfasst diese Menge $\binom{n}{k}$, d.h. $\dfrac{n!}{k! \cdot (n-k)!}$, Elemente, so dass:

$$b(k \mid n,p) \;:=\; P_{(n)}(X = k) = \binom{n}{k} \cdot p^k \cdot q^{n-k},$$

gilt, was man als **Binomialverteilung** bezeichnet.

Satz 8.12: Stochastische Kenngrößen der Binomialverteilung

Für die Binomialverteilung mit den vorstehenden Parametern $P(1) = p$ und $P(0) = q = 1 - p$ für die einzelne Stufe beträgt der Erwartungswert

$$E_{(n)}(X) \;=\; n \cdot p$$

und die Varianz

$$V_{(n)}(X) \;=\; n \cdot p \cdot q. \qquad \square$$

Beweis: Der Erwartungswert des einzelnen Bernoulli-Experiments einer Stufe ist $E_{(n)}(X) = p$. Nach Satz 8.6 ist $E_{(n)}(X) = E_{(n)}\left(\sum_{i=1}^{n} X_i\right) = \sum_{i=1}^{n} E(X_i)$, wobei jedes X_i die identische Abbildung auf Ω im W-Raum (Ω, P) ist, d. h. $E(X_i) = p$ gilt. Daraus folgt $\sum_{i=1}^{n} E(X_i) = n \cdot P(1) = n \cdot p$.

Ähnlich ergibt Satz 8.9 für die Varianz $V\left(\sum_{i=1}^{n} X_i\right) = \sum_{i=1}^{n} V(X_i)$ ∎

Die Poisson-Verteilung

Es seien (Ω, P_λ) ein Wahrscheinlichkeitsraum mit reellem Parameter $\lambda > 0$ und $X: \Omega \to \mathbb{N}_0$ eine Zufallsvariable darauf. Man spricht von einer **Poisson-Verteilung**[183], wenn

$$P_\lambda(X = k) = \frac{\lambda^k}{k!} \cdot e^{-\lambda}.$$

Damit die Definition berechtigt ist, muss jeder Wahrscheinlichkeitswert ≥ 0 sein, was zutrifft, und es muss

$$\sum_{k=0}^{\infty} P_\lambda(X = k) = \sum_{k=0}^{\infty} \frac{\lambda^k}{k!} \cdot e^{-\lambda} = 1$$

gelten, und dies gilt wegen der aus der Analysis bekannten Potenzreihe

$$\sum_{k=0}^{\infty} \frac{\lambda^k}{k!} = e^\lambda.$$

Satz 8.13: Stochastische Kenngrößen der Poisson-Verteilung

Der Erwartungswert und die Varianz einer Poisson-Verteilung berechnen sich zu

$$E_\lambda(X) = V_\lambda(X) = \lambda. \qquad \square$$

Beweis:

$$
\begin{aligned}
E_\lambda(X) \quad &= \sum_{k=0}^{\infty} k \cdot \frac{\lambda^k}{k!} \cdot e^{-\lambda} && \text{wegen Definition } E, \\
&= \sum_{k=1}^{\infty} k \cdot \frac{\lambda^{k-1}}{k!} \cdot \lambda e^{-\lambda} && 0\frac{\lambda^0}{0!} = 0 \ \& \ \lambda \text{ umgeklammert,} \\
&= \lambda e^{-\lambda} \cdot \sum_{k=1}^{\infty} \frac{\lambda^{k-1}}{(k-1)!} && \tfrac{k}{k!} = \tfrac{1}{(k-1)!} \ \& \ \lambda e^{-\lambda} \text{ ausgeklammert,} \\
&= \lambda e^{-\lambda} \cdot \sum_{m=0}^{\infty} \frac{\lambda^m}{m!} && m := k-1, \\
&= \lambda e^{-\lambda} \cdot e^\lambda && \text{Reihe für } e^\lambda, \\
&= \lambda && \text{Arithmetik.}
\end{aligned}
$$

Die Herleitung für die Varianz findet sich z. B. in [MoSc 2011], wird aber auch als Übungsaufgabe zu diesem Kapitel empfohlen. ∎

Ebenfalls mit Methoden der Analysis zeigt man (vgl. [MoSc 2011] und [Geor 2009]):

---

[183] Siméon Denis Poisson, 1781–1840, Physiker und Mathematiker, lehrte an der École Polytechnique in Paris.

Satz 8.14: Konvergenz der Binomial- gegen die Poisson-Verteilung
Für die Binomialverteilungen $b(k \mid n, p)$ mit festem Produkt $\lambda := n \cdot p$ gilt, dass bei gegebenem $k \in \mathbb{N}_0$ der Wert von $b(k \mid n, p) = P_{(n)} (X = k)$ mit wachsendem n gegen $P_\lambda(X = k)$ konvergiert. □

Die Poisson-Verteilung sagt uns unter gewissen Voraussetzungen, mit welcher Wahrscheinlichkeit von einer Art von Ereignissen (im informellen Sinne), die zufällig und unabhängig voneinander mit einer durchschnittlichen Dichte von λ pro „Beobachtungseinheit" stattfinden, genau k in einer solchen Einheit stattfinden. Ereignisse und Beobachtungseinheiten können sehr unterschiedlicher Art sein. Es kann sich um Ticks eines Geigerzählers pro Sekunde neben einer Strahlungsquelle, Gänseblümchen pro Quadratmeter Rasen, Anrufe pro Minute in einem Kundendienstbüro oder um Studenten pro Mathematikvorlesung handeln.

Die geometrische Verteilung
Angenommen, man wiederholt das Bernoulli-Experiment im Bernoulli-Prozess nicht n-mal für ein festes n, sondern gerade so oft, bis sich erstmals 1 ergibt und betrachtet das Ganze als ein komplexes Experiment. Dessen möglichen Ergebnisse sind $a_1 = 1$, $a_2 = 01$, $a_3 = 001$, usw. Ihre Wahrscheinlichkeit sei gegeben durch Q. Ordnen wir diesen Ergebnissen per Zufallsvariable

$$X : \begin{cases} \{a_n \mid n \in \mathbb{N}\} \to & \mathbb{N} \\ 0^{n-1}1 & \mapsto \quad n \end{cases}$$

ihre Länge n zu, wie groß ist die Wahrscheinlichkeit $Q(X = n)$, dass das Ergebnis 1 genau im n-ten Versuch erstmals erscheint? Wie groß ist der Erwartungswert und wie groß die Varianz für die Zufallsgröße X?

Wenn 1 im n-ten Bernoulli-Experiment (und in diesem mit der Wahrscheinlichkeit p) zum ersten Male herauskommt, müssen die $n - 1$ bisherigen Versuche (und zwar jeweils mit der Wahrscheinlichkeit q) alle 0 ergeben haben. Die Wahrscheinlichkeit Q für das Ergebnis $0^{n-1}1$ ist die gleiche wie im n-stufigen Versuch mit dem W-Raum (Ω_n, P_n), und somit gilt

$$Q(X = n) = Q(0^{n-1}1) = q^{n-1} \cdot p = (1 - p)^{n-1} \cdot p.$$

Mit $(\{a_n \mid n \in \mathbb{N}\}, Q)$ und X haben wir formal einen konkreten unendlichen W-Raum und eine Zufallsvariable darauf eingeführt, nämlich die sogenannte **geometrische Verteilung**. Wir prüfen die Wahrscheinlichkeit 1 der ganzen Ergebnismenge leicht nach:

$$Q(\{a_n \mid n \in \mathbb{N}\}) = \sum_{n=1}^{\infty} q^{n-1} \cdot p = \left(\sum_{n=0}^{\infty} q^n \right) \cdot p = \frac{1}{1 - q} \cdot p = \frac{p}{p} = 1 \,.$$

Wer dabei mit der Summierung $\sum_{n=0}^{\infty} q^n = (1-q)^{-1}$ der Potenzreihe aus der Analysis noch nicht vertraut ist, dem hilft vielleicht die informelle Plausibilitätsbetrachtung

$$(1-q)\left(\sum_{n=0}^{\infty} q^n\right) = (1-q)(1+q+q^2+\ldots) = (1+q+q^2+\ldots) - (q+q^2+\ldots) = 1 .$$

Satz 8.15: Stochastische Kenngrößen der geometrischen Verteilung

Für die geometrische Verteilung mit $Q(X=n) = (1-p)^{n-1}\cdot p$ beträgt der Erwartungswert

$$E(X) = \frac{1}{p}$$

und die Varianz

$$V(X) = \frac{1-p}{p^2} . \qquad \square$$

Beweis:

$$E(X) = \sum_{n=1}^{\infty} X(a_n)\cdot Q(a_n) \qquad \text{wegen Definition,}$$

$$= \sum_{n=1}^{\infty} n\cdot(1-p)^{n-1}\cdot p \qquad \text{von oben eingesetzt}$$

$$= \sum_{n=0}^{\infty} (n+1)\cdot p\cdot(1-p)^n \qquad n := n-1,$$

$$= \sum_{n=1}^{\infty} n\cdot p\cdot(1-p)^n + \sum_{n=0}^{\infty} p\cdot(1-p)^{n-1} \qquad \text{Arithmetik \& Grenzwerte,}$$

$$= (1-p)\cdot\sum_{n=1}^{\infty} n\cdot(1-p)^{n-1}\cdot p + \sum_{n=0}^{\infty} p\cdot(1-p)^{n-1} \qquad \text{dito,}$$

$$= (1-p)\cdot\sum_{n=1}^{\infty} X(a_n)\cdot Q(a_n) + 1 \qquad \text{s. o.,}$$

$$= (1-p)\cdot E(X) + 1 \qquad \text{Definition,}$$

woraus arithmetisch $E(X) = \frac{1}{p}$ folgt

Zur Berechnung der Varianz mittels des Verschiebungssatzes übernehmen wir aus der Analysis noch die Potenzreihenberechnung

$$\sum_{n=1}^{\infty} n^2\cdot(1-p)^n = \frac{(1-p)\cdot(2-p)}{p^3} \qquad (\#):$$

$$E(X^2) = \sum_{n=1}^{\infty} X^2(a_n)\cdot Q(a_n) \qquad \text{Definition,}$$

$$= \sum_{n=1}^{\infty} n^2\cdot(1-p)^{n-1}\cdot p \qquad \text{von oben eingesetzt,}$$

$$= \frac{p}{1-p} \cdot \sum_{n=1}^{\infty} n^2 \cdot (1-p)^n \qquad \text{Arithmetik \& Grenzwerte,}$$

$$= \frac{p}{1-p} \cdot \frac{(1-p) \cdot (2-p)}{p^3} \qquad \text{(\#) oben,}$$

$$= \frac{2-p}{p^2} \qquad \text{Arithmetik .}$$

Mit Satz 8.8 folgt:

$$V(X) = E(X^2) - (E(X))^2 = \frac{2-p}{p^2} - \frac{1}{p^2} = \frac{1-p}{p^2}. \qquad \blacksquare$$

8.5.3 Die hypergeometrische Verteilung

In einer Urne liegen n Kugeln, m davon rot und $n-m$ andersfarbig. Wenn wir aus der Urne eine Stichprobe von s Kugeln blind ziehen, wie groß ist die Wahrscheinlichkeit $P(r)$, dass r der s Kugeln rot sind? Allgemeiner geht man von einer n-elementigen Menge A aus, bei der sich m der n Elemente durch eine bestimmte Eigenschaft E auszeichnen, also eine m-elementige Teilmenge $B = \{x \in A \mid E(x)\}$ von A bilden. Mit welcher Wahrscheinlichkeit $P(r)$ gehören bei einer zufällig entnommenen Teilmenge im Umfang von s Elementen genau r von ihnen B an, d. h. haben r der s Elemente die Eigenschaft E? Natürlich wird $m,s \le n$ und $r \le m,s$ vorausgesetzt, bzw. ansonsten ist die Wahrscheinlichkeit 0.

Im Abschnitt 5.2.2 über Kombinatorik zeigte sich im Rahmen ungeordneter Stichproben ohne Zurücklegen, dass es

$$C(n, \ k) = \binom{n}{k} = \frac{n \cdot (n-1) \cdot (n-2) \cdot \ldots \cdot (n-k+1)}{k \cdot (k-1) \cdot (k-2) \cdot \quad \ldots \quad \cdot 1} = \frac{n!}{k! \cdot (n-k)!}$$

k-elementige Teilmengen (Kombinationen aus) einer n-elementigen Menge gibt. Zieht man aus einer Urne mit n Kugeln k davon blind heraus, sind alle $C(n,k)$ ziehbaren k-elementigen Teilmengen gleich wahrscheinlich; es handelt sich also um ein Laplace-Experiment. Vor diesem Hintergrund nehmen wir nun die Eingangsfrage in Angriff.

Die gezogene Stichprobe ist eine s-elementige Teilmenge von A, für deren Zusammensetzung es $C(n,s)$ gleich wahrscheinliche mögliche Ergebnisse gibt. Wie viele dieser Ergebnisse davon enthalten genau r Elemente mit der Eigenschaft E? In den gewünschten Fällen besteht die s-elementige Stichprobe aus r der m möglichen Elemente von B, d. h. mit der Eigenschaft E – wofür es kombinatorisch $C(m,r)$ Möglichkeiten gibt – und aus $s-r$ der $n-m$ möglichen Elemente von $A \setminus B$, d. h. ohne die Eigenschaft – wofür es kombinatorisch $C(n-m, \ s-r)$ Möglichkeiten gibt. Die gesamte Stichprobe setzt sich aus beiden voneinander unabhängigen Anteilen zusammen. Für sie gibt es daher als Anzahl der Möglichkeiten insgesamt das Produkt der Anzahlen der Anteilmöglichkeiten. Für die Stichprobe gibt es also $C(m, \ r) \cdot C(n-m, \ s-r)$ mögliche Zusammensetzungen. Da jeweils wieder alle Möglichkeiten gleich wahrscheinlich sind, ergibt sich insgesamt

$$h(r|n,m,s) := P(r) = \frac{C(m,r)\cdot C(n-m,s-r)}{C(n,s)} = \frac{\binom{m}{r}\cdot\binom{n-m}{s-r}}{\binom{n}{s}},$$

die sogenannte **hypergeometrische Verteilung**.

Eine halbformale Berechnung des Erwartungswertes liefert [Enge 1973]: Für jede der m roten Kugeln mit gedachter Identifikationsnummer i, $1 \le i \le m$, ist die Chance, unter den s gezogenen Kugeln zu sein, und damit der Erwartungswert der Zufallsvariablen $X_i = [1,$ wenn Kugel i gezogen ist, 0 wenn nicht], $E(X_i) = s/n$. Der Erwartungswert für die Anzahl r der roten Kugeln in der Stichprobe ist daher

$$E(r) = E\left(\sum_{1\le i\le m} X_i\right) = \sum_{1\le i\le m} E(X_i) = \frac{m\cdot s}{n}.$$

Hier eine formalere Alternative: Da die Gesamtwahrscheinlichkeit der Verteilung 1 ist, folgt

(O) $\quad \sum_{r=0}^{s}\binom{m}{r}\cdot\binom{n-m}{s-r} = \binom{n}{s}$, mit m, n, s um 1 kleiner:

$$\sum_{r=0}^{s-1}\binom{m-1}{r}\cdot\binom{n-m}{s-r-1} = \binom{n-1}{s-1}.$$

Wir verwenden außerdem

$$(\#)\ \ r\cdot\binom{m}{r} = r\cdot\frac{m\cdot(m-1)\cdot\ldots\cdot(m-r+1)}{r\cdot(r-1)\cdot\ldots\cdot 1} = m\cdot\frac{(m-1)\cdot(m-2)\cdot\ldots\cdot(m-r+1)}{(r-1)\cdot(r-2)\cdot\ldots\cdot 1} = m\cdot\binom{m-1}{r-1}.$$

Der Erwartungswert errechnet sich nun wie folgt:

$$
\begin{aligned}
E(r) &= \sum_{r=0}^{s} r\cdot h(r\,|\,n,m,s) && \text{nach Definition,}\\
&= \left[\sum_{r=1}^{s} r\cdot\binom{m}{r}\cdot\binom{n-m}{s-r}\right]\Big/\binom{n}{s} && \text{eingesetzt, ohne } r = 0,\\
&= m\cdot\left[\sum_{r=1}^{s}\binom{m-1}{r-1}\cdot\binom{n-m}{s-r}\right]\Big/\binom{n}{s} && (\#)\ \&\ m \text{ ausklammern,}\\
&= m\cdot\left[\sum_{r=0}^{s-1}\binom{m-1}{r}\cdot\binom{n-m}{s-r-1}\right]\Big/\binom{n}{s} && r := r-1,\\
&= m\cdot\binom{n-1}{s-1}\Big/\binom{n}{s} && \text{(O), zweite Version,}\\
&= s\cdot\frac{m}{n} && \text{Definition der Binomialkoeffizienten.}
\end{aligned}
$$

Ähnlich unterschiedlich kann man die Varianz

$$V(r) = s \cdot \left(\frac{m}{n}\right) \cdot \left(1 - \frac{m}{n}\right) \cdot \left(\frac{1-s}{n-1}\right)$$

der hypergeometrischen Verteilung errechnen, halbformal und relativ kurz wie [Enge 1973] oder ausführlicher wie in [AsMa 2010].

8.5.4 Markow-Ketten*

Stellen wir uns nun vor, Ann und Ben haben so viel Spaß an den Urnen und den Kugeln gefunden, dass sie sich andere Regeln überlegen, um beliebig lange weiter spielen zu können. Sie beginnen zunächst mit zwei roten Kugeln in einer Urne 1 und zwei weißen in einer Urne 2. Nun wollen sie folgende zusammengesetzte Aktion endlos wiederholen:

Sie ziehen blind eine Kugel aus Urne 1, legen sie in Urne 2, ziehen dann blind eine Kugel aus Urne 2 und legen diese in Urne 1.

Dabei wechselt die Verteilung der Kugeln mit bestimmten Wahrscheinlichkeiten zwischen den Zuständen (RR,WW) (für zwei rote Kugeln in Urne 1 und zwei weiße in Urne 2) und den analog definierten Zuständen (RW,RW) und (WW,RR).

Sowohl die folgende Tab. 8.2 als auch Abb. 8.11 zeigen die möglichen Urneninhalte und die Wahrscheinlichkeiten für die unterschiedlichen Zustandsübergänge. Sind beispielsweise die roten Kugeln in der ersten Urne, dann legen Ann und Ben im ersten Teilschritt mit Sicherheit eine der beiden roten in die zweite Urne, wo sie dann die einzige rote unter drei Kugeln ist. Daraufhin beträgt die Wahrscheinlichkeit, dass sie im zweiten Teilschritt genau die Rote wieder zurücklegen, 1/3, was folgerichtig unten als Übergangswahrscheinlichkeit von (RR,WW) nach (RR,WW) eingetragen ist. Die restlichen Wahrscheinlichkeiten prüfen wir in einer Übungsaufgabe nach.

Tab. 8.2: Übergangswahrscheinlichkeiten beim ersten endlosen Urnenspiel.

↓ von nach →	(RR,WW)	(RW,RW)	(WW,RR)
(RR,WW)	1/3	2/3	0
(RW,RW)	1/6	2/3	1/6
(WW,RR)	0	2/3	1/3

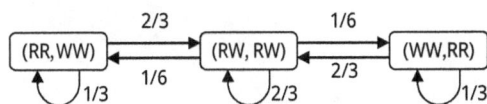

Abb. 8.11: Graphische Darstellung von Tab. 8.2.

Irgendwann langweilen sich Ann und Ben bei diesem Spiel. Mit der Bereitschaft, unbegrenzt neue Kugeln (und notfalls Urnen beliebiger Größe) zu kaufen, überlegen sie sich ein weiteres Spiel mit – im Gegensatz zum Vorigen – potentiell immer neuen Zuständen. Sie beginnen mit einer leeren Urne. Jeden Morgen werfen Sie eine Münze. Ergibt sich *Zahl,* legen sie eine Kugel in die Urne. Ergibt sich *Kopf* und enthält die Urne Kugeln, nehmen sie eine davon heraus. Ergibt sich *Kopf* und ist die Urne leer, geschieht mit der Urne an diesem Tag nichts. Abb. 8.12 deutet die Übergangswahrscheinlichkeiten zwischen den zumeist täglich wechselnden Kugelzahlen graphisch an.

Tab. 8.3: Einige Übergangswahrscheinlichkeiten beim zweiten endlosen Urnenspiel.

↓ von nach →	0	1	2	3	...
0	1/2	1/2	0	0	...
1	1/2	0	1/2	0	...
2	0	1/2	0	1/2	0
⋮	0	0	...	...	...

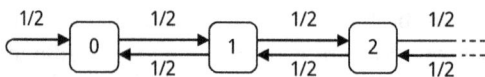

Abb. 8.12: Graphische Darstellung von Tab. 8.3.

Zur formalen Beschreibung der oben beschriebenen Kugelspiele eignen sich **diskrete Markow-Ketten** erster Ordnung. Dem ersten Spiel entspricht eine (gemäß der Anzahl der möglichen Zustände) **endliche,** dem zweiten eine **unendliche** Markow-Kette.

In der Praxis dienen Markow-Ketten natürlich seltener der Beschreibung von Solitärspielen und anderen Zeitvertreiben. Die Häufigkeiten bzw. Wahrscheinlichkeiten unregelmäßiger Wechsel zwischen möglichen Zuständen sind unter anderem in der Biologie, in den Sozial-, Sprach- und Wirtschaftswissenschaften sowie in der Informatik von Interesse. Bekannt wurde auch das Google-**PageRank**-Verfahren, das auf speziellen Markow-Ketten basiert, bei denen die Zustände gewichtet sind und sich die Übergangswahrscheinlichkeiten weitgehend aus dem Graphen und den Zustandsgewichten ergeben, vgl. [Hume 2009] und [Schw 2013].

Der Namensgeber dieser mathematischen Struktur[184] führte diese ein, als er anfangs des zwanzigsten Jahrhunderts die Häufigkeit untersuchte, mit der in russischen Texten auf einen Konsonanten bzw. Vokal als nächster Buchstabe ein Konsonant bzw Vokal folgt.

---

184 Andrei Andrejewitsch Markow, 1856–1922, lehrte an der Universität in Sankt Petersburg. Er ist in deutschen Texten auch als Markov oder Markoff zu finden.

Die obigen Bezeichnungen legen nahe, dass es auch nicht-diskrete Markow-Ketten geben könnte, wie auch solche von höherer Ordnung, und diese Vermutung trügt nicht. **Stetige** oder **kontinuierliche** Markow-Ketten haben nicht wie die diskreten für eine Menge ganzer Zahlen, sondern z. B. für jede positive *reelle* Zahl einen Zustand bzw Wert. Bei Markow-Ketten höherer Ordnung hängen die Übergangswahrscheinlichkeiten nicht nur vom aktuellen Zustand (das bedeutet *erster* Ordnung), sondern auch von zuvor durchlaufenen Zuständen ab. Diese Arten werden in der einschlägigen Literatur beschrieben und verwendet, vgl. z. B. [Behr 2013], und sind hier ausgespart.

Eine diskrete Markow-Kette erster Ordnung besteht aus

– einer endlichen Menge oder abzählbaren Menge $S = \{s_1, s_2, ..., s_n\}$ oder $\{s_1, s_2, ...\}$ sogenannter **Zustände** (ihre Indexmenge sei I) und

– von jedem Zustand s_i zu jedem gleichen oder anderen Zustand s_k einer sogenannten **Übergangswahrscheinlichkeit** p_{ik}[185], einer Zahl im Intervall [0,1]. Für die Übergangswahrscheinlichkeiten muss ihre Summe von jedem Zustand aus 1 ergeben,

$$\forall i \in I \sum_{k \in I} p_{ik} = 1.$$

Zu jedem Zustand s_i einer Markow-Kette gehört ein W-Raum (S, P_i) mit allen Zuständen als Ergebnissen und den Übergangswahrscheinlichkeiten p_{ik} als Wahrscheinlichkeit P_i für die Ergebnisse s_k, d. h. $P_i(s_k) := p_{ik}$. Die Übergangsmatrix $(p_{ik})_{i,k \in I}$ ist eine sogenannte **stochastische Matrix** (genauer eine **zeilenstochastische),** nämlich mit Werten aus [0,1] und jeweils der Zeilensumme 1.

Je nach dem jeweiligen Anwendungszweck ist oft eine **Anfangsverteilung q** der Wahrscheinlichkeiten q_i, dass anfangs der Zustand s_i vorliegt, gegeben. Im Spezialfall, dass genau ein $q_i = 1$ ist und die anderen alle 0 sind, wird einer der Zustände als **Anfangszustand** s_{i_0} ausgezeichnet.

Der sog. Wahrscheinlichkeitsvektor **q** wird hier als Zeilenvektor aufgefasst. Liegt nämlich zunächst die Verteilung **q** der Ausgangswahrscheinlichkeiten für die Zustände vor, und ein Schritt der Markow-Kette wird durchgeführt, so ist $(q_i)(p_{ik}) = \sum_{k \in I} q_i p_{ik}$ die anschließende gemäß Zeile × Matrix errechnete Verteilung der Wahrscheinlichkeiten für die Zustände. Es gibt nämlich n Möglichkeiten, nach s_k zu gelangen, einer von jedem s_i, welches die Wahrscheinlichkeit q_i hat – und dass von s_i aus nach s_k übergegangen wird – was unter dieser Voraussetzung mit der Wahrscheinlichkeit p_{ik}, insgesamt also mit $q_i p_{ik}$ eintritt. Die Wahrscheinlichkeiten der Alternativen ergeben addiert $\sum_{k \in I} q_i p_{ik}$.

In graphischen Darstellungen werden die Zustände als Knoten und jede Übergangswahrscheinlichkeit p_{ik} an eine Kante von s_i nach s_k geschrieben. Kanten mit $p_{ik} = 0$ werden jedoch weggelassen. Ein eventueller Anfangszustand ist durch einen kleinen Pfeil markiert.

---

185 Die Texte zu Markow-Ketten verwenden zu annähernd gleichen Teilen entweder die obige Festlegung, oder sie bezeichnen die Übergangswahrscheinlichkeit von s_i nach s_k als p_{ki}, was als Matrix gesehen die Transponierte ergibt. Dann lesen sich natürlich auch die entsprechenden Sätze etwas anders.

Die Übergangsmatrizen abzählbar unendlicher Markow-Ketten besitzen unendlich viele Zeilen und Spalten. Bei den Matrizenmultiplikationen treten unendliche Summen mit nichtnegativen Summanden auf. Jede solche bedeutet jeweils das Supremum (über alle n) der Summen der ersten n Summanden.

Typische Fragen, die bei Markow-Ketten vornehmlich untersucht werden, sind:
– Wie entwickelt sich das System auf lange Sicht?
– Gibt es z. B. Zustandsteilmengen, aus denen es nicht mehr herauskommt?
– Gibt es Zustände die immer wieder erreicht werden können?
– Tendiert die (Wahrscheinlichkeits-) Verteilung der Zustände auf die Dauer gegen eine bestimmte Verteilung?
– Wechseln die Zustandswahrscheinlichkeiten periodisch zwischen verschiedenen Verteilungen?

Der erste Schritt zum Verständnis langfristigen Verhaltens ist die Verkettung von Zustandsübergängen.

Satz 8.16: Mehrschritt-Wahrscheinlichkeiten in Markow-Ketten

Ordnet man bei gegebener Markow-Kette $(S, (p_{ik})_{i,k \in I})$ und natürlicher Zahl m jedem Zustand s_i die Wahrscheinlichkeit $R_i(s_k) = r_{ik}$ zu, von s_i nach m Schritten im Zustand s_k anzukommen, so ist auch $(S, (r_{ik})_{i,k \in I})$ eine Markow-Kette, deren Übergangsmatrix $(r_{ik})_{i,k \in I}$ die m-te Potenz der Übergangsmatrix $(p_{ik})_{i,k \in I}$ ist: $(r_{ik}) = (p_{ik})^m$. $\qquad \square$

Beweis: Natürlich stimmt die Behauptung für $m = 1$, da (p_{ik}) so definiert ist. Gilt sie aber für irgendein m, so ist die Wahrscheinlichkeit, in m Schritten von s_j aus nach s_k überzugehen, $(r_{ik}) = (p_{ik})^m$. Die Wahrscheinlichkeit, in $m + 1$ Schritten von s_i aus nach s_k überzugehen, summiert sich aus den n Möglichkeiten, mit dem ersten Schritt und der Wahrscheinlichkeit p_{ij} nach einem $s_j, 1 \leq j \leq n$, und von dort aus in m Schritten mit der Wahrscheinlichkeit r_{jk} nach s_k überzugehen. Die Gesamtwahrscheinlichkeit dafür ist also $\sum_{j \in I} p_{ij} r_{jk}$, die ik-Komponente der nächsthöheren Matrizenpotenz $(p_{ij})(r_{jk}) = (p_{ij})(p_{jk})^m = (p_{ik})^{m+1}$. $\qquad \blacksquare$

Abgesehen von solchen *quantitativen* längerfristigen Aspekten sind auch *qualitative* längerfristige Aspekte bereits am Graphen der Markow-Kette ablesbar. Eine Zustandsteilmenge $T \subseteq S$, aus der keine Kante herausführt, also mit $\forall i, k((s_i \in T \wedge s_k \in S \backslash T) \Rightarrow p_{ik} = 0)$, können wir als **Falle** oder **absorbierende** Zustandsmenge bezeichnen. Wird nämlich ein Zustand in T erreicht, so führt kein Schritt der Markow-Kette mehr aus T heraus. Die größte und triviale Falle ist S. Genau die starken Zusammenhangskomponenten des gerichteten Graphen sind seine minimalen Fallen. In Abb. 8.13 gibt es fünf verschiedene Fallen, von S über $S \backslash \{s_1\}$ usw. bis zur minimalen Falle $\{s_5, s_6, s_7\}$.

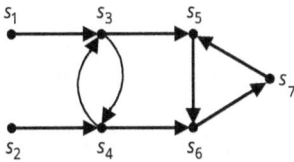

Abb. 8.13: Fallen in gerichteten Graphen.

Da die Systeme immer wieder mit einer positiven Wahrscheinlichkeit in eine Falle gehen können und dann darin bleiben, ist zu erwarten, dass ein System mit einer wachsenden Anzahl von Schritten immer wahrscheinlicher in einer Falle, letztlich sogar in einer minimalen, steckt. In Termini der Übergangsmatrix und des Vektors einer Anfangsverteilung bedeutet dies, dass bei jeder Anfangsverteilung $\mathbf{q}$ für jedes k, für das s_k nicht in einer minimalen Falle liegt, der Wert der k-ten Komponente von $\mathbf{q}(p_{ik})^m$ mit wachsendem m gegen 0 tendiert – was man auch beweisen kann.

Zum Abschluss dieses ersten Einblicks in die Markow-Ketten sei hier noch ein weiteres Ergebnis über das langfristige Verhalten gewisser Markow-Ketten vorgestellt. Eine stochastische Matrix (gleich ob zeilen- oder spaltenstochastisch) nennt man **regulär,** wenn eine ihrer Potenzen ausschließlich von 0 verschiedene, also positive, Komponenten hat. Einen reellen Zeilenvektor mit positiven Komponenten und Komponentensumme 1 nennen wir **Wahrscheinlichkeitsvektor.**

Satz 8.17: Stationäre Verteilung einer regulären Markow-Kette

Für jede reguläre stochastische Matrix P, also insbesondere für jede reguläre Übergangsmatrix einer Markow-Kette, gilt

1. P hat genau einen reellen Wahrscheinlichkeits-Links-Eigenvektor $\mathbf{p}$ zum Eigenwert 1, d. h. mit $\mathbf{p}P = \mathbf{p}$. Die Komponenten von $\mathbf{p}$ sind alle positiv.
2. Die Potenzen P, P^2, P^3, ... konvergieren komponentenweise gegen eine Matrix Q, deren Zeilen alle identisch zu $\mathbf{p}$ sind.
3. Für einen beliebigen Wahrscheinlichkeitsvektor, insbesondere für eine Anfangsverteilung $\mathbf{q}$ einer Markow-Kette, konvergiert die Folge $\mathbf{q}P$, $\mathbf{q}P^2$, $\mathbf{q}P^3$, ... komponentenweise gegen $\mathbf{p}$. ☐

Der **Beweis** ist langwierig, und beispielsweise in [Geor 2009] und [MoPo 2013] zu finden. ■

Ist also P im obigen Satz die Übergangsmatrix einer Markow-Kette, so wiederholt sich der Zeilenvektor $\mathbf{q}$ des Satzes als Anfangsverteilung bei jedem Schritt, weshalb sie als **stationäre Verteilung** bezeichnet wird. Die günstigen Konvergenzeigenschaften bei Satz 8.17 (2) haben den Erfolg des erwähnten PageRank-Verfahrens befördert.

8.5.5 Zufallsbewegungen*

Zu den anschaulichsten Beispielen stochastischer Prozesse zählen **Zufallsbewegungen,** auch **Irrfahrten** oder auf Englisch **random walks**[186] genannt.

Wenn Ann und Ben wiederholt um jeweils 1¢ beiderseitigen Einsatz eine Münze werfen, kann sich ihr totaler Gewinnstand wie in Abb. 8.14 entwickeln:

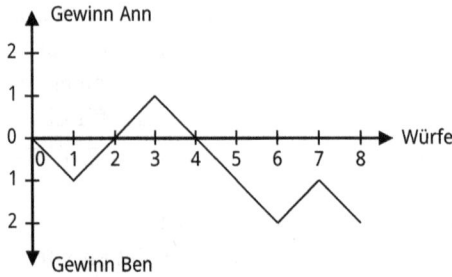

Abb. 8.14: Gewinnstand bei wiederholten Münzwürfen.

Man könnte diesen Mechanismus durch eine „unendliche Markow-Kette" wie in Abb. 8.15 graphisch modellieren. Bildlich kann sich dabei ein Punkt auf den ganzen Zahlen bewegen. Anfangs sitzt er auf der Null und in jedem Schritt rückt er jeweils mit einer Wahrscheinlichkeit von ½ entweder eins höher oder tiefer.

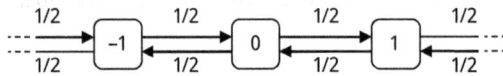

Abb. 8.15: Ein einfacher Irrweg als unendliche Kette.

Auf Irrwegen müssen die Schritte nicht in jeder möglichen Richtung mit gleicher Wahrscheinlichkeit aufeinander folgen. Ein Betrunkener mag zwar stetig auf sein Ziel blicken, macht aber vielleicht trotzdem durchschnittlich halb so oft einen Rückwärtsschritt wie einen Vorwärtsschritt und halb so oft einen Rechts- bzw. einen Linksschritt wie einen Rückwärtsschritt. Er könnte so einen Weg wie in Abb. 8.16 zurücklegen – ein Beispiel eines biased drunkard's (oder random) walk, eines „voreingenommenen Gangs eines Betrunkenen", nämlich mit unterschiedlich bevorzugten Richtungen[187].

Der Drunkard's Walk wird als derart typisches Zufallsphänomen angesehen, dass ein populärwissenschaftliches Buch über den Zufall ihn im Titel trägt [Mlod 2009].

---

186 *Random* bedeutet „vom Zufall gesteuert", *walk* (Spazier-)Gang.
187 Natürlich könnte dieser Verlauf auch mit gleich wahrscheinlichen Richtungen vorkommen – wie's der Zufall will. Dann wäre er aber untypischer, d. h. weniger wahrscheinlich.

links

vorn

rechts

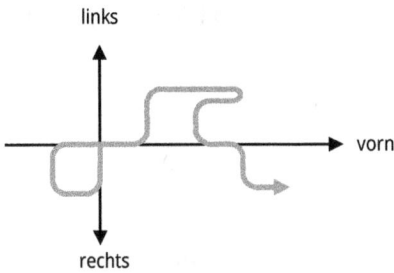

Abb. 8.16: Ein „biased random walk".

Die nach dem schottischen Botaniker[188] benannte Brown'sche Bewegung kleiner Teilchen in Flüssigkeiten oder Gasen gehört zwar nicht mehr zur diskreten Wahrscheinlichkeitsrechnung, ist aber mit dem Drunkard's Walk verwandt. Hier sind jedoch i. d. R. alle Richtungen möglich (nicht nur vier), und sie sind meist gleichberechtigt. Die Schrittlänge ist zudem unterschiedlich und unregelmäßig, wie auch die zeitlichen Abstände zwischen den Schritten. Gewöhnlich werden vergröbernd die nach gleich großen Zeitintervallen erreichten Positionen registriert und ergeben (mit fiktiven geraden Strecken verbunden) „Wege" wie den in Abb. 8.17.

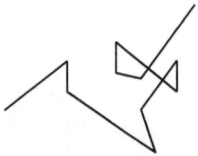

Abb. 8.17: Eine Brown'sche Bewegung.

Typische Fragestellungen zu Zufallsbewegungen sind

–   Wie wahrscheinlich sind nach k Schritten die verschiedenen möglichen Entfernungen zum Ausgangspunkt? Bei Bewegungen auf einer Geraden ist auch von "negativen wie positive Entfernungen" die Rede, um die beiden Richtungen zu unterscheiden.

   Ein Spezialfall ist davon ist die Wahrscheinlichkeit, wieder am Ausgangspunkt zu sein.

–   Umgekehrt kann man unter anderem nach den Wahrscheinlichkeiten von Anzahlen von Schritten fragen, nach denen erstmals (oder allgemeiner zum n-ten Mal)

   –   eine Entfernung von einem Ausgangspunkt erreicht oder überschritten,

   –   der Ausgangspunkt wieder erreicht,

   –   (nach dem ersten Schritt auf einer Geraden) ein Richtungswechsel erfolgt.

–   Welchen durchschnittlichen Wert erwartet man für die oben genannten Zufallsgrößen?

–   Mit welcher Wahrscheinlichkeit wird der Ausgangspunkt unendlich oft erreicht?

---

188 Robert Brown, 1773–1858.

Einen Überblick über Random-Walk-Ergebnisse kann man sich bei [Henz 2013] und im 12. Kapitel von [GrSn 1997] verschaffen.

8.6 Übungsaufgaben

8.1 Wahrscheinlichkeit und Ereignisse
Bei einem manipulierten Würfel sei die Wahrscheinlichkeit der geworfenen Zahl umgekehrt proportional zur geworfenen Zahl. So wird beispielsweise die 1 dreimal so häufig wie die 3 geworfen, und die 3 zweimal so häufig wie die 6.
a)   Bestimmen Sie die Wahrscheinlichkeiten aller sechs Ergebnisse.
b)   Bestimmen sie alle Paare unterschiedlicher Ereignisse (Ergebnismengen) gleicher Wahrscheinlichkeit, also $E_1, E_2 \subseteq \{1, 2, ..., 6\}$ mit $E_1 \neq E_2$ und $P(E_1) = P(E_2)$.

8.2 Bedingte Wahrscheinlichkeit und Unabhängigkeit
Nehmen Sie an, dass in einem W-Raum die Ereignisse A und B beide nicht unmöglich sind. Beweisen Sie, dass dann gilt:

$$P(B|A) = \frac{P(A|B) \cdot P(B)}{P(A)} \quad \text{sowie}$$

(1) A und B unabhängig $\Leftrightarrow$ (2) $P(A|B) = P(A)$ $\Leftrightarrow$ (3) $P(B|A) = P(B)$.

8.3 Bedingte Wahrscheinlichkeiten bei gestörter Übertragung
Nehmen wir an, über einen sog. asymmetrischen binären Kanal werden dauernd Einsen und Nullen übertragen. Der Kanal verfälscht unregelmäßig Einsen zu Nullen und umgekehrt. Durchschnittlich kommt jede vierte abgeschickte Eins fälschlich als Null und durchschnittlich jede sechste abgeschickte Null fälschlich als Eins an. Durchschnittlich werden 50% mehr Nullen als Einsen abgeschickt. Berechnen Sie aus den daraus resultierenden A-priori-Wahrscheinlichkeiten, wie groß die A-posteriori-Wahrscheinlichkeiten der Verfälschung sind, d. h. mit welcher Wahrscheinlichkeit wurde ...
a)   ... eine empfangene Eins ursprünglich als Null abgeschickt?
b)   ... eine empfangene Null ursprünglich als Eins abgeschickt?

Es empfiehlt sich, vorher zu berechnen, mit welcher Wahrscheinlichkeit ...
c)   ... eine Eins empfangenen wird (wenn ein Bit empfangen wird)
d)   ... eine Null empfangenen wird (wenn ein Bit empfangen wird)

Tipp: Verwenden Sie Satz 8.3 und Satz 8.4. Verifizieren Sie Ihre Ergebnisse anhand eines „typischen Schicksals" der abgeschickten Folge 1111000000.

8.4 Bedingte Wahrscheinlichkeit im mehrstufigen Versuch

Sie führen folgendes vierstufige Zufallsexperiment aus: Sie wählen zufällig zwischen drei für Sie nicht unterscheidbaren Münzen aus. Sie sind allerdings darüber informiert, dass zwei davon fair sind, die dritte jedoch immer so fällt, dass *Zahl* oben liegt. Dann werfen Sie die gewählte Münze dreimal.

a) Wenn Sie dabei dreimal das Ergebnis Zahl erhalten, wie groß ist dann die Wahrscheinlichkeit, dass Sie im ersten Schritt die unfaire Münze wählten?

b) Wie könnten Sie „näherungsweise" vorgehen, um das Ergebnis von (a) nicht rechnerisch sondern experimentell statistisch zu erlangen?

Tipps: (a) Was ergibt der Wahrscheinlichkeitsbaum? Was ergibt die Bayes'sche Formel? Sie können das Experiment vorab auf zwei Stufen reduzieren, nämlich (i) Münzwahl (ii) drei Würfe. (b) Wie könnten Sie „einigermaßen sicher" feststellen, ob die Münze mit dreimal Zahl die unfaire ist?

8.5 Mehrstufigkeit, Zufall und Notwendigkeit

In der linken von zwei Urnen befinden sich 7 blaue Kugeln, und in der rechten befinden sich 11 rote. Die Kugeln sollen sich nur farblich unterscheiden. In einem ersten Schritt werden aus der linken Urne 4 Kugeln blind gezogen und in die rechte Urne gelegt, in einem zweiten Schritt findet das Gleiche in umgekehrter Richtung statt. Diese beiden Schritte werden anschließend noch zweimal in gleicher Reihenfolge wiederholt, insgesamt also sechs Schritte durchgeführt. Wie groß ist die Wahrscheinlichkeit, dass sich am Ende mehr rote Kugeln in der linken Urne als blaue Kugeln in der rechten befinden?

8.6 Verknüpfung unabhängiger Zufallsexperimente

a) Wie groß ist die Wahrscheinlichkeit, dass bei 4 fairen Münzwürfen ...
    i.   genau dreimal Zahl auftritt?
    ii.   niemals Zahl auftritt?

b) Wie groß ist die Wahrscheinlichkeit, dass bei 3 Würfen mit einem fairen Würfel ...
    i.   jede Zahl von 1 bis 3 genau einmal eintritt?
    ii.   immer die gleiche Zahl geworfen wird?
    iii.   genau dreimal eine Sechs geworfen wird?

8.7 Geburtstagsphänomen

Bestätigen Sie das Geburtstagsphänomen rechnerisch.

8.8 Überraschende mehrstufige Wahrscheinlichkeiten

Ein Spieler soll abwechselnd (i) *Zahl* mit einer Münze und (ii) eine 5 oder 6 mit einem Würfel werfen. Er hat drei Spiele hintereinander zur Verfügung und gewinnt, wenn er in mindestens zweien dieser Spiele hintereinander erfolgreich ist. Sollte er zur Maximierung seiner Gewinnchancen (1) besser mit der Münze beginnen (i–ii–i) oder (2) mit dem Würfel (ii–i–ii), oder ist das (3) gleichgültig?

Für (1) spricht die Tatsache, dass $1/2 \cdot 1/3 \cdot 1/2 < 1/3 \cdot 1/2 \cdot 1/3$ gilt. Für (3) spricht die Tatsache, dass $1/2 \cdot 1/3 = 1/3 \cdot 1/2$ gilt.

8.9 Spielerfehlschluss
Erklären Sie die im Abschnitt 8.1.6 nur lakonisch gegebenen Antworten. Wieso haben beide Spieler Unrecht und keiner von beiden eine auch nur 50%-ige Gewinnchance? Geben Sie vielleicht sogar mehrere mögliche Erklärungen, beispielsweise über mehrstufige Wahrscheinlichkeiten, über bedingte Wahrscheinlichkeit oder über fehlendes Gedächtnis.

8.10 Erwartungswert beim Wichteln
Beim Zufallswichteln legen n Personen je ein Geschenk in einen Sack, und dann erhält jede von ihnen ein zufällig daraus gewähltes. Dabei können manche von ihnen das von ihnen selbst beigesteuerte Geschenk zurückbekommen. Wie vielen passiert das durchschnittlich (d. h. als Erwartungswert) bei

$$a)\, n = 1, \qquad b)\, n = 2, \qquad c)\, n = 3, \qquad d)\, n = 7654$$

Teilnehmern?
Tipp für (d): Stellen Sie Anzahl der Teilnehmer, die bei einer Auswahl ihr eigenes Geschenk ziehen, als Summe von 7654 geeigneten Zufallsvariablen dar.

8.11 Erwartungswerte
Berechnen Sie für Würfe $(a_1, a_2), a_i \in \{Bild, Zahl\}$, mit zwei fairen Münzen die Erwartungswerte für die Zufallsvariablen

$$X_1(a_1, a_2) := \begin{cases} 0 & a_1 = a_2 = Bild \\ 1 & \text{sonst} \end{cases}, \; X_2(a_1, a_2) := \begin{cases} 1 & a_1 = a_2 = Zahl \\ 0 & \text{sonst} \end{cases}, \; X_3 = X_1 \cdot X_2.$$

Gilt $E(X_3) = E(X_1) \cdot E(X_2)$?

8.12 Unabhängigkeit von Zufallsvariablen
a) Zeigen Sie, dass die paarweise Unabhängigkeit dreier Zufallsvariablen nicht deren (völlige) Unabhängigkeit garantiert.
b) Zeigen Sie, dass für Zufallsvariablen X_1 und X_2 $E(X_1 \cdot X_2) = E(X_1) \cdot E(X_2)$ nicht gleichbedeutend mit deren Unabhängigkeit ist.

8.13 Erwartungswerte und Varianz
Berechnen Sie Erwartungswert und Varianz ...

a) für die Würfelergebnisse 1 bis 6 nach einem Wurf (Zufallsvariable = $id_{\{1,2,3,4,5,6\}}$).
b) für die Kartenwerte eines Skatblatts bei einer zufällig gezogenen Karte (Zufallsvariable: As $\mapsto$ 11, 10 $\mapsto$ 10, König $\mapsto$ 4, Dame $\mapsto$ 3, Bube $\mapsto$ 2, 7/8/9 $\mapsto$ 0).

8.14 Kovarianz und Abhängigkeit

Die **Kovarianz** zweier Zufallsvariablen X und Y, für die die Erwartungswerte $E(X)$, $E(Y)$ und $E(X{\cdot}Y)$ existieren, ist definiert durch $Cov(X,Y) := E[(X - E(X)) \cdot (Y - E(Y))]$.
a) Beweisen Sie $Cov(X,Y) = E(X \cdot Y) - E(X) \cdot E(Y)$.
b) Zeigen Sie, dass die Kovarianz zweier unabhängiger Zufallsvariablen (sofern definiert) 0 beträgt.
c) Zeigen Sie, dass aus einer Kovarianz von 0 nicht die Unabhängigkeit zweier Zufallsvariablen folgt, indem Sie im folgenden Beispiel $Cov(X,Y)$, $P(X=1)$, $P(Y=1)$, und $P(X \cdot Y = 1)$ berechnen:

$$\Omega = \{1,2,3\}, \quad P(1) := P(2) := P(3) := 1/3,$$
$$X(1) := 1, \quad X(2) := 0, \quad X(3) := -1,$$
$$Y(1) := 0 \quad Y(2) := 1, \quad Y(3) := 0.$$

8.15 Erwartungswert, Varianz und Kovarianz

Bei Würfen mit zwei fairen Würfeln sei die Zufallsvariable X definiert durch das Produkt der beiden Augenzahlen. Bestimmen Sie ...
a) die Wahrscheinlichkeiten der erreichbaren Werte von X,
b) den Erwartungswert $E(X)$,
c) die Varianz von X,
d) die Kovarianz der Ergebnisse von Würfel 1 und von Würfel 2, und zwar diese auf zwei Weisen.

8.16 Mehrstufige Wahrscheinlichkeiten und Übergangswahrscheinlichkeiten

Berechnen Sie die in Tab. 8.2 (Abschnitt 8.5.4) wiedergegebenen Übergangswahrscheinlichkeiten.

8.17 Verdopplungsstrategie mit Variante

a) Berechnen Sie den Erwartungswert für eine Runde der fairen Verdopplungsstrategie (d. h. bis zum Gewinn oder zur Aufgabe wegen Mittellosigkeit), die ein Spieler mit einem Anfangskapital in Höhe von $2^n - 1$ Euro beginnt.
b) Spieler S spielt mit der Verdopplungsstrategie gegen die Bank, ähnlich wie in Abschnitt 8.4.2, aber nun mit einem Anfangskapital von 7 Euro. Die Münze ist jedoch zu seinen Ungunsten unfair, und Bild erscheint durchschnittlich nur bei einem Drittel aller Würfe. Berechnen sie den Gewinn- oder Verlust-Erwartungswert, wenn er wieder eine Runde bis Gewinn oder Pleite spielt.

8.18 Ziegenproblem

Wir betrachten zwei von mehreren möglichen Strategien des Moderators:

1. Wenn der Spieler ein Ziegentor gewählt hat, öffnet er immer das andere Ziegentor; andernfalls öffnet er ein beliebiges der beiden nicht gewählten Ziegentore.

2. Der Moderator öffnet ein Ziegentor gelegentlich und nur, wenn der Spieler das Gewinntor gewählt hat, um ihn zu verunsichern und dem Veranstalter eventuell Geld zu sparen.

Erläutern Sie (für alle vier Kombinationen ik) die Folgen für den Spieler in Bezug auf Beibehaltung oder Revision seiner Wahl, wenn

- er davon ausgeht, der Moderator verfolge Strategie i, und
- der Moderator verfolgt in Wirklichkeit Strategie k.

8.19 Versuchsanzahlen als Versuchsergebnis

a) Wie groß ist die Wahrscheinlichkeit $P_n(k)$, dass innerhalb von n Würfen mit einer fairen Münze genau k-mal Bild vorkommt? Bestimmen Sie konkret die Werte für $k = 2$ und $n = 1, \dots ,5$.

b) Wie groß ist die Wahrscheinlichkeit $Q_n(k)$, dass genau im n-ten Versuch zum k-ten mal Bild vorkommt?

c) Geben Sie Anfangswerte und eine Rekursionsanweisung an, die $P_n(k)$ durch eine feste Anzahl von $P_m(i)$ mit $i + m < k + n$ ausdrückt.

Tipp: Machen Sie sich wegen der notwendigen Anfangswerte im n-k-Gitter anschaulich klar, wohin die Rückgriffe laufen.

8.20 Binomialverteilung

Wie groß ist die Wahrscheinlichkeit, dass Ann bei 4 Würfen mit einem fairen Würfel genau dreimal eine Quadratzahl würfelt? Lohnt es sich für sie, auf diese Chance 1 Euro zu setzen, wenn Ben 6 Euro dagegen setzt?

8.21 Binomialverteilung und bedingte Wahrscheinlichkeiten

Nehmen wir an, es gebe genau 85 Millionen Deutsche, und genau 75% von ihnen haben blaue Augen.

a) Warum hätten Sie evtl. wenig Lust, manuell *ganz genau* auszurechnen, wie groß die Chance ist, dass unter 4 zufällig gewählten Deutschen 3 blaue Augen haben?

b) Welche – garantiert auf ein Millionstel genaue – Rechnung ist einfacher, und was ergibt diese dann?

c) Angenommen, 90% aller Finnen haben blaue Augen, in Raum A befinden sich 10 zufällig ausgewählte Finnen und in Raum B 10 zufällig ausgewählte Deutsche. Sie wählen blind einen der Räume und daraus dann blind 4 Personen, die sich beim

Hinschauen als im wörtlichen Sinne blauäugig herausstellen. Mit welcher Wahrscheinlichkeit (auf 1 Millionstel genau) sind es Finnen?

8.22 Poisson-Verteilung

Zeigen Sie, dass die Varianz der Poisson-Verteilung $V_\lambda(X) = \lambda = E_\lambda(X)$ beträgt.

8.23 Bernoulli-Prozess und geometrische Verteilung

Eine Firma produziert Waschmaschinen, von denen 5% pro Jahr einen Mangel entwickeln, und das gilt für neue wie für gebrauchte. Bis zu zwei Jahren Gewährleistungszeit muss sie sie reparieren oder Ersatz leisten. Auch nach drei Jahren leistet sie aus Kulanz noch Hilfe.

a) Wie viel Prozent der Maschinen überleben die reine Gewährleistungszeit ohne Mangel, wie viel Prozent auch die Kulanzzeit?

b) Nach wie vielen Jahren hatte mindestens die Hälfte der Maschinen einen Defekt?

c) Wie viele Jahre lang hält eine Maschine durchschnittlich problemlos durch, wenn man annimmt, dass alle auch so lange wie möglich benutzt werden?

8.24 Hypergeometrische Verteilung

a) Wie groß ist die Wahrscheinlichkeit, dass sich unter zehn aus einem Skatblatt zufällig zugeteilten Karten alle vier Buben befinden?

b) Wie groß ist die Wahrscheinlichkeit, beim Lotto (6 aus 49) genau drei Richtige zu raten?

8.25 Eine Markow-Kette als W-Baum

Stellen Sie die nebenstehende Markow-Kette mit der Anfangsmarkierung

$$p(0) = p(1) = p(2) = 1/3$$

drei Schritte tief als W-Baum dar, und bestimmen Sie die W-Verteilung über die drei Zustände nach diesen drei Schritten.

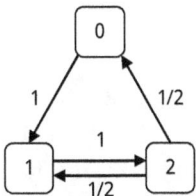

8.26 Soziale Mobilität als Markow-Kette

In Aland, Beland und Celand gibt es jeweils eine zeitlich konstante Bevölkerung. Diese gehört anfangs zu gleichen Teilen fünf Einkommensgruppen an: der Unterschicht *Un*, unteren Mittelschicht *Um*, Mittelschicht *Mi*, oberen Mittelschicht *Om* und Oberschicht *Ob*. Mehrheitlich bleibt man dort von Jahr zu Jahr in seiner Schicht. Die Anteile der Ausnahmen werden unten beschrieben.

Berechnen Sie für die drei Länder die Übergangsmatrix sowie die Aufteilung der Bevölkerung nach drei Jahren, und schätzen Sie grob die Aufteilung nach 100 Jahren.

In Aland herrschen Friede und Aufschwung. In allen Klassen außer *Ob* steigen 20% der Leute jährlich in die nächsthöhere Klasse auf. In *Ob* verfallen aber 20% jährlich der Trunk-und Drogensucht und steigen ab in *Un*.

In Beland herrscht soziale Ungerechtigkeit. Wer in der Unterschicht ist, hat keine Chance aufzusteigen; den Oberschichtangehörigen gelingt es umgekehrt stets, dort zu bleiben. Die unteren Mittelschichtler steigen jährlich zu 20 % ab, die oberen zu 20 % auf. Von der Mittelschicht wechseln jährlich 20% in die untere und 20% in die obere Mittelschicht.

In und um Celand herrschen schlimme Zustände. Aus allen vier Schichten oberhalb von *Un* steigen 30% jährlich um eine Schicht ab. 30% der Unterschicht kämpfen mit Waffen gegen die Oberschicht. Ein Drittel der Kämpfer flieht jährlich aus Celand, wird aber durch ebensoviele Flüchtlinge aus einem Nachbarland mit noch schlimmeren Zuständen ersetzt, die sofort in *Un* landen. Ein Drittel der Kämpfer bleibt und überlebt in *Un*. Das glücklichste Drittel der Kämpfer erkämpft sich jährlich den Aufstieg in die Oberschicht.

Tipp: Es gibt Webseiten und Tabellenkalkulationsprogramme, mit deren Hilfe Sie Matrizenmultiplikation ausführen können.

8.27 Stochastische Matrizen
Zeigen Sie, dass
a) das Produkt zweier zeilenstochastischen Matrizen zeilenstochastisch ist und
b) eine zeilenstochastische Matrix den Eigenwert 1 hat und
c) dass sie keinen Eigenwert mit einem größeren Betrag hat.

8.28 Absorbierende Zustandsmengen in Markow-Ketten
Beschreiben Sie, woran man in der Übergangsmatrix einer Markow-Kette eine Falle bzw. eine minimale Falle erkennt.

8.29 Erwartungswert in einer Markow-Kette mit absorbierendem Zustand
Ein Käfer landet auf einer Ecke eine Dreiecks und beginnt sofort zu krabbeln. An einer der beiden anderen Ecken wartet ein Vogel, der den ankommenden Käfer sofort fressen würde. Der Käfer läuft, solange er noch lebt, immer wieder innerhalb Minute entlang einer gleich wahrscheinlich zufällig gewählten Kante zu einer der beiden Nachbarecken. Modellieren Sie das System als Markow-Kette und berechnen Sie die Lebenserwartung des Käfers ab seiner Ankunft unter der Annahme, er sei ohne den Vogel unsterblich.

Tipps für die Reihe (unendliche Summe) beim Erwartungswert: Mit Analysis-Kenntnissen kann man $1/(1-x)$ als Term und als Reihe differenzieren, die Ableitungen mit x multiplizieren und ein passendes x einsetzen. Ohne Analysis-Kenntnisse kann man die Reihe als Summe unendlich vieler einfacherer Reihen darstellen und alle Reihen aufsummieren.

8.30 Zufallswege und Zufallsmaschinen

Ann und Ben helfen ihrer Tochter Celine bei den Statistikaufgaben. Die Schüler sollen ebene Zufallswege ab einem selbst gewählten Startpunkt untersuchen. Der Weg soll 32 Schritte umfassen, jeder davon von einem Meter Länge und mit gleicher Wahrscheinlichkeit in eine der vier Himmelsrichtungen N, S, O oder W. Celine ordnet den Richtungen die Kartenfarben Kreuz, Pik, Herz und Karo zu, mischt ein Skatblatt, zieht der Reihe nach alle Karten und geht jeweils einen Meter in die Richtung, die der Karte entspricht. Ann macht das Gleiche, mischt dabei aber die Karten immer wieder und zieht immer nur eine, die sie anschließend jeweils zurücksteckt. Ben wiederum geht achtmal so vor, dass er alle Karten mischt und dann die vier obersten zieht. Nach jeder Karte geht er einen Meter in der entsprechenden Richtung; dann legt er die vier Karten wieder zurück.

a) Vergleichen Sie die drei Methoden nach ihrer Zweckdienlichkeit.

b) Berechnen Sie die tatsächliche Wahrscheinlichkeitsverteilung über die wie in der Statistikaufgabe aber nach genau *drei* Schritten erreichbaren Zielpunkte (wieviele sind das?) sowie den zugehörigen Erwartungswert für den geometrischen Abstand vom Startpunkt.

8.31 Zufallswege mit Tendenzen

Ann und Ben werfen gemeinsam mit einem fairen Würfel eine Folge a_1, $a2$, ..., a_{100} von 100 Zufallszahlen von 1 bis 6. Auf dieser Folge gehen beide unabhängig voneinander einen Zufallsweg wie folgt: Jeder wirft noch einmal eine Zahl A bzw. B und beginnt, Ann bei a_A, Ben bei a_B, $1 \leq a_A$, $a_B \leq 6$, mit folgenden Aktionen: Solange es geht, macht jeder so viele Schritte in der Folge vorwärts, wie die Zahl an seiner momentanen Stelle beträgt, also jeweils von a_i nach a_{i+a_i}.

Jeder muss stoppen, wenn er auf einem a_i mit $i + a_i > 100$ sitzt. Mit welcher Wahrscheinlichkeit P sitzen beide am Ende auf demselben Folgenglied an oder kurz vor dem Ende der Folge:

i) $P = 1$? ii) $1 > P > 0,999$? iii) $P = 1/6$? iv) $P = 1/100$? v) $P = 0$?

Begründen Sie Ihre Entscheidung.

Literatur

[Aign 1984]   Martin Aigner: Graphentheorie, Eine Entwicklung aus dem 4-Farben Problem. Teubner
[AiZi 2010]   Martin Aigner, Günter M. Ziegler: Das BUCH der Beweise. Springer
[Alea 2008]   Heinz-Wilhelm Alten et al.: 4000 Jahre Algebra: Geschichte. Kulturen. Menschen. 2., korr.
               Nachdr., Springer
[ApHa 1989]   Kenneth Appel, Wolfgang Haken: Every Planar Map is Four Colorable. Contemp.
               Math. vol. 98, Amer. Math. Soc.
[Arti 1925]   Emil Artin: Theorie der Zöpfe. Abh. Math. Semin. Univ. Hamb. 4, pp. 47–72
[AsMa 2010]   Leonard A. Asimow, Mark M. Maxwell: Probability and Statistics with Applications – A
               Problem Solving Text. ACTEX
[BaOc 1986]   Bernd Baumgarten, Peter Ochsenschläger: On Termination and Phase Changes in the
               Presence of Unreliable Communication. Inf. Process. Lett. 22(1), pp. 15–20
[Baum 1997]   Bernd Baumgarten: Petri-Netze: Grundlagen und Anwendungen. Spektrum
               Akademischer Verlag
[Behr 2013]   Ehrhard Behrends: Markovprozesse und stochastische Differentialgleichungen.
               Springer Spektrum
[BeSW 2006]   Albrecht Beutelspacher, Jörg Schwenk, Klaus-Dieter Wolfenstetter: Moderne Verfahren
               der Kryptographie: von RSA zu Zero-Knowledge. 6., verb. Aufl., Vieweg+Teubner
[BeTi 1966]   Heinrich Behnke, Horst Tietz (Hrsg.): Mathematik II, Fischer Bücherei
[Bosc 2006]   Siegfried Bosch: Algebra. 6. Aufl., Springer
[Brya 1986]   Randal E. Bryant: Graph-Based Algorithms for Boolean Function Manipulation. IEEE
               Transactions on Computers, Vol. C-35, No. 8, pp. 677 –691
[CaMT 1979]   Cristian Calude, Solomon Marcus, Ionel Tevy: The First Example of a Recursive Function
               which is not Primitive Recursive. Historia Mathematica 6, pp. 380–384
[Clay Mill]   Clay Mathematics Institute: Millennium Problems – P vs NP Problem. <http://www.clay
               math.org/millenium-problems/p-vs-np-problem>, aufgerufen 28.3.2014
[CLRS 2010]   Thomas H Cormen, Charles E Leiserson, Ronald Rivest, Clifford Stein: Algorithmen –
               eine Einführung. 3. Aufl. Oldenbourg
[Cohe 1963]   Paul Joseph Cohen: The independence of the continuum hypothesis. Proc. Natl. Acad.
               Sci. 50, pp. 1143–1148
[CoLa 2000]   René Cori, Daniel Lascar: Mathematical Logic: A course with exercises – Part I. Oxford
               University Press
[DaPr 2002]   Brian A. Davey, Hilary Priestley: Introduction to Lattices and Order. 2nd Ed. Cambridge
               University Press
[Dick 1929]   Leonard Eugene Dickson: Introduction to the Theory of Numbers. Univ. Chicago Press
[Dies 2012]   Reinhard Diestel: Graphentheorie. 4. Aufl., 1., korr. Nachdruck 2012, Springer
[DiGr 2012]   Persi Diaconis, Ron Graham: Magical Mathematics – The Mathematical Ideas That
               Animate Great Magic Tricks. Princeton University Press
[DIN 1992]   DIN Deutsches Institut für Normung e. V.: DIN 5473:1992-07 – Logik und Mengenlehre;
               Zeichen und Begriffe. Beuth
[DPPD 2012]   Apostolos Doxiadis, Christos H. Papadimitriou, Alecos Papadatos, Annie di Donna:
               Logicomix – Eine epische Suche nach Wahrheit. Atrium
[DrBe 1998]   Rolf Drechsler, Bernd Becker: Graphenbasierte Funktionsdarstellung: Boolesche und
               Pseudo-Boolesche Funktionen. B. G. Teubner
[Ebbi 2003]   Heinz-Dieter Ebbinghaus: Einführung in die Mengenlehre. 4. Aufl., Spektrum
               Akademischer Verlag
[EhGL 1989]   Hans-Dieter Ehrich, Martin Gogolla, Udo Walter Lipeck: Algebraische Spezifikation
               abstrakter Datentypen. Teubner

https://doi.org/10.1515/9783111336107-009

[EhMa 1972]   Hartmut Ehrig, Bernd Mahr: Fundamentals of Algebraic Specification 1: Equations and Initial Semantics. Springer

[EhPf 1984]   Hartmut Ehrig, Michael Pfender: Kategorien und Automaten. Walter de Gruyter

[Enge 1973]   Arthur Engel: Wahrscheinlichkeitsrechnung und Statistik, Band 1. Klett

[Eule 1751]   Leonhard Euler: Brief an Christian Goldbach. <http://www.math.dartmouth.edu/~euler/correspondence/letters/OO0868.pdf>, aufgerufen 28.3.2014

[FBHL 1974]   Abraham A. Fraenkel, Yehoshua Bar-Hillel, Azriel Levy: Foundations of Set Theory. North-Holland

[FiSa 1974]   Gerd Fischer, Reinhard Sacher: Einführung in die Algebra. 3. Aufl., Teubner

[Fisc 2010]   Gerd Fischer: Lineare Algebra, Eine Einführung für Studienanfänger. 17., aktualis. Aufl., Vieweg+Teubner

[GaWi 1996]   Bernhard Ganter, Rudolf Wille: Formale Begriffsanalyse. Springer

[Geor 2009]   Hans-Otto Georgii: Stochastik – Einführung in die Wahrscheinlichkeitstheorie und Statistik. 4., überarb. u. erw. Aufl., De Gruyter

[Gilb 2009]   Linda Gilbert, Jimmie Gilbert: Elements of Modern Algebra. Brooks/Cole

[Goed 1940]   Kurt Goedel: The Consistency of the Axiom of Choice and of the Generalized Continuum Hypothesis with the Axioms of Set Theory. Princeton University Press

[GoIS 1990]   Siegfried Gottwald, Hans-Joachim Ilgauds, Karl-Heinz Schlote (Hrsg.): Lexikon bedeutender Mathematiker. Bibliographisches Institut/ Harri Deutsch: Frankfurt

[Goss 2003]   Eric Gossett: Discrete Mathematics with Proof. Pearson Education

[Gree 2008]   David Green: Lineare Algebra und analytische Geometrie II. <http://www.minet.uni-jena.de/algebra/skripten/LinAlgAnaGeo2-Green-07.pdf>, aufgerufen 28.3.2014

[GrSn 1997]   Charles M. Grinstead, J. Laurie Snell: Introduction to Probability. 2nd Ed., American Mathematical Society

[Halm 1969]   Paul R. Halmos: Naive Mengenlehre. 2. Aufl., Vandenhoeck & Ruprecht

[Halm 1987]   Paul R. Halmos: Finite-Dimensional Vector Spaces. Springer

[Hard 1999]   Gary M. Hardegree: Symbolic Logic: A First Course. 3rd Ed., McGraw-Hill

[Hare 1969]   David Harel: On Folk Theorems. Communications of the ACM 23(7), pp. 379–389.

[Henz 2013]   Norbert Henze: Irrfahrten und verwandte Zufälle – Ein elementarer Einstieg in die stochastischen Prozesse. Springer Spektrum

[Herr 2006]   Horst Herrlich: Axiom of Choice. Springer (SLNM 1876).

[Hill 1998]   Chris Hillman: What is a Concept? <http://citeseerx.ist.psu.edu/viewdoc/download?doi=10.1.1.51.3869&rep=rep1&type=ps>, aufgerufen 28.3.2014

[Hrom 2011]   Juraj Hromkovic: Theoretische Informatik. 4. Aufl., Vieweg+Teubner

[Hume 2009]   Hans Humenberger: Das Google-PageRank-System – Mit Markoff-Ketten und linearen Gleichungssystemen Ranglisten erstellen. mathematik lehren Nr. 154

[Ihri 2003]   Thomas Ihringer: Allgemeine Algebra – Mit einem Anhang über Universelle Coalgebra von H. P. Gumm. Heldermann

[JaJu 2004]   Konrad Jacobs, Dieter Jungnickel: Einführung in die Kombinatorik. 2., völlig neu bearb. und erw. A., De Gruyter

[Jech 1971]   Thomas J. Jech: Lectures in Set Theory. Springer (SLNM 217)

[Kamk 1971]   Erich Kamke: Mengenlehre. 7. Aufl., De Gruyter (Sammlung Göschen, Bd. 999/999a.)

[KePa 2005]   Jörg Keller, Wolfgang J. Paul: Hardware Design. 3. Aufl., B.G. Teubner

[Kers 2001]   Ina Kersten: Analytische Geometrie und Lineare Algebra I. Universtitätsverlag Göttingen

[Knüp o. J.]   Frieder Knüppel: Kurzer roter Faden zu Lineare Algebra I & II. <http://www.math.uni-kiel.de/geometrie/knueppel/vorlesungen/LAneu.pdf>, aufgerufen 28.3.2014

[Kott 2012]   Heike Kottmann: Entweder vielleicht oder doch lieber ja. Knaur

[Kowa 1979]   Robert Kowalski: Logic for Problem Solving. North-Holland

[Land 1930]   Edmund Landau: Grundlagen der Analysis. Akademische Verlagsgesellschaft

[Luka 1963]   Jan Łukasiewicz: Elements of mathematical logic. Internat. Series of monographs on pure and applied mathematics; 31. Pergamon Press

[MeTh 1998]   Christoph Meinel, Thorsten Theobald: Algorithmen und Datenstrukturen im VLSI-Design, OBDD – Grundlagen und Anwendungen. Springer

[Mlod 2009]   Leonard Mlodinow: The Drunkard's Walk: How Randomness Rules Our Lives. Vintage

[MoPo 2013]   Giuseppe Modica,Laura Poggiol: A First Course in Probability and Markov Chains. Wiley

[MoSc 2011]   Karl Mosler, Friedrich Schmid: Wahrscheinlichkeitsrechnung und schließende Statistik. 4. Aufl., Springer

[Müll 2007]   Rainer Müller: Aufgaben zur vollständigen Induktion. <http://www.emath.de/Referate /induktion-aufgaben-loesungen.pdf>, aufgerufen 28.3.2014

[Mürm 2014]   Michael Mürmann: Wahrscheinlichkeitstheorie und Stochastische Prozesse. Springer Spektrum

[NiZu 1991]   Ivan Niven, Herbert Zuckerman: Einführung in die Zahlentheorie. Spektrum Akademischer Verlag

[Paul 2011]   John A. Paulos: The Mathematics of Changing Your Mind. The New York Times <http://www.nytimes.com/2011/08/07/books/review/the-theory-that-would-not-die-by-sharon-bertsch-mcgrayne-book-review.html> aufgerufen 28.3.2014

[PeBy 1970]   Anthony J. Pettofrezzo, Donald R. Byrkit: Elements of Number Theory. Prentice-Hall

[Pete 1956]   Rózsa Péter: Die beschränkt-rekursiven Funktionen und die Ackermannsche Majorisierungsmethode. Publicationes Mathematicae Debrecen 4, pp. 362–375

[Rand 2004]   Gero von Randow: Das Ziegenproblem – Denken in Wahrscheinlichkeiten. Rowohlt

[Raut 2007]   Wolfgang Rautenberg: Über den Cantor-Bernsteinschen Äquivalenzsatz. Überarb. Fassung des gleichn. Artikels aus Mathematische Semesterberichte, XXXIV (1987). <http://page.mi.fu-berlin.de/raut/cantorbern/cabe.pdf>, aufgerufen 08.02.2013

[ReUl 2008]   Reinhold Remmert, Peter Ullrich: Elementare Zahlentheorie. 3. Aufl., Birkhäuser

[Rose 2007]   Jacob Rosenthal: Induktion und Bestätigung. In: Andreas Bartels, Manfred Stöckler: Wissenschaftstheorie – Ein Studienbuch. 2. Aufl., Mentis

[Rudi 2009]   Walter Rudin: Reelle und Komplexe Analysis. 2. Aufl., Oldenbourg

[Russ 1903]   Bertrand Russell: Appendix B: The Doctrine of Types. In Russell, Bertrand, Principles of Mathematics. Cambridge University Press, pp. 523–528

[Russ 1908]   Bertrand Russell: Mathematical logic as based on the theory of types. American Journal of Mathematics 30, Seite 222–262

[Schm 1966]   Jürgen Schmidt: Mengenlehre I. Bibliographisches Institut

[Schm 2011]   Klaus D. Schmidt: Maß und Wahrscheinlichkeit. Springer

[Schö 2000]   Uwe Schöning: Logik für Informatiker. 5. Aufl., 2. korr. Nachdr., Spektrum Akademischer Verlag

[Schu 1978]   Michael Schulte, Hrsg.: Alles von Karl Valentin. R. Piper & Co.

[Schw 2013]   Nicole Schweikardt: Diskrete Modellierung. Vorlesungsskript, Goethe-Universität Frankfurt am Main

[Soch 2012]   Rolf Socher: Algebra für Informatiker – Mit Anwendungen in der Kryptografie und Codierungstheorie. Hanser

[Stan 2011]   Richard Stanley: Enumerative Combinatorics, Vol. 1., 2nd ed., Cambridge University Press

[StRI 2014]   Bernhard Steffen, Oliver Rüthing, Malte Isberner: Grundlagen der höheren Informatik, Induktives Vorgehen. Springer Vieweg

[Stro 1998]   Gernot Stroth: Algebra – Einführung in die Galoistheorie. De Gruyter

[Stro 2008]   Gernot Stroth: Lineare Algebra, korr. und erw. Auflage. Heldermann

[Szék 1990]   Gábor J. Székely: Paradoxa – Klassische und neue Überraschungen aus Wahrscheinlichkeitsrechnung und mathematischer Statistik. Harri Deutsch

[Turi 1937]   Alan Turing: On computable numbers, with an application to the Entscheidungsproblem. Proc. of the London Math. Soc., 2, 42, S. 230–265

[Wagn 2009]   Dorothea Wagner: Algorithmen für planare Graphen, Vorlesungsskript. Universität Karlsruhe, Fakultät für Informatik, <http://illwww.iti.uni-karlsruhe.de/_media/teaching/sommer2009/planargraphs/vorlesung.pdf>, aufgerufen 28.3.2014

[Wapn 2008]   Leonard M. Wapner: Aus 1 mach 2. Wie Mathematiker Kugeln verdoppeln. Spektrum Akademischer Verlag

[Wech 1992]   Wolfgang Wechler: Universal Algebra for Computer Scientists. Springer

[Wege 2003]   Ingo Wegener: Komplexitätstheorie – Grenzen der Effizienz von Algorithmen. Springer

[West 2001]   Douglas B. West: Introduction to Graph Theory. 2nd ed., Prentice Hall

[West IGT]   Douglas B. West: Home Page for [West 2001]. <http://www.math.uiuc.edu/~west/igt>, aufgerufen 28.3.2014

[Wiki Ausw]   Wikipeda: Auswahlaxiom. <http://de.wikipedia.org/wiki/Auswahlaxiom>, aufgerufen 28.3.2014

[Wiki Eule]   Wikipeda: Euler diagram. <http://en.wikipedia.org/wiki/Euler_diagram>, aufgerufen 28.3.2014

[Wiki Fáry]   Wikipeda: Fáry's theorem. <http://en.wikipedia.org/wiki/Fáry'stheorem>, aufgerufen 28.3.2014

[Wiki Szpi]   Wikipeda: Szpilrajn extension theorem. <http://en.wikipedia.org/wiki/Szpilrajn_extension_theorem>, aufgerufen 28.3.2014

[Wiki Tsch]   Wikipeda: Pafnuti Lwowitsch Tschebyschow. <http://de.wikipedia.org/wiki/Pafnuti_Lwowitsch_Tschebyschow>, aufgerufen 28.3.2014

[Wiki ZeFr]   Wikipeda: Zermelo-Fraenkel-Mengenlehre. <http://de.wikipedia.org/wiki/Zermelo-Fraenkel-Mengenlehre>, aufgerufen 28.3.2014

[Wiki Zieg]   Wikipeda: Ziegenproblem. <http://de.wikipedia.org/wiki/Ziegenproblem>, aufgerufen 05.05.2012

[Witt 2007]   Kurt-Ulrich Witt: Algebraische Grundlagen der Informatik. 3., überarb. u. erw. Aufl., Vieweg+Teubner

[Zimm 2006]   Karl-Heinz Zimmermann: Diskrete Mathematik. Books on Demand

Stichwortverzeichnis

https://doi.org/10.1515/9783111336107-010